建筑结构振动计算与抗振措施

张荣山　张震华　顾整蒙　著

北　京
冶金工业出版社
2010

内 容 提 要

本书总结和介绍了作者几十年从事建筑结构抗振研究的体会和经验以及在建筑结构振动简便计算方法等方面的研究成果，主要内容包括：非弹性支座梁竖向振动的简化计算方法；弹性支座梁单自由度竖向振动计算；简支弹性支座均质梁和刚接弹性支座均质梁考虑第一、第二、第三振型的振动简便计算方法；刚架横向振动简便计算方法；房屋空间振动分析；大块－框架联合式动力基础等新型动力基础的设计和计算方法；隔振设计；动力机器基础振动对房屋不利影响的处理；振动管道管架设计和振动管架事故处理。在本书给出的工程实例中，还介绍了工程设计阶段和承接工程时，解决振动问题可采取的抗振措施。

本书可供土木、水利、交通行业的设计、审图、监理、施工、管理等从业人员阅读，也可供高等院校和中等职业技术学校相关专业的师生参考。

图书在版编目（CIP）数据

建筑结构振动计算与抗振措施/张荣山，张震华，顾整蒙著．—北京：冶金工业出版社，2010.9

ISBN 978-7-5024-5350-3

Ⅰ.①建… Ⅱ.①张… ②张… ③顾… Ⅲ.①建筑结构—结构振动—计算 ②建筑结构—抗振性—设计 Ⅳ.①TU311.3

中国版本图书馆 CIP 数据核字（2010）第 162772 号

出 版 人　曹胜利

地　　址　北京北河沿大街嵩祝院北巷 39 号，邮编 100009

电　　话　（010）64027926　电子信箱　yjcbs@cnmip.com.cn

责任编辑　廖　丹　美术编辑　张媛媛　版式设计　葛新霞

责任校对　侯　瑁　责任印制　牛晓波

ISBN 978-7-5024-5350-3

北京兴华印刷厂印刷；冶金工业出版社发行；各地新华书店经销

2010 年 9 月第 1 版，2010 年 9 月第 1 次印刷

787mm×1092mm　1/16；20.5 印张；495 千字；315 页

55.00 元

冶金工业出版社发行部　电话：（010）64044283　传真：（010）64027893

冶金书店　地址：北京东四西大街 46 号（100010）　电话：（010）65289081（兼传真）

（本书如有印装质量问题，本社发行部负责退换）

前　言

随着我国经济的快速发展，工业厂房建设迅猛扩张。由于土地资源稀缺的矛盾日益突出以及生产流程的需要，设置在楼层上的动力机器（包括离心式压缩机、破碎机、电动机、鼓风机、振动筛、泵、磨机等）越来越多，重量也越来越大，有的机组重量甚至达50t以上。多年来，动力机器上楼，使一些承受动力机器的房屋，尤其是没有经过恰当抗振设计（甚至根本没有经过抗振设计）的房屋，不论是支承动力机器的构件的竖向振动，还是房屋的整体水平振动，往往超过了允许的限值，这不但直接影响了正常的生产活动，也对生产人员的身心健康造成了严重的威胁；随着生产力的不断发展，出现了一些新的动力机器基础形式，但目前我国动力机器基础设计规范中还没有这方面的内容，因此如何对这些基础进行设计和计算，设计人员也心中无底；在以往的传统设计中，设计人员对振动管道管架的振动知之甚少，但振动管道振动过大以致影响生产的情况却时有发生。工程中若发生了振动问题，有关人员往往束手无策，不知如何处理。导致这些问题的主要原因是：有关工程技术人员缺乏振动方面的理论知识，没有解决振动问题的工程经验。更不应该的是，有的工程技术人员把动力机器当成静力机器，在工程设计时没有很好地（或者没有）进行振动计算和设计；审图工程师没有（甚至不能）把好关；监理人员也不知不理，工程一旦发生了振动问题又不能采取有效的抗振措施。针对上述存在的问题，为满足广大工程技术人员进行抗振设计的需要，作者撰写了本书。本书的主要内容概括为：讲述了对建筑结构工程的一些简便实用的振动计算方法，结合实际工程介绍了作者解决抗振问题的体会和经验。我们相信，在转变经济发展方式以及科学技术全面创新的新时代，本书的出版对有关工程技术人员掌握工程振动的理论和提高解决振动问题的实际能力会有所帮助，也能对解决工程振动技术的创新起到一定的积极作用。

本书共分13章，第1章提出了在进行建筑结构动力设计与计算时应获取的资料以及其他一些应注意的问题；第2章简要介绍了一般的振动理论和概念，并结合工程实例介绍了非弹性支座梁竖向振动的实用简化计算方法；第3章介绍了弹性支座梁单自由度竖向振动简化计算方法以及抗振工程实例；第4章提出了简支弹性支座均质梁前三个振型的振动简便计算方法，并结合工程实例介绍了可采取的抗振措施；第5章提出了刚接弹性支座均质梁前三个振型和第一振型的振动简便计算方法，并结合更多的工程实例介绍了可采取的抗振措施；第6章讲述了刚架横向振动的实用简便计算方法；第7章介绍了房屋空间振动分析以及几种新的计算方法，并结合几个工程实例介绍了空间振动计算的方法和可采取的抗振措施；第 8、第 9 和第 10 章分别介绍了框架式动力基础、大块－框架联合式动力基础以及大块式动力机器基础水平、回转和扭转耦合振动计算等新型动力基础的设计与计算方法；第 11 章介绍了隔振设计原理，给出了作者编制的 100 多种隔振器弹簧的性能规格表，并介绍了隔振设计的工程实例，同时介绍了几种典型的减震器；第 12 章讲述了动力机器基础振动对房屋产生不利影响的处理实例；第 13 章介绍了振动管道的管架设计和振动管道事故的处理。

在本书中，齐次线性方程组、矩阵以及钢结构的空间振动等的计算，是由王冬高级工程师采用计算机完成的，在此致谢。

由于本书涉及的问题广泛，不妥之处恳请读者批评指正。

作　者
2010 年 5 月

目　录

第1章 引　　言

建筑结构工程振动的计算,主要目的在于反映工程振动的真实状态,保障有关人员的人身安全,使机械设备、仪表等正常运转,使结构受力安全和造价低廉等。因此在计算中要比较准确而又全面地掌握有关计算资料,对一些条件进行的假定以及对荷载的取值等要尽量符合实际情况,以使振动计算的结果和真实振动状态的偏差降至最低限度。

1.1　楼层上承重结构动力计算的依据

进行楼层上承重结构的动力计算应取得以下资料:

(1)机器的型号、转速、功率及轮廓尺寸等。

(2)机器的自重及重心位置。

(3)机器生产操作运行时的标准扰力及分布。此资料应由机器制造厂提供。对机器制造厂所提供的扰力值要注意以下几个问题:

1)如果机器采用了隔振的动力基础,那么计算所需要的扰力值应为机器产生的扰力经隔振后由隔振器传到支承结构(进行动力计算的结构)上的扰力值。

2)如果机器采用的是非隔振的动力基础,那么计算所需要的扰力值就是机器产生的扰力值。

3)机器制造厂一般要提供纵、横和竖向三个方向上的扰力值。当制造厂无法提供机器旋转轴方向的扰力,而又需要考虑该方向的扰力时,其值可取旋转平面内扰力值的一半。

4)要分别提供作用在支承结构各支承点上的扰力值,因为有的机器在各支承点上的扰力值不相同。如各支承点的隔振器型号不同,可以断定各支承点上的扰力值不相同。

(4)机器轴系的临界转速。此资料应由机器制造厂提供。所谓临界转速是机器轴每秒钟转数与轴横向自振频率相等的转速。一般应提供一阶和二阶临界转速。所设计的结构自振频率要避开临界转速,以达到减小结构振动位移的目的。

(5)建筑结构形式,建筑材料及其性能,楼层构件平面布置、尺寸等满足计算要求的详图和资料。振动计算的楼面活荷载取值,当无资料可查时,可与有关专业人员商定。如果需要对房屋进行整体振动计算,那么还需要各层的设备重量(标准值)及其分布、各层柱子尺寸等资料。此外,还需建筑平、立、剖面图,包括墙体材料和布置等。

(6)支承动力机器的结构允许振动限值。此资料一般由机器制造厂提供,其中线位移为半振幅。

对于非楼层上的动力机器基础计算,所需要的资料可参考文献[23]的要求获取。

1.2　旋转机器扰力值的确定

当旋转机器制造厂不能提供扰力值时,可按下式计算扰力值 P:

$$P = me\theta^2 \tag{1-1}$$

式中 m ——机器旋转部件的总质量,t;

e ——偏心距,即旋转质量距旋转中心的距离,m;

θ ——机器扰力的圆频率,rad/s。

机器旋转部件的总质量 m 由机器制造厂提供,或者暂参照文献[17]的规定方式确定。

对于质量偏心距 e 值的确定,如机器制造厂无法提供时,可按附录 A 旋转质量偏心距中表 A-1 取值。如果同一种机器在表 1-1 和表 A-1 中的 e 值不同时,建议取其大值,这样偏于安全。但是对于电动机和风机,按表 1-1 取值即可。

表 1-1 旋转质量偏心距 e 的取值

机 器	风 机					电动机				水 泵			
	<5 号	皮带传动				转速/$r\cdot min^{-1}$				转速/$r\cdot min^{-1}$			
类 别	直 联	6 号	7 号	8 号	10 ~ 20 号	3000	1500	1000	750	3000	1500	1000	750
$e/10^{-4}$m	2.5	5.5	5	4.5	4	0.5	1.0	1.5	3	2	4	6	8

1.3 允许振动的限值

结构的振动不应超过允许振动的限值。允许振动的限值各国的规定并不相同。我国规范和规程要求允许振动限值应由机器制造厂提供。当制造厂不能提供时,对于楼层支承结构的振动限值,主要是控制竖向或水平方向的振动线位移和振动速度,其限值目前可以参照附录 B 确定。

对于非楼层上的动力机器基础限值,可参照文献[23]规定的方式确定。

1.4 梁端支座的假定

根据梁端连接状况,在进行振动计算时假定连接为刚接(不转动或转动)或是铰接(简支)。两端刚接梁和两端简支梁的计算自振频率相差较大,例如在均布荷载作用下的单跨梁,刚接时其计算基频是简支时基频的 2.25 倍。由此可见,梁端支座连接的假定对振动计算结果的影响非常明显。对钢结构来说,从实际构造考虑,梁端设计为铰接连接比较适宜,不但施工简单,而且受力也明确,比较符合实际情况。所以在实际工程中,梁端支座连接设计为铰接连接的比较多。如果将梁端设计成刚接,也并非不可以,只是需要采取特殊的构造处理,连接比较麻烦,如果处理欠妥,则将达不到刚接的要求,尤其是钢梁之间的刚接更是如此。

对混凝土结构来说,梁与柱的连接(现浇)设计为刚接比较容易,而主、次梁的连接做成刚接就比较麻烦。由于构造上的要求,主、次梁的连接通常是半刚接半铰接的状态。作者认为,当要求结构设计成基频超过动力机器的扰力频率(所谓"趋共振前")时,不加特殊处理采用铰接对"抗振"有利;当要求结构设计成基频低于动力机器的扰力频率(所谓"超共振后")时,则采用刚接对"抗振"有利。如果主、次梁的连接确实要设计成刚接时,必须要采取特殊的构造措施,必要时还要考虑主梁转动的影响。还需要提醒的是,主、次梁刚接时,梁端弹性支座刚度的计算值一般要乘以刚度降低系数(0.95 左右)。

1.5 楼面活荷载的取值

在进行振动计算时，生产房屋楼面活荷载的取值一般难以准确地确定。工艺、管道等专业选用的活荷载值多为检修时或临时的活荷载的值，该值可用于结构承载力的计算，但用于结构振动计算时一般是偏大的。活荷载值取的偏大对于振动计算并不一定偏安全。根据现场实践经验，若无具体规定，当设计要求结构振动趋共振前时，活荷载可取小于或等于 $0.5kN/m^2$，当期望结构振动超共振后时，活荷载可取 $1.0kN/m^2$。这样取值避免了基频的共振，对"抗振"有利。

1.6 梁振动计算要注意的问题

对钢筋混凝土楼板来说，楼板和梁连接为整体，在横向具有较大的刚度，所以梁仅考虑竖向振动即可。对钢结构楼板来说，钢主、次梁，钢板（或混凝土板）以及水平支撑连接为整体，水平刚度同样也比较大，所以也仅需考虑竖向振动。但是，对于单独的钢梁或者横向连接很薄弱的钢梁，此时要注意，还要进行梁的横向振动计算。

1.7 工程抗振需要各方的努力

搞好工程抗振的工作，不仅是建筑结构专业人员的事，还需要相关专业和其他相关人员的共同努力。建筑结构设计人员固然负有重要责任，但其他相关专业人员，审图、工程监理等人员也应各负其责，共同努力才能搞好工程抗振工作。

在此需要提及的是，多年来，从许多工程振动发生的事例（或事故）来看，振动发生的原因是在工程设计中，工艺、管道等专业人员将动力设备误认为是静力设备提供给建筑结构等专业的人员，这样从源头上就出了不应有的失误，工程抗振出现问题就不可避免了。这一点应引起相关人员的重视，并避免此类问题的发生。再如，对楼层上安装有动力设备的多层工业建筑，支承动力设备的梁跨度不宜过大。在满足生产需要的前提下，各相关专业人员应共同协商，尽量减小梁的跨度。一般来说，梁的跨度过大对抗振不利，而且往往也不经济。

第2章　非弹性支座梁竖向振动计算

机械制造、煤炭、纺织、石油化工和仪表装配等行业的多层工业厂房，其结构形式多为钢筋混凝土刚架或钢刚架。由于生产工艺流程的需要，一些动力机器（设备）不可避免地要设置在楼层上。动力机器多种多样，如压缩机、离心机、通风机、破碎机、电动机、振动筛等。机器的运转部分多为旋转式的，但也有往复式的；就转速而言，有低转速的（≤600r/min），也有较高转速的（>600r/min）。

对很多工程的计算表明，多层工业厂房钢筋混凝土刚架的水平自振频率的基频多在0.6~3Hz之间（基本周期为0.3~1.7s），而主要受力梁的竖向振动基频却多在7~80Hz之间（基本周期为0.013~0.14s）。钢刚架的水平振动基频多在0.5~2Hz之间（基本周期为0.5~2s），主要受力钢梁的竖向振动基频多在2.5~25Hz之间（基本周期为0.04~0.4s）。

由此可见，钢筋混凝土刚架与钢刚架的水平振动基频范围相差较小，而两者横梁的竖向振动基频范围却相差较大，主要原因是钢筋混凝土主要受力梁的竖向刚度比钢梁的要大。

计算房屋在动力机器动荷载作用下的振动效应，除进行承载力计算外，主要是控制房屋（或支承构件）的振动不超过振动限值，而减小振动线位移和振动速度的一个关键因素是避开动力机器与房屋（或支承构件）的共振状态。在实际工程中，由于种种原因会经常遇到一些缺乏有关计算振动数据的情形。此时，在动力机器重量不大的条件下，仅计算自由振动，然后将计算房屋（或支承构件）的基频尽量远离与动力机器的共振状态。这样处理虽然不够完善，但一般也能满足工程的需要。

从上述刚架基频范围来看，对楼层上安装有低转速动力机器的刚架，其水平振动有可能发生共振现象；而对楼层上安装高转速动力机器的刚架，则楼层的横梁在竖向有可能发生共振现象。也就是说，对楼层上安装有低转速动力机器的刚架，要注意计算刚架的水平振动；而对楼层上安装有高转速动力机器的刚架，要着重计算横梁的竖向振动。对钢刚架来讲，若安装有转速低的动力机器，则不但要注意计算刚架的水平振动，而且还要注意计算梁的竖向振动。

根据国外有些国家对有关动力机器上楼的计算规定，对刚架楼层上设置有旋转运动机器（离心式）的支承结构，当动力机器重量小于2.5t和无特殊要求时，仅对支承结构进行自由振动计算（即避开共振）即可；当重量等于或超过2.5t时，要进行自由振动和强迫振动计算。这种界定仅供参考。

目前，介绍振动理论的书已有不少，因此本书不对梁的振动理论做系统和详细的论述，而是在简要介绍梁竖向振动计算的有关基本原理的基础上，着重介绍一些简化计算方法及在处理实际工程振动问题时所采取的措施。

2.1　梁单自由度体系（不考虑阻尼）自由振动计算

楼层上的动力机器大多置放在横梁上，当动力机器重量较大时，通常把梁上的其他荷载

(包括梁自重)原则上按照振动时能量相等的关系集中到机器作用位置处。当动力机器重量不是很大时,也可以按照能量关系,把所有的竖向荷载都集中到合适的一点,近似地按单自由度计算。

2.1.1　梁单自由度体系自由振动计算概述

图2-1所示为非弹性支座单跨梁,m 为集中质量,是动力机器质量及其他质量的集中质量之和;k 为集中质量 m 处梁的刚度,即沿 y 方向发生单位位移所需要的力。$k=1/\delta$,δ 为柔度,即在 m 处单位力作用下的位移。

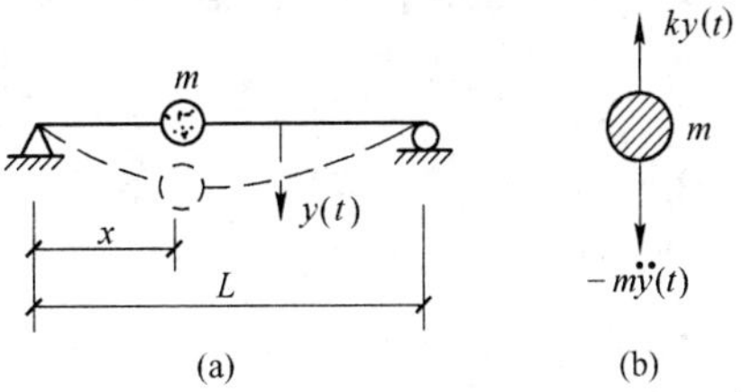

图2-1　梁单自由度体系自由振动动力平衡图

图2-1(b)所示的梁单自由度体系自由振动的动力平衡方程为:

$$m\ddot{y}(t)+ky(t)=0 \tag{2-1}$$

或

$$\ddot{y}(t)+\frac{k}{m}y(t)=0 \tag{2-2}$$

令

$$\omega^2=\frac{k}{m}=\frac{1}{\delta m} \tag{2-3}$$

则式(2-2)变为

$$\ddot{y}(t)+\omega^2 y(t)=0 \tag{2-4}$$

式(2-4)是具有常系数的二阶微分方程,其通解为

$$y(t)=B\cos\omega t+C\sin\omega t \tag{2-5}$$

式中,B、C 为积分常数;ω 为自由振动圆频率。

已知初位移 y_0 和初速度 v_0 时

$$y(t)=y_0\cos\omega t+\frac{v_0}{\omega}\sin\omega t \tag{2-6}$$

或

$$y(t)=A\sin(\omega t+\varphi)$$

式中

$$A=\sqrt{y_0^2+\frac{v_0^2}{\omega^2}}$$

$$\tan\varphi=\frac{y_0\omega}{v_0}$$

ω 为单自由度体系的自由振动圆频率,或称为自由振动频率,即质点在 2π 秒时间内的振动次数,单位为弧度/秒(rad/s)。体系的自振频率 $f=\omega/2\pi$,单位为次/秒,称为赫兹(Hz),φ 为初位角。

式(2-3)是计算频率的基本公式。在实际工程振动计算中,为了避开动力机器扰力频率与梁自振频率的共振,或者为了减小振动位移,需要考虑改变梁的自振频率。一旦梁的结构形式、材质和作用荷载确定后,由式(2-3)可以看出,主要是通过改变梁的刚度 k,例如增大(减少)梁截面尺寸、加长(缩短)梁的跨度以及改变支座条件等来改变梁的自振频率。

在这里需要指出的是,放置动力机器的钢筋混凝土刚架为现浇或装配整体式的结构时,梁截面惯性矩的计算值大小直接影响梁刚度 k 值的大小。欲精确地计算出 k 值的大小是不大可能的，一般在实际工程中可做如下近似的确定，即当楼板开孔很小（例如孔边长度或直径小于300mm）且开孔数量较少时，计算梁截面惯性矩可取两倍矩形截面的惯性矩，对于边梁可取1.5倍矩形截面的惯性矩。当楼板开孔较多或者开孔大于或等于300mm时，则梁截面惯性矩宜按矩形截面计算。另外，对上面焊接有钢盖板的钢梁，截面惯性矩仍按梁截面确定，一般不考虑钢盖板的作用。

2.1.2　质量集中于"特定"点的方法

在从事工业生产的房屋建筑中，楼层梁的布置首先要满足工艺设备布置的要求。因此，在一根主梁上经常布置数台设备和搁置几根次梁，此外，主梁还承受着楼板所传递的荷载等等。也就是说，梁上作用的静荷载和动荷载比较复杂，同时作用的静荷载的取值与实际情况也不完全相符，有的具有相当的不确定性，另外，梁的支座条件不完全是理论上的铰接或刚接。所以，精确计算梁的自振频率和振型不但非常复杂，而且即使所谓的精确计算，所得的梁的自振频率和振型也不见得完全反应了梁的实际振动状态。因此，在实际工程中，根据情况对梁上作用着的各种荷载进行简化处理，使梁的振动计算简单化是很有必要的。其简化的方法，一是可以把梁上的质量（包括集中和均布质量）近似地集中到"特定"的一点或任一点处，作为单自由度体系来计算；另一种方法是把梁上的质量近似地转化为均布质量来分析。以下首先介绍把质量集中到"特定"一点的简化方法。

2.1.2.1　自振频率计算公式的建立

把梁上分布着的复杂的质量集中到一点，作为单自由度体系计算的第一频率，其中主要问题在于如何确定这个集中质量及其作用的位置，使得按单自由度体系求得的自振频率与原分布复杂质量体系的第一频率相接近。如果集中质量 m_s 在体系上的位置一经确定，则对应的 m_s 之值也随之而定，m_s 值也称为代替质量，采用这种方法求体系的第一频率通常称为代替质量法。

代替质量法运用的是能量原理。根据能量守恒定理，体系在振动过程中，如果不计阻尼的影响，则任何时刻位能与动能之和始终等于一常数，即如果体系在平衡位置时的位能为零，而动能为最大 $U_{\max}$，在极限位置（最大位移）时的动能为零，而位能为最大 $W_{\max}$，则

$$U_{\max} = W_{\max}$$

以 m_u 表示梁单位长度上的质量，m_j 表示在梁上 j 点的集中质量，$j=1,2,\cdots,n$，则当梁自由振动时，截面的竖向位移为

$$y(x,t) = y(x)\sin(\omega t + \varphi)$$

截面的振动速度为

$$\frac{\partial y(x,t)}{\partial t} = \omega y(x)\cos(\omega t + \varphi)$$

体系自由振动时的动能为

$$\begin{aligned} U &= \frac{1}{2}\int_0^L m_u\left(\frac{\partial y(x,t)}{\partial t}\right)^2 \mathrm{d}x + \frac{1}{2}\sum_{j=1}^{n} m_j\left(\frac{\partial y(j,t)}{\partial t}\right)^2 \\ &= \frac{1}{2}\omega^2\cos^2(\omega t + \varphi)\int_0^L m_u y^2(x)\,\mathrm{d}x + \frac{1}{2}\sum_{j=1}^{n} m_j\omega^2\cos^2(\omega t + \varphi)y_j^2 \end{aligned}$$

$$U_{\max} = \frac{1}{2}\omega^2\left(\int_0^L m_u y^2(x)\mathrm{d}x + \sum_{j=1}^{n} m_j y_j^2\right)$$

式中 y_j ——集中质量 m_j 处的振型曲线值;

L ——梁的跨度。

体系的位能在数值上等于其应变能,即

$$W = \frac{1}{2}\int_0^L EI\left(\frac{\partial^2 y(x,t)}{\partial x^2}\right)^2\mathrm{d}x = \frac{1}{2}\sin^2(\omega t + \varphi)\int_0^L EI\left(\frac{\mathrm{d}^2 y(x)}{\mathrm{d}x^2}\right)^2\mathrm{d}x$$

$$W_{\max} = \frac{1}{2}\int_0^L EI\left(\frac{\mathrm{d}^2 y(x)}{\mathrm{d}x^2}\right)^2\mathrm{d}x$$

根据 $U_{\max} = W_{\max}$,得

$$\frac{1}{2}\omega^2\left(\int_0^L m_u y^2(x)\mathrm{d}x + \sum_{j=1}^{n} m_j y_j^2\right) = \frac{1}{2}\int_0^L EI\left(\frac{\mathrm{d}^2 y(x)}{\mathrm{d}x^2}\right)^2\mathrm{d}x$$

可推得

$$\omega^2 = \frac{\int_0^L EI\left(\frac{\mathrm{d}^2 y(x)}{\mathrm{d}x^2}\right)^2\mathrm{d}x}{\int_0^L m_u y^2(x)\mathrm{d}x + \sum_{j=1}^{n} m_j y_j^2} \tag{2-7}$$

以 m_s 表示代替集中质量,则代替集中质量自由振动(单自由度)时的动能为

$$U = \frac{1}{2}m_s\omega^2 y_s^2\cos^2(\omega t + \varphi)$$

$$U_{\max} = \frac{1}{2}m_s\omega^2 y_s^2$$

式中 y_s ——代替集中质量 m_s 处的振型曲线值。

同样,代替集中质量体系的最大位能为

$$W_{\max} = \frac{1}{2}\int_0^L EI\left(\frac{\mathrm{d}^2 y(x)}{\mathrm{d}x^2}\right)^2\mathrm{d}x$$

则

$$\frac{1}{2}m_s\omega^2 y_s^2 = \frac{1}{2}\int_0^L EI\left(\frac{\mathrm{d}^2 y(x)}{\mathrm{d}x^2}\right)^2\mathrm{d}x$$

可推得

$$\omega^2 = \frac{\int_0^L EI\left(\frac{\mathrm{d}^2 y(x)}{\mathrm{d}x^2}\right)^2\mathrm{d}x}{m_s y_s^2} \tag{2-8}$$

令式(2-7)和式(2-8)的自振频率和振型相等,即

$$\frac{\int_0^L EI\left(\frac{\mathrm{d}^2 y(x)}{\mathrm{d}x^2}\right)^2\mathrm{d}x}{\int_0^L m_u y^2(x)\mathrm{d}x + \sum_{j=1}^{n} m_j y_j^2} = \frac{\int_0^L EI\left(\frac{\mathrm{d}^2 y(x)}{\mathrm{d}x^2}\right)^2\mathrm{d}x}{m_s y_s^2}$$

则

$$m_u\int_0^L y^2(x)\mathrm{d}x + \sum_{j=1}^{n} m_j y_j^2 = m_s y_s^2$$

由上式得

$$m_s = \frac{m_u\int_0^L y^2(x)\mathrm{d}x}{y_s^2} + \frac{\sum_{j=1}^{n} m_j y_j^2}{y_s^2} \tag{2-9}$$

从式(2－9)可见，振型曲线 $y(x)$ 一旦确定，就可以求出 y_j 和 y_s，这样就能轻而易举地求出代替的集中质量 m_s 和第一自振频率。

现在的问题是采用什么弹性曲线近似地作为第一振型曲线为好。实算表明，以 m_s 放置于梁振动时位移最大处 s 点的弹性曲线为振型曲线较为合适，这样计算的近似结果误差较小。下面就进一步说明以这样的振型曲线如何计算集中质量 m_s。这种把梁上的质量集中于 s 点的方法即所谓集中到“特定”点的方法。

在 s 点作用单位静荷载，s 点的位移表示为 $y_{s\Delta}$，m_j 作用点的位移为 $y_{j\Delta}$，x 点的位移为 $y_{x\Delta}$，则式(2－9)可写为

$$m_s = \frac{m_{\mathrm{u}}\int_0^L y_{x\Delta}^2 \mathrm{d}x}{y_{s\Delta}^2} + \frac{\sum_{j=1}^{n} m_j y_{j\Delta}^2}{y_{s\Delta}^2} = m_{\mathrm{u}}\int_0^L \left(\frac{y_{x\Delta}}{y_{s\Delta}}\right)^2 \mathrm{d}x + \sum_{j=1}^{n} m_j \left(\frac{y_{j\Delta}}{y_{s\Delta}}\right)^2 \tag{2-10}$$

令

$$\alpha_{\mathrm{L}} = \int_0^L \left(\frac{y_{x\Delta}}{y_{s\Delta}}\right)^2 \mathrm{d}x \tag{2-11}$$

$$\alpha_j = \left(\frac{y_{j\Delta}}{y_{s\Delta}}\right)^2 \tag{2-12}$$

则式(2－10)可写为

$$m_s = m_{\mathrm{u}}\alpha_{\mathrm{L}} + \sum_{j=1}^{n} \alpha_j m_j \tag{2-13}$$

采用上述弹性曲线作为第一振型曲线时，$\delta = y_{s\Delta}$，即

$$\omega = \sqrt{\frac{1}{m_s\delta}} = \sqrt{\frac{1}{m_s y_{s\Delta}}}$$

若将 $y_{s\Delta}$ 表示为

$$y_{s\Delta} = \frac{L^3}{\eta EI}$$

则

$$\omega = \sqrt{\frac{1}{m_s \dfrac{L^3}{\eta EI}}} = \sqrt{\frac{\eta EI}{m_s L^3}} \tag{2-14}$$

对于四种支座条件单跨梁的 α、α_j 和 η 均列于表 2－1 中，供计算时参考使用。

表 2－1　各种支座条件下 α、α_j 和 η 的取值

梁计算简图 / $\frac{x_j}{L}$	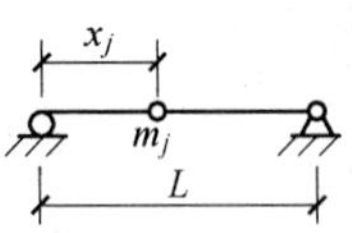	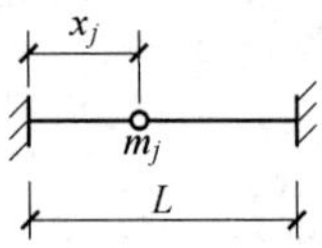	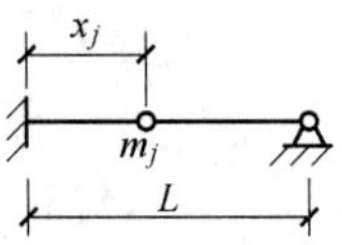	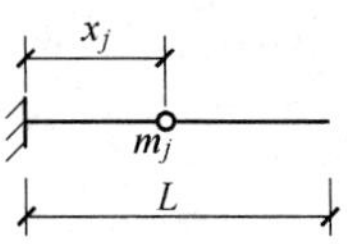
	α_j	α_j	α_j	α_j
0	0	0	0	0
0.05	0.022	0.001	0.001	0
0.10	0.088	0.001	0.008	0
0.15	0.190	0.047	0.036	0.001
0.20	0.323	0.124	0.096	0.003

续表 2-1

梁计算简图 / $\frac{x_j}{L}$	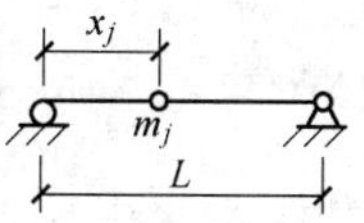	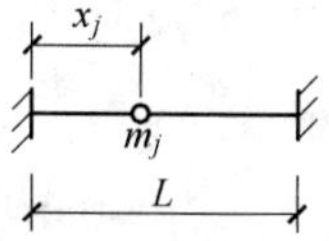	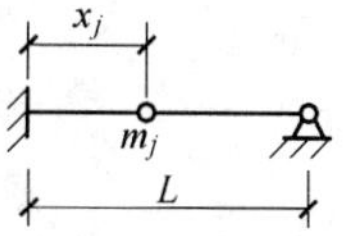	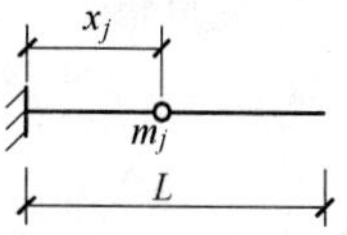
	α_j	α_j	α_j	α_j
0.25	0.471	0.250	0.200	0.007
0.30	0.627	0.420	0.344	0.015
0.35	0.770	0.612	0.521	0.026
0.40	0.890	0.801	0.700	0.043
0.45	0.971	0.941	0.880	0.066
0.50	1.000	1.000	1.000	0.098
0.55	0.971	0.941	1.032	0.137
0.60	0.890	0.801	1.011	0.186
0.65	0.770	0.612	0.934	0.246
0.70	0.627	0.420	0.763	0.318
0.75	0.471	0.250	0.572	0.400
0.80	0.323	0.124	0.410	0.494
0.85	0.190	0.047	0.245	0.601
0.90	0.088	0.011	0.092	0.728
0.95	0.022	0.001	0.019	0.850
1.00	0	0	0	1.00
α	0.485	0.370	0.450	0.236
η	48	192	110	3

2.1.2.2 工程实例

A 计算条件

某工程为多层钢筋混凝土框架结构，在第二楼层上安装两台泵，支承在梁 L-1 上。泵的布置如图 2-2 所示。泵重 16.2kN，电动机重 1.086kN，功率为 11.0kW，转速为 1460r/min，混凝土强度等级为 C40，楼板厚度为 0.12m。支承泵的梁(L-1)尺寸(宽×长×高)为 0.6m×4.0m×0.5m。由于泵的重量不大，所以仅做自由振动计算，而且要求 $\theta/\omega_1 \leqslant 0.75$，$\theta$ 为泵转动圆频率，ω_1 为 L-1 的基频。

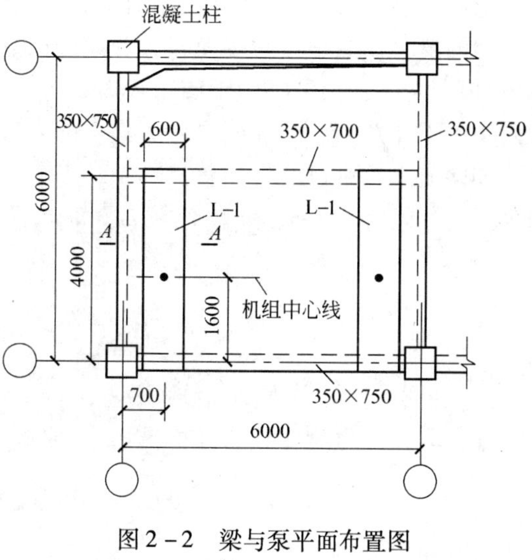

图 2-2 梁与泵平面布置图

B 自振频率计算

荷载：欲要梁的基频大于机器的扰力

频率，所以取活载为 1.0kN/m²。

梁自重：

$$0.6 \times 0.5 \times 25 = 7.5\text{kN/m}$$

$$q = 1.0 \times 0.6 + 7.5 = 8.1\text{kN/m}$$

$$m_u = \frac{8.1}{9.81} = 0.826\text{t/m}$$

机组重：$P_1 = 16.2 + 1.086 = 17.286\text{kN}$

$$m_1 = \frac{17.286}{9.81} = 1.762\text{t}$$

计算简图如图 2－3 所示。

L－1 截面惯性矩：

$$I = \frac{1}{12} \times 0.6 \times 0.5^3 = 0.00625\text{m}^4$$

$$E = 0.325 \times 10^8\text{kN/m}^2$$

又 $\frac{x_1}{L} = \frac{1.6}{4.0} = 0.4$，查表 2－1 可知，$\alpha_1 = 0.89$，$\alpha = 0.485$，$\eta = 48$，代入式（2－13），可得

$$m_s = m_u \alpha L + \alpha_1 m_1 = 0.826 \times 0.485 \times 4.0 + 0.89 \times 1.762 = 3.171\text{t}$$

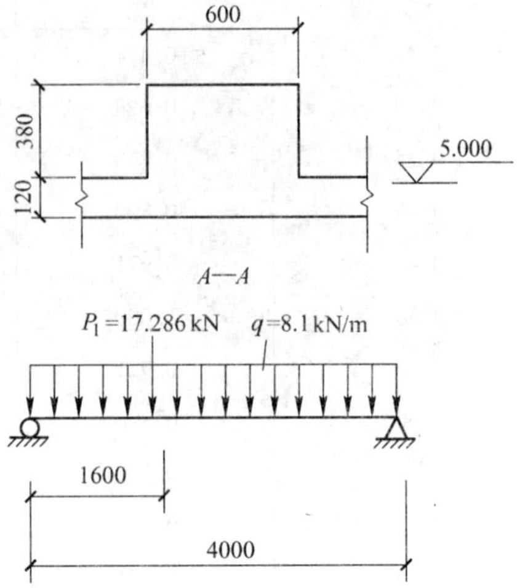

图 2－3　梁计算简图

由式（2－14），可得

$$\omega_1 = \sqrt{\frac{\eta EI}{m_s L^3}} = \sqrt{\frac{48 \times 0.325 \times 10^8 \times 0.00625}{3.171 \times 4.0^3}} = 219.187\text{rad/s}$$

因 $\frac{\theta}{\omega_1} = \frac{0.105 \times 1460}{219.187} = 0.699 < 0.75$，故可在振动安全范围内。

2.1.3　质量集中于任意点的方法

2.1.3.1　计算代替集中质量公式的建立

前面曾经讲过，作用在梁上的荷载，除均布荷载外，还有多个集中荷载，这是实际工程中最普遍的情况。其中可能存在较大的集中荷载，例如较重机器作用的荷载。在梁的动力计算中，根据需要把质量集中于质量较大的机器作用处，或者集中于其他需要的位置，也就是所谓集中于任意点。下面简要介绍集中的方法。

如同前面已讲过的把质量集中到“特定”点的方法，在已建立的计算代替集中质量 m_s 的公式（2－9）中，用 m_a 和 y_a 代替 m_s 和 y_s，即可得到集中于任意点的集中质量 m_a：

$$m_a = \frac{m_u \int_0^L y^2(x)\,dx + \sum_{j=1}^{n} m_j y_j^2}{y_a^2} \tag{2-15}$$

式中，y_a 为梁 a 点处的振型曲线值；m_u、m_j 和 y_j 的含义同前。

如果取梁的振型曲线为准标准振型，则

$$\int_0^L y^2(x)\,dx = \frac{L}{2}$$

将其代入式（2－15），可得

$$m_a = \frac{m_u \dfrac{L}{2} + \sum_{j=1}^{n} m_j y_j^2}{y_a^2} \tag{2-16}$$

2.1.3.2　算例

一根两端简支的工字形钢梁I36a(Q235),截面惯性矩 $I=0.15796\times10^{-3}\mathrm{m}^4$,弹性模量 $E=0.206\times10^9\mathrm{kN/m}^2$。作用荷载如图2-4所示。把质量集中到a点计算自振频率。

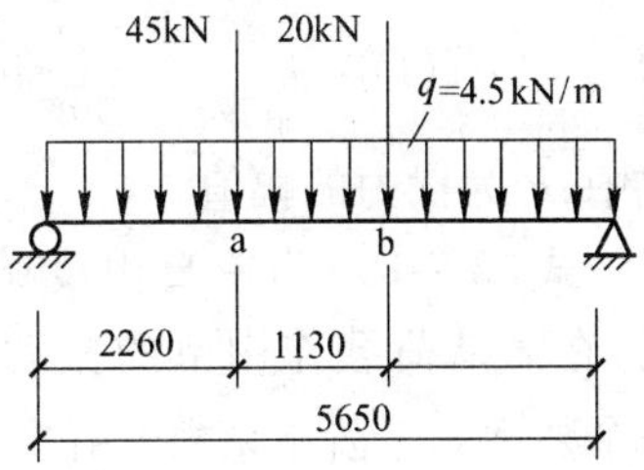

图2-4　梁上作用荷载图

计算如下:

$$q=4.5\mathrm{kN/m},m_u=\frac{4.5}{9.81}=0.459\mathrm{t/m}$$

$$P_a=45\mathrm{kN},m_a=\frac{45}{9.81}=4.59\mathrm{t}$$

$$P_b=20\mathrm{kN},m_b=\frac{20}{9.81}=2.04\mathrm{t}$$

由附录C可得振型 $y_a=y_b=0.951$,则由式(2-16)可得

$$m_a=\frac{m_u\cdot\dfrac{L}{2}+m_a y_a^2+m_b y_b^2}{y_a^2}=\frac{0.459\times\dfrac{5.65}{2}}{0.951^2}+\frac{(4.59+2.04)\times0.951^2}{0.951^2}=8.061\mathrm{t}$$

梁a点处的刚度 k_a 为

$$k_a=\frac{3\times0.206\times10^9\times0.15796\times10^{-3}\times5.65}{2.26^2\times3.39\times10^2}=9396.54\mathrm{kN/m}$$

则

$$\omega_1=\sqrt{\frac{k_a}{m_a}}=\sqrt{\frac{9396.54}{8.06}}=34.14\mathrm{rad/s}$$

如果由式(2-13)计算集中质量,$x_a/L=2.26/5.65=0.4$,从表2-1可查得 $\alpha_a=0.890$,同样 $\alpha_b=0.890$,$\alpha=0.485$,$\eta=48$。则由式(2-13),可得

$$m_s=m_u\alpha_L+\alpha_a m_a+\alpha_b m_b=0.459\times0.485\times5.65+(4.59+2.04)\times0.890=7.158\mathrm{t}$$

由式(2-14),可得

$$\omega_1=\sqrt{\frac{\eta EI}{m_s L^3}}=\sqrt{\frac{48\times0.206\times10^9\times0.15796\times10^{-3}}{7.158\times5.65^3}}=34.78\mathrm{rad/s}\approx34.14\mathrm{rad/s}$$

以上所述两种集中质量的简化计算方法是近似的,从该算例可以看出,两种方法计算的结果相差无几。可以认为,上述把质量集中于任意点的方法也是可行的,一般也能满足工程的需要。而且把质量集中于任意点(例如机器作用点),可以方便地计算出该点的振动线位移和振动速度。

2.2　梁单自由度体系(不考虑阻尼)在简谐荷载作用下的强迫振动计算

安置在楼层上最普遍的动力机器是旋转(离心)式动力机器,例如离心机、电动机、通风机等。机器在运转时,旋转部件的质量由于偏心作用而产生的动荷载(扰力)为简谐荷载,也就是该动荷载能用正弦或余弦表达。本节将概括地介绍单自由度梁(不考虑阻尼)在简谐荷载作用下振动线位移的计算。

2.2.1 振动线位移计算的表达式

图 2－5(a)所示为一单跨梁,在质点 m 处作用着简谐扰力 $P\sin\theta t$。图 2－5(b)所示为质点在振动到某一位置时所受力的脱离体,其动力平衡方程式为:

$$ky(t)=P\sin\theta t-m\ddot{y}(t)$$

或

$$\ddot{y}(t)+\frac{k}{m}y(t)=\frac{P}{m}\sin\theta t \quad (2-17)$$

即

$$\ddot{y}(t)+\omega^2 y(t)=\frac{P}{m}\sin\theta t \quad (2-18)$$

式中,P 为扰力的幅值。

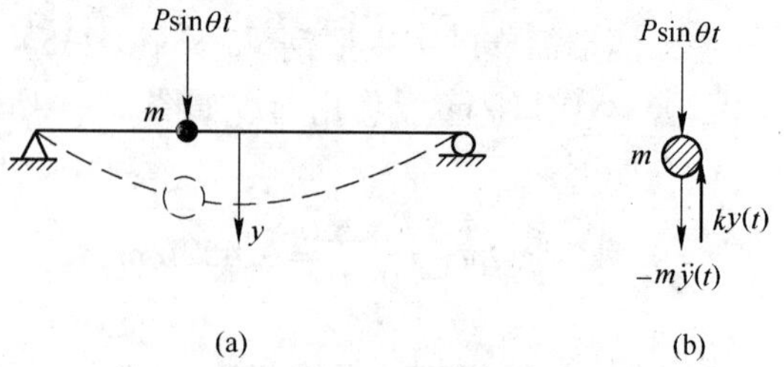

图 2－5　梁单自由度强迫振动动力平衡图

式(2－18)为单自由度梁(不考虑阻尼)在简谐荷载作用下的振动方程。这是一个熟悉的二阶常系数非齐次方程,它的解由齐次解和非齐次解两部分组成,即

$$y(t)=B\cos\omega t+C\sin\omega t+\frac{P}{m(\omega^2-\theta^2)}\sin\theta t \quad (2-19)$$

式中,右边前两项为自由振动,后一项是按简谐荷载以频率为 θ 的振动,称为纯强迫振动。在振动开始自由振动和纯强迫振动都存在时,称为“瞬态”;自由振动消失后只有纯强迫振动时,称为“稳态”。梁的强迫振动计算通常只考虑稳态。于是有

$$y(t)=\frac{P}{m(\omega^2-\theta^2)}\sin\theta t$$

或

$$y(t)=\frac{P}{m\omega^2}\cdot\frac{1}{1-\frac{\theta^2}{\omega^2}}\sin\theta t$$

因为

$$m\omega^2=k$$

设

$$\frac{P}{k}=y^{\mathrm{d}}$$

则

$$y(t)=\frac{P}{k}\cdot\frac{1}{1-\frac{\theta^2}{\omega^2}}\sin\theta t=y^{\mathrm{d}}\frac{1}{1-\frac{\theta^2}{\omega^2}}\sin\theta t$$

令

$$\mu=\frac{1}{1-\frac{\theta^2}{\omega^2}} \quad (2-20)$$

则

$$y(t)=y^{\mathrm{d}}\mu\sin\theta t \quad (2-21)$$

梁在振动中产生的最大振动线位移(幅值)为

$$A=y^{\mathrm{d}}\mu \quad (2-22)$$

式中,μ 称为动力系数;y^{d} 为把扰力幅值作为静荷载作用在梁上产生的静位移,乘以动力系数即得梁的最大振动线位移。

从式(2－20)和式(2－22)可见,欲想减小振动线位移,就要设法减小 μ 的绝对值。当 $\theta^2/\omega^2=1.0$,即扰力频率与梁的自振频率相等时,梁的振动线位移从理论上讲为无限大,即称为共振状态时的峰值。

2.2.2 振动幅值方程

如图 2-6(a)所示，在梁的质点 m 处作用着扰力 $P\sin\theta t$，惯性作用、扰力和位移都按 $\sin\theta t$ 变化，且同时达到最大值。图 2-6(b)所示为梁质点 m 在位移为幅值 A 时的受力状态，其动力平衡方程为

$$kA = P + m\theta^2 A \tag{2-23}$$

或

$$A(k - m\theta^2) = P$$

即

$$A = \frac{P}{k - m\theta^2} = \frac{P}{k} \cdot \frac{1}{1 - \frac{\theta^2}{\omega^2}} = y^{d}\mu \tag{2-24}$$

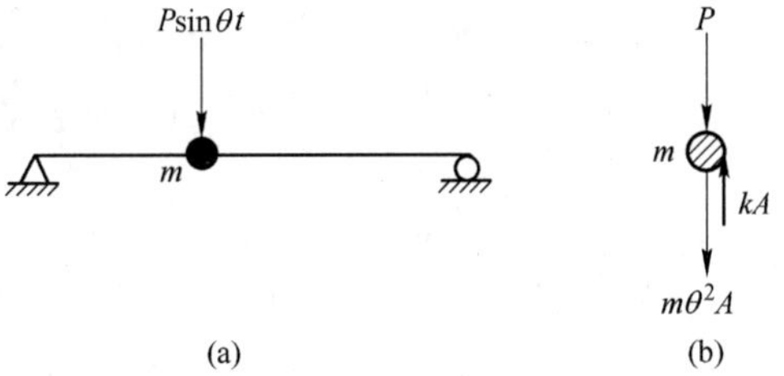

图 2-6 梁振动幅值动力平衡图

式(2-24)与式(2-22)完全相同。

列幅值方程，就是把扰力幅值和惯性作用幅值在结构作用处列出动力平衡方程，这样得出的方程是代数方程而不是微分方程，比较简便。

2.2.3 工程实例

A 计算条件

某工程氧化车间为四层钢筋混凝土框架结构，第三层支承设备的梁为钢梁，铺 6mm 厚的花纹钢板，在该层上安装一台风机，梁与风机的布置如图 2-7 所示。12 号风机为皮带传动，重量为 25kN，转速为 750r/min，转动部件重量为 2.5kN(由风机生产厂家提供)，从表 1-1 查得偏心距 $e = 0.4 \times 10^{-3}$m。支承风机的为热轧 H 型钢 HM450×300，截面惯性矩 $I = 0.54067 \times 10^{-3}\text{m}^4$。要求计算支承梁跨中振动线位移。

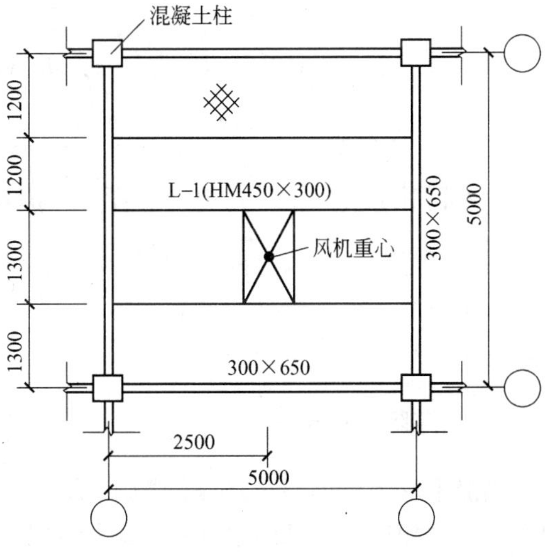

图 2-7 梁与风机布置图

B 自振频率计算：

荷载：活荷载取 1.0kN/m^2；钢梁 L-1 自重为 1.208kN/m；钢板、次梁和加劲肋等重量之和为 1.0kN/m^2，则

$$q = (1.0 + 1.0)\frac{1.3 + 1.2}{2} + 1.208$$

$$= 3.708\text{kN/m}$$

$$m_u = \frac{3.708}{9.81} = 0.378\text{t/m}$$

风机重

$$P_1 = \frac{25}{2} = 12.5\text{kN}$$

$$m_1 = \frac{12.5}{9.81} = 1.274\text{t}$$

计算简图如图 2-8 所示。

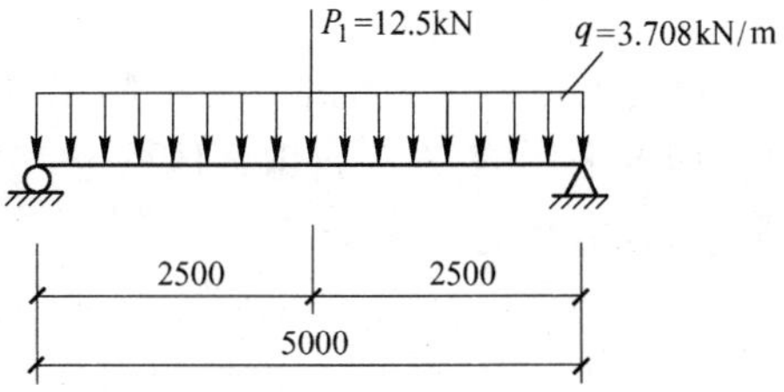

图 2-8 梁上作用荷载图

$x_1/L=2.5/5.0=0.5$，查表2－1，可知$\alpha_1=1.0$，$\alpha=0.485$，$\eta=48$，代入式（2－13），有

$$m_s=0.378\times0.485\times5.0+1.0\times1.274=2.191\text{t}$$

由式（2－14），可得

$$\omega_1=\sqrt{\frac{\eta EI}{m_s L^3}}=\sqrt{\frac{48\times0.206\times10^9\times0.54067\times10^{-3}}{2.191\times5.0^3}}=139.715\text{rad/s}$$

则$\dfrac{\theta}{\omega_1}=\dfrac{0.105\times750}{139.715}=0.564<0.75$，故在共振区外工作，可不考虑阻尼作用。

C　振动线位移计算

由式（1－1）计算扰力P，

$$P=me\theta^2=\frac{2.5}{2}\times0.4\times10^{-3}\times(0.105\times750)^2=3.101\text{kN}$$

$$\mu=\frac{1}{1-\dfrac{\theta^2}{\omega^2}}=\frac{1}{1-\dfrac{78.75^2}{139.715^2}}=1.466$$

梁跨中刚度

$$k=\frac{48\times0.206\times10^9\times0.54067\times10^{-3}}{5.0^3}=42769.16\text{kN/m}$$

由式（2－22），可得

$$A=y^{\text{d}}\mu=\frac{P}{k}\cdot\mu=\frac{3.101}{42769.16}\times1.466=0.106\text{mm}$$

由附录B表B－1可知，风机为三类机器，$fe=\dfrac{750}{60}=12.5\text{Hz}$，从附录A图A－1查得允许振动线位移为$[A]=0.125\text{mm}>0.106\text{mm}$，则该机器振动线位移在允许振幅内，安全。

2.3　单自由度体系（考虑阻尼作用）振动计算概述

对于阻尼理论，国内外相关专著早已进行了详细的论述，本书只做一概括的说明，以使读者对阻尼的一些基本概念和运用方法有所了解。目前采用的主要有两种阻尼理论，即黏滞阻尼理论和滞变阻尼理论。

2.3.1　黏滞阻尼理论

黏滞阻尼理论的要点，是阻尼力的大小与质点的振动速度成正比，阻尼力的方向与质点的振动方向相反。这种阻尼理论主要用于块式基础的振动。

自由振动方程为

$$m\ddot{y}(t)+c\dot{y}(t)+ky(t)=0$$

式中，$c\dot{y}(t)$为阻尼力，c为阻尼系数。阻尼对自振频率影响很小，因此在计算自振频率时，一般不考虑阻尼的影响，对多自由度体系也是如此。

强迫振动方程为

$$m\ddot{y}(t)+c\dot{y}(t)+ky(t)=P(t)$$

或

$$\ddot{y}(t)+2\delta\dot{y}(t)+\omega^2y(t)=\frac{P(t)}{m}$$

其中
$$2\delta=\frac{c}{m}$$

强迫振动方程的稳态解为

$$y(t)=\frac{P}{k}\frac{1}{\sqrt{\left(1-\frac{\theta^2}{\omega^2}\right)^2+4\delta^2\frac{\theta^2}{\omega^2}}}\cos(\theta t-\beta) \tag{2-25}$$

式中,δ 为振动体系衰减系数。

$$\beta=\arctan\frac{2\delta\theta}{\omega^2-\theta^2}$$

2.3.2 滞变阻尼理论

结构在振动过程中,非弹性阻尼力的数值等于 γs,s 表示弹性恢复力的幅度,γ 为非弹性阻力系数,非弹性力 γs 超前弹性力 s 的相角差为$\frac{\pi}{2}$。这种阻尼理论主要用于刚架等结构的振动。

自由振动方程为

$$m\ddot{y}(t)+k(1+i\gamma)y(t)=0$$

式中,i 为虚数。阻尼对自振频率的影响同样可以忽略不计。

强迫振动方程为

$$m\ddot{y}(t)+k(1+i\gamma)y(t)=P(t)$$

或
$$\ddot{y}(t)+\omega^2(1+i\gamma)y(t)=\frac{P(t)}{m}$$

式中,$P(t)$ 为简谐扰力的复数表达形式。

该方程的稳态解为

$$y(t)=\frac{P}{k}\frac{1}{\sqrt{\left(1-\frac{\theta^2}{\omega^2}\right)^2+\gamma^2}}\cos(\theta t-\beta) \tag{2-26}$$

或
$$y(t)=y^{\mathrm{d}}\mu\cos(\theta t-\beta)$$

式中

$$\mu=\frac{1}{\sqrt{\left(1-\frac{\theta^2}{\omega^2}\right)^2+\gamma^2}}$$

$$y^{\mathrm{d}}=\frac{P}{k}$$

$$\beta=\arctan\frac{\gamma}{1-\frac{\theta^2}{\omega^2}}$$

对 γ 的近似取值如下:钢结构 0.02,混凝土结构 0.1,透平发电机类混凝土基础 0.125。

2.3.3 工程实例

该工程为外资化工厂的消防水泵房,标高 0.15m 层为钢筋混凝土结构架空地面,在其上面安装有消防水泵机组。架空地面相当于楼层，所以对支承泵的梁需要进行振动计算。楼层梁的振动限值、泵的扰力值及设备重量等均由外商业主提供。业主为了加快工程的建设进度，在有关动力计算条件不完全具备的情况下就已发出桩位图并沉桩完毕。支承泵的梁未布置桩。

A　计算条件

(1)消防泵型号为XBD9.0/200－S，电动机型号为YKK4003－4，功率为315kW，转速为1500r/min，总重62kN。

(2)扰力为17.3kN，允许振动速度为7.1mm/s。

(3)该工程为软土地基，地基处理采用预制钢筋混凝土方桩，方桩尺寸为300mm×300mm×14500mm。机组及其支承结构布置如图2－9所示，架空地面板的厚度为150mm。

(4)支承结构混凝土强度等级为C40。

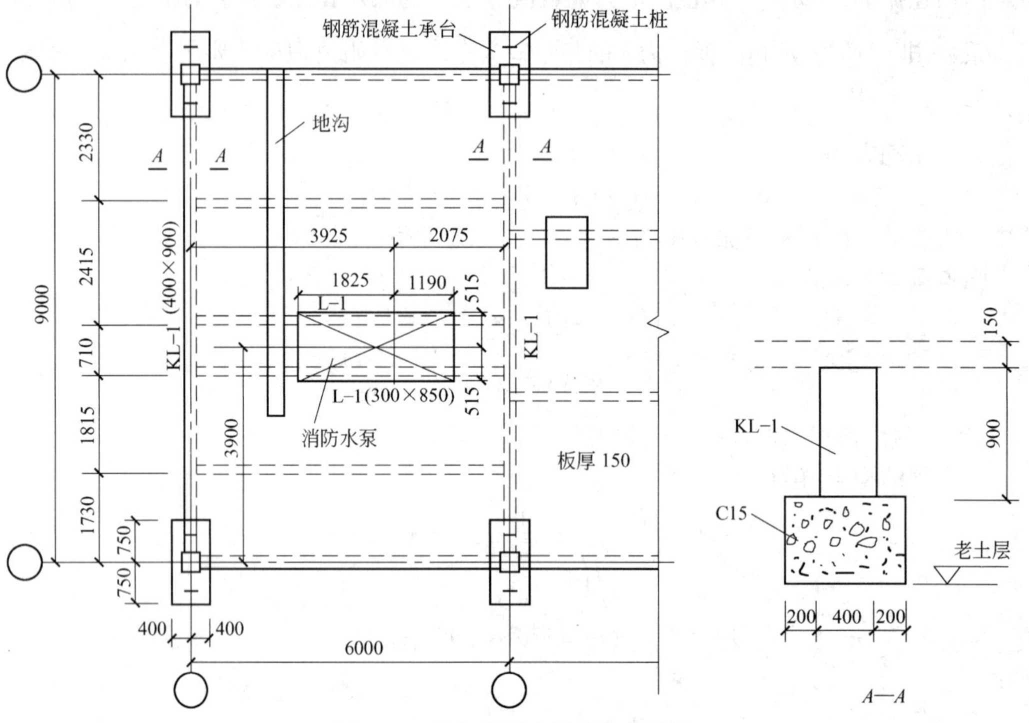

图2－9　机组及其支承结构布置图

B　L－1振动计算

梁截面尺寸250mm×650mm是在满足承载力计算的前提下确定的。以下首先按该截面进行振动验算。

a　荷载

(1)活荷载取1.0kN/m^2，其中包括小型设备、管道等的荷载，由管道专业提供；

(2)梁自重为0.25×0.65×25×2＝8.125kN/m；

(3)混凝土板自重为2.825×0.15×25＝10.594kN/m；

(4)混凝土墩自重1.03×3.015×0.3×25＝23.291kN，近似按集中荷载考虑并作用在设备重心处；

(5)设备自重为62kN。

b 按两端简支梁计算

支承 L－1 梁的主梁 KL－1 是框架横梁，两端刚接在桩基承台上，通过承载力计算确定的截面尺寸为 400mm×900mm。主梁的竖向刚度较大，经计算，主梁在与 L－1 梁交接处的竖向刚度和 L－1 梁的竖向刚度(集中荷载作用点 C 点)之比为 5.5 左右(计算过程从略)，这样可以认为 KL－1 为 L－1 的不动支座。集中荷载 $P_C = 23.291 + 62 = 85.291\text{kN}$，均布荷载 $q = 2.825 \times 1.0 + 10.594 + 8.125 = 21.544\text{kN/m}$。计算简图如图 2－10 所示。

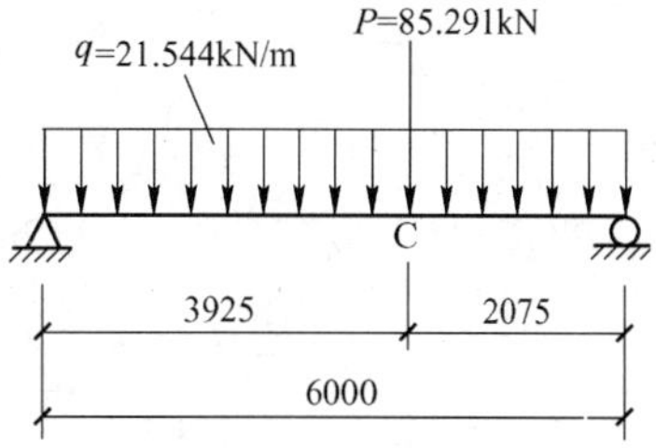

图 2－10 两端简支梁计算图

把质量集中到 C 点，则

$$m_u = \frac{q}{g} = 21.544/9.81 = 2.196\text{t/m}$$

$P_C = 85.291\text{kN}$，则

$$m_C = \frac{P_C}{g} = 85.291/9.81 = 8.694\text{t}$$

由附录 C 得振型 $y_C = 0.88$，由式(2－16)，可得

$$m_C = \frac{m_u \frac{L}{2} + m_C y_C^2}{y_C^2} = \frac{2.196 \times \frac{6.0}{2} + 8.694 \times 0.88^2}{0.88^2} = 17.201\text{t}$$

C40 混凝土弹性模量 $E_c = 0.325 \times 10^8 \text{kN/m}^2$。因楼板布置有地沟，而且楼板和梁又不能很好地成为一体，所以取矩形截面计算梁的截面惯性矩，$I = \frac{1}{12} \times 0.25 \times 0.65^3 \times 2 = 0.01144\text{m}^4$。

L－1 上 C 点处的刚度为

$$k_C = \frac{3 \times 0.325 \times 10^8 \times 0.01144 \times 6}{3.925^2 \times 2.075^2} = 0.1009 \times 10^6 \text{kN/m}$$

则

$$\omega = \sqrt{\frac{k_C}{m_C}} = \sqrt{\frac{0.1009 \times 10^6}{17.201}} = 76.589\text{rad/s}$$

$\theta/\omega = \frac{0.105 \times 1500}{76.589} = \frac{157.5}{76.589} = 2.056 > 1.25$，故在共振区外工作，可不考虑阻尼。

由式(2－20)，可得

$$\mu = \frac{1}{1 - \frac{\theta^2}{\omega^2}} = \frac{1}{1 - \frac{157.5^2}{76.589^2}} = 0.31$$

由式(2－22)，可得

$$A_C = y_C^d \mu = \frac{P_C}{k_C} \cdot \mu = \frac{17.3}{0.1009 \times 10^6} \times 0.31 = 0.532 \times 10^{-4}\text{m} = 0.0532\text{mm}$$

$v_C = \theta A_C = 157.5 \times 0.0532 = 8.379\text{mm/s} > 7.1\text{mm/s}$，不满足。

把梁截面改为 350mm×850mm(如果把梁截面改小，则承载力不允许)，此时，计算结果如下：

$$q = 21.544 - 8.125 + 0.35 \times 0.85 \times 25 \times 2 = 28.294\text{kN/m}$$

$$m_u = 28.294/9.81 = 2.884\text{t/m}$$

$$m_C=\frac{2.884\times\frac{6}{2}+8.694\times0.88^2}{0.88^2}=19.867\text{t}$$

$$I=\frac{1}{12}\times0.35\times0.85^3\times2=0.0358\text{m}^4$$

$$k_C=\frac{3\times0.325\times10^8\times0.0358\times6}{3.925^2\times2.075^2}=315735\text{kN/m}$$

则
$$\omega=\sqrt{\frac{k_C}{m_C}}=\sqrt{\frac{315735}{19.867}}=126.065\text{rad/s}$$

$\theta/\omega=157.5/126.065=1.244<1.25$，故在共振区内工作，要考虑阻尼的作用，则

$$\mu=\frac{1}{\sqrt{\left(1-\frac{\theta^2}{\omega^2}\right)^2+\gamma^2}}=\frac{1}{\sqrt{\left(1-\frac{157.5^2}{126.065^2}\right)^2+0.1^2}}=1.755$$

$A_C=\frac{P_C}{k_C}\cdot\mu=\frac{17.3}{315735}\times1.755=0.962\times10^{-4}\text{m}=0.0962\text{mm}$，不满足。

有趣的是，加大梁截面后，振动线位移反而大了，主要原因是，梁截面加大提高了自振频率，进入了共振区工作，动力系数 μ 由 0.31 增大到 1.755，振动线位移自然就加大了。这同时也说明一个问题，有时结构振动超过了限值，有关工程师不分青红皂白就盲目加大结构的刚度（例如盲目加大截面），这样有时会适得其反。

如再加大截面不合适，而且振动质量又不能减小，最后确定改变支座条件将是有效的方法。

C　按两端固定梁计算

梁截面取 300mm × 850mm。

$$I=\frac{1}{12}\times0.3\times0.85^3\times2=0.03071\text{m}^4$$

$$q=21.544-8.125+0.3\times0.85\times25\times2=26.169\text{kN/m}$$

$$m_u=26.169/9.81=2.668\text{t}$$

计算简图如图 2－11 所示。

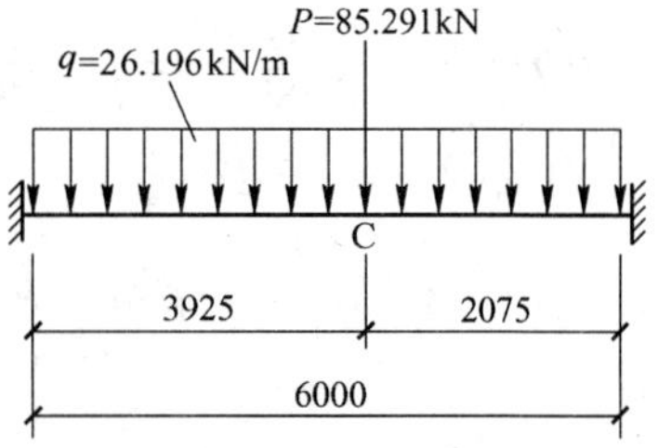

图 2－11　两端固定梁计算图

$$k_C=\frac{3\times0.325\times10^8\times0.03071\times6.0^3}{3.925^3\times2.075^3}=0.11972\times10^7\text{kN/m}$$

由附录 C 得振型 $y_C=0.90$，由式(2－16)，可得

$$m_C=\frac{m_u\frac{L}{2}+m_Cy_C^2}{y_C^2}=\frac{2.668\times\frac{6.0}{2}+8.694\times0.9^2}{0.9^2}=18.575\text{t}$$

则
$$\omega=\sqrt{\frac{k_C}{m_C}}=\sqrt{\frac{0.11972\times10^7}{18.575}}=253.874\text{rad/s}$$

$\theta/\omega=157.5/253.874=0.62<0.75$，故在共振区外工作，可不考虑阻尼作用。

$$\mu=\frac{1}{1-\frac{\theta^2}{\omega^2}}=\frac{1}{1-\frac{157.5^2}{253.874^2}}=1.626$$

$$A_C = \frac{P_C}{k_C} \cdot \mu = \frac{17.3}{0.11972 \times 10^7} \times 1.626 = 0.235 \times 10^{-4} \text{m} = 0.0235\text{mm}$$

$$v_C = 157.5 \times 0.0235 = 3.7\text{mm/s} < 7.1\text{mm/s}，满足。$$

梁两端刚接较大地提高了梁的刚度，从而使自振频率和扰力频率避开了共振，而且使梁处于趋共振前的振动状态，对"抗振"有利。

为了使 L－1 梁的两端达到固定（或接近固定）的假定，必须做如下处理：

（1）KL－1 梁两端与承台要做成可靠的刚接，因为承台是支承在桩上的一个较大块体，KL－1 伸入块体内达到刚接是不成问题的。同时两个 KL－1 之间有 4 道横梁，而且楼板厚度为 150mm，所以 KL－1 具有很大的抗扭转能力，可以认为在 L－1 固端弯矩作用下，KL－1 发生的转角可忽略不计。KL－1 下填 C15 素混凝土垫层（宽 600mm）至老土层，使 L－1 两端不发生竖向位移。

（2）L－1 两端按刚接设计（计算和构造）

上述处理方法是在沉桩后进行动力计算的基础上采用的方法，是从工程实际出发采取的措施，否则可通过调整桩的布置，更好地达到上述假定。

2.4 单跨梁多自由度和无限自由度体系振动计算

本节除概括介绍单跨梁多自由度和无限自由度的振动计算外，还将着重讲述把单跨梁上分布复杂的质量简化为均布质量的方法。

2.4.1 多自由度体系振动计算

前面已经介绍过，楼层梁上作用的荷载往往是比较复杂的。当梁上作用两个或两个以上的集中荷载且比较大时，常常把均布荷载近似地集中到集中荷载处，尤其是在梁上设有多台动力机器时更应如此，这样梁就要按多自由度体系进行分析。下面简要介绍梁的两个自由度体系的振动计算。

2.4.1.1 梁的两个自由度体系自由振动

图 2－12（a）所示的梁上有两个集中质量。梁在自由振动时，质量 m_1 和 m_2 处的惯性作用幅值分别为 $m_1\omega^2A_1$ 和 $m_2\omega^2A_2$，A_1 和 A_2 分别为在 m_1 和 m_2 惯性作用下产生的位移幅值，如图 2－12（b）所示。

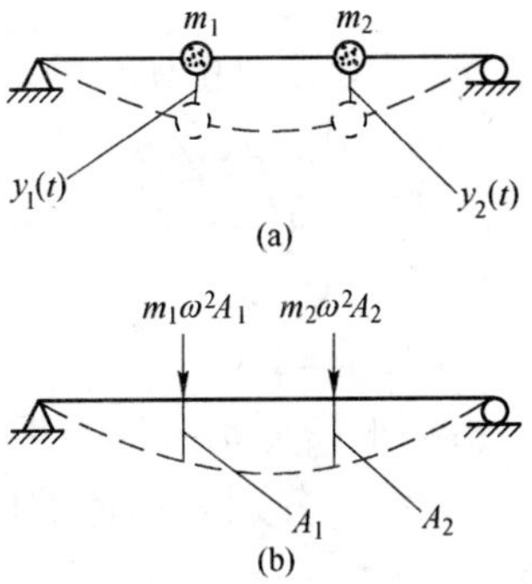

图 2－12 梁的两个自由度体系自由振动图

位移幅值方程为

$$\begin{cases} A_1 = m_1\omega^2A_1\delta_{11} + m_2\omega^2A_2\delta_{12} \\ A_2 = m_1\omega^2A_1\delta_{21} + m_2\omega^2A_2\delta_{22} \end{cases}$$

或

$$\begin{cases} (m_1\delta_{11}\omega^2 - 1)A_1 + m_2\delta_{12}\omega^2A_2 = 0 \\ m_1\delta_{21}\omega^2A_1 + (m_2\delta_{22}\omega^2 - 1)A_2 = 0 \end{cases} \quad (2-27)$$

这是代数齐次方程组。

式中 δ_{11}——在 m_1 处作用单位力时在 m_1 处产生的位移；

δ_{22}——在 m_2 处作用单位力时在 m_2 处产生的位移；

δ_{12}——在 m_2 处作用单位力时在 m_1 处产生的位移；

δ_{21}——在 m_1 处作用单位力时在 m_2 处产生的位移。

$\delta_{12}=\delta_{21}$。

式(2-27)中,A_1 和 A_2 非零解必要且充分的条件是系数行列式等于零。于是,体系的频率方程为

$$\begin{vmatrix} (m_1\delta_{11}\omega^2-1) & m_2\delta_{12}\omega^2 \\ m_1\delta_{21}\omega^2 & (m_2\delta_{22}\omega^2-1) \end{vmatrix}=0 \tag{2-28}$$

将行列式展开并整理后得

$$m_1m_2(\delta_{11}\delta_{22}-\delta_{12}^2)\omega^4-(m_1\delta_{11}+m_2\delta_{22})\omega^2+1=0 \tag{2-29}$$

由此得频率的计算公式为

$$\omega^2=\frac{(m_1\delta_{11}+m_2\delta_{22})\pm\sqrt{(m_1\delta_{11}+m_2\delta_{22})^2-4m_1m_2(\delta_{11}\delta_{22}-\delta_{12}^2)}}{2m_1m_2(\delta_{11}\delta_{22}-\delta_{12}^2)} \tag{2-30}$$

如果质量分布是对称的,则 $m_1=m_2=m$,$\delta_{11}=\delta_{22}$,式(2-30)可简化为

$$\omega^2=\frac{\delta_{11}+\delta_{12}}{m(\delta_{11}^2-\delta_{12}^2)}$$

所以

$$\begin{cases}\omega_1^2=\dfrac{1}{m(\delta_{11}+\delta_{12})}\\ \omega_2^2=\dfrac{1}{m(\delta_{11}-\delta_{12})}\end{cases} \tag{2-31}$$

如果两质点位于梁的三分点,如图 2-13(a)所示,且质量相等、梁是等截面的,则可得

$$\delta_{11}=\delta_{22}=\frac{8L^3}{486EI}$$

$$\delta_{21}=\delta_{12}=\frac{7L^3}{486EI}$$

由式(2-31)求得 ω_1 和 ω_2:

$$\omega_1=5.69\sqrt{\frac{EI}{mL^3}}$$

$$\omega_2=22.05\sqrt{\frac{EI}{mL^3}}$$

ω_1 为体系自由振动的第一频率,ω_2 为第二频率。

将 ω_1 代入式(2-27)中任一式,可得 $A_{11}=A_{21}$,A_{11} 和 A_{21} 如图 2-13(b)所示,可取 $A_{11}=1.0$;将 ω_2 代入式(2-27)中任一式,可得 $A_{12}=-A_{22}$,A_{12} 和 A_{22} 如图 2-13(c)所示,可取 $A_{12}=1.0$。

A_{11} 和 A_{21} 分别表示体系以 ω_1 振动时 1 点和 2 点的位移;A_{12} 和 A_{22} 分别表示体系以 ω_2 振动时 1 点和 2 点的位移。

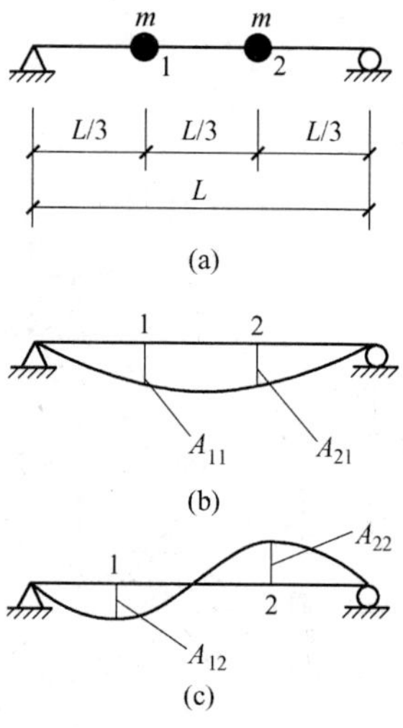

图 2-13　梁两个自由度振型图

由式(2-27)齐次方程组求得两点的位移只能是两者的比值。体系自由振动时,质点 1 和质点 2 的位移为振型,

如图2-13(b)、(c)所示,由于该位移是由惯性作用产生的,所以振型是振动体系由惯性作用引起的静力位移形式。

另外,由图2-13可得

$$mA_{11}\omega_1^2A_{12}+mA_{21}\omega_1^2A_{22}=\omega_1^2[m\times1\times1+m\times1\times(-1)]=0$$

上式计算结果表示第一振型上的惯性作用在第二振型上做的功等于零。由此也可以写为

$$\sum_{s=1}^{n} m_s y_{si}\times y_{sj}=0 \tag{2-32}$$

式中　m_s——作用在体系 s 点的质量,t;

y_{si}——体系第 i 振型 s 点的位移,m;

y_{sj}——体系第 j 振型 s 点的位移,m。

式(2-32)称为振型的正交性。

振型的正交性也即从一个体系的诸振型中任取两个不同频率的振型,一个振型上的惯性作用在另一个振型上做的功等于零。振型的正交性是一个很重要的性质,在振动中经常应用这个性质。

多于两个自由度体系的自由振动计算,其原理与两个自由度体系的相同,在此就不多叙述了。

2.4.1.2　采用振型分解法计算多自由度体系强迫振动简介

设体系共有 n 个质点,每个质点对应有一个自由度。质点 s 的质量以 m_s 表示,位移以 $y_s(t)$ 表示。n 个质点共有 n 个振型,振型 i 上质点 s 的位移以 y_{si} 表示。将各质点的位移按振型分解,其中 s 点的位移表示为

$$y_s(t)=\sum_{i=1}^{n} y_{si}q_i(t) \tag{2-33}$$

式中,$q_i(t)$ 为广义坐标(主坐标),由下列微分方程式确定:

$$\ddot{q}_i(t)+(1+i\gamma)\omega_i^2q_i(t)=\frac{\overline{F}_i(t)}{\overline{M}_i} \tag{2-34}$$

其中

$$\overline{F}_i(t)=\sum_{s=1}^{n} F_s(t)y_{si} \tag{2-35}$$

式中,$F_s(t)$ 为作用在质点 s 上的外荷载。式(2-35)表示各质点 s 上的外荷载在 i 振型时在 s 点上做功的总和。

$$\overline{M}_i=\sum_{s=1}^{n} m_s y_{si}^2 \tag{2-36}$$

外荷载 $F_s(t)$ 可写为作用在质点上的复荷载 $P_s e^{i\theta t}$,于是 $\overline{F}_i(t)$ 可写为

$$\overline{F}_i(t)=\sum_{s=1}^{n} P_s e^{i\theta t}y_{si}=\left(\sum_{s=1}^{n} P_s y_{si}\right)e^{i\theta t}=\overline{P}_i e^{i\theta t} \tag{2-37}$$

其中

$$\overline{P}_i=\sum_{s=1}^{n} P_s y_{si} \tag{2-38}$$

于是式(2-34)可改写为

$$\ddot{q}_i(t)+(1+i\gamma)\omega_i^2q_i(t)=\frac{\overline{P}_i e^{i\theta t}}{\overline{M}_i} \tag{2-39}$$

从式(2－39)与单质点体系考虑滞变阻尼理论的强迫振动微分方程式的比较可以看出,广义坐标 $q_i(t)$ 相当于一个单质点的位移,如图 2－14 所示。单质点体系的阻尼系数与所考虑体系的阻尼系数相同,质点的质量为 $\overline{M}_i$,自振频率等于所考虑体系振型 i 的自振频率 ω_i,质点上的外荷载为 $\overline{P}_i e^{i\theta t}$。

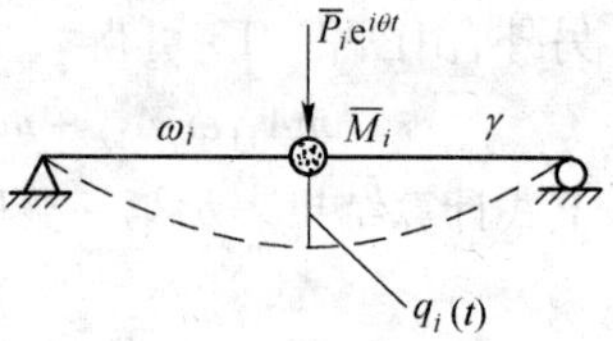

图 2－14　折算体系图

我们可以称这样的单质点体系为振型 i 的折算体系;$\overline{M}_i$ 为振型 i 的折算质量;$\overline{P}_i e^{i\theta t}$ 为振型 i 的折算荷载。

于是 $q_i(t)$ 的表述式就可以利用已有的单质点体系强迫振动位移的表达式。例如,当外荷载为 $\overline{F}_s(t) = P_s \sin\theta t\,(s = 1, 2, \cdots, n)$ 时,稳态振动的表达式为

$$q_i(t) = Y_i^{\mathrm{d}} \mu_i \sin(\theta t - \beta_i) \tag{2－40}$$

式中,Y_i^{d} 为在振型 i 的折算荷载幅值 $\overline{P}_i$ 静力作用下折算体系产生的位移。

$$Y_i^{\mathrm{d}} = \frac{\overline{P}_i}{\overline{M}_i \omega_i^2} \tag{2－41}$$

事实上,$\overline{M}_i \omega_i^2 = \overline{K}_i$,$\overline{K}_i$ 为折算体系的刚度。

动力系数 μ_i 为

$$\mu_i = \frac{1}{\sqrt{\left(1 - \dfrac{\theta^2}{\omega_i^2}\right)^2 + \gamma^2}} \tag{2－42}$$

$$\tan\beta_i = \frac{\gamma}{1 - \dfrac{\theta^2}{\omega_i^2}} \tag{2－43}$$

采用振型分解法计算稳态强迫振动的步骤归纳为:

(1)计算出结构所有的自振频率和振型;

(2)由式(2－36)和式(2－38)计算出各振型的折算质量 $\overline{M}_i$ 和折算荷载幅值 $\overline{P}_i$;

(3)由式(2－40)计算出各振型的广义坐标幅值;

(4)由式(2－33)计算位移。

2.4.1.3　工程实例

某化工厂合成车间为多层现浇钢筋混凝土刚架结构,其中在标高 22.98m 的一根梁上(主梁)设有一台排风鼓风机(型号为 10－16No7.4,自重为 12kN,转速为 1500r/min)和一台电动机(型号为 YB225M－2,自重为 4.2kN,转速为 1500r/min),梁跨度 $L = 6.0$m,梁截面尺寸为 300mm × 800mm,混凝土强度等级为 C25,梁两端与柱子固接。该梁承受的荷载主要是次梁传递的荷载以及设备重量和梁自重,由于梁自重相对较小,所以把梁自重近似地集中到两个次梁的作用点即 1 点(也是风机作用点)和 2 点,构成两个自由度体系。经计算 $m_1 = 12.74$t,$m_2 = 7.76$t(数值计算过程从略)。计算简图如图 2－15 所示。

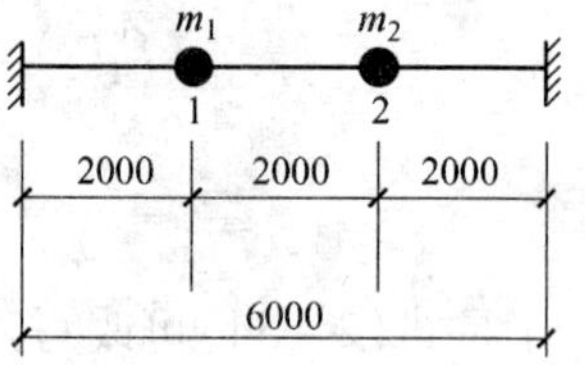

图 2－15　两端固定梁两个自由度振动计算图

混凝土弹性模量 $E_c = 0.28\times10^8\text{kN/m}^2$，梁截面惯性矩 $I=\frac{1}{12}\times0.3\times0.8^3\times2=0.0256\text{m}^4$。

按两端固定的两个自由度体系考虑，采用振型分解法进行强迫振动计算。

A 自由振动计算

$$\delta_{11}=\frac{2^3\times4^3}{3E_cI\times6.0^3}=\frac{0.79}{E_cI}=\delta_{22}$$

$$\delta_{21}=\delta_{12}=\frac{2^2\times2^2}{6E_cI\times6}\left[3\times\frac{2}{3}-\left(1+2\times\frac{2}{3}\right)\frac{1}{3}\right]=\frac{0.543}{E_cI}$$

代入式(2-30)，可得

$$\omega^2=\frac{(m_1\delta_{11}+m_2\delta_{22})\pm\sqrt{(m_1\delta_{11}+m_2\delta_{22})^2-4m_1m_2(\delta_{11}\delta_{22}-\delta_{12}^2)}}{2m_1m_2(\delta_{11}\delta_{12}-\delta_{12}^2)}$$

$$=\frac{\left(12.74\times\frac{0.79}{E_cI}+7.76\times\frac{0.79}{E_cI}\right)\pm\sqrt{\left(\frac{0.79}{E_cI}\right)^2(12.74+7.76)^2-4\times12.74\times7.76\left[\left(\frac{0.79}{E_cI}\right)^2-\left(\frac{0.543}{E_cI}\right)^2\right]}}{2\times12.74\times7.76\left[\left(\frac{0.79}{E_cI}\right)^2-\left(\frac{0.543}{E_cI}\right)^2\right]}$$

$$=E_cI(0.2488\pm0.1765)$$

将 E_c 和 I 值代入上式可得

$$\omega_1=227.65\text{rad/s}$$
$$\omega_2=552.14\text{rad/s}$$

将 ω_1^2 代入式(2-27)中任一式得

$$\left(12.74\frac{0.79}{E_cI}\times227.65^2-1\right)A_{11}+7.76\frac{0.543}{E_cI}\times227.65^2\times A_{21}=0$$

计算得：$-0.272A_{11}+0.305A_{21}=0$

取 $A_{11}=1$，则 $A_{21}=0.892$。

将 ω_2^2 代入式(2-27)中任一式得

$$\left(12.74\frac{0.79}{E_cI}\times552.14^2-1\right)A_{12}+7.76\frac{0.543}{E_cI}\times552.14^2A_{22}=0$$

计算得：$3.28A_{12}+1.792A_{22}=0$

取 $A_{12}=1$，则 $A_{22}=-1.83$。

振型如图2-16所示。

B 鼓风机和电动机扰力计算

从表1-1查得鼓风机的偏心距 $e=0.4\times10^{-3}$m，转动部分重量为1.4kN，则扰力幅值 P 为：

$$P=me\theta^2=1.4\times0.4\times10^{-3}\times(0.105\times1500)^2=13.892\text{kN}$$

电动机扰力忽略不计。

C 竖向振动线位移和振动速度计算

由式(2-36)计算折算质量，即

$$\overline{M}_1=m_1y_{11}^2+m_2y_{21}^2=12.74\times1.0^2+7.76\times0.892^2=18.91\text{t}$$

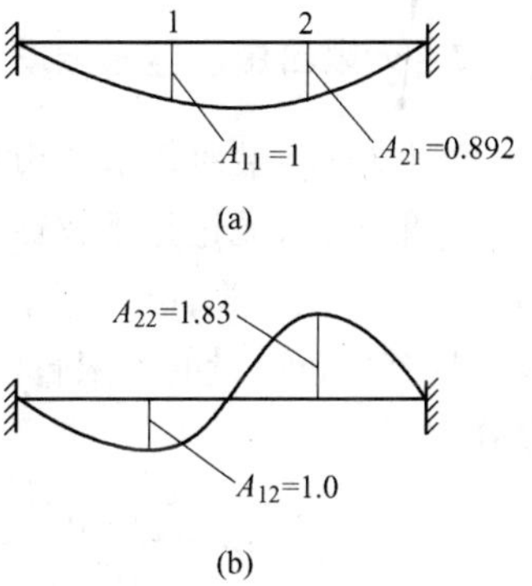

图2-16 两端固定梁两个自由度振型图

$$\overline{M}_2 = m_1 y_{12}^2 + m_2 y_{22}^2 = 12.74 \times 1.0^2 + 7.76 \times (-1.83)^2 = 38.73\text{t}$$

由式(2－38)计算折算荷载幅值，即

$$\overline{P}_1 = P_1 y_{11} + P_2 y_{21} = 13.892 \times 1.0 + 0 \times 0.892 = 13.892\text{kN}$$

$$\overline{P}_2 = P_1 y_{12} + P_2 y_{22} = 13.892 \times 1.0 + 0 \times (-1.83) = 13.892\text{kN}$$

由式(2－41)计算折算荷载静位移，即

$$Y_1^{\rm d} = \frac{\overline{P}_1}{\overline{M}_1 \omega_1^2} = \frac{13.892}{18.91 \times 227.65^2} = 0.1418 \times 10^{-4}\text{m}$$

$$Y_2^{\rm d} = \frac{\overline{P}_2}{\overline{M}_2 \omega_2^2} = \frac{13.892}{38.73 \times 552.14^2} = 0.01176 \times 10^{-4}\text{m}$$

则 $\theta = 0.105 \times 1500 = 157.5\text{rad/s}$，$\theta/\omega_1 = 157.5/227.65 = 0.693 < 0.75$，$\theta/\omega_2 = 157.5/552.14 = 0.285 < 0.75$，都在共振区外工作，即结构振动为超共振后，故不考虑阻尼的作用。

由式(2－42)计算动力系数，即

$$\mu_1 = \frac{1}{\sqrt{\left(1 - \frac{\theta^2}{\omega_1^2}\right)^2 + \gamma^2}} = \frac{1}{\sqrt{\left(1 - \frac{157.5^2}{227.65^2}\right)^2}} = 1.918$$

$$\mu_2 = \frac{1}{\sqrt{\left(1 - \frac{\theta^2}{\omega_2^2}\right)^2 + \gamma^2}} = \frac{1}{\sqrt{\left(1 - \frac{157.5^2}{552.14^2}\right)^2}} = 1.089$$

由式(2－40)计算广义坐标幅值，即

$$q_1 = Y_1^{\rm d} \mu_1 = 0.1418 \times 10^{-4} \times 1.918 = 0.272 \times 10^{-4}\text{m}$$

$$q_2 = Y_2^{\rm d} \mu_2 = 0.01176 \times 10^{-4} \times 1.089 = 0.0128 \times 10^{-4}\text{m}$$

由式(2－33)计算质点 1 处的位移，即

$$y_1 = y_{11} q_1 + y_{12} q_2 = 1.0 \times (0.272 \times 10^{-4} + 0.0128 \times 10^{-4}) = 0.285 \times 10^{-4}\text{m} = 0.0285\text{mm}$$

由附录 B 表 B－1 可知，该鼓风机和小型电机属于Ⅲ类机器，$f_{\rm e} = \frac{1500}{60} = 25\text{Hz}$，允许振动线位移为 $[A] = 0.064\text{mm}$，允许振动速度为 $[v] = 10\text{mm/s}$。则 $y_1 = 0.0285\text{mm} < 0.064\text{mm}$，$v = 0.064 \times 157.5 = 10.08\text{mm/s} \approx 10\text{mm/s}$，故满足要求。

2.4.2　无限自由度体系振动计算

2.4.2.1　梁的无限自由度体系自由振动

一般来说，无论是钢梁或是钢筋混凝土梁都是无限自由度体系，而且质量分布很不规则。为了简化计算，可以把不规则分布的质量通过某种方法（下面介绍）简化为均布质量，成为具有均布质量的无限自由度体系。图 2－17 所示为单跨均布质量的梁，它的自由振动微分方程为

$$EI \frac{\partial^4 y(x,t)}{\partial x^4} + \overline{m} \frac{\partial^2 y(x,t)}{\partial t^2} = 0 \tag{2-44}$$

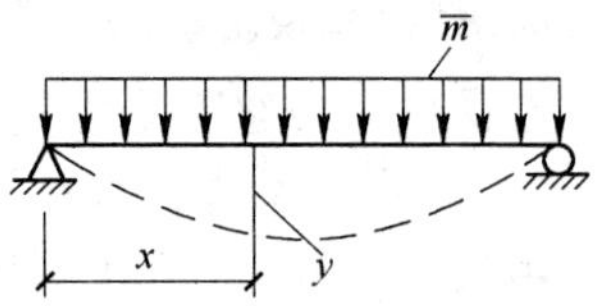

图 2－17　单跨均质梁图

式中，EI 对于等截面的梁为常数；$\overline{m}$ 为梁单位长度上的质量。

采用分离变量法求解式(2－44)，设

$$y(x,t)=y(x)T(t)$$

代入式(2-44)得

$$EI\frac{\mathrm{d}^4y(x)}{\mathrm{d}x^4}T(t)+\overline{m}\frac{\mathrm{d}^2T(t)}{\mathrm{d}t^2}y(x)=0$$

$$\frac{EI\dfrac{\mathrm{d}^4y(x)}{\mathrm{d}x^4}}{\overline{m}\,y(x)}=-\frac{\dfrac{\mathrm{d}^2T(t)}{\mathrm{d}t^2}}{T(t)}$$

这样就把偏微分方程变成了常微分方程。上式左右两边分别是 x 和 t 的函数,因此,等式成立只能是两边均等于一个常数,将该常数表示为 ω^2,则上式变成了两个独立的各自含一个变量的两个微分方程,即

$$\frac{\mathrm{d}^2T(x)}{\mathrm{d}t^2}+\omega^2T(t)=0 \tag{2-45}$$

$$\frac{\mathrm{d}^4y(x)}{\mathrm{d}x^4}-\omega^2\frac{\overline{m}}{EI}y(x)=0 \tag{2-46}$$

式(2-45)的解为

$$T(t)=A\sin(\omega t+\varphi)$$

由此可见,ω 就是体系自振频率。

令

$$\lambda^4=\frac{\overline{m}\,\omega^2}{EI}$$

或

$$\omega=\lambda^2\sqrt{\frac{EI}{\overline{m}}}$$

则式(2-46)变为

$$\frac{\mathrm{d}^4y(x)}{\mathrm{d}x^4}-\lambda^4y(x)=0 \tag{2-47}$$

上式的特征方程为

$$r^4-\lambda^4=0$$

该特征方程的解为 $r=\pm\lambda$ 和 $\pm i\lambda$

式(2-47)的解为

$$y(x)=B\sin\lambda x+C\cos\lambda x+D\mathrm{sh}\lambda x+E\mathrm{ch}\lambda x \tag{2-48}$$

式中,B、C、D 和 E 为任意常数,由边界条件确定。

梁的边界条件如下:

(1)对于两端简支梁,如图2-18(a)所示,两端支座位移为零,即 $y(o)=y(L)=0$;两端支座弯矩为零,即 $y''(o)=y''(L)=0$。

(2)对于两端固定梁,如图2-18(b)所示,两端支座位移为零,即 $y(o)=y(L)=0$;两端支座转角为零,即 $y'(o)=y'(L)=0$。

(3)对于一端固定一端简支的梁,如图2-18(c)所示,两端位移为零,即 $y(o)=y(L)=0$;固定端转角为零,即 $y'(o)=0$;铰接端弯矩为零,即 $y''(L)=0$。

(4)对于悬臂梁,如图2-18(d)所示,固定端位移和转角为零,即 $y(o)=y'(L)=0$;悬臂端弯矩和剪力为零,即 $y''(L)=y'''(L)=0$。

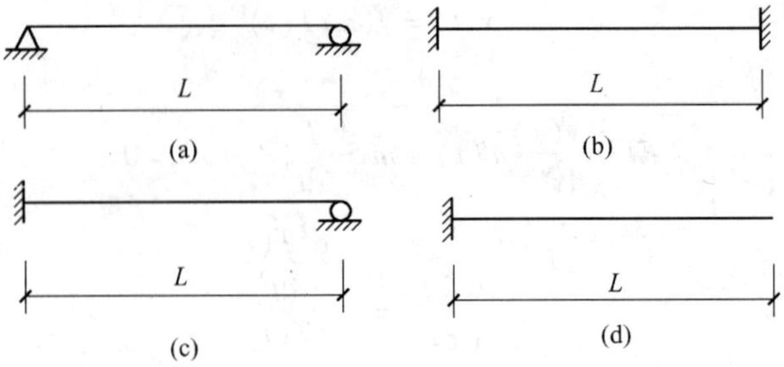

图2-18　梁边界条件图

把梁的边界条件代入式(2-48)所得的方程,经过演算得梁的自振频率如下:

对两端简支梁,有

$$\omega_i = \frac{i^2\pi^2}{L^2}\sqrt{\frac{EI}{\overline{m}}} \quad (i=1,2,3,\cdots) \tag{2-49}$$

对两端固定梁,有

$$\omega_i = \frac{\left(i+\frac{1}{2}\right)^2\pi^2}{L^2}\sqrt{\frac{EI}{\overline{m}}} \tag{2-50}$$

对一端固定一端简支梁,有

$$\omega_i = \frac{\left(i+\frac{1}{4}\right)^2\pi^2}{L^2}\sqrt{\frac{EI}{\overline{m}}} \tag{2-51}$$

对悬臂梁,有

$$\omega_i = \frac{\left(i-\frac{1}{2}\right)^2\pi^2}{L^2}\sqrt{\frac{EI}{\overline{m}}} \tag{2-52}$$

以上四种梁的振型曲线见附录C。

2.4.2.2　采用振型分解法计算无限自由度体系强迫振动简介

梁的无限自由度体系强迫振动计算可以采用直接解算振动方程的方法,也可以采用振型分解法。一般来说,后者比较方便。在此简要介绍采用振型分解法计算无限自由度体系强迫振动的过程。

在实际工程中,梁上作用的简谐外荷载为一个或多个集中荷载,而很少为单纯的线荷载。下面介绍的是具有集中外荷载作用的情况,如图2-19所示。

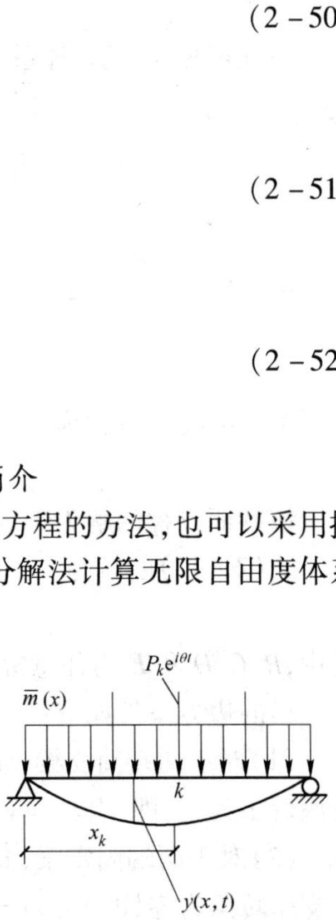

图2-19　梁上有集中简谐外荷载作用图

将梁的位移按振型分解为

$$Y(x,t) = \sum_{i=1}^{\infty} y_i(x)q_i(t) \tag{2-53}$$

式中　$y_i(x)$——梁的振型函数;

$q_i(t)$——广义坐标,由下列微分方程确定:

$$\ddot{q}_i(t) + (1+i\gamma)\omega^2 q_i(t) = \frac{\overline{P}_i}{\overline{M}_i}e^{i\theta t} \tag{2-54}$$

式中
$$\overline{M}_i = \int \overline{m}(x) y_i^2(x)\,\mathrm{d}x \tag{2-55}$$

$$\overline{P}_i = \sum_{k=1}^{n} P_k y_i(x_k) \tag{2-56}$$

广义坐标 $q_i(t)$ 相当于一个单质点的位移；$\overline{M}_i$ 为振型 i 的折算质量；$\overline{P}_i$ 为折算荷载 $\overline{P}_i e^{i\theta t}$ 的幅值。计算过程及其物理意义与有限自由度体系一样，只不过有限自由度体系的量是离散的，而无限自由度体系的量可以是连续的。

2.4.3 集中质量简化为均布质量的方法

2.4.3.1 计算均布质量($\overline{m}$)公式的建立

在 2.1 节介绍过，把梁上分布复杂的质量集中到梁自由振动时位移最大处后按单自由度进行振动计算的方法。而有时根据工程的具体情况，需要把集中质量近似地简化为均布质量，本小节就简要地介绍此方法。

此方法仍是运用能量原理，即

$$U_{\max} = W_{\max}$$

m_u 表示梁在单位长度上的质量，m_j 为梁上的集中质量，$j=1,2,\cdots,n$。梁自由振动时的自振频率如同式(2-7)，即

$$\omega^2 = \frac{\int_0^L EI\left(\frac{\mathrm{d}^2 y(x)}{\mathrm{d}x^2}\right)^2 \mathrm{d}x}{\int_0^L m_u y^2(x)\,\mathrm{d}x + \sum_{j=1}^{n} m_j y_j^2} \tag{2-57}$$

仅具有均布质量 $\overline{m}$ 的梁振动时的最大动能为

$$U_{\max} = \frac{1}{2}\omega^2 \int_0^L \overline{m}\, y^2(x)\,\mathrm{d}x$$

最大位能为

$$W_{\max} = \frac{1}{2}\int_0^L EI\left(\frac{\mathrm{d}^2 y(x)}{\mathrm{d}x^2}\right)^2 \mathrm{d}x$$

根据 $U_{\max} = W_{\max}$ 得自振频率表达式为

$$\omega^2 = \frac{\int_0^L EI\left(\frac{\mathrm{d}^2 y(x)}{\mathrm{d}x^2}\right)^2 \mathrm{d}x}{\int_0^L \overline{m}\, y^2(x)\,\mathrm{d}x} \tag{2-58}$$

令式(2-57)和式(2-58)两式的自振频率和振型相等，即

$$\frac{\int_0^L EI\left(\frac{\mathrm{d}^2 y(x)}{\mathrm{d}x^2}\right)^2 \mathrm{d}x}{\int_0^L \overline{m}\, y^2(x)\,\mathrm{d}x} = \frac{\int_0^L EI\left(\frac{\mathrm{d}^2 y(x)}{\mathrm{d}x^2}\right)^2 \mathrm{d}x}{\int_0^L m_u y^2(x)\,\mathrm{d}x + \sum_{j=1}^{n} m_j y_j^2}$$

则
$$\overline{m}\int_0^L y^2(x)\,\mathrm{d}x = m_u \int_0^L y^2(x)\,\mathrm{d}x + \sum_{j=1}^{n} m_j y_j^2$$

由此得

$$\overline{m} = m_u \frac{\int_0^L y^2(x)\mathrm{d}x}{\int_0^L y^2(x)\mathrm{d}x} + \frac{\sum_{j=1}^{n} m_j y_j^2}{\int_0^L y^2(x)\mathrm{d}x} = m_u + \sum_{j=1}^{n} m_j \frac{y_j^2}{\int_0^L y^2(x)\mathrm{d}x}$$

令

$$K_j = \frac{y_j^2}{\int_0^L y^2(x)\mathrm{d}x} \tag{2-59}$$

则

$$\overline{m} = m_u + \sum_{j=1}^{n} m_j K_j \tag{2-60}$$

式(2－57)～式(2－60)也适用于弹性支座的梁。

$\overline{m}$ 也可表示为

$$\overline{m} = m_u + \frac{1}{L}\sum_{j=1}^{n} m_j \frac{y_j^2}{\frac{1}{L}\int_0^L y^2(x)\mathrm{d}x}$$

令

$$K_j = \frac{y_j^2}{\frac{1}{L}\int_0^L y^2(x)\mathrm{d}x} \tag{2-61}$$

则

$$\overline{m} = m_u + \frac{1}{L}\sum_{j=1}^{n} m_j K_j \tag{2-62}$$

对准标准振型，有

$$\int_0^L y^2(x)\mathrm{d}x = \frac{L}{2}$$

由式(2－61)可得

$$K_j = \frac{y_j^2}{\frac{1}{L}\cdot\frac{L}{2}} = 2y_j^2 \tag{2-63}$$

式中，K_j 称为集中质量换算系数。

利用已有的单跨梁振型曲线（见附录 C），由式(2－63)计算出单跨梁四种支座条件的前三个频率的集中质量换算系数 K_j 值，均列入表 2－2 以供使用，表中 $\alpha_j = \frac{x_j}{L}$。

表 2－2　集中质量换算系数 K_j

梁计算简图	圆频率	α_j										
		0	0.10	0.20	0.30	0.40	0.50	0.60	0.70	0.80	0.90	1.00
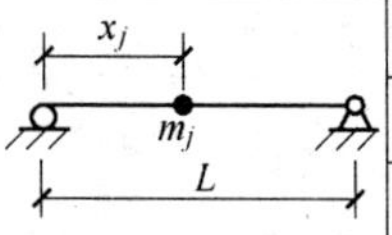	ω_1	0	0.191	0.691	1.310	1.810	2.000	1.810	1.310	0.691	0.191	
	ω_2	0	0.691	1.809	1.809	0.691	0	0.691	1.809	1.809	0.691	
	ω_3	0	1.309	1.809	0.191	0.691	2.000	0.691	0.191	1.809	1.309	
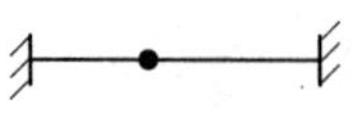	ω_1	0	0.036	0.384	1.201	2.122	2.527	2.122	1.201	0.384	0.036	
	ω_2	0	0.207	1.452	2.268	1.066	0	1.066	2.268	1.452	0.207	
	ω_3	0	0.592	2.268	0.749	0.396	1.980	0.396	0.749	2.268	0.592	

续表 2－2

梁计算简图	圆频率	α_j										
		0	0.10	0.20	0.30	0.40	0.50	0.60	0.70	0.80	0.90	1.00
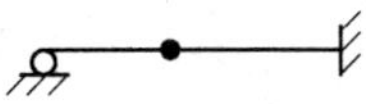	ω_1	0	0.304	1.066	1.843	2.247	2.081	1.445	0.720	0.205	0.018	
	ω_2	0	0.842	1.940	1.438	0.179	0.320	1.737	2.234	1.143	0.141	
	ω_3	0	1.455	1.588	0.013	1.296	1.689	0.040	1.264	2.172	0.476	
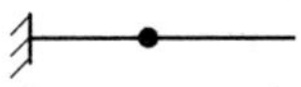	ω_1	0	0.001	0.016	0.074	0.210	0.459	0.848	1.394	2.101	2.977	3.976
	ω_2	0	0.034	0.361	1.110	1.862	2.040	1.391	0.400	0.020	1.098	3.976
	ω_3	0	0.207	1.483	2.290	1.110	0.002	0.900	1.730	0.623	0.210	3.976

2.4.3.2 工程实例

以 2.4.1.3 小节工程实例（图 2－15）为例，介绍把集中质量简化为均布质量 $\overline{m}$ 时的振动计算方法。作用在梁上的荷载如图 2－20 所示。

A 自振频率计算

$$m_u = \frac{6.0}{9.81} = 0.612\text{t/m}$$

$$m_1 = \frac{112.972}{9.81} = 11.516\text{t}$$

$$m_2 = \frac{64.118}{9.81} = 6.536\text{t}$$

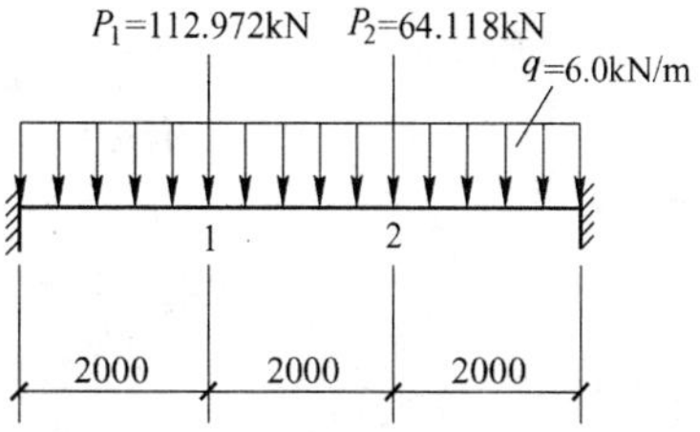

图 2－20 两端固定梁作用荷载图

仅考虑前两个振型。

由表 2－2 查得第一频率集中质量换算系数，$\alpha_1 = \frac{2.0}{6.0} = 0.333$，$K_1^1 = K_2^1 = 1.51$；第二频率集中质量换算系数 $K_2^2 = K_1^2 = 1.87$。

由式（2－62），可得

$$\overline{m}_1 = m_u + \frac{1}{L}(m_1 K_1^1 + m_2 K_2^1) = 0.612 + \frac{1.51(11.516 + 6.536)}{6.0} = 5.155\text{t/m}$$

$$\overline{m}_2 = m_u + \frac{1}{L}(m_1 K_1^2 + m_2 K_2^2) = 0.612 + \frac{1.87(11.516 + 6.536)}{6.0} = 6.238\text{t/m}$$

由式（2－50），可得

$$\omega_1 = \frac{\left(1 + \frac{1}{2}\right)^2 \pi^2}{L^2} \sqrt{\frac{EI}{\overline{m}_1}} = \frac{1.5^2 \pi^2}{6.0^2} \sqrt{\frac{0.28 \times 10^8 \times 0.0256}{5.155}} = 230.02\text{rad/s}$$

$$\omega_2 = \frac{\left(2 + \frac{1}{2}\right)^2 \pi^2}{L^2} \sqrt{\frac{EI}{\overline{m}_2}} = \frac{2.5^2 \pi^2}{6.0^2} \sqrt{\frac{0.28 \times 10^8 \times 0.0256}{6.238}} = 580.84\text{rad/s}$$

则
$$\frac{\theta}{\omega_1} = \frac{157.5}{230.02} = 0.68 < 0.75$$

与按两个自由度计算的 $\omega_1 = 227.65\text{rad/s}$ 相比较，误差仅在 1.0% 左右，与 $\omega_2 = 552.14\text{rad/s}$ 相比较，误差在 5% 左右。

B 振动线位移计算

由附录C查得两端固定梁的振型值，第1点和第2点的第一和第二振型值分别为 $y_1(2.0)=y_1(4.0)=0.89$，$y_2(2.0)=0.99$，$y_2(4.0)=-0.99$，如图2-21所示。

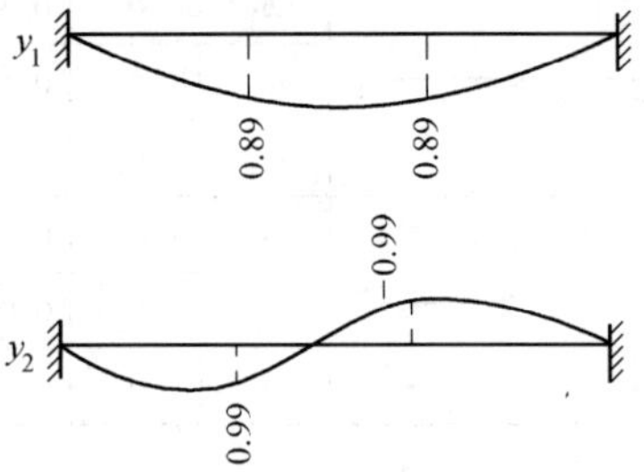

图2-21 两端固定梁两个自由度振型图

由式(2-55)，可得

$$\overline{M}_1=5.155\times\frac{6.0}{2}=15.465\text{t}$$

$$\overline{M}_2=6.238\times3.0=18.714\text{t}$$

由式(2-56)，可得

$$\begin{aligned}\overline{P}_1&=P_1y_1(x_1)+P_2y_1(x_2)\\&=13.892\times0.89+0\times0.89=12.364\text{t}\end{aligned}$$

$$\begin{aligned}\overline{P}_2&=P_1y_2(x_1)+P_2y_2(x_2)\\&=13.892\times0.99+0\times(-0.99)=13.753\text{t}\end{aligned}$$

由式(2-41)，可得

$$Y_1^{\text{d}}=\frac{\overline{P}_1}{\overline{M}_1\omega_1^2}=\frac{12.364}{15.465\times230.02^2}=0.151\times10^{-4}\text{m}$$

$$Y_2^{\text{d}}=\frac{\overline{P}_2}{\overline{M}_2\omega_2^2}=\frac{13.753}{18.714\times580.84^2}=0.218\times10^{-5}\text{m}$$

由式(2-42)，可得

$$\mu_1=\frac{1}{\sqrt{\left(1-\frac{\theta^2}{\omega_1^2}\right)^2+\gamma^2}}=\frac{1}{1-\frac{157.5^2}{230.02^2}}=1.883$$

$$\mu_2=\frac{1}{\sqrt{\left(1-\frac{\theta^2}{\omega_2^2}\right)^2+\gamma^2}}=\frac{1}{1-\frac{157.5^2}{580.84^2}}=1.079$$

由式(2-40)，可得

$$q_1=Y_1^{\text{d}}\mu_1=0.151\times10^{-4}\times1.883=0.284\times10^{-4}\text{m}$$

$$q_2=Y_2^{\text{d}}\mu_2=0.218\times10^{-5}\times1.079=0.235\times10^{-5}\text{m}$$

由式(2-53)计算第1点的振动线位移可得

$$\begin{aligned}Y_1&=y_1(2.0)q_1+y_2(2.0)q_2=(0.89\times0.284+0.99\times0.0235)\times10^{-4}\\&=0.276\times10^{-4}\text{m}=0.0276\text{mm}\end{aligned}$$

与按两个自由度计算的结果 $Y_1=0.0285\text{mm}$ 相比较误差在3%左右。

2.5 等跨连续梁振动计算概述

2.5.1 刚度相同等跨连续梁振动计算

在实际工程中，各跨刚度相同的等跨连续梁是经常遇到的情形，其中钢筋混凝土连续梁最多，而钢连续梁却很少见。虽然各跨梁所作用的荷载常常有所不同，尤其是在工业厂房中的连续梁更是如此，但是设计工作者经常把各跨取为相同的截面尺寸。下面简要叙述各跨刚度相同的等跨连续梁的振动计算。

2.5.1.1　自振频率计算

连续梁的自由振动也就是单跨梁两端具有动弯矩的振动，单跨梁自由振动的微分方程和解分别为式(2-46)和式(2-48)，利用支座上梁转角的连续条件，经过演算可以得到求特征值 λ 的特征方程。具体推算过程可参见文献[3]。求出 λ 值后就可按下式计算自振频率：

$$\omega_i = \lambda_i^2 \sqrt{\frac{EI}{\overline{m}}} \tag{2-64}$$

对于连续梁两端简支的边界条件，

$$\lambda_1 = \frac{\pi}{L}$$

求两端简支多跨连续梁自振频率的 n_i 和 λ_i，关系如下：

$$\lambda_i = \frac{n_i \pi}{L} = n_i \lambda_1 \tag{2-65}$$

或

$$\lambda_i = \frac{n_i \pi (N+1)}{a} \tag{2-66}$$

式中　L——连续梁的跨度；

a——连续梁的总长；

N——连续梁中间支座数，如图 2-22 所示。

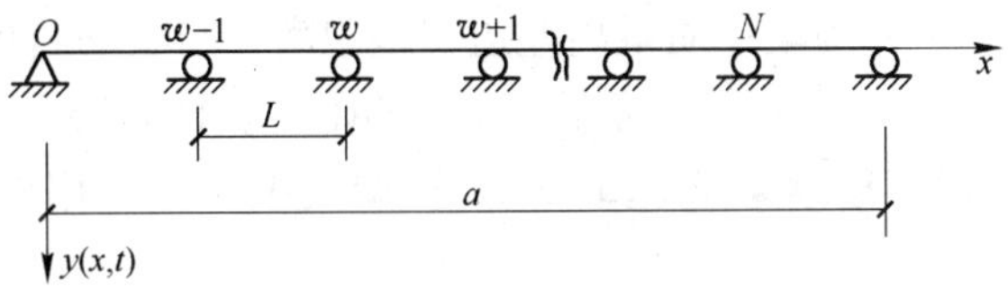

图 2-22　连续梁中间支座数示意图

表 2-3 给出了两端简支边界条件下，10 跨连续梁计算前五个自振频率的 n_i 值。

表 2-3　两端简支 10 跨连续梁的 n_i 值

频率序号 \ n_i \ 跨数	1	2	3	4	5	6	7	8	9	10
1	1.00	1.00	1.00	1.00	1.00	1.00	1.00	1.00	1.00	1.00
2	2.00	1.25	1.13	1.08	1.05	1.04	1.03	1.02	1.02	1.02
3		2.00	1.37	1.25	1.18	1.13	1.10	1.08	1.06	1.05
4		2.25	2.00	1.42	1.32	1.25	1.20	1.16	1.13	1.11
5			2.1351	2.00	1.45	1.37	1.30	1.25	1.21	1.18

连续梁的振型见附录 D。

2.5.1.2　强迫振动计算

连续梁振动线位移[3]为

$$Y(x,t) = \frac{2PL^3}{(N+1)EI\pi^4}\left[\sum_{i=1}^{\infty} y_i(x_P)y_i(x)\frac{\omega_1^2}{\omega_i^2}\frac{1}{\sqrt{\left(1-\frac{\theta^2}{\omega_i^2}\right)^2+\gamma^2}}\right]\sin\theta t$$

$$= \frac{2PL^3}{(N+1)EI\pi^4}\left(\sum_{i=1}^{\infty} y_i(x_P)y_i(x)F_i\right)\sin\theta t \qquad (2-67)$$

$$F_i = \frac{\omega_1^2}{\omega_i^2}\frac{1}{\sqrt{\left(1-\frac{\theta^2}{\omega_i^2}\right)^2+\gamma^2}}$$

式中　$y_i(x)$——第 i 振型 x 处的振型值；

$y_i(x_P)$——第 i 振型扰力作用点 x_P 处的振型值；

P——扰力幅值。

计算简图如图 2-23 所示。

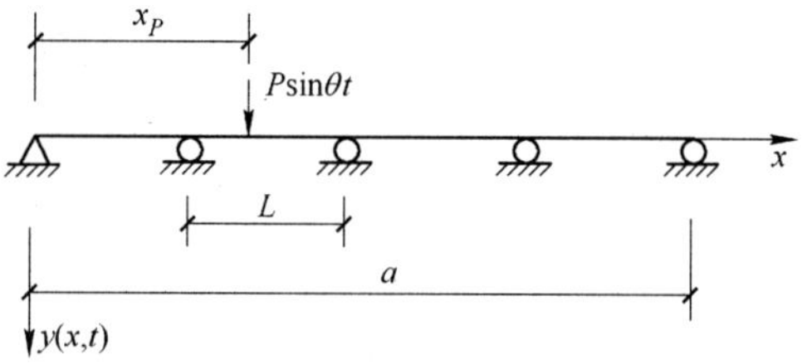

图 2-23　连续梁计算简图

2.5.1.3　将集中质量换算成均布质量的方法

换算公式的形式同式(2-62)，即

$$\overline{m} = m_u + \frac{1}{nL}\sum_{j=1}^{n} K_j m_j \qquad (2-68)$$

式中，n 为连续梁的跨数。

计算两端简支边界条件下的多跨连续梁第一频率时，K_j 值可采用表 2-2 中两端简支梁 ω_1 对应的 K_j 值。表中 α_j 为集中质量离左边支座距离 x 与梁的跨度 L 之比，对于中间跨内集中质量的 x 值，仍为集中质量离本跨左边支座的距离。计算第 2,3,…,n 频率的集中质量换算系数 K_j 时，首先确定连续梁第 2,3,…,n 振型集中质量作用处的 y_j 值，然后根据式(2-63)计算 K_j。

2.5.2　工程实例

某工程为一生产房屋，多层钢筋混凝土刚架结构（现浇）。在顶层设置一台风机，风机作用在两端支座为简支的五跨连续梁上，具体位置在第二跨跨中。风机转速为 2960r/min，梁截面为 250mm×600mm，每跨长 6000mm，混凝土强度等级为 C25。经计算风机作用处的集中荷载为 32.54kN，在梁上的均布荷载为 11.73kN/m，如图 2-24 所示，计算过程从略。计算梁在风机作用处的竖向振动线位移和振动速度。

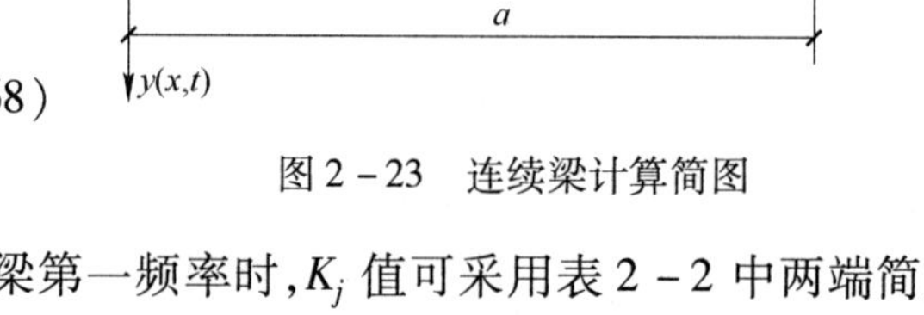

图 2-24　连续梁作用荷载图

计算过程如下：

首先计算自振频率，仅考虑第一振型。

计算第一频率：

$$\alpha_1 = \frac{3.0}{6.0} = 0.5$$

由表 2－2 可得 $K_1=2.0$。

由式(2－68)，可得

$$\overline{m}=m_u+\frac{1}{nL}K_1m_1=\frac{11.73}{9.81}+\frac{2}{5\times6}\times\frac{32.54}{9.81}=1.42\text{t/m}$$

梁截面惯性矩 $I=\frac{1}{12}\times0.25\times0.6^3\times2=0.009\text{m}^4$，由表 2－3 得 $n_1=1.0$。由式(2－64)，可得

$$\omega_1=\lambda_1^2\sqrt{\frac{EI}{\overline{m}}}=\frac{\pi^2}{L^2}\sqrt{\frac{EI}{\overline{m}}}=\frac{\pi^2}{6^2}\sqrt{\frac{0.28\times10^8\times0.009}{1.42}}=115.49\text{rad/s}$$

则 $\frac{\theta}{\omega_1}=\frac{0.105\times2960}{115.49}=\frac{310.8}{115.49}=2.69>1.25$，故在共振区外工作。

风机的扰力幅值为 13.63kN，由式(2－67)计算振动线位移为：

$$Y_{9.0}=\frac{2\times13.63\times6.0^3}{5\times0.28\times10^8\times0.009\times\pi^4}\left(1.0^2\times1.0\times\frac{1}{\sqrt{\left(1-\frac{310.8^2}{115.49^2}\right)^2}}\right)=0.77\times10^{-5}\text{m}=0.0077\text{mm}。$$

根据附录 B 表 B－1 可知，该风机属于Ⅲ类机器，$f_e=\frac{2960}{60}=49.33$，允许振动线位移为 $[A]\approx0.0315\text{mm}>0.0077\text{mm}$，允许振动速度为 10mm/s，而 $v=0.0077\times310.8=2.39\text{mm/s}<10\text{mm/s}$，故满足要求。事实上，风机开启后，梁的振动很平稳。

关于连续梁的振动计算问题，对于跨度、各跨刚度和各跨均布质量不相同连续梁的振动计算可参见参考文献[1]。

第3章 弹性支座梁单自由度竖向振动简便计算

3.1 弹性支座单跨梁自由振动简便计算

当钢梁支承在钢筋混凝土柱（或钢柱）上，或者钢筋混凝土梁支承在钢筋混凝土柱上时，一般柱子的竖向刚度比梁的竖向刚度大得多，因此，梁的振动计算可以忽略柱子竖向刚度的影响。当次梁支承在主梁上，主梁在次梁作用点处的竖向刚度比次梁竖向刚度（通常指振动控制点处的竖向刚度）大得多时，也可以忽略主梁刚度的影响。上述情形，对梁进行振时计算时，可按不动支座来考虑。

但是，当主梁在次梁支承点处的竖向刚度和次梁竖向刚度相差不大，甚至次梁刚度比支承点处主梁刚度还要大时，或者有时柱子竖向刚度较弱时（例如支承钢筋混凝土梁的钢柱），梁的振动计算必须要考虑主梁（或柱）的刚度作用，即按弹性支座来进行振动计算，否则将产生较大的误差。下面将介绍单自由度体系弹性支座单跨梁的自由振动计算。

3.1.1 集中质量在梁跨中时的自振频率计算

图3－1所示为两端简支等截面弹性支座梁。图中 r_a 和 r_b 分别为单跨梁支座a和b的弹性刚度，m 为集中质量。

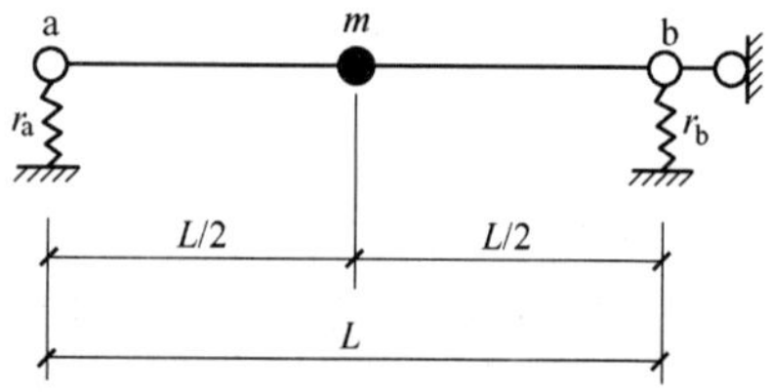

图3－1 集中质量在跨中两端简支弹性支座梁

弹性支座梁跨中在单位力作用下的变形由两部分组成，即由在梁跨中单位力作用下，假定两端不动支座的跨中变形和假定梁刚度为无限大时弹性支座的跨中变形两部分组成。

假定梁两端为不动支座，在跨中单位力作用下的跨中位移 δ_1 为

$$\delta_1 = \frac{L^3}{48EI}$$

假定梁的刚度为无限大时，在跨中单位力作用下弹性支座a和b处的位移分别为$\frac{1}{2r_a}$和$\frac{1}{2r_b}$。弹性支座位移引起的跨中位移 δ_2 为

$$\delta_2 = \frac{1}{2}\left(\frac{1}{2r_a} + \frac{1}{2r_b}\right) = \frac{r_a + r_b}{4r_a r_b}$$

跨中总位移 δ 为

$$\delta = \delta_1 + \delta_2 = \frac{L^3}{48EI} + \frac{r_a + r_b}{4r_a r_b}$$

则
$$\omega=\sqrt{\frac{1}{\left(\frac{L^3}{48EI}+\frac{r_a+r_b}{4r_ar_b}\right)m}} \tag{3-1}$$

当 $r_a=r_b=r$ 时，有
$$\omega=\sqrt{\frac{1}{\left(\frac{L^3}{48EI}+\frac{2r}{4r^2}\right)m}}=\sqrt{\frac{1}{\left(\frac{L^3}{48EI}+\frac{1}{2r}\right)m}} \tag{3-2}$$

当 $r_a=r_b=\infty$ 时，式(3－2)变为式(2－3)。

3.1.2 集中质量在梁上任意点时的自振频率计算

图3－2所示为一两端简支并且集中质量不在跨中的弹性支座梁。同样，假定梁两端为不动支座，如图3－2(a)所示，则在集中质量 m 处的单位力作用下，m 处的位移 δ_1 为
$$\delta_1=\frac{A^2B^2}{3EIL}$$

假定梁的刚度为无限大时，在集中质量 m 处的单位力作用下，弹性支座 a 和 b 的弹性位移分别为 B/r_aL 和 A/r_bL。如图3－2(b)所示，支座弹性位移在 m 处引起的位移 δ_2 为
$$\delta_2=\frac{A}{r_bL}+\left(\frac{B}{r_aL}-\frac{A}{r_bL}\right)\frac{B}{L}$$

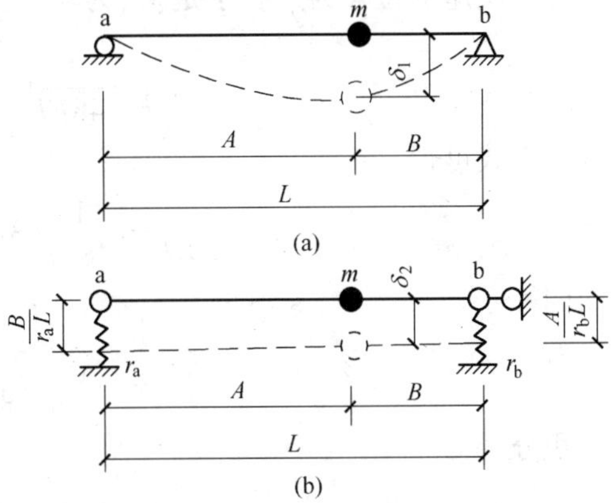

图3－2 集中质量不在跨中两端简支弹性支座梁

m 处的总位移 δ 为
$$\delta=\frac{A^2B^2}{3EIL}+\frac{A}{r_bL}+\left(\frac{B}{r_aL}-\frac{A}{r_bL}\right)\frac{B}{L}$$

则
$$\omega=\sqrt{\frac{1}{\left[\frac{A^2B^2}{3EIL}+\frac{A}{r_bL}+\left(\frac{B}{r_aL}-\frac{A}{r_bL}\right)\frac{B}{L}\right]m}} \tag{3-3}$$

当 $r_a=r_b=r$ 时，有
$$\delta=\frac{A^2B^2}{3EIL}+\frac{A}{rL}+\left(\frac{B}{rL}-\frac{A}{rL}\right)\frac{B}{L}=\frac{A^2B^2}{3EIL}+\frac{A}{rL}+\frac{B-A}{rL}\cdot\frac{B}{L}$$

则
$$\omega=\sqrt{\frac{1}{\left(\frac{A^2B^2}{3EIL}+\frac{A}{rL}+\frac{B-A}{rL}\cdot\frac{B}{L}\right)m}} \tag{3-4}$$

顺便指出，当 $A=B=\frac{L}{2}$ 时，式(3－4)就变成了式(3－2)。当 $r=\infty$ 时，式(3－4)就变成了式(2－3)。

3.1.3 梁上质量集中到特定点时的自振频率计算

在这里仅介绍两端简支且两端弹性支座刚度相等的单跨梁，这也是在工程中经常遇到

的情形，如图3－3所示。当 m_j 在梁右半跨时，x_j 为距右支座的距离。

第一振型曲线的选取、集中质量 m_s 位置的确定等均同不动支座单跨梁。位移曲线 $y_{s\Delta}$、$y_{x\Delta}$ 和 $y_{j\Delta}$ 由两部分组成，即为不动支座的弹性位移曲线和弹性支座（假定梁的刚度为无限大）的位移曲线之和。第一振型曲线位移最大处 s 点在梁的跨中。在 s 点处的单位力作用下，不动支座的位移曲线为

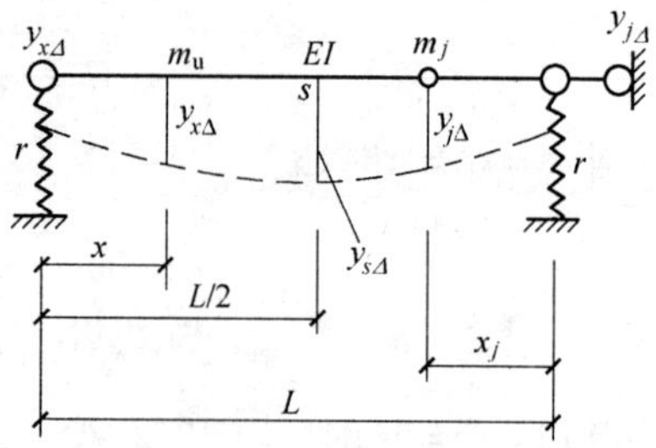

图3－3　质量集中到特定点的弹性支座梁

$$\frac{L^2x}{48EI}\left(3-4\frac{x^2}{L^2}\right)=\frac{1}{48EI}(3L^2x-4x^3)$$

式中，L 为梁的跨度。

弹性支座的位移为$\frac{1}{2r}$。于是 $y_{x\Delta}$ 为

$$y_{x\Delta}=\frac{1}{48EI}(3L^2x-4x^3)+\frac{1}{2r}$$

由上式可得

$$y_{j\Delta}=\frac{1}{48EI}(3L^2x_j-4x_j^3)+\frac{1}{2r}$$

同样

$$y_{s\Delta}=\frac{L^3}{48EI}+\frac{1}{2r}$$

积分

$$\begin{aligned}\int_0^L y_{x\Delta}^2\mathrm{d}x &= \int_0^L\left[\frac{1}{48EI}(3L^2x-4x^3)+\frac{1}{2r}\right]^2\mathrm{d}x\\ &=\frac{1}{(48EI)^2}\int_0^L(9L^4x^2-24L^2x^4+16x^6)\mathrm{d}x+\\ &\quad\frac{1}{48EIr}\int_0^L(3L^2x-4x^3)\mathrm{d}x+\frac{1}{4r^2}\int_0^L\mathrm{d}x=\frac{L^7}{4744(EI)^2}+\frac{L^4}{96EIr}+\frac{L}{4r^2}\end{aligned}$$

参照式(2－10)，有

$$m_s=\frac{m_u\left[\frac{L^7}{4744(EI)^2}+\frac{L^4}{96EIr}+\frac{L}{4r^2}\right]}{\left(\frac{L^3}{48EI}+\frac{1}{2r}\right)^2}+\frac{\sum_{j=1}^{n}m_j\left[\frac{1}{48EI}(3L^2x_j-4x_j^3)+\frac{1}{2r}\right]^2}{\left(\frac{L^3}{48EI}+\frac{1}{2r}\right)^2}$$

令

$$\alpha_L=\frac{\frac{L^7}{4744(EI)^2}+\frac{L^4}{96EIr}+\frac{L}{4r^2}}{\left(\frac{L^3}{48EI}+\frac{1}{2r}\right)^2}\tag{3-5}$$

$$\alpha_j=\frac{\left[\frac{1}{48EI}(3L^2x_j-4x_j^3)+\frac{1}{2r}\right]^2}{\left(\frac{L^3}{48EI}+\frac{1}{2r}\right)^2}=\left[\frac{r(3L^2x_j-4x_j^3)+12EI}{rL^3+12EI}\right]^2\tag{3-6}$$

则

$$m_s=m_u\alpha_L+\sum_{j=1}^{n}\alpha_jm_j\tag{3-7}$$

式(3－7)在形式上完全同式(2－13)。但是式(3－7)中的 m_s 是按弹性支座确定的,而式(2－13)中的 m_s 是按非弹性支座确定的。

质量集中后的自振频率为

$$\omega = \sqrt{\frac{1}{m_s y_{s\Delta}}} = \sqrt{\frac{1}{m_s\left(\frac{L^3}{48EI} + \frac{1}{2r}\right)}} \tag{3-8}$$

式(3－8)在形式上同式(3－2)。在式(3－2)中,集中质量 m 是如何计算出来的没有说明。假设在梁跨中有较大的质量 m,而梁自身的质量和梁上作用的其他质量又比较小,这时可采取简化的方法把这部分质量集中到跨中,然后按式(3－2)计算自振频率。但是大的质量(例如大的设备)正好在梁的跨中的情形是很少见的。在梁上既考虑集中质量又考虑均布质量时(大都如此),就要按集中质量为 m_s 的式(3－8)计算自振频率。

顺便指出,当 $r=\infty$ 时,由式(3－5)得 $\alpha_L=0.486L$,即为不动支座单跨梁的情形。当 $x=\frac{L}{2}$ 时,由式(3－6)得 $\alpha_{\frac{L}{2}}=1.0$,即梁上跨中的集中质量 $m_{\frac{L}{2}}$ 集中到跨中时就是其本身。

对于其他弹性支座条件的单跨梁,也可参照上述方法求得 $y_{x\Delta}$、$y_{s\Delta}$ 和 $y_{j\Delta}$,进而求出 α_L、α_j 和 m_s,最终算得自振频率 ω,在此就不再详细推演了。

3.2　工程实例

3.2.1　工程实例一

A　工程概况及设计条件

某环氧丙烷工程聚醚成品过滤工段,在钢筋混凝土多层框架标高 5.00m 的钢平台上设置一台过滤器,钢梁与过滤器的布置如图 3－4 所示。过滤器空重 56kN,操作重 89kN,转速为 280r/min。

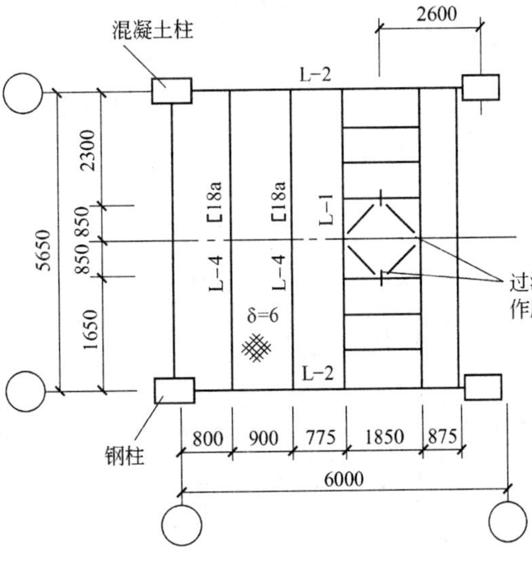

图 3－4　钢梁与过滤器布置图

过滤器制造厂不能提供扰力和允许振动线位移。但是,考虑到这种动力机器自重和操作重都比较大,转速并不高,对钢平台将可能产生较大的振动(因为钢梁的刚度不大,自振频率较低,可能发生共振)。根据机器生产厂家的要求,经有关专家研究后,需要对机器支承构件进行振动分析。鉴于以上情形,需要对支承过滤器的钢梁 L－1 进行自振频率计算,使其与过滤器的转动频率避开共振,最好使 L－1 的自振频率超过过滤器的转动频率,做到所谓趋共振前,即使过滤器的转动频率与 L－1 的自振频率之比小于 0.75。

B　L－1 自振频率的计算

荷载:因该平台上还有其他一些小型设备和管道等,故与工艺等专业共同确定。活荷载取 2.0kN/m² ;钢平台自重(包括钢铺板、次梁和加劲肋等)为 1.0kN/m² ;过滤器近似作用在 L－1 上的集中荷载为 G_1 = 89/2 = 44.5kN;静力计算为工字形钢I36a(Q235),自重为 0.6kN/m,截面惯性矩 $I=0.15796\times10^{-3}\text{m}^4$。作用在 L－1 上的均布荷载为

$$q=(2.0+1.0)\times1.31+0.6=4.53\text{kN/m}$$

需要指出的是,考虑到要做到支承钢梁达到趋共振前,并避开共振,活荷载取 2.0kN/m² 可能偏大(准确值难以确定),这样会使计算的自振频率降低偏于安全。

L－1 两端搁置在钢梁 L－2 上,L－2 的高度不允许随意加高,所以 L－2 的竖向刚度并不能很大,计算 L－1 的振动只好按两端弹性支座来考虑。计算简图如图 3－5 所示。L－1 的两端支座刚度 r 近似相等(因为两个 L－2 的跨度稍有不同)。

主梁 L－2 为 H 型钢(Q235),断面图如图 3－6 所示,截面惯性矩 $I=0.26133\times10^{-3}\text{m}^4$,自重为 0.707kN/m。

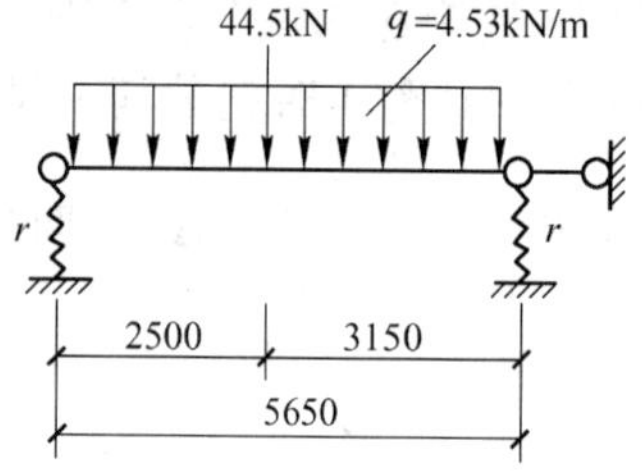

图 3－5　两端弹性支座梁计算简图

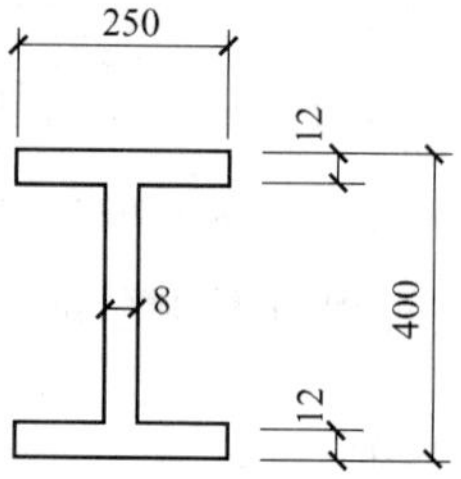

图 3－6　H 型钢断面图

计算梁 L－1 支座处 c 点 L－2 的竖向弹性刚度 r,在 L－2 上 c 点单位力(1.0kN)的作用下,c 点的位移(见图 3－7)为

$$\delta_c=\frac{2.475^2\times2.725^2}{3\times0.206\times10^9\times0.26133\times10^{-3}\times5.2}=0.5416\times10^{-4}\text{m}$$

则

$$r=\frac{1}{\delta_c}=\frac{1}{0.5416\times10^{-4}}=18463\text{kN/m}$$

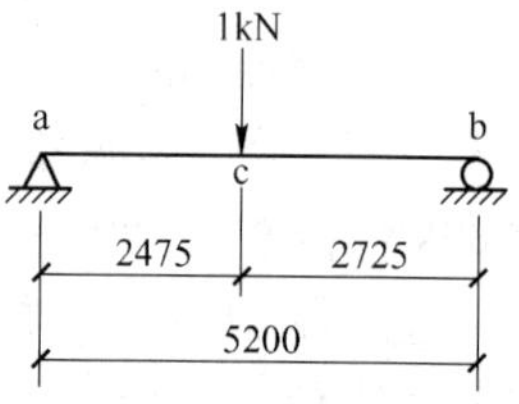

图 3－7　梁弹性支座刚度计算简图

集中质量 $m_1=\dfrac{G_1}{g}=44.5/9.81=4.54\text{t}$

均布质量 $m_u=\dfrac{q}{g}=4.53/9.81=0.462\text{t/m}$

由式(3－5)代入数得

$$\alpha_L=\frac{\dfrac{5.65^7}{4744(0.206\times10^9\times0.15796\times10^{-3})^2}+\dfrac{5.65^4}{96\times0.206\times10^9\times0.15796\times10^{-3}\times18463}+\dfrac{5.65}{4\times18463^2}}{\left(\dfrac{5.65^3}{48\times0.206\times10^9\times0.15796\times10^{-3}}+\dfrac{1}{2\times18463}\right)^2}$$

$$=2.873$$

由式(3－6)代入数得

$$\alpha_1=\left[\frac{18463(3\times5.65^2\times2.5-4\times2.5^3)+12\times0.206\times10^9\times0.15796\times10^{-3}}{18463\times5.65^3+12\times0.206\times10^9\times0.15796\times10^{-3}}\right]^2=0.966$$

由式(3－7)得

$$m_s=m_u\alpha_L+\alpha_1m_1=0.462\times2.873+4.54\times0.966=5.71\text{t}$$

由式(3－8)得

$$\omega=\sqrt{\frac{1}{m_s\left(\frac{L^3}{48EI}+\frac{1}{2r}\right)}}=\sqrt{\frac{1}{5.71\left(\frac{5.65^3}{48\times0.206\times10^9\times0.15796\times10^{-3}}+\frac{1}{2\times18463}\right)}}=35.05\text{rad/s}$$

过滤器转动圆频率 $\theta=0.105\times280=29.4\text{rad/s}$，则 $\frac{\theta}{\omega}=29.4/35.05=0.84>0.75$，不满足。

如果按照两端不动支座单跨梁来考虑，从表 2－1 查得 $\alpha=0.485$，$\eta=48$，$\frac{x_1}{L}=2.5/5.65=0.44$，则 $\alpha_1=0.955$，由式(2－13)得

$$m_s=m_u\alpha_L+\alpha_1 m_1=0.462\times0.485\times5.65+4.54\times0.955=5.6\text{t}$$

由式(2－14)得

$$\omega=\sqrt{\frac{\eta EI}{m_sL^3}}=\sqrt{\frac{48\times0.206\times10^9\times0.15796\times10^{-3}}{5.6\times5.65^3}}=39.32\text{rad/s}$$

此时 $\theta/\omega=29.4/39.32=0.748<0.75$，似乎避开了共振区，满足了要求，但是，事实上由于支座是弹性的，从而降低了梁的自振频率，使梁的自振频率靠近了过滤器的转动频率，发生了共振。也就是说，对本工程实例而言，尽管支座弹性刚度较大，不考虑它的影响还是不可以的。两种情形下计算的自振频率之比为 39.32/35.05＝1.12，两者相差 12%。

为了避开共振，可以考虑以下几种措施：

(1)梁 L－2 两端与柱的连接做成刚接，提高 L－2 的竖向刚度(L－1 的弹性支座刚度)。

(2)增大 L－2 的断面尺寸(在本例中已不允许)。

(3)L－1 与 L－2 的连接做成刚接。

(4)增大 L－1 的断面尺寸。

第(3)、(4)项措施都是为了提高 L－1 的竖向刚度，我们采取了第(4)项措施，它比前三项措施施工简单，受力更明确。

因此 L－1 选用与 L－2 断面相同的 H 型钢(见图 3－6)。此时均布荷载变为

$$q=4.53-0.6+0.707=4.64\text{kN/m}$$

$$m_u=\frac{q}{g}=4.64/9.81=0.473\text{t/m}$$

由式(3－5)代入数得

$$\alpha_L=\frac{\frac{6.56^7}{4744\times(0.206\times10^9\times0.26133\times10^{-3})^2}+\frac{5.65^4}{96\times0.206\times10^9\times0.26133\times10^{-3}\times18463}+\frac{5.65}{4\times18463}}{\left(\frac{5.65^3}{48\times0.206\times10^9\times0.26133\times10^{-3}}+\frac{1}{2\times18463}\right)^2}$$

$$=3.003$$

由式(3－6)代入数得

$$\alpha_1=\left[\frac{18463(3\times5.65^2\times2.5-4\times2.5^3)+12\times0.206\times10^9\times0.26133\times10^{-3}}{18463\times5.65^3+12\times0.206\times10^9\times0.26133\times10^{-3}}\right]^2=0.968$$

由式(3－7)得

$$m_s = m_u \alpha_L + \alpha_1 m_1 = 0.473 \times 3.003 + 4.54 \times 0.968 = 5.82\text{t}$$

由式(3－8)得

$$\omega = \sqrt{\frac{1}{m_s\left(\dfrac{L^3}{48EI} + \dfrac{1}{2r}\right)}} = \sqrt{\frac{1}{5.82\left(\dfrac{5.65^3}{48 \times 0.206 \times 10^9 \times 0.26133 \times 10^{-3}} + \dfrac{1}{2 \times 18463}\right)}} = 42.11\text{rad/s}$$

此时，$\theta/\omega = 29.4/42.11 = 0.698 < 0.75$，满足要求。

从本工程实例的计算结果可以看出，为了提高梁 L－1 的自振频率，L－1 由用工字钢 I36a 改用了 H 型钢。虽然两者计算出的质量 m_s 相差无几，但改变后的截面惯性矩增大了许多，从而使自振频率有了明显的提高。这就是说，改变构件的刚度是改变自振频率的有效措施之一。

3.2.2　工程实例二

A　工程概况及设计条件

某经济开发区酶制剂厂(外资企业)，回收车间脱水机钢平台上安装脱水机 4 台、泥罐 2 个、输送机 4 台(全为丹麦设备)。钢平台标高 7.154m，搁置在钢筋混凝土多层框架 4.5m 标高的楼层上。平台柱子高度为 2.654m，钢柱采用 2[25a 焊接而成，布置图如图 3－8 所示。该用于振动计算的平面布置图，仅为整个钢平台的一部分。支承脱水机的钢梁和主梁均为I56a，平台板做法如图 3－9 所示。

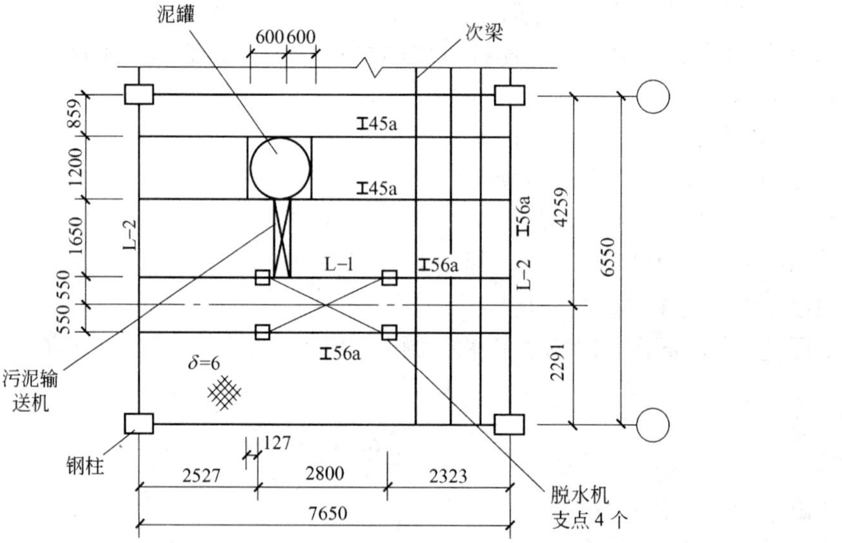

图 3－8　机组与钢平台梁布置图

动力机器及其他设置重量、扰力大小、转速和对平台振动的要求等均由外资企业业主提供。

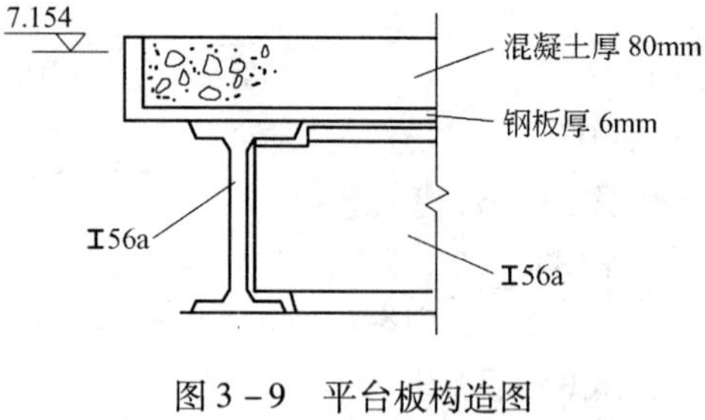

图 3－9　平台板构造图

(1) 动力机器和设备重量：

脱水机	48kN
泥罐	15kN
污泥输送机	16kN

(2)扰力:脱水机在转速为 600 ~ 700r/min 时,经隔振后传到平台每个支点上的力在竖向为 7.5kN(4 个支点共 30kN)。正常转速为 3650r/min。

(3)业主对平台振动的要求:由于在转速为 600 ~ 700r/min 时扰力最大,故要求平台的振动与脱水机在该转速范围内时的振动不发生共振,同时平台的振动使操作人员不能有不舒适的感觉。

按照业主对平台振动的要求,需对钢梁 L-1 竖向和整体横向自由振动进行计算。

B 梁 L-1 自由振动计算

a 荷载

活荷载取 0.5kN/m²,主要考虑管线等一些零星荷载,由管道专业提供,其他荷载如下:

钢筋混凝土 80mm 厚	$0.08 \times 25 = 2.0\text{kN/m}^2$
钢板自重(包括钢板、次梁和加劲肋等)	1.0kN/m^2
I56a 自重	1.063kN/m

作用在梁上的均布荷载为

$$q = (0.5 + 2.0 + 1.0)\frac{1.65 + 1.1}{2} + 1.063 = 5.876\text{kN/m}$$

$$m_u = \frac{q}{g} = 5.876/9.81 = 0.599\text{t/m}$$

$$P_1 = \frac{48}{4} + \frac{16}{2} = 20\text{kN}$$

$$m_1 = \frac{20}{9.81} = 2.039\text{t}$$

$$P_2 = \frac{48}{4} = 12\text{kN}$$

$$m_2 = \frac{12}{9.81} = 1.223\text{t}$$

计算简图如图 3-10 所示。

b 振动计算

主、次梁都为I56a,两者的跨度又相差不大,所以估计两者的竖向刚度也比较接近,因此计算 L-1 的自振频率时,两端按弹性支座来考虑。

计算支座刚度 r。主、次梁钢材为 Q235,截面惯性矩 $I = 0.65576 \times 10^{-3}\text{m}^4$。梁 L-1 作用在梁 L-2 的 c 点处,如图 3-11 所示,两者连接为铰接,在梁 L-2c 点的单位力(1kN)作用下,c 点的位移为 δ_c,则

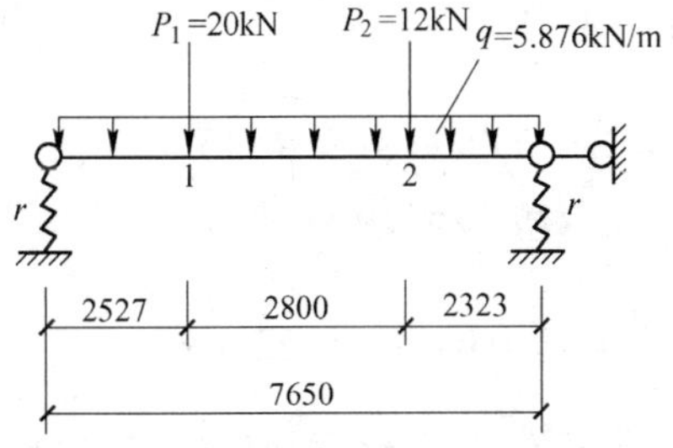

图 3-10 梁计算简图

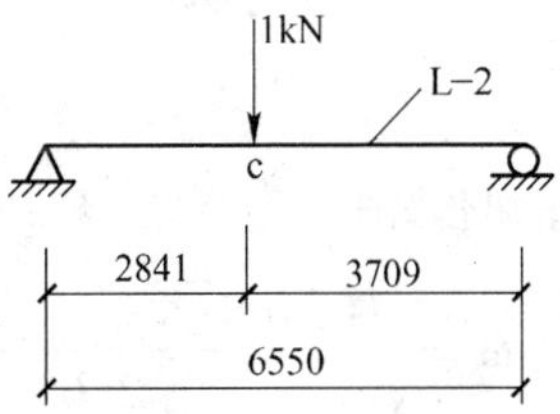

图 3-11 梁支座刚度计算简图

$$r=\frac{3\times0.206\times10^9\times0.65576\times10^{-3}\times6.55}{2.841^2\times3.709^2}=0.23907\times10^5\text{kN/m}$$

在此需要说明的是，钢柱由 2[25a 构成，经计算，柱的竖向刚度比梁 L－2c 点处的刚度大得多，故可以认为柱子的竖向刚度为无限大，即作为梁 L－2 的不动支点。

由式(3－5)代入数得

$$\alpha_L=\frac{\dfrac{7.65^7}{4744(0.206\times10^9\times0.00065576)^2}+\dfrac{7.65^4}{96\times0.206\times10^9\times0.00065576\times23907}+\dfrac{7.65}{4\times23907^2}}{\left(\dfrac{7.65^3}{48\times0.206\times10^9\times0.00065576}+\dfrac{1}{2\times23907}\right)^2}$$

$$=3.583$$

由式(3－6)代入数得

$$\alpha_1=\left[\frac{23907(3\times7.65^2\times2.527-4\times2.527^3)+12\times0.206\times10^9\times0.00065576}{23907\times7.65^3+12\times0.206\times10^9\times0.00065576}\right]^2=0.752$$

$$\alpha_2=\left[\frac{23907(3\times7.65^2\times2.323-4\times2.323^3)+12\times0.206\times10^9\times0.00065576}{23907\times7.65^3+12\times0.206\times10^9\times0.00065576}\right]^2=0.681$$

由式(3－7)得

$$m_s=m_u\alpha_L+\alpha_1m_1+\alpha_2m_2=0.599\times3.583+2.039\times0.752+1.223\times0.681=4.512\text{t}$$

由式(3－8)得

$$\omega=\sqrt{\frac{1}{m_s\left(\dfrac{L^3}{48EI}+\dfrac{1}{2r}\right)}}=\sqrt{\frac{1}{4.512\left(\dfrac{7.65^3}{48\times0.206\times10^9\times0.00065576}+\dfrac{1}{2\times23907}\right)}}=49.636\text{rad/s}$$

脱水机扰力圆频率 $\theta=0.105\times600=63\text{rad/s}$，故 $\theta/\omega=63/49.636=1.269>1.25$，满足。

C　钢平台横向自由振动计算

取一个单元进行分析，即一榀钢排架，计算简图如图 3－12 所示。

计算集中到横梁上的荷载（由于图 3－8仅表示了钢平台的一部分，故集中到横梁上的荷载详细计算过程从略）：

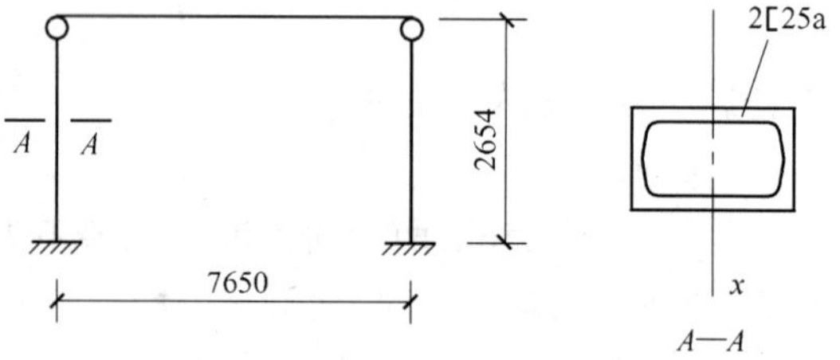

图 3－12　钢排架计算简图

钢平台荷载	168.013kN
脱水机重	48kN
泥罐重	15kN
污泥输送机重	16kN
横梁重	$1.063\times7.65=8.132\text{kN}$
钢柱重	$0.274\times2\times\dfrac{2.654}{2}\times2=1.454\text{kN}$
总重	$\sum W=256.599\text{kN},m=256.599/9.81=26.157\text{t}$
柱截面惯性矩	$I_x=0.67182\times10^{-4}\text{m}^4,k=3EI_x\times2/H^3$

则
$$\omega=\sqrt{\frac{3\times0.206\times10^9\times0.67182\times10^{-4}\times2}{2.654^3\times26.157}}=13.03\text{rad/s}\ll63\text{rad/s}$$

该工程已建成并连续使用多年，使用情况良好，机器运转时平台振动比较平稳，操作人员无不舒适之感。

3.2.3 工程实例三

A 工程概况

某生物工程园中试车间为两层钢筋混凝土框架结构,第一层层高4.0m,第二层层高7.0m,柱网6.0m×8.0m。在第二层的楼板上安装一台发酵罐,罐重(包括玉米粥状的物料)87kN,4个支腿支承在钢梁上,钢梁材质为Q235,布置图如图3-13所示。罐内搅拌物料水平转速为180~200r/min,向罐内输送的蒸汽温度为150℃左右。设备投料运转和输送蒸汽后支承钢梁振动剧烈,站立在一旁的人员,由于振动已难以忍受,心惊胆战,发酵罐摇晃几乎要脱落,根本无法正常使用。经初步分析认为,可能是由于向罐内输送蒸汽,使罐内的物料产生翻滚以及由于水平搅拌物料旋转的惯性产生了复杂的扰力,在该扰力作用下使罐体支承钢梁产生剧烈的振动。为了解决该工程的振动问题,必须找到振动的频率范围,之后才能采取有效的抗振措施。

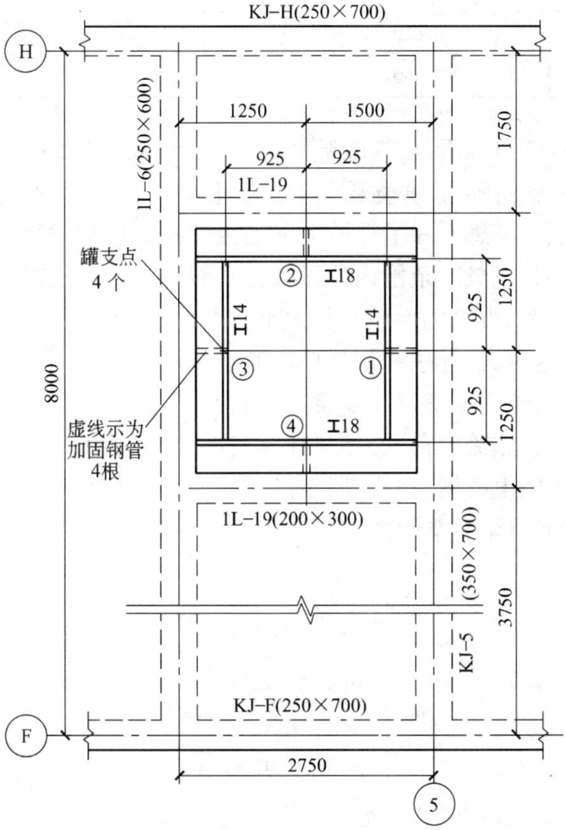

图3-13 发酵罐与梁布置图

B 测振

为了查明强烈振动的主要原因及如何采取抗振措施,首先必须把产生振动的扰力频率范围搞清楚。由于是强迫振动的稳态振动,发酵罐支承钢梁的振动频率就是扰力的频率,因此对支承钢梁进行了测振。测振工作是由山东省地震工程研究院完成的。在测扰力频率的同时也测得了最大的振动线位移。

主要的测振点布置了4点(紧靠罐的4个支点),即图3-13中①~④点,①~④点测得的振动圆频率和最大振动线位移列入表3-1和表3-2,测振过程从略。

表3-1 频率范围 单位:rad/s

测点	水平	竖向
1	3.681~57.064	46.940~64.428
2	2.761~58.905	33.134~58.905
3	24.851~47.860	25.771~57.985
4	21.169~57.985	21.169~76.391

表3-2 最大振动线位移 单位:mm

测点	水平	竖向	工作状态及罐体温度
1	0.300	3.75	输送蒸汽78℃
2	0.330	1.93	输送蒸汽85℃
3	0.620	3.22	输送蒸汽90℃
4	0.460	1.80	输送蒸汽93℃

从表3-1和表3-2可以看出,振动频率比较多,无规律性,因此仅给出频率值的范围。水平振动线位移小于竖向振动线位移,但是都很大。尤其是竖向振动线位移最大为3.75mm,振动十分强烈就可想而知了。最大振动线位移对应的频率值,测振单位称无法确定,表3-2所示的仅为振动频率范围内的最大振动线位移,而且与输送蒸汽的温度有一定的关系。另据测振单位称,扰力的性质及其大小的确定比较困难,如果必须要求测出扰力值的话,费时间而且代价也高,经业主和设计单位商定,暂时不测定扰力值。

C 对支承结构处理前的自振频率计算

对支承结构采取抗振措施之前,必须要计算支承结构处理前的自振频率,看它与振动频率的关系如何,才能采用相应的抗振措施,不能盲目地进行处理。

a 工字钢I14竖向自振频率计算

(1)荷载:

发酵罐重

$$P_1=\frac{87}{4}=21.75\text{kN}$$

$$m_1=\frac{P_1}{g}=\frac{21.75}{9.81}=2.217\text{t}$$

I14自重

$$q=0.169\text{kN/m}$$

$$m_u=\frac{q}{g}=\frac{0.169}{9.81}=0.017\text{t/m}$$

荷载作用图如图3-14所示,按弹性支座考虑。

(2)自振频率计算:

计算支座刚度 r,计算简图如图3-15所示,I18截面惯性矩 $I_x=0.1699\times10^{-4}\text{m}^4$,则

$$r=\frac{3\times0.206\times10^9\times0.1699\times10^{-4}\times2.25}{1.95^2\times0.3^2}=69032\text{kN/m}$$

I14截面惯性矩 $I_x=0.712\times10^{-5}\text{m}^4$,由式(3-5)代入数得

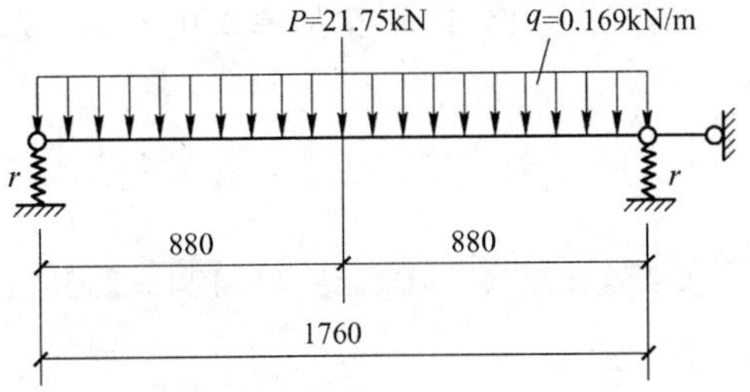

图 3-14 弹性支座梁荷载作用图

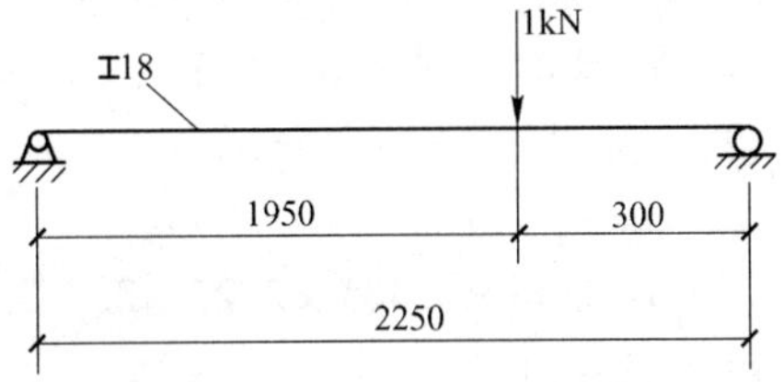

图 3-15 梁支座刚度计算简图

$$\alpha_L=\frac{\dfrac{1.76^7}{4744\times(0.206\times10^9\times0.712\times10^{-5})^2}+\dfrac{1.76^4}{96\times0.206\times10^9\times0.712\times10^{-5}\times69032}+\dfrac{1.76}{4\times69032^2}}{\left(\dfrac{1.76^3}{48\times0.206\times10^9\times0.712\times10^{-5}}+\dfrac{1}{2\times69032}\right)^2}$$

$=0.865$

由式(3-6)代入数得

$$\alpha_1=\left[\frac{69032(3\times1.76^2\times0.88-4\times0.88^3)+12\times0.206\times10^9\times0.712\times10^{-5}}{69032\times1.76^3+12\times0.206\times10^9\times0.712\times10^{-5}}\right]=1.0$$

由式(3-7)得

$$m_s=m_u\alpha_L+\alpha_1m_1=0.017\times0.865+2.217\times1.0=2.232\text{t}$$

由式(3-8)得

$$\omega=\sqrt{\frac{1}{m_s\left(\dfrac{L^3}{48EI}+\dfrac{1}{2r}\right)}}=\sqrt{\frac{1}{2.232\left(\dfrac{1.76^3}{48\times0.206\times10^9\times0.712\times10^{-5}}+\dfrac{1}{2\times69032}\right)}}=72.738\text{rad/s}$$

第1点竖向实测频率 $\theta_{max}=64.428\text{rad/s}$，则 $\theta_{max}/\omega=64.428/72.738=0.886>0.75$，故在共振区工作。

b 工字钢I18竖向自振频率计算

荷载(自重)为

$$q=0.2413\text{kN/m}$$

$$m_u=\frac{0.2413}{9.81}=0.0246\text{t/m}$$

$$P_1=P_3=0.169\times0.88+\frac{21.75}{2}=11.024\text{kN}$$

$$m_1=m_3=\frac{11.024}{9.81}=1.124\text{t}$$

$$P_2=21.75\text{kN}$$

$$m_2=\frac{21.75}{9.81}=2.217\text{t}$$

$$I_x=0.1699\times10^{-4}\text{m}^4$$

计算简图如图3-16所示。

两端按简支非弹性支座梁考虑。从表2-1查得 $\alpha=0.485$，$\eta=48$。$x_1/L=0.1/2.25=0.044$，从

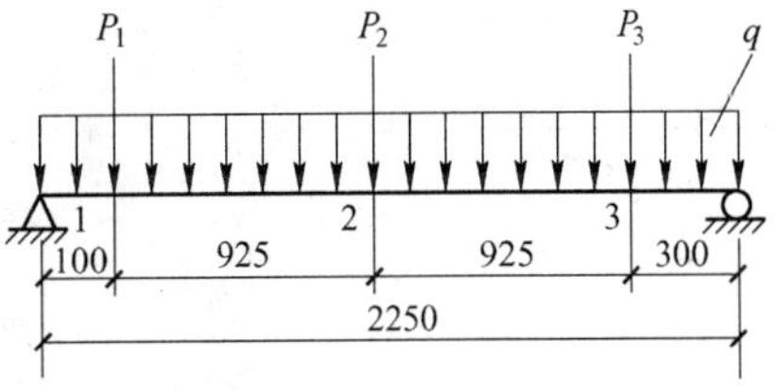

图 3-16 梁计算简图

表 2 - 1 查得 $\alpha_1 = 0.019$。$x_2/L = 1.025/2.25 = 0.456$，从表 2 - 1 查得 $\alpha_2 = 0.974$。$x_3/L = 1.95/2.25 = 0.867$，从表 2 - 1 查得 $\alpha_3 = 0.155$。

由式(2 - 13)得

$$m_s = m_u\alpha_L + \alpha_1 m_1 + \alpha_2 m_2 + \alpha_3 m_3$$
$$= 0.0246 \times 0.485 \times 2.25 + 0.019 \times 1.124 + 0.974 \times 2.217 + 0.155 \times 1.124 = 2.382\text{t}$$

由式(2 - 14)得

$$\omega = \sqrt{\frac{\eta EI}{m_s L^3}} = \sqrt{\frac{48 \times 0.206 \times 10^9 \times 0.1699 \times 10^{-4}}{2.328 \times 2.25^3}} = 78.688\text{rad/s}$$

第 4 点竖向实测频率 $\theta_{max} = 76.391\text{rad/s}$，则 $\theta_{max}/\omega = 76.391/78.688 = 0.971 \approx 1.0$，故不但在共振区工作，而且接近共振振动线位移的峰值。

D　抗振措施

计算出的竖向第一自振频率值和实测扰力频率值很接近即在共振状态下工作，钢结构的阻尼又很小，因此可以认为，发生共振是引发支承结构振动线位移如此大的主要原因。为了减小振动线位移，考虑到该工程的实际情况，设法增大梁的刚度，提高自振频率，远离共振区将是有效的措施。为此对钢梁I14、I18 和钢筋混凝土梁进行加高处理。

a　I14 和I18 的加高方法

在I14 和I18 的下翼缘焊接槽钢 2[14a，如图 3 - 17 所示。把 2[14a 焊接成整体并铲平后再与I18 或I14 焊接，这样就使原来的钢梁高度提高了 140mm，截面惯性矩增大了很多。2[14a 的宽度比I18 的翼缘宽度超出了 22mm，比I14 的翼缘宽度超出了 36mm，这样 2[14a 与I18(I14)的焊接很方便，易于确保焊接质量。

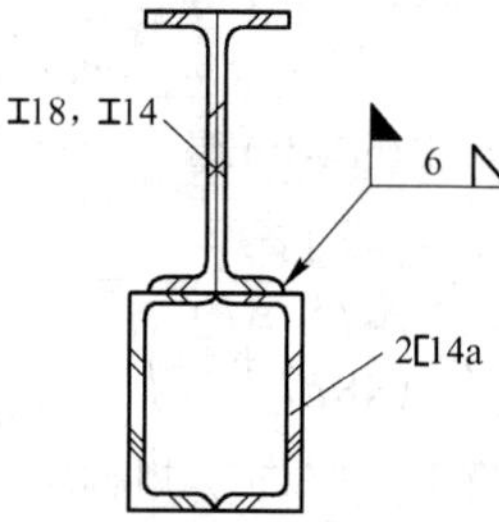

图 3 - 17　组合梁断面图

b　加高后I14 与I18 的连接

加高后I14 与I18 连接的连接图如图 3 - 18 所示。主要是加强下部 2[14a 之间的连接，采用两块钢板—70 × 8 × 80 把相互垂直的 2[14a 焊接在一起。在顶部采用一块钢板把I14 和I18 连接起来，增强支座连接刚度，提高I14 的竖向刚度。但是这样连接并没有达到刚接的程度。

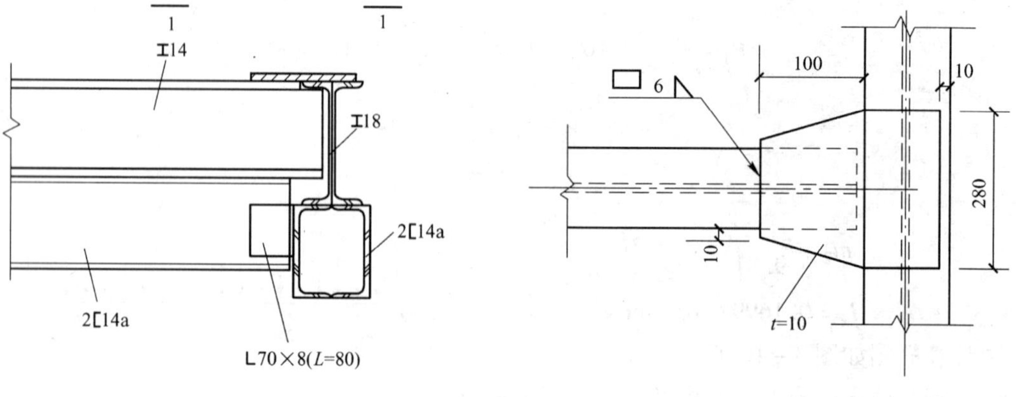

1—1

图 3 - 18　钢梁之间连接图

c 钢筋混凝土梁 1L－6 的加高方法

增强 1L－6 的竖向刚度对提高钢梁I18 的自振频率有利，为此在 1L－6 的底部增设 2[14a，如图 3－19 所示。通过拧紧螺栓杆使 2[14a 与 1L－6 贴紧，然后采用 C30 细石混凝土包裹灌实，这样使 2[14a 与 1L－6 很好地连接为整体。必须注意的是，在加高前应把混凝土梁的粉刷层铲除，螺栓杆拧紧后应与螺帽、垫板及角钢L50×6 焊牢。梁 1L－6 加高后，2[14a 与框架梁 KJ－H 的连接如图 3－20 所示。

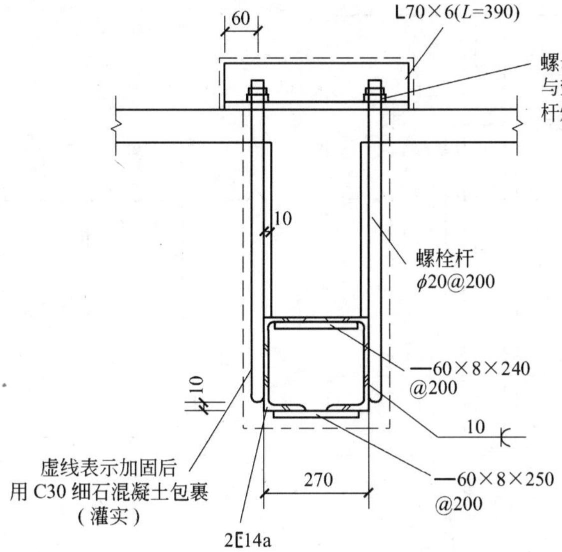

图 3－19 混凝土梁加强图

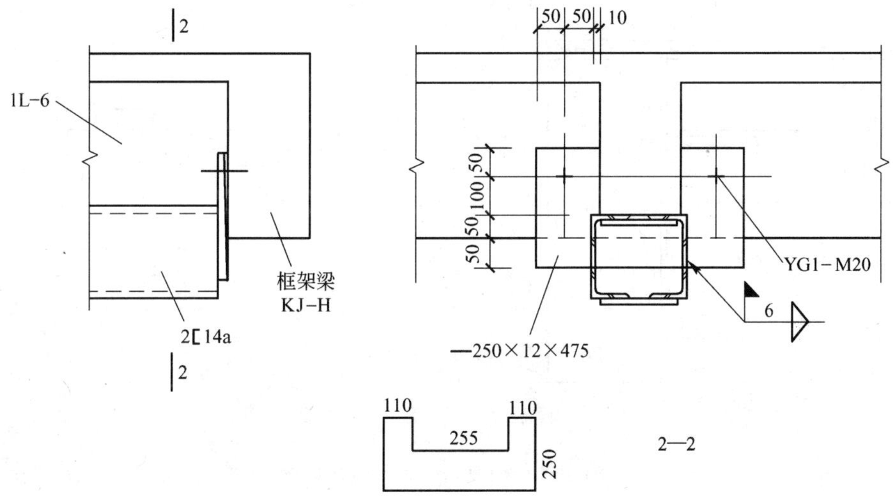

图 3－20 槽钢与框架梁连接图

d 加高后I18 与 1L－6 的连接

加高后I18 与 1L－6 连接的连接图如图 3－21 所示。梁 1L－6 的原有预埋钢板（包括原有肋）支承钢梁I18，是按静力设备设计的，如果完全依靠它支承动力荷载是不可以的，但是它还有一定的承载能力。为了提高钢梁I18 支座的承载力，增设①号钢板与 4 根螺栓杆焊牢，通过把螺杆拧紧使①号钢板与混凝土梁贴紧，而后用 C30 细石混凝土包裹灌实，使①号钢板和混凝土梁成为一个整体。把 2[14a 与原有肋焊接，同时在 2[14a 下面加设角钢L70 ×6 与 2[14a 和①号钢板焊接，这样加高后的I18 支座作用力就由原预埋钢板（包括原有肋）和增设的①号钢板共同来承担。另外，在顶部增设连接板（见 4 – 4 剖面），对提高钢梁的刚度也是有利的。

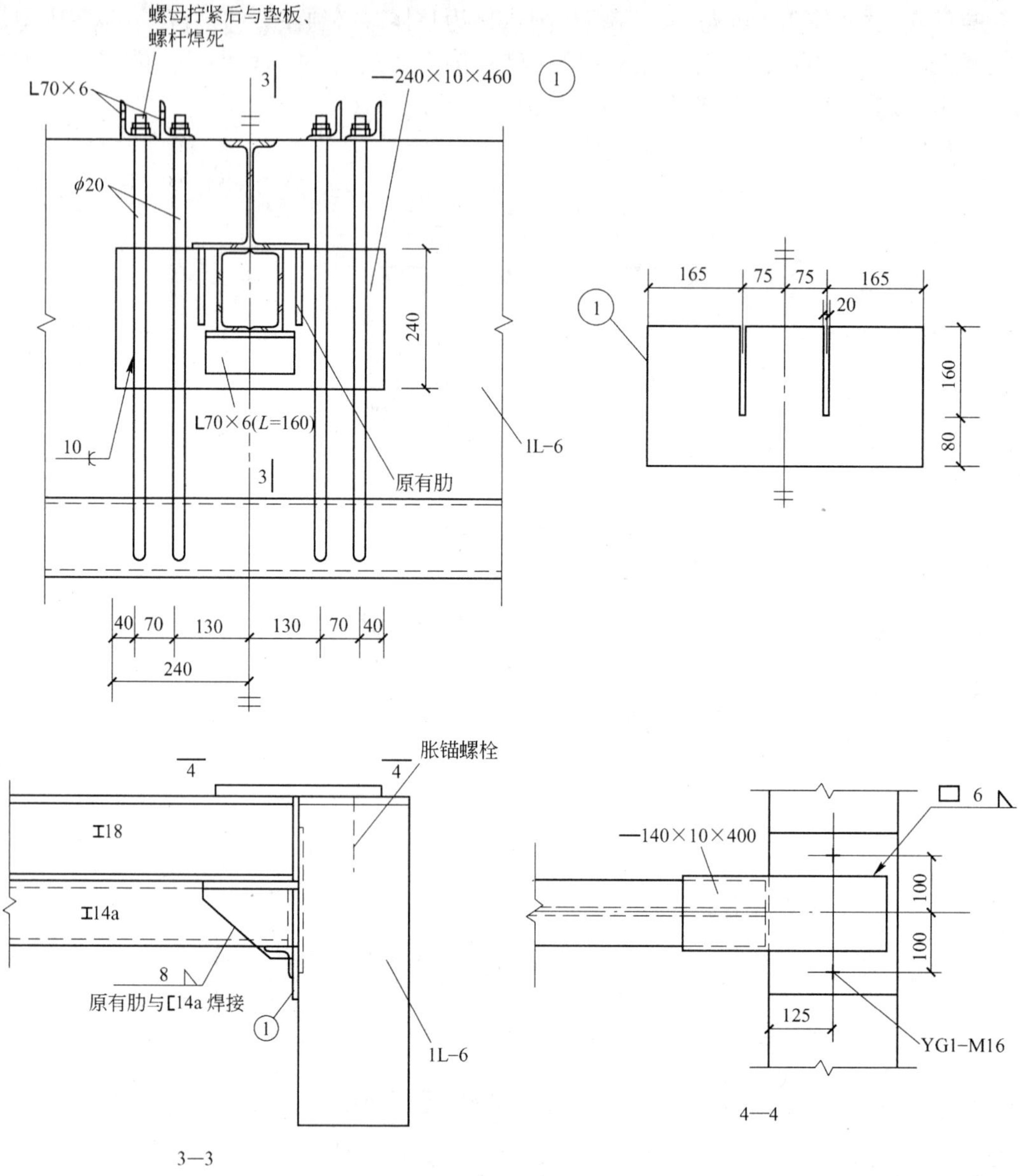

图 3 – 21　钢梁与混凝土梁连接图

加高后的I18 与梁 KJ – 5 的连接可参照上述方法进行。

另外，为了提高I14 和I18 加高后的水平刚度，在罐周 4 个支点的侧面加设 4 根水平钢管，一端与钢筋混凝土梁相连，另一端与钢梁连接，位置如图 3 – 13 所示。这样支点处的水平扰力就直接传到了刚度大的混凝土梁上了，也就是说，一个罐的水平扰力不可能对钢筋混凝土框架整体横向引起不允许的振动。

加高焊接时必须注意，对罐周的 4 个支点在竖向要做好临时支撑，或者把罐暂时拆除，以免钢梁在受力状态下施焊发生变形；在构件之间焊接时也要采取有效的措施，确保不发生焊接变形。

E 加高后的钢梁I14和I18竖向自振频率计算

根据图3-17，参照加高前的计算过程进行计算，计算结果如下（计算过程从略）。

钢梁I14加高后的截面惯性矩 $I_x = 0.45052 \times 10^{-4}\text{m}^4$，是加高前的6.33倍；弹性支座刚度 $r = 289529\text{kN/m}$，提高了4.194倍。计算得出竖向自振频率 $\omega = 178.08\text{rad/s}$，其与第1点竖向测得频率之比为 $\theta_{max}/\omega = 64.428/178.08 = 0.362 \ll 0.75$。

钢梁I18加高后的截面惯性矩 $I_x = 0.712579 \times 10^{-4}\text{m}^4$，是加高前的4.194倍。计算得出自振频率 $\omega = 159.911\text{rad/s}$，其与第4点竖向测得频率之比为 $\theta_{max}/\omega = 76.391/159.911 = 0.478 \ll 0.75$。如此，钢梁I14和I18加高后都达到了深度趋共振前。发酵罐再投料运转振动比较平稳，操作人员也无强烈振动之感，更没有惊慌失措了。主要原因是通过对梁采取上述的加高措施，增强了梁的刚度，提高了梁的自振频率，远远避开了共振区，自然会较大地减小振动线位移。

该发酵罐生产运转时，发酵罐本来是属于动力设备，可是工艺等专业却误认为其为静力设备，使建筑结构专业没有进行振动计算和设计，才造成了上述的事故，既影响了生产又浪费了资金，不能不认为是一个教训。

3.2.4 工程实例四

A 工程概况

某工厂已建成的钢框架，钢框架柱是由两根槽钢[32a焊接而成的格构式柱，框架横梁为I32a，与柱连接为刚接。在标高4.0m层安装一台离心机，离心机重量为26kN，转速为750r/min，扰力幅值 $P = 2.2\text{kN}$（均由离心机生产厂家提供）。支承离心机的钢梁为I28a，上铺6mm厚花纹钢板，平面布置如图3-22所示。原设计未进行动力计算。当离心机开动达到操作转速750r/min时，支承离心机的钢梁振动异常强烈，甚至使离心机底座地脚螺栓的螺母振动脱落，在离心机附近的操作人员难以忍受，已无法正常操作。为了查明原因和采取抗振措施，我们首先对支承离心机的钢梁进行动力计算。对L-1进行动力计算，按两端弹性支座来考虑。

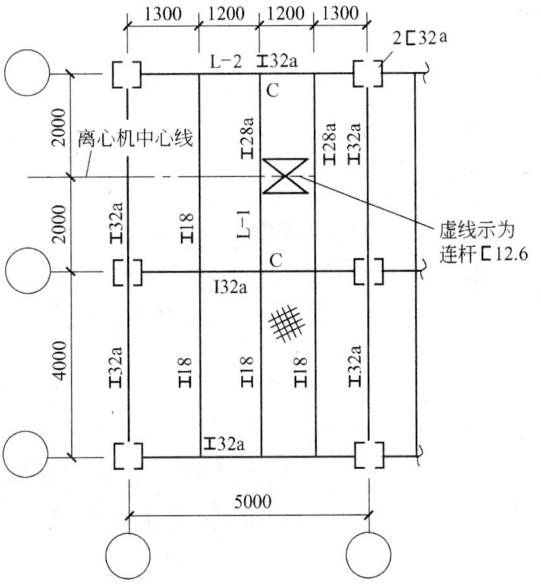

图3-22 离心机与刚梁平面布置图

B 荷载

活荷载取 0.5kN/m^2；钢楼板（包括次梁、加劲肋和钢板等）重取 1.0kN/m^2；I28a自重为 0.434kN/m。则

$$q = (0.5 + 1.0) \times 1.2 + 0.434 = 2.234\text{kN/m}$$

离心机作用在L-1上的重量 $P_1 =$

$\frac{26}{2}=13\text{kN}$。

荷载作用图如图 3－23 所示。

C　自振频率计算

计算 L－1 梁支座 c 处的支座弹性刚度 r，计算简图如图 3－24 所示。

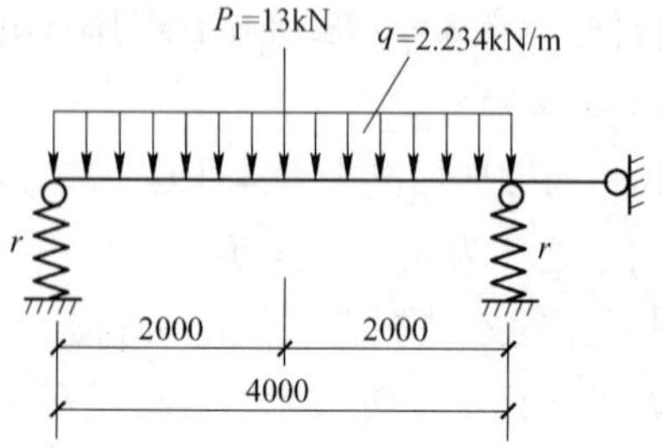

图 3－23　梁荷载作用图

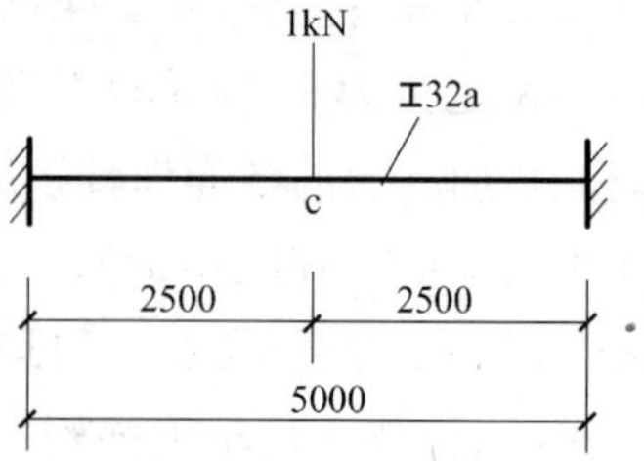

图 3－24　梁弹性支座刚度计算简图

钢梁均为 Q235，I32a 截面惯性矩 $I=0.11076\times10^{-3}\text{m}^4$。L－2 在 c 点的刚度 r 为

$$r=\frac{192\times0.206\times10^9\times0.11076\times10^{-3}}{5.0^3}\times0.95=33293.92\text{kN/m}$$

考虑到 L－2 两端发生微小的转动以及两端刚接也有可能不完全是理论上刚接，故上式中乘以了刚度降低系数 0.95。该降低系数 0.95 为经验值。

$$m_{\text{u}}=\frac{2.234}{9.81}=0.228\text{t/m}$$

$$m_1=\frac{13}{9.81}=1.325\text{t}$$

I28a 截面惯性矩 $I=0.7115\times10^{-4}\text{m}^4$。

由式(3－5)代入数得

$$\alpha_{\text{L}}=\frac{\dfrac{4.0^7}{4744(0.206\times10^9\times0.7115\times10^{-4})^2}+\dfrac{4.0^4}{96\times0.206\times10^9\times0.7115\times10^{-4}\times33293.92}+\dfrac{4.0}{4\times33293.92^2}}{\left(\dfrac{4.0^3}{48\times0.206\times10^9\times0.7115\times10^{-4}}+\dfrac{1}{2\times33293.92}\right)^2}$$

$=1.998$

由式(3－6)代入数得 $\alpha_1=1.0$

由式(3－7)得

$$m_s=0.228\times1.998+1.325\times1.0=1.7805\text{t}$$

由式(3－8)得

$$\omega=\sqrt{\frac{1}{1.7805\left(\dfrac{4.0^3}{48\times0.206\times10^9\times0.7115\times10^{-4}}+\dfrac{1}{2\times33293.92}\right)}}=72.795\text{rad/s}$$

如果不考虑弹性支座的作用，由表 2－1 得 $\alpha=0.485$，$\eta=48$，$\alpha_1=1.0$。由式(2－3)求得 m_s，即

$$m_s=0.228\times0.485\times4.0+1.0\times1.325=1.767\text{t}$$

由式(2－14)得

$$\omega=\sqrt{\frac{48\times0.206\times10^9\times0.7115\times10^{-4}}{1.767\times4.0^3}}=78.874\text{rad/s}$$

由此计算结果可以看出，按弹性支座比按非弹性支座计算出的梁的自振频率降低了8%之多。此工程实例的主梁是框架梁，两端为刚接连接，如果主梁是非框架梁，一般两端为铰接连接，比两端刚接的框架梁竖向刚度要低得多，此时，弹性支座梁的自振频率会更低。

D 竖向振动线位移和振动速度计算

因 $\theta/\omega=0.105\times750/72.795=78.75/72.795=1.082<1.25$，故在共振区工作，应考虑阻尼作用，$\gamma=0.02$。

$$\mu=\frac{1}{\sqrt{\left(1-\frac{78.75^2}{72.795^2}\right)^2+0.02^2}}=5.832$$

梁跨中刚度 k 为

$$k=1.7805\times72.795^2=9435.07\text{kN/m}$$

L－1 梁承受的扰力幅值为 $P=\frac{2.2}{2}=1.1\text{kN}$。

由式(2－26)，梁跨中振动线位移的幅值 A 为

$$A=\frac{1.10}{9435.07}\times5.832=0.68\times10^{-3}\text{m}=0.68\text{mm}$$

振动速度 v 为

$$v=0.68\times78.75=53.55\text{mm/s}$$

参照附录 B 和表 B－1，$f_e=\frac{750}{60}=12.5\text{Hz}$，允许振动线位移为 $[A]=0.125\text{mm}$。该离心机为三类机器，允许振动速度 $[v]=10\text{mm/s}\ll53.55\text{mm/s}$。$A=0.68\text{mm}\gg0.125\text{mm}$。

从以上计算结果可以看出，虽然离心机扰力较小，但产生的振动线位移和振动速度却很大，主要原因是离心机扰力频率 θ 与梁的自振频率之比为 1.081，两者几乎相等，故发生了共振现象，动力系数为 $\mu=5.832$，接近于极值，所以使得梁的振动线位移和振动速度过大。为了减小振动线位移和振动速度，降低梁的刚度（相应降低自振动频率）已不可能，只有采取措施提高梁的刚度，减小静力位移 $y^d=\frac{P}{k}$ 和 μ 值，为此需要加高梁的高度。

E L－1 梁的加高方法和振动计算

L－1 梁的加高方法既要考虑增大梁的刚度提高自振频率，又要注意加高方法对该工程的可行性和施工方便。为此，加高的方法和工程实例三的图 3－17 类似，即在梁的下翼缘焊接通长的两个槽钢[18a，如图 3－25 所示。这种做法使 2[18a 与I28a 下翼缘施焊方便，避免仰焊，能保证焊接质量，从而较好地构成了一个组合的梁。同时在两个I28a 的跨中之间焊接一根连杆[12.6a，以增强两根梁I28a 的整体性。在加高焊接之前，对两根 L－1 梁做好竖向牢固的临时支撑，以防焊接

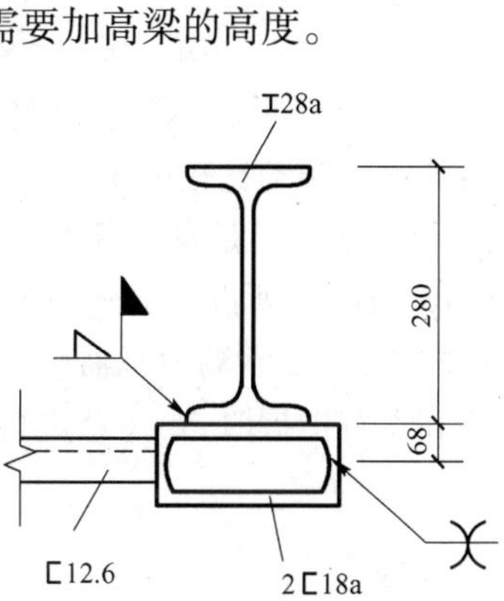

图 3－25 钢梁加高图

变形。

经计算该组合梁的截面惯性矩 $I=0.200839\times10^{-3}\mathrm{m}^4$。[18a 自重为 0.2017kN/m。

$$q=2.234+0.2017\times2=2.637\mathrm{kN/m}$$

$$m_u=\frac{2.637}{9.81}=0.269\mathrm{t/m}$$

由式(3－5)得

$$\alpha_L=\frac{\dfrac{4.0^7}{4744(0.206\times10^9\times0.200839\times10^{-3})^2}+\dfrac{4.0^4}{96\times0.206\times10^9\times0.200839\times10^{-3}\times33293.92}+\dfrac{4.0}{4\times33293.92^2}}{\left(\dfrac{4.0^3}{48\times0.206\times10^9\times0.200839\times10^{-3}}+\dfrac{1}{2\times33293.92}\right)^2}$$

$=2.175$

由式(3－6)得 $\alpha_1=1.0$

由式(3－7)得

$$m_s=0.269\times2.175+1.0\times1.325=1.91\mathrm{t}$$

由式(3－8)得

$$\omega=\sqrt{\frac{1}{1.91\times\left(\dfrac{4.0^3}{48\times0.206\times10^9\times0.200839\times10^{-3}}+\dfrac{1}{2\times33293.92}\right)}}=105.27\mathrm{rad/s}$$

F　加高后竖向振动线位移和振动速度计算

因 $\theta/\omega=78.75/105.27\approx0.75$，故仍在共振区工作，应考虑阻尼的作用。

$$\mu=\frac{1}{\sqrt{\left(1-\dfrac{78.75^2}{105.27^2}\right)^2+0.02^2}}=2.268$$

梁跨中刚度 k 为

$$k=1.91\times105.27^2=21166.186\mathrm{kN/m}$$

由式(2－26)，梁跨中振动线位移的幅值 A 为

$$A=\frac{1.10}{21166.186}\times2.268=0.118\times10^{-3}\mathrm{m}=0.118\mathrm{mm}<0.125\mathrm{mm}，可。$$

振动速度为：

$$v=0.118\times78.75=9.293\mathrm{mm/s}<10\mathrm{mm/s}，可。$$

L－1 梁加高后，计算出的竖向振动线位移和振动速度大为减小，再启动离心机时，支承离心机的钢梁振动比较平稳，已正常工作。其原因很明显，梁加高后振动虽然仍在共振区工作，这并不可怕，但是动力系数 μ 由 5.832 降至 2.268，梁的刚度由 9435.07kN/m 提高到 21166.186kN/m，所以梁的竖向振动线位移和振动速度就明显地减小了。该工程实例也再一次提醒我们，支承动力机器构件的设计，应根据动力机器和支承结构的具体状况，如果缺乏经验和没有把握时，要注意进行动力计算，不能盲目设计，否则，有可能对生产造成不利的后果。

第4章　两端简支弹性支座均质梁振动简便计算

第3章主要介绍了弹性支座梁单自由度竖向振动简便计算方法，其中首先谈到了梁振动考虑弹性支座作用的必要性。本章将较详细地介绍两端简支弹性支座均质梁振动简便计算方法。对于动力机器置放在楼层上时的振动计算，主要计算两部分，即要计算支承动力机器梁的竖向振动(必要时才计算梁水平向振动)和房屋横向振动(将在后面章节介绍)。

在实际工程中，两端简支弹性支座均质单跨梁是比较普遍常见的一种结构形式。首先对钢梁来说，支承动力机器的钢梁与主梁(钢梁)的连接大多数做成铰接连接，这种做法构造简单、施工方便、受力明确、安全可靠。如果要做成刚接，主次梁的连接应经过特别处理才行。对钢筋混凝土结构来说，除支承动力机器的梁与混凝土柱子的连接必须做成刚接外，主次梁连接一般也多设计为铰接，主次梁连接若要为刚接也要特别处理。由于作用在梁上的质量(荷载)一般是相当复杂的，同时计算梁时的某些假定与实际状况存在差异，并且作用荷载的取值和材质性能具有不准确性等原因，因此按照所谓精确法进行振动计算比较复杂，而且计算的结果也不一定能反应出真实的振动状态。所以采用一种既能满足工程振动要求又能让大家容易掌握的简便计算方法是必要的。

弹性支座均质梁从理论上来说是无限自由度体系。把梁上作用的荷载简化为均布荷载时，对梁可以进行高振型振动的计算，也可进行任意点振动线位移和振动速度的计算。对于一个无限自由度体系的梁的振动效应来说，第一振型(基频)往往起主导作用，同时在实际工程中常常要求迅速地得到振动的近似结果，以作为初步设计和施工图设计的依据。事实上，仅计算梁的最大振动线位移和振动速度(如梁的跨中振动线位移和振动速度)或仅计算基频振动的结果所产生的误差一般比较小，对弹性支座均质梁振动的计算多属于这种情况。如果要计算梁任意点的振动线位移和振动速度，考虑前三个振型的作用较为合适。

两端简支弹性支座均质梁振动简便计算方法的主要内容是：采用能量法，把梁上作用着的多个集中质量简化为等效均布质量，即按式(2－60)计算出均布质量 $\overline{m}$，式中的 y_j 为集中质量 m_j 处的弹性支座梁振型曲线值(见后面的介绍)。把弹性支座梁在均布静荷载作用下的变形曲线近似地视为振型曲线，推导出计算前三个振型的自振频率公式，采用振型分解法计算振动线位移和振动速度，并通过实际工程表明计算过程，最后考虑如何采取“抗振”措施。

下面介绍四种两端不同弹性支座状况梁的振动计算，即两端弹性支座刚度相同的梁的振动计算，两端弹性支座刚度不同的梁的振动计算，一端为刚接非弹性支座另一端为简支弹性支座的梁的振动计算，一端为简支非弹性支座另一端为弹性支座的梁的振动计算。

4.1　两端弹性支座刚度相同的梁

4.1.1　梁基频计算

4.1.1.1　第一振型曲线的确定

在将集中质量简化为等效均布质量的方法中，关键是如何确定弹性支座梁的振型曲线。

图 4－1 所示为两端弹性支座刚度相同的梁，梁上作用均布静荷载 $\overline{m}g$，g 为重力加速度，$\overline{m}$ 为均布质量。我们把梁在均布静荷载 $\overline{m}g$ 作用下的变形曲线作为梁具有均布质量的第一振型曲线，这种假定与理论上的振型曲线，实算证明误差很小。该振型曲线 $y(x)$ 由 $y(x)_1$ 和 $y(x)_2$ 组成。

$y(x)_1$ 为如图 4－2 所示非弹性支座简支梁在均布静荷载 $\overline{m}g$ 作用下的变形曲线。

$$y(x)_1=\frac{\overline{m}gL^3}{24EI}\left(x-\frac{2x^3}{L^2}+\frac{x^4}{L^3}\right)$$

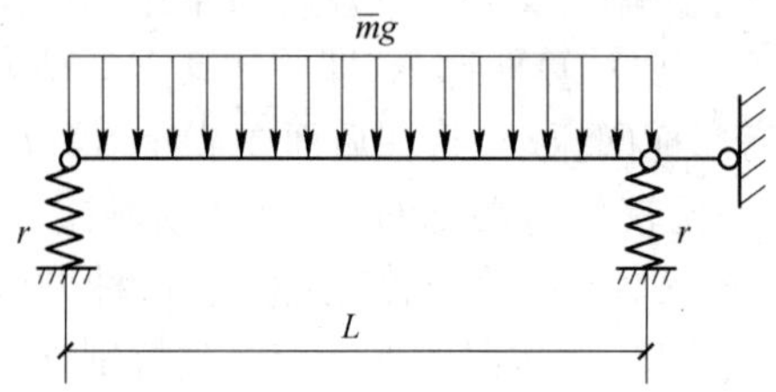

图 4－1　两端简支弹性支座刚度相同的梁

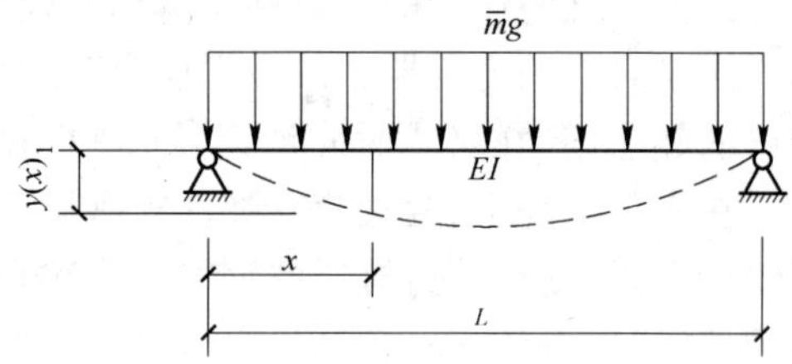

图 4－2　两端简支非弹性支座的梁

$y(x)_2$ 为如图 4－3 所示的 $EI=\infty$ 且弹性支座刚度为 r 的梁在均布静荷载 $\overline{m}g$ 作用下的变形曲线。

$$y(x)_2=\frac{\overline{m}gL}{2r}$$

弹性支座梁的总变形曲线 $y(x)$ 作为第一振型曲线为

$$y(x)=y(x)_1+y(x)_2=\frac{\overline{m}gL^3}{24EI}\left(x-\frac{2x^3}{L^2}+\frac{x^4}{L^3}\right)+\frac{\overline{m}gL}{2r} \tag{4－1}$$

4.1.1.2　基频计算公式的建立

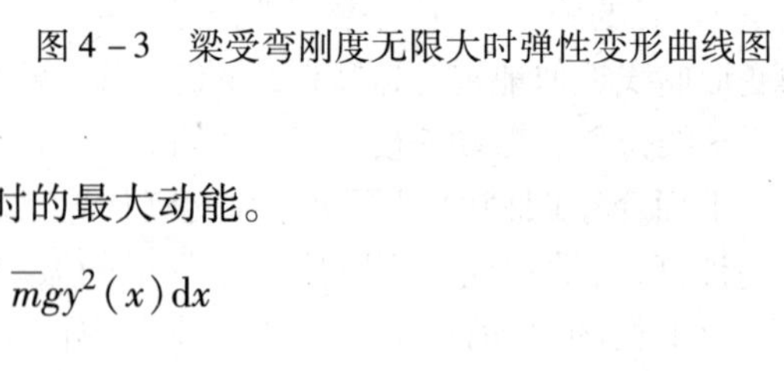

图 4－3　梁受弯刚度无限大时弹性变形曲线图

我们采用能量法公式的另一种形式来计算梁的自振频率，即

$$\omega_i^2=\frac{W_{i\max}}{\overline{V}_{i\max}}$$

由于位能等于外力的实功，所以第 i 振型的最大位能 $W_{i\max}$ 为

$$W_{i\max}=\frac{1}{2}\int_0^L\overline{m}gy(x)\mathrm{d}x$$

$\overline{V}_{i\max}$ 为第 i 振型单位最大动能，即 $\omega_i=1$ 时的最大动能。

$$\overline{V}_{i\max}=\frac{1}{2g}\int_0^L\overline{m}gy^2(x)\mathrm{d}x$$

由此得第 i 振型自振频率为

$$\omega_i^2=\frac{W_{i\max}}{\overline{V}_{i\max}}=\frac{g\int_0^Ly(x)\mathrm{d}x}{\int_0^Ly^2(x)\mathrm{d}x} \tag{4－2}$$

下面计算 $\int_0^Ly(x)\mathrm{d}x$ 和 $\int_0^Ly^2(x)\mathrm{d}x$：

$$\int_0^L y(x)\,\mathrm{d}x = \int_0^L \left[\frac{\overline{m}gL^3}{24EI}\left(x-\frac{2x^3}{L^2}+\frac{x^4}{L^3}\right)+\frac{\overline{m}gL}{2r}\right]\mathrm{d}x = \overline{m}g\left(\frac{L^5}{120EI}+\frac{L^2}{2r}\right) \tag{4-3}$$

$$\int_0^L y^2(x)\,\mathrm{d}x = \int_0^L \overline{m}^2 g^2\left[\frac{L^3}{24EI}\left(x-\frac{2x^3}{L^2}+\frac{x^4}{L^3}\right)+\frac{L}{2r}\right]^2\mathrm{d}x$$

$$= \overline{m}^2 g^2\left[\frac{31L^9}{362880(EI)^2}+\frac{L^6}{120EIr}+\frac{L^3}{4r^2}\right] \tag{4-4}$$

将式(4-3)和式(4-4)代入式(4-2)得基频 ω_1^2,即

$$\omega_1^2 = \frac{\dfrac{L^5}{120EI}+\dfrac{L^2}{2r}}{\overline{m}\left[\dfrac{31L^9}{362880(EI)^2}+\dfrac{L^6}{120EIr}+\dfrac{L^3}{4r^2}\right]} \tag{4-5}$$

顺便指出,当式(4-5)中的 $r=\infty$ 时,弹性支座梁将成为图4-2所示的非弹性支座的梁,此时式(4-5)变为

$$\omega_1^2 = \frac{\dfrac{L^5}{120EI}}{\dfrac{\overline{m}\times 31L^9}{362880(EI)^2}}$$

即

$$\omega_1 = \frac{9.8767}{L^2}\sqrt{\frac{EI}{\overline{m}}}$$

精确解为 $\omega_1 = \dfrac{\pi^2}{L^2}\sqrt{\dfrac{EI}{\overline{m}}}$,两者几乎相等。

4.1.2 第二频率计算

4.1.2.1 第二振型曲线的确定

把图4-4所示在静荷载 $\overline{m}g$ 作用下的梁的变形曲线作为第二振型曲线,在ACB范围内的变形曲线可由图4-5、图4-6和图4-7所示荷载作用下的变形曲线叠加而得。

对于图4-5,$y_{AB}(x) = \dfrac{\overline{m}gL^3}{24EI}\cdot\left(x-\dfrac{2x^3}{L^2}+\dfrac{x^4}{L^3}\right)$。对两端的支座作用力为 $R_{A1}=R_{B1}=\dfrac{\overline{m}gL}{2}$,方向向下。

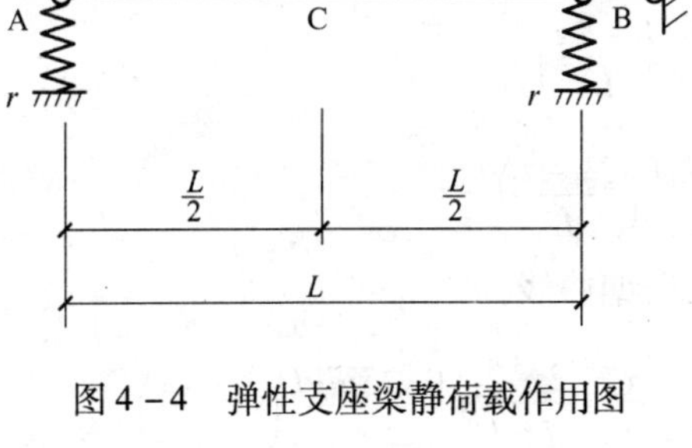

图4-4 弹性支座梁静荷载作用图

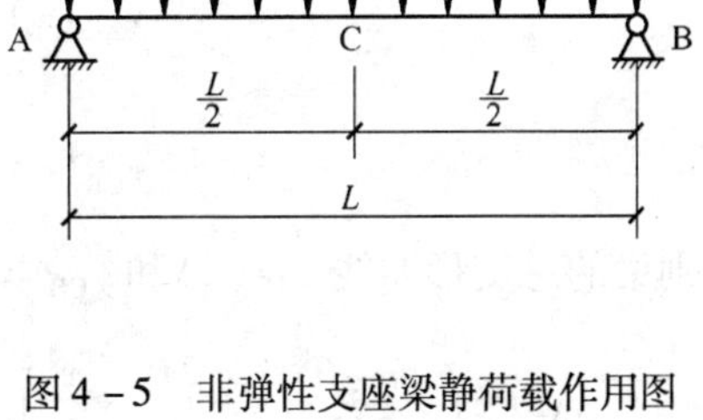

图4-5 非弹性支座梁静荷载作用图

对于图 4 - 6,有

$$y_{AC}(x) = -\frac{2\overline{m}gL^3}{96EI}\left(2x - \frac{x}{4} - \frac{2x^3}{L^2}\right)$$
$$= -\frac{\overline{m}gL^3}{48EI}\left(2x - \frac{x}{4} - \frac{2x^3}{L^2}\right)$$

$$y_{CB}(x) = -\frac{2\overline{m}g\dfrac{L^2}{4}\cdot L^2}{24EI}\left[\left(2 - \frac{1}{4} - \frac{2x^2}{L^2}\right)\cdot\frac{x}{L} + \frac{\left(x-\dfrac{L}{2}\right)^4}{\left(\dfrac{L}{2}\right)^2 L^2}\right]$$

$$= -\frac{\overline{m}gL^3}{48EI}\left[\left(2x - \frac{x}{4} - \frac{2x^3}{L^2}\right) + \frac{4\left(x-\dfrac{L}{2}\right)^4}{L^3}\right]$$

对两端的支座作用力为 $R_{A2} = \dfrac{-2\overline{m}g\left(\dfrac{L}{2}\right)^2}{2L} = -\dfrac{\overline{m}gL}{4}$, $R_{B2} = -\dfrac{2\overline{m}g\cdot\dfrac{L}{2}}{2}\times 1.5 = -0.75\overline{m}gL$,方向都向上。

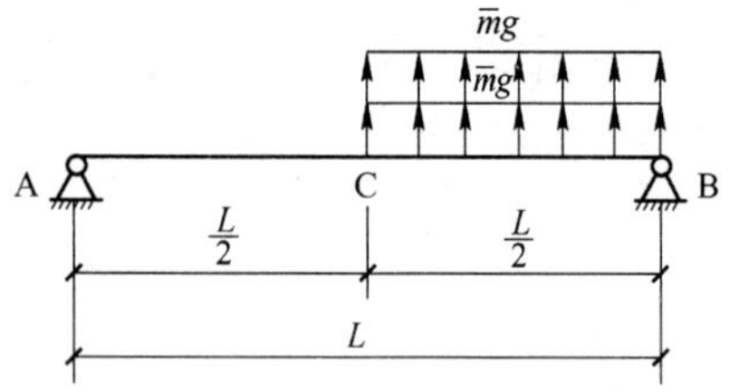

图 4 - 6　非弹性支座梁半跨静荷载作用图

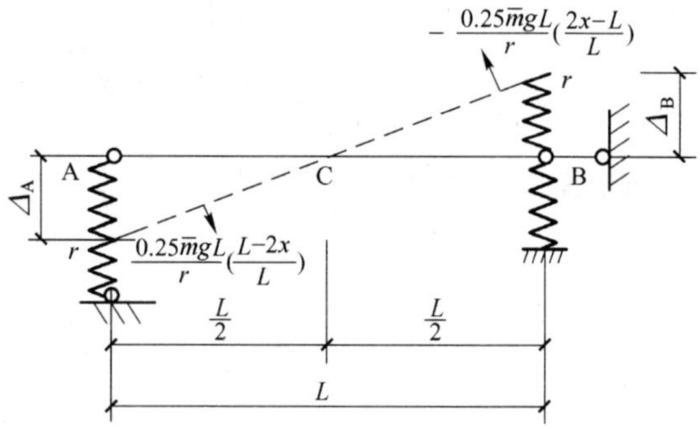

图 4 - 7　梁受弯刚度无限大时弹性变形曲线

对于图 4 - 7,对弹性支座的作用力为 $R_A = \dfrac{\overline{m}gL}{2} - \dfrac{\overline{m}gL}{4} = 0.25\overline{m}gL$,方向向下;$R_B = \dfrac{\overline{m}gL}{2} - 0.75\overline{m}gL = -0.25\overline{m}gL$,方向向上。

支座 A 变形 $\Delta_A = \dfrac{0.25\overline{m}gL}{r}$,支座 B 变形 $\Delta_B = -\dfrac{0.25\overline{m}gL}{r}$。

则由弹性支座位移产生的变形曲线为

$$y_{AC}(x) = \frac{0.25\overline{m}gL}{r}\left(\frac{L-2x}{L}\right)$$

$$y_{CB}(x) = -\frac{0.25\overline{m}gL}{r}\left(\frac{2x-L}{L}\right)$$

则梁的总变形曲线 $y_{AC}(x)$ 和 $y_{CB}(x)$ 作为第二振型曲线为

$$y_{AC}(x) = \frac{\overline{m}gL^3}{24EI}\left(x - \frac{2x^3}{L^2} + \frac{x^4}{L^3}\right) - \frac{\overline{m}gL^3}{48EI}\left(2x - \frac{x}{4} - \frac{2x^3}{L^2}\right) + \frac{0.25\overline{m}gL}{r}\left(\frac{L-2x}{L}\right)$$

$$=\frac{\overline{m}g}{96EI}\left(\frac{L^3x}{2}-4Lx^3+4x^4\right)+\frac{0.25\overline{m}gL}{r}\left(\frac{L-2x}{L}\right) \tag{4-6}$$

$$y_{CB}(x)=\frac{\overline{m}gL^3}{24EI}\left(x-\frac{2x^3}{L^2}+\frac{x^4}{L^3}\right)-\frac{\overline{m}gL^3}{48EI}\left[\left(2x-\frac{x}{4}-\frac{2x^3}{L^2}\right)+\frac{4\left(x-\frac{L}{2}\right)^4}{L^3}\right]-$$

$$\frac{0.25\overline{m}gL}{r}\left(\frac{2x-L}{L}\right) \tag{4-7}$$

4.1.2.2　第二频率计算公式的建立

下面计算 $\int_0^L y(x)\,\mathrm{d}x$ 和 $\int_0^L y^2(x)\,\mathrm{d}x$：

$$\int_0^{\frac{L}{2}} y(x)\,\mathrm{d}x=\frac{\overline{m}g}{96EI}\int_0^{\frac{L}{2}}\left(\frac{L^3x}{2}-4Lx^3+4x^4\right)\mathrm{d}x+\frac{0.25\overline{m}gL}{r}\int_0^{\frac{L}{2}}\left(\frac{L-2x}{L}\right)\mathrm{d}x$$

$$=\frac{\overline{m}gL^5}{3840EI}+\frac{\overline{m}gL^2}{16r}$$

因为 $\int_0^{\frac{L}{2}} y(x)\,\mathrm{d}x$ 和 $\int_{\frac{L}{2}}^L y(x)\,\mathrm{d}x$ 为反对称，

故

$$\int_0^L y(x)\,\mathrm{d}x=2\left(\frac{\overline{m}gL^5}{3840EI}+\frac{\overline{m}gL^2}{16r}\right) \tag{4-8}$$

$$\int_0^{\frac{L}{2}} y^2(x)\,\mathrm{d}x=\int_0^{\frac{L}{2}}\left[\frac{\overline{m}g}{96EI}\left(\frac{L^3x}{2}-4Lx^3+4x^4\right)+\frac{0.25\overline{m}gL}{r}\left(\frac{L-2x}{L}\right)\right]^2\mathrm{d}x$$

$$=\frac{\overline{m}^2g^2L^9}{5993373(EI)^2}+\frac{\overline{m}^2g^2L^6}{15360EIr}+\frac{\overline{m}^2g^2L^3}{96r^2}$$

因为 $\int_0^{\frac{L}{2}} y^2(x)\,\mathrm{d}x$ 与 $\int_{\frac{L}{2}}^L y^2(x)\,\mathrm{d}x$ 反对称，故

$$\int_0^L y^2(x)\,\mathrm{d}x=2\left[\frac{\overline{m}^2g^2L^9}{5993373(EI)^2}+\frac{\overline{m}^2g^2L^6}{15360EIr}+\frac{\overline{m}^2g^2L^3}{96r^2}\right] \tag{4-9}$$

将式(4－8)和式(4－9)代入式(4－2)得第二频率 ω_2^2，即

$$\omega_2^2=\frac{\frac{L^5}{3840EI}+\frac{L^2}{16r}}{\overline{m}\left[\frac{L^9}{5993373(EI)^2}+\frac{L^6}{15360EIr}+\frac{L^3}{96r^2}\right]} \tag{4-10}$$

同样，当 $r=\infty$ 时，式(4－10)中，$\omega_2^2=\frac{5993373EI}{3840\overline{m}L^4}$，即 $\omega_2=\frac{39.5066}{L^2}\sqrt{\frac{EI}{\overline{m}}}$，为非弹性支座梁的第二自振频率。精确解为 $\omega_2=\frac{39.4786}{L^2}\sqrt{\frac{EI}{\overline{m}}}$，两者几乎相等。

4.1.3　第三频率计算

4.1.3.1　第三振型曲线的确定

把图4－8所示在静荷载 $\overline{m}g$ 作用下梁的变形曲线作为第三振型曲线，在ACDB范围内的变形曲线可由图4－9、图4－10和图4－11所示荷载作用下的变形曲线叠加而得。

对于图 4 - 9，$y_{AB}(x)=\dfrac{\overline{m}gL^3}{24EI}(x-\dfrac{2x^3}{L^2}+\dfrac{x^4}{L^3})$。对两端的支座作用力为 $R_{A1}=R_{B1}=\dfrac{\overline{m}gL}{2}$，方向向下。

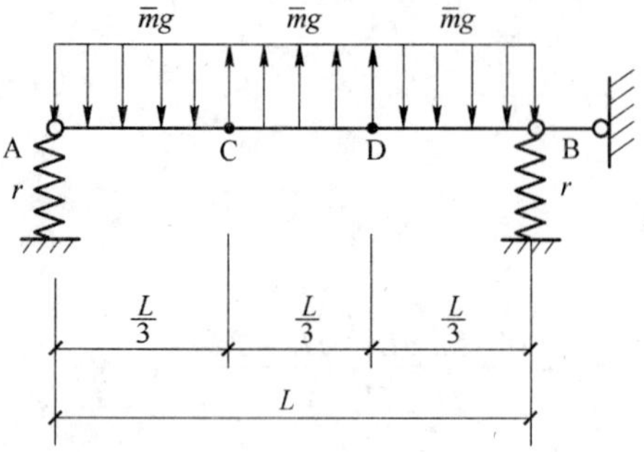

图 4 - 8　弹性支座梁静荷载作用情况

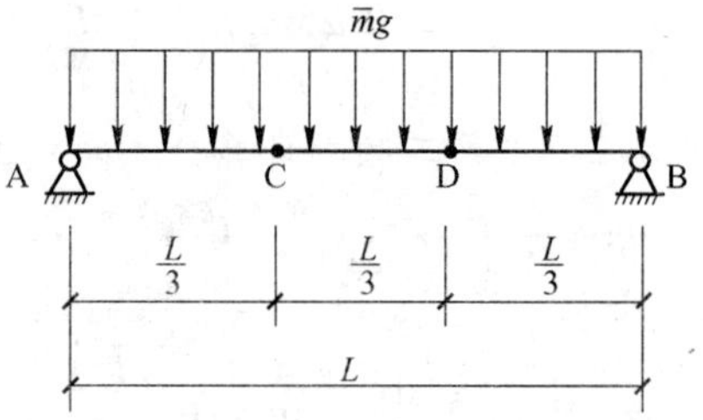

图 4 - 9　非弹性支座梁静荷载作用情况

对于图 4 - 10，

$$y_{AC}(x)=-\frac{2\overline{m}g\cdot\dfrac{L}{3}\cdot L^2}{48EI}(3x-\frac{x}{9}-\frac{4x^3}{L^2})$$

$$=-\frac{\overline{m}gL^3}{72EI}(\frac{26}{9}x-\frac{4x^3}{L^2})$$

$$y_{CD}(x)=-\frac{\overline{m}gL^4}{72EI}\left[(3-\frac{1}{9}-\frac{4x^2}{L^2})\frac{x}{L}+\frac{2(x-\dfrac{1}{3})^4}{\dfrac{L}{3}\cdot L^3}\right]$$

$$=-\frac{\overline{m}gL^3}{72EI}\left[\frac{26x}{9}-\frac{4x^3}{L^2}+\frac{6(x-\dfrac{L}{3})^4}{L^3}\right]$$

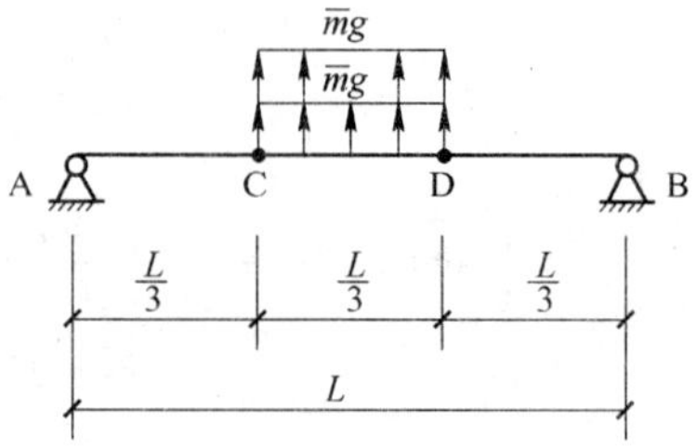

图 4 - 10　非弹性支座梁三分之一跨静荷载作用图

$$y_{DB}(x)=-\frac{\overline{m}gL^3}{72EI}\left[\frac{26(L-x)}{9}-\frac{4(L-x)^3}{L^2}\right]$$

对两端的支座作用力为 $R_{A2}=R_{B2}=-\dfrac{\overline{m}g}{2}\cdot\dfrac{2}{3}L=-\dfrac{\overline{m}gL}{3}$，方向向上。

对两端弹性支座作用力合力为 $R_A=R_B=\dfrac{\overline{m}gL}{2}-\dfrac{\overline{m}gL}{3}=\dfrac{\overline{m}gL}{6}$，方向向下。

如图 4 - 11 所示，由弹性支座位移产生的变形曲线为 $y_{AB}(x)=\dfrac{\overline{m}gL}{6r}$。则梁的总变形曲线 $y_{AC}(x)$、$y_{CD}(x)$ 和 $y_{DB}(x)$ 作为第三振型曲线为

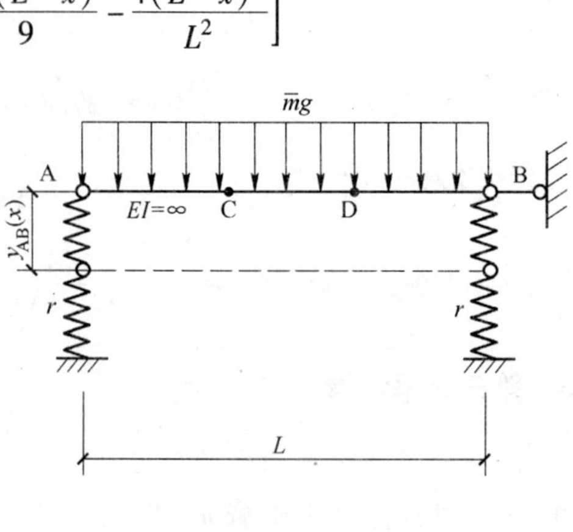

图 4 - 11　梁受弯刚度无限大时的弹性变形

$$y_{AC}(x)=\frac{\overline{m}gL^3}{24EI}\left(x-\frac{2x^3}{L^2}+\frac{x^4}{L^3}\right)-\frac{\overline{m}gL^3}{72EI}\left(\frac{26x}{9}-\frac{4x^3}{L^2}\right)+\frac{\overline{m}gL}{6r} \tag{4-11}$$

$$y_{CD}(x)=\frac{\overline{m}gL^3}{24EI}\left(x-\frac{2x^3}{L^2}+\frac{x^4}{L^3}\right)-\frac{\overline{m}gL^3}{72EI}\left[\frac{26x}{9}-\frac{4x^3}{L^2}+\frac{6\left(x-\frac{L}{3}\right)^4}{L^3}\right]+\frac{\overline{m}gL}{6r} \tag{4-12}$$

$$y_{DB}(x)=\frac{\overline{m}gL^3}{24EI}\left(x-\frac{2x^3}{L^2}+\frac{x^4}{L^3}\right)-\frac{\overline{m}gL^3}{72EI}\left[\frac{26(L-x)}{9}-\frac{4(L-x)^3}{L^2}\right]+\frac{\overline{m}gL}{6r} \tag{4-13}$$

4.1.3.2 第三频率计算公式的建立

下面计算 $\int_0^L y(x)\mathrm{d}x$ 和 $\int_0^L y^2(x)\mathrm{d}x$：

$$\begin{aligned}\int_0^{\frac{L}{3}} y(x)\mathrm{d}x &= \int_{\frac{2L}{3}}^{L} y(x)\mathrm{d}x\\ &=\int_0^{\frac{L}{3}}\left[\frac{\overline{m}gL^3}{24EI}\left(x-\frac{2x^3}{L^2}+\frac{x^4}{L^3}\right)-\frac{\overline{m}gL^3}{72EI}\left(\frac{26}{9}x-\frac{4x^3}{L^2}\right)+\frac{\overline{m}gL}{6r}\right]\mathrm{d}x\\ &=\frac{\overline{m}gL^5}{29160EI}+\frac{\overline{m}gL^2}{18r}\end{aligned}$$

$$\begin{aligned}\int_{\frac{L}{3}}^{\frac{2}{3}L} y(x)\mathrm{d}x &= \int_{\frac{L}{3}}^{\frac{2}{3}L}(-1)\left\{\frac{\overline{m}gL^3}{24EI}\left(x-\frac{2x^3}{L^2}+\frac{x^4}{L^3}\right)-\frac{\overline{m}gL^3}{72EI}\left[\frac{26x}{9}-\frac{4x^3}{L^2}+\frac{6\left(x-\frac{L}{3}\right)^4}{L^3}\right]\right\}\mathrm{d}x+\int_{\frac{L}{3}}^{\frac{2}{3}L}\frac{\overline{m}gL}{6r}\mathrm{d}x\\ &=\frac{\overline{m}gL^5}{29160EI}+\frac{\overline{m}gL^2}{18r}\end{aligned}$$

在 $\int_{\frac{L}{3}}^{\frac{2}{3}L} y(x)\mathrm{d}x$ 中，(-1)表示大小为 $\overline{m}g$ 的力，方向向上。作用力向上为负值，与位移同方向，所以所做的实功为正值。

则

$$\begin{aligned}\int_0^L y(x)\mathrm{d}x &= 2\left(\frac{\overline{m}gL^5}{29160EI}+\frac{\overline{m}gL^2}{18r}\right)+\frac{\overline{m}gL^5}{29160EI}+\frac{\overline{m}gL^2}{18r}\\ &=\frac{\overline{m}gL^5}{9720EI}+\frac{\overline{m}gL^2}{6r}\end{aligned} \tag{4-14}$$

$$\begin{aligned}\int_0^{\frac{L}{3}} y^2(x)\mathrm{d}x &= \int_{\frac{2}{3}L}^{L} y^2(x)\mathrm{d}x = \int_0^{\frac{L}{3}}\left[\frac{\overline{m}gL^3}{24EI}\left(x-\frac{2x^3}{L^2}+\frac{x^4}{L^3}\right)-\frac{\overline{m}gL^3}{72EI}\left(\frac{26x}{9}-\frac{4x^3}{L^2}\right)+\frac{\overline{m}gL}{6r}\right]^2\mathrm{d}x\\ &=\frac{\overline{m}^2g^2L^9}{230405388(EI)^2}+\frac{\overline{m}^2g^2L^6}{87480EIr}+\frac{\overline{m}^2g^2L^3}{108r^2}\end{aligned}$$

$$\begin{aligned}\int_{\frac{L}{3}}^{\frac{2}{3}L} y^2(x)\mathrm{d}x &= \int_{\frac{L}{3}}^{\frac{2}{3}L}\left[\frac{\overline{m}gL^3}{24EI}\left(x-\frac{2x^3}{L^2}+\frac{x^4}{L^3}\right)-\frac{\overline{m}gL^3}{72EI}\left(\frac{26x}{9}-\frac{4x^3}{L^2}+\frac{6\left(x-\frac{L}{3}\right)^4}{L^3}\right)+\frac{\overline{m}gL}{6r}\right]^2\mathrm{d}x\\ &=\frac{\overline{m}^2g^2L^9}{230574235.9(EI)^2}-\frac{\overline{m}^2g^2L^6}{87481.41EIr}+\frac{\overline{m}^2g^2L^3}{108r^2}\end{aligned}$$

则

$$\int_0^L y^2(x)\,dx = 2\left[\frac{\overline{m}^2 g^2 L^9}{230405388(EI)^2} + \frac{\overline{m}^2 g^2 L^6}{87480EIr} + \frac{L^3}{108r^2}\right] + \frac{\overline{m}^2 g^2 L^9}{230574235.9(EI)^2} - \frac{\overline{m}^2 g^2 L^6}{87481.41EIr} + \frac{\overline{m}^2 g^2 L^3}{108r^2}$$

$$= \frac{\overline{m}^2 g^2 L^9}{76820548(EI)^2} + \frac{\overline{m}^2 g^2 L^6}{87478.6EIr} + \frac{\overline{m}^2 g^2 L^3}{36r^2} \tag{4-15}$$

将式(4－14)和式(4－15)代入式(4－2)得第三频率 ω_3^2，即

$$\omega_3^2 = \frac{\dfrac{L^5}{9720EI} + \dfrac{L^2}{6r}}{\overline{m}\left[\dfrac{L^9}{76820548(EI)^2} + \dfrac{L^6}{87478.6EIr} + \dfrac{L^3}{36r^2}\right]} \tag{4-16}$$

同样，当 $r=\infty$ 时，式(4－16)变为

$$\omega_3^2 = \frac{\dfrac{L^5}{9720EI}}{\overline{m}\dfrac{L^9}{76820548(EI)^2}}，即\ \omega_3 = \sqrt{\frac{\dfrac{L^5}{9720EI}}{\dfrac{\overline{m}L^9}{76820548(EI)^2}}} = \frac{88.9}{L^2}\sqrt{\frac{EI}{\overline{m}}}$$

为非弹性支座梁的第三自振频率。精确解为

$$\omega_3 = \frac{3.0^2\pi^2}{L^2}\sqrt{\frac{EI}{\overline{m}}} = \frac{88.83}{L^2}\sqrt{\frac{EI}{\overline{m}}}$$

两者几乎相等。

前面推导出计算前三个振型自振频率的公式后，接着要进行强迫振动计算，采用振型分解法计算振动线位移和振动速度比较方便，按式(2－55)、式(2－56)、式(2－41)、式(2－42)，式(2－40)和式(2－53)进行计算即可。

4.1.4　工程实例

A　工程概述

某碱厂为国外企业，生产主厂房为多层钢框架结构，在标高 11.000m 的楼层上安装了一组振动给料器，支承给料器的钢构件布置如图 4－12 所示。

图 4－12 中，点“●”为振动给料器的支承点，在梁 L－1 上，1 点和 2 点各作用着静荷载 9.82kN，同时作用着竖向扰力幅值 $P_1=P_2=1.54$kN，水平扰力幅值 $P_H=1.19$kN。振动给料器的操作转速为750r/min。在结构设计和给料器运转之前，有关专业所提供的资料把给料器误认为静力设备。在给料器启动时，支承给料器的钢梁竖向振动十分强烈，操作人员站在上面感到腿脚发麻，无法忍受，给料器不能良好运转。为了解决这一振动问题，我们首先对梁 L－1 按两端弹性支座刚度相同的梁的上述简便计算方法进行了振动计算。

B　第一振型振动计算

a　荷载

钢梁型号为 HM350，自重为0.781kN/m，截面惯性矩 $I=0.20867\times10^{-3}\text{m}^4$，楼面活荷载取 0.5kN/m²，钢楼板(花纹钢板)厚 6mm，次梁和加劲肋等总重取 1.0kN/m²，作用在梁上的均布线荷载为 $q=(0.5+1.0)\dfrac{1.041+1.269}{2}+0.781=2.514\text{kN/m}$，$m_u=\dfrac{2.514}{9.81}=0.256\text{t/m}$。集中荷载 $P_1=P_2=9.82\text{kN}$，$m_1=m_2=\dfrac{9.82}{9.81}=1.001\text{t}$。荷载作用图如图 4－13 所示。

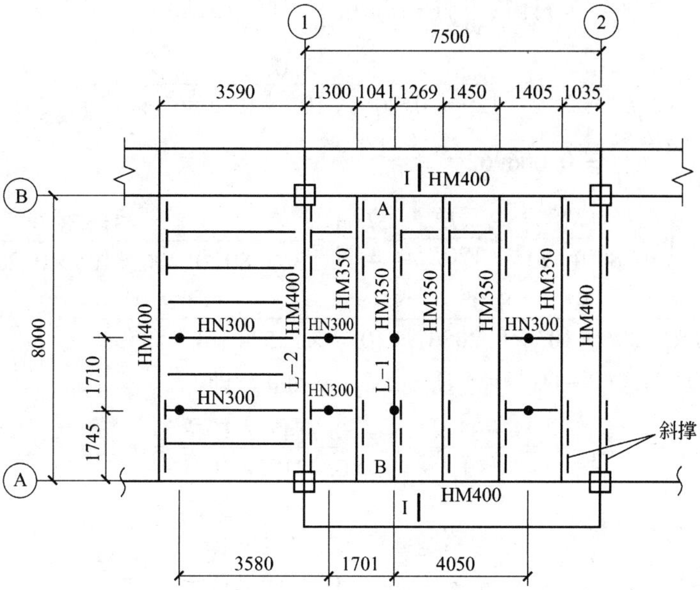

图 4-12 机组和钢梁布置图

b 基频计算

支承钢梁 L-1 两端的主框架梁，型号为 HM400，$I=0.37363\times10^{-3}\text{m}^4$。计算 L-1 两端弹性支座刚度 r，计算简图如图 4-14 所示。

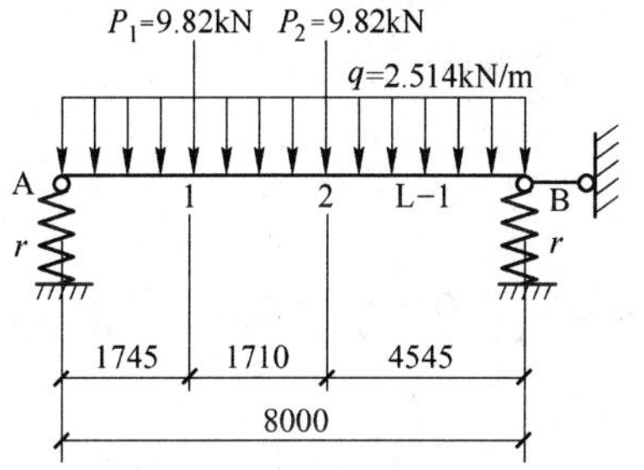

图 4-13 梁荷载作用图

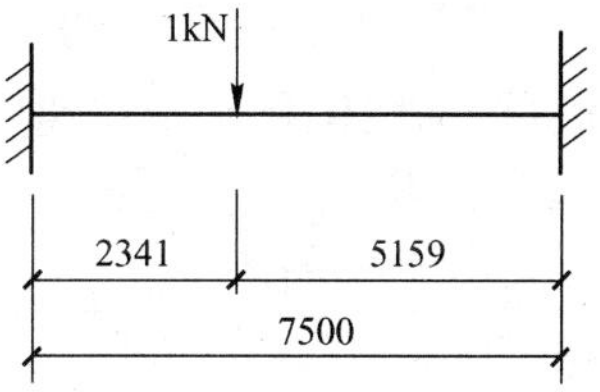

图 4-14 梁弹性支座刚度计算简图

$$r=\frac{3\times0.206\times10^{9}\times0.37363\times10^{-3}\times7.5^{3}}{2.341^{3}\times5.159^{3}}\times0.95=52534\text{kN/m}$$

由式(4-1)计算 $y_{1.745}^2$ 和 $y_{3.455}^2$ 之值(取 $\overline{m}g=1.0$)，即

$$y_{1.745}^2=\left(\frac{\overline{m}gL^3}{24EI}\left(x-\frac{2x^3}{L^2}+\frac{x^4}{L^3}\right)+\frac{\overline{m}gL}{2r}\right)^2$$

$$=\left[\frac{8.0^3}{24\times0.206\times10^9\times0.20867\times10^{-3}}\left(1.745-\frac{2\times1.745^3}{8.0^2}+\frac{1.745^4}{8.0^3}\right)+\frac{8.0}{2\times52534}\right]^2$$

$$=[0.8687\times10^{-3}]^2=0.7547\times10^{-6}$$

$$y_{3.455}^2=\left[\frac{8.0^3}{24\times0.206\times10^9\times0.20867\times10^{-3}}\left(3.455-\frac{2\times3.455^3}{8.0^2}+\frac{3.455^4}{8.0^3}\right)+\frac{8.0}{2\times52534}\right]^2$$

$$=[0.1289\times10^{-2}]^2=0.1662\times10^{-5}$$

由式(4－3)和式(4－4)计算 $\int_0^L y(x)\,dx$ 和 $\int_0^L y^2(x)\,dx$，即

$$\int_0^L y(x)\,dx = \overline{m}g\left(\frac{L^5}{120EI}+\frac{L^2}{2r}\right)=\frac{8.0^5}{120\times 0.206\times 10^9\times 0.20867\times 10^{-3}}+\frac{8.0^2}{2\times 52534}=0.006962$$

$$\int_0^L y^2(x)\,dx=\overline{m}^2g^2\left[\frac{31L^9}{362880(EI)^2}+\frac{L^6}{120EIr}+\frac{L^3}{4r^2}\right]=\frac{31\times 8.0^9}{362880(0.206\times 10^9\times 0.20867\times 10^{-3})^2}+\frac{8.0^6}{120\times 0.206\times 10^9\times 0.20867\times 10^{-3}\times 52534}+\frac{8.0^3}{4\times 52534^2}=0.7219\times 10^{-5}$$

由式(2－59)和式(2－60)计算 $K_{1.745}$、$K_{3.455}$ 和 $\overline{m}_1$，即

$$K_{1.745}=\frac{y_{1.745}^2}{\int_0^L y^2(x)\,dx}=\frac{0.7547\times 10^{-6}}{0.7219\times 10^{-5}}=0.105$$

$$K_{3.455}=\frac{y_{3.455}^2}{\int_0^L y^2(x)\,dx}=\frac{0.1662\times 10^{-5}}{0.7219\times 10^{-5}}=0.23$$

$$\overline{m}_1=m_u+m_1K_{1.745}+m_2K_{3.455}=0.256+(0.105+0.23)\times 1.001=0.591\text{t/m}$$

由式(4－5)得

$$\omega_1=\sqrt{\frac{0.006962}{0.591\times 0.7219\times 10^{-5}}}=40.396\text{rad/s}$$

则 $\frac{\theta}{\omega_1}=\frac{0.105\times 750}{40.396}=\frac{78.75}{40.396}=1.949>1.25$，故在非共振区工作。

c　计算振动线位移和振动速度

由式(4－1)得

$$y_{4.0}=\frac{8.0^3}{24\times 0.206\times 10^9\times 0.20876\times 10^{-3}}\times\left(4.0-\frac{2\times 4.0^3}{8.0^2}+\frac{4.0^4}{8.0^3}\right)+\frac{8.0}{2\times 52534}=0.00132$$

$$y_{2.0}=\frac{8.0^3}{24\times 0.206\times 10^9\times 0.20876\times 10^{-3}}\times\left(2.0-\frac{2\times 2.0^3}{8.0^2}+\frac{2.0^4}{8.0^3}\right)+\frac{8.0}{2\times 52534}=0.00096$$

由式(2－55)得

$$\overline{M_1}=\int_0^L m_1y^2(x)\,dx=m_1\int_0^L y^2(x)\,dx=0.591\times 0.7219\times 10^{-5}$$

由式(2－56)得

$$\overline{P_1}=P_1y_{1.745}+P_2y_{3.455}=1.54\times(0.8687\times 10^{-3}+0.001289)=0.00332$$

由式(2－41)得

$$Y_1^d=\frac{\overline{P_1}}{\overline{M_1}\omega_1^2}=\frac{0.00332}{0.591\times 0.7219\times 10^{-5}\times 40.396^2}=0.477\text{m}$$

由式(2－42)得

$$\mu_1=\frac{1}{\sqrt{\left(1-\frac{\theta^2}{\omega_i^2}\right)^2+\gamma^2}}=\frac{1}{\sqrt{\left(1-\frac{78.75^2}{40.396^2}\right)^2}}=0.357$$

由式(2-40)得

$$q_1 = Y_1^{d}\mu_1 = 0.477 \times 0.357 = 0.170\text{m}$$

由式(2-53)得

$$Y_{4.0} = y_{4.0}q_1 = 0.00132 \times 0.170 = 0.224 \times 10^{-3}\text{m} = 0.224\text{mm}$$

$$Y_{2.0} = y_{2.0}q_1 = 0.00096 \times 0.170 = 0.163 \times 10^{-3}\text{m} = 0.163\text{mm}$$

振动速度为

$$v_{4.0} = 0.224 \times 78.75 = 17.64\text{mm/s}$$

$$v_{2.0} = 0.163 \times 78.75 = 12.836\text{mm/s}$$

C 第二振型振动计算

a 第二频率计算

由式(4-6)计算 $y_{1.745}^2$ 和 $y_{3.455}^2$ 之值，即

$$y_{1.745}^2 = \left[\frac{1}{96 \times 0.206 \times 10^9 \times 0.20867 \times 10^{-3}}\left(\frac{8.0^3 \times 1.745}{2} - 4 \times 8.0 \times 1.745^3 + 4 \times 1.745^4\right) + \frac{0.25 \times 8.0}{52534}\left(\frac{8.0 - 2 \times 1.745}{8.0}\right)\right]^2 = [0.975 \times 10^{-4}]^2 = 0.951 \times 10^{-8}$$

$$y_{3.455}^2 = \left[\frac{1}{96 \times 0.206 \times 10^9 \times 0.20867 \times 10^{-3}}\left(\frac{8.0^3 \times 3.455}{2} - 4 \times 8.0 \times 3.455^3 + 4 \times 3.455^4\right) + \frac{0.25 \times 8.0}{52534} \times \left(\frac{8.0 - 2 \times 3.455}{8.0}\right)\right]^2 = [0.3783 \times 10^{-4}]^2 = 0.1431 \times 10^{-8}$$

由式(4-8)和式(4-9)计算 $\int_0^L y(x)\,\mathrm{d}x$ 和 $\int_0^L y^2(x)\,\mathrm{d}x$，即

$$\int_0^L y(x)\,\mathrm{d}x = 2\left[\frac{8.0^5}{3840 \times 0.206 \times 10^9 \times 0.20867 \times 10^{-3}} + \frac{8.0^2}{16 \times 52534}\right] = 2 \times 0.2747 \times 10^{-3}$$

$$\int_0^L y^2(x)\,\mathrm{d}x = 2\left[\frac{8.0^9}{5993373(0.206 \times 10^9 \times 0.20867 \times 10^{-3})^2} + \frac{8.0^6}{15360 \times 0.206 \times 10^9 \times 0.20867 \times 10^{-3} \times 52534} + \frac{8.0^3}{96 \times 52534^2}\right] = 2 \times 0.2161 \times 10^{-7}$$

由式(2-59)和式(2-60)计算 $K_{1.745}$、$K_{3.455}$ 和 $\overline{m}_2$，有

$$K_{1.745} = \frac{0.951 \times 10^{-8}}{2 \times 0.2161 \times 10^{-7}} = 0.22$$

$$K_{3.455} = \frac{0.1431 \times 10^{-8}}{2 \times 0.2161 \times 10^{-7}} = 0.033$$

$$\overline{m}_2 = 0.256 + (0.22 + 0.033) \times 1.001 = 0.509\text{t/m}$$

由式(4-10)可得

$$\omega_2 = \sqrt{\frac{0.2747 \times 10^{-3}}{0.509 \times 0.2161 \times 10^{-7}}} = 158.031\text{rad/s}$$

则 $\dfrac{\theta}{\omega_2} = \dfrac{78.75}{158.031} = 0.498 < 0.75$，故在非共振区工作。

b 计算振动线位移和振动速度：

由式(4－6)可得

$$y_{4.0}=0$$

$$y_{2.0}=\frac{1}{96\times0.206\times10^{9}\times0.20867\times10^{-3}}\left(\frac{8.0^{3}\times2.0}{2}-4\times8.0\times2.0^{3}+4\times2.0^{4}\right)+\frac{0.25\times8.0}{52534}\times\left(\frac{8.0-2\times2.0}{8.0}\right)=0.9658\times10^{-4}$$

采用振型分解法计算第二振型的振动线位移和振动速度同第一振型的计算过程，即按式(2－55)、式(2－56)、式(2－41)、式(2－42)、式(2－40)和式(2－53)进行计算。

$$\overline{M}_2=0.509\times0.2161\times10^{-7}\times2=1.018\times0.2161\times10^{-7}$$

$$\overline{P}_2=1.54(0.975+0.3783)\times10^{-4}=0.2084\times10^{-3}$$

$$Y_2^{\mathrm{d}}=\frac{0.2084\times10^{-3}}{1.018\times0.2161\times10^{-7}\times158.031^{2}}=0.379\mathrm{m}$$

$$\mu_2=\frac{1}{1-\dfrac{78.75^{2}}{158.031^{2}}}=1.33$$

$$q_2=0.379\times1.33=0.504\mathrm{m}$$

$$Y_{4.0}=0$$

$$Y_{2.0}=0.9658\times10^{-4}\times0.504=0.487\times10^{-4}\mathrm{m}=0.0478\mathrm{mm}$$

振动速度为

$$v_{4.0}=0$$

$$v_{2.0}=0.0487\times78.75=3.835\mathrm{mm/s}$$

D 第三振型振动计算

a 第三频率计算

由式(4－11)和式(4－12)计算 $y^2_{1.745}$ 和 $y^2_{3.455}$ 之值，即

$$y^2_{1.745}=\left[\frac{8.0^{3}}{24\times0.206\times10^{9}\times0.20867\times10^{-3}}\left(1.745-\frac{2\times1.745^{3}}{8.0^{2}}+\frac{1.745^{4}}{8.0^{3}}\right)-\frac{8.0^{3}}{72\times0.206\times10^{9}\times0.20867\times10^{-3}}\left(\frac{26\times1.745}{9}-\frac{4\times1.745^{3}}{8.0^{2}}\right)+\frac{8.0}{6\times52536}\right]^{2}$$

$$=[0.38973\times10^{-4}]^{2}=0.15189\times10^{-8}$$

$$y^2_{3.455}=\left[\frac{8.0^{3}}{24\times0.206\times10^{9}\times0.20867\times10^{-3}}\left(3.455-\frac{2\times3.455^{3}}{8.0^{2}}+\frac{3.455^{4}}{8.0^{3}}\right)-\frac{8.0^{3}}{72\times0.206\times10^{9}\times0.20867\times10^{-3}}\left(\frac{26\times3.455}{9}-\frac{4\times3.455^{3}}{8.0^{2}}+\frac{6\times\left(3.455-\frac{8}{3}\right)^{4}}{8.0^{3}}\right)+\frac{8.0}{6\times52534}\right]^{2}$$

$$=[0.13049\times10^{-4}]^{2}=0.17028\times10^{-9}$$

由式(4－14)和式(4－15)计算 $\int_0^L y(x)\mathrm{d}x$ 和 $\int_0^L y^2(x)\mathrm{d}x$，有

$$\int_0^L y(x)\,dx = \frac{8.0^5}{9720 \times 0.206 \times 10^9 \times 0.20867 \times 10^{-3}} + \frac{8.0^2}{6 \times 52534} = 0.210522 \times 10^{-3}$$

$$\int_0^L y^2(x)\,dx = \frac{8.0^9}{76820548(0.206 \times 10^9 \times 0.20867 \times 10^{-3})^2} + \frac{8.0^6}{87478.6 \times 0.206 \times 10^9 \times 0.20867 \times 10^{-3} \times 52534} + \frac{8.0^3}{36 \times 52534^2}$$

$$= 0.74258 \times 10^{-8}$$

由式(2－59)和式(2－60)计算 $K_{1.745}$、$K_{3.455}$和 $\overline{m}_3$，有

$$K_{1.745} = \frac{0.15189 \times 10^{-8}}{0.74258 \times 10^{-8}} = 0.205$$

$$K_{3.455} = \frac{0.17028 \times 10^{-9}}{0.74258 \times 10^{-8}} = 0.0229$$

$$\overline{m}_3 = 0.256 + (0.205 + 0.0229) \times 1.001 = 0.484\text{t/m}$$

由式(4－16)得

$$\omega_3 = \sqrt{\frac{0.210522 \times 10^{-3}}{0.484 \times 0.74258 \times 10^{-8}}} = 242.035\text{rad/s}$$

b　振动线位移和振动速度计算

由式(4－11)和式(4－12)计算 $y_{2.0}$和 $y_{4.0}$，即

$$y_{2.0} = \frac{8.0^3}{24 \times 0.206 \times 10^9 \times 0.20867 \times 10^{-3}} \times \left(2.0 - \frac{2 \times 2.0^3}{8.0^2} + \frac{2.0^4}{8.0^3}\right) - \frac{8.0^3}{72 \times 0.206 \times 10^9 \times 0.20867 \times 10^{-3}} \times \left(\frac{26 \times 2.0}{9} - \frac{4 \times 2.0^3}{8.0^2}\right) + \frac{8.0}{6 \times 52534}$$

$$= 0.36294 \times 10^{-4}$$

$$y_{4.0} = \frac{8.0^3}{24 \times 0.206 \times 10^9 \times 0.20867 \times 10^{-3}} \times \left(4.0 - \frac{2 \times 4.0^3}{8.0^2} + \frac{4.0^4}{8.0^3}\right) - \frac{8.0^3}{72 \times 0.206 \times 10^9 \times 0.20867 \times 10^{-3}} \times \left[\frac{26 \times 4.0}{9} - \frac{4 \times 4.0^3}{8.0^2} + \frac{6(4.0 - \frac{8}{3})^4}{8.0^3}\right] + \frac{8.0}{6 \times 52534}$$

$$= 0.10062 \times 10^{-4}$$

采用振型分解法计算第三振型的振动线位移和振动速度同第一和第二振型的计算过程，即按式(2－55)、式(2－56)、式(2－41)、式(2－42)、式(2－40)和式(2－53)进行计算。

$$\overline{M}_3 = 0.484 \times 0.74258 \times 10^{-8}$$

$$\overline{P}_3 = 1.54(0.38973 + 0.13049) \times 10^{-4} = 0.8011 \times 10^{-4}$$

$$Y_3^d = \frac{0.8011 \times 10^{-4}}{0.484 \times 0.74258 \times 10^{-8} \times 242.035^2} = 0.3805\text{m}$$

$$\mu_3 = \frac{1}{1 - \frac{78.75^2}{242.035^2}} = 1.118$$

$$q_3 = 0.3805 \times 1.118 = 0.425\text{m}$$

$$Y_{2.0} = 0.36294 \times 10^{-4} \times 0.425 = 0.154 \times 10^{-4}\text{m} = 0.0154\text{mm}$$

$$Y_{4.0} = 0.10062 \times 10^{-4} \times 0.425 = 0.428 \times 10^{-5}\text{m} = 0.00428\text{mm}$$

振动速度为

$$v_2 = 0.0154 \times 78.75 = 1.213\text{mm/s}$$

$$v_4 = 0.00428 \times 78.75 = 0.337\text{mm/s}$$

前三个振型的振动线位移和振动速度总和为

$$\sum Y_{4.0} = 0.224 + 0 + 0.00428 = 0.228\text{mm}$$

$$\sum Y_{2.0} = 0.163 + 0.0487 + 0.0154 = 0.227\text{mm}$$

$$\sum v_{4.0} = 17.64 + 0 + 0.337 = 17.977\text{mm/s}$$

$$\sum v_{2.0} = 12.836 + 3.835 + 1.213 = 17.884\text{mm/s}$$

从以上计算结果来看,就本工程实例而言,考虑前三个振型的跨中振动线位移和振动速度之值,比仅考虑第一振型的跨中振动线位移和振动速度之值只增大 1.8% 左右,所以仅计算第一振型的振动即可,从而也可以看出第一振型具有主导作用。但是,在四分之一跨度处,振动线位移和振动速度之值却增大了 39% 左右(该处的振动线位移和振动速度之值即便是考虑了前三个振型的作用,仍比跨中的要小),所以必要时要考虑前三个振型的作用。

参照附录 B 和表 B－1 可知,该设备的允许振动线位移为 0.1625mm,允许振动速度为 12.6mm/s。该工程梁的跨中和四分之一跨度处的振动线位移和振动速度都远远超过了允许值。

虽然前三个振型都不在共振区工作,但是由于基频太小,梁竖向刚度太低,使得振动线位移和振动速度过大,振动十分强烈。为了减小振动,给料器的转速又不高,我们认为,该工程中支承给料器的钢梁基频最好成为趋共振前的状态,为此,必须采取加固措施。

E　加固措施

a　加固方法

由于厂房各楼层的水平刚度较大,而且水平扰力值较小,故厂房水平振动很小,主要是支承给料器的梁竖向振动严重,因此加固的主要措施是增强梁的竖向刚度。我们考虑了几种加固方案并加以比较,根据厂房内设备已安装好、管道布置完毕并已生产试运行的现场实际情况,为了不影响生产,并确保一次性加固成功,而且加固施工要简单操作方便,最终确定采用见缝插针,增设两道斜撑的办法来增强梁的竖向刚度,如图 4－15 所示。仍以 L－1 为例,斜撑布置和 I—I 剖面位置见图 4－12。这样一来,梁由跨度为 8.000m 的单跨梁改变成了跨度为 $\frac{8.000}{3}$m 的三跨连续梁,这无疑极大地提高了梁的竖向刚度。斜撑的长细比 λ 一般要控制在 80 以内。我们根据现场现有的钢管规格,采用了 D219×6 的钢管,$\lambda = \frac{3420}{75.3} = 45.42$,轴向刚度足够大。斜撑的柱脚与框架梁相连接,由于框架梁的水平刚度较弱。在①和②轴线之间增设水平支撑,如图 4－16 所示,构成了一个水平桁架,从而提高了框架梁的水平刚度。斜撑及水平支撑与钢梁的连接都为铰接连接。同时在焊接过程中,要对已施工完毕的钢梁做好临时竖向支撑,以防焊接变形。

b　加固之后的振动计算

计算简图如图 4－15 所示,按三跨连续梁计算,仅考虑第一振型。

$$\alpha_1 = \frac{1.745}{2.66} = 0.656, K_1 = 1.53$$

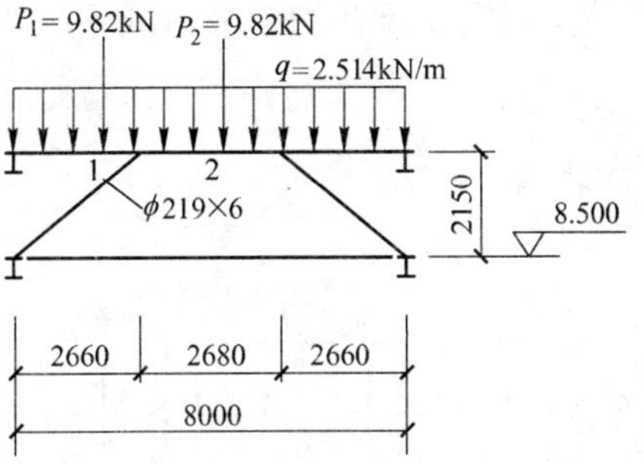

图 4－15　（Ⅰ－Ⅰ）梁增设斜撑图

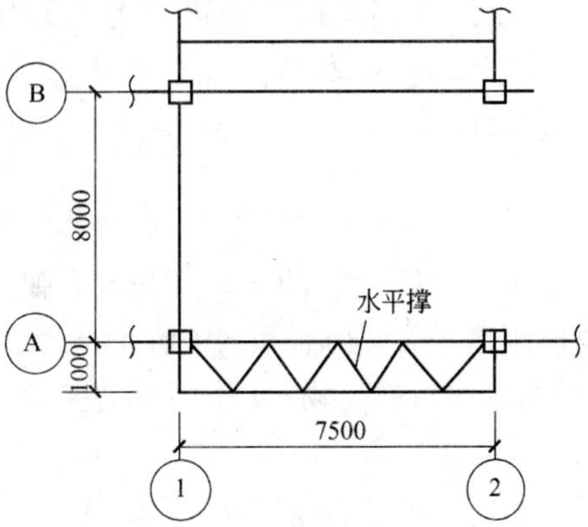

图 4－16　梁增设水平支撑图（标高 8.500m）

$$\alpha_2=\frac{0.795}{2.68}=0.297, K_2=1.29$$

由式（2－68）得

$$\bar{m}=0.256+\frac{1}{3\times 2.66}(1.53+1.29)\times 1.001=0.609\mathrm{t/m}$$

由式（2－64）得

$$\omega_1=\frac{\pi^2}{2.66^2}\sqrt{\frac{0.206\times 10^9\times 0.20867\times 10^{-3}}{0.609}}=370.59\mathrm{rad/s}$$

三跨连续梁振型最大值 $y_{1.33}=1.0$，扰力作用点处的振型值 $y_1=1.0$，$y_2=-0.764$。

由式（2－67）得

$$Y_{1.33}=\frac{2\times 1.54\times 2.66^3}{3\times 0.206\times 10^9\times 0.20867\times 10^{-3}\pi^4}\left[(1.0\times 1.0-1.0\times 0.764)\frac{1}{1-\frac{78.75^2}{370.59^2}}\right]$$

$$=0.00114\mathrm{mm}\ll 0.1625\mathrm{mm}$$

$$v_{1.33}=0.00114\times 78.75=0.09\mathrm{mm/s}\ll 12.6\mathrm{mm/s}$$

对 L－1 梁加固之后的计算结果表明，振动线位移和振动速度很小，远远小于允许值。事实上，再开动振动给料器时，支承钢梁的振动非常平稳，丝毫不影响生产，各方都很满意，故上述加固措施取得了良好的效果。

4.2　两端弹性支座刚度不同的梁

两端弹性支座刚度不同的梁在实际工程中也是常见的形式之一。下面介绍此类型梁第一、二、三振型的振动计算。

4.2.1　梁基频计算

4.2.1.1　第一振型曲线的确定

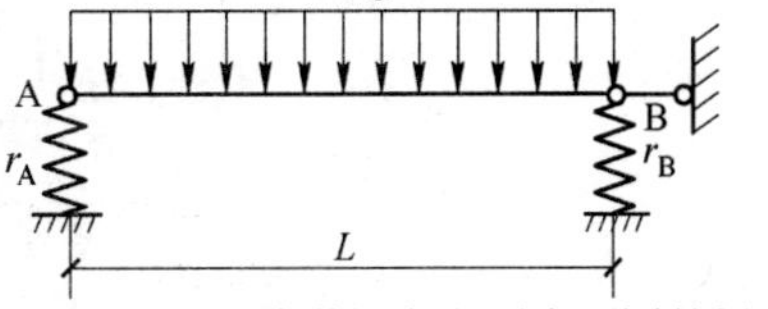

图 4－17　两端弹性支座刚度不同的梁

图 4－17 所示为两端弹性支座刚度不同的梁，梁上作用均布静荷载 $\bar{m}g$，同样我们把梁在均布静荷载

$\overline{m}g$ 作用下的变形曲线作为梁具有均布质量的第一振型曲线。该振型曲线 $y(x)$ 也是由 $y(x)_1$ 和 $y(x)_2$ 组成。$y(x)_1$ 为图 4－2 所示的非弹性支座简支梁在均布静荷载 $\overline{m}g$ 作用下的变形曲线，即

$$y(x)_1=\frac{\overline{m}gL^3}{2EI}(x-\frac{2x^3}{L^2}+\frac{x^4}{L^3})$$

图 4－18 所示为 $EI=\infty$ 且两端为弹性支座刚度分别为 r_A 和 r_B（假设 $r_B>r_A$）的梁在均布静荷载 $\overline{m}g$ 作用下的变形曲线 $y(x)_2$，即

$$y(x)_2=\frac{\overline{m}gL}{2r_B}+\left(\frac{\overline{m}gL}{2r_A}-\frac{\overline{m}gL}{2r_B}\right)\frac{L-x}{L}$$

$$=\frac{\overline{m}gL}{2r_A}-\frac{\overline{m}g(r_B-r_A)}{2r_Ar_B}x$$

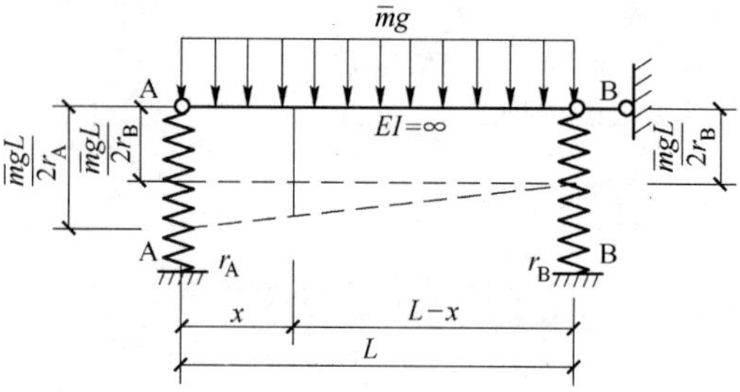

图 4－18　梁受弯刚度无限大时的弹性变形曲线图

则

$$y(x)=\frac{\overline{m}gL^3}{24EI}\left(x-\frac{2x^3}{L^2}+\frac{x^4}{L^3}\right)+\frac{\overline{m}gL}{2r_A}-\frac{\overline{m}g(r_B-r_A)}{2r_Ar_B}x \tag{4-17}$$

当 $r_B=r_A=r$ 时，式(4－17)同式(4－1)。

4.2.1.2　基频计算公式的建立

下面计算 $\int_0^L y(x)\mathrm{d}x$ 和 $\int_0^L y^2(x)\mathrm{d}x$：

$$\int_0^L y(x)\mathrm{d}x=\int_0^L\overline{m}g\left[\frac{L^3}{24EI}\left(x-\frac{2x^3}{L^2}+\frac{x^4}{L^3}\right)+\frac{L}{2r_A}-\frac{r_B-r_A}{2r_Ar_B}x\right]\mathrm{d}x$$

$$=\overline{m}g\left[\frac{L^3}{24EI}\left(\frac{x^2}{2}-\frac{x^4}{2L^2}+\frac{x^5}{5L^3}\right)+\frac{L}{2r_A}x-\frac{r_B-r_A}{4r_Ar_B}x^2\right]_0^L$$

$$=\overline{m}g\left[\frac{L^5}{120EI}+\frac{L^2}{4}\left(\frac{1}{r_A}+\frac{1}{r_B}\right)\right] \tag{4-18}$$

当 $r_A=r_B=r$ 时，式(4－18)同式(4－3)。

$$\int_0^L y^2(x)\mathrm{d}x=\overline{m}^2g^2\int_0^L\left[\frac{L^3}{24EI}\left(x-\frac{2x^3}{L^2}+\frac{x^4}{L^3}\right)+\frac{L}{2r_A}-\frac{r_B-r_A}{2r_Ar_B}x\right]^2\mathrm{d}x$$

$$=\overline{m}^2g^2\left[\frac{L^6}{(24EI)^2}\left(\frac{x^3}{3}+\frac{4x^7}{7L^4}+\frac{x^9}{9L^6}-\frac{4x^5}{5L^2}-\frac{x^8}{2L^5}+\frac{x^6}{3L^3}\right)+\frac{L^2}{4r_A^2}x+\frac{(r_B-r_A)^2}{12r_A^2r_B^2}x^3+\frac{L^4}{24EIr_A}\left(\frac{x^2}{2}-\frac{x^4}{2L^2}+\frac{x^5}{5L^3}\right)-\frac{L(r_B-r_A)}{4r_A^2r_B}x^2-\frac{L^3}{24EI}\left(\frac{x^3}{3}-\frac{2x^5}{5L^2}+\frac{x^6}{6L^3}\right)\frac{r_B-r_A}{r_Ar_B}\right]_0^L$$

$$=\overline{m}^2g^2\left[\frac{31L^9}{362880(EI)^2}+\frac{L^3}{12}\left(\frac{1}{r_Ar_B}+\frac{1}{r_A^2}+\frac{1}{r_B^2}\right)+\frac{L^6}{240EI}\left(\frac{1}{r_A}+\frac{1}{r_B}\right)\right] \tag{4-19}$$

当 $r_A = r_B$ 时，式(4 - 19)同式(4 - 4)。

将式(4 - 18)和式(4 - 19)代入式(4 - 2)得基频 ω_1^2：

$$\omega_1^2 = \frac{\dfrac{L^5}{120EI} + \dfrac{L^2}{4}\left(\dfrac{1}{r_A} + \dfrac{1}{r_B}\right)}{\overline{m}\left[\dfrac{31L^9}{362880(EI)^2} + \dfrac{L^3}{12}\left(\dfrac{1}{r_A r_B} + \dfrac{1}{r_A^2} + \dfrac{1}{r_B^2}\right) + \dfrac{L^6}{240EI}\left(\dfrac{1}{r_A} + \dfrac{1}{r_B}\right)\right]} \tag{4-20}$$

同样，当 $r_A = r_B = \infty$ 时，式(4 - 20)同式(4 - 5)。

4.2.2 第二频率计算

4.2.2.1 第二振型曲线的确定

把图 4 - 19 所示在静荷载 $\overline{m}g$ 作用下的变形曲线作为第二振型曲线，在 ACB 范围内的变形曲线可由图 4 - 5、图 4 - 6 和图 4 - 20 所示荷载作用下的变形曲线叠加而得。

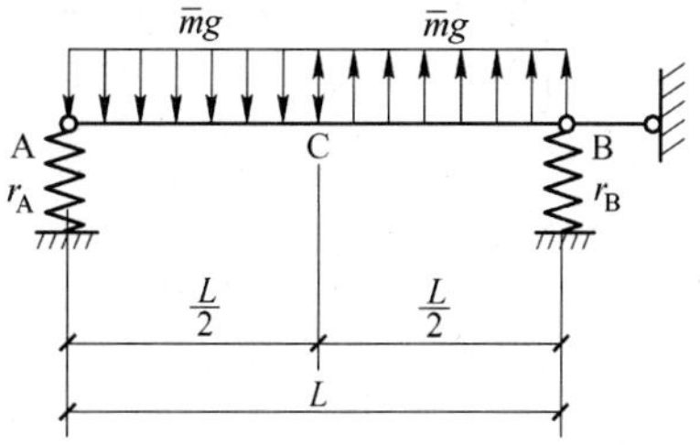

图 4 - 19 弹性支座刚度不同梁静荷载作用图

对于图 4 - 5

$$y_{AC}(x) = y_{CB}(x) = \frac{\overline{m}gL^3}{96EI}\left(4x - \frac{8x^3}{L^2} + \frac{4x^4}{L^3}\right)$$

对于图 4 - 6

$$y_{AC}(x) = -\frac{2\overline{m}gL^3}{96EI}\left(2x - \frac{x}{4} - \frac{2x^3}{L^2}\right)$$

$$y_{CB}(x) = -\frac{2\overline{m}gL^3}{96EI}\left[\left(2 - \frac{1}{4} - \frac{2x^2}{L^2}\right)x + \frac{4\left(x - \frac{L}{2}\right)^4}{L^3}\right]$$

图 4 - 5 和图 4 - 6 所示静荷载 $\overline{m}g$ 作用下变形曲线相叠加得

$$\begin{aligned} y_{AC}(x) &= \frac{\overline{m}gL^3}{96EI}\left[\left(4x - \frac{8x^3}{L^2} + \frac{4x^4}{L^3}\right) - 2\left(2x - \frac{x}{4} - \frac{2x^3}{L^2}\right)\right] \\ &= \frac{\overline{m}gL^3}{96EI}\left(\frac{x}{2} - \frac{4x^3}{L^2} + \frac{4x^4}{L^3}\right) \end{aligned}$$

$$\begin{aligned} y_{CB}(x) &= \frac{\overline{m}gL^3}{96EI}\left[\left(4x - \frac{8x^3}{L^2} + \frac{4x^4}{L^3}\right) - 2\left(2 - \frac{1}{4} - \frac{2x^2}{L^2}\right)x + \frac{2\times 4\left(x - \frac{L}{2}\right)^4}{L^3}\right] \\ &= \frac{\overline{m}gL^3}{96EI}\left[4x - \frac{8x^3}{L^2} + \frac{4x^4}{L^3} - 4x + \frac{x}{2} + \frac{4x^3}{L^2} - \frac{8\left(x - \frac{L}{2}\right)^4}{L^3}\right] \\ &= \frac{\overline{m}gL^3}{96EI}\left[\frac{x}{2} - \frac{4x^3}{L^2} + \frac{4x^4}{L^3} - \frac{8\left(x - \frac{L}{2}\right)^4}{L^3}\right] \end{aligned}$$

确定由弹性支座反力产生的变形曲线。图 4 - 5 所示对支座的作用力 $R_{A1} = R_{B1} = \frac{\overline{m}gL}{2}$，方向向下。图 4 - 6 所示对支座的作用力 $R_{A2} = -\frac{\overline{m}gL}{4}$，方向向上，$R_{B2} = -0.75\overline{m}gL$，方向向

上。则对支座作用力的合力为：$R_A = \frac{\overline{m}gL}{2} - \frac{\overline{m}gL}{4} = 0.25\overline{m}gL$，方向向下，$R_B = \frac{\overline{m}gL}{2} - 0.75\overline{m}gL = -0.25\overline{m}gL$，方向向上。A 支座和 B 支座的位移分别为（如图 4－20 所示）

$$\Delta_A = \frac{0.25\overline{m}gL}{r_A}$$

$$\Delta_B = -\frac{0.25\overline{m}gL}{r_B}$$

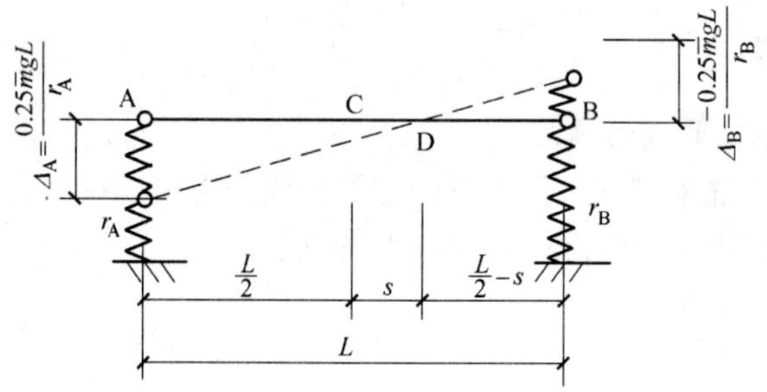

图 4－20　梁受弯刚度无限大时的弹性变形曲线图

图中 s 为偏心距。由 D 点左右两边位移的相似三角形得

$$\frac{\Delta_A}{\frac{L}{2}+s} = \frac{\Delta_B}{\frac{L}{2}-s}$$

即

$$\Delta_A\left(\frac{L}{2}-s\right) = \Delta_B\left(\frac{L}{2}+s\right)$$

由此得

$$s = \frac{L}{2}\,\frac{(\Delta_A - \Delta_B)}{\Delta_A + \Delta_B} = \frac{L}{2}\,\frac{\frac{1}{r_A} - \frac{1}{r_B}}{\frac{1}{r_A} + \frac{1}{r_B}} = \frac{L}{2}\left(\frac{r_B - r_A}{r_B + r_A}\right) = \frac{L}{2}\mu$$

$$\mu = \frac{r_B - r_A}{r_B + r_A}$$

当 $r_B = r_A$ 时，$s = 0$。

$$\frac{L}{2} + s = \frac{L}{2} + \frac{L}{2}\mu = \frac{L}{2}(1+\mu)$$

$$\frac{L}{2} - s = \frac{L}{2}(1-\mu)$$

确定 A 端至 D 点间的变形曲线。由图 4－20 可知

$$\frac{\Delta_A}{\frac{L}{2}+s} = \frac{y(x)}{\frac{L}{2}+s-x}$$

得

$$y(x) = \frac{\frac{L}{2}+s-x}{\frac{L}{2}+s}\cdot\Delta_A = \Delta_A\left(1 - \frac{x}{\frac{L}{2}+s}\right) = \Delta_A\left[1 - \frac{x}{\frac{L}{2}(1+\mu)}\right] = \frac{\overline{m}gL}{4r_A}\left[1 - \frac{2x}{L(1+\mu)}\right]$$

确定 D 点至 B 端的变形曲线。由图 4－20,可知

$$\frac{\Delta_B}{y(x)}=\frac{\frac{L}{2}-s}{x-\left(\frac{L}{2}+s\right)}$$

得

$$y(x)=\Delta_B\frac{x-\left(\frac{L}{2}+s\right)}{\frac{L}{2}-s}=-\frac{\overline{m}gL}{4r_B}\left[\frac{x-\left(\frac{L}{2}+s\right)}{\frac{L}{2}-s}\right]=-\frac{\overline{m}gL}{4r_B}\left[\frac{2x}{L(1-\mu)}-\frac{1+\mu}{1-\mu}\right]$$

则梁的总变形曲线 $y_{AC}(x)$,$y_{CD}(x)$ 和 $y_{DB}(x)$ 作为第二振型曲线为

$$y_{AC}(x)=\frac{\overline{m}gL^3}{96EI}\left(\frac{x}{2}-\frac{4x^3}{L^2}+\frac{4x^4}{L^3}\right)+\frac{\overline{m}gL}{4r_A}\left[1-\frac{2x}{L(1+\mu)}\right] \tag{4-21}$$

$$y_{CD}(x)=\frac{\overline{m}gL^3}{96EI}\left[\frac{x}{2}-\frac{4x^3}{L^2}+\frac{4x^4}{L^3}-\frac{8\left(x-\frac{L}{2}\right)^4}{L^3}\right]+\frac{\overline{m}gL}{4r_A}\left[1-\frac{2x}{L(1+\mu)}\right] \tag{4-22}$$

$$y_{DB}(x)=\frac{\overline{m}gL^3}{96EI}\left[\frac{x}{2}-\frac{4x^3}{L^2}+\frac{4x^4}{L^3}-\frac{8\left(x-\frac{L}{2}\right)^4}{L^3}\right]-\frac{\overline{m}gL}{4r_B}\left[\frac{2x}{L(1-\mu)}-\frac{1+\mu}{1-\mu}\right] \tag{4-23}$$

4.2.2.2 第二频率计算公式的建立

下面计算 $\int_0^L y(x)\mathrm{d}x$ 和 $\int_0^L y^2(x)\mathrm{d}x$：

$$\begin{aligned}\int_0^{\frac{L}{2}}y(x)\mathrm{d}x&=\frac{\overline{m}gL^3}{96EI}\int_0^{\frac{L}{2}}\left(\frac{x}{2}-\frac{4x^3}{L^2}+\frac{4x^4}{L^3}\right)\mathrm{d}x+\int_0^{\frac{L}{2}}\frac{\overline{m}gL}{4r_A}\left[1-\frac{2x}{L(1+\mu)}\right]\mathrm{d}x\\&=\frac{\overline{m}gL^5}{3840EI}+\frac{\overline{m}gL}{4r_A}\left[\frac{1}{4}\left(2-\frac{1}{1+\mu}\right)\right]\\&=\frac{\overline{m}gL^5}{3840EI}+\frac{\overline{m}gL^2}{16r_A}\left(2-\frac{1}{1+\mu}\right)\end{aligned}$$

$$\begin{aligned}\int_{\frac{L}{2}}^{\frac{L}{2}(1+\mu)}y(x)\mathrm{d}x&=(-1)\frac{\overline{m}gL^3}{96EI}\int_{\frac{L}{2}}^{\frac{L}{2}(1+\mu)}\left[\frac{x}{2}-\frac{4x^3}{L^2}+\frac{4x^4}{L^3}-\frac{8}{L^3}(x-\frac{L}{2})^4\right]\mathrm{d}x+\\&\quad\int_{\frac{L}{2}}^{\frac{L}{2}(1+\mu)}\frac{\overline{m}gL}{4r_A}\left[1-\frac{2x}{L(1+\mu)}\right]\mathrm{d}x\\&=\frac{\overline{m}gL^5}{96EI}\left[-\frac{9(1+\mu)^2}{16}-\frac{3(1+\mu)^4}{16}+\frac{(1+\mu)^5}{40}+\frac{(1+\mu)^3}{2}+\frac{1+\mu}{4}-\frac{1}{40}\right]+\\&\quad\frac{\overline{m}gL^2}{16r_A}\left[(1+\mu)-2+\frac{1}{1+\mu}\right]\end{aligned}$$

$$\begin{aligned}\int_{\frac{L}{2}(1+\mu)}^{L}y(x)\mathrm{d}x&=(-1)\frac{\overline{m}gL^3}{96EI}\int_{\frac{L}{2}(1+\mu)}^{L}\left[\frac{x}{2}-\frac{4x^3}{L^2}+\frac{4x^4}{L^3}-\frac{8}{L^3}\left(x-\frac{L}{2}\right)^4\right]\mathrm{d}x-\\&\quad(-1)\frac{\overline{m}gL}{4r_B}\int_{\frac{L}{2}(1+\mu)}^{L}\left[\frac{2x}{L(1-\mu)}-\frac{1+\mu}{1-\mu}\right]\mathrm{d}x\\&=\frac{\overline{m}gL^5}{96EI}\left[\frac{1}{20}+\frac{9(1+\mu)^2}{16}+\frac{3(1+\mu)^4}{16}-\frac{(1+\mu)^5}{40}-\frac{(1+\mu)^3}{2}-\frac{1+\mu}{4}\right]+\end{aligned}$$

$$\frac{\overline{m}gL^2}{16r_B}\left[\frac{4-4(1+\mu)+(1+\mu)^2}{1-\mu}\right]$$

$$\int_0^L y(x)\,dx = \int_0^{\frac{L}{2}} y(x)\,dx + \int_{\frac{L}{2}}^{\frac{L}{2}(1+\mu)} y(x)\,dx + \int_{\frac{L}{2}(1+\mu)}^{L} y(x)\,dx$$

$$= \frac{\overline{m}gL^5}{3840EI} + \frac{\overline{m}gL^2}{16r_A}\left(2-\frac{1}{1+\mu}\right) + \frac{\overline{m}gL^5}{96EI}\times\frac{1}{40} + \frac{\overline{m}gL^2}{16r_A}\left[(1+\mu)-2+\frac{1}{1+\mu}\right] +$$

$$\frac{\overline{m}gL^2}{16r_B}\left[\frac{4-4(1+\mu)+(1+\mu)^2}{1-\mu}\right]$$

$$= \frac{2\overline{m}gL^5}{3840EI} + \frac{\overline{m}gL^2}{16r_A}\left[2-\frac{1}{1+\mu}+(1+\mu)-2+\frac{1}{1+\mu}\right] +$$

$$\frac{\overline{m}gL^2}{16r_B}\left[\frac{4-4(1+\mu)+(1+\mu)^2}{1-\mu}\right]$$

$$= \frac{\overline{m}gL^5}{1920EI} + \frac{\overline{m}gL^2}{16r_A}(1+\mu) + \frac{\overline{m}gL^2}{16r_B}\left[\frac{4-4(1+\mu)+(1+\mu)^2}{1-\mu}\right] \tag{4-24}$$

$$\int_0^{\frac{L}{2}} y^2(x)\,dx = \int_0^{\frac{L}{2}}\left[\frac{\overline{m}gL^3}{96EI}\left(\frac{x}{2}-\frac{4x^3}{L^2}+\frac{4x^4}{L^3}\right)+\frac{\overline{m}gL}{4r_A}\left(1-\frac{2x}{L(1+\mu)}\right)\right]^2 dx$$

$$= \frac{\overline{m}^2g^2L^9}{5993373(EI)^2} + \frac{\overline{m}^2g^2L^3}{96r_A^2}\left[3+\frac{1}{(1+\mu)^2}-\frac{3}{1+\mu}\right] + \frac{\overline{m}^2g^2L^6}{15360EIr_A}\left[2-\frac{1}{1+\mu}\right]$$

$$\int_{\frac{L}{2}}^{\frac{L}{2}(1+\mu)} y^2(x)\,dx = \int_{\frac{L}{2}}^{\frac{L}{2}(1+\mu)}\left\{\frac{\overline{m}gL^3}{96EI}\left[\frac{x}{2}-\frac{4x^3}{L^2}+\frac{4x^4}{L^3}-\frac{8}{L^3}\left(x-\frac{L}{2}\right)^4\right]+\right.$$

$$\left.\frac{\overline{m}gL}{4r_A}\left[1-\frac{2x}{L(1+\mu)}\right]\right\}^2 dx$$

$$= \frac{\overline{m}^2g^2L^9}{(96EI)^2}\left\{\left[1.34375(1+\mu)^3+0.267857142(1+\mu)^7+1.6(1+\mu)^5-\right.\right.$$

$$0.84375(1+\mu)^6-1.875(1+\mu)^4-0.5625(1+\mu)^2+$$

$$\left.0.003472222(1+\mu)^9-0.046875(1+\mu)^8+0.125(1+\mu)\right]-$$

$$\left.0.011954364\right\}+\frac{\overline{m}^2g^2L^3}{96r_A^2}\left[(1+\mu)-\frac{1}{(1+\mu)^2}+\frac{3}{1+\mu}-3\right]+$$

$$\frac{\overline{m}^2g^2L^6}{192EIr_A}\left[-\frac{1+\mu}{8}+0.1875(1+\mu)^2-\frac{(1+\mu)^3}{8}+\right.$$

$$\left.0.0375(1+\mu)^4-\frac{(1+\mu)^5}{240}+\frac{1}{40}+\frac{0.004166667}{1+\mu}\right]$$

$$\int_{\frac{L}{2}(1+\mu)}^{L} y^2(x)\,dx = \int_{\frac{L}{2}(1+\mu)}^{L}\left\{\frac{\overline{m}^2g^2L^3}{96EI}\left[\frac{x}{2}-\frac{4x^3}{L^3}+\frac{4x^4}{L^3}-\frac{8}{L^3}\left(x-\frac{L}{2}\right)^8\right]-\right.$$

$$\left.\frac{\overline{m}gL}{4r_B}\left[\frac{2x}{L(1-\mu)}-\frac{1+\mu}{1-\mu}\right]\right\}^2 dx$$

$$= \frac{\overline{m}^2g^2L^9}{(96EI)^2}\left\{0.013492063+\left[-1.34375(1+\mu)^3-0.267857142(1+\mu)^7-\right.\right.$$

$$1.6(1+\mu)^5+0.84375(1+\mu)^6+1.875(1+\mu)^4+0.5625(1+\mu)^2-$$

$$0.003472222(1+\mu)^9+0.046875(1+\mu)^8-0.125(1+\mu)]\Big\}+$$

$$\frac{\overline{m}^2g^2L^3}{96r_B^2}\left[\frac{8+6(1+\mu)^2-12(1+\mu)-(1+\mu)^3}{(1-\mu)^2}\right]+$$

$$\frac{\overline{m}^2g^2L^6}{192EIr_B}\Big\{\left[\frac{0.03333333}{1-\mu}-\frac{1+\mu}{1-\mu}\times 0.05\right]+\left[\frac{(1+\mu)^3}{24}-0.05(1+\mu)^5+\right.$$

$$\frac{(1+\mu)^6}{48}-\frac{(1+\mu)^6}{24}-\frac{(1+\mu)^2}{8}-0.375(1+\mu)^4+\frac{(1+\mu)^3}{3}+$$

$$\left.\frac{(1+\mu)^5}{5}\right]\frac{1}{1-\mu}-\frac{1+\mu}{1-\mu}\Big[0.5625(1+\mu)^2+0.1875(1+\mu)^4-$$

$$0.025(1+\mu)^5-\frac{1+\mu}{4}-\frac{(1+\mu)^3}{2}\Big]\Big\}$$

$$\int_0^L y^2(x)\,dx=\int_0^{\frac{L}{2}}y^2(x)\,dx+\int_{\frac{L}{2}}^{\frac{L}{2}(1+\mu)}y^2(x)\,dx+\int_{\frac{L}{2}(1+\mu)}^{L}y^2(x)\,dx$$

$$=\frac{\overline{m}^2g^2L^9}{2996686(EI)^2}+\frac{\overline{m}^2g^2L^3}{96r_A^2}(1+\mu)+\frac{\overline{m}^2g^2L^6}{192EIr_A}\Big[\frac{1}{20}-\frac{1}{120(1+\mu)}-\frac{1+\mu}{8}+$$

$$0.1875(1+\mu)^2-\frac{(1+\mu)^3}{8}+0.0375(1+\mu)^4-\frac{(1+\mu)^5}{240}\Big]+$$

$$\frac{\overline{m}^2g^2L^3}{96r_B^2}\left[\frac{8+6(1+\mu)^2-12(1+\mu)-(1-\mu)^3}{(1-\mu)^2}\right]+\frac{\overline{m}^2g^2L^6}{192EIr_B}\Big\{\left[\frac{1-1.5(1+\mu)}{30(1-\mu)}\right]+$$

$$\frac{1}{1-\mu}\Big[0.375(1+\mu)^3+0.15(1+\mu)^5-\frac{(1+\mu)^6}{48}-\frac{(1+\mu)^2}{8}-0.375(1+\mu)^4\Big]-$$

$$\frac{1+\mu}{1-\mu}\Big[0.5625(1+\mu)^2+0.1875(1+\mu)^4-0.025(1+\mu)^5-\frac{1+\mu}{4}-\frac{(1+\mu)^3}{2}\Big]\Big\}$$

$$(4-25)$$

当取 $r_A=r_B$，即 $\mu=0$ 时，式(4－24)变为式(4－8)，式(4－25)变为式(4－9)，即变为前面已推导出的两端弹性支座刚度相同的梁的计算公式。

将式(4－24)和式(4－25)代入式(4－2)得第二频率 ω_2^2，即

$$\omega_2^2=\frac{g\int_0^L y(x)\,dx}{\int_0^L y^2(x)\,dx} \tag{4-26}$$

4.2.3 第三频率计算

4.2.3.1 第三振型曲线的确定

把图 4－21 所示在静荷载 $\overline{m}g$ 作用下的变形曲线作为第三振型曲线，在 ACDB 范围内的变形曲线可由图 4－9、图 4－10 和图 4－22 所示荷载作用下的变形曲线叠加而得。

对于图 4－9，$y_{AB}(x)=\dfrac{\overline{m}gL^3}{24EI}\left(x-\dfrac{2x^3}{L^2}+\dfrac{x^4}{L^3}\right)$，对两端的支座作用力为 $R_{A1}=R_{B1}=\dfrac{\overline{m}gL}{2}$，方向向下。

对于图 4－10

$$y_{AC}(x) = -\frac{\overline{m}gL^3}{72EI}\left(\frac{26x}{9} - \frac{4x^3}{L^2}\right)$$

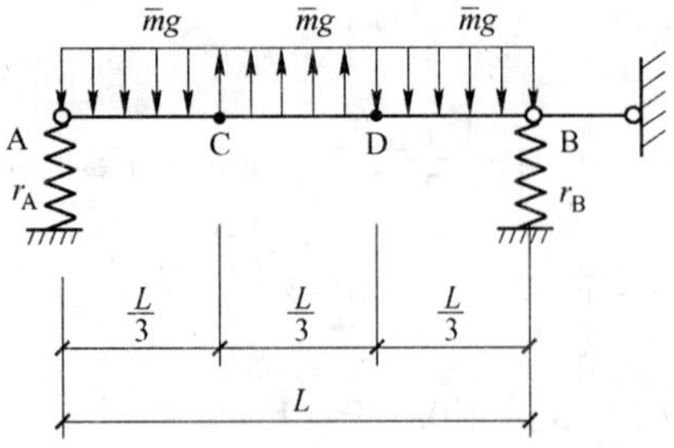

图 4－21　弹性支座刚度不同梁静荷载作用情况

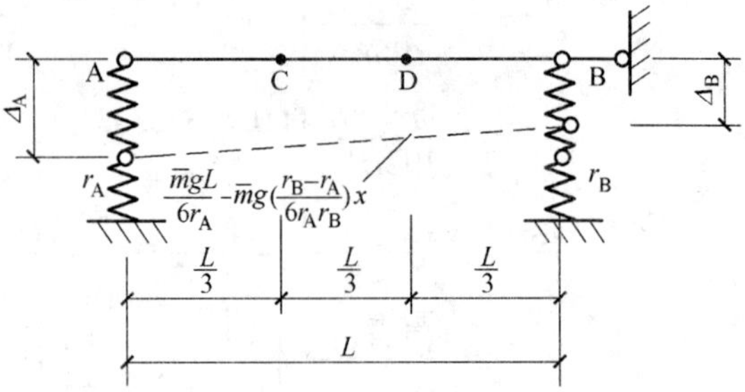

图 4－22　支座位移引起的变形曲线

$$y_{CD}(x) = -\frac{\overline{m}gL^3}{72EI}\left[\frac{26x}{9} - \frac{4x^3}{L^2} + \frac{6\left(x - \frac{L}{3}\right)^4}{L^3}\right]$$

$$y_{DB}(x) = -\frac{\overline{m}gL^3}{72EI}\left[\frac{26(L-x)}{9} - \frac{4(L-x)^3}{L^2}\right]$$

对两端支座作用力为 $R_{A2} = R_{B2} = -\frac{\overline{m}gL}{3}$，方向向上，对两端弹性支座作用力的合力为 $R_A = R_B = \frac{\overline{m}gL}{6}$，方向向下。

支座 A 的变形为 $\Delta_A = \frac{\overline{m}gL}{6r_A}$，支座 B 的变形为 $\Delta_B = \frac{\overline{m}gL}{6r_B}$，梁的变形曲线为

$$\begin{aligned} y_{AB}(x) &= \frac{\overline{m}gL}{6r_B} + \left(\frac{\overline{m}gL}{6r_A} - \frac{\overline{m}gL}{6r_B}\right)\frac{L-x}{L} \\ &= \frac{\overline{m}gL}{6r_A} - \left(\frac{\overline{m}gL}{6r_A} - \frac{\overline{m}gL}{6r_B}\right)\frac{x}{L} \\ &= \frac{\overline{m}gL}{6r_A} - \overline{m}g\left(\frac{r_B - r_A}{6r_Ar_B}\right)x \end{aligned}$$

则梁的总变形曲线 $y_{AC}(x)$、$y_{CD}(x)$ 和 $y_{DB}(x)$ 作为第三振型曲线为

$$y_{AC}(x) = \frac{\overline{m}gL^3}{24EI}\left(x - \frac{2x^3}{L^2} + \frac{x^4}{L^3}\right) - \frac{\overline{m}gL^3}{72EI}\left(\frac{26}{9}x - \frac{4x^3}{L^2}\right) + \frac{\overline{m}gL}{6r_A} - \overline{m}g\left(\frac{r_B - r_A}{6r_Ar_B}\right)x \tag{4-27}$$

$$y_{CD}(x) = \frac{\overline{m}gL^3}{24EI}\left(x - \frac{2x^3}{L^2} + \frac{x^4}{L^3}\right) - \frac{\overline{m}gL^3}{72EI}\left[\frac{26}{9}x - \frac{4x^3}{L^2} + \frac{6}{L^3}\left(x - \frac{L}{3}\right)^4\right] + \frac{\overline{m}gL}{6r_A} - \overline{m}g\left(\frac{r_B - r_A}{6r_Ar_B}\right)x \tag{4-28}$$

$$y_{DB}(x) = \frac{\overline{m}gL^3}{24EI}\left(x - \frac{2x^3}{L^2} + \frac{x^4}{L^3}\right) - \frac{\overline{m}gL^3}{72EI}\left[\frac{26(L-x)}{9} - \frac{4}{L^2}(L-x)^3\right] + \frac{\overline{m}gL}{6r_A} - \overline{m}g\left(\frac{r_B - r_A}{6r_Ar_B}\right)x \tag{4-29}$$

4.2.3.2　第三频率计算公式的建立

下面计算 $\int_0^L y(x)\mathrm{d}x$ 和 $\int_0^L y^2(x)\mathrm{d}x$：

$$\int_0^{\frac{L}{3}} y(x)\,\mathrm{d}x = \int_0^{\frac{L}{3}} \left[\frac{\overline{m}gL^3}{24EI}\left(x - \frac{2x^3}{L^2} + \frac{x^4}{L^3}\right) - \frac{\overline{m}gL^3}{72EI}\left(\frac{26x}{9} - \frac{4x^3}{L^2}\right) + \frac{\overline{m}gL}{6r_A} - \overline{m}g\left(\frac{r_B - r_A}{6r_Ar_B}\right)x\right]\mathrm{d}x = \frac{\overline{m}gL^5}{29160EI} + \frac{\overline{m}gL^2}{18r_A} - \frac{\overline{m}gL^2}{108}\left(\frac{r_B - r_A}{r_Ar_B}\right)$$

$$\int_{\frac{L}{3}}^{\frac{2}{3}L} y(x)\,\mathrm{d}x = \int_{\frac{L}{3}}^{\frac{2}{3}L} (-1)\frac{\overline{m}gL^3}{24EI}\left\{\left(x - \frac{2x^3}{L^2} + \frac{x^4}{L^3}\right) - \frac{\overline{m}gL^3}{72EI}\left[\frac{26x}{9} - \frac{4x^3}{L^2} + \frac{6}{L^3}(x - \frac{L}{3})^4\right]\right\}\mathrm{d}x + \int_{\frac{L}{3}}^{\frac{2}{3}L}\left[\frac{\overline{m}gL}{6r_A} - \overline{m}g\left(\frac{r_B - r_A}{6r_Ar_B}\right)x\right]\mathrm{d}x$$

$$= \frac{\overline{m}gL^5}{29160EI} + \frac{\overline{m}gL^2}{18r_A} - \frac{\overline{m}g(r_B - r_A)L^2}{36(r_Ar_B)}$$

$$\int_{\frac{2}{3}L}^{L} y(x)\,\mathrm{d}x = \int_{\frac{2}{3}L}^{L}\left\{\left[\frac{\overline{m}gL^3}{24EI}\left(x - \frac{2x^3}{L^2} + \frac{x^4}{L^3}\right) - \frac{\overline{m}gL^3}{72EI}\left[\frac{26(L-x)}{9} - \frac{4}{L^2}(L-x)^3\right] + \frac{\overline{m}gL}{6r_A} - \overline{m}g\left(\frac{r_B - r_A}{6r_Ar_B}\right)x\right\}\mathrm{d}x$$

$$= \frac{\overline{m}gL^5}{29160EI} + \frac{\overline{m}gL^2}{18r_A} - \frac{\overline{m}g(r_B - r_A)}{21.6r_Ar_B}L^2$$

则 $\int_0^L y(x)\,\mathrm{d}x = \int_0^{\frac{L}{3}} y(x)\,\mathrm{d}x + \int_{\frac{L}{3}}^{\frac{2}{3}L} y(x)\,\mathrm{d}x + \int_{\frac{2}{3}L}^{L} y(x)\,\mathrm{d}x$

$$= \frac{\overline{m}gL^5}{29160EI} + \frac{\overline{m}gL^2}{18r_A} - \frac{\overline{m}gL^2}{108}\left(\frac{r_B - r_A}{r_Ar_B}\right) + \frac{\overline{m}gL^5}{29160EI} + \frac{\overline{m}gL^2}{18r_A} - \frac{\overline{m}g(r_B - r_A)^2}{36r_Ar_B} + \frac{\overline{m}gL^5}{29160EI} + \frac{\overline{m}gL^2}{18r_A} - \frac{\overline{m}g(r_B - r_A)L^2}{21.6r_Ar_B}$$

$$= \frac{\overline{m}gL^5}{9720EI} + \frac{\overline{m}gL^2}{6r_A} - \frac{\overline{m}g(r_B - r_A)L^2}{12r_Ar_B} \tag{4-30}$$

$$\int_0^{\frac{L}{3}} y^2(x)\,\mathrm{d}x = \int_0^{\frac{L}{3}}\left[\frac{\overline{m}gL^3}{24EI}\left(x - \frac{2x^3}{L^2} + \frac{x^4}{L^3}\right) - \frac{\overline{m}gL^3}{72EI}\left(\frac{26x}{9} - \frac{4x^3}{L^2}\right) + \frac{\overline{m}gL}{6r_A} - \frac{\overline{m}g(r_B - r_A)}{6r_Ar_B}x\right]^2\mathrm{d}x$$

$$= \frac{\overline{m}^2g^2L^9}{230405388(EI)^2} + \frac{\overline{m}^2g^2L^3}{108r_A^2} + \frac{\overline{m}^2g^2L^3(r_B - r_A)^2}{2916(r_Ar_B)^2} - \frac{\overline{m}^2g^2(r_B - r_A)L^3}{324r_A^2r_B} + \frac{\overline{m}^2g^2L^6}{87480EIr_A} - \frac{\overline{m}^2g^2L^6(r_B - r_A)}{524880EIr_Ar_B}$$

$$\int_{\frac{L}{3}}^{\frac{2}{3}L} y^2(x)\,\mathrm{d}x = \int_{\frac{L}{3}}^{\frac{2}{3}L}\left\{\frac{\overline{m}gL^3}{24EI}\left(x - \frac{2x^3}{L^2} + \frac{x^4}{L^3}\right) - \frac{\overline{m}gL^3}{72EI}\left[\frac{26x}{9} - \frac{4x^3}{L^2} + \frac{6}{L^3}\left(x - \frac{L}{3}\right)^4\right] + \frac{\overline{m}gL}{6r_A} - \overline{m}g\frac{r_B - r_A}{6r_Ar_B}x\right\}^2\mathrm{d}x$$

$$= \frac{\overline{m}^2g^2L^9}{(24EI)^2}\times 0.029803416 + \frac{\overline{m}^2g^2L^9}{(72EI)^2}\times 0.272766199 + \frac{\overline{m}^2g^2(r_B - r_A)^2L^3}{416.5714286r_A^2r_B^2} + \frac{\overline{m}^2g^2L^3}{108r_A^2} - \frac{\overline{m}^2g^2(r_B - r_A)L^3}{108r_A^2r_B} - \frac{\overline{m}^2g^2L^9}{864(EI)^2}\times 0.09016241 + \frac{\overline{m}^2g^2(r_B - r_A)L^6}{1434.0984r_Ar_B} -$$

$$\frac{\overline{m}^2 g^2 L^6}{317.04918 EIr_A}+\frac{\overline{m}^2 g^2 L^6}{722.975 EIr_A}-\frac{\overline{m}^2 g^2 (r_B - r_A) L^6}{1445.950375 EIr_A r_B}$$

$$\int_{\frac{2}{3}L}^{L} y^2(x)\,dx = \int_{\frac{2}{3}L}^{L}\left\{\frac{\overline{m}gL^3}{24EI}\left(x-\frac{2x^3}{L^2}+\frac{x^4}{L^3}\right)-\frac{\overline{m}gL^3}{72EI}\left[\frac{26(L-x)}{9}-\frac{4}{L^2}(L-x)^3\right]+\frac{\overline{m}gL}{6r_A}-\overline{m}g\frac{r_B-r_A}{6r_A r_B}x\right\}^2 dx$$

$$=\frac{\overline{m}^2 g^2 L^9}{(24EI)^2}\times 0.009701467+\frac{\overline{m}^2 g^2 L^9}{(72EI)^2}\times 0.085056739+\frac{\overline{m}^2 g^2 L^3}{108 r_A^2}+\frac{\overline{m}^2 g^2 (r_B-r_A)^2 L^3}{153.47436842 r_A^2 r_B^2}-\frac{\overline{m}^2 g^2 (r_B-r_A) L^3}{64.8 r_A^2 r_B}-\frac{\overline{m}^2 g^2 L^9}{864(EI)^2}\times 0.02872457-\frac{\overline{m}^2 g^2 L^6}{1458 EIr_A}+\frac{\overline{m}^2 g^2 (r_B-r_A) L^6}{r_A r_B EI}\times 0.000535995+\frac{\overline{m}^2 g^2 L^6}{EIr_A}\times 0.000697302-\frac{\overline{m}^2 g^2 (r_B-r_A) L^6}{EIr_A r_B}\times 0.000545521$$

则

$$\int_0^L y^2(x)\,dx = \int_0^{\frac{L}{3}} y^2(x)\,dx + \int_{\frac{L}{3}}^{\frac{2}{3}L} y^2(x)\,dx + \int_{\frac{2}{3}L}^{L} y^2(x)\,dx$$

$$=\frac{\overline{m}^2 g^2 L^9}{76794909(EI)^2}+\frac{\overline{m}^2 g^2 L^3}{36 r_A^2}+\frac{\overline{m}^2 g^2 L^3 (r_B-r_A)^2}{108 r_A^2 r_B^2}-\frac{\overline{m}^2 g^2 L^3 (r_B-r_A)}{36 r_A^2 r_B}+\frac{\overline{m}^2 g^2 L^6}{87478.82 EIr_A}-\frac{\overline{m}^2 g^2 L^6 (r_B-r_A)}{174958.4536 EIr_A r_B} \tag{4-31}$$

将式(4－30)和式(4－31)代入式(4－2)得第三频率 ω_3^2，即

$$\omega_3^2 = \frac{g\int_0^L y(x)\,dx}{\int_0^L y^2(x)\,dx} \tag{4-32}$$

同样，当 $r_A = r_B = r$ 时，式(4－30)变为：

$$\int_0^L y(x)\,dx = \frac{\overline{m}gL^5}{9720EI}+\frac{\overline{m}gL^2}{6r}$$

式(4－31)变为：

$$\int_0^L y^2(x)\,dx = \frac{\overline{m}^2 g^2 L^9}{76794909(EI)^2}+\frac{\overline{m}^2 g^2 L^3}{36 r^2}+\frac{\overline{m}^2 g^2 L^6}{87478.82 EIr}$$

以上两式同前面推导出的两端弹性支座刚度相同梁的计算公式。

4.2.4　工程实例

A　工程概况

某环氧丙烷工程的工段，房屋为钢筋混凝土框架结构，在标高 5.000m 处的钢平台上安装了一台过滤器。过滤器支承在钢梁上，钢梁与过滤器支承点的布置如图 4－23 所示。钢梁 L－1 为 HM400×300，钢梁 L－2 为 HM450×300。过滤器操作重 50kN，转速为300r/min，

扰力为8kN，每个支点作用扰力$P_8=\frac{8}{4}=2$kN。钢平台承载力设计时取活荷载300kN/m²，振动计算取活荷载1.0kN/m²，钢板（厚度为6mm）、次梁、加劲肋等的总重量取1.0kN/m²。现浇混凝土板厚度为150mm。过滤器生产厂家要求支承构件的最大振动线位移不超过0.2mm。试对L－1按两端弹性支座刚度不同的梁进行振动计算。

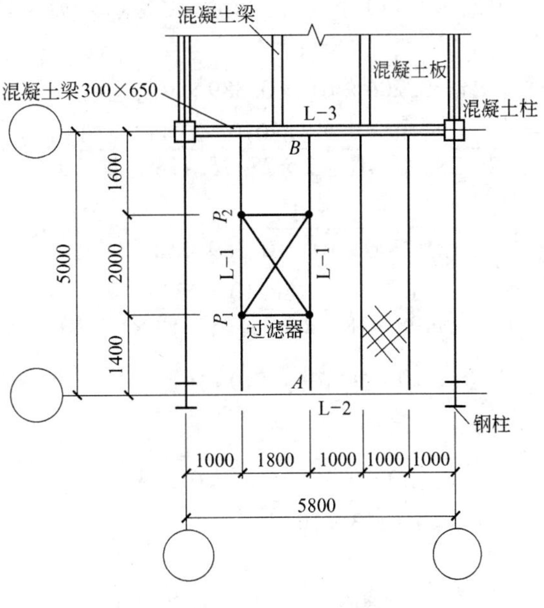

图4－23　钢梁与过滤器布置图

B　第一振型振动计算

a　荷载

钢梁自重为1.07kN/m，则

$$q=(1.0+1.0)\frac{1.0+1.8}{2}+1.07=3.87\text{kN/m}$$

$$m_u=\frac{3.87}{9.81}=0.394\text{t/m}$$

集中静荷载为$P_1=P_2=\frac{50}{4}=12.5$kN，$m_1=m_2=\frac{12.5}{9.81}=1.274$t。

计算简图如图4－24所示。

b　基频计算

L－1截面惯性矩$I=0.389\times10^{-3}$m⁴，弹性模量$E=0.206\times10^{9}$kN/m²。

计算支座刚度r_A，计算简图如图4－25所示。L－2截面惯性矩$I=0.561\times10^{-3}$m⁴，则

$$r_A=\frac{3\times0.206\times10^{9}\times0.561\times10^{-3}\times5.8}{2.8^2\times3.0^2}=28498.418\text{kN/m}$$

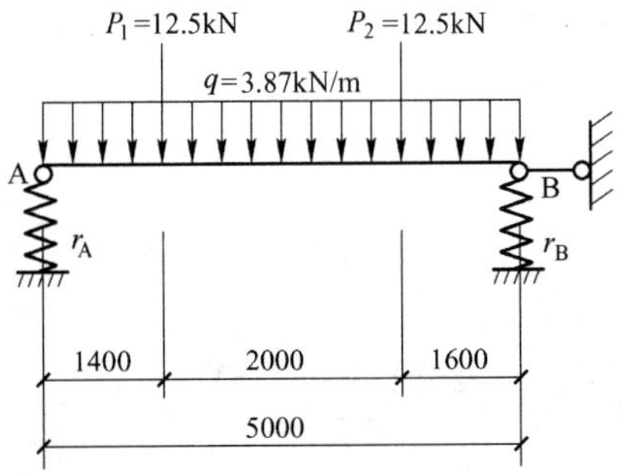

图4－24　梁计算简图

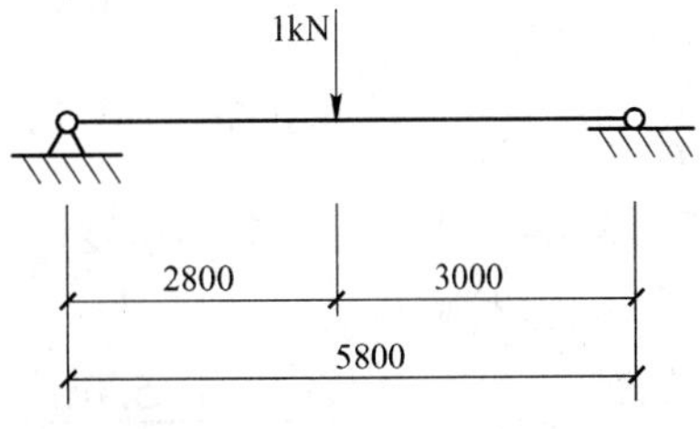

图4－25　梁弹性支座刚度计算示意图

计算支座刚度r_B，计算简图如图4－25所示。混凝土梁L－3截面尺寸为300mm×650mm，混凝土强度等级为C35，$E=0.315\times10^{8}$kN/m²，经计算L－3的截面惯性矩$I=0.01133$m⁴，则

$$r_B=\frac{3\times0.315\times10^{8}\times0.01133\times5.8}{2.8^2\times3.0^2}=88010\text{kN/m}$$

由式(4－17)计算 $y_{1.4}^2$ 和 $y_{3.4}^2$ 之值(取 $\overline{m}g=1.0$)，即

$$y_{1.4}^2=\left[\frac{5.0^3}{24\times0.206\times10^9\times0.389\times10^{-3}}\times\left(1.4-\frac{2\times1.4^3}{5.0^2}+\frac{1.4^4}{5.0^3}\right)+\frac{5.0}{2\times28498.418}-\frac{(88010-28498.418)}{2\times28498.418\times88010}\times1.4\right]^2=[0.149838\times10^{-3}]^2=0.22\times10^{-7}$$

$$y_{3.4}^2=\left[\frac{5.0^3}{24\times0.206\times10^9\times0.389\times10^{-3}}\times\left(3.4-\frac{2\times3.4^3}{5.0^2}+\frac{3.4^4}{5.0^3}\right)+\frac{5.0}{2\times28498.418}-\frac{88010-28498.418}{2\times28498.418\times88010}\times3.4\right]^2=[0.13349\times10^{-3}]^2=0.17\times10^{-7}$$

由式(4－18)和式(4－19)计算 $\int_0^L y(x)\mathrm{d}x$ 和 $\int_0^L y^2(x)\mathrm{d}x$，即

$$\int_0^L y(x)\mathrm{d}x=\frac{5.0^5}{120\times0.206\times10^9\times0.389\times10^{-3}}+\frac{5.0^2}{4}\left(\frac{1}{28498.418}+\frac{1}{88010}\right)=0.6153\times10^{-3}$$

$$\int_0^L y^2(x)\mathrm{d}x=\frac{31\times5.0^9}{362880(0.206\times10^9\times0.389\times10^{-3})^2}+\frac{5.0^3}{12}\left(\frac{1}{28498.418\times88010}+\frac{1}{28498.418^2}+\frac{1}{88010^2}\right)+\frac{5.0^6}{240\times0.206\times10^9\times0.389\times10^{-3}}\times\left(\frac{1}{28498.418}+\frac{1}{88010}\right)=0.82\times10^{-7}$$

由式(2－59)和式(2－60)计算 $K_{1.4}$，$K_{3.4}$ 和 $\overline{m}_1$，即

$$K_{1.4}=\frac{0.22\times10^{-7}}{0.82\times10^{-7}}=0.268$$

$$K_{3.4}=\frac{0.17\times10^{-7}}{0.82\times10^{-7}}=0.207$$

$$\overline{m}_1=0.394+1.274(0.268+0.207)=0.999\mathrm{t/m}$$

由式(4－20)可得

$$\omega_1=\sqrt{\frac{0.6153\times10^{-3}}{0.999\times0.82\times10^{-7}}}=86.667\mathrm{rad/s}$$

则 $\frac{\theta}{\omega_1}=\frac{0.105\times300}{86.667}=0.363<0.75$，故在非共振区工作。

c 计算振动线位移和振动速度

由式(4－17)可得

$$y_{2.5}=\frac{5.0^3}{24\times0.206\times10^9\times0.389\times10^{-3}}\times\left(2.5-\frac{2\times2.5^3}{5.0^2}+\frac{2.5^4}{5.0^3}\right)+\frac{5.0}{2\times28498.418}-\frac{88010-28498.418}{2\times28498.418\times88010}\times2.5=0.15961\times10^{-3}$$

由式(2－55)可得

$$\overline{M}_1=0.999\times0.82\times10^{-7}$$

由式(2－56)可得

$$\overline{P}_1=2\times(0.1498+0.1335)\times10^{-3}=0.5666\times10^{-3}$$

由式(2－41)可得

$$Y_1^{d}=\frac{0.5666\times10^{-3}}{0.999\times0.82\times10^{-7}\times86.667^2}=0.9209\mathrm{m}$$

由式(2-42)可得

$$\mu_1=\frac{1}{1-\dfrac{(0.105\times300)^2}{86.667^2}}=1.152$$

由式(2-40)可得

$$q_1=0.9209\times1.152=1.0609\mathrm{m}$$

由式(2-53)可得

$$Y_{2.5}=0.1596\times10^{-3}\times1.0609=0.169\times10^{-3}\mathrm{m}=0.169\mathrm{mm}$$

振动速度为

$$v_{2.5}=0.169\times31.5=5.324\mathrm{mm/s}$$

C 第二振型振动计算

a 第二频率计算

$\mu=\dfrac{88010-28498.418}{88010+28498.418}=0.5108$，取 $\overline{m}g=1.0$，$s=\dfrac{5.0}{2}\times0.5108=1.277\mathrm{m}$，$1+\mu=1.5108$，$1-\mu=0.4892$。

由式(4-21)和式(4-22)计算 $y_{1.4}^2$ 和 $y_{3.4}^2$ 之值，即

$$y_{1.4}^2=\left[\frac{5.0^3}{96\times0.206\times10^9\times0.389\times10^{-3}}\left(\frac{1.4}{2}-\frac{4\times1.4^3}{5.0^2}+\frac{4\times1.4^4}{5.0^3}\right)+\frac{5.0}{4\times28498.418}\times\left(1-\frac{2\times1.4}{5.0\times1.5108}\right)\right]^2=[0.33841\times10^{-4}]^2=0.1145\times10^{-8}$$

$$y_{3.4}^2=\left\{\frac{5.0^3}{96\times0.206\times10^9\times0.389\times10^{-3}}\left[\frac{3.4}{2}-\frac{4\times3.4^3}{5.0^2}+\frac{4\times3.4^4}{5.0^3}-\frac{8}{5.0^3}\left(3.4-\frac{5.0}{2}\right)^4\right]+\frac{5.0}{4\times28498.418}\left(1-\frac{2\times3.4}{5\times1.5108}\right)\right\}^2=\{-0.1379\times10^{-5}\}^2=0.19038\times10^{-11}$$

由式(4-24)和式(4-25)计算 $\int_0^L y(x)\mathrm{d}x$ 和 $\int_0^L y^2(x)\mathrm{d}x$，即

$$\int_0^L y(x)\mathrm{d}x=\frac{5.0^5}{1920\times0.206\times10^9\times0.389\times10^{-3}}+\frac{5.0^2}{16\times28498.418}\times(1+0.5108)+\frac{5.0^2}{16\times88010}\times\left[\frac{4-4\times(1+0.5108)+(1+0.5108)^2}{1-0.5108}\right]=0.111828\times10^{-3}$$

$$\int_0^L y^2(x)\mathrm{d}x=\frac{5.0^9}{2996686\times(0.206\times10^9\times0.389\times10^{-3})^2}+\frac{5.0^3}{96\times28498.418^2}\times(1+0.5108)+\frac{5.0^6}{192\times0.206\times10^9\times0.389\times10^{-3}\times28498.418}\times\left[\frac{1}{20}-\frac{1}{120\times1.5108}-\frac{1.5108}{8}+0.1875\times1.5108^2-\frac{1.5108^3}{8}+0.0375\times1.5108^4-\frac{1.5108^5}{240}\right]+\frac{5.0^3}{96\times88010^2}\times\left[\frac{8+6\times1.5108^2-12\times1.5108-1.5108^3}{0.4892^2}\right]+\frac{5.0^6}{192\times0.206\times10^9\times0.389\times10^{-3}\times88010}\times$$

$$\left\{\frac{1-1.5\times1.5108}{30\times0.4892}+\frac{1}{0.4892}\times\left(0.375\times1.5108^3+0.15\times1.5108^5-\frac{1.5108^6}{48}-\frac{1.5108^2}{8}-0.375\times1.5108^4\right)-\frac{1.5108}{0.4892}\times\left(0.5625\times1.5108^2+0.1875\times1.5108^4-0.025\times1.5108^5-\frac{1.5108}{4}-\frac{1.5108^3}{2}\right)\right\}=0.319558\times10^{-8}$$

由式(2－59)和式(2－60)计算 $K_{1.4}$,$K_{3.4}$和 $\overline{m}_2$,即

$$K_{1.4}=\frac{0.1145\times10^{-8}}{0.319558\times10^{-8}}=0.358$$

$$K_{3.4}=\frac{0.19038\times10^{-11}}{0.319558\times10^{-8}}=0.001$$

$$\overline{m}_2=0.394+1.274\times(0.358+0.001)=0.851\text{t/m}$$

由式(4－26)可得

$$\omega_2=\sqrt{\frac{0.111828\times10^{-3}}{0.851\times0.319558\times10^{-8}}}=202.785\text{rad/s}$$

b 振动线位移和振动速度计算

由式(4－21)可得

$$y_{2.5}=\frac{5.0^3}{96\times0.206\times10^9\times0.389\times10^{-3}}\times\left(\frac{2.5}{2}-\frac{4\times2.5^3}{5.0^2}+\frac{4\times2.5^4}{5.0^3}\right)+\frac{5.0}{4\times28498.418}\times\left(1-\frac{2\times2.5}{5\times1.5108}\right)=0.14829\times10^{-4}$$

由式(2－55)、式(2－56)、式(2－41)、式(2－42)、式(2－40)和式(2－53)计算 $\overline{M}_2$、$\overline{P}_2$、Y_2^{d},μ_2、q_2 和 $Y_{2.5}$如下:

$$\overline{M}_2=0.851\times0.319558\times10^{-8}$$

$$\overline{P}_2=2.0\times(0.33841\times10^{-4}-0.1379\times10^{-5})=0.6492\times10^{-4}$$

$$Y_2^{\mathrm{d}}=\frac{0.6492\times10^{-4}}{0.851\times0.319558\times10^{-8}\times202.785^2}=0.5805\text{m}$$

$$\mu_2=\frac{1}{1-\dfrac{31.5^2}{202.785^2}}=1.025$$

$$q_2=0.5805\times1.025=0.595\text{m}$$

$$Y_{2.5}=0.14829\times10^{-4}\times0.595=0.882\times10^{-5}\text{m}=0.00882\text{mm}$$

振动速度为

$$v_{2.5}=0.00882\times31.5=0.278\text{mm/s}$$

D 第三振型振动计算

a 第三振动频率计算

由式(4－27)和式(4－29)计算 $y_{1.4}^2$和 $y_{3.4}^2$之值,即

$$y_{1.4}^2=\left[\frac{5.0^3}{24\times0.206\times10^9\times0.389\times10^{-3}}\times\left(1.4-\frac{2\times1.4^3}{5.0^2}+\frac{1.4^4}{5.0^3}\right)-\frac{5.0^3}{72\times0.206\times10^9\times0.389\times10^{-3}}\times\right.$$

$$\left(\frac{26\times1.4}{9}-\frac{4\times1.4^3}{5.0^2}\right)+\frac{5.0}{6\times28498.418}-\frac{(88010-28498.418)\times1.4}{6\times88010\times28498.418}\Bigg]^2$$

$$=[0.24316\times10^{-4}]^2=0.5913\times10^{-9}$$

$$y_{3.4}^2=\left\{\frac{5.0^3}{24\times0.206\times10^9\times0.389\times10^{-3}}\times\left(3.4-\frac{2\times3.4^3}{5.0^2}+\frac{3.4^4}{5.0^3}\right)-\frac{5.0^3}{72\times0.206\times10^9\times0.389\times10^{-3}}\times\right.$$

$$\left.\left[\frac{26(5.0-3.4)}{9}-\frac{4\times(5.0-3.4)^3}{5.0^2}\right]+\frac{5.0}{6\times28498.418}-\frac{59511.582\times3.4}{6\times88010\times28498.418}\right\}^2$$

$$=\{0.15955\times10^{-4}\}^2=0.25459\times10^{-9}$$

由式(4－30)和式(4－31)计算 $\int_0^L y(x)\mathrm{d}x$ 和 $\int_0^L y^2(x)\mathrm{d}x$，即

$$\int_0^L y(x)\mathrm{d}x=\frac{5.0^5}{9720\times0.206\times10^9\times0.389\times10^{-3}}+\frac{5.0^2}{6\times28498.418}-\frac{5.0^2}{12}\times\frac{59511.582}{28498.418\times88010}$$

$$=0.100787\times10^{-3}$$

$$\int_0^L y^2(x)\mathrm{d}x=\frac{5.0^9}{76794909\times(0.206\times10^9\times0.389\times10^{-3})^2}+\frac{5.0^3}{36\times28498.418^2}+$$

$$\frac{5.0^3\times59511.582^2}{108\times28498.418^2\times88010^2}-\frac{5.0^3\times59511.582}{36\times28498.418^2\times88010}+$$

$$\frac{5.0^6}{87498.82\times0.206\times10^9\times0.389\times10^{-3}\times28498.418}-$$

$$\frac{5.0^6\times59511.582}{174958.4536\times0.206\times10^9\times0.389\times10^{-3}\times28498.418\times88010}$$

$$=0.20917\times10^{-8}$$

由式(2－59)和式(2－60)计算 $K_{1.4}$、$K_{3.4}$和 $\overline{m}_3$，即

$$K_{1.4}=\frac{0.5913\times10^{-9}}{0.20917\times10^{-8}}=0.283$$

$$K_{3.4}=\frac{0.25459\times10^{-9}}{0.20917\times10^{-8}}=0.1217$$

$$\overline{m}_3=0.394+1.274\times(0.283+0.1217)=0.91\mathrm{t/m}$$

由式(4－32)可得

$$\omega_3=\sqrt{\frac{0.100787\times10^{-3}}{0.91\times0.20917\times10^{-8}}}=230.108\mathrm{rad/s}$$

b 振动线位移和振动速度计算

由式(4－28)可得

$$y_{2.5}=\frac{5.0^3}{24\times0.206\times10^9\times0.389\times10^{-3}}\times\left(2.5-\frac{2\times2.5^3}{5.0^2}+\frac{2.5^4}{5.0^3}\right)-\frac{5.0^3}{72\times0.206\times10^9\times0.389\times10^{-3}}\times$$

$$\left[\frac{26\times2.5}{9}+\frac{4\times2.5^3}{5.0^2}+\frac{6\times\left(2.5-\frac{5.0}{3}\right)^4}{5.0^3}\right]+\frac{5.0}{6\times28498.418}-\frac{59511.582\times2.5}{6\times28498.418\times88010}$$

$$=0.18101\times10^{-4}$$

由式(2－55)、式(2－56)、式(2－41)、式(2－42)、式(2－40)和式(2－53)计算 $\overline{M}_3$、

$\overline{P}_3$、Y_3^d、μ_3、q_3 和 $Y_{2.5}$ 如下：

$$\overline{M}_3 = 0.91 \times 0.20917 \times 10^{-8}$$

$$\overline{P}_3 = 2.0 \times (0.24316 + 0.15955) \times 10^{-4} = 0.8054 \times 10^{-4}$$

$$Y_3^d = \frac{0.8054 \times 10^{-4}}{0.91 \times 0.20917 \times 10^{-8} \times 230.108^2} = 0.7991\text{m}$$

$$\mu_3 = \frac{1}{1 - \frac{31.5^2}{230.108^2}} = 1.019$$

$$q_3 = 0.7991 \times 1.019 = 0.814\text{m}$$

$$Y_{2.5} = 0.18101 \times 10^{-4} \times 0.814 = 0.147 \times 10^{-4}\text{m} = 0.0147\text{mm}$$

振动速度为

$$v_{2.5} = 0.0147 \times 31.5 = 0.463\text{mm/s}$$

总位移 $\sum Y_{2.5} = 0.169 + 0.00882 + 0.0147 = 0.193\text{mm} < 0.2\text{mm}$

总速度 $\sum v_{2.5} = 5.324 + 0.278 + 0.463 = 6.065\text{mm/s}$

由附录 B 可知，该过滤器类别为Ⅲ类，允许振动速度 $[v] = 10\text{mm/s} > 6.065\text{mm/s}$。

4.3　一端刚接非弹性支座另一端简支弹性支座的梁

4.3.1　梁基频计算

4.3.1.1　第一振型曲线的确定

我们把图 4－26 所示在静荷载 $\overline{m}g$ 作用下的变形曲线 $y(x)$ 作为第一振型曲线。该变形曲线 $y(x)$ 由 $y(x)_1$ 和 $y(x)_2$ 组成。$y(x)_1$ 为一端固定另一端为简支非弹性支座梁在均布静荷载 $\overline{m}g$ 作用下的变形曲线，如图 4－27 所示。

$$y(x)_1 = \frac{\overline{m}gL^3}{48EI}\left(x - \frac{3x^3}{L^2} + \frac{2x^4}{L^3}\right)$$

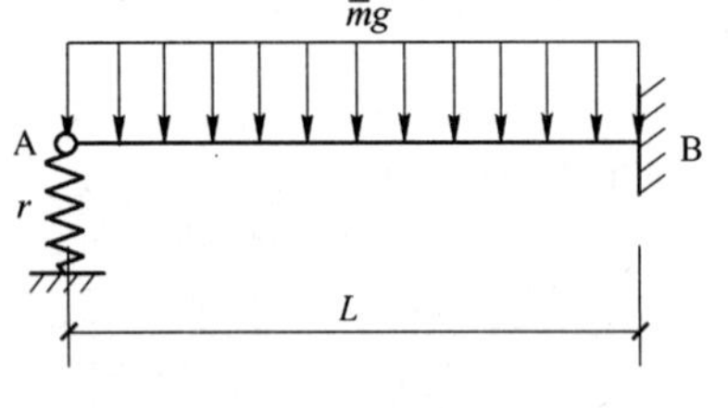

图 4－26　一端刚接非弹性支座另一端为简支弹性支座的梁

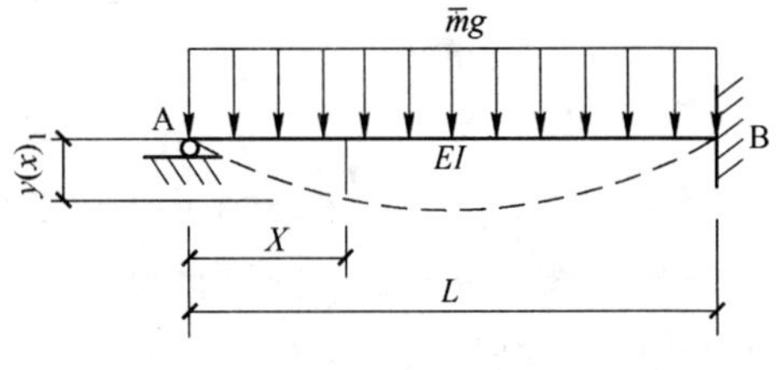

图 4－27　一端刚接另一端简支非弹性支座梁

$y(x)_2$ 为图 4－28 所示 A 端弹性支座位移为 f 时梁的变形曲线。A 端弹性变形 f 至平衡点 C 时，在 C 点作用着三个力，即梁在静荷载 $\overline{m}g$ 作用下的 A 端支座反力 $\frac{\overline{m}gL}{8}$；梁 A 端变形为 f 时的梁弹性反力 $\frac{3EIf}{L^3}$；弹性支座反力 fr。C 点的平衡条件为

$$\frac{3\overline{m}gL}{8}-\frac{3EIf}{L^3}-fr=0$$

$$f=\frac{3\overline{m}gL^4}{24EI+8rL^3}$$

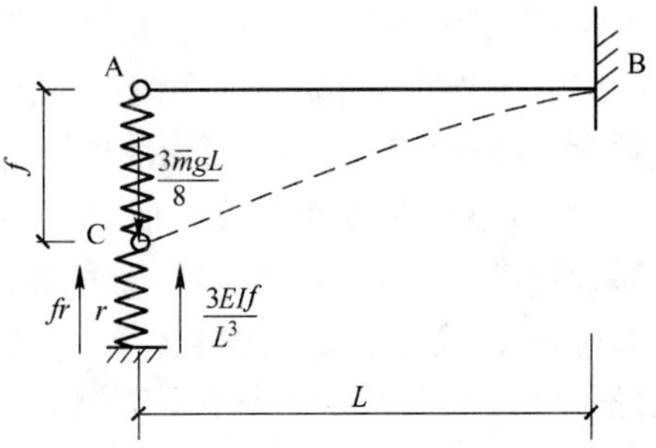

图 4-28 弹性支座位移引起的梁变形

则

$$y(x)_2=\frac{3\overline{m}gL^4}{48EI+16rL^3}\left(2-\frac{3x}{L}+\frac{x^3}{L^3}\right)$$

故 $$y(x)=\frac{\overline{m}gL^3}{48EI}\left(x-\frac{3x^3}{L^2}+\frac{2x^4}{L^3}\right)+\frac{3\overline{m}gL^4}{48EI+16rL^3}\left(2-\frac{3x}{L}+\frac{x^3}{L^3}\right)\quad(4-33)$$

4.3.1.2 基频计算公式的建立

下面计算 $\int_0^L y(x)\mathrm{d}x$ 和 $\int_0^L y^2(x)\mathrm{d}x$：

$$\int_0^L y(x)\mathrm{d}x=\overline{m}g\int_0^L\left[\frac{L^3}{48EI}\left(x-\frac{3x^3}{L^2}+\frac{2x^4}{L^3}\right)+\frac{3L^4}{48EI+16rL^3}\left(2-\frac{3x}{L}+\frac{x^3}{L^3}\right)\right]\mathrm{d}x$$

$$=\overline{m}g\left(\frac{L^5}{320EI}+\frac{2.25L^5}{48EI+16rL^3}\right)\quad(4-34)$$

$$\int_0^L y^2(x)\mathrm{d}x=\overline{m}^2g^2\int_0^L\left[\frac{L^3}{48EI}\left(x-\frac{3x^3}{L^2}+\frac{2x^4}{L^3}\right)+\frac{3L^4}{48EI+16rL^3}\left(2-\frac{3x}{L}+\frac{x^3}{L^3}\right)\right]^2\mathrm{d}x$$

$$=\overline{m}^2g^2\left[\frac{57L^9}{4354560(EI)^2}+\frac{297L^9}{35(48EI+16rL^3)^2}+\frac{51L^9}{3360EI(48EI+16rL^3)}\right]\quad(4-35)$$

将式(4-34)和式(4-35)代入式(4-2)得基频 ω_1^2

$$\omega_1^2=\frac{g\int_0^L y(x)\mathrm{d}x}{\int_0^L y^2(x)\mathrm{d}x}=\frac{\dfrac{L^5}{320EI}+\dfrac{2.25L^5}{48EI+16rL^3}}{\overline{m}_1L^9\left[\dfrac{57}{4354560(EI)^2}+\dfrac{297}{35(48EI+16rL^3)^2}+\dfrac{51}{3360EI(48EI+16rL^3)}\right]}\quad(4-36)$$

强迫振动计算同前面的介绍。

当 $r=\infty$，即为一端固定一端为非弹性简支梁时，式(4-36)变为

$$\omega_1=\sqrt{\frac{L^5/320EI}{\overline{m}L^9\left[\dfrac{57}{4354560(EI)^2}\right]}}=\frac{15.451}{L^2}\sqrt{\frac{EI}{\overline{m}}}$$

一端固定一端简支梁基频的精确解为$\dfrac{15.421}{L^2}\sqrt{\dfrac{EI}{\overline{m}}}$，两者几乎相等。

4.3.2 工程实例

第 3 章工程实例二是介绍脱水机置放在钢平台上，梁两端弹性支座刚度相同，按单自由度计算的工程实例。下面介绍的工程实例，是类似的脱水机置放在钢筋混凝土平台上，梁一端为刚接非弹性支座另一端为简支弹性支座的振动计算。

A　工程概况

某经济开发区外资企业酶制剂厂，回收车间脱水机放置在标高为5.0m的钢筋混凝土平台上，该平台与主厂房钢筋混凝土框架房屋相连接。脱水机具有4个支腿（1、3、4和5点），操作重60kN，每个支腿静重60/4＝15kN，第2点静重10kN。脱水机支腿布置和混凝土梁板布置如图4－29所示。平台静力计算时活荷载为4kN/m^2，振动计算取活荷载为1.0kN/m^2。据业主交代，脱水机在转速为600～700r/min时扰力最大，脱水机经隔振后传递到平台上每个支腿的竖向扰力幅值为3.0kN（在4个点上共12.0kN），正常操作时转速为3650r/min，业主要求脱水机转速在600～700r/min间隔内产生的振动幅值不超过0.18mm。混凝土平台板厚度为120mm，混凝土强度等级为C35，弹性模量$E=0.315\times10^8$kN/m^2。L－1与L－4的连接为刚接。

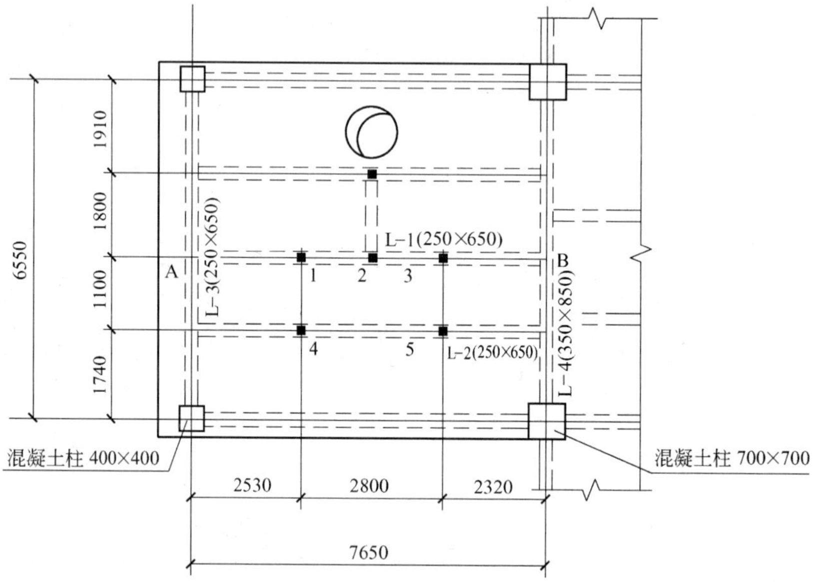

图4－29　脱水机与混凝土梁布置图

B　梁L－1基频计算

梁L－1计算截面尺寸为250mm×650mm，如图4－30所示，经计算，截面面积为0.3065m^2，截面惯性矩$I=0.01126$m^4（近似值，计算过程从略）。

荷载：梁板自重为0.3065×25＝7.663kN/m，则

$$q=1.0\times\frac{1.1+1.8}{2}+7.663=9.113\text{kN/m}$$

$$m_u=\frac{9.113}{9.81}=0.929\text{t/m}$$

集中静荷载为　$P_1=P_3=15$kN

$$m_1=m_3=\frac{15}{9.81}=1.529\text{t}$$

$$P_2=10\text{kN}$$

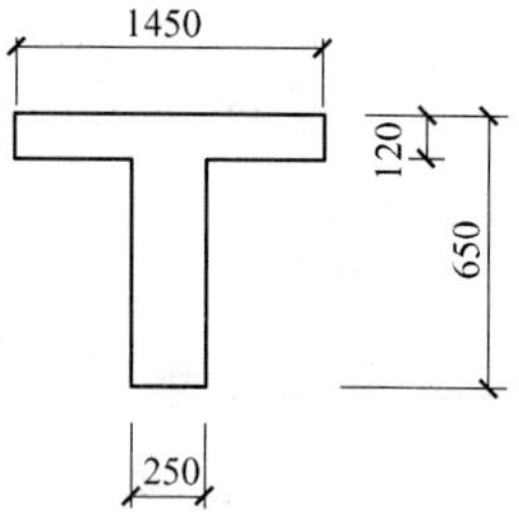

图4－30　梁截面图

$$m_2 = \frac{10}{9.81} = 1.019\text{t}$$

计算简图如图4-31所示。

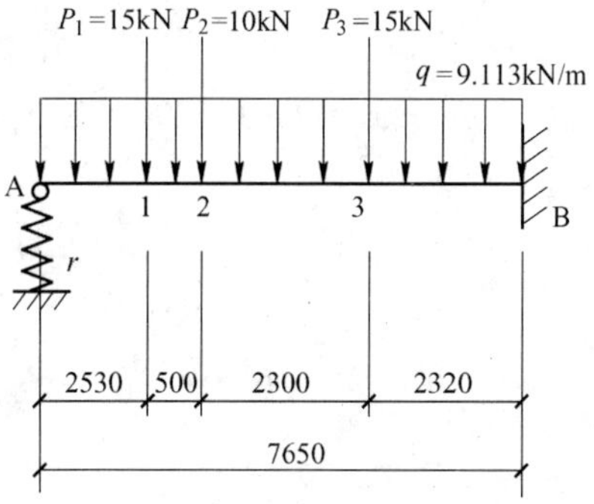

图4-31 梁计算简图

计算梁支座的刚度 r。梁L-3的截面惯性矩经计算为 $I=0.01241\text{m}^4$。L-3在A点的竖向刚度计算简图如图4-32所示。

$$r_A = r = \frac{3\times0.315\times10^8\times0.01241\times6.55}{2.84^2\times3.71^2} = 69193\text{kN/m}$$

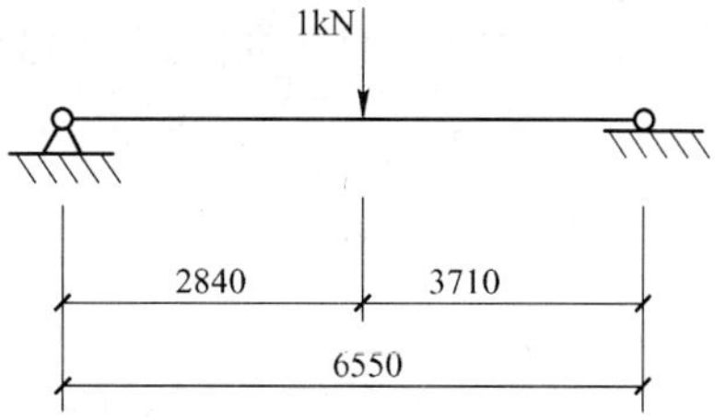

图4-32 支座刚度计算简图

L-4的截面惯性矩经计算为 $I=0.0286\text{m}^4$，L-4在B点的竖向刚度计算简图参照图4-32，不过计算跨度时应取两柱之间的净距，两端按刚接考虑。经计算 $r_B=975322\text{kN/m}$，则 $r_B/r_A=975322/69193=14.1$。由此可以认为L-1振动过程中在B点可视为刚接不动点。

由式(4-33)计算 $y_{2.53}^2$、$y_{3.03}^2$ 和 $y_{5.33}^2$ 之值，即

$$y_{2.53}^2 = \left[\frac{7.65^3}{48\times0.315\times10^8\times0.01126}\left(2.53-\frac{3\times2.53^3}{7.65^2}+\frac{2\times2.53^4}{7.65^3}\right)+\frac{3\times7.65^4}{48\times0.315\times10^8\times0.01126+16\times69193\times7.65^3}\times\left(2-\frac{3\times2.53}{7.65}+\frac{2.53^3}{7.65^3}\right)\right]^2$$

$$=[0.70435\times10^{-4}]^2=0.496\times10^{-8}$$

参照计算 $y_{2.53}^2$ 的过程，计算出 $y_{3.03}^2=0.4843\times10^{-8}$，$y_{5.33}^2=[0.3582\times10^{-4}]^2=0.1283\times10^{-8}$。

由式(4-34)和式(4-35)计算 $\int_0^L y(x)\,\mathrm{d}x$ 和 $\int_0^L y^2(x)\,\mathrm{d}x$ 之值(取 $\overline{m}g=1.0$)，即

$$\int_0^L y(x)\,\mathrm{d}x = \frac{7.65^5}{320\times0.315\times10^8\times0.01126}+\frac{2.25\times7.65^5}{48\times0.315\times10^8\times0.01126+16\times69193\times7.65^3} = 0.3458\times10^{-3}$$

$$\int_0^L y^2(x)\,\mathrm{d}x = 7.65^9\left[\frac{57}{4354560(0.315\times10^8\times0.01126)^2}+\frac{297}{35(48\times0.315\times10^8\times0.01126+16\times69193\times7.65^3)}+\frac{51}{3360\times0.315\times10^8\times0.01126\times(48\times0.315\times10^8\times0.01126+16\times69193\times7.65^3)}\right] = 0.1973\times10^{-7}$$

由式(2-59)和式(2-60)计算 $K_{2.35}$、$K_{3.03}$、$K_{5.33}$ 和 $\overline{m}_1$，即

$$K_{2.35} = \frac{0.496\times10^{-8}}{0.1973\times10^{-7}} = 0.251$$

$$K_{3.03} = \frac{0.4843\times10^{-8}}{0.1973\times10^{-7}} = 0.245$$

$$K_{5.33}=\frac{0.1283\times10^{-8}}{0.1973\times10^{-7}}=0.065$$

$$\overline{m}_1=0.929+1.529(0.251+0.065)+1.019\times0.245=1.662\text{t/m}$$

由式(4－36)可得

$$\omega_1=\sqrt{\frac{0.3458\times10^{-3}}{1.662\times0.1973\times10^{-7}}}=102.695\text{rad/s}$$

则$\dfrac{\theta}{\omega_1}=\dfrac{0.105\times700}{102.695}=0.716<0.75$，故在非共振区工作。

C　振动线位移计算

脱水机在 1 点和 3 点处作用的扰力幅值 $P_1=P_3=3.0\text{kN}$。采用振型分解法计算振动线位移。由式(2－55)、式(2－56)、式(2－41)、式(2－42)、式(2－40)和式(2－53)进行计算：

$$\overline{M}_1=\overline{m}_1\times0.1973\times10^{-7}=1.662\times0.1973\times10^{-7}$$

$$\overline{P}_1=3.0\times(0.70435\times0.3582)\times10^{-4}=0.3188\times10^{-3}$$

$$Y_1^{\text{d}}=\frac{0.3188\times10^{-3}}{1.662\times0.1973\times10^{-7}\times102.695^2}=0.922\text{m}$$

$$\mu_1=\frac{1}{1-\dfrac{(0.105\times700)^2}{102.695^2}}=2.05$$

$$q_1=0.922\times2.05=1.8901\text{m}$$

经计算，　$y(x)_{\max}=0.7048\times10^{-4}$

$$Y_{\max}=0.7048\times10^{-4}\times1.8901=0.133\times10^{-3}\text{m}=0.133\text{mm}<0.18\text{mm}$$

4.4　一端简支非弹性支座另一端弹性支座的梁

一端为简支非弹性支座另一端为弹性支座的梁在实际工程中并不少见。以往遇到这种支座条件的梁，许多设计工作者在振动计算时，常常假定两端为非弹性支座，或者两端弹性支座刚度相差悬殊时，取两端弹性支座刚度的平均值等等。如此计算的结果，往往与实际振动状态相差较大。对于这种支座条件的梁，把集中荷载简化为均布荷载的方法以及强迫振动计算的方法均同前面的介绍。下面主要介绍这种梁第一振型曲线的确定、基频的计算以及一个工程实例。

4.4.1　梁基频计算

4.4.1.1　第一振型曲线的确定

我们把图 4－33 所示在静荷载 $\overline{m}g$ 作用下的变形曲线 $y(x)$ 作为第一振型曲线，该变形曲线 $y(x)$ 也是由 $y(x)_1$ 和 $y(x)_2$ 组成的。$y(x)_1$ 为两端简支不动支座梁在静荷载 $\overline{m}g$ 作用下的变形曲线，如图 4－2 所示。

$$y(x)_1=\frac{\overline{m}gL^3}{24EI}\left(x-\frac{2x^3}{L^2}+\frac{x^4}{L^3}\right)$$

图 4－34 所示为一端简支不动支座另一端为弹性支座的梁，当 $EI=\infty$ 时，在均布荷载 $\overline{m}g$ 作用下的变形曲线 $y(x)_2$。

$$y(x)_2=\frac{\overline{m}gL}{2r}\times\frac{L-x}{L}=\frac{\overline{m}g}{2r}(L-x)$$

故
$$y(x)=\frac{\overline{m}gL^3}{24EI}\left(x-\frac{2x^3}{L^2}+\frac{x^4}{L^3}\right)+\frac{\overline{m}g}{2r}(L-x) \tag{4-37}$$

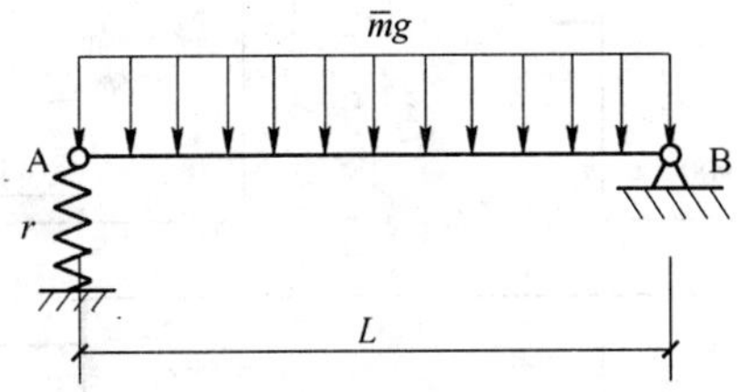

图 4-33　一端不动另一端为弹性支座的简支梁

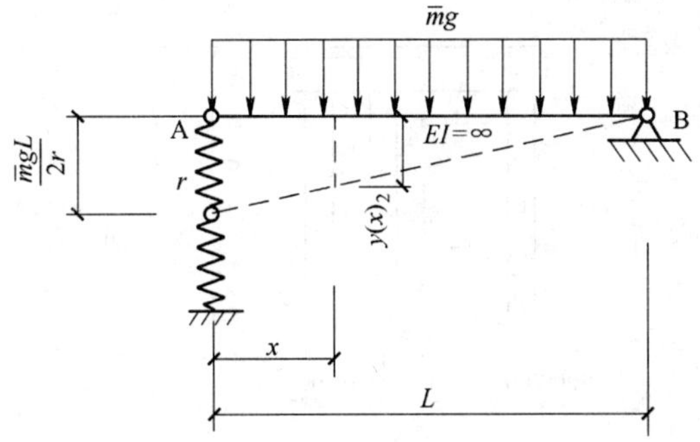

图 4-34　梁受弯刚度无限大时的弹性变形曲线图

4.4.1.2　基频计算公式的建立

下面计算 $\int_0^L y(x)\mathrm{d}x$ 和 $\int_0^L y^2(x)\mathrm{d}x$：

$$\int_0^L y(x)\mathrm{d}x=\overline{m}g\int_0^L\left[\frac{L^3}{24EI}\left(x-\frac{2x^3}{L^2}+\frac{x^4}{L^3}\right)+\frac{L-x}{2r}\right]\mathrm{d}x$$
$$=\overline{m}g\left[\frac{L^5}{120EI}+\frac{L^2}{4r}\right] \tag{4-38}$$

$$\int_0^L y^2(x)\mathrm{d}x=\overline{m}^2g^2\int_0^L\left[\frac{L^3}{24EI}\left(x-\frac{2x^3}{L^2}+\frac{x^4}{L^3}\right)+\frac{L-x}{2r}\right]^2\mathrm{d}x$$
$$=\overline{m}^2g^2\left[\frac{31L^9}{362880(EI)^2}+\frac{L^3}{12r^2}+\frac{L^6}{240EIr}\right] \tag{4-39}$$

将式(4-38)和式(4-39)代入式(4-2)得基频 ω_1^2，即

$$\omega_1^2=\frac{\dfrac{L^5}{120EI}+\dfrac{L^2}{4r}}{\overline{m}_1\left[\dfrac{31L^9}{362880(EI)^2}+\dfrac{L^3}{12r^2}+\dfrac{L^6}{240EIr}\right]} \tag{4-40}$$

当 $r=\infty$ 时，即为两端简支不动支座的梁，此时式(4-40)变为

$$\omega_1=\sqrt{\frac{\dfrac{L^5}{120EI}}{\overline{m}_1\left[\dfrac{31L^9}{362880(EI)^2}\right]}}=\frac{9.8767}{L^2}\sqrt{\frac{EI}{\overline{m}_1}}$$

同式(4-5)演变的结果。

4.4.2　工程实例

A　工程概况

该工程为年产 100 万吨甲醇项目，泵及电动机组安装在地基梁上。在湿态情况下泵重 43kN，设备地板重 31kN，电动机重 70.9kN，机组转速为 2950r/min，电动机功率为 900kW，电动机转子重 9.15kN，泵转动部分重 4.5kN，泵偏心距为 0.05mm（由泵生产厂家提供），泵底座和电动机重心位置及以上参数均由机器生产厂家提供，布置图如图 4-35 所示。混凝土

强度等级为 C35，板厚为 200mm。

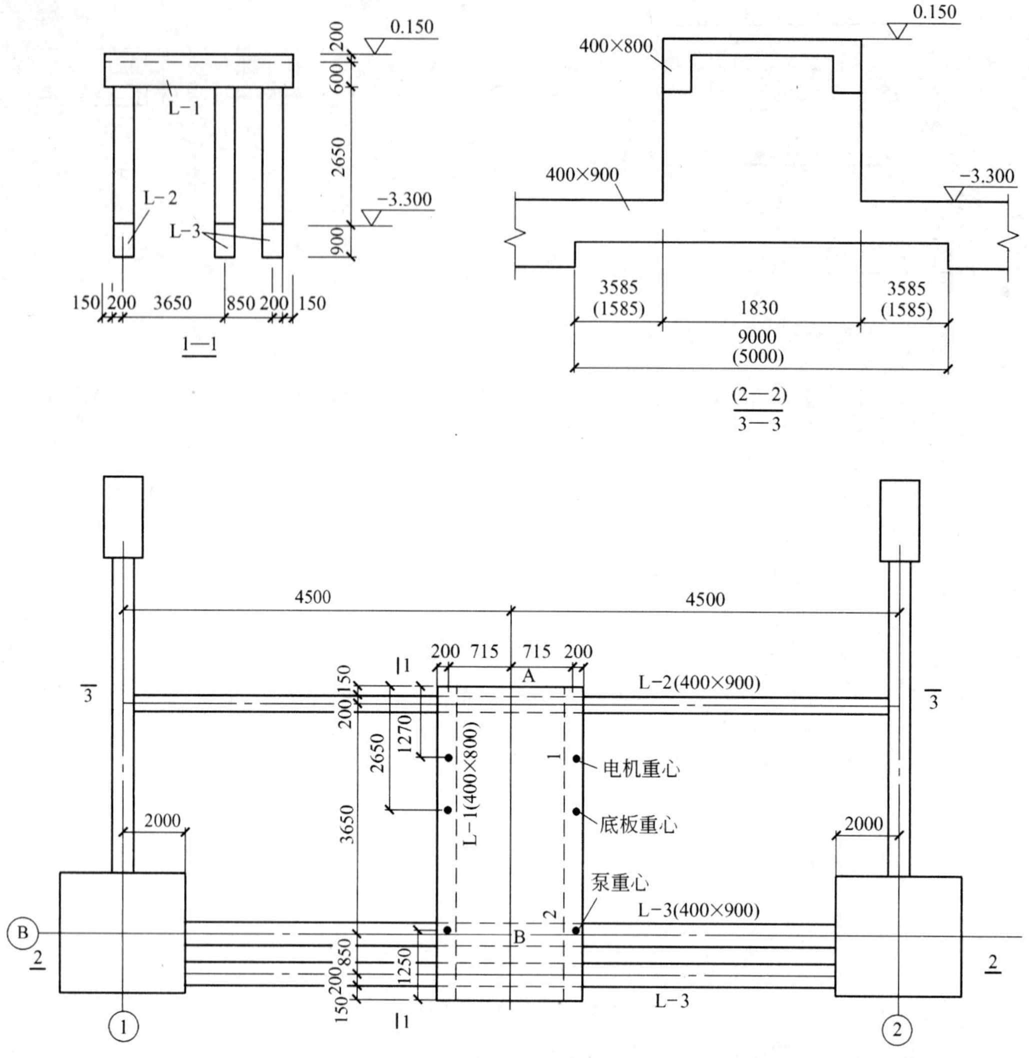

图 4 − 35　机组与混凝土梁布置图

B　梁 L − 1 基频计算

a　L − 1 截面惯性矩计算

截面图如图 4 − 36 所示。

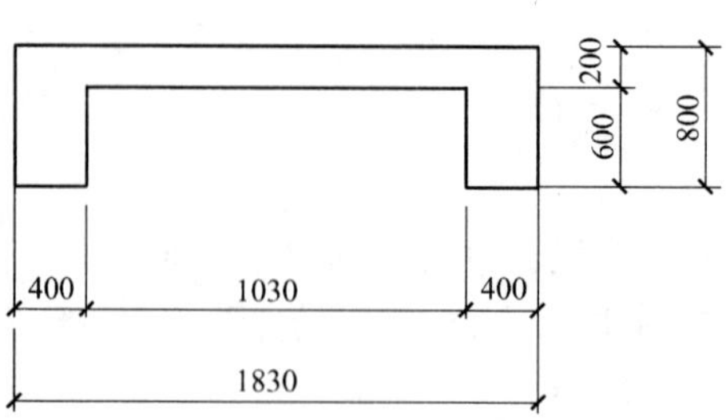

图 4 − 36　混凝土梁截面图

经计算，$I=0.4885\text{m}^4$，$E=0.315\times10^8\text{kN/m}^2$。

荷载：

自重　$(0.4\times0.8\times2+0.2\times1.03)\times25=21.15\text{kN/m}$

后浇层重　$1.83\times0.05\times23=2.105\text{kN/m}$

设备底板重　$\dfrac{31}{5.2}=5.962\text{kN/m}$

活荷载取　$0.5\times1.83=0.915\text{kN/m}$

则
$$q=21.15+2.105+5.962+0.915=30.132\text{kN/m}$$
$$m_u=\frac{30.132}{9.81}=3.072\text{t/m}$$

集中静荷载：
$$P_1=70.9\text{kN}(\text{电机})$$
$$m_1=\frac{70.9}{9.81}=7.227\text{t}$$
$$P_2=43\text{kN}(\text{泵})$$
$$m_2=\frac{43}{9.81}=4.383\text{t}$$

b　支座刚度 r 计算

计算简图如图 4－37 所示。L－2 和 L－3 截面惯性矩 $I=\dfrac{1}{12}\times0.4\times0.9^3=0.0243\text{m}^4$。把 L－2 作为悬臂梁来计算端点的位移（假定 C 点为不动点），则
$$r_A=\frac{3EI}{0.5L^3}=\frac{3\times0.315\times10^8\times0.0243}{0.5\times3.585^3}=99678\text{kN/m}$$

计算 r_B，L－3（2 根）尺寸为图 4－37 中括号内的数字。
$$r_B=\frac{3\times0.315\times10^8\times0.0243}{0.5\times1.585^3}\times2=2306802\text{kN/m}$$

$r_B/r_A=\dfrac{2306802}{99678}=23$，即两端刚度相差太大，所以可以将 B 端视为不动支点，如计算简图 4－38 所示，$r=r_A$。

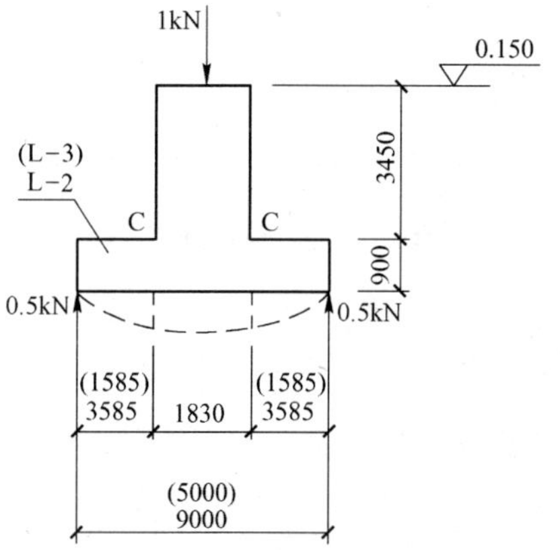

图 4－37　梁 L－2、L－3 截面示意图

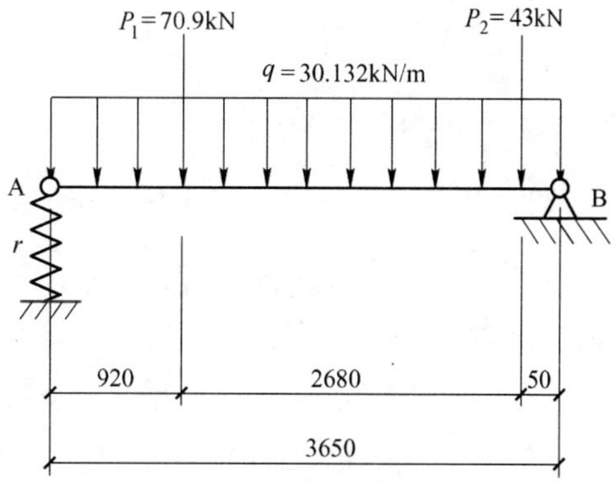

图 4－38　梁基频计算简图

由式(4-37)计算 $y_{0.92}^2$ 和 $y_{3.6}^2$ 之值，即

$$y_{0.92}^2=\left[\frac{3.65^3}{24\times0.315\times10^8\times0.04885}\left(0.92-\frac{2\times0.93^3}{3.65^2}+\frac{0.92^4}{3.65^3}\right)+\frac{3.65-0.92}{2\times99678}\right]^2$$

$$=[0.1477\times10^{-4}]^2=0.2182\times10^{-9}$$

$$y_{3.6}^2=\left[\frac{3.65^3}{24\times0.315\times10^8\times0.04885}\left(3.6-\frac{2\times3.6^3}{3.65^2}+\frac{3.6^4}{3.65^3}\right)+\frac{3.65-3.6}{2\times99678}\right]^2$$

$$=[0.3166\times10^{-6}]^2=0.1002\times10^{-12}$$

由式(4-38)和式(4-39)计算 $\int_0^L y(x)\mathrm{d}x$ 和 $\int_0^L y^2(x)\ \mathrm{d}x$ 之值(取 $\overline{m}g=1.0$)，即

$$\int_0^L y(x)\mathrm{d}x=\frac{3.65^5}{120\times0.315\times10^8\times0.04885}+\frac{3.65^2}{4\times99678}=0.36922\times10^{-4}$$

$$\int_0^L y^2(x)\mathrm{d}x=\frac{31\times3.65^9}{362880(0.315\times10^8\times0.04885)^2}+\frac{3.65^3}{12\times99678^2}+\frac{3.65^6}{240\times0.315\times10^8\times0.04885\times99678}$$

$$=0.4762\times10^{-9}$$

由式(2-59)和式(2-60)计算 $K_{0.92}$、$K_{3.6}$ 和 $\overline{m}_1$，得

$$K_{0.92}=\frac{0.2182\times10^{-9}}{0.4762\times10^{-9}}=0.458$$

$$K_{3.6}=\frac{0.1002\times10^{-12}}{0.4762\times10^{-9}}=0.0002$$

$$\overline{m}_1=3.072+0.458\times7.227+0.0002\times4.383=6.383\mathrm{t/m}$$

由式(4-40)可得

$$\omega_1=\sqrt{\frac{0.36922\times10^{-4}}{6.383\times0.4762\times10^9}}=110.214\mathrm{rad/s}$$

则 $\frac{\theta}{\omega_1}=\frac{0.105\times2950}{110.214}=2.81\gg1.25$，故在非共振区工作。

C 振动线位移和振动速度计算

(1)电动机扰力计算：由于电动机偏心距 e 生产厂家未提供，故参照其他工程，类似的电动机提供的偏心距 $e=0.2\times10^{-4}\mathrm{m}$，扰力 $P_1=me\theta^2=\frac{9.15}{9.81}\times0.2\times10^{-4}\times(0.105\times2950)^2=17.558\mathrm{kN}$。

(2)泵扰力计算：$P_2=0.5\times10^{-4}\times\frac{4.5}{9.81}\times(0.105\times2950)^2=21.588\mathrm{kN}$。

(3)采用振型分解法计算振动线位移。按照式(2-55)、式(2-56)、式(2-41)、式(2-42)，式(2-40)和式(2-53)进行计算：

$$\overline{M}_1=6.383\times0.4762\times10^{-9}$$

$$\overline{P}_1=17.558\times0.1477\times10^{-4}+21.588\times0.3166\times10^{-6}=0.266\times10^{-3}$$

$$Y_1^{\mathrm{d}}=\frac{0.266\times10^{-3}}{6.383\times0.4762\times10^{-9}\times110.214^2}=7.203\mathrm{m}$$

$$\mu_1 = \frac{1}{\sqrt{\left(1 - \frac{(0.105 \times 2950)^2}{110.214^2}\right)^2}} = 0.145$$

$$q_1 = 7.203 \times 0.145 = 1.0444\text{m}$$

$$Y_{0.92} = 0.1477 \times 10^{-4} \times 1.0444 = 0.154 \times 10^{-4}\text{m} = 0.0154\text{mm}$$

$$v_{0.92} = 0.0154 \times (0.105 \times 2950) = 4.77\text{mm/s}$$

由附录 B 可知，该电动机及泵的类别为Ⅱ类，振动频率 $f_e = \frac{2950}{60} = 49.17\text{Hz}$，允许振动线位移为 21μm = 0.021mm > 0.0154mm，允许振动速度为 6.3mm/s > 4.77mm/s。两项振动幅值均能满足要求。

第5章　两端刚接弹性支座均质梁振动简便计算

在第4章中曾提到过，不论是混凝土梁还是钢梁，主次梁之间的连接欲做成刚接需要特殊处理才可以，如果没有特殊要求时，不宜设计成刚接。但是，需要提高梁的刚度，而采取诸如加大梁截面尺寸、减小梁跨度、改变梁受力形式等受到限制或不可能的条件下，主次梁之间采取刚接连接也是措施之一。下面介绍两端刚接弹性支座均质梁在各种支座边界条件下的振动简便计算方法。把梁上集中质量简化为等效均布质量的方法以及采用振型分解法计算振动线位移和振动速度的方法则与前面介绍的方法相同。

5.1　两端刚接弹性支座且两端刚度相同的梁

5.1.1　梁基频计算

5.1.1.1　第一振型曲线的确定

这里将图5-1所示在静荷载 $\overline{m}g$ 作用下的变形曲线作为第一振型曲线，该振型曲线 $y(x)$ 由 $y(x)_1$ 和 $y(x)_2$ 组成。$y(x)_1$ 为图5-2所示的两端刚接非弹性支座梁在均布静荷载 $\overline{m}g$ 作用下的变形曲线。

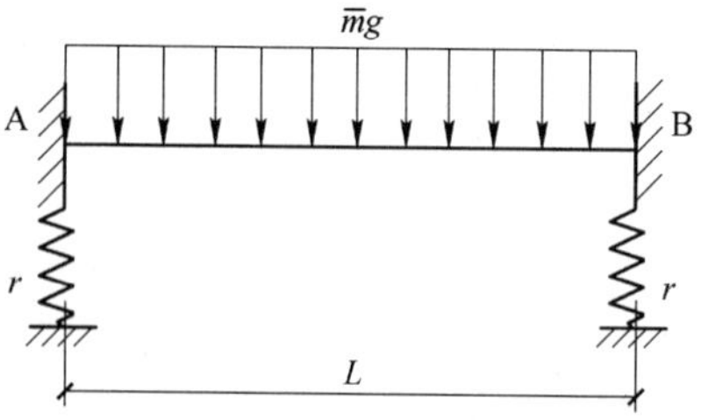

图5-1　两端刚接弹性支座刚度相同的梁

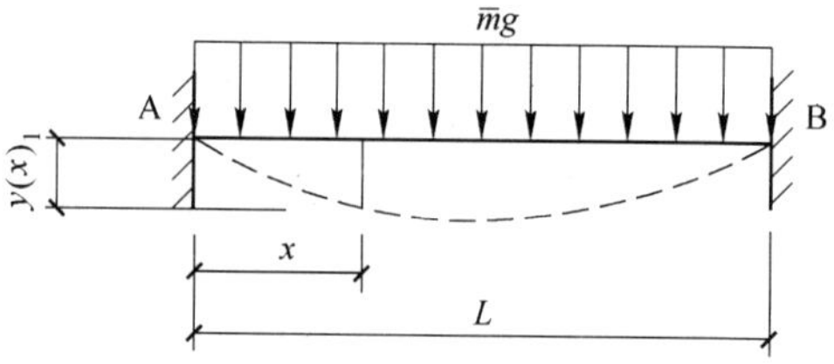

图5-2　两端刚接非弹性支座的梁

$$y(x)_1=\frac{\overline{m}gL^2x^2}{24EI}\left(1-\frac{x}{L}\right)^2$$

$y(x)_2$ 为图5-3所示的两端刚接弹性支座梁，$EI=\infty$ 时，在均布静荷载 $\overline{m}g$ 作用下的变形曲线。

$$y(x)_2=\frac{\overline{m}gL}{2r}$$

则 $$y(x)=y(x)_1+y(x)_2=\frac{\overline{m}gL^2x^2}{24EI}\left(1-\frac{x}{L}\right)^2+\frac{\overline{m}gL}{2r}=\frac{\overline{m}gL^2}{24EI}\left(x^2-\frac{2x^3}{L}+\frac{x^4}{L^2}\right)+\frac{\overline{m}gL}{2r} \tag{5-1}$$

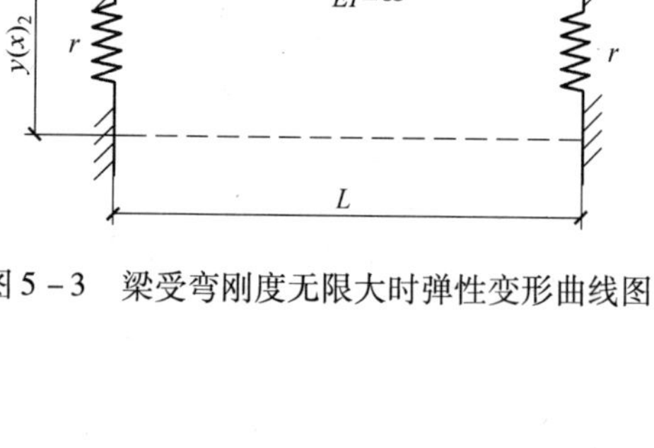

图5-3　梁受弯刚度无限大时弹性变形曲线图

5.1.1.2 基频计算公式的建立

下面计算 $\int_0^L y(x)\mathrm{d}x$ 和 $\int_0^L y^2(x)\mathrm{d}x$：

$$\int_0^L y(x)\mathrm{d}x = \overline{m}g\int_0^L\left[\frac{L^2}{24EI}\left(x^2-\frac{2x^3}{L}+\frac{x^4}{L^2}\right)+\frac{L}{2r}\right]\mathrm{d}x = \overline{m}g\left(\frac{L^5}{720EI}+\frac{L^2}{2r}\right) \tag{5-2}$$

$$\int_0^L y^2(x)\mathrm{d}x = \overline{m}^2g^2\int_0^L\left[\frac{L^2}{24EI}\left(x^2-\frac{2x^3}{L}+\frac{x^4}{L^2}\right)+\frac{L}{2r}\right]^2\mathrm{d}x$$

$$= \overline{m}^2g^2\left[\frac{L^9}{362880(EI)^2}+\frac{L^6}{720EIr}+\frac{L^3}{4r^2}\right] \tag{5-3}$$

将式(5－2)和式(5－3)代入式(4－2)得基频 ω_1^2：

$$\omega_1^2 = \frac{\dfrac{L^5}{720EI}+\dfrac{L^2}{2r}}{\overline{m}\left[\dfrac{L^9}{362880(EI)^2}+\dfrac{L^6}{720EIr}+\dfrac{L^3}{4r^2}\right]} \tag{5-4}$$

式(5－4)中，当 $r=\infty$ 时，两端刚接弹性支座梁变成图5－2所示的非弹性支座的梁，此时式(5－4)变成为

$$\omega_1^2 = \frac{\dfrac{L^5}{720EI}}{\dfrac{\overline{m}L^9}{362880(EI)^2}}$$

即

$$\omega_1 = \frac{22.4499}{L^2}\sqrt{\frac{EI}{\overline{m}}}$$

精确解为

$$\omega_1 = \frac{22.2067}{L^2}\sqrt{\frac{EI}{\overline{m}}}$$

两者相差仅1.0%左右。

5.1.2 第二频率计算

5.1.2.1 第二振型曲线的确定

我们把图5－4所示在静荷载 $\overline{m}g$ 作用下梁的变形曲线作为第二振型曲线，在ACB范围内的变形曲线可由图5－5、图5－6和图5－7所示静荷载作用下的变形曲线叠加而得。

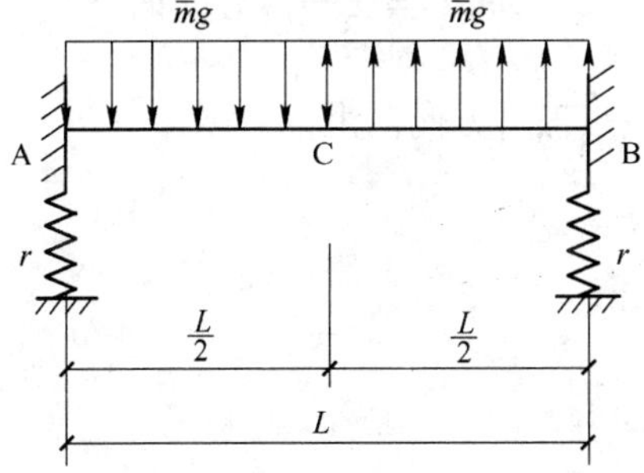

图5－4 弹性支座梁静荷载作用图

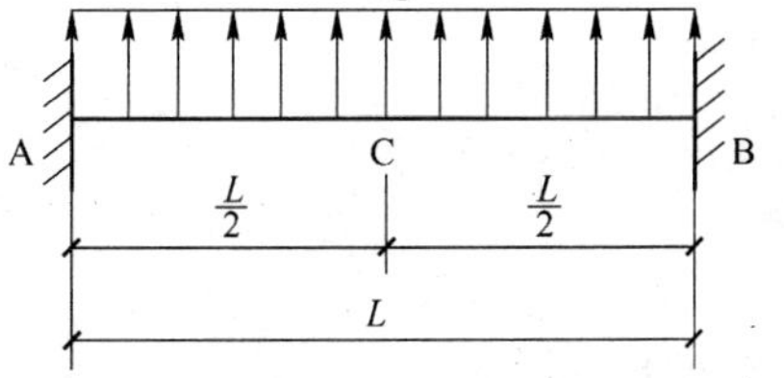

图5－5 非弹性支座梁静荷载作用图

对于图 5－5，有

$$y_{AB}(x) = -\frac{\overline{m}gL^2x^2}{24EI}\left(1-\frac{x}{L}\right)^2 = \frac{\overline{m}gL^2}{24EI}\left(-x^2-\frac{x^4}{L^2}+\frac{2x^3}{L}\right)$$

对两端的支座作用力为 $R_{A1} = R_{B1} = -\frac{\overline{m}gL}{2}$，方向向上。

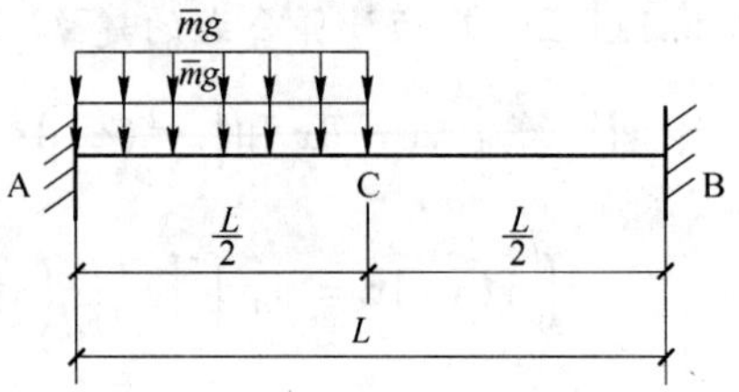

图 5－6　非弹性支座梁半跨静荷载作用图

对于图 5－6，有

$$y_{AC}(x) = \frac{2\overline{m}g}{6EI}\left[-\frac{\frac{L}{2}x^3}{2}\left(2-\frac{1}{2}+\frac{1}{8}\right)+\frac{\frac{3L^2x^2}{4}}{12}\left(6-4+\frac{3}{4}\right)+\frac{x^4}{4}\right]$$

$$= \frac{\overline{m}g}{3EI}\left(-\frac{Lx^3}{4}\times 1.625+\frac{2.75L^2x^2}{16}+\frac{x^4}{4}\right)$$

$$= \frac{\overline{m}g}{12EI}(-1.625Lx^3+0.6875L^2x^2+x^4)$$

$$y_{CB}(x) = \frac{2\overline{m}g}{6EI}\left[-1.625\times\frac{Lx^3}{4}+\frac{2.75L^2x^2}{16}-\frac{\frac{L}{2}}{4}\left(\frac{L^3}{8}-L^2x+3Lx^2-4x^3\right)\right]$$

$$= \frac{\overline{m}g}{24EI}\left(-3.25Lx^3+1.375L^2x^2-\frac{L^4}{8}+L^3x-3L^2x^2+4Lx^3\right)$$

$$= \frac{\overline{m}g}{24EI}\left(0.75Lx^3-1.625L^2x^2-\frac{L^4}{8}+L^3x\right)$$

对两端的支座作用力为

$$R_{A2} = \frac{2\overline{m}g\,\frac{L}{2}}{2}\left(2-\frac{1}{2}+\frac{1}{8}\right) = 0.8125\overline{m}gL\text{，方向向下}$$

$$R_{B2} = \frac{2\overline{m}g\,\frac{L^3}{8}}{2L^2}\left(2-\frac{1}{2}\right) = 0.1875\overline{m}gL\text{，方向向下}$$

对弹性支座作用合力为

$$R_A = -\frac{\overline{m}gL}{2}+0.8125\overline{m}gL = 0.3125\overline{m}gL = \frac{\overline{m}gL}{3.2}\text{，方向向下}$$

$$R_B = -\frac{\overline{m}gL}{2}+0.1875\overline{m}gL = -\frac{\overline{m}gL}{3.2}\text{，方向向上}$$

支座 A 变形为

$$\Delta_A = \frac{\overline{m}gL}{3.2r}$$

支座 B 变形为

$$\Delta_B = -\frac{\overline{m}gL}{3.2r}$$

对于图 5-7 所示由弹性支座位移产生的变形曲线为

$$y_{AC}(x)=\frac{\overline{m}gL}{3.2r}\left(\frac{L-2x}{L}\right)$$

$$y_{CB}(x)=-\frac{\overline{m}gL}{3.2r}\left(\frac{2x-L}{L}\right)$$

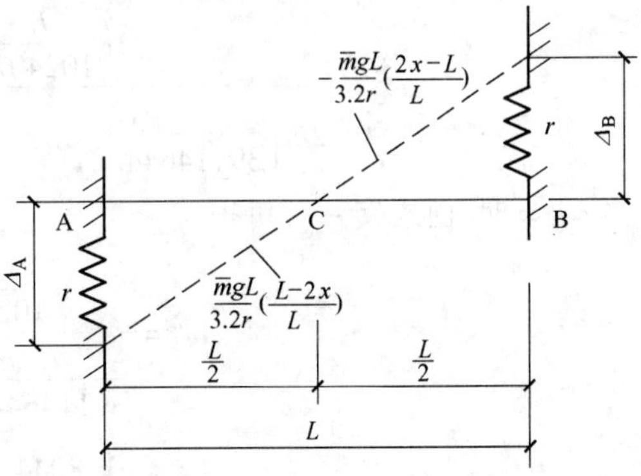

图 5-7　梁受弯刚度无限大时的变形曲线

则梁的总变形曲线 $y_{AC}(x)$ 和 $y_{CB}(x)$ 作为第二振型曲线为

$$y_{AC}(x)=\frac{\overline{m}gL^2}{24EI}\left(-x^2-\frac{x^4}{L^2}+\frac{2x^3}{L}\right)+\frac{\overline{m}g}{12EI}\times(-1.625Lx^3+0.6875L^2x^2+x^4)+\frac{\overline{m}gL}{3.2r}\left(\frac{L-2x}{L}\right)$$

$$=\frac{\overline{m}g}{EI}\left(\frac{L^2x^2}{64}+\frac{x^4}{24}-\frac{Lx^3}{19.2}\right)+\frac{\overline{m}gL}{3.2r}\left(\frac{L-2x}{L}\right)\tag{5-5}$$

$$y_{CB}(x)=\frac{\overline{m}gL^2}{24EI}\left(-x^2-\frac{x^4}{L^2}+\frac{2x^3}{L}\right)+\frac{\overline{m}g}{24EI}\left(0.75Lx^3-1.625L^2x^2-\frac{L^4}{8}+L^3x\right)-\frac{\overline{m}gL}{3.2r}\left(\frac{2x-L}{L}\right)$$

$$=\frac{\overline{m}g}{24EI}\left(-2.625L^2x^2+2.75Lx^3-x^4-\frac{L^4}{8}+L^3x\right)-\frac{\overline{m}gL}{3.2r}\left(\frac{2x-L}{L}\right)\tag{5-6}$$

5.1.2.2　第二频率计算公式的建立

下面计算 $\int_0^L y(x)\mathrm{d}x$ 和 $\int_0^L y^2(x)\mathrm{d}x$：

$$\int_0^{\frac{L}{2}}y(x)\mathrm{d}x=\frac{\overline{m}g}{EI}\int_0^{\frac{L}{2}}\left[\left(\frac{L^2x^2}{64}+\frac{x^4}{24}-\frac{Lx^3}{19.2}\right)+\frac{L}{3.2r}\left(\frac{L-2x}{L}\right)\right]\mathrm{d}x$$

$$=\frac{\overline{m}gL^5}{10240EI}+\frac{\overline{m}gL^2}{12.8r}$$

因为 $\int_0^{\frac{L}{2}}y(x)\mathrm{d}x$ 和 $\int_{\frac{L}{2}}^L y(x)\mathrm{d}x$ 反对称，

所以

$$\int_0^L y(x)\mathrm{d}x=2\left(\frac{\overline{m}gL^5}{10240EI}+\frac{\overline{m}gL^2}{12.8r}\right)\tag{5-7}$$

$$\int_0^{\frac{L}{2}}y^2(x)\mathrm{d}x=\overline{m}^2g^2\int_0^{\frac{L}{2}}\left[\frac{1}{EI}\left(\frac{L^2x^2}{64}+\frac{x^4}{24}-\frac{Lx^3}{19.2}\right)+\frac{L}{3.2r}\left(1-\frac{2x}{L}\right)\right]^2\mathrm{d}x$$

$$=\frac{\overline{m}^2g^2L^9}{39114644.21(EI)^2}+\frac{\overline{m}^2g^2L^6}{36864EIr}+\frac{\overline{m}^2g^2L^3}{61.44r^2}$$

因为 $\int_0^{\frac{L}{2}}y^2(x)\mathrm{d}x$ 和 $\int_{\frac{L}{2}}^L y^2(x)\mathrm{d}x$ 反对称，

所以

$$\int_0^L y^2(x)\mathrm{d}x=2\left(\frac{\overline{m}^2g^2L^9}{39114644.2(EI)^2}+\frac{\overline{m}^2g^2L^6}{36864EIr}+\frac{\overline{m}^2g^2L^3}{61.44r^2}\right)\tag{5-8}$$

将式(5-7)和式(5-8)代入式(4-2)得第二频率 ω_2^2，即

$$\omega_2^2=\frac{2\left(\dfrac{L^5}{10240EI}+\dfrac{L^2}{12.8r}\right)}{2\overline{m}\left[\dfrac{L^9}{39114644.21(EI)^2}+\dfrac{L^6}{36864EIr}+\dfrac{L^3}{61.44r^2}\right]} \tag{5-9}$$

当 $r=\infty$ 时，由式(5－9)可得

$$\omega_2^2=\frac{\dfrac{L^5}{10240EI}}{\dfrac{\overline{m}L^9}{39114644.21(EI)^2}}$$

即

$$\omega_2=\frac{61.8044}{L^2}\sqrt{\frac{EI}{\overline{m}}}$$

为非弹性支座梁的第二自振频率。精确解为 $\omega_2=\dfrac{61.6853}{L^2}\sqrt{\dfrac{EI}{\overline{m}}}$，两者相差仅 0.2%。

5.1.3　第三频率计算

5.1.3.1　第三振型曲线的确定

我们把图 5－8 所示在静荷载 $\overline{m}g$ 作用下的梁的变形曲线作为第三振型曲线，在 ACDB 范围内的变形曲线可由图 5－9、图 5－10 和图 5－11 所示荷载作用下的变形曲线叠加而得。

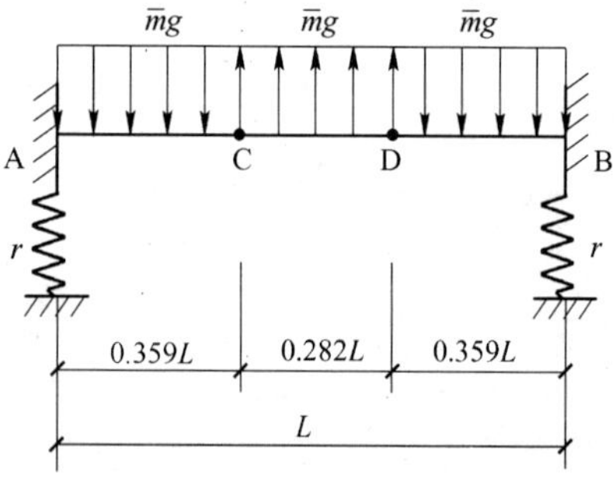

图 5－8　弹性支座梁静荷载作用图

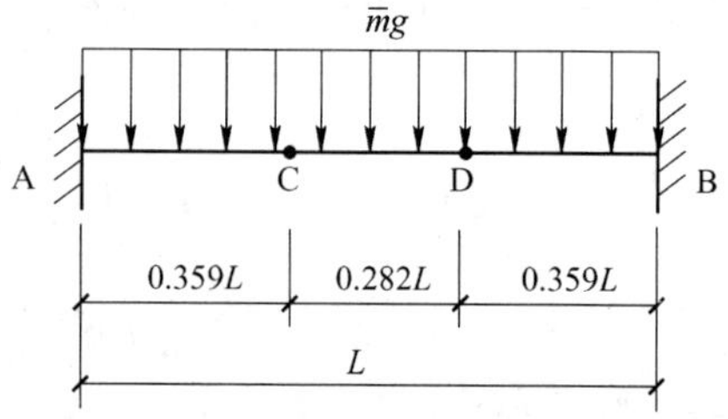

图 5－9　非弹性支座梁静荷载示意图

对于图 5－9，有

$$\begin{aligned}y_{AB}(x)&=\frac{\overline{m}gL^2x^2}{24EI}\left(1-\frac{x}{L}\right)^2\\&=\frac{\overline{m}gL^2}{24EI}\left(x^2+\frac{x^4}{L^2}-\frac{2x^3}{L}\right)\end{aligned}$$

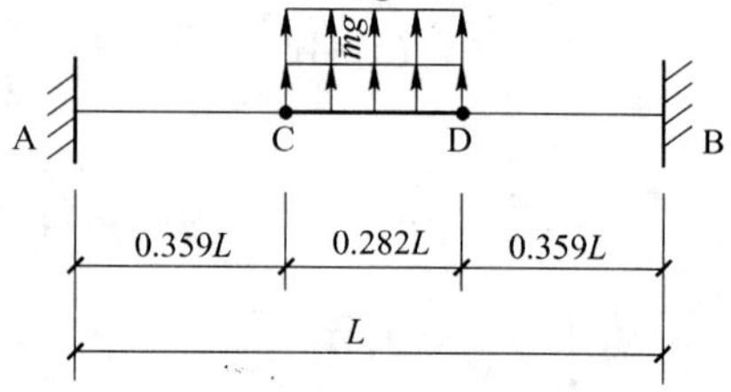

图 5－10　非弹性支座梁三分之一跨静荷载作用图

对于图 5－10，有

$$y_{AC}(x)=-\frac{2\times0.282\overline{m}gL\times L^3}{48EI}\left[\left(3-\frac{0.282^2L^2}{L^2}\right)\frac{x^2}{L^2}-\frac{4x^3}{L^3}\right]$$

$$= -\frac{0.282\overline{m}gL^4}{24EI}\left(2.920476\frac{x^2}{L^2} - \frac{4x^3}{L^3}\right)$$

$$y_{CD}(x) = -\frac{0.282\overline{m}gL^4}{24EI}\left[2.920476\frac{x^2}{L^2} - \frac{4x^3}{L^3} + \frac{2(x-0.359L)^4}{0.282L^4}\right]$$

$$= -\frac{0.282\overline{m}gL^4}{24EI}\left[2.920476\frac{x^2}{L^2} - \frac{4x^3}{L^3} + \frac{(X-0.359L)^4}{0.141L^4}\right]$$

$$y_{DB}(x) = -\frac{0.282\ \overline{m}gL^4}{24EI}\left[2.920476\frac{(L-x)^2}{L^2} - \frac{4(L-x)^3}{L^3}\right]$$

图 5－9 和图 5－10 所示荷载作用下的变形曲线之和为

$$y_{AC}(x) = \frac{\overline{m}gL^2}{24EI}\left(x^2 + \frac{x^4}{L^2} - \frac{2x^3}{L}\right) - \frac{0.282\times0.98151\overline{m}gL^4}{24EI}\left(2.920476\frac{x^2}{L^2} - \frac{4x^3}{L^3}\right)$$

$$= \frac{\overline{m}gL^2}{24EI}\left(x^2 + \frac{x^4}{L^2} - \frac{2x^3}{L}\right) - \frac{0.27678582\overline{m}gL^4}{24EI}\left(2.920476\frac{x^2}{L^2} - \frac{4x^3}{L^3}\right)$$

$$y_{CD}(x) = \frac{\overline{m}gL^2}{24EI}\left(x^2 + \frac{x^4}{L^2} - \frac{2x^3}{L}\right) - \frac{0.27678582\overline{m}gL^4}{24EI}\times$$

$$\left[2.920476\frac{x^2}{L^2} - \frac{4x^3}{L^3} + \frac{(x-0.359L)^4}{0.141L^4}\right]$$

$$y_{DB}(x) = \frac{\overline{m}gL^2}{24EI}\left(x^2 + \frac{x^4}{L^2} - \frac{2x^3}{L}\right) - \frac{0.27678582\overline{m}gL^4}{24EI}\left[2.920476\frac{(L-x)^2}{L^2} - \frac{4(L-x)^3}{L^3}\right]$$

图 5－9 和图 5－10 中 C 点和 D 点为变形曲线等于零的坐标点(节点)[13]。

上式中在 C 点和 D 点之间的荷载 $\overline{m}g$ 乘以修正系数 0.98151，目的是为保证变形曲线的节点在 C 点和 D 点。

两端对弹性支座作用力为

$$R_A = R_B = \frac{\overline{m}gL}{2} - 0.98151\times0.282\overline{m}gL$$

$$= \frac{\overline{m}gL}{4.48}$$，方向向下。

支座变形为

$$\Delta_A = \Delta_B = \frac{\overline{m}gL}{4.48r}$$

如图 5－11 所示。

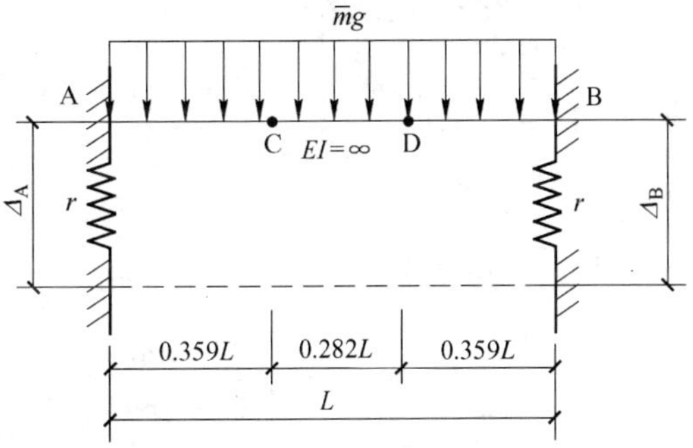

图 5－11　梁受弯刚度无限大时支座位移图

梁的总变形曲线 $y_{AC}(x)$、$y_{CD}(x)$ 和 $y_{DB}(x)$ 作为第三振型曲线为

$$y_{AC}(x) = \frac{\overline{m}gL^2}{24EI}\left(x^2 + \frac{x^4}{L^2} - \frac{2x^3}{L}\right) - \frac{0.27678582\overline{m}gL^4}{24EI}\left(2.920476\frac{x^2}{L^2} - \frac{4x^3}{L^3}\right) + \frac{\overline{m}gL}{4.48r} \tag{5-10}$$

$$y_{CD}(x) = \frac{\overline{m}gL^2}{24EI}\left(x^2 + \frac{x^4}{L^2} - \frac{2x^3}{L}\right) - \frac{0.27678582\overline{m}gL^4}{24EI}\left[2.920476\frac{x^2}{L^2} - \frac{4x^3}{L^3} + \frac{(x-0.359L)^4}{0.141L^4}\right] + \frac{\overline{m}gL}{4.48r} \tag{5-11}$$

$$y_{DB}(x)=\frac{\overline{m}gL^2}{24EI}\left(x^2+\frac{x^4}{L^2}-\frac{2x^3}{L}\right)-\frac{0.27678582\overline{m}gL^4}{24EI}\left[2.920476\frac{(L-x)^2}{L^2}-\frac{4(L-x)^3}{L^3}\right]+\frac{\overline{m}gL}{4.48r}\tag{5-12}$$

5.1.3.2　第三频率计算公式的建立

下面计算 $\int_0^L y(x)\mathrm{d}x$ 和 $\int_0^L y^2(x)\mathrm{d}x$：

$$\int_0^{0.359L}y(x)\mathrm{d}x=\overline{m}g\int_0^{0.359L}\left[\frac{L^2}{24EI}\left(x^2+\frac{x^4}{L^2}-\frac{2x^3}{L}\right)-\frac{0.27678582L^4}{24EI}\left(2.920476\frac{x^2}{L^2}-\frac{4x^3}{L^3}\right)+\frac{L}{4.48r}\right]\mathrm{d}x$$

$$=\frac{0.18366308\times10^{-4}\overline{m}gL^5}{EI}+\frac{0.359\overline{m}gL}{4.48r}$$

$$\int_{0.359L}^{0.641L}y(x)\mathrm{d}x=\overline{m}g\int_{0.359L}^{0.641L}\left\{-\frac{L^2}{24EI}\left(x^2+\frac{x^4}{L^2}-\frac{2x^3}{L}\right)-\frac{0.27678582L^4}{24EI}\left[2.920476\frac{x^2}{L^2}-\frac{4x^3}{L^3}+\frac{(x-0.359L)^4}{0.141L^4}\right]+\frac{L}{4.48r}\right\}\mathrm{d}x$$

$$=\frac{0.1483225\times10^{-4}\overline{m}gL^5}{EI}+\frac{0.282\overline{m}gL^2}{4.48r}$$

$$\int_0^L y(x)\mathrm{d}x=2\overline{m}g\left(\frac{0.18366308\times10^{-4}L^5}{EI}+\frac{0.359L^2}{4.48r}\right)+\frac{0.1483225\times10^{-4}\overline{m}gL^5}{EI}+\frac{0.282\overline{m}gL^2}{4.48r}$$

$$=\frac{\overline{m}gL^5}{19393EI}+\frac{\overline{m}gL^2}{4.48r}\tag{5-13}$$

$$\int_0^{0.359L}y^2(x)\mathrm{d}x=\overline{m}^2g^2\int_0^{0.359L}\left\{\left[\frac{L^2}{24EI}\left(x^2+\frac{x^4}{L^2}-\frac{2x^3}{L}\right)-\frac{0.27678582L^4}{24EI}\left(2.920476\frac{x^2}{L^2}-\frac{4x^3}{L^3}\right)\right]+\frac{L}{4.48r}\right\}^2\mathrm{d}x$$

$$=\frac{\overline{m}^2g^2L^9}{793864393(EI)^2}+\frac{\overline{m}^2g^2L^6}{121962EIr}+\frac{0.359\overline{m}^2g^2L^3}{20.0704r^2}$$

$$\int_{0.359L}^{0.641L}y^2(x)\mathrm{d}x=\overline{m}^2g^2\int_{0.359L}^{0.641L}\left\{\frac{L^2}{24EI}\left(x^2+\frac{x^4}{L^2}-\frac{2x^3}{L}\right)-\frac{0.27678582L^4}{24EI}\left[2.920476\frac{x^2}{L^2}-\frac{4x^3}{L^3}+\frac{(x-0.359L)^4}{0.141L^4}\right]+\frac{L}{4.48r}\right\}^2\mathrm{d}x$$

$$=\frac{\overline{m}^2g^2L^9}{1041992289(EI)^2}-\frac{\overline{m}^2g^2L^6}{151007.3EIr}+\frac{L^3}{71.1716r^2}$$

$$\int_0^L y^2(x)\mathrm{d}x=\int_0^{0.359L}y^2(x)\mathrm{d}x+\int_{0.359L}^{0.641L}y^2(x)\mathrm{d}x+\int_{0.641L}^{L}y^2(x)\mathrm{d}x=2\overline{m}^2g^2\left[\frac{L^9}{793864393(EI)^2}+\frac{L^6}{121962EIr}+\frac{0.359L^3}{20.0704r^2}\right]+\frac{\overline{m}^2g^2L^9}{1041992289(EI)^2}-\frac{\overline{m}^2g^2L^6}{151007.3EIr}+\frac{\overline{m}^2g^2L^3}{71.1716r^2}$$

$$=\frac{\overline{m}^2g^2L^9}{287437105(EI)^2}+\frac{\overline{m}^2g^2L^6}{102287.62EIr}+\frac{\overline{m}^2g^2L^3}{20.0704r^2}\tag{5-14}$$

将式(5－13)和式(5－14)代入式(4－2)得第三频率 ω_3^2，即

$$\omega_3^2 = \frac{\dfrac{L^5}{19393EI} + \dfrac{L^2}{4.48r}}{\overline{m}\left(\dfrac{L^9}{287437105(EI)^2} + \dfrac{L^6}{102287.62EIr} + \dfrac{L^3}{20.0704r^2}\right)} \tag{5-15}$$

如果取 $r = \infty$，即梁为两端刚接不动支座，此时自振频率 ω_3 为

$$\omega_3 = \sqrt{\frac{\dfrac{L^5}{19393EI}}{\dfrac{\overline{m}L^9}{287437105(EI)^2}}} = \frac{121.744}{L^2}\sqrt{\frac{EI}{\overline{m}}}$$

精确解为 $\omega_3 = \dfrac{3.5^2\pi^2}{L^2}\sqrt{\dfrac{EI}{\overline{m}}} = \dfrac{120.903}{L^2}\sqrt{\dfrac{EI}{\overline{m}}}$，两者相差小于0.7%。

5.1.4　工程实例

A　工程概况

该工程为某能源甲醇二甲醚项目的渣水处理工段，房屋为钢筋混凝土框架结构，在标高18.460m处安装四台渣水处理泵。楼面为H型钢梁HM300×550，40mm厚细石混凝土面层，6mm厚花纹钢板。混凝土框架梁截面尺寸为450mm×900mm，混凝土强度等级为C40，$E = 0.325 \times 10^8 kN/m^2$。每台泵重24kN，物料重0.5kN，管线重10kN，泵转速为740r/min。振动计算活荷载取0.5kN/m²。布置图如图5-12所示。该楼面泵的支承结构也曾设计为现浇混凝土梁板结构方案，但这种方案振动线位移和速度的计算结果比钢梁钢板方案计算的结果要大，而且现浇混凝土施工速度慢并且也比较笨重，所以最终采取了钢梁钢板方案。

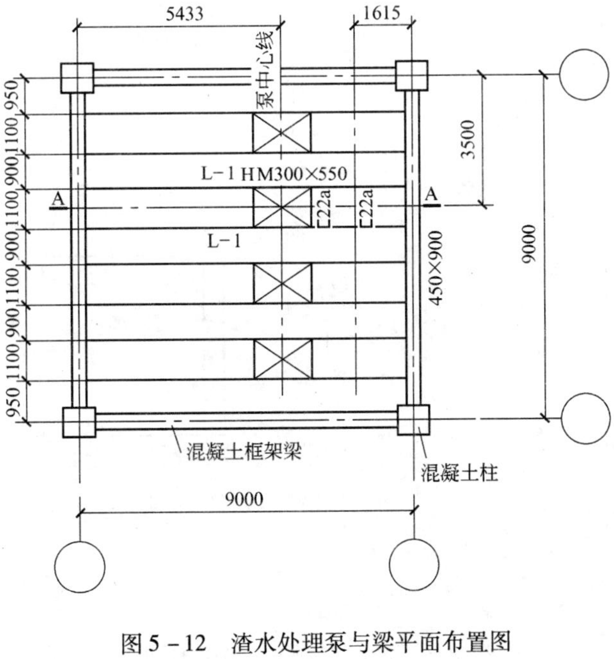

图5-12　渣水处理泵与梁平面布置图

泵的操作转速不高，我们把钢梁的基频设计为趋共振前的结构，为了提高钢梁的自振频率，两端与混凝土梁的连接设计为刚接连接，连接构造如图 5 - 13 所示。

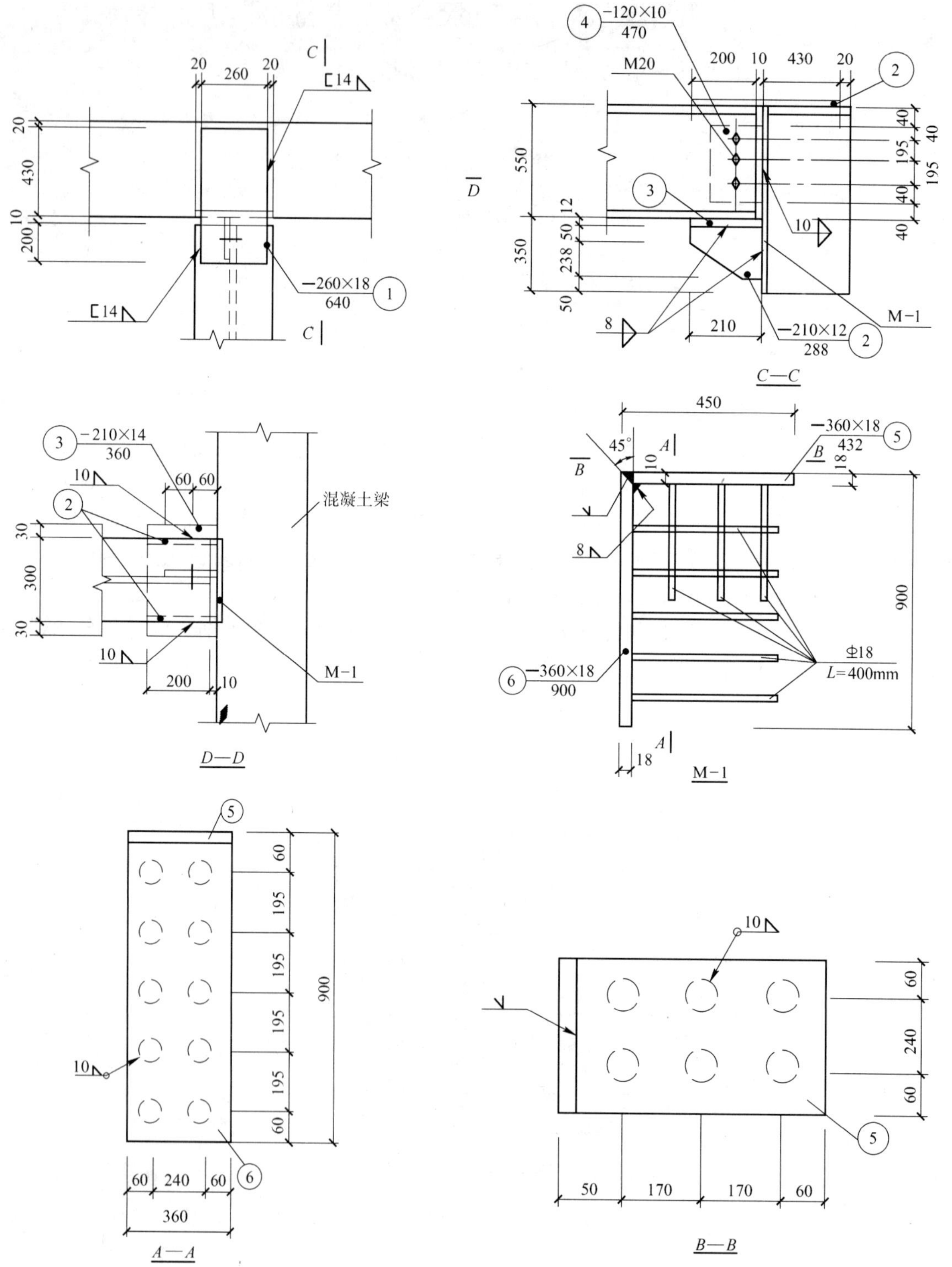

图 5 - 13　钢梁与混凝土梁连接图

B　第一振型振动计算

a　荷载：

楼面活荷载	0.5kN/m^2
钢板和加劲肋取	0.6kN/m^2
40mm 细石混凝土板重	$0.04\times25=1.0\text{kN/m}^2$
钢梁 HM300×550 自重	1.303kN/m
[22a 自重	0.25kN/m
管线、泵、物料重之和	$10+24+0.5=34.5\text{kN}$

均布荷载　　$q=1.303\times2+(0.5+0.6+1.0)\times2=6.806\text{kN/m}$

$$m_u=\frac{6.806}{9.81}=0.694\text{t/m}$$

集中静荷载　　$P_1=0.25\times3+34.5=35.25\text{kN}$

$$m_1=\frac{35.25}{9.81}=3.593\text{t}$$

$$P_2=10\text{kN}$$

$$m_2=\frac{10}{9.81}=1.019\text{t}$$

计算简图如图 5－14 所示。

b　基频计算

混凝土梁的截面惯性矩 $I=\frac{1}{12}\times0.45\times0.9^3=0.02734\text{m}^4$，计算混凝土梁 A 点的竖向刚度 r，计算简图如图 5－15 所示。

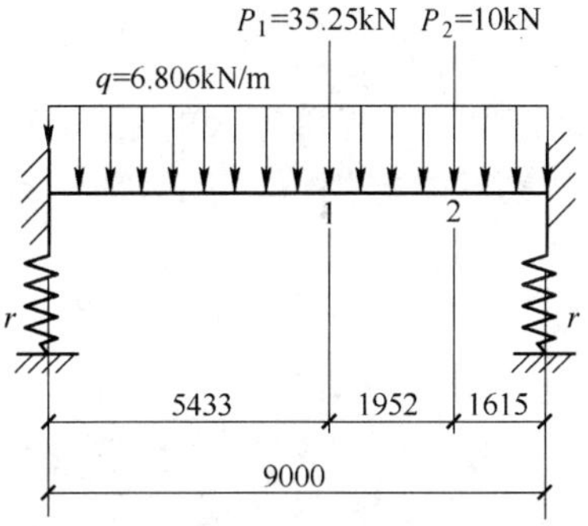

图 5－14　梁计算简图

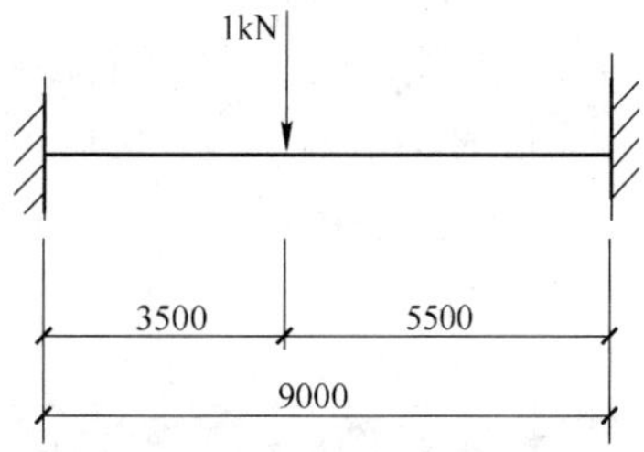

图 5－15　梁弹性支座刚度计算简图

$$r=\frac{3\times0.325\times10^8\times0.02734\times9.0^3}{3.5^3\times5.5^3}\times0.95=258799\text{kN/m}$$

钢梁 L－1（HM300×550）截面惯性矩为 $I=0.8847\times10^{-3}\text{m}^4$，$E=0.206\times10^9\text{kN/m}^2$

由式（5－1）计算 $y_{5.433}^2$ 和 $y_{7.385}^2$ 之值（取 $\overline{m}g=1.0$，下同）：

$$y_{5.433}^2=\left[\frac{9.0^2}{24\times0.206\times10^9\times0.8847\times10^{-3}\times2}\left(5.433^2-\frac{2\times5.433^3}{9.0}+\frac{5.433^4}{9.0^2}\right)+\frac{9.0}{2\times258799}\right]^2$$

$$=[0.6032\times10^{-4}]^2=0.36385\times10^{-8}$$

$$y_{7.385}^2=\left[\frac{9.0^2}{24\times0.206\times10^9\times0.8847\times10^{-3}\times2}\left(7.385^2-\frac{2\times7.385^3}{9.0}+\frac{7.385^4}{9.0^2}+\frac{9.0}{2\times258799}\right)\right]^2$$
$$=[0.33648\times10^{-4}]^2=0.11322\times10^{-8}$$

由式(5－2)和式(5－3)计算 $\int_0^L y(x)\,dx$ 和 $\int_0^L y^2(x)\,dx$ 之值：

$$\int_0^L y(x)\,dx=\frac{9.0^5}{720\times0.206\times10^9\times0.8847\times10^{-3}\times2}+\frac{9.0^2}{2\times258799}=0.3815\times10^{-3}$$

$$\int_0^L y^2(x)\,dx=\frac{9.0^9}{362880(0.206\times10^9\times0.8847\times10^{-3}\times2)^2}+\frac{9.0^6}{720\times0.206\times10^9\times0.8847\times10^{-3}\times2\times258799}+\frac{9.0^3}{4\times258799^2}$$
$$=0.18582\times10^{-7}$$

由式(2－59)和式(2－60)计算 $K_{5.433}$、$K_{7.385}$ 和 $\overline{m}_1$：

$$K_{5.433}=\frac{0.36385\times10^{-8}}{0.18582\times10^{-7}}=0.1958$$

$$K_{7.385}=\frac{0.11322\times10^{-8}}{0.18582\times10^{-7}}=0.0609$$

$$\overline{m}_1=0.694+3.593\times0.1958+1.019\times0.0609=1.46\text{t/m}$$

由式(5－4)可得

$$\omega_1=\sqrt{\frac{0.3815\times10^{-3}}{1.46\times0.18582\times10^{-7}}}=118.584\text{rad/s}$$

则 $\frac{\theta}{\omega_1}=\frac{77.7}{118.584}=0.655<0.75$，故在非共振区工作，且为趋共振前状态。

c　计算振动线位移和振动速度：

根据该工程实际情况，需要计算振动线位移和振动速度。首先确定泵的振动扰力：泵转动部分的重量 $P=0.25\times24=6.0\text{kN}$，偏心距泵生产厂家不能提供，从表1－1中查得 $e=0.2\times10^{-3}\text{m}$，故扰力 $P=6.0\times0.2\times10^{-3}\times77.7^2=7.245\text{kN}$。

由式(5－1)可得

$$y_{4.5}=\frac{9.0^2}{24\times0.206\times10^9\times0.8847\times10^{-3}\times2}\left(4.5^2-\frac{2\times4.5^3}{9.0}+\frac{4.5^4}{9.0^2}\right)+\frac{9.0}{2\times258799}$$
$$=0.64263\times10^{-4}$$

$$y_{2.25}=\frac{9.0^2}{24\times0.206\times10^9\times0.8847\times10^{-3}\times2}\left(2.25^2-\frac{2\times2.25^3}{9.0}+\frac{2.25^4}{9.0^2}\right)+\frac{9.0}{2\times258799}$$
$$=0.43755\times10^{-4}$$

同样，采用振型分解法计算振动线位移和振动速度，即按照式(2－55)、式(2－56)、式(2－41)、式(2－42)、式(2－40)和式(2－53)进行计算：

$$\overline{M}_1=1.46\times0.18582\times10^{-7}$$

$$\overline{P}_1=7.245\times0.6032\times10^{-4}=0.437\times10^{-3}$$

$$Y_1^{\text{d}}=\frac{0.437\times10^{-3}}{1.46\times0.18582\times10^{-7}\times118.584^2}=1.145\text{m}$$

$$\mu_1 = \frac{1}{1 - \frac{77.7^2}{118.584^2}} = 1.752$$

$$q_1 = 1.145 \times 1.752 = 2.006$$

$Y_{4.5} = 0.64263 \times 10^{-4} \times 2.006 = 0.129 \times 10^{-3}\text{m} = 0.129\text{mm}, v_{4.5} = 0.129 \times 77.7 = 10.023\text{mm/s}$

$Y_{2.5} = 0.43755 \times 10^{-4} \times 2.006 = 0.0878\text{mm}, v_{2.25} = 0.0878 \times 77.7 = 6.822\text{mm/s}$

C 第二振型振动计算

a 第二频率计算

由式(5-6)计算 $y_{5.433}^2$ 和 $y_{7.385}^2$ 之值，即

$$y_{5.433}^2 = \left[\frac{1}{24 \times 0.206 \times 10^9 \times 0.8847 \times 10^{-3} \times 2}\left(-2.625 \times 9.0^2 \times 5.433^2 + 2.75 \times 9.0 \times 5.433^3 - 5.433^4 - \frac{9.0^4}{8} + 9.0^3 \times 5.433\right) - \frac{9.0}{3.2 \times 258799}\left(\frac{2 \times 5.433 - 9.0}{9.0}\right)\right]^2$$

$$= [-0.6572 \times 10^{-5}]^2 = 0.432 \times 10^{-10}$$

$$y_{7.385}^2 = \left[\frac{1}{24 \times 0.206 \times 10^9 \times 0.8847 \times 10^{-3} \times 2}\left(-2.625 \times 9.0^2 \times 7.385^2 + 2.75 \times 9.0 \times 7.385^3 - 7.385^4 - \frac{9.0^4}{8} + 9.0^3 \times 7.385\right) - \frac{9.0}{3.2 \times 258799}\left(\frac{2 \times 7.385 - 9.0}{9.0}\right)\right]^2$$

$$= [0.11383 \times 10^{-4}]^2 = 0.1296 \times 10^{-9}$$

由式(5-7)和式(5-8)计算 $\int_0^L y(x)\mathrm{d}x$ 和 $\int_0^L y^2(x)\mathrm{d}x$，即

$$\int_0^L y(x)\mathrm{d}x = 2\left(\frac{9.0^5}{10240 \times 0.206 \times 10^9 \times 0.8847 \times 10^{-3} \times 2} + \frac{9.0^2}{12.8 \times 258799}\right)$$

$$= 0.80545 \times 10^{-4}$$

$$\int_0^L y^2(x)\mathrm{d}x = 2\left[\frac{9.0^9}{39114644.21(0.206 \times 10^9 \times 0.8847 \times 10^{-3} \times 2)^2} + \frac{9.0^6}{36864 \times 0.206 \times 10^9 \times 0.8847 \times 10^{-3} \times 2 \times 258799} + \frac{9.0^3}{61.44 \times 258799^2}\right]$$

$$= 0.80906 \times 10^{-9}$$

由式(2-59)和式(2-60)计算 $K_{5.433}$、$K_{7.385}$ 和 $\overline{m}_2$，即

$$K_{5.433} = \frac{0.432 \times 10^{-10}}{0.80906 \times 10^{-9}} = 0.0534$$

$$K_{7.385} = \frac{0.1296 \times 10^{-9}}{0.80906 \times 10^{-9}} = 0.1602$$

$$\overline{m}_2 = 0.694 + 3.593 \times 0.0534 + 1.019 \times 0.1602 = 1.04911\text{t/m}$$

由式(5-9)可得

$$\omega_2 = \sqrt{\frac{0.80545 \times 10^{-4}}{1.04911 \times 0.80906 \times 10^{-9}}} = 308.047\text{rad/s}$$

b 计算振动线位移和振动速度

由式(5-5)可得

$$y_{4.5}=0$$

$$y_{2.25}=\frac{1}{0.206\times10^{9}\times0.8847\times10^{-3}\times2}\left(\frac{9.0^{2}\times2.25^{2}}{64}+\frac{2.25^{4}}{24}-\frac{9\times2.25^{3}}{19.2}\right)+\frac{9.0}{3.2\times258799}\left(\frac{9.0-2\times2.25}{9.0}\right)=0.113\times10^{-4}$$

计算振动线位移和振动速度，同样按照式(2－55)、式(2－56)、式(2－41)、式(2－42)、式(2－40)和式(2－53)进行。

$$\overline{M}_2=1.04911\times0.80906\times10^{-9}$$

$$\overline{P}_2=7.245\times(-0.6572\times10^{-5})=-0.4762\times10^{-4}$$

$$Y_2^{\mathrm{d}}=\frac{-0.4762\times10^{-4}}{1.04911\times0.80906\times10^{-9}\times308.047^{2}}=-0.591\mathrm{m}$$

$$\mu_2\ \frac{1}{1-\dfrac{77.7^{2}}{308.047^{2}}}=1.068$$

$$q_2=1.068\times(-0.591)=-0.631\mathrm{m}$$

$$Y_{4.5}=0$$

$$v_{4.5}=0$$

$$Y_{2.25}=0.113\times10^{-4}\times(-0.631)=-0.713\times10^{-5}\mathrm{m}=-0.00713\mathrm{mm}$$

$$v_{2.25}=-0.00713\times77.7=-0.554\mathrm{mm/s}$$

D 第三振型振动计算

a 第三频率计算

由式(5－11)和式(5－12)计算 $y_{5.433}^2$ 和 $y_{7.385}^2$ 之值，即

$$y_{5.433}^{2}=\left\{\frac{9.0^{2}}{24\times0.206\times10^{9}\times0.8847\times10^{-3}\times2}\left(5.433^{2}+\frac{5.433^{4}}{9.0^{2}}-\frac{2\times5.433^{3}}{9.0}\right)-\frac{0.27678582\times9.0^{4}}{24\times0.206\times10^{9}\times0.8847\times10^{-3}\times2}\left[2.920476\times\frac{5.433^{2}}{9.0^{2}}-\frac{4\times5.433^{3}}{9.0^{3}}+\frac{(5.433-0.359\times9)^{4}}{0.141\times9.0^{4}}\right]+\frac{9.0}{4.48\times258799}\right\}^{2}=\{0.715467\times10^{-5}\}^{2}=0.51189319\times10^{-10}$$

$$y_{7.385}^{2}=\left\{\frac{9.0^{2}}{24\times0.206\times10^{9}\times0.8847\times10^{-3}\times2}\left(7.385^{2}+\frac{7.385^{4}}{9.0^{2}}-\frac{2\times7.385^{3}}{9.0}\right)-\frac{0.27678582\times9.0^{4}}{24\times0.206\times10^{9}\times0.8847\times10^{-3}\times2}\left[2.920476\frac{(9.0-7.385)^{2}}{9.0^{2}}-\frac{4(9.0-7.385)^{3}}{9.0^{3}}\right]+\frac{9.0}{4.48\times258799}\right\}^{2}=\{0.92993394\times10^{-5}\}^{2}=0.86477713\times10^{-10}$$

由式(5－13)和式(5－14)计算 $\int_0^L y(x)\mathrm{d}x$ 和 $\int_0^L y^2(x)\mathrm{d}x$，即

$$\int_0^L y(x)\mathrm{d}x=\frac{9.0^{5}}{19393\times0.206\times10^{9}\times0.8847\times10^{-3}\times2}+\frac{9.0^{2}}{4.48\times258799}=0.78216158\times10^{-4}$$

$$\int_0^L y^2(x)\,dx = \frac{9.0^9}{287437105(0.206\times10^9\times0.8847\times10^{-3}\times2)^2}+\frac{9.0^6}{102287.62\times0.206\times10^9\times0.8847\times10^{-3}\times2\times258799}+\frac{9.0^3}{20.0704\times258799^2}=0.6075311\times10^{-9}$$

由式(2－59)和式(2－60)计算 $K_{5.433}$、$K_{7.385}$ 和 $\overline{m}_3$，即

$$K_{5.433}=\frac{0.51189319\times10^{-10}}{0.6075311\times10^{-9}}=0.0843$$

$$K_{7.385}=\frac{0.86477713\times10^{-10}}{0.6075311\times10^{-9}}=0.1423$$

$$\overline{m}_3=0.694+3.593\times0.0843+1.019\times0.1423=1.1419\text{t/m}$$

由式(5－15)可得

$$\omega_3=\sqrt{\frac{0.78216158\times10^{-4}}{1.1419\times0.6075311\times10^{-9}}}=335.777\text{rad/s}$$

b 振动线位移和振动速度计算

由式(5－11)和式(5－10)计算 $y_{4.5}$ 和 $y_{2.25}$ 之值，即

$$y_{4.5}=\frac{9.0^2}{24\times0.206\times10^9\times0.8847\times10^{-3}\times2}\left(4.5^2+\frac{4.5^4}{9.0^2}-\frac{2\times4.5^3}{9.0}\right)-\frac{0.27678582\times9.0^4}{24\times0.206\times10^9\times0.8847\times10^{-3}\times2}\left[2.920476\times\frac{4.5^2}{9.0^2}-\frac{4\times4.5^3}{9.0^3}+\frac{(4.5-0.359\times9.0)^4}{0.141\times9.0^4}\right]+\frac{9.0}{4.48\times258799}=0.62853\times10^{-5}$$

$$y_{2.25}=\frac{9.0^2}{24\times0.206\times10^9\times0.8847\times10^{-3}\times2}\left(2.25^2+\frac{2.25^4}{9.0^2}-\frac{2\times2.25^3}{9.0}\right)-\frac{0.27678582\times9.0^4}{24\times0.206\times10^9\times0.8847\times10^{-3}\times2}\left(2.920476\times\frac{2.25^2}{9.0^2}-\frac{4\times2.25^3}{9.0^3}\right)+\frac{9.0}{4.48\times258799}=0.20931\times10^{-4}$$

计算振动线位移和振动速度，同样按照式(2－55)、式(2－56)、式(2－41)、式(2－42)、式(2－40)和式(2－53)进行。

$$\overline{M}_3=1.1419\times0.6075311\times10^{-9}$$

$$\overline{P}_3=7.245\times0.715467\times10^{-5}=0.51836\times10^{-4}$$

$$Y_3^{d}=\frac{0.51836\times10^{-4}}{1.1419\times0.6075311\times10^{-9}\times335.777^2}=0.6632$$

$$\mu_3=\frac{1}{1-\dfrac{77.7^2}{335.777^2}}=1.057$$

$$q_3=0.6632\times1.057=0.701$$

$$Y_{4.5}=0.62853\times10^{-5}\times0.701=0.4406\times10^{-5}\text{m}=0.004406\text{mm}$$
$$Y_{2.25}=0.20931\times10^{-4}\times0.701=0.1467\times10^{-4}\text{m}=0.01467\text{mm}$$
$$v_{4.5}=0.004406\times77.7=0.342\text{mm/s}$$
$$v_{2.5}=0.01467\times77.7=1.14\text{mm/s}$$

在 $x=4.5$ 和 $x=2.25$ 点的振动线位移和振动速度总和为

$$\sum Y_{4.5}=0.129+0+0.004406=0.133\text{mm}$$
$$\sum Y_{2.5}=0.0878-0.00713+0.01467=0.095\text{mm}$$
$$\sum v_{4.5}=10.023+0+0.342=10.365\text{mm/s}$$
$$\sum v_{2.25}=6.822-0.554+1.14=7.408\text{mm/s}$$

由附录 B 和表 B－1 可知，该工程的泵为Ⅲ类机器，$f_e=\dfrac{740}{60}=1.233\text{Hz}$，允许振动线位移为 0.135mm＞0.133mm。允许振动速度为 10mm/s，最大振动速度稍大于允许值。

从计算结果可以看出，梁跨中振动线位移考虑前三个振型比仅考虑第一振型的计算结果仅增大 3% 左右。在四分之一跨度处，尽管考虑了前三个振型，但计算的振动线位移和振动速度仍小于跨中仅考虑第一振型的计算结果。

5.2 两端刚接一端不动支座另一端弹性支座的梁

5.2.1 梁基频计算

5.2.1.1 振型曲线的确定

我们把图 5－16 所示在静荷载 $\overline{m}g$ 作用下梁的变形曲线作为第一振型曲线，该振型曲线 $y(x)$ 由 $y(x)_1$ 和 $y(x)_2$ 组成。$y(x)_1$ 为图 5－2 所示的两端刚接非弹性支座梁在均布静荷载 $\overline{m}g$ 作用下的变形曲线，

$$y(x)_1=\frac{\overline{m}gL^2x^2}{24EI}\left(1-\frac{x}{L}\right)^2$$

$y(x)_2$ 为两端刚接 B 端不动 A 端弹性支座位移为 f 时的变形曲线，如图 5－17 所示。A 端弹性变形向下位移 f 至 C 点时，在 C 点作用着三个力，即静荷载 $\overline{m}g$ 作用在 A 端支座上的力 $\dfrac{\overline{m}gL}{2}$；梁 A 端变形为 f 时的梁弹性反力 $\dfrac{12EIf}{L^3}$；弹性支座反力 fr。C 点的平衡条件为

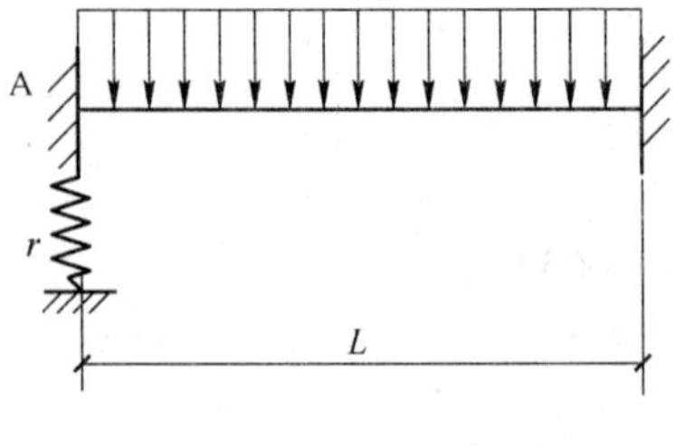

图 5－16 两端刚接一端不动另一端为弹性支座的梁

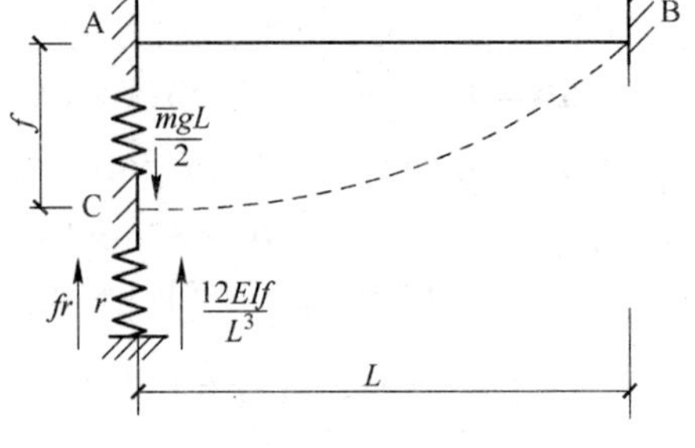

图 5－17 弹性支座位移 f 时梁的变形图

$$\frac{\overline{m}gL}{2} - fr - \frac{12EIf}{L^3} = 0$$

推出
$$f = \frac{\overline{m}gL^4}{2rL^3 + 24EI}$$

则
$$y(x)_2 = \frac{\overline{m}gL^4}{2rL^3 + 24EI}\left(1 - \frac{3x^2}{L^2} + \frac{2x^3}{L^3}\right)$$

故
$$y(x) = y(x)_1 + y(x)_2 = \frac{\overline{m}gL^2x^2}{24EI}\left(1 - \frac{x}{L}\right)^2 + \frac{\overline{m}gL^4}{2rL^3 + 24EI}\left(1 - \frac{3x^2}{L^2} + \frac{2x^3}{L^3}\right)$$

$$= \frac{\overline{m}gL^2}{24EI}\left(x^2 - \frac{2x^3}{L} + \frac{x^4}{L^2}\right) + \frac{\overline{m}gL^4}{2rL^3 + 24EI}\left(1 - \frac{3x^2}{L^2} + \frac{2x^3}{L^3}\right) \tag{5-16}$$

5.2.1.2 基频计算公式的建立

下面计算 $\int_0^L y(x)\mathrm{d}x$ 和 $\int_0^L y^2(x)\mathrm{d}x$：

$$\int_0^L y(x)\mathrm{d}x = \overline{m}g\int_0^L \left[\frac{L^2}{24EI}\left(x^2 - \frac{2x^3}{L} + \frac{x^4}{L^2}\right) + \frac{L^4}{2rL^3 + 24EI}\left(1 - \frac{3x^2}{L^2} + \frac{2x^3}{L^3}\right)\right]\mathrm{d}x$$

$$= \overline{m}g\left[\frac{L^5}{720EI} + \frac{L^5}{4(rL^3 + 12EI)}\right] \tag{5-17}$$

$$\int_0^L y^2(x)\mathrm{d}x = \overline{m}^2g^2\int_0^L \left[\frac{L^2}{24EI}\left(x^2 - \frac{2x^3}{L} + \frac{x^4}{L^2}\right) + \frac{L^4}{2rL^3 + 24EI}\left(1 - \frac{3x^2}{L^2} + \frac{2x^3}{L^3}\right)\right]^2\mathrm{d}x$$

$$= \overline{m}^2g^2\int_0^L \left\{\left[\frac{L^2}{24EI}\left(x^2 - \frac{2x^3}{L} + \frac{x^4}{L^2}\right)\right]^2 + 2\left[\frac{L^2}{24EI}\left(x^2 - \frac{2x^3}{L} + \frac{x^4}{L^2}\right) \times \frac{L^4}{2rL^3 + 24EI} \times \left(1 - \frac{3x^2}{L^2} + \frac{2x^3}{L^3}\right)\right] + \left[\frac{L^4}{2rL^3 + 24EI}\left(1 - \frac{3x^2}{L^2} + \frac{2x^3}{L^3}\right)\right]^2\right\}\mathrm{d}x$$

$$= \overline{m}^2g^2L^9\left[\frac{1}{362880(EI)^2} + \frac{1}{1440EI(rL^3 + 12EI)} + \frac{0.37143}{(24EI + 2rL^3)^2}\right] \tag{5-18}$$

将式(5－17)和式(5－18)代入式(4－2)得基频 ω_1^2。

$$\omega_1^2 = \frac{L^5\left[\frac{1}{720EI} + \frac{1}{4(rL^3 + 12EI)}\right]}{\overline{m}L^9\left[\frac{1}{362880(EI)^2} + \frac{1}{1440EI(rL^3 + 12EI)} + \frac{0.37143}{(24EI + 2rL^3)^2}\right]} \tag{5-19}$$

当式(5－19)中 $r = \infty$ 时，则 $\omega_1 = \frac{22.4499}{L^2}\sqrt{\frac{EI}{\overline{m}}}$，精确解为 $\omega_1 = \frac{22.2067}{L^2}\sqrt{\frac{EI}{\overline{m}}}$，和前面第一部分介绍的相同。

5.2.2 工程实例

A 工程概况

某碱厂主厂房为多层钢框架结构，在标高 14.500m 楼层上安装两台离心机，转速为

790r/min，每台离心机有四个支点，在支点1和支点2处各作用操作静荷载 $P_1 = P_2 = 46.765\text{kN}$，作用竖向扰力幅值2.4kN，该离心机为国外机器，未提供对其操作振动限值的要求。原支承离心机的钢梁为HM350×250，钢梁与离心机支点的布置如图5－18所示。图中○表示离心机支点，×表示钢梁之间刚接连接（原设计为铰接），－－－－（虚线）表示斜撑（后加固时增设）。按原设计进行了振动计算，计算结果表明振动线位移过大，于是采取了加固措施，即把钢梁L－1增高至500mm，如图5－19所示，同时框架梁加斜撑。框架梁加斜撑减小了框架梁的跨度，大大提高了钢梁L－1的支座竖向刚度，L－1两端与框架梁的连接由铰接加固为刚接，也明显地提高了刚度。

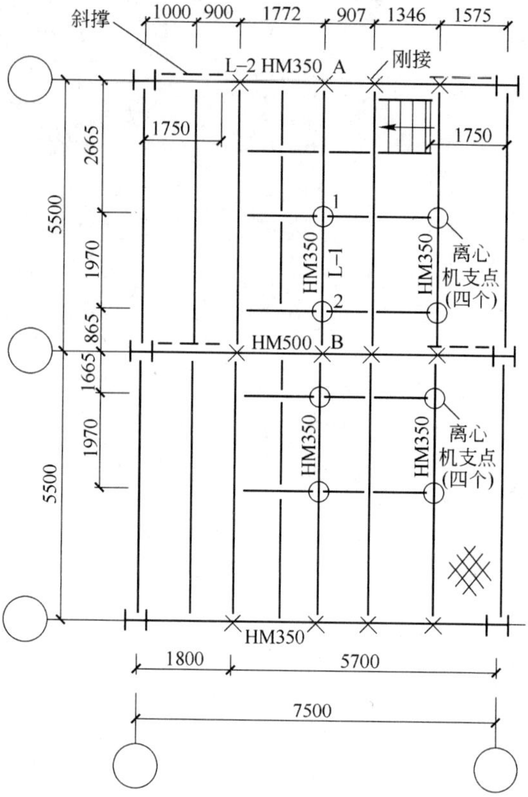

图5－18　离心机与梁平面布置图

B　L－1基频计算

经计算加高后的截面惯性矩 $I = 0.627 \times 10^{-3}\text{m}^4$，自重为 1.776kN/m。

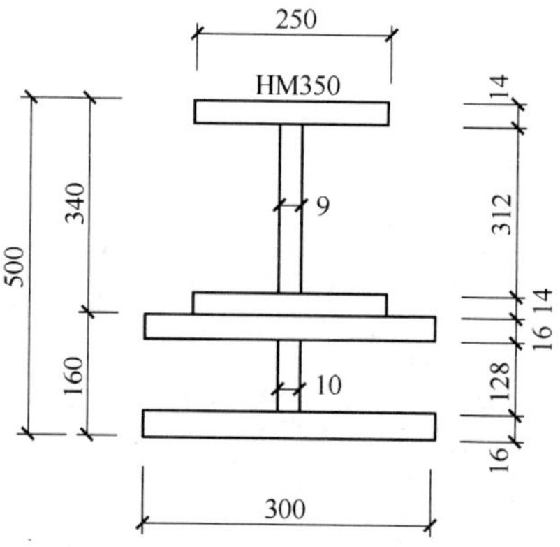

图5－19　钢梁增高断面图

荷载：活荷载取 0.5kN/m^2；次梁、加劲肋和6mm厚钢板重之和取 1.0kN/m^2，则

$$q = (0.5 + 1.0) \times \frac{1.772 + 0.907}{2} + 1.776 = 3.785\text{kN/m}$$

$$m_u = \frac{3.785}{9.81} = 0.386\text{t/m}$$

集中静荷载：

$$P_1 = P_2 = 46.765\text{kN}$$

$$m_1 = m_2 = \frac{46.765}{9.81} = 4.767\text{t}$$

计算简图如图5－20所示，B端为刚接不动支座，A端为刚接弹性支座。

支座刚度 r 的计算：

钢梁HM350的截面惯性矩 $I = 0.20867 \times 10^{-3}\text{m}^4$，计算简图近似按图5－21计算，则

$$r = \frac{3 \times 0.206 \times 10^9 \times 0.20867 \times 10^{-3} \times 4.0}{2.0^2 \times 2.0^2} = 32240\text{kN/m}$$

由式（5－16）计算 $y_{2.665}^2$ 和 $y_{4.635}^2$ 之值：

$$y_{2.665}^2 = \Big[\frac{5.5^2}{24 \times 0.206 \times 10^9 \times 0.627 \times 10^{-3}}\Big(2.665^2 - \frac{2 \times 2.665^3}{5.5} + \frac{2.665^4}{5.5^2}\Big) +$$

$$\frac{5.5^4}{2\times32240\times5.5^3+24\times0.206\times10^9\times0.627\times10^{-3}}\left(1-\frac{3\times2.665^2}{5.5^2}+\frac{2\times2.665^3}{5.5^3}\right)\Big]^2$$

$$=[0.5304\times10^{-4}]^2=0.2813\times10^{-8}$$

$$y_{4.635}^2=\Big[\frac{5.5^2}{24\times0.206\times10^9\times0.627\times10^{-3}}\left(4.635^2-\frac{2\times4.635^3}{5.5}+\frac{4.635^4}{5.5^2}\right)+$$

$$\frac{5.5^4}{2\times32240\times5.5^3+24\times0.206\times10^9\times0.627\times10^{-3}}\left(1-\frac{3\times4.635^2}{5.5^2}+\frac{2\times4.635^3}{5.5^3}\right)\Big]^2$$

$$=[0.9581\times10^{-5}]^2=0.9179\times10^{-10}$$

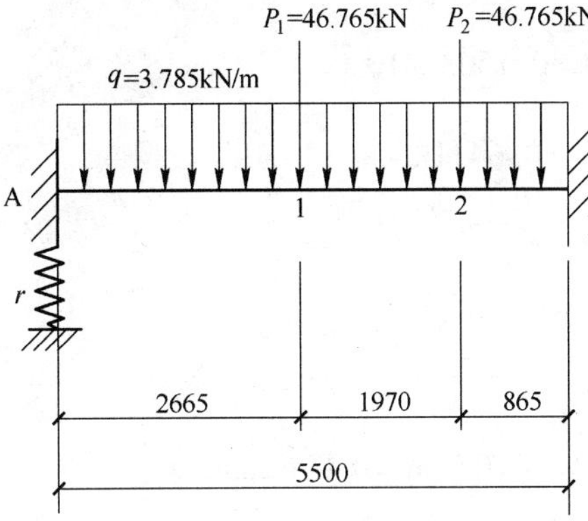

图 5－20　梁基频计算简图

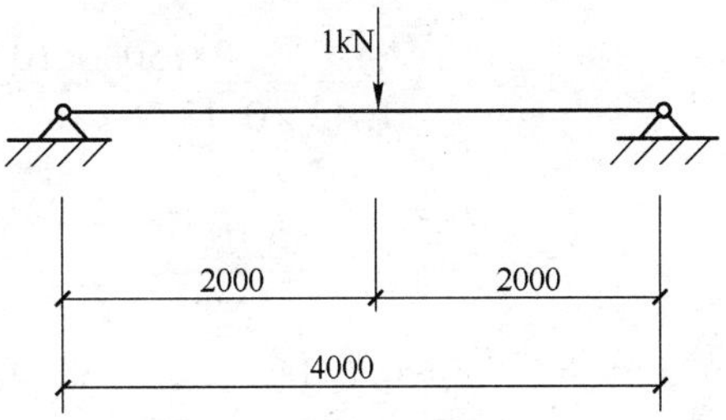

图 5－21　梁弹性支座刚度计算示意图

由式(5－17)和式(5－18)计算 $\int_0^L y(x)\mathrm{d}x$ 和 $\int_0^L y^2(x)\mathrm{d}x$ 之值：

$$\int_0^L y(x)\mathrm{d}x=5.5^5\Big[\frac{1}{720\times0.206\times10^9\times0.627\times10^{-3}}+\frac{1}{4(32240\times5.5^3+12\times0.206\times10^9\times0.627\times10^{-3})}\Big]$$

$$=0.2361\times10^{-3}$$

$$\int_0^L y^2(x)\mathrm{d}x=\Big[\frac{5.5^9}{362880(0.206\times10^9\times0.627\times10^{-3})^2}+\frac{5.5^9}{1440\times0.206\times10^9\times0.627\times10^{-3}(32240\times5.5^3+12\times0.206\times10^9\times0.627\times10^{-3})}+\frac{0.37143\times5.5^9}{(24\times0.206\times10^9\times0.627\times10^{-3}+2\times32240\times5.5^3)^2}\Big]=0.1329\times10^{-7}$$

由式(2－59)和式(2－60)计算 $K_{2.665}$、$K_{4.635}$ 和 $\overline{m}_1$：

$$K_{2.665}=\frac{0.2813\times10^{-8}}{0.1329\times10^{-7}}=0.212$$

$$K_{4.635}=\frac{0.9179\times10^{-10}}{0.1329\times10^{-7}}=0.007$$

$$\overline{m}_1=0.386+4.767\times(0.212+0.007)=1.43\mathrm{t/m}$$

由式(5－19)可得

$$\omega_1=\sqrt{\frac{0.2361\times10^{-3}}{1.43\times0.1329\times10^{-7}}}=111.46\text{rad/s}$$

则$\dfrac{\theta}{\omega_1}=\dfrac{0.105\times790}{111.46}=\dfrac{82.95}{111.46}=0.744<0.75$,故在非共振区工作。

C　振动线位移和振动速度计算

计算 1 点的振动线位移和振动速度,同样按照式(2-55)、式(2-56)、式(2-41)、式(2-42)、式(2-40)和式(2-53)进行计算:

$$\overline{M}_1=1.42\times0.1329\times10^{-7}$$

$$\overline{P}_1=2.4(0.5304+0.09581)\times10^{-4}=0.1503\times10^{-3}$$

$$Y_1^{\rm d}=\frac{0.1503\times10^{-3}}{1.42\times0.1329\times10^{-7}\times111.46^2}=0.6411\text{m}$$

$$\mu_1=\frac{1}{1-\dfrac{82.95^2}{111.46^2}}=2.241$$

$$q_1=0.6411\times2.241=1.437\text{m}$$

$$Y_{2.665}=0.5304\times10^{-4}\times1.437=0.762\times10^{-4}\text{m}=0.0762\text{mm}$$

$$v_{2.665}=0.0762\times82.95=6.321\text{mm/s}$$

5.3　两端刚接弹性支座且两端刚度不同的梁

5.3.1　梁基频计算

5.3.1.1　振型曲线的确定

把图 5-22 所示在静荷载 $\overline{m}g$ 作用下梁的变形曲线 $y(x)$ 作为第一振型曲线,假定 $r_{\rm B}>r_{\rm A}$。$y(x)$ 可由 $y(x)_1$、$y(x)_2$ 和 $y(x)_3$ 叠加而得。$y(x)_1=\dfrac{\overline{m}gL^2}{24EI}\left(x^2-\dfrac{2x^3}{L}+\dfrac{x^4}{L^2}\right)$,如图 5-2 所示。$y(x)_2$ 为两端位移为 f_1 时的变形曲线,$y(x)_3$ 为两端位移差($f_3=f_2-f_1$)产生的变形曲线。下面推导 $y(x)_2$ 和 $y(x)_3$ 的表达式。由 C 点作用力图和 D 点作用力图的平衡条件得

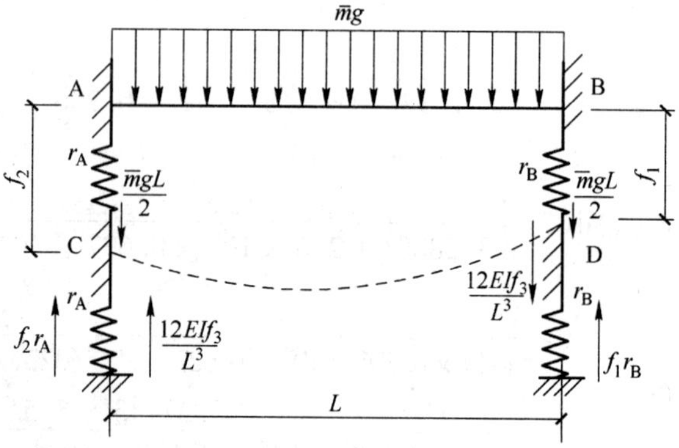

图 5-22　两端刚接且弹性刚度不同的梁的变形曲线图

$$\begin{cases}\dfrac{\overline{m}gL}{2}-f_2r_{\rm A}-\dfrac{12EI}{L^3}(f_2-f_1)=0\\[2mm]\dfrac{\overline{m}gL}{2}+\dfrac{12EI}{L^3}(f_2-f_1)-f_1r_{\rm B}=0\end{cases}$$

稍加整理为

$$\begin{cases} -(24EI+2r_BL^3)f_1+24EIf_2=-\overline{m}gL^4 \\ 24EIf_1-(2r_AL^3+24EI)f_2=-\overline{m}gL^4 \end{cases}$$

从以上联立方程式求得

$$f_1=\frac{(r_AL^4+24EIL)\overline{m}g}{24EI(r_A+r_B)+2r_Ar_BL^3}$$

$$f_2=\frac{(r_BL^4+24EIL)\overline{m}g}{24EI(r_A+r_B)+2r_Ar_BL^3}$$

$$f_3=f_2-f_1=\frac{\overline{m}g(r_B-r_A)L^4}{24EI(r_A+r_B)+2r_Ar_BL^3}$$

则

$$y(x)_2=\frac{(r_AL^4+24EIL)\overline{m}g}{24EI(r_A+r_B)+2r_Ar_BL^3}$$

$$y(x)_3=\frac{\overline{m}g(r_B-r_A)L^4}{24EI(r_A+r_B)+2r_Ar_BL^3}\left(1-\frac{3x^2}{L^2}+\frac{2x^3}{L^3}\right)$$

故

$$y(x)=\frac{\overline{m}gL^2}{24EI}\left(x^2-\frac{2x^3}{L}+\frac{x^4}{L^2}\right)+\frac{\overline{m}g(r_AL^4+24EIL)}{24EI(r_A+r_B)+2r_Ar_BL^3}+\frac{\overline{m}g(r_B-r_A)L^4}{24EI(r_A+r_B)+2r_Ar_BL^3}\times\left(1-\frac{3x^2}{L^2}+\frac{2x^3}{L^3}\right) \tag{5-20}$$

5.3.1.2 基频计算公式的建立

下面计算 $\int_0^L y(x)\mathrm{d}x$ 和 $\int_0^L y^2(x)\mathrm{d}x$：

$$\int_0^L y(x)\mathrm{d}x=\overline{m}g\int_0^L\left[\frac{L^2}{24EI}\left(x^2-\frac{2x^3}{L}+\frac{x^4}{L^2}\right)+\frac{r_AL^4+24EIL}{24EI(r_A+r_B)+2r_Ar_BL^3}+\frac{(r_B-r_A)L^4}{24EI(r_A+r_B)+2r_Ar_BL^3}\left(1-\frac{3x^2}{L^2}+\frac{2x^3}{L^3}\right)\right]\mathrm{d}x$$

$$=\overline{m}g\left[\frac{L^5}{720EI}+\frac{r_AL^5+24EIL^2}{24EI(r_A+r_B)+2r_Ar_BL^3}+\frac{(r_B-r_A)L^5}{48EI(r_A+r_B)+4r_Ar_BL^3}\right] \tag{5-21}$$

$$\int_0^L y^2(x)\mathrm{d}x=\overline{m}^2g^2\int_0^L\left[\frac{L^2}{24EI}\left(x^2-\frac{2x^3}{L}+\frac{x^4}{L^2}\right)+\frac{r_AL^4+24EIL}{24EI(r_A+r_B)+2r_Ar_BL^3}+\frac{(r_B-r_A)L^4}{24EI(r_A+r_B)+2r_Ar_BL^3}\left(1-\frac{3x^2}{L^2}+\frac{2x^3}{L^3}\right)\right]^2\mathrm{d}x$$

$$=\overline{m}^2g^2\left\{\frac{L^9}{362880(EI)^2}+\left[\frac{r_AL^4+24EIL}{24EI(r_A+r_B)+2r_Ar_BL^3}\right]^2L+\frac{0.37143L^9(r_B-r_A)^2}{[24EI(r_A+r_B)+2r_Ar_BL^3]^2}+\frac{(r_AL^3+24EI)L^6}{360EI[24EI(r_A+r_B)+2r_Ar_BL^3]}+\frac{(r_AL^3+24EI)(r_B-r_A)L^6}{[24EI(r_A+r_B)+2r_Ar_BL^3]^2}+\frac{(r_B-r_A)L^9}{720EI[24EI(r_B+r_A)+2r_Ar_BL^3]}\right\} \tag{5-22}$$

将式(5-21)和式(5-22)代入式(4-2)得基频 ω_1^2，即

$$\omega_1^2 = \frac{\int_0^L y(x)\,\mathrm{d}x}{\overline{m}\int_0^L y^2(x)\,\mathrm{d}x} \tag{5-23}$$

式中，$y(x)$ 取 $\overline{m}g = 1.0$。

分析：

(1) 当 $r_A = r_B = r$ 时，式(5-20)中第 2 项变为

$$\frac{\overline{m}g(r_A L^4 + 24EIL)}{24EI(r_A + r_B) + 2r_A r_B L^3} = \frac{\overline{m}g(rL^4 + 24EIL)}{48EIr + 2r^2L^3} = \frac{\overline{m}g(rL^3 + 24EI)L}{(24EI + rL^3)2r} = \frac{\overline{m}gL}{2r}$$

第 3 项为零，即

$$y(x) = \frac{\overline{m}gL^2}{24EI}\left(x^2 - \frac{2x^3}{L} + \frac{x^4}{L^2}\right) + \frac{\overline{m}gL}{2r}$$

式(5-21)中第 2 项等于$\frac{\overline{m}gL^2}{2r}$，第 3 项为零，即

$$\int_0^L y(x)\,\mathrm{d}x = \left(\frac{L^5}{720EI} + \frac{L^2}{2r}\right)\overline{m}g$$

式(5-22)中第 2 项变为

$$\overline{m}^2 g^2\left[\frac{rL^4 + 24EIL}{48EIr + 2r^2L^3}\right]^2 \cdot L = \overline{m}^2 g^2\left(\frac{L}{2r}\right)^2 \cdot L = \frac{\overline{m}^2 g^2 L^3}{4r^2}$$

第 4 项变为

$$\frac{\overline{m}^2 g^2(rL^3 + 24EI)L^6}{360EI(48EIr + 2r^2L^3)} = \frac{\overline{m}^2 g^2 L \cdot L^5}{360EI \cdot 2r} = \frac{\overline{m}^2 g^2 L^6}{720EIr}$$

第 3、5 和 6 项均为零，即

$$\int_0^L y^2(x)\,\mathrm{d}x = \left(\frac{L^9}{362880(EI)^2} + \frac{L^6}{720EIr} + \frac{L^3}{4r^2}\right)\overline{m}^2 g^2$$

以上 $y(x)$、$\int_0^L y(x)\,\mathrm{d}x$ 和 $\int_0^L y^2(x)\,\mathrm{d}x$ 的表达式完全与前面已推导出的两端刚接两端弹性支座刚度相同梁的表达式 $y(x)$、$\int_0^L y(x)\,\mathrm{d}x$ 和 $\int_0^L y^2(x)\,\mathrm{d}x$ 相同。

(2) 当 $r_B = \infty$ 时，即为两端刚接一端为不动支座另一端为弹性支座的梁，式(5-20)第 3 项分子分母各除以 r_B，且 $r_A/r_B = 0$，得

$$\frac{\overline{m}gL^4}{24EI + 2rL^3}\left(1 - \frac{3x^2}{L^2} + \frac{2x^3}{L^3}\right)$$

第 2 项为零，即

$$y(x) = \frac{\overline{m}gL^2}{24EI}\left(x^2 - \frac{2x^3}{L} + \frac{x^4}{L^2}\right) + \frac{\overline{m}gL^4}{24EI + 2rL^3}\left(1 - \frac{3x^2}{L^2} + \frac{2x^3}{L^3}\right)$$

式(5-21)第 3 项变为

$$\frac{\overline{m}g(r_B - r_A)L^5}{48EI(r_A + r_B) + 4r_A r_B L^3} = \frac{\overline{m}gL^5}{4(rL^3 + 12EI)}$$

第 2 项为零，即

$$\int_0^L y(x)\,\mathrm{d}x = \overline{m}g\left[\frac{L^5}{720EI} + \frac{L^5}{4(rL^3 + 12EI)}\right]$$

式(5－22)第3项变为

$$\overline{m}^2g^2\left[\frac{(r_B-r_A)L^4}{24EI(r_A+r_B)+2r_Ar_BL^3}\right]^2\times0.37143L=\overline{m}^2g^2\left[\frac{L^4}{24EI+2rL^3}\right]^2\times0.37143L$$

$$=\frac{\overline{m}^2g^20.37143L^9}{(24EI+2rL^3)^2}$$

第6项变为

$$\frac{\overline{m}^2g^2(r_B-r_A)L^9}{720EI[24EI(r_A+r_B)+2r_Ar_BL^3]}=\frac{\overline{m}^2g^2L^9}{720EI(24EI+2rL^3)}=\frac{\overline{m}^2g^2L^9}{1440EI(12EI+rL^3)}$$

第2、4和5项均为零,即

$$\int_0^L y^2(x)\mathrm{d}x=\overline{m}^2g^2\left[\frac{L^9}{362880(EI)^2}+\frac{L^9}{1440EI(12EI+rL^3)}+\frac{0.37143L^9}{(24EI+2rL^3)^2}\right]$$

以上 $y(x)$、$\int_0^L y(x)\mathrm{d}x$ 和 $\int_0^L y^2(x)\mathrm{d}x$ 的表达式完全与前面已推导的两端刚接一端为不动支座另一端为弹性支座梁的表达式 $y(x)$、$\int_0^L y(x)\mathrm{d}x$ 和 $\int_0^L y^2(x)\mathrm{d}x$ 相同。

5.3.2 工程实例

A　工程概况

某化工厂主厂房为多层钢框架结构,在③、④和⑤轴线间,标高为14.500m的楼层上安装两台较大的离心机,离心机和支承离心机钢梁的布置如图5－23所示。图中1、2、3和4点为其中一台离心机的支点,离心机静重(包括离心机、电机、隔振板等)为542kN,作用在支点1、2、3和4点处分别为160kN、166kN、98kN、118kN。总竖向扰力幅值(隔振后作用在支点处的扰力)27.0kN,在每个支点处的扰力幅值 $P=\frac{27}{4}=6.75\text{kN}$。离心机操作转速为840r/min。图中×表示钢梁之间为刚接连接。钢楼板为6mm厚花纹钢板。

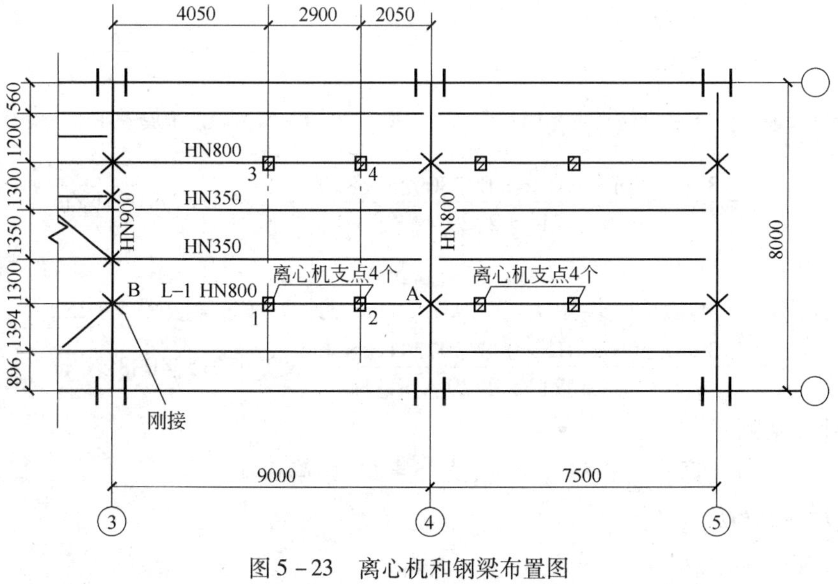

图5－23　离心机和钢梁布置图

B　L－1 基频计算

a　荷载

活载荷取　　0.5kN/m²

次梁、加劲肋和钢板等重量之和　　1.0kN/m²

HN800 自重　　2.068kN/m

则
$$q=(0.5+1.0)\times\frac{1.3+1.394}{2}+2.068=4.089\text{kN/m}$$

$$m_u=\frac{4.089}{9.81}=0.417\text{kN/m}$$

集中静荷载：
$$P_1=160\text{kN}$$

$$m_1=\frac{160}{9.81}=16.31\text{t}$$

$$P_2=166\text{kN}$$

$$m_2=\frac{166}{9.81}=16.922\text{t}$$

按两端刚接弹性支座考虑，计算简图如图 5－24 所示。

b　计算 r_A

框架梁 HN800 的截面惯性矩 $I=0.00280925\text{m}^4$，计算简图如图 5－25 所示。

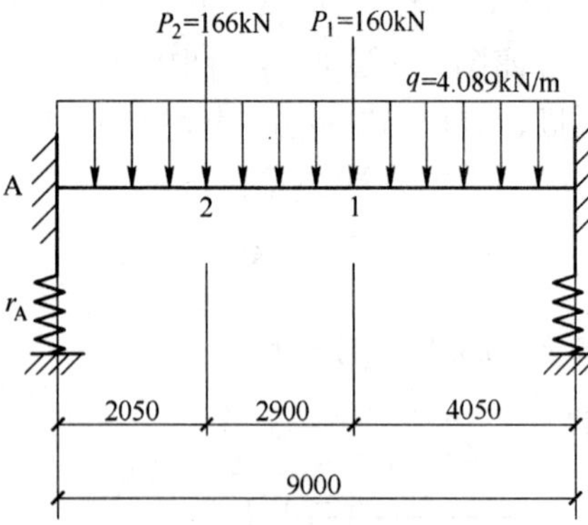

图 5－24　L－1 梁基频计算简图

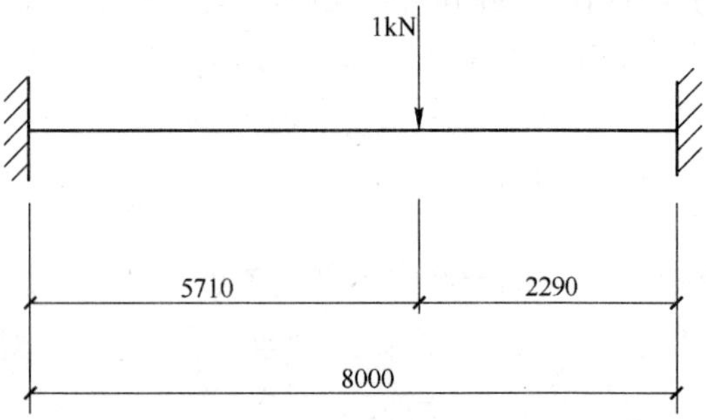

图 5－25　L－1 梁支座刚度计算简图

$$r_A=\frac{3\times0.206\times10^9\times0.00280925\times8.0^3}{5.71^3\times2.29^3}\times0.95=377709\text{kN/m}$$

c　计算 r_B

框架梁 HN900 的截面惯性矩 $I=0.00397241\text{m}^4$，计算简图参照图 5－25。

$$r_B=\frac{3\times0.206\times10^9\times0.00397241\times8.0^3}{5.71^3\times2.29^3}\times0.95=534098\text{kN/m}$$

d　计算基频

由式(5－20)计算 $y_{2.05}^2$ 和 $y_{4.95}^2$ 之值，式(5－20)中第 2 项

$$\frac{\overline{m}g(r_AL^4+24EIL)}{24EI(r_A+r_B)+2r_Ar_BL^3}$$

$$=\frac{377709\times9.0^4+24\times0.206\times10^9\times0.00281\times9.0}{24\times0.206\times10^9\times0.00281(377709+534098)+2\times377709\times534098\times9.0^3}$$

$$=\frac{0.26031825\times10^{10}}{0.30679502\times10^{15}}$$

$$y_{2.05}^2=\left[\frac{9.0^2}{24\times0.206\times10^9\times0.00281}\left(2.05^2-\frac{2\times2.05^3}{9.0}+\frac{2.05^4}{9.0^2}\right)+\frac{0.26031825\times10^{10}}{0.30679502\times10^{15}}+\right.$$

$$\left.\frac{(534098-377709)\times9.0^4}{0.30679502\times10^{15}}\left(1-\frac{3\times2.05^2}{9.0^2}+\frac{2\times2.05^3}{9.0^3}\right)\right]^2$$

$$=[0.26\times10^{-4}]^2=0.676\times10^{-9}$$

$$y_{4.95}^2=\left[\frac{9.0^2}{24\times0.206\times10^9\times0.00281}\left(4.95^2-\frac{2\times4.95^3}{9.0}+\frac{4.95^4}{9.0^2}\right)+0.8485\times10^{-5}+\right.$$

$$\left.0.3344\times10^{-5}\left(1-\frac{3\times4.95^2}{9.0^2}+\frac{2\times4.95^3}{9.0^3}\right)\right]^2$$

$$=[0.3884\times10^{-4}]^2=0.1508\times10^{-8}$$

由式(5－21)和式(5－22)计算 $\int_0^L y(x)\mathrm{d}x$ 和 $\int_0^L y^2(x)\mathrm{d}x$ 之值，即

$$\int_0^L y(x)\mathrm{d}x=\frac{9.0^5}{720\times0.206\times10^9\times0.00281}+\frac{377709\times9.0^5+24\times0.206\times10^9\times0.00281\times9.0^2}{0.30679502\times10^{15}}+$$

$$\frac{(534098-377709)\times9.0^5}{2\times0.30679502\times10^{15}}$$

$$=0.0002331$$

$$\int_0^L y^2(x)\mathrm{d}x=\frac{9.0^9}{362880\times(0.206\times10^9\times0.00281)^2}+\left(\frac{0.26031825\times10^{10}}{0.30679502\times10^{15}}\right)^2\times9.0+$$

$$\frac{0.37143\times9.0^9(534098-377709)^2}{(0.30679502\times10^{15})^2}+\frac{(377709\times9.0^3+24\times0.206\times10^9\times0.00281)\times9.0^6}{360\times0.206\times10^9\times0.00281\times0.30679502\times10^{15}}+$$

$$\frac{(377709\times9.0^3+24\times0.206\times10^9\times0.00281)(534098-377709)\times9.0^6}{(0.30679502\times10^{15})^2}+$$

$$\frac{(534098-377709)\times9.0^9}{720\times0.206\times10^9\times0.00281\times0.30679502\times10^{15}}$$

$$=0.70047\times10^{-8}$$

由式(2－59)和式(2－60)计算 $K_{2.05}$、$K_{4.95}$ 和 $\overline{m}_1$，即

$$K_{2.05}=\frac{0.676\times10^{-9}}{0.70047\times10^{-8}}=0.0965$$

$$K_{4.95}=\frac{0.1508\times10^{-8}}{0.70047\times10^{-8}}=0.2153$$

$$\overline{m}_1=0.417+16.922\times0.0965+16.31\times0.2153=5.562\text{t/m}$$

由式(5－23)可得

$$\omega_1=\sqrt{\frac{0.2331\times10^{-3}}{5.562\times0.70047\times10^{-8}}}=77.35\text{rad/s}$$

则 $\frac{\theta}{\omega_1}=\frac{0.105\times840}{77.35}=\frac{88.2}{77.35}=1.14<1.25$，故在共振区工作。取 $r=0.02$。

C　振动线位移和振动速度计算

$$y_{4.5}=\frac{9.0^2}{24\times0.206\times10^9\times0.00281}\left(4.5^2-\frac{2\times4.5^3}{9.0}+\frac{4.5^4}{9.0^2}\right)+0.8485\times10^{-5}+$$

$$0.3344\times10^{-5}\left(1-\frac{3\times4.5^2}{9.0^2}+\frac{2\times4.5^3}{9.0^3}\right)$$

$$=0.3967\times10^{-4}$$

计算跨中振动线位移和振动速度，同样按照式(2－55)、式(2－56)、式(2－41)、式(2－42)、式(2－40)和式(2－53)进行计算：

$$\overline{M}_1=5.562\times0.70047\times10^{-8}$$

$$\overline{P}_1=6.75\times(0.26+0.3884)\times10^{-4}=0.4377\times10^{-3}$$

$$Y_1^{\mathrm{d}}=\frac{0.4377\times10^{-3}}{5.562\times0.70047\times10^{-8}\times77.35^2}=1.878\mathrm{m}$$

$$\mu_1=\frac{1}{\sqrt{\left(1-\frac{88.2^2}{77.35^2}\right)^2+0.02^2}}=3.324$$

$$q_1=1.878\times3.324=6.242\mathrm{m}$$

$$Y_{4.5}=0.3967\times10^{-4}\times6.242=0.2476\times10^{-3}\mathrm{m}=0.2476\mathrm{mm}$$

$$v_{4.5}=0.2476\times88.2=21.838\mathrm{mm/s}$$

从计算结果可以看出，梁跨中操作振动线位移和振动速度太大，而且该离心机在做动平衡试验时，振动十分剧烈，人员在旁不能忍受。根据这种情况，我们采取了加固措施，其方法基本上同4.1.4小节工程实例所介绍的方法，即增加斜撑，其效果同样很好。加固后，不用看操作时的振动状况如何，而直接做动平衡试验，发现此时振动十分平稳，各方面要求都很满足。

5.4　两端刚接非弹性支座且两端发生转动的梁

下面介绍两端刚接非弹性且两端转角不同、仅一端发生转动和两端转角相同三种支座条件下梁的振动计算。

5.4.1　两端转角不同的梁的基频计算

5.4.1.1　振型曲线的确定

把图5－26所示在静荷载 $\overline{m}g$ 作用下，同时在A端和B端发生转角 φ_A 和 φ_B 时梁的变形曲线 $y(x)$ 作为第一振型曲线。$y(x)$ 可由 $y(x)_1$、$y(x)_2$ 和 $y(x)_3$ 叠加而得。

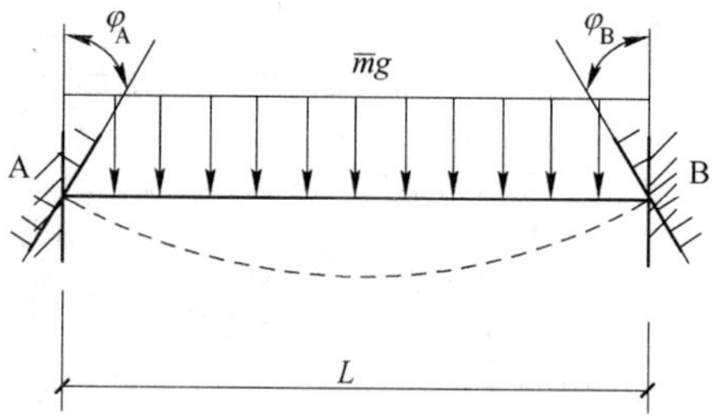

图5－26　两端刚接且支座转角不同的梁的变形图

$$y(x)_1=\frac{\overline{m}gL^2}{24EI}\left(x^2-\frac{2x^3}{L}+\frac{x^4}{L^2}\right)$$

如图5－2所示。

$y(x)_2$ 是梁 A 端转角为 φ_A 时梁的变形曲线，如图 5－27 所示。

$$y(x)_2=\varphi_A L\left(\frac{L-x}{L}\right)^2\ \frac{x}{L}=\varphi_A\left(x-\frac{2x^2}{L}+\frac{x^3}{L^2}\right)$$

$y(x)_3$ 是梁 B 端转角为 φ_B 时梁的变形曲线，如图 5－28 所示。

$$y(x)_3=\varphi_B L\cdot\frac{x^2}{L^2}\cdot\frac{L-x}{L}=\varphi_B\left(\frac{x^2}{L}-\frac{x^3}{L^2}\right)$$

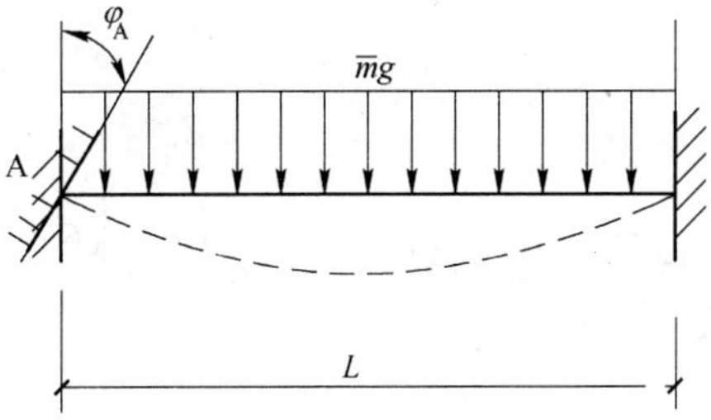

图 5－27　两端刚接仅左端转动的梁的变形图

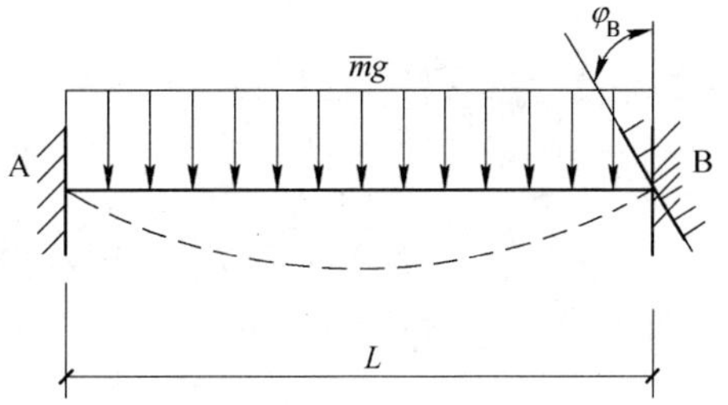

图 5－28　两端刚接仅右端转动的梁的变形图

上两式中

$$\varphi_A=\frac{\overline{m}gL^2}{12\left(\dfrac{GI_{kA}}{a_A}+\dfrac{GI_{kA}}{b_A}+\dfrac{3EI}{L}\right)}$$

令
$$S_A=12\left(\frac{GI_{kA}}{a_A}+\frac{GI_{kA}}{b_A}+\frac{3EI}{L}\right)$$

则
$$\varphi_A=\frac{\overline{m}gL^2}{S_A}$$

$$\varphi_B=\frac{\overline{m}gL^2}{12\left(\dfrac{GI_{kB}}{a_B}+\dfrac{GI_{kB}}{b_B}+\dfrac{3EI}{L}\right)}$$

令
$$S_B=12\left(\frac{GI_{kB}}{a_B}+\frac{GI_{kB}}{b_B}+\frac{3EI}{L}\right)$$

则
$$\varphi_B=\frac{\overline{m}gL}{S_B}$$

式中　a_A、b_A、a_B、b_B——A 端和 B 端支座梁（主梁）的平面尺寸（见文献[10]）；

G——梁剪切弹性模量；

I_{kA} 和 I_{kB}——梁 A 端和梁 B 端支座主梁的截面扭转计算惯性矩；

GI_{kA} 和 GI_{kB}——A 端和 B 端主梁的抗扭刚度。

则
$$y(x)=\frac{\overline{m}gL^2}{24EI}\left(x^2-\frac{2x^3}{L}+\frac{x^4}{L^2}\right)+\varphi_A\left(x-\frac{2x^2}{L}+\frac{x^3}{L^2}\right)+\varphi_B\left(\frac{x^2}{L}-\frac{x^3}{L^2}\right)$$

$$=\frac{\overline{m}gL^2}{24EI}\left(x^2-\frac{2x^3}{L}+\frac{x^4}{L^2}\right)+\frac{\overline{m}gL^2}{S_A}\left(x-\frac{2x^2}{L}+\frac{x^3}{L^2}\right)+\frac{\overline{m}gL^2}{S_B}\left(\frac{x^2}{L}-\frac{x^3}{L^2}\right)\qquad(5-24)$$

5.4.1.2　基频计算公式的建立

下面计算 $\int_0^L y(x)\,\mathrm{d}x$ 和 $\int_0^L y^2(x)\,\mathrm{d}x$：

$$\int_0^L y(x)\mathrm{d}x = \overline{m}g\int_0^L\left[\frac{L^2}{24EI}\left(x^2-\frac{2x^3}{L}+\frac{x^4}{L^2}\right)+\frac{L^2}{S_A}\left(x-\frac{2x^2}{L}+\frac{x^3}{L^2}\right)+\frac{L^2}{S_B}\left(\frac{x^2}{L}-\frac{x^3}{L^2}\right)\right]\mathrm{d}x$$

$$= \overline{m}g\left(\frac{L^5}{720EI}+\frac{L^4}{12S_A}+\frac{L^4}{12S_B}\right)$$

$$= \overline{m}g\left[\frac{L^5}{720EI}+\frac{L^4}{12}\left(\frac{1}{S_A}+\frac{1}{S_B}\right)\right] \tag{5-25}$$

$$\int_0^L y^2(x)\mathrm{d}x = \overline{m}^2g^2\int_0^L\left[\frac{L^2}{24EI}\left(x^2-\frac{2x^3}{L}+\frac{x^4}{L^2}\right)+\frac{L^2}{S_A}\left(x-\frac{2x^2}{L}+\frac{x^3}{L^2}\right)+\frac{L^2}{S_B}\left(\frac{x^2}{L}-\frac{x^3}{L^2}\right)\right]^2\mathrm{d}x$$

$$= \overline{m}^2g^2\left[\frac{L^9}{362880(EI)^2}+\frac{L^7}{105S_A^2}+\frac{L^7}{105S_B^2}+\frac{L^7}{70S_AS_B}+\frac{L^8}{3360EIS_A}+\frac{L^8}{3360EIS_B}\right]$$

$$= \overline{m}^2g^2\left[\frac{L^9}{362880(EI)^2}+\frac{L^7}{105}\left(\frac{1}{S_A^2}+\frac{1}{S_B^2}\right)+\frac{L^7}{70S_AS_B}+\frac{L^8}{3360EI}\left(\frac{1}{S_A}+\frac{1}{S_B}\right)\right] \tag{5-26}$$

将式(5－25)和式(5－26)代入式(4－2)得基频 ω_1^2。

$$\omega_1^2 = \frac{\int_0^L y(x)\mathrm{d}x}{\overline{m}\int_0^L y^2(x)\mathrm{d}x} \tag{5-27}$$

式中，$y(x)$ 取 $\overline{m}g = 1.0$。

5.4.2　仅一端转动的梁的基频计算

振型曲线的确定和基频计算公式的建立如下：

式(5－24)中取 $\varphi_B = 0$ 得第一振型曲线，即

$$y(x) = \frac{\overline{m}gL^2}{24EI}\left(x^2-\frac{2x^3}{L}+\frac{x^4}{L^2}\right)+\frac{\overline{m}gL^2}{S_A}\left(x-\frac{2x^2}{L}+\frac{x^3}{L^2}\right) \tag{5-28}$$

如图5－27 所示。

$$\int_0^L y(x)\mathrm{d}x = \overline{m}g\int_0^L\left[\frac{L^2}{24EI}\left(x^2-\frac{2x^3}{L}+\frac{x^4}{L^2}\right)+\frac{L^2}{S_A}\left(x-\frac{2x^2}{L}+\frac{x^3}{L^2}\right)\right]\mathrm{d}x$$

$$= \overline{m}g\left(\frac{L^5}{720EI}+\frac{L^4}{12S_A}\right) \tag{5-29}$$

$$\int_0^L y^2(x)\mathrm{d}x = \overline{m}^2g^2\int_0^L\left[\frac{L^2}{24EI}\left(x^2-\frac{2x^3}{L}+\frac{x^4}{L^2}\right)+\frac{L^2}{S_A}\left(x-\frac{2x^2}{L}+\frac{x^3}{L^2}\right)\right]^2\mathrm{d}x$$

$$= \overline{m}^2g^2\left[\frac{L^9}{362880(EI)^2}+\frac{L^8}{3360EIS_A}+\frac{L^7}{105S_A^2}\right] \tag{5-30}$$

将式(5－29)和式(5－30)代入式(4－2)得基频 ω_1^2，即

$$\omega_1^2 = \frac{\frac{L^5}{720EI}+\frac{L^4}{12S_A}}{\overline{m}\left(\frac{L^9}{362880(EI)^2}+\frac{L^8}{3360EIS_A}+\frac{L^7}{105S_A^2}\right)} \tag{5-31}$$

5.4.3　两端转角相等的梁的基频计算

振型曲线的确定和基频计算公式的建立如下：

式(5－24)中取 $\varphi_A=\varphi_B=\varphi$(即 $S_A=S_B=S$)得第一振型曲线,即

$$y(x)=\frac{\overline{m}gL^2}{24EI}\left(x^2-\frac{2x^3}{L}+\frac{x^4}{L^2}\right)+\frac{\overline{m}gL^2}{S}\left(x-\frac{2x^2}{L}+\frac{x^3}{L^2}\right)+\frac{\overline{m}gL^2}{S}\left(\frac{x^2}{L}-\frac{x^3}{L^2}\right)$$

$$=\frac{\overline{m}gL^2}{24EI}\left(x^2-\frac{2x^3}{L}+\frac{x^4}{L^2}\right)+\frac{\overline{m}gL^2}{S}\left(x-\frac{x^2}{L}\right) \tag{5-32}$$

如图 5－29 所示。式中 $S=12\left(\frac{GI_k}{a}+\frac{GI_k}{b}+\frac{3EI}{L}\right)$,见文献[10]。

$$\int_0^L y(x)\,dx=\overline{m}g\int_0^L\left[\frac{L^2}{24EI}\left(x^2-\frac{2x^3}{L}+\frac{x^4}{L^2}\right)+\frac{L^2}{S}\left(x-\frac{x^2}{L}\right)\right]dx$$

$$=\overline{m}g\left(\frac{L^5}{720EI}+\frac{L^4}{6S}\right) \tag{5-33}$$

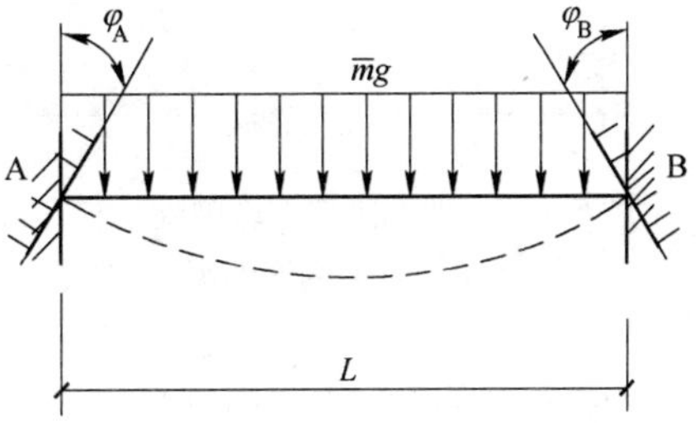

图 5－29 两端刚接且支座转角相同的梁的变形图

$$\int_0^L y^2(x)\,dx=\overline{m}^2g^2\int_0^L\left[\frac{L^2}{24EI}\left(x^2-\frac{2x^3}{L}+\frac{x^4}{L^2}\right)+\frac{L^2}{S}\left(x-\frac{x^2}{L}\right)\right]^2dx$$

$$=\overline{m}^2g^2\left[\frac{L^9}{362880(EI)^2}+\frac{L^8}{1680EIS}+\frac{L^7}{30S^2}\right] \tag{5-34}$$

将式(5－33)和式(5－34)代入式(4－2)得基频 ω_1^2,即

$$\omega_1^2=\frac{\frac{L^5}{720EI}+\frac{L^4}{6S}}{\overline{m}\left[\frac{L^9}{362880(EI)^2}+\frac{L^8}{1680EIS}+\frac{L^7}{30S^2}\right]} \tag{5-35}$$

振动线位移和振动速度的计算同前面的计算过程。

5.5 两端刚接一端非弹性支座另一端弹性支座且仅一端转动的梁

5.5.1 梁基频计算

5.5.1.1 振型曲线的确定

我们把图 5－30 所示静荷载 $\overline{m}g$ 作用下梁的变形曲线作为第一振型曲线,A 端转角为 φ,支座刚度为 r。该振型曲线 $y(x)$ 由 $y(x)_1$、$y(x)_2$ 和 $y(x)_3$ 组成。

$$y(x)_1=\frac{\overline{m}gL^2}{24EI}\left(x^2-\frac{2x^3}{L}+\frac{x^4}{L^2}\right)$$

如图 5－2 所示。

图 5－31 所示变形曲线为两端刚接、B 端不动 A 端弹性支座位移为 f 时的变形曲线 $y(x)_3$和同时转角为 φ 时的变形曲线 $y(x)_2$ 之和。在 C 点作用着四个竖向力,即静荷载 $\overline{m}g$ 作用在 A 支座上的力$\frac{\overline{m}g}{2}$;A 端变形为 f 时作用在支座上的竖向力$\frac{12EIf}{L^3}$;由于转角 φ,作用在

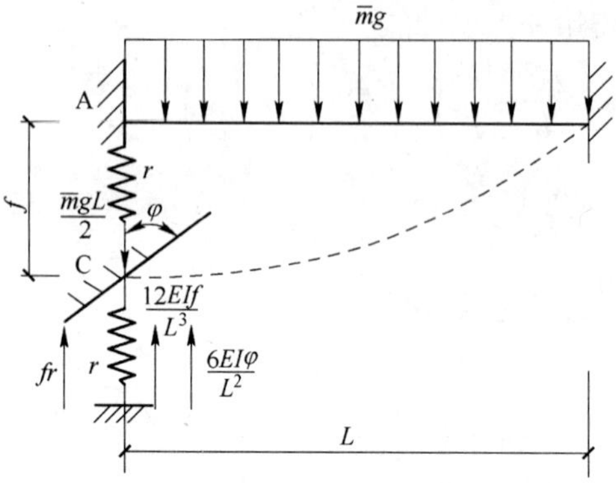

图 5－30　两端刚接左端弹性位移和转动时梁的变形图

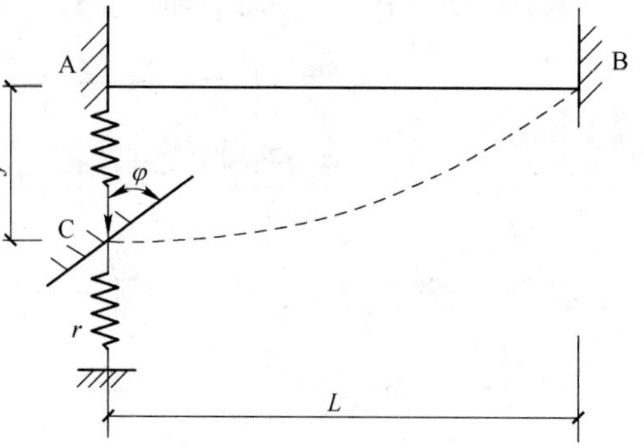

图 5－31　两端刚接左端发生弹性位移 f 和转角 φ 时梁的变形图

支座上的竖向力$\dfrac{6EI\varphi}{L^2}$;支座弹性反力 fr。C 点的平衡条件为

$$\frac{\overline{m}gL}{2} - fr - \frac{12EIf}{L^3} - \frac{6EI\varphi}{L^2} = 0$$

可推出　　$f = \dfrac{\overline{m}gL^4 - 12EI\varphi L}{2rL^3 + 24EI} = \dfrac{\overline{m}gL^4 - 12EIL\dfrac{\overline{m}gL^2}{S}}{2rL^3 + 24EI} = \dfrac{\overline{m}g(L^4 - 12EIL^3/S)}{2rL^3 + 24EI}$

式中,S 计算式见 5.4.1.1 小节,$S = S_A$。

则

$$y(x)_2 = \frac{\overline{m}gL^2}{S}\left(x - \frac{2x^2}{L} + \frac{x^3}{L^2}\right)$$

如图 5－27 所示。

$$y(x)_3 = \frac{\overline{m}g(L^4 - 12EIL^3/S)}{2rL^3 + 24EI}\left(1 - \frac{3x^2}{L^2} + \frac{2x^3}{L^3}\right)$$

故

$$y(x) = \frac{\overline{m}gL^2}{24EI}\left(x^2 - \frac{2x^3}{L} + \frac{x^4}{L^2}\right) + \frac{\overline{m}g(L^4 - 12EIL^3/S)}{2rL^3 + 24EI}\left(1 - \frac{3x^2}{L^2} + \frac{2x^3}{L^3}\right) + \frac{\overline{m}gL^2}{S}\left(x - \frac{2x^2}{L} + \frac{x^3}{L^2}\right) \tag{5-36}$$

5.5.1.2　基频计算公式的建立

下面计算 $\int_0^L y(x)\mathrm{d}x$ 和 $\int_0^L y^2(x)\mathrm{d}x$:

$$\begin{aligned}\int_0^L y(x)\mathrm{d}x &= \overline{m}g\int_0^L \left[\frac{L^2}{24EI}\left(x^2 - \frac{2x^3}{L} + \frac{x^4}{L^2}\right) + \frac{L^4 - 12EIL^3/S}{2rL^3 + 24EI}\left(1 - \frac{3x^2}{L^2} + \frac{2x^3}{L^3}\right) + \right.\\ &\quad \left.\frac{L^2}{S}\left(x - \frac{2x^2}{L} + \frac{x^3}{L^2}\right)\right]\mathrm{d}x \\ &= \overline{m}g\left[\frac{L^5}{720EI} + \frac{L^5 - 12EIL^4/S}{4(rL^3 + 12EI)} + \frac{L^4}{12S}\right]\end{aligned} \tag{5-37}$$

$$\int_0^L y^2(x)\mathrm{d}x = \overline{m}^2g^2\int_0^L \left[\frac{L^2}{24EI}\left(x^2 - \frac{2x^3}{L} + \frac{x^4}{L^2}\right) + \frac{L^4 - 12EIL^3/S}{2rL^3 + 24EI}\left(1 - \frac{3x^2}{L^2} + \frac{2x^3}{L^3}\right) + \right.$$

$$\frac{L^2}{S}\left(x-\frac{2x^2}{L}+\frac{x^3}{L^2}\right)\Big]^2\mathrm{d}x$$

$$=\overline{m}^2g^2\Big[\frac{L^9}{362880(EI)^2}+\frac{0.37143(L^9-24EIL^8/S+144(EI)^2L^7/S^2)}{4r^2L^6+96rL^3EI+576(EI)^2}+\frac{L^7}{105S^2}+$$

$$\frac{L^9-12EIL^8/S}{1440EI(rL^3+12EI)}+\frac{L^8-12EIL^7/S}{19.091S(rL^3+12EI)}+\frac{L^8}{3360EIS}\Big] \tag{5-38}$$

将式(5－37)和式(5－38)代入式(4－2)得基频 ω_1^2，即

$$\omega_1^2=\frac{\int_0^L y(x)\mathrm{d}x}{\overline{m}\int_0^L y^2(x)\mathrm{d}x} \tag{5-39}$$

式中，$\int_0^L y(x)\mathrm{d}x$ 和 $\int_0^L y^2(x)\mathrm{d}x$ 取 $\overline{m}g=1.0$。

当取 $\varphi=0$ 时(即 $S=\infty$)，式(5－36)、式(5－37)、式(5－38)和式(5－39)分别变为式(5－16)、式(5－17)、式(5－18)和式(5－19)，成为两端刚接一端不动支座另一端为弹性支座梁的计算公式。

5.5.2 工程实例

本工程实例为5.2.2小节的工程实例(图5－18)在L－1梁A端考虑扭转的振动计算。

A 基频计算

由式(5－36)计算 $y_{2.665}^2$ 和 $y_{4.635}^2$ 之值，即

$$y_{2.665}^2=\Big[\frac{5.5^2}{24\times0.206\times10^9\times0.627\times10^{-3}}\left(2.665^2-\frac{2\times2.665^3}{5.5}+\frac{2.665^4}{5.5^2}\right)+$$

$$\frac{5.5^4-12\times0.206\times10^9\times0.627\times10^{-3}\times5.5^3/846435}{2\times32240\times5.5^3+24\times0.206\times10^9\times0.627\times10^{-3}}\left(1-\frac{3\times2.665^2}{5.5^2}+\frac{2\times2.665^3}{5.5^3}\right)+$$

$$\frac{5.5^2}{846435}\left(2.665-\frac{2\times2.665^2}{5.5}+\frac{2.665^3}{5.5^2}\right)\Big]^2$$

$$=[0.6681\times10^{-4}]^2=0.4464\times10^{-8}$$

$$y_{4.635}^2=\Big[\frac{5.5^2}{24\times0.206\times10^9\times0.627\times10^{-3}}\left(4.635^2-\frac{2\times4.635^3}{5.5}+\frac{4.635^4}{5.5^2}\right)+$$

$$\frac{5.5^4-12\times0.206\times10^9\times0.627\times10^{-3}\times5.5^3/846435}{2\times32240\times5.5^3+24\times0.206\times10^9\times0.627\times10^{-3}}\left(1-\frac{3\times4.635^2}{5.5^2}+\frac{2\times4.635^3}{5.5^3}\right)+$$

$$\frac{5.5^2}{846435}\left(4.635-\frac{2\times4.635^2}{5.5}+\frac{4.635^3}{5.5^2}\right)\Big]^2$$

$$=[0.1221\times10^{-4}]^2=0.1492\times10^{-9}$$

A端支座主梁(L－2未考虑加高)为HM350，剪切弹性模量 $G=0.79\times10^8\mathrm{kN/m^2}$，截面扭转计算惯性矩为

$$I_k=\frac{1}{3}\eta\sum_{i=1}^{3}h_ib_i^3=\frac{1}{3}\times1.2(0.25\times0.014^3\times2+0.312\times0.009^3)=0.6398\times10^{-6}\ \mathrm{m^4}$$

因 $a=1.772\mathrm{m}$，$b=0.907\mathrm{m}$，则

$$S = 12\left(\frac{0.79 \times 10^8 \times 0.6398 \times 10^{-6}}{1.772} + \frac{0.79 \times 10^8 \times 0.6398 \times 10^{-6}}{0.907} + \frac{3 \times 0.206 \times 10^9 \times 0.627 \times 10^{-3}}{5.5}\right)$$

$$= 846435$$

由式(5－37)和式(5－38)计算 $\int_0^L y(x)\mathrm{d}x$ 和 $\int_0^L y^2(x)\mathrm{d}x$ 之值,即

$$\int_0^L y(x)\mathrm{d}x = \frac{5.5^5}{720 \times 0.206 \times 10^9 \times 0.627 \times 10^{-3}} + \frac{5.5^5 - 12 \times 0.206 \times 10^9 \times 0.627 \times 10^{-3} \times 5.5^4/846435}{4(32240 \times 5.5^3 + 12 \times 0.206 \times 10^9 \times 0.627 \times 10^{-3})} +$$

$$\frac{5.5^4}{12 \times 846435} = 0.2656 \times 10^{-3}$$

$$\int_0^L y^2(x)\mathrm{d}x = \frac{5.5^9}{362880 \times (0.206 \times 10^9 \times 0.627 \times 10^{-3})^2} +$$

$$\frac{0.37143[5.5^9 - 24 \times 0.206 \times 10^9 \times 0.627 \times 10^{-3} \times 5.5^8/846435 + 144(0.206 \times 10^9 \times 0.627 \times 10^{-3})^2 \times 5.5^7/846435^2]}{(24 \times 0.206 \times 10^9 \times 0.627 \times 10^{-3} + 2 \times 32240 \times 5.5^3)^2} +$$

$$\frac{5.5^7}{105 \times 846435^2} + \frac{5.5^9 - 12 \times 0.206 \times 10^9 \times 0.627 \times 10^{-3} \times 5.5^8/846435}{1440 \times 0.206 \times 10^9 \times 0.627 \times 10^{-3}(32240 \times 5.5^3 + 12 \times 0.206 \times 10^9 \times 0.627 \times 10^{-3})} +$$

$$\frac{5.5^8 - 12 \times 0.206 \times 10^9 \times 0.627 \times 10^{-3} \times 5.5^7/846435}{19.091 \times 846435(32240 \times 5.5^3 + 12 \times 0.206 \times 10^9 \times 0.627 \times 10^{-3})} + \frac{5.5^8}{3360 \times 0.206 \times 10^9 \times 0.627 \times 10^{-3} \times 846435}$$

$$= 0.1643 \times 10^{-7}$$

由式(2－59)和式(2－60)计算 $K_{2.665}$、$K_{4.635}$ 和 $\overline{m}_1$,即

$$K_{2.665} = \frac{0.4464 \times 10^{-8}}{0.1643 \times 10^{-7}} = 0.272$$

$$K_{4.635} = \frac{0.1492 \times 10^{-9}}{0.1643 \times 10^{-7}} = 0.0091$$

$$\overline{m}_1 = 0.386 + 4.767 \times (0.272 + 0.0091) = 1.726\mathrm{t/m}$$

由式(5－39)可得

$$\omega_1 = \sqrt{\frac{0.2656 \times 10^{-3}}{1.726 \times 0.1643 \times 10^{-7}}} = 96.778\mathrm{rad/s} < 111.46\mathrm{rad/s}$$

则 $\frac{\theta}{\omega_1} = \frac{82.95}{96.778} = 0.857 > 0.75$,故在共振区工作。取 $r = 0.02$。

B　振动线位移和振动速度计算

计算1点振动线位移和振动速度,同样按照式(2－55)、式(2－56)、式(2－41)、式(2－42)、式(2－40)和式(2－53)进行:

$$\overline{M}_1 = 1.726 \times 0.1643 \times 10^{-7}$$

$$\overline{P}_1 = 2.4 \times (0.6681 + 0.1221) \times 10^{-4} = 0.1896 \times 10^{-3}$$

$$Y_1^{\mathrm{d}} = \frac{0.1896 \times 10^{-3}}{1.726 \times 0.1643 \times 10^{-7} \times 96.778^2} = 0.714\mathrm{m}$$

$$\mu_1 = \frac{1}{\sqrt{\left(1 - \frac{82.95^2}{96.778^2}\right)^2 + 0.02^2}} = 3.758$$

$q_1 = 0.714 \times 3.758 = 2.68\text{m}$

$Y_1 = 0.6681 \times 10^{-4} \times 2.68 = 0.179 \times 10^{-3}\text{m} = 0.179\text{mm}$

$v_1 = 0.179 \times 82.95 = 14.85\text{mm/s}$

就该工程而言，考虑 A 端的转动作用，比不考虑转动的振动线位移大了许多，主要原因是由于 A 端的转动降低了梁的竖向刚度和自振频率，使梁的振动在共振区工作，从而加大了振动线位移。这就证明，在一定条件下考虑转动作用的必要性。

5.6 两端刚接弹性支座且两端刚度和转角相同的梁的基频计算

把图 5－32 所示在静荷载 $\overline{m}g$ 作用下，两端同时发生相同转角 φ 时梁的变形曲线 $y(x)$ 作为第一振型曲线。$y(x)$ 可由 $y(x)_1$、$y(x)_2$ 和 $y(x)_3$ 叠加而得。

$$y(x)_1 = \frac{\overline{m}gL^2}{24EI}\left(x^2 - \frac{2x^3}{L} + \frac{x^4}{L^2}\right)$$

如图 5－2 所示。

$$y(x)_2 = \frac{\overline{m}gL}{2r}$$

如图 5－3 所示。

$$y(x)_3 = \frac{\overline{m}gL^2}{S}\left(x - \frac{x^2}{L}\right)$$

见 5.4.3 小节的推算。

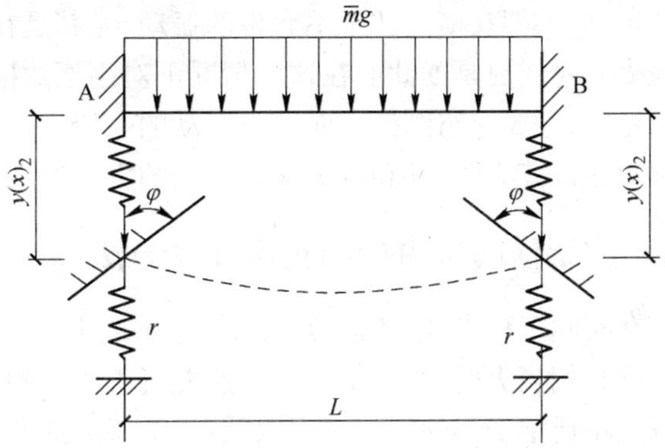

图 5－32 两端刚接且刚度和转角相同的梁的变形图

故

$$y(x) = \frac{\overline{m}gL^2}{24EI}\left(x^2 - \frac{2x^3}{L} + \frac{x^4}{L^2}\right) + \frac{\overline{m}gL}{2r} + \frac{\overline{m}gL^2}{S}\left(x - \frac{x^2}{L}\right) \tag{5-40}$$

基频计算公式如下：

$$\begin{aligned}\int_0^L y(x)\,\mathrm{d}x &= \overline{m}g\int_0^L \left[\frac{L^2}{24EI}\left(x^2 - \frac{2x^3}{L} + \frac{x^4}{L^2}\right) + \frac{L}{2r} + \frac{L^2}{S}\left(x - \frac{x^2}{L}\right)\right]\mathrm{d}x \\ &= \overline{m}g\left(\frac{L^5}{720EI} + \frac{L^2}{2r} + \frac{L^4}{6S}\right)\end{aligned} \tag{5-41}$$

$$\begin{aligned}\int_0^L y^2(x)\,\mathrm{d}x &= \overline{m}^2g^2\int_0^L \left[\frac{L^2}{24EI}\left(x^2 - \frac{2x^3}{L} + \frac{x^4}{L^2}\right) + \frac{L}{2r} + \frac{L^2}{S}\left(x - \frac{x^2}{L}\right)\right]^2\mathrm{d}x \\ &= \overline{m}^2g^2\left(\frac{L^9}{362880(EI)^2} + \frac{L^3}{4r^2} + \frac{L^7}{30S^2} + \frac{L^6}{720EIr} + \frac{L^5}{6rS} + \frac{L^8}{1680EIS}\right)\end{aligned} \tag{5-42}$$

将式(5－41)和式(5－42)代入式(4－2)得基频 ω_1^2，即

$$\omega_1^2 = \frac{\dfrac{L^5}{720EI} + \dfrac{L^2}{2r} + \dfrac{L^4}{6S}}{\overline{m}\left[\dfrac{L^9}{362880(EI)^2} + \dfrac{L^3}{4r^2} + \dfrac{L^7}{30S^2} + \dfrac{L^6}{720EIr} + \dfrac{L^5}{6rS} + \dfrac{L^8}{1680EIS}\right]} \tag{5-43}$$

当取 $\varphi = 0$（即 $S = \infty$）时，式(5－40)、式(5－41)、式(5－42)和式(5－43)分别变为式(5－1)、式(5－2)、式(5－3)和式(5－4)，成为两端刚接弹性支座且两端刚度相同的梁的第一振型的计算公式。

第6章　刚架横向振动计算

单层和多层钢筋混凝土刚架以及钢刚架,在工业与民用建筑工程中是比较普遍采用的结构形式。本书第2章介绍过,刚架的横向振动第一频率一般是比较低的。当刚架楼层上设有较低转速的动力机器时,机器的扰力频率与刚架的第一频率比较接近,很有可能发生共振现象,使刚架在横向产生不允许的振动,尤其是在低转速扰力较大或者低转速动力机器数量较多的时候更是如此。在这种情况下对刚架的横向振动要进行计算。本章所讲述的横向振动计算,主要介绍刚架横向自由振动的一般实用计算方法以及多层刚架横向自由振动的一种简便计算方法,并和有关著作介绍的方法进行比较。

6.1　刚架横向自由振动实用计算方法

在实际工程中,刚架的楼(屋盖)层一般由刚架横梁、次梁及楼(屋面)板构成,楼层的水平刚度是相当大的,尤其是采用钢筋混凝土刚架的楼层,因此在进行刚架的横向振动计算时可以忽略楼层变形的影响。现以图6-1所示的两层刚架来说明刚架横向自由振动的一般实用计算方法。

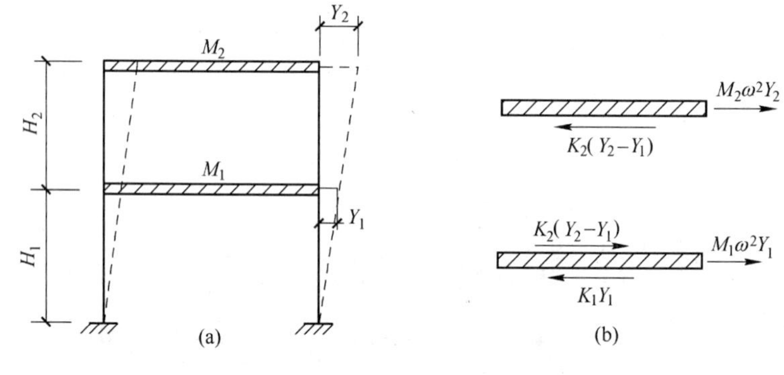

图6-1　两层刚架横向自由振动计算简图

计算刚架的自振频率和振型时可采用幅值方程。刚架楼层在水平动位移 Y_1 和 Y_2(幅值)位置上处于动力平衡状态,楼层1和楼层2的惯性作用分别为 $M_1\omega^2Y_1$ 和 $M_2\omega^2Y_2$,取楼层1和楼层2为脱离体,如图6-1(b)所示,其动力平衡方程为

$$\begin{cases} M_1\omega^2Y_1+K_2(Y_2-Y_1)-K_1Y_1=0 \\ M_2\omega^2Y_2-K_2(Y_2-Y_1)=0 \end{cases} \tag{6-1}$$

或

$$\begin{cases} (M_1\omega^2-K_1-K_2)Y_1+K_2Y_2=0 \\ K_2Y_1+(M_2\omega^2-K_2)Y_2=0 \end{cases} \tag{6-2}$$

式中 M_1——集中到第一层楼板处的质量,近似为第一楼层质量和第一楼层上下柱高各一半范围内的所有质量之和;

M_2——集中到第二层楼板(屋盖)处的质量,近似为第二楼层质量和第二楼层柱高一半范围内的所有质量之和;

K_1——第一层柱的横向刚度之和,由于刚架在横向振动中假定楼层不变形,只有柱子发生变形,所以柱子的横向刚度总和可近似地认为:

$$K_1 = \sum_{k=1}^{n} \frac{12EI_{1k}}{H_{1k}^3}$$

K_2——第二层柱的横向刚度之和,同样

$$K_2 = \sum_{k=1}^{n} \frac{12EI_{2k}}{H_{2k}^3}$$

E——刚架柱的弹性模量;

I_{1k}, I_{2k}——分别为第一层第 k 根柱和第二层第 k 根柱的截面惯性矩;

H_{1k}, H_{2k}——分别为第一层第 k 根柱和第二层第 k 根柱的高度;

n——楼层柱子的总根数。

取式(6-2)的系数行列式等于零,即

$$\begin{vmatrix} (M_1\omega^2 - K_1 - K_2) & K_2 \\ K_2 & (M_2\omega^2 - K_2) \end{vmatrix} = 0$$

展开行列式得

$$(M_1\omega^2 - K_1 - K_2)(M_2\omega^2 - K_2) - K_2^2 = 0$$

稍加整理得

$$\omega^4 - \omega^2\left(\frac{K_1 + K_2}{M_1} + \frac{K_2}{M_2}\right) + \frac{K_1 K_2}{M_1 M_2} = 0 \qquad (6-3)$$

式(6-3)称为频率方程,由该方程可求得第一频率 ω_1 和第二频率 ω_2。

将 ω_1 代入式(6-2)中的任意式可求出 Y_{11} 和 Y_{21},即第一振型;把 ω_2 代入式(6-2)中的任意式可求出 Y_{12} 和 Y_{22},即第二振型。

多于两层刚架的自由振动计算原理与两层刚架的计算相同。但层数较多时,计算自由振动往往采用矩阵表达形式。采用矩阵可以使运算标准化,便于采用计算机运算,在此就不叙述了。

刚架横向强迫振动计算通常采用振型分解法比较方便,可参照第 2 章介绍的振型分解法。

6.2 多层刚架横向自由振动的简便计算方法

大家知道,进行多层刚架的动力计算(包括抗震验算)时,首先要计算多层刚架的自振频率和振型。如何较快而又较准确地计算出多层刚架的自振频率和振型是一个很重要的问题。尽管在电子计算机较普遍应用的今天,建立一些简便可行的计算方法仍然很有意义。

作者对这个问题提出了一种简便的计算方法。这种方法的要点是,对多层刚架在水平惯性作用下,建立了自振频率和楼层位移关系表达式,按照关系表达式反复运算逐次逼近,以较好地确定出刚架的自振频率和振型。该方法避免了解算繁冗的联立方程式,概念清楚、

计算简单明了。许多工程实算表明,该法计算的结果能较好地满足工程设计的需要。

6.2.1　关系表达式的建立

多层刚架横向振动计算的一些假定和 6.1 节对刚架的假定相同,即假定楼层不变形,且刚架的所有质量都集中到相应的楼层上。计算简图如图 6－2 所示。

取 $i+1$ 层脱离体,如图 6－2(b)所示,$(Y_{i+2}-Y_{i+1})K_{i+2}$ 和 $(Y_{i+1}-Y_i)K_{i+1}$ 分别为第 $i+2$ 层和第 $i+1$ 层作用在 $i+1$ 层上的水平剪力,其幅值振动平衡方程为

$$\omega^2 M_{i+1}Y_{i+1}+(Y_{i+2}-Y_{i+1})K_{i+2}-(Y_{i+1}-Y_i)K_{i+1}=0$$

由此式得

$$Y_i=\frac{(K_{i+2}+K_{i+1}-M_{i+1}\omega^2)Y_{i+1}-K_{i+2}Y_{i+2}}{K_{i+1}} \tag{6-4}$$

式(6－4)为第 i 楼层位移的表达式。

由式(6－4)可知,第 $n-1$ 层的位移 Y_{n-1} 和第一层柱底位移 Y_0 分别为:

$$Y_{n-1}=\frac{(K_n-M_n\omega^2)Y_n}{K_n}=\left(1-\frac{M_n\omega^2}{K_n}\right)Y_n \tag{6-5}$$

$$Y_0=\frac{(K_2+K_1-M_1\omega^2)Y_1-K_2Y_2}{K_1} \tag{6-6}$$

从以上各式不难看出,第 i 层的位移 Y_i 均为第 $i+1$、$i+2$ 层位移和自振频率 ω^2 的函数。事实上,刚架横向振动时由惯性作用产生的变形曲线形状就是振型本身,而振型值是结构自由振动时各楼层位移的相对比值,因此可以假定 $Y_n=1$,于是式(6－5)就变为

$$Y_{n-1}=1-\frac{M_n\omega^2}{K_n} \tag{6-7}$$

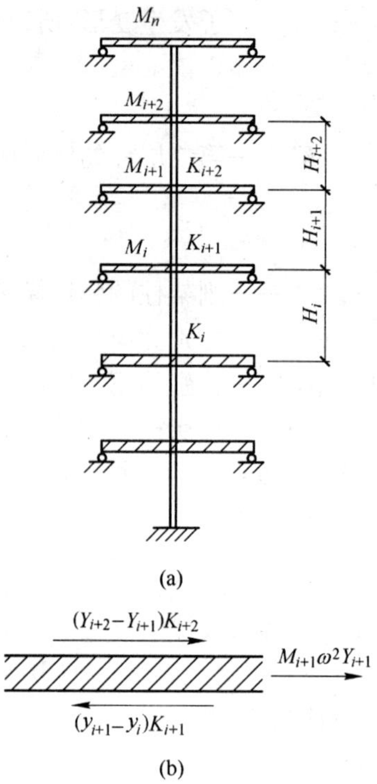

图 6－2　多层刚架横向自由振动简便计算方法图

M_i—集中在第 i 层的质量;

K_i—第 i 层柱横向刚度之总和;

Y_i—第 i 楼层振动位移幅值;

ω—刚架自振圆频率

这样就可以假定一个适当的值作为 ω^2 的初值,由式(6－7)求出 Y_{n-1}。此时,$Y_n=1$,Y_{n-1} 和 ω^2 成为已知数,于是按式(6－4)就可求出 Y_{n-2},依次求出 $Y_{n-3},\cdots,Y_0$。一般来说,由初值求出的 Y_0 值不等于零,也就是说,初值 ω^2 不是刚架真实的圆频率平方值。因此,需要反复假定 ω^2 值并进行上述运算,直到满足边界条件 $Y_0=0$ 为止,此时 ω^2 值才是刚架真实的圆频率平方值,同时由真实的圆频率所对应的 $Y_n=1,Y_{n-1},\cdots,Y_1$(振型)就确定了。

如果假定的初值 ω 接近真实的圆频率,就可以减少运算的工作量。假定初值 ω 主要是根据经验来估计的,对一般比较规则的刚架,可假定第一周期 $T_1=0.1n$(n 为刚架层数),则 $\omega_1=2\pi/T_1$。$\omega_2/\omega_1\approx2\sim3$,$\omega_3/\omega_1\approx3\sim5$。

第 i 层柱的横向刚度总和为:

$$K_i=\sum_{k=1}^{n}\frac{12EI_{ik}}{H_{ik}^3} \tag{6-8}$$

式中　I_{ik}——第 i 层第 k 柱的截面惯性矩;

H_{ik}——第 i 层第 k 柱的高度；

n——第 i 层柱子的总根数。

以下通过算例来熟悉这种方法运算的全过程。

6.2.2　算例

计算图 6－3 所示四层刚架的自振频率和振型。（本算例选自文献[1]的例题）

各层的横向总刚度 K 和集中在楼层的质量 M 如下：

$K_1=116993\text{kN/m}, K_2=93654\text{kN/m}, K_3=70216\text{kN/m}, K_4=46876\text{kN/m}$，

$M_1=43.35\text{t}, M_2=44.03\text{t}, M_3=42.95\text{t}, M_4=38.05\text{t}$。

由式(6－4)、式(6－5)和式(6－6)算得：

$$Y_3=\left(1-\frac{38.05\omega^2}{46876}\right)=1-0.000812\omega^2$$

$$Y_2=(1.668-0.000612\omega^2)Y_3-0.6678$$

$$Y_1=(1.75-0.00047\omega^2)Y_2-0.75Y_3$$

$$Y_0=(1.801-0.0003705\omega^2)Y_1-0.801Y_2$$

$$Y_4=1.0$$

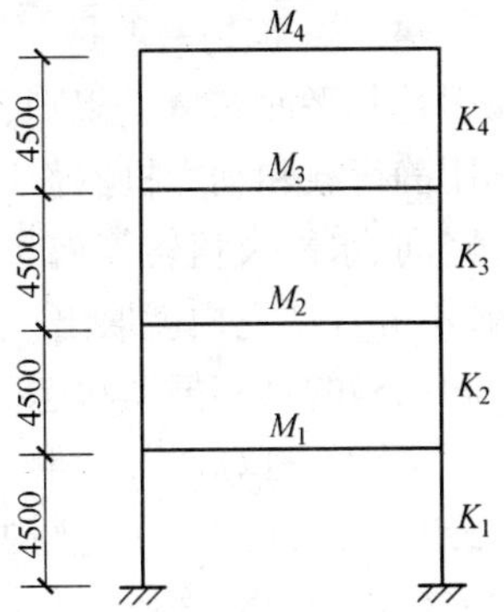

图 6－3　四层刚架自由振动简便计算方法图

首先假定初值 ω^2，设 $T_1=0.1\times4=0.4\text{s}$，$\omega_1=\dfrac{2\pi}{0.4}=15.71\text{rad/s}$，取 $\omega_1^2=250$，经运算最终得 $\omega_1^2=270$，$\omega_1=16.43\text{rad/s}$；$\omega_2=2.5\times16.43=41.08\text{rad/s}$，取 $\omega_2^2=1600$；$\omega_3=3.5\times16.43=57.51\text{rad/s}$，取 $\omega_3^2=3300$；取 $\omega_4^2=7000$。把以上初值代入 $Y_3\sim Y_0$ 表达式，一般 $Y_0\neq0$，需要再假定 ω^2 值反复运算，直到 $Y_0\approx0$ 时的 ω^2 值才是刚架真实的圆频率平方值。计算过程采用“自振频率及振型计算表”比较方便，见表 6－1。从表 6－1 中可以看出，$Y_0\approx0$ 的那一行分别为所求得的 $\omega_1^2\sim\omega_4^2$ 以及所对应的振型值。表中括号内数值为文献[1]计算的结果，可以看出两者几乎相等。

表 6－1　自振频率及振型计算表

ω^2 /(rad · s^{-1})^2	Y_4 1.0	Y_3 $(1-0.000812\omega^2)$	Y_2 $(1.668-0.000612\omega^2)$ $Y_3-0.6678$	Y_1 $(1.75-0.00047\omega^2)$ $Y_2-0.75Y_3$	Y_0 $(1.80-0.0003705\omega^2)$ $Y_1-0.801Y_2$
270	1.0	0.781	0.506	0.236	$-0.004\approx0$
(270.27)	(1.0)	(0.781)	(0.503)	(0.232)	
1660	1.0	−0.350	−0.896	−0.606	$-0.001\approx0$
(1660.56)	(1.0)	(−0.350)	(−0.895)	(−0.606)	
3823	1.0	−2.104	0.746	1.543	$-0.004\approx0$
(3831.61)	(1.0)	(−2.106)	(0.755)	(1.213)	
6790	1.0	−4.513	10.558	−11.832	$-0.001\approx0$
(6806.25)	(1.0)	(−4.528)	(10.671)	(−12.093)	

以上简要介绍了平面刚架横向自由振动的实用计算方法。一旦刚架的自振频率和振型确定后，采用振型分解法就能比较容易地计算出强迫振动的线位移，在此就不再重述了。下章将介绍空间刚架的振动计算方法。

第 7 章　空间振动分析

建(构)筑物一般是非常复杂的空间结构,多层工业建筑(包括构筑物)更是如此,主要原因是其平面布置不规则、平面宽度与纵向长度之比较大、抗侧力结构布置不均匀不对称、作用静荷载和动力机器作用的荷载(包括静重与扰力)不规则等等。这使得建(构)筑物具有竖向、水平及扭转等耦联振动的空间工作性质。如果对一个承受动力机器的复杂空间结构,不分青红皂白就取出一个单元并按平面结构来进行振动计算是不恰当的,不能反映出该空间结构的真实振动状态。

本章不打算对各种形式的建(构)筑物的空间振动计算进行介绍,而是介绍在实际工程中经常能遇到的一些建(构)筑物的空间振动计算方法和抗振措施,例如布置有多台低转速动力机器的狭长房屋、顶层空旷多层刚架房屋、多层刚架平动 - 扭转耦联振动的房屋、楼层上布置着多台各种不同动力机器的房屋、在楼层上作用着比较大的水平扰力的房屋、支承动力机器的空间钢结构等等。

7.1　变断面多层刚架房屋空间振动分析

目前在多层刚架房屋的动力计算中,很多不考虑空间刚度的作用。有关实测数据分析表明[12],当房屋两个主轴方向尺寸相差较大,且房屋的楼板侧向刚度较小时,楼板的侧向变形是不能忽略的。此时,在进行动力计算时,需要考虑楼板侧向变形的房屋空间刚度作用。

文献[12]对计算等断面(即每层的面积、质量和刚度均相等)多层刚架房屋的自振特性建立了比较简明的公式,这种房屋多为多层民用建筑房屋。但是,一般工业多层刚架房屋的各层面积、质量和刚度很少相同,这就是所谓变断面多层刚架房屋。本节将对这种房屋考虑空间作用的自由振动及在简谐荷载作用下的强迫振动计算问题进行分析,并对一座安装有动力设备的实际多层刚架房屋做具体的振动计算。

7.1.1　自由振动

这类房屋沿短轴向振动时,空间工作的主要构件是由刚架和填充墙构成的竖梁及由楼板与刚架横梁构成的水平梁组成,这两组梁系都可以看作是剪切梁;同时,各层质量可近似地集中于楼层上,因此得到如图 7 - 1 所示的计算简图。

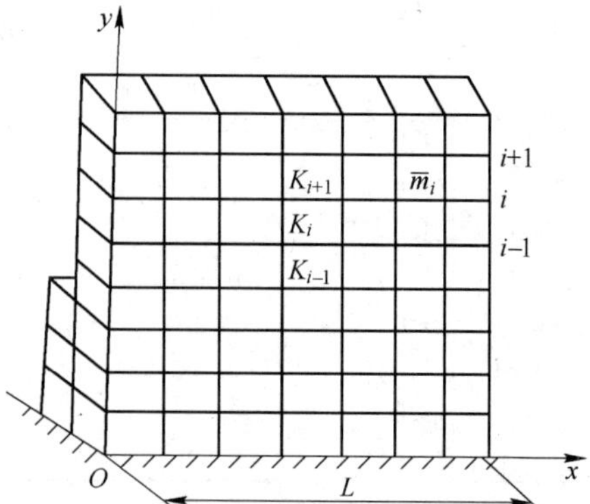

图 7 - 1　变断面多层刚架空间振动计算简图

矩形断面房屋的第 i 层振动微分方程为

$$\overline{m}_i \frac{\partial^2 Z_i}{\partial t^2} = a_i \frac{\partial^2 Z_i}{\partial x^2} - \overline{K}_i (Z_i - Z_{i-1}) + \overline{K}_{i+1}(Z_{i+1} - Z_i) \qquad (7-1)$$

式中　$a_i = GF_i$——水平梁系的综合抗剪刚度;

$\overline{m}_i$——第 i 楼层水平梁系单位长度上的质量；

$\overline{K}_i$——第 i 楼层单位长度上的刚度，$\overline{K}_i=\dfrac{K_i}{L}$，$K_i$ 为房屋第 i 楼层的总刚度，L 为房屋纵向长度。

采用分离变量法解方程(7－1)，设

$$Z(x,i,t)=X(x)Y_iT(t) \tag{7-2}$$

将式(7－2)代入方程式(7－1)整理后得：

$$\frac{X''}{X}=\frac{1}{a_i}\left[\overline{m}_i\frac{T''}{T}+\overline{K}_i+\overline{K}_{i+1}-\frac{1}{Y_i}(\overline{K}_iY_{i-1}+\overline{K}_{i+1}Y_{i+1})\right]$$

上式左边为 x 的函数，右边为 i 和 t 的函数，两者相等其公共值必然等于一个常数，设该常数为 $-\alpha^2$。

则

$$\frac{X''}{X}=-\alpha^2$$

即

$$X''+\alpha^2X=0 \tag{7-3}$$

或

$$\frac{1}{a_i}\left[\overline{m}_i\frac{T''}{T}+\overline{K}_i+\overline{K}_{i+1}-\frac{1}{Y_i}(\overline{K}_iY_{i-1}+\overline{K}_{i+1}Y_{i+1})\right]=-\alpha^2$$

即

$$\frac{T''}{T}=-\left[\frac{\overline{K}_i+\overline{K}_{i+1}}{\overline{m}_i}-\frac{(\overline{K}_iY_{i-1}+\overline{K}_{i+1}Y_{i+1})/Y_i+a_i\alpha^2}{\overline{m}_i}\right]$$

上式左边为 t 的函数，右边为 i 的函数，两者相等，其公共值必然等于一个常数，令该常数为 $-\beta^2$。则

$$\frac{T''}{T}=-\beta^2$$

即

$$T''+\beta^2T=0 \tag{7-4}$$

或

$$\frac{\overline{K}_i}{\overline{m}_i}+\frac{\overline{K}_{i+1}}{\overline{m}_i}-\frac{1}{Y_i}\left(\frac{\overline{K}_i}{\overline{m}_i}Y_{i-1}+\frac{\overline{K}_{i+1}}{\overline{m}_i}Y_{i+1}\right)+\frac{a_i}{\overline{m}_i}\alpha^2=\beta^2$$

即

$$-\overline{K}_iY_{i-1}+(a_i\alpha^2+\overline{K}_i+\overline{K}_{i+1}-\beta^2\overline{m}_i)Y_i-\overline{K}_{i+1}Y_{i+1}=0 \tag{7-5}$$

这样，式(7－1)就变成了两个常微分方程(7－3)、方程(7－4)和一个三位移方程(7－5)。

式(7－3)的通解为

$$X=A_1\sin\alpha x+A_2\cos\alpha x \tag{7-6}$$

式(7－6)中 α 及函数 X 由房屋的边界条件决定。

7.1.1.1 两端自由

$x=0$ 和 $x=L$ 时，剪应变为零，即 $\dfrac{dX}{dx}=0$，则

$$A_1\alpha-A_2\alpha\cdot 0=0$$

故

$$A_1=0$$

$$\left(\frac{dX}{dx}\right)_{x=L}=-A_2\alpha\sin\alpha L=0$$

可推出　$\sin\alpha L = 0$

故水平梁系的特征值 α 及振型 X 为

$$\alpha = (s-1)\frac{\pi}{L}, s = 1,2,3,\cdots \tag{7-7}$$

$$X = A_2\cos\alpha x \tag{7-8}$$

7.1.1.2　一端不动一端自由

$$\alpha = \left(s-\frac{1}{2}\right)\frac{\pi}{L}, s = 1,2,3,\cdots \tag{7-9}$$

$$X = A_2\sin\alpha x \tag{7-10}$$

7.1.1.3　两端不动

$$\alpha = s\pi/L, s = 1,2,3,\cdots \tag{7-11}$$

$$X = A_1\sin\alpha x \tag{7-12}$$

式(7－4)的解为

$$T = B\sin(\beta t + \varphi) \tag{7-13}$$

由式(7－4)可知，β 是考虑了空间影响的房屋水平振动频率，将 β 写为 β_{HS}，用其来表示空间水平振动频率（角标 H 表示竖梁的振型序数，$H = 1,2,\cdots,n$；S 表示水平梁的振型序数）。

由式(7－5)可以看出，房屋有多少层就可以写出多少个齐次方程，这些方程都是各层质量位移的齐次方程。

将式(7－5)写成矩阵形式：

$$\begin{pmatrix} (a_1\alpha^2+\overline{K}_1+\overline{K}_2) & -\overline{K}_2 & 0 & & 0 \\ -\overline{K}_2 & (a_2\alpha^2+\overline{K}_2+\overline{K}_3) & -\overline{K}_3 & & 0 \\ 0 & -\overline{K}_3 & (a_3\alpha^2+\overline{K}_3+\overline{K}_4) & & -\overline{K}_n \\ \vdots & \vdots & \vdots & \ddots & \vdots \\ 0 & 0 & -\overline{K}_n & & (a_n\alpha^2+\overline{K}_n) \end{pmatrix} \times \begin{pmatrix} Y_1 \\ Y_2 \\ Y_3 \\ \vdots \\ Y_n \end{pmatrix}$$

$$-\beta_{HS}^2 \begin{pmatrix} \overline{m}_1 & & & & \\ & \overline{m}_2 & & 0 & \\ & & \overline{m}_3 & & \\ & 0 & & \ddots & \\ & & & & \overline{m}_n \end{pmatrix} \begin{pmatrix} Y_1 \\ Y_2 \\ Y_3 \\ \vdots \\ Y_n \end{pmatrix} = (0) \tag{7-14}$$

缩写为

$$(\boldsymbol{K} - \beta_{HS}^2\boldsymbol{M})(Y_i) = \boldsymbol{0} \tag{7-15}$$

应用计算机就可求解式(7－15)的全部特征值 β_{HS} 和特征向量 $\boldsymbol{Y}_i$。

但在实际工程中，求解式(7－15)的 β_{HS}（即 β）和 Y_i 时，可采用试算法。由式(7－5)得

$$Y_{i-1} = \frac{(a_i\alpha^2 + \overline{K}_i + \overline{K}_{i+1} - \beta_{HS}^2\overline{m}_i)Y_i - \overline{K}_{i+1}Y_{i+1}}{\overline{K}_i} \tag{7-16}$$

令　$Y_n = 1$，则

$$Y_{n-1} = \frac{a_n\alpha^2 + \overline{K}_n - \beta_{HS}^2\overline{m}_n}{\overline{K}_n} \tag{7-17}$$

以及

$$Y_0 = \frac{(a_1\alpha^2 + \overline{K}_1 + \overline{K}_2 - \beta_{HS}^2\overline{m}_1)Y_1 - \overline{K}_2 Y_2}{\overline{K}_1} \tag{7-18}$$

首先假定一个适当的β_{HS}^2值按式(7－17)求出 Y_{n-1}，再按式(7－16)根据β_{HS}^2、$Y_n(=1)$、Y_{n-1}求出 Y_{n-2}，依次求出 Y_{n-3}、…、Y_0。一般第一次求出的 $Y_0 \neq 0$，再重新假定β_{HS}^2值重复上述的演算，直至 $Y_0 \approx 0$。此时的β_{HS}^2、$y_n(=1)$、Y_{n-1}、Y_{n-2}、…、Y_1 分别就是自振圆频率的平方和对应的振型值。

式(7－16)中，$a_i = GF_i$，G 为水平梁系的剪切模量，F_i 为第 i 层楼板横截面面积。可以通过对房屋实测得到的β_{HS}^2值代入式(7－14)加以变换后求 a_i。在缺乏实测资料的情况下，对有的楼板(如现浇钢筋混凝土楼板等)，作者认为也可以按式 $a_i = GF_i$ 直接计算。

式(7－16)、式(7－17)和式(7－18)也可改写为

$$Y_{i-1} = \frac{\left(\frac{a_i}{\overline{m}_i}\alpha^2 + \frac{\overline{K}_i}{\overline{m}_i} + \frac{\overline{K}_{i+1}}{\overline{m}_i} - \beta_{HS}^2\right)\overline{m}_i Y_i - \overline{K}_{i+1}Y_{i+1}}{\overline{K}_i} \tag{7-19}$$

$$Y_{n-1} = \frac{\left(\frac{a_n}{\overline{m}_n}\alpha^2 + \frac{\overline{K}_n}{\overline{m}_n} - \beta_{HS}^2\right)\overline{m}_n}{\overline{K}_n} \tag{7-20}$$

$$Y_0 = \frac{\left(\frac{a_1}{\overline{m}_1}\alpha^2 + \frac{\overline{K}_1}{\overline{m}_1} + \frac{\overline{K}_2}{\overline{m}_1} - \beta_{HS}^2\right)\overline{m}_1 Y_1 - \overline{K}_2 Y_2}{\overline{K}_1} \tag{7-21}$$

令 $\sqrt{a_i/\overline{m}_i} = v_i$，该参数表示剪切波在 i 层水平梁内的传播速度。文献[12]对一些多层刚架房屋利用测得的自振频率求出了它们的 v 值，v 值大致为 70～100m/s。

把 $X(x)$、Y_i 代入式(7－2)就可得出房屋的空间振型。

7.1.2 简谐荷载作用下的强迫振动

计算在简谐荷载作用下的强迫振动线位移，采用振型分解法是比较方便的。设沿多层刚架第 k 层楼板作用着水平简谐荷载，其集度为 $P_k(x)\cos\theta t(k=1,2,\cdots,n)$。根据弹性体系振动的一般理论，可将振动按振型分解。第 i 层楼板的位移为

$$Z_i(x,t) = \sum_{S=1}^{\infty}\sum_{H=1}^{n} X_S(x)Y_H(i)q_{HS}(t) \tag{7-22}$$

式中，$X_S(x)Y_H(i)$为振型(H,S)中第 i 个质量带(楼板)的振型函数，$q_{HS}(t)$为振型的主坐标。

体系的总动能等于各振型的动能之和，即

$$\begin{aligned} U &= \frac{1}{2}\sum_{S=1}^{\infty}\sum_{H=1}^{n}\sum_{i=1}^{n}\int_0^L \overline{m}_i Y_H^2(i)X_S^2(x)\dot{q}_{HS}^2(t)\,\mathrm{d}x \\ &= \frac{1}{2}\sum_{S=1}^{\infty}\sum_{H=1}^{n}\sum_{i=1}^{n} Y_H^2(i)\dot{q}_{HS}^2(t)\int_0^L \overline{m}_i X_S^2(x)\,\mathrm{d}x \end{aligned} \tag{7-23}$$

体系的总位能等于各振型的位能之和，即

$$
\begin{aligned}
W &= \frac{1}{2}\sum_{i=1}^{n}\left[\int_0^L GF_i\left(\frac{\partial Z_i}{\partial x}\right)^2 \mathrm{d}x + \int_0^L \overline{K}_i(Z_i - Z_{i-1})^2\mathrm{d}x\right] \\
&= \frac{1}{2}\sum_{S=1}^{\infty}\sum_{H=1}^{n}\sum_{i=1}^{n} q_{HS}^2(t)\left[\int_0^L Y_H^2(i)GF_i\left(\frac{\mathrm{d}X_S(x)}{\mathrm{d}x}\right)^2\mathrm{d}x + \right. \\
&\left. \overline{K}_i\Big(Y_H(i) - Y_H(i-1)\Big)^2\int_0^L X_S^2(x)\mathrm{d}x\right]
\end{aligned}
\tag{7-24}
$$

将式(7－23)和式(7－24)代入拉格朗日方程，有

$$
\frac{\mathrm{d}\partial U}{\mathrm{d}t\partial \dot{q}_{HS}(t)} - \frac{\partial U}{\partial q_{HS}(t)} + \frac{\partial W}{\partial q_{HS}(t)} = Q_{PHS} \tag{7-25}
$$

式中，Q_{PHS}为按荷载 $P_k(x)\cos\theta t$ 求出的与主坐标 $q_{HS}(t)$ 相对应的广义力。

干扰力所做的功可表示为

$$
-W_P = \sum_{k=1}^{n}\int_0^L P_k(x)\cos\theta t\mathrm{d}x \cdot \sum_{S=1}^{\infty}\sum_{H=1}^{n} X_S(x)Y_H(k)q_{HS}(t)
$$

式中，$Y_H(k)$为荷载 $P_k(x)\cos\theta t$ 作用下 k 层楼板的位移。

$$
Q_{PHS} = -\frac{\partial W_P}{\partial q_{HS}(t)} = \sum_{k=1}^{n} Y_H(k)\cos\theta t\int_0^L P_k(x)X_S(x)\mathrm{d}x
$$

$$
\frac{\mathrm{d}\partial U}{\mathrm{d}t\partial \dot{q}_{HS}(t)} = \sum_{i=1}^{n} Y_H^2(i)\ddot{q}_{HS}(t) \cdot \int_0^L \overline{m}_i X_S^2(x)\mathrm{d}x
$$

$$
\frac{\partial U}{\partial q_{HS}(t)} = 0
$$

$$
\begin{aligned}
\frac{\partial W}{\partial q_{HS}(t)} = \sum_{i=1}^{n} q_{HS}(t) \cdot \left[\int_0^L Y_H^2(i)GF_i\left(\frac{\mathrm{d}X_S(x)}{\mathrm{d}x}\right)^2\mathrm{d}x + \right. \\
\left. \overline{K}_i\Big(Y_H(i) - Y_H(i-1)\Big)^2\int_0^L X_S^2(x)\mathrm{d}x\right]
\end{aligned}
$$

代入式(7－25)得

$$
\ddot{q}_{HS}(t) + \beta_{HS}^2 q_{HS}(t) = \eta_{HS}\cos\theta t \tag{7-26}
$$

式中

$$
\eta_{HS} = \frac{\sum_{k=1}^{n} Y_H(k)\int_0^L P_k(x)X_S(x)\mathrm{d}x}{\sum_{i=1}^{n} Y_H^2(i)\int_0^L \overline{m}_i X_S^2(x)\mathrm{d}x} \tag{7-27}
$$

如果采用索罗肯滞变阻尼理论，则

$$
\ddot{q}_{HS}(t) + \beta_{HS}^2(1 + ir)q_{HS}(t) = \eta_{HS}\cos\theta t \tag{7-28}
$$

式中，$r = \frac{\psi}{2\pi}$，ψ 为耗能系数，r 为非弹性阻力系数。

式(7－28)的解为

$$
q_{HS}(t) = \frac{\eta_{HS}\cos(\theta t + \varphi)}{\sqrt{(\beta_{HS}^2 - \theta^2)^2 + r^2\beta_{HS}^4}}
$$

式中

$$\tan\varphi = -\frac{r}{1-\dfrac{\theta^2}{\beta_{HS}^2}}$$

将 $q_{HS}(t)$ 代入式(7－22)得

$$Z_i(x,t) = \sum_{S=1}^{\infty}\sum_{H=1}^{n} X_S(x)Y_H(i)\cdot\frac{\eta_{HS}\cos(\theta t+\varphi)}{\sqrt{(\beta_{HS}^2-\theta^2)^2+r^2\beta_{HS}^4}} \tag{7-29}$$

当荷载扰频率 θ 与某一振型的频率接近，并且 η_{HS} 不太小时，该振型将起主要作用。如果荷载扰频率 θ 与各振型的频率均不接近(即远离共振区)，可不考虑阻尼的影响，则式(7－29)变为

$$Z_i(x,t) = \sum_{S=1}^{\infty}\sum_{H=1}^{n} X_S(x)Y_H(i)\cdot\frac{\eta_{HS}\cos\theta t}{\beta_{HS}^2-\theta^2} \tag{7-30}$$

对于两端自由的房屋，在对称荷载作用下式(7－27)中

$$\int_0^L P_k(x)X_S(x)\,\mathrm{d}x = \begin{cases}\neq 0(\text{当 } S=1 \text{ 时})\\ =0(\text{当 } S\geqslant 2 \text{ 时，即 } \eta_{HS}=0)\end{cases}$$

说明水平梁系只出现第一振型。

7.1.3　工程实例

一座建成使用的四层变断面钢筋混凝土刚架房屋，刚架和楼板的混凝土强度等级为C20，楼板厚度为80mm，20mm 厚水泥砂浆抹面，填充墙为240mm 厚砖墙，两端为钢楼梯如图7－2所示。第三层楼面安装了16台干燥器，转速为228r/min(干燥器自重很轻)。试计算房屋的自振频率和强迫振动线位移。

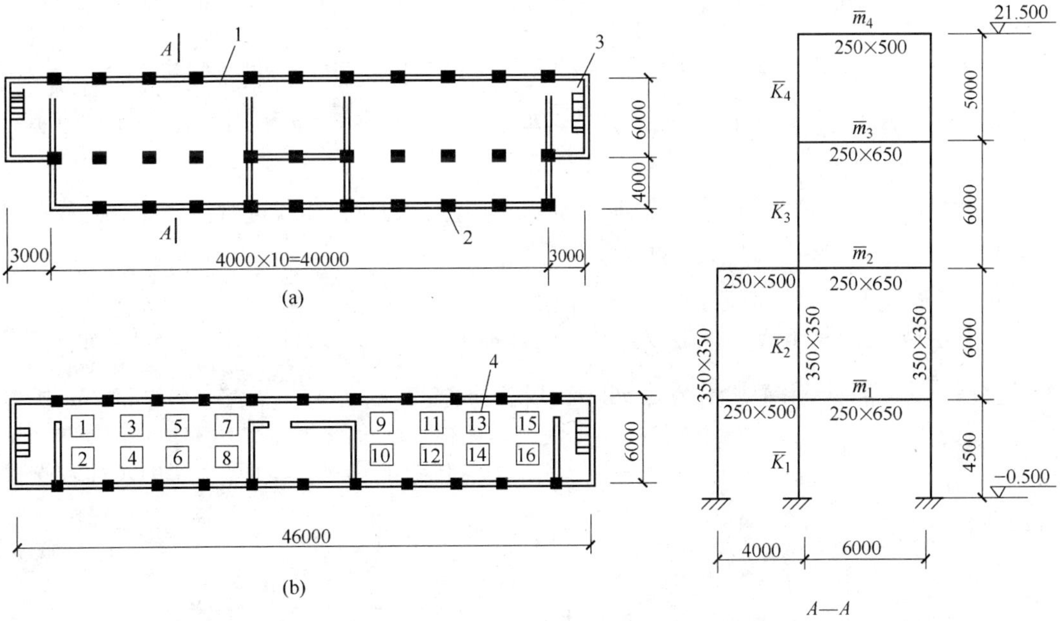

图7－2　四层变断面混凝土刚架空间振动计算图

(a)第一、二层的平面图；(b)第三、四层的平面图

1—240mm 砖墙；2—钢筋混凝土框架柱；3—楼梯间；4—干燥器位置及编号

A　计算房屋自振频率和振型

该房屋两端自由。经计算，$\overline{m}_i$、$\overline{K}_i$、$a_i\alpha^2$ 等参数列于表7－1。$S=1$ 时，$a_i\alpha^2=0$。

表7－1　计算系数表

$\overline{m}_i$/t·m^{-1}				$\overline{K}_i$/kN·m^{-2}				$a_i\alpha^2$/kN·m^{-2}				
								$S=1$	$S=2$			
$\overline{m}_1$	$\overline{m}_2$	$\overline{m}_3$	$\overline{m}_4$	$\overline{K}_1$	$\overline{K}_2$	$\overline{K}_3$	$\overline{K}_4$	$a_1\alpha^2\sim a_4\alpha^2$	$a_1\alpha^2$	$a_2\alpha^2$	$a_3\alpha^2$	$a_4\alpha^2$
130	116	99	53	588674	234783	150696	301652	0	290780	306940	137310	151450

由式(7－20)，式(7－19)，式(7－21)可得

$$Y_3=1-\frac{53}{301652}\beta_{HS}^2=1-0.0001757\beta_{H1}^2$$

$$Y_2=\frac{(150696+301652-\beta_{H1}^2\times 99)Y_3-301652Y_4}{150696}$$

$$=(3.0017-0.000657\beta_{H1}^2)Y_3-2.0017Y_4$$

$$Y_1=\frac{(234783+150696-116\beta_{H1}^2)Y_2-150696Y_3}{234783}$$

$$=(1.64185-0.000494\beta_{H1}^2)Y_2-0.64185Y_3$$

$$Y_0=\frac{(588674+234783-\beta_{H1}^2\times 130)Y_1-234783Y_2}{588674}$$

$$=(1.3988-0.000221\beta_{H1}^2)Y_1-0.3988Y_2$$

按上述步骤经过计算得 $\beta_{11}^2=417$、$Y_{11}(1)=0.161$、$Y_{11}(2)=0.526$、$Y_{11}(3)=0.927$、$Y_{11}(4)=1.000$。同样，$S=2$ 时，由式(7－19)，式(7－20)，式(7－21)可求得 $\beta_{12}^2=2442$、$Y_{12}(1)=0.139$、$Y_{12}(2)=0.475$、$Y_{12}(3)=1.073$、$Y_{12}(4)=1.000$。其自振频率 $f_{11}=\frac{\sqrt{417}}{2\pi}=3.25\text{s}^{-1}$（$H=S=1$，即竖向和水平向都是第一振型），$f_{12}=7.865\text{s}^{-1}$（$H=1$、$S=2$，即竖向为第一振型，水平向为第二振型）。

实测横向自振频率 $f_{11}=3.22\text{s}^{-1}$，同时对该房屋测得的自振曲线进行傅立叶变换分析得 $f_{11}=3.3\text{s}^{-1}$、$f_{12}=7.80\text{s}^{-1}$，与本文计算值几乎相同。

B　计算横向强迫振动线位移

第三层楼板上的16台干燥器仅开动10台(即1～4号、7号、11～14号、15号，如图7－2所示)。干燥器每台水平扰力为0.96kN，其扰力集度 $P_3(x)\approx\frac{0.96\times 2}{4}=0.48\text{kN/m}$，扰力频率是 $\frac{228}{60}=3.8\text{s}^{-1}$。在计算中不考虑阻尼和扰力相位差的影响，只计算房屋中间和两端振动线位移。

按式(7－27)计算 η_{HS}：

$$\eta_{11}=\frac{0.927\times 0.48\left(\int_3^{11}\cos 0x\mathrm{d}x+\frac{1}{2}\int_{15}^{19}\cos 0x\mathrm{d}x-\int_{31}^{39}\cos 0x\mathrm{d}x-\frac{1}{2}\int_{39}^{43}\cos 0x\mathrm{d}x\right)}{(0.161^2\times 13.0+0.526^2\times 11.6+0.927^2\times 9.9+1.00^2\times 5.3)\int_0^{46}\cos^2 0x\mathrm{d}x}$$

$$= 0.0112$$

$$\eta_{12} = \frac{0.927 \times 0.48\left(\int_3^{11} \cos \frac{\pi}{L}x\mathrm{d}x + \frac{1}{2}\int_{15}^{19} \cos \frac{\pi}{L}x\mathrm{d}x - \int_{31}^{39} \cos \frac{\pi}{L}x\mathrm{d}x - \frac{1}{2}\int_{39}^{43} \cos \frac{\pi}{L}x\mathrm{d}x\right)}{(0.139^2 \times 13.0 + 0.475^2 \times 11.6 + 1.073^2 \times 9.9 + 1.00^2 \times 5.3)\int_0^{46} \cos^2 \frac{\pi}{L}x\mathrm{d}x}$$

$$= 0.018$$

将 η_{11}、η_{12}代入式(7-20)得三层的横向振动线位移。房屋中间线位移为

$$Z_3\left(\frac{L}{2}\right) = \cos 0 \frac{0.927 \times 0.0112}{417 - (3.8 \times 2\pi)^2} + \cos \frac{\pi}{L} \times \frac{L}{2} \frac{1.067 \times 0.018}{2442 - (3.8 \times 2\pi)^2}$$

$$= -0.68 \times 10^{-4}\mathrm{m} = -0.068\mathrm{mm}$$

房屋端点线位移为

$$Z_3(L) = \cos 0 \frac{0.927 \times 0.0112}{417 - (3.8 \times 2\pi)^2} + \cos \frac{\pi}{L} \times L \frac{1.073 \times 0.018}{2442 - (3.8 \times 2\pi)^2} = -0.78 \times 10^{-4}\mathrm{m}$$

$$= -0.078\mathrm{mm}$$

因为 $\theta/\beta_{11} = 0.105 \times 228/\sqrt{417} = 23.94/20.421 = 1.17 < 1.25$，在共振区，所以可考虑阻尼的影响。取 $r = 0.1$[17]。

由式(7-29)可得

$$Z_3\left(\frac{L}{2}\right) = \cos 0 \frac{0.927 \times 0.0112}{\sqrt{(417 - 23.94^2)^2 + 0.1^2 \times 417^2}} + \cos \frac{\pi}{L} \cdot \frac{L}{2} \frac{1.073 \times 0.018}{\sqrt{(2442 - 23.94^2)^2 + 0.1^2 \times 2442^2}}$$

$$= 0.64 \times 10^{-4}\mathrm{m} = 0.064\mathrm{mm}$$

$$Z_3(0) = \cos 0 \frac{0.927 \times 0.0112}{\sqrt{(417 - 23.94^2)^2 + 0.1^2 \times 417^2}} + \cos 0 \frac{1.073 \times 0.018}{\sqrt{(2442 - 23.94^2)^2 + 0.1^2 \times 2442^2}}$$

$$= 0.74 \times 10^{-4}\mathrm{m} = 0.074\mathrm{mm}$$

就本工程的计算结果可以看出，阻尼对振动线位移的影响很小，可忽略不计。

房屋中间实测振动线位移是 0.055mm。按本例计算的自振频率和强迫振动线位移与实测结果都比较接近，说明上述方法是可行的。

该房屋的实测工作是由武汉地震大队和长江流域规划办公室长江水利水电科学研究院完成的。

顺便指出，对于设有较低频率机器的房屋，为了提高房屋的基频以避开扰力频率与房屋基频的共振，在工程设计中将房屋两端做成刚性墙（按两端不动考虑）是比较合适的抗振措施。

7.2 计算多层刚架平动-扭转耦联自由振动的传递矩阵法

目前，在多层刚架房屋横向振动计算中，设计工程师很少考虑扭转效应，即仅取出某一单榀刚架进行计算，甚至对很不对称（质量和刚度中心不重合）的刚架也是如此，这样计算的结果与实际是不相符的。对多层刚架考虑扭转效应的振动计算，首先要计算复杂的自由

振动，因此如何得到一个比较简单而又切实可行的方法是至关重要的。文献[7]以矩阵传递法计算了每个质点只有一个自由度的体系，文献[6]将其推广应用于剪切型多层刚架。本节介绍通过刚心坐标系建立多层刚架平动－扭转耦联振动的矩阵方程，用传递矩阵法来计算平动－扭转复杂的振动体系。该法就是把整个刚架体系按楼层拆散成一系列的子体系，各楼层（子体系）的弹性和动力特性是已知的，其运动状态是可以描述的。用楼层的传递矩阵建立相邻楼层运动状态的关系，在确定了某一层的运动状态时，其他各楼层的运动便可依次确定。刚架底层柱底水平位移和转角为零（柱底与基础连接为固接），顶层上表面的剪力和扭矩为零，根据这些边界条件，利用传递矩阵进行简单的运算，最后对 n 层刚架来说就可得出一个 $2n$ 次的代数方程（频率方程），从而求出频率和相应的振型。这是一个比较简捷的方法，对层数不多的刚架即使用手工计算也无多大困难。

7.2.1　自由振动

研究图 7－3 所示的多层刚架，每层为一个子体系。图 7－4 为被拆散的第 i 层（i 子体系）刚性平面上所受的力及运动状态。质心为 s_i，刚心为 c_i，假定质心和刚心的连线为一主惯性轴，静力偏心距为 e_i。

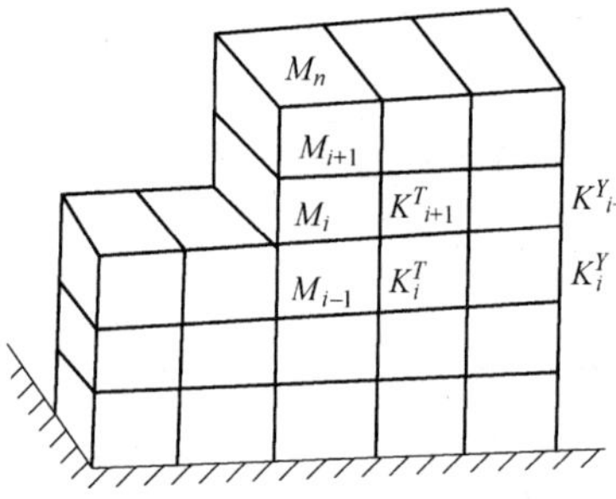

图 7－3　多层刚架平动－扭转耦联自由振动传递矩阵法计算图

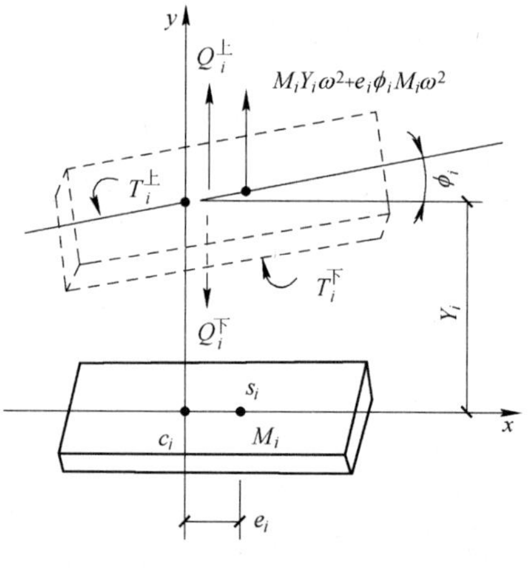

图 7－4　第 i 层刚性平面上受力及运动状态图

在图 7－3 和图 7－4 中，M_i 为刚架第 i 层的集中质量，包括第 i 层质量（楼层本身和设备质量等）和第 i 层上下柱高各一半范围内的所有质量之和；K_i^Y 和 K_i^T 分别表示刚架第 i 层的水平刚度和扭转刚度；J_{c_i} 为第 i 层绕刚心的转动惯量；Y_i 为第 i 层刚心处水平位移；ϕ_i 为第 i 层绕刚心的转角；$Q_i^{上}$ 和 $Q_i^{下}$ 分别为第 i 层楼板上表面和下表面的剪力；$T_i^{上}$ 和 $T_i^{下}$ 分别为第 i 层楼板上表面和下表面的扭矩。

对第 i 层由动力平衡条件得

$$\begin{cases} Y_i^{上} = Y_i^{下} = Y_i \\ \phi_i^{上} = \phi_i^{下} = \phi_i \\ Q_i^{上} = -M_iY_i\omega^2 - e_i\phi_iM_i\omega^2 + Q_i^{下} \\ T_i^{上} = T_i^{下} - J_{c_i}\phi_i\omega^2 - M_ie_iY_i\omega^2 \end{cases} \tag{7-31}$$

式中，位移和力为幅值，ω 为整体刚架的自振频率。把式(7－31)写成矩阵形式：

$$\begin{pmatrix} Y \\ \phi \\ Q \\ T \end{pmatrix}_i^{上} = \begin{pmatrix} 1 & 0 & 0 & 0 \\ 0 & 1 & 0 & 0 \\ -M_i\omega^2 & -e_iM_i\omega^2 & 1 & 0 \\ -M_ie_i\omega^2 & -J_{c_i}\omega^2 & 0 & 1 \end{pmatrix} \begin{pmatrix} Y \\ \phi \\ Q \\ T \end{pmatrix}_i^{下} \tag{7-32}$$

截取 i、$i-1$ 层间为脱离体，如图 7－5 所示，有

$$\begin{cases} Y_i^{下} = Y_{i-1}^{上} + Q_{i-1}^{上}/K_i^Y \\ Q_i^{下} = Q_{i-1}^{上} \\ \phi_i^{下} = \phi_{i-1}^{上} + T_{i-1}^{上}/K_i^T \\ T_i^{下} = T_{i-1}^{上} \end{cases}$$

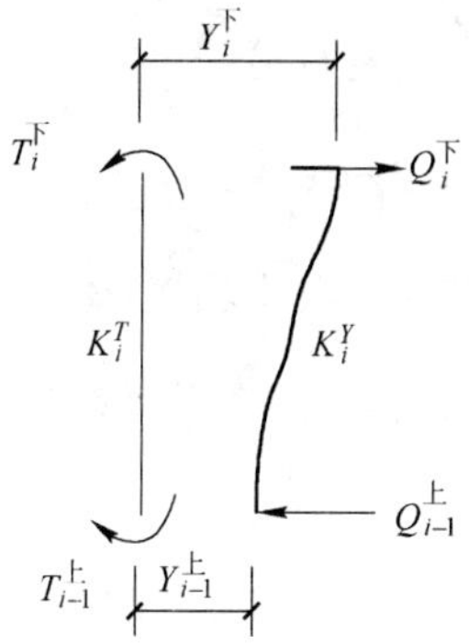

图 7－5 i 和 $i-1$ 层间脱离体受力图

写成矩阵形式

$$\begin{pmatrix} Y \\ \phi \\ Q \\ T \end{pmatrix}_i^{下} = \begin{pmatrix} 1 & 0 & 1/K_i^Y & 0 \\ 0 & 1 & 0 & 1/K_i^T \\ 0 & 0 & 1 & 0 \\ 0 & 0 & 0 & 1 \end{pmatrix} \begin{pmatrix} Y \\ \phi \\ Q \\ T \end{pmatrix}_{i-1}^{上} \tag{7-33}$$

把式(7－33)代入式(7－32)得：

$$\begin{pmatrix} Y \\ \phi \\ Q \\ T \end{pmatrix}_i^{上} = \begin{pmatrix} 1 & 0 & 0 & 0 \\ 0 & 1 & 0 & 0 \\ -M_i\omega^2 & -e_iM_i\omega^2 & 1 & 0 \\ -M_ie_i\omega^2 & -J_{c_i}\omega^2 & 0 & 1 \end{pmatrix} \begin{pmatrix} 1 & 0 & 1/K_i^Y & 0 \\ 0 & 1 & 0 & 1/K_i^T \\ 0 & 0 & 1 & 0 \\ 0 & 0 & 0 & 1 \end{pmatrix} \begin{pmatrix} Y \\ \phi \\ Q \\ T \end{pmatrix}_{i-1}^{上}$$

$$= \begin{pmatrix} 1 & 0 & 1/K_i^Y & 0 \\ 0 & 1 & 0 & 1/K_i^T \\ -M_i\omega^2 & -M_ie_i\omega^2 & 1-\dfrac{M_i\omega^2}{K_i^Y} & -\dfrac{M_ie_i\omega^2}{K_i^T} \\ -M_ie_i\omega^2 & -J_{c_i}\omega^2 & -\dfrac{M_ie_i\omega^2}{K_i^Y} & 1-\dfrac{J_{c_i}\omega^2}{K_i^T} \end{pmatrix} \begin{pmatrix} Y \\ \phi \\ Q \\ T \end{pmatrix}_{i-1}^{上} \tag{7-34}$$

式(7－34)就是相邻两层(两子体系)的振动关系式，式(7－34)右边的矩阵即为相邻层的传递矩阵。对基础层而言，$Y_0=\phi_0=0$。由式(7－34)得

$$\begin{pmatrix} Y \\ \phi \\ Q \\ T \end{pmatrix}_1^{上} = \begin{pmatrix} \dfrac{1}{K_1^Y}Q_0 \\ \dfrac{1}{K_1^T}T_0 \\ \left(1-\dfrac{M_1\omega^2}{K_1^Y}\right)Q_0 \quad -\dfrac{M_1e_1\omega^2}{K_1^T}T_0 \\ -\dfrac{M_1e_1\omega^2}{K_1^Y}Q_0 \quad \left(1-\dfrac{J_{c_1}\omega^2}{K_1^T}\right)T_0 \end{pmatrix} \tag{7-35}$$

令

$$\boldsymbol{B}_i = \begin{pmatrix} Y \\ \phi \\ Q \\ T \end{pmatrix}_i^{上}$$

则可依据求得 $\boldsymbol{B}_2$、$\boldsymbol{B}_3$、…、$\boldsymbol{B}_n$，这些矩阵都是 ω^2、Q_0、T_0 的函数，利用 $Q_n^{上} = T_n^{上} = 0$ 的条件，得 $\begin{pmatrix} Q \\ T \end{pmatrix}_n^{上} = \boldsymbol{0}$，令其系数行列式等于零，得频率方程，从而算出频率 ω，把 ω 代入 $\boldsymbol{B}_n$、$\boldsymbol{B}_{n-1}$、…、$\boldsymbol{B}_1$，求得振型 Y 和 ϕ。

7.2.2　水平刚度、扭转刚度、刚心、质心的确定

多层刚架第 i 层第 r 单柱在 y 和 x 方向上的平动刚度为：

$$\begin{cases} k_{ir}^{y} = \dfrac{12EJ_{ir}^{y}}{H_{ir}^{3}} \\ k_{ir}^{x} = \dfrac{12EJ_{ir}^{x}}{H_{ir}^{3}} \end{cases} \tag{7-36}$$

式中，H_{ir}为第 i 与 $i-1$ 层间第 r 柱高，J_{ir}^{y}、J_{ir}^{x}分别为 r 柱在 y 和 x 方向的截面惯性矩。

第 i 层的水平刚度为

$$\begin{cases} K_i^{y} = \sum\limits_{r=1}^{m} k_{ir}^{y} \\ K_i^{x} = \sum\limits_{r=1}^{m} k_{ir}^{x} \end{cases} \tag{7-37}$$

第 i 层的扭转刚度为

$$K_i^{T} = \sum_{r=1}^{m} (k_{ir}^{y} x_r^2 + k_{ir}^{x} y_r^2) + \sum_{r=1}^{m} G_r \tag{7-38}$$

第 i 和 $i+1$ 层柱对 i 层楼板的刚心位置为

$$\begin{cases} X_i^{c} = \dfrac{\sum\limits_{r=1}^{m} k_{ir}^{y} \bar{x}_r + \sum\limits_{r=1}^{m} k_{(i+1)r}^{y} \bar{x}_r}{K_i^{y} + K_{i+1}^{y}} \\ Y_i^{c} = \dfrac{\sum\limits_{r=1}^{m} k_{ir}^{x} \bar{y}_r + \sum\limits_{r=1}^{m} k_{(i+1)r}^{x} \bar{y}_r}{K_i^{x} + K_{i+1}^{x}} \end{cases} \tag{7-39}$$

第 i 层质心位置为

$$\begin{cases} X_i^{s} = \dfrac{\sum M_i x_i}{\sum M_i} \\ Y_i^{s} = \dfrac{\sum M_i y_i}{\sum M_i} \end{cases} \tag{7-40}$$

静力偏心距为

$$\begin{cases} e_i^x = X_i^c - X_i^s \\ e_i^y = Y_i^c - Y_i^s \end{cases} \tag{7-41}$$

式中 m——第 i（或 $i+1$）层柱子总根数；

y_r, x_r——在第 i 层柱刚心坐标系中第 r 柱的坐标；

G_r——单柱自身扭转刚度；

$\bar{x}_r, \bar{y}_r$——第 i（或 $i+1$）层单柱与选定参考点之间的距离；

M_i——集中质量；

x_i, y_i——集中质量坐标。

7.2.3 算例

一座四层钢筋混凝土刚架结构的生产车间，如图 7－6 所示，采用现浇钢筋混凝土梁板柱，强度等级为 C20，柱截面尺寸全为 500mm×500mm。试用上述方法计算该车间平动－扭转耦联自由振动的频率和振型。

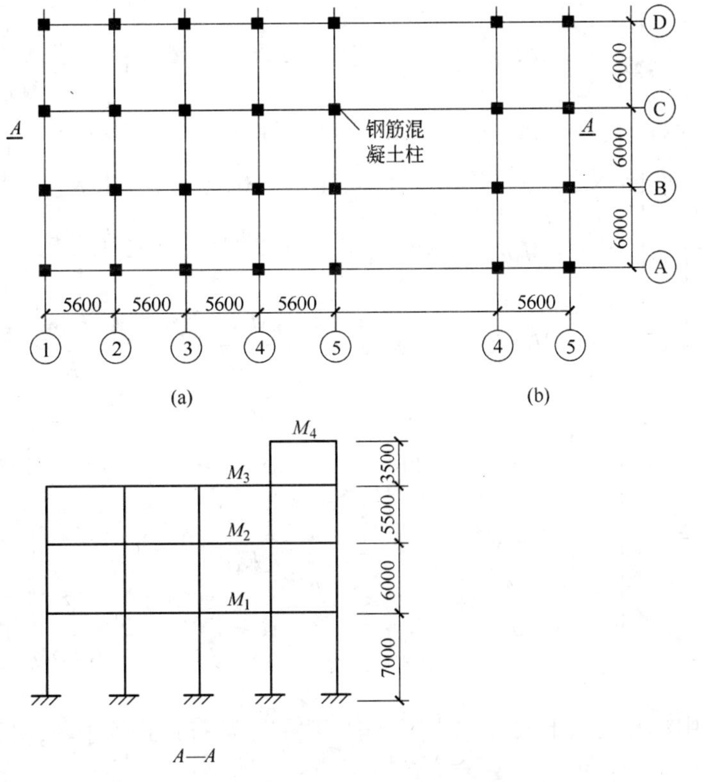

图 7－6 四层钢筋混凝土刚架算例图

（a）一、二、三层的平面；（b）四层的平面

经计算，各层的质量、刚度、转动惯量和静力偏心距等列入表 7－2。

表 7－2　计算数据

楼层	质量 M_i /t	平动刚度 K_i^y /kN·m^{-1}	扭转刚度 K_i^T /kN·m	转动惯量 J_{c_i}/t·m^2	偏心距 e_i^x/m	刚心至边柱距离 a /m	简　图
1	747.99	94752.19	1.10595×10^7	51759.22	0.62	10.58	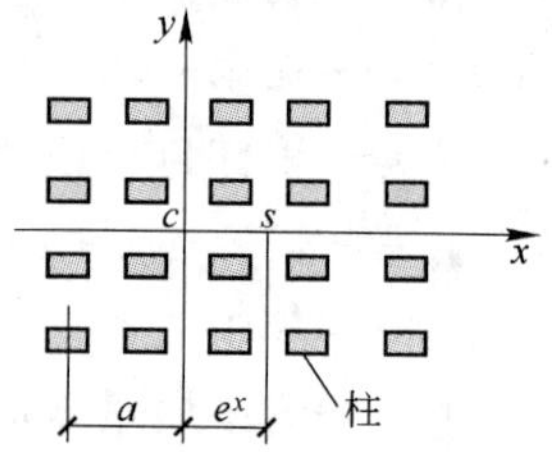
2	747.99	150462.96	1.756204×10^7	51759.22	0.62	10.58	
3	350.98	195341.85	2.28003×10^7	32329.92	4.827	11.482	
4	49.17	303207.0	1.60215×10^7	1456.09	0	2.8	

由式(7－35)可得 $\boldsymbol{B}_1$。由式(7－34)得

$$\boldsymbol{B}_2=\begin{pmatrix}Y\\ \phi\\ Q\\ T\end{pmatrix}_2^{上}=\begin{pmatrix}1 & 0 & 1/K_2^y & 0\\ 0 & 1 & 0 & 1/K_2^T\\ -M_2\omega^2 & -M_2e_2\omega^2 & 1-\dfrac{M_2\omega^2}{K_2^y} & -\dfrac{M_2e_2\omega^2}{K_2^T}\\ -M_2e_2\omega^2 & -J_{c_2}\omega^2 & -\dfrac{M_2e_2\omega^2}{K_2^y} & 1-\dfrac{J_{c_2}\omega^2}{K_2^T}\end{pmatrix}\begin{pmatrix}Y\\ \phi\\ Q\\ T\end{pmatrix}_1^{上}$$

$$\boldsymbol{B}_3=\begin{pmatrix}Y\\ \phi\\ Q\\ T\end{pmatrix}_3^{上}=\begin{pmatrix}1 & 0 & 1/K_3^y & 0\\ 0 & 1 & 0 & 1/K_3^T\\ -M_3\omega^2 & -M_3e_3\omega^2 & 1-\dfrac{M_3\omega^2}{K_3^y} & -\dfrac{M_3e_3\omega^2}{K_3^T}\\ -M_3e_3\omega^2 & -J_{c_3}\omega^2 & -\dfrac{M_3e_3\omega^2}{K_3^y} & 1-\dfrac{J_{c_3}\omega^2}{K_3^T}\end{pmatrix}\begin{pmatrix}Y\\ \phi\\ Q\\ T\end{pmatrix}_2^{上}$$

$$\boldsymbol{B}_4=\begin{pmatrix}Y\\ \phi\\ Q\\ T\end{pmatrix}_4^{上}=\begin{pmatrix}1 & 0 & 1/K_4^y & 0\\ 0 & 1 & 0 & 1/K_4^T\\ -M_4\omega^2 & 0 & 1-\dfrac{M_4\omega^2}{K_4^y} & 0\\ 0 & -J_{c_4}\omega^2 & 0 & 1-\dfrac{J_{c_4}\omega^2}{K_4^T}\end{pmatrix}\begin{pmatrix}Y\\ \phi\\ Q\\ T\end{pmatrix}_3^{上}$$

将表 7－2 中参数代入上式，根据 $\begin{pmatrix}Q\\ T\end{pmatrix}_4^{上}=\boldsymbol{0}$，取其系数行列式等于零，得频率方程

$$-0.487084\omega^2+0.69411\times10^{-2}\omega^4-0.325563\times10^{-4}\omega^6+0.6752548\times10^{-7}\omega^8-0.689153\times10^{-10}\omega^{10}+0.32091658\times10^{-13}\omega^{12}-0.437947\times10^{-17}\omega^{14}+0.1501565\times10^{-21}\omega^{16}+10=0$$

解此方程可得八个根(即八个频率的平方值)，用试算法求出了 $\omega_1=6.0427\text{rad/s}$，对应

的周期 $T_1 = 1.04\text{s}$。将 ω_1 值代入以上各式求出各层的转角和刚心位移，得

$$\begin{pmatrix} Y \\ \phi \end{pmatrix}_4 = \begin{pmatrix} 0.4372 \\ 0.0156 \end{pmatrix},\begin{pmatrix} Y \\ \phi \end{pmatrix}_3 = \begin{pmatrix} 0.4345 \\ 0.0155 \end{pmatrix},\begin{pmatrix} Y \\ \phi \end{pmatrix}_2 = \begin{pmatrix} 0.3972 \\ 0.0135 \end{pmatrix},\begin{pmatrix} Y \\ \phi \end{pmatrix}_1 = \begin{pmatrix} 0.2749 \\ 0.009 \end{pmatrix}$$

每层各柱的水平位移（振型）如图 7－7 所示。

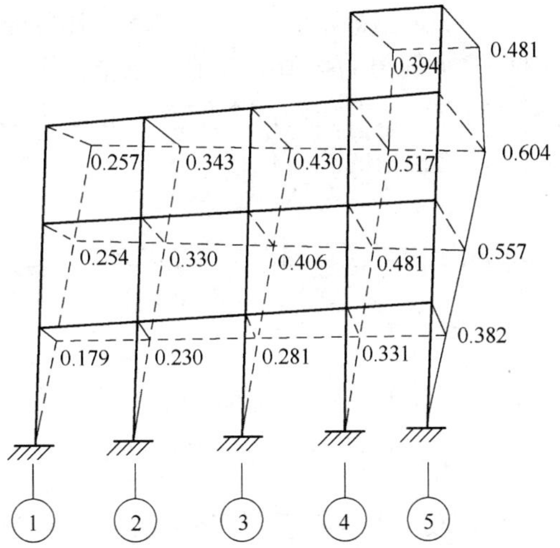

图 7－7　各层振型图

7.3　顶层空旷多层刚架房屋自由振动计算

在一些石油化工、轻工业等部门的生产厂房，由于生产工艺流程的需要，一些较大的设备需设置在顶层，或者在顶层安装有梁式悬挂起重机或桥式吊车等，这时顶层需要大的空间，下面的柱子不能伸至屋盖，这就构成了顶层空旷的多层刚架房屋，有的多功能的民用建筑也常有这种结构形式。顶层空旷多层刚架房屋一般具有以下特点：（1）屋盖大都是屋架（或梁）有檩轻型屋盖体系，或者是屋架（或梁）无檩钢筋混凝土屋面板的屋盖体系；（2）下面的多层刚架大都是现浇（或装配整体）钢筋混凝土刚架，尤其是在地震区更是如此。如图 7－8 所示。

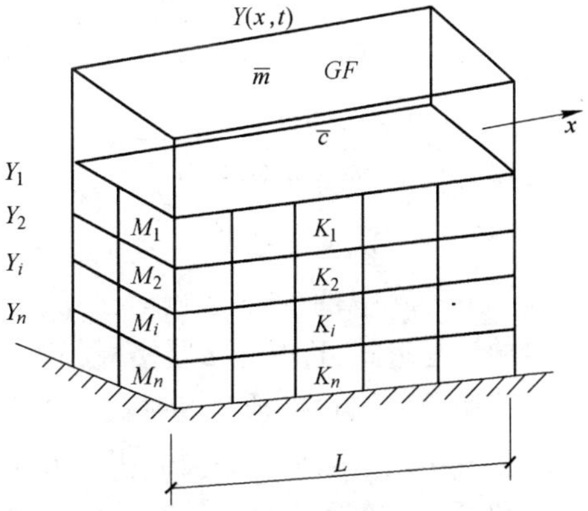

图 7－8　顶层空旷多层刚架空间自由振动计算简图

7.3.1　自由振动计算

顶层空旷多层刚架房屋也是一种比较复杂的空间结构体系，楼板的横向刚度较大，同时房屋的长度与宽度之比一般不太大，因此房屋在水平振动中可以假定楼板横向刚度为无限大，在横向仅发生平行位移。而屋盖不管是有檩体系还是无檩体系，它的横向（房屋的短向）刚度比楼板的横向刚度都要小得多，房屋在振动

中屋盖本身要发生横向变形，所以在分析时需要考虑屋盖横向刚度的影响。据文献[1]的研究结果，屋盖系统一般以剪切变形为主，因此可以将它简化为两端弹性支承的弹性基础剪切梁，它与下面的多层剪切型刚架相耦联。我们从以下物理概念出发来简化自由振动的计算。事实上在自由振动中整个房屋作为耦联系统以统一的频率做谐和振动。由于屋盖系统支承在顶层楼板上，因此我们可以将整体自由振动中屋盖系统即弹性基础剪切梁的振动看作是由顶层楼板振动而激起的"强迫"振动，这个问题的解答作为整体振动频率的函数是可以从文献[1]中找到的。根据这个假想的强迫振动解可以求出屋盖和顶层楼板之间的相互作用力，在建立顶层楼板的振动方程式时应将这个相互作用力考虑进去。

根据上述想法，剪切梁对顶层楼板的相对位移为

$$\overline{Y} = Y - Y_1 \tag{7-42}$$

剪切梁在整体自由振动过程中的"强迫"振动方程式为

$$GF\frac{\partial^2 \overline{Y}}{\partial x^2} - \overline{c}\ \overline{Y} = \overline{m}\frac{\partial^2(\overline{Y} + Y_1)}{\partial t^2} \tag{7-43}$$

对于顶层楼板，可以写出如下微分－积分方程式：

$$M_1\ddot{Y}_1 + K_1(Y_1 - Y_2) - \int_0^L \overline{c}\ \overline{Y}\mathrm{d}x - GF\frac{\partial \overline{Y}(0,t)}{\partial x} + GF\frac{\partial \overline{Y}(L,t)}{\partial x} = 0 \tag{7-44}$$

根据剪切梁两端剪力和支座反力的平衡关系，得到如下边界条件：

$$\begin{cases} GF\dfrac{\partial \overline{Y}(0,t)}{\partial x} = C_0(Y(0,t) - Y_1) \\ GF\dfrac{\partial \overline{Y}(L,t)}{\partial x} = -C_L(Y(L,t) - Y_1) \end{cases} \tag{7-45}$$

式中，C_0、C_L 为厂房两端山墙的抗剪刚度。下面我们主要考虑对称的结构，即 $C_0 = C_L$。将式(7－45)代入方程式(7－44)后，顶层楼板的振动方程式成为

$$M_1\ddot{Y}_1 + K_1(Y_1 - Y_2) + Q_0 = 0 \tag{7-46}$$

式中

$$Q_0 = -\int_0^L \overline{c}\ \overline{Y}\mathrm{d}x - C_0(Y(0,t) - Y_1) - C_L(Y(L,t) - Y_1) \tag{7-47}$$

Q_0 是剪切梁传给楼板的剪力。

各层楼板的振动方程式为

$$M_i\ddot{Y}_i + K_i(Y_i - Y_{i+1}) - K_{i-1}(Y_{i-1} - Y_i) = 0 \quad (i = 2,3,\cdots,n) \tag{7-48}$$

在以上各式中，Y 是屋盖相对于房屋基础的侧向位移，它是坐标 x 和时间 t 的函数即 $Y(x,t)$ 的简写形式；Y_i 是第 i 层楼板相对于房屋基础的侧向位移，即 $Y_i(t)$ 的简写形式；$\overline{m}$，$\overline{c}$ 分别是剪切梁(屋盖)的质量和基础弹性系数线集度；GF 是剪切梁(屋盖系统)的抗剪刚度，它是综合剪切模量和竖向截面面积的乘积；M_i 是第 i 层楼板的集中质量，它近似为第 i 层楼板质量和第 i 层楼板上下柱高各一半范围内的所有质量之和；K_i 是第 i 层楼板的层间剪切刚度。从这类房屋的实际情况出发，一般可将 $\overline{m}$、$\overline{c}$ 和 GF 取为常数。

设耦联系统的整体振动频率为 ω，振型为 $\overline{Y}(x)$（对剪切梁）和 Y_i（对楼板），即

$$\overline{Y}(x,t) = \overline{Y}(x)\sin\omega t \tag{7-49}$$

$$Y_i(t) = Y_i\sin\omega t \tag{7-50}$$

这样方程式(7-43)可以看作是在基岩运动

$$\ddot{Y}_1(t) = -\omega^2 Y_1 \sin\omega t$$

影响下的稳态"强迫振动"。当 $C_0 = C_L$ 时,在边界条件式(7-45)下的稳态振动解不难获得,它可以按相应的自振振型展开,即

$$\overline{Y}(x,t) = \sum_{k=1}^{\infty} Z_k(t) X_k(x) \tag{7-51}$$

其中,自振振型 $X_k(x)$ 已有现成的结果(见文献[1]P231~233):

$$X_k(x) = \cos\lambda_k x + \frac{\varphi}{\lambda_k L}\sin\lambda_k x \tag{7-52}$$

式中

$$\varphi = \frac{LC_0}{GF}$$

参数 λ_k 可以从频率方程

$$\varphi = \lambda L(-\cot\lambda L \pm \mathrm{cosec}\lambda L) \tag{7-53}$$

中解出。对于给定的 φ 值,当 λ_k 从式(7-53)试算解出后,剪切梁的局部振动频率可按下式计算:

$$p_0 = \sqrt{p_0^2 + \frac{GF}{\overline{m}}\lambda_k^2} \tag{7-54}$$

式中

$$p_0 = \sqrt{\frac{\overline{c}}{\overline{m}}} \tag{7-55}$$

相应的振型可由式(7-52)确定。

弹性基础剪切梁在惯性作用 $p(x,t) = \omega^2 \overline{m} Y_1 \sin\omega t$ 的影响下的振型参与系数为

$$\eta_k = \frac{\omega^2 Y_1 \int_0^L \overline{m} X_k(x)\,\mathrm{d}x}{\int_0^L \overline{m} X_k^2 \mathrm{d}x} \tag{7-56}$$

将式(7-52)代入式(7-56),完成积分运算并经整理后可得

$$\eta_k = 4\omega^2 \frac{H_k}{I_k} Y_1 \tag{7-57}$$

式中

$$\begin{cases} H_k = \varphi(1-\cos\xi_k) + \xi_k \sin\xi_k \\ I_k = 2\xi_k^2 + \xi_k\left(1+\dfrac{\varphi^2}{\xi_k^2}\right)\sin 2\xi_k + 2\varphi(1+\varphi-\cos 2\xi_k) \\ \xi_k = \lambda_k L \end{cases} \tag{7-58}$$

式(7-57)表示为在弹性基础梁"强迫"振动中由顶层楼板振动所引起的相应第 k 个振型的荷载系数。

振型参与系数求出后,按文献[1]介绍的弹性基础剪切梁强迫振动的一般理论,式(7-51)中的 $Z_k(t)$ 应满足以下无阻尼单自由度体系的强迫振动方程式:

$$\ddot{Z}_k(t) + p_k^2 Z_k(t) = \eta_k \sin\omega t \tag{7-59}$$

其稳态解为

$$Z_k = \frac{\eta_k}{p_k^2\left(1 - \dfrac{\omega^2}{p_k^2}\right)}\sin\omega t \tag{7-60}$$

将式(7－57)、式(7－60)代入式(7－51)得

$$\overline{Y}(x,t) = \overline{Y}(x)\sin\omega t \tag{7-61}$$

式中

$$\overline{Y}(x) = \sum_{k=1}^{\infty} 4\omega^2 Y_1 \frac{H_k}{I_k} \frac{1}{p_k^2\left(1 - \dfrac{\omega^2}{p_k^2}\right)} X_k(x) \tag{7-62}$$

式中，$\overline{Y}(x)$就是当耦联系统按整体频率 ω 做自由振动时剪切梁的变形状态，并已按弹性基础剪切梁本身的振型展开。式(7－62)是在假设整体振动频率 ω 和振型 Y_1 为已知的条件下推导出的关系式，因此问题还没有真正求解出来，式中 Y_1 是顶层楼板在自由振动中的线位移。

当弹性基础剪切梁(屋盖系统)按上述变形状态振动时，式(7－47)、式(7－42)和式(7－51)从剪切梁方面传递给顶层楼板的剪力为

$$Q_0 = \sum_{k=1}^{\infty} \int_0^L \bar{c} Z_k X_k(x)\,dx - 2C_0 \sum_{k=1}^{\infty} Z_k X_k(0) \tag{7-63}$$

将式(7－52)，式(7－57)和式(7－60)代入式(7－63)，经整理以后得

$$Q_0 = K_0(\omega) Y_1 \sin\omega t \tag{7-64}$$

式中

$$K_0(\omega) = -\sum_{k=1}^{\infty} \frac{4\omega^2 H_k}{p_k^2\left(1 - \dfrac{\omega^2}{p_k^2}\right) I_k}\left(\frac{C_s H_k}{\xi_k^2} + 2C_0\right) \tag{7-65}$$

此处

$$C_s = \bar{c}L$$

其余符号的意义同前。式(7－64)表明，当耦联系统做整体自由振动时，屋盖系统(弹性基础剪切梁)对顶层楼板的剪力作用就如同一个连接顶层楼板与房屋基础的杆件中的弹性反力，不过这根杆件的弹性系数 $K_0(\omega)$ 是整体自振频率 ω 的函数，因此可以称之为动力弹簧系数，如图 7－9 所示。

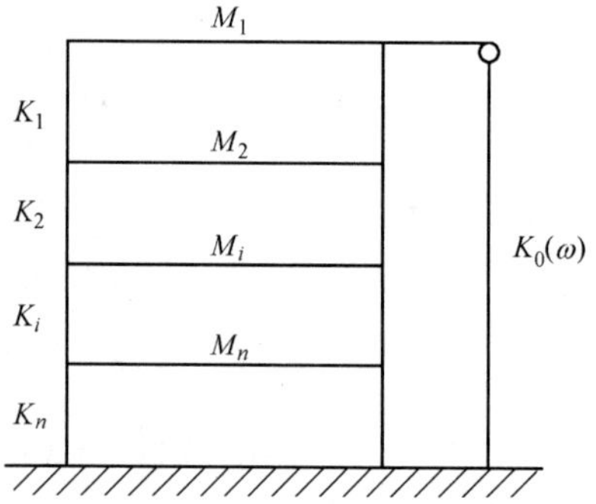

图 7－9　动力弹簧系数计算简图

这样顶层楼板在整体自由振动中的线位移幅值方程为

$$\omega^2 M_1 Y_1 - K_1(Y_1 - Y_2) - K_0(\omega) Y_1 = 0 \tag{7-66}$$

第 i 层楼板的整体自由振动幅值方程为

$$\omega^2 M_i Y_i + K_{i-1}(Y_{i-1} - Y_i) - K_i(Y_i - Y_{i+1}) = 0 \quad (i = 2,3,\cdots,n) \tag{7-67}$$

由式(7－66)和式(7－67)可以写出 n 个线性齐次方程式,由此求解出整体自振频率,可以方便地应用在6.2节所介绍的实用计算方法中,假定 $Y_1=1$ 和自振频率 ω,然后反复运算逐次逼近,直至满足边界条件 $Y_{n+1}=0$,此时就获得了自由振动的真实频率 ω 和对应的各层楼板的位移,即振型。详细计算过程参见6.2节介绍的方法。

当顶层以上的山墙刚度很大时,剪切梁两端可视为固定支座,即

$$\overline{Y}(0,t)=\overline{Y}(L,t)=0$$

这时弹性基础剪切梁本身的振型函数可按同样的方法求出,结果为以下简单形式[1]:

$$X_k(x)=\sin\frac{k\pi x}{L} \tag{7-68}$$

相应的自振频率为

$$p_k=\sqrt{p_0^2+\frac{k^2\pi^2}{L^2}\frac{GF}{\overline{m}}} \tag{7-69}$$

将式(7－68)代入式(7－56)即得当剪切梁两端为固定支座时的振型参与系数 η_k,即

$$\eta_k=4\omega^2\frac{1}{k\pi}Y_1 \tag{7-70}$$

再将式(7－70)和式(7－60)代入式(7－51)得

$$\overline{Y}(x)=\sum_{k=1}^{\infty}\frac{4Y_1}{k\pi}\frac{\omega^2}{p_k^2\left(1-\frac{\omega^2}{p_k^2}\right)}\sin\frac{k\pi x}{L} \tag{7-71}$$

动力弹性系数可以采用与推导式(7－65)同样的方法得到。此时,根据式(7－63)、式(7－68)、式(7－60)及式(7－64),$K_0(\omega)$ 被简化为

$$K_0(\omega)=-\sum_{k=1}^{\infty}8Y_1\frac{\omega^2}{p_k^2\left(1-\frac{\omega^2}{p_k^2}\right)}\left(\frac{GF}{L}+\frac{C_s}{k^2\pi^2}\right) \tag{7-72}$$

注意到式(7－69)所示的关系,式(7－72)可改写为

$$K_0(\omega)=-\sum_{k=1}^{\infty}8Y_1\frac{\omega^2C_s}{p_0^2\left(1-\frac{\omega^2}{p_k^2}\right)(k\pi)^2} \tag{7-73}$$

计算整体自由振动的方法和步骤与两端弹性支承的情况完全相同。

7.3.2 工程实例

一座位于天津市区的四层钢筋混凝土顶层空旷的多层刚架工业厂房,一、二、三层为现浇钢筋混凝土刚架,四层为排架。图7－10和图7－11分别为平面图和剖面图。该厂房梁柱尺寸见表7－3。梁、板和柱混凝土强度等级为C20,钢筋为Ⅰ级,混凝土楼板面层为30mm厚耐酸水泥砂浆,刚架填充墙为烧结普通砖MU7.5,厚度为240mm,砂浆为M2.5砌筑砂浆。屋盖为轻钢屋架石棉瓦屋面。基础采用钢筋混凝土独立基础。以下计算厂房的自振频率和相应的振型。

各层楼板的集中质量和屋盖的质量集度以及层间剪切刚度,按照实际情况计算结果如下(计算过程从略):

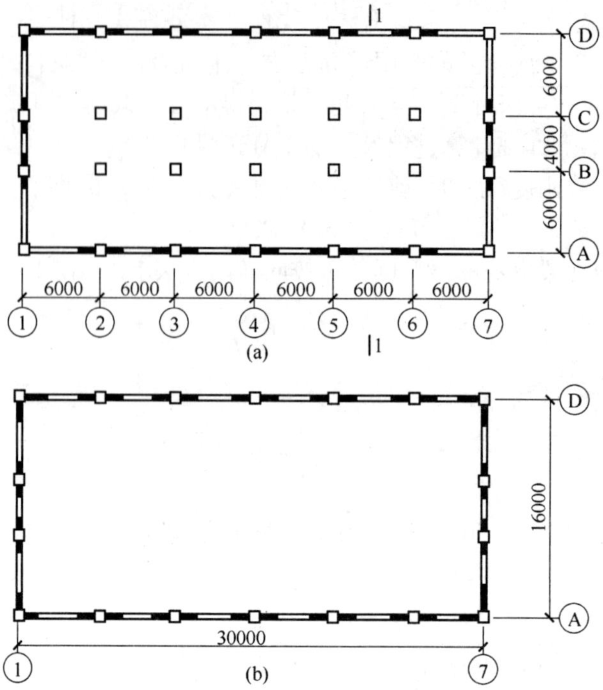

图7－10　工程实例平面图

（a）第一、二、三层的平面图；（b）第四层的平面图

$\bar{c}=396\text{kN/m}$，$K_1=941400\text{kN/m}$，$K_2=408700\text{kN/m}$，$K_3=168900\text{kN/m}$，

$\bar{m}=5.856\text{t/m}$，$M_0=210.8\text{t}$，$M_1=556.9\text{t}$，$M_2=1107\text{t}$，

$M_3=598\text{t}$，$C_s=14255.6\text{t/m}$，$C_0=C_L=59840\text{t/m}$❶。厂房的空间刚度参数 $\alpha=0.71$（取自文献[1]表8.12.1）。

该厂房屋盖长×宽＝36m×16m。由于长度比不太大，可以仅考虑剪切梁第一振型（即 $k=1$）和厂房整体振动第一振型进行计算。事实上对这个实例的详细计算表明，当考虑耦联系统的前三个频率并用剪切梁本身的1、3、5振型来近似各耦联振型中剪切梁的变形状态时所得的结果与文中只考虑第一振型时的相应结果是基本一致的。

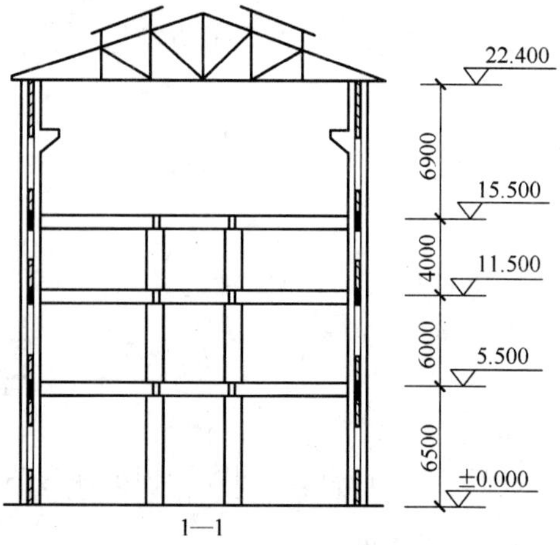

图7－11　工程实例剖面图

屋盖综合剪切刚度 $G_F=28280\text{kN}$，$\varphi=76.175$。按式（7－53）算得 $\lambda_1 L=3.0613$。由式（7－55）和式（7－54）得

$$p_0^2=67.62,\ p_1^2=102.54$$

❶　由于顶层两端填充墙在地震中出现了轻微裂缝，参照文献[18]在计算砖墙刚度系数时乘了折减系数0.6。

表 7-3 梁柱尺寸表

集中质量序号	中柱/mm	边柱/mm	横梁/mm	楼 层
—	—	350×550	屋架	四
1	350×350	350×550	250×550	三
2	350×400	350×550	300×900	二
3	350×450	350×550	300×700	一

由式(7-58)得

$$H_1=152.35, I_1=11928.56$$

将以上数据代入式(7-65)后得

$$K_0(\omega) = -\frac{1795.35}{\frac{102.54}{\omega^2}-1}$$

由式(7-66)得(设 $Y_1=1$)

$$Y_2=1-\frac{0.01907}{\frac{102.54}{\omega^2}-1}-0.592\times10^{-3}\omega^2$$

由式(7-67)得

$$Y_3=(3.303-0.002708\omega^2)Y_2-2.303$$

$$Y_4=(3.42-0.00354\omega^2)Y_3-2.42Y_2$$

由以上表达式可根据反复假定的 ω^2 依次求出 Y_2、Y_3、Y_4，直到满足边界条件 $Y_4=0$ 为止，得 $\omega_1^2=50.4\left(\frac{\text{rad}}{\text{s}}\right)^2$，同时相应地得出 $Y_2=0.952$、$Y_3=0.711$。将 ω_1^2、p_1^2 和式(7-52)中的 $X(x)$ 代入式(7-62)得剪切梁的振型函数为

$$\overline{Y}_1(x)=0.049382\left(\cos\frac{3.0613}{36}x+\frac{76.175}{3.0613}\sin\frac{3.0613}{36}x\right)$$

按上式可求出剪切梁在各轴线处的振型值：

①轴 $\overline{Y}_1(0)=0.049382$

②轴 $\overline{Y}_1(6)=0.643$

③轴 $\overline{Y}_1(12)=1.073$

④轴 $\overline{Y}_1(18)=1.230$

⑤→⑦各轴的振型值可按对称性，与③→①轴的振型值相同，故无需另算。剪切梁对基础的位移为 $\overline{Y}_1(x)+1$。计算所得的振型值及相应的 ω^2 列入表 7-4。

表 7-4 计算所得的振型值及相应的 ω^2

楼层号 / 轴线号 / ω^2	顶层				一	二	三
	① ⑦	② ⑥	③ ⑤	④			
50.4	1.049	1.634	2.073	2.230	1.000	0.952	0.711

7.4　房屋抗振设计实例一

山东某有限公司酒精工程的粉碎筛分厂房，其酒精工程以玉米为原料年产 50 万吨酒精，其中粉碎筛分厂房为三层钢筋混凝土现浇刚架结构，层高 6.0m，屋顶标高为 18.0m，楼板厚度为 100mm，房屋基础为桩基，屋面为彩色压型钢板。在标高 6.0m 的楼层上安装有胶体磨 32 台，凸齿磨 22 台，这两种设备都是动力设备，共 54 台，而且扰力转速从 880 ~ 2970r/min，不同转速的水平和竖向最大扰力总合力（水平和竖向不同时存在）约为 297kN。根据厂房的实际情况，所谓“扰振”设计就是对该厂房整体横向空间振动和局部构件竖向振动分别进行分析，在满足工艺流程即生产需要的前提下使厂房的振动不超过允许振动限值，最终确定厂房柱、梁、剪力墙截面尺寸及其布置。在抗振设计过程中，对厂房构件的多种尺寸和布置（包括是否设置剪力墙）进行了几次分析比较，以下的构件尺寸和布置以及计算过程为最终的结果。

7.4.1　整体横向空间振动计算

该厂房的柱和剪力墙对称布置，动力和静力设备布置对厂房的质量重心偏心不大，所以在整体振动计算时未考虑整体扭转振动的作用。

A　计算条件

（1）①⑦ ~ ⑪轴，厂房平面尺寸为 30.0m × 40.0m，除局部围护墙体为防火墙外，其他多为无填充墙，柱截面尺寸为 700mm × 700mm，柱底标高（即桩基承台顶标高）为 − 1.050m，在厂房的四角和中心处对称设置剪力墙，如图 7 − 12 所示。在标高为 6.0m 的楼层上安装的胶体磨和凸齿磨动力设备及梁板布置如图 7 − 13 所示，其中静力设备图中未表示。

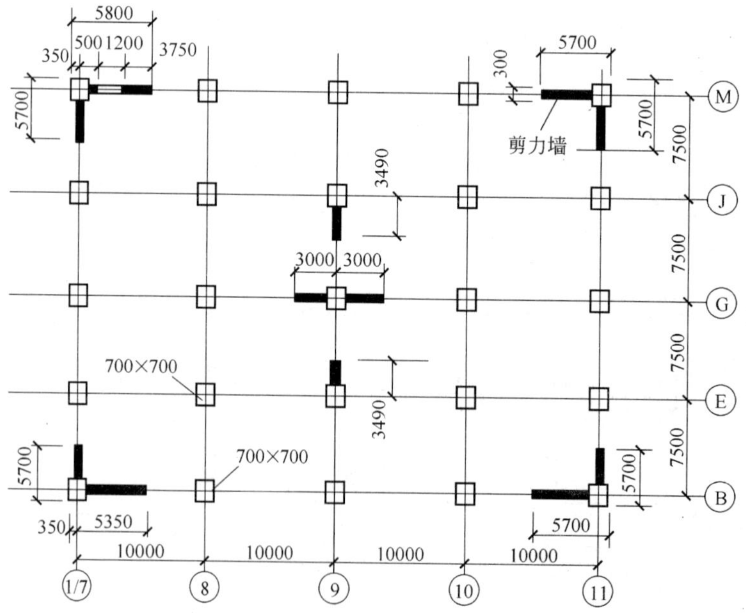

图 7 − 12　经房屋整体抗振设计后的平面布置图

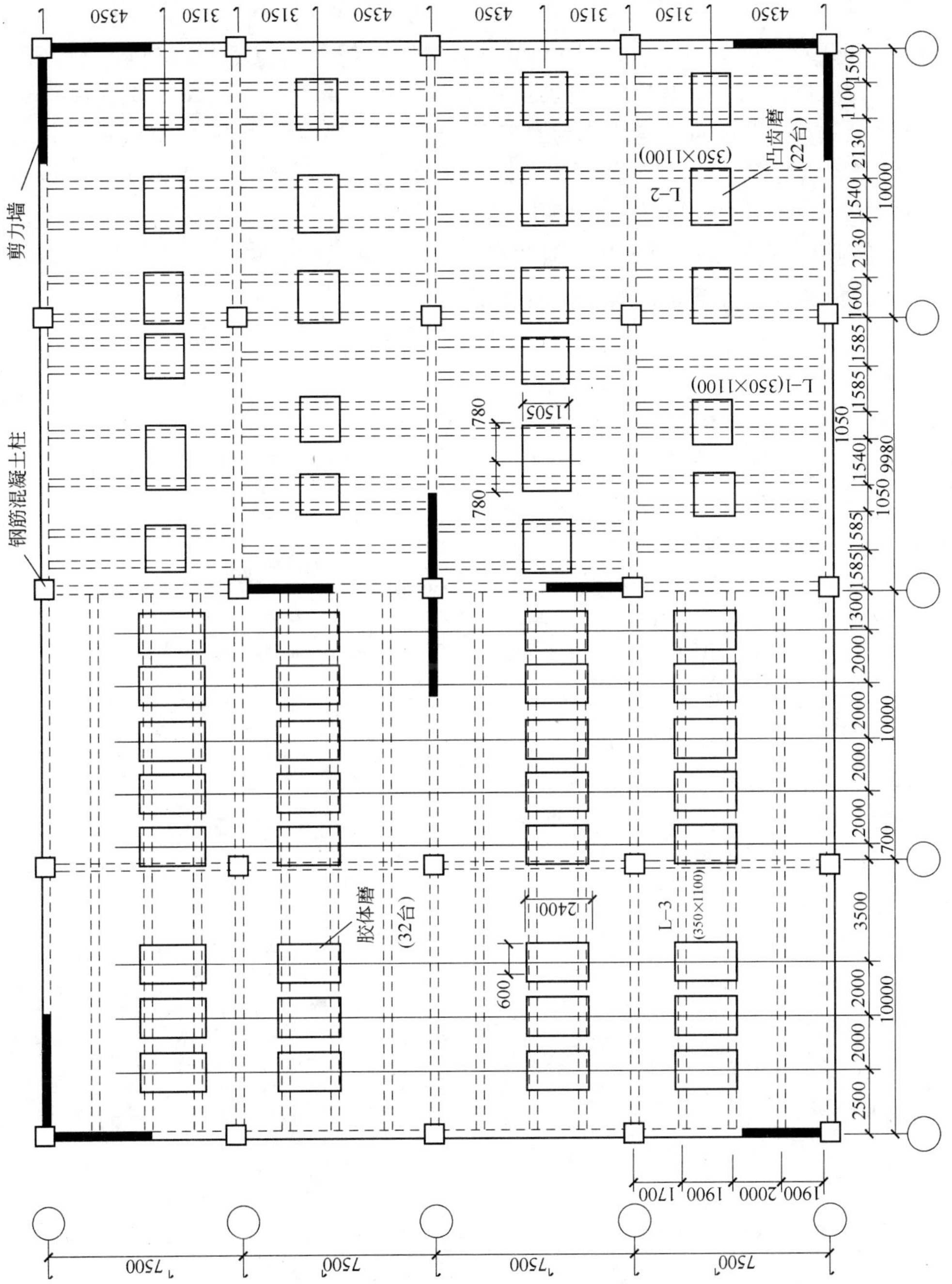

图 7-13　楼层机组及梁板平面布置图

(2)动力设备的有关数据:胶体磨(基础 SJ-1)的静重(不包括电机重量)为 26kN,磨转动部分的重量为 2.4kN,转速为 2970r/min,每台磨的扰力为 4.8kN,磨的结构型式为立式,磨与电机的传动方式为 V 带传动;电机型号为 $Y315L_2-2V_1$,重量为 12kN,转子重量为 4kN(包括电机皮带轮),转速为 2970r/min,设备允许振动线位移为 0.02mm(同电机)。凸齿磨(基础 SJ-2)的静重为 35kN,磨转动部分重量及操作时物料重量之和为 50kN,磨转速为 880r/min,每台磨的扰力为 3.092kN;电动机功率为 55kW,重量为 4.3kN,若为 75kW,则重量为 5.2kN,转速为 1480r/min,电动机与磨皮带连接,允许振动线位移小于 0.6mm(作者疑设备生产厂家提供的有误)。以上数据和设备对振动的允许限值要求以及动力设备的重心位置、外轮廓尺寸等均由设备生产厂家提供。

(3)刚架混凝土强度等级为 C30,弹性模量 $E_c=3.00\times10^4\text{N/mm}^2=0.3\times10^8\text{kN/m}^2$。

B　横向自由振动(参照 6.2 节)

a　荷载

(1)屋顶荷载:

柱重　$0.7\times0.7\times3.0\times2.5\times25=918.75\text{kN}$

剪力墙重　$5.7\times0.3\times3.0\times2.5\times8+6.0\times0.3\times3.0\times25+3.84\times0.3\times3.0\times25\times2-1.2\times2.0\times0.3\times25=1315.8\text{kN}$

屋面重　4420.08kN

总重　$W_3=918.75+1315.8+4420.08=6654.6\text{kN}$

$$M_3=\frac{6654.6}{9.81}=678.3\text{t}$$

(2)标高 12.0m 层的荷载:

柱重　$918.75\times2=1837.5\text{kN}$

剪力墙重　$1315.8\times2-1.2\times2.0\times0.3\times25=2613.6\text{kN}$

活荷载取　1.0kN/m^2(强度计算活荷载取值要大得多),$1.0\times30\times40=1200\text{kN}$

楼面荷载　16277.09kN

总重　$W_2=19528.2\text{kN}$

$$M_2=\frac{19528.2}{9.81}=1990.6\text{t}$$

(3)标高 6.0m 层的荷载:

柱重　1998.3kN

剪力墙重　2843.9kN

活荷载　1200kN

楼面荷载　16989.08kN

总重　$W_1=20631.3\text{kN}$

$$M_1=\frac{20631.3}{9.81}=2103.1\text{t}$$

b　计算横向刚度

刚架剪力墙结构横向刚度近似取为柱的横向刚度和剪力墙横向刚度之和。计算方法按照文献[18]“侧移刚度的基本计算法”进行。

混凝土强度等级为 C30，弹性模量 $E_c=0.3\times10^8\text{kN/m}^2$，剪变模量 $G_c=0.12\times10^8\text{kN/m}^2$。

图 7-12 中四角处 T 形柱的截面尺寸如图 7-14 所示。经计算，截面积 $A=1.99\text{m}^2$，截面惯性矩 $I=6.145\text{m}^4$，按照文献[18]计算出截面剪变形状系数 $\mu=1.326$。

第一层刚度的剪切影响系数 r_1 为

$$r_1=\frac{6\times1.326\times0.3\times10^8\times6.145}{0.12\times10^8\times1.99\times7.05^2}=1.2357$$

第二、三层刚度的剪切影响系数 $r_2=r_3$，即

$$r_2=r_3=\frac{6\times1.326\times0.3\times10^8\times6.145}{0.12\times10^8\times1.99\times6.0^2}=1.7061$$

则第一层角柱横向刚度 K_1^s 为

$$K_1^s=\frac{12\times0.3\times10^8\times6.145}{7.05^3(1+2\times1.2357)}\times4=7274654.5\text{kN/m}$$

第二、三层角柱横向刚度 $K_2^s=K_3^s$，即

$$K_2^s=K_3^s=\frac{12\times0.3\times10^8\times6.145}{6.0^3(1+2\times1.7061)}\times4=9284861.7\text{kN/m}$$

⑨轴线上的 T 形截面尺寸如图 7-15 所示，经计算 $A=1.432\text{m}^2$，$I=1.9822\text{m}^4$，$\mu=1.402$。按照上述同样的计算过程得第一层 $r_1=0.5857$，第二、三层 $r_2=r_3=0.8086$，第一层柱横向刚度 K_1^s 为

$$K_1^s=\frac{12\times0.3\times10^8\times1.982}{7.05^3(1+2\times0.5857)}\times2=1875740.6\text{kN/m}$$

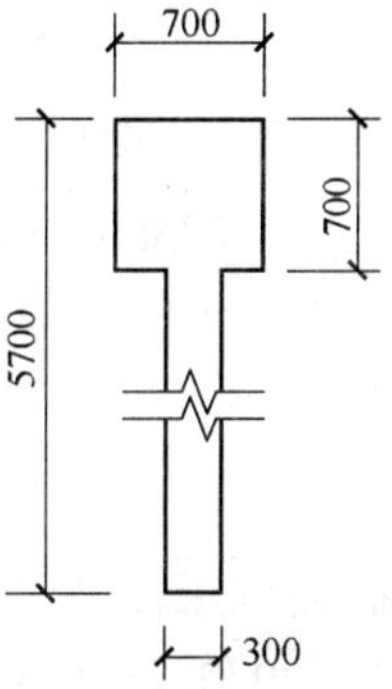

图 7-14 四角处 T 形柱截面图

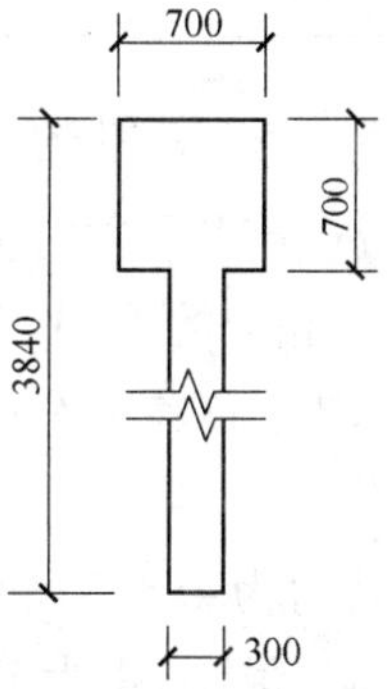

图 7-15 四角外 T 形柱截面图

第二、三层柱横向刚度 $K_2^s=K_3^s$，即

$$K_2^s=K_3^s=\frac{12\times0.3\times10^8\times1.982}{6.0^3(1+2\times0.8086)}\times2=2524581\text{kN/m}$$

在 1/7 ~⑪轴线上方形柱（700mm×700mm）的横向刚度 K_1^c 和 $K_2^c=K_3^c$ 分别为

第一层

$$K_1^c=\frac{12\times0.3\times10^8\times0.7^4}{7.05^3\times12}\times19=390570.7\text{kN/m}$$

第二、三层

$$K_2^c = K_3^c = \frac{12 \times 0.3 \times 10^8 \times 0.7^4}{6.0^3 \times 12} \times 19 = 633597.2\text{kN/m}$$

则各层总刚度分别为

$$K_1 = 390570.7 + 7274654.5 + 1875740.6 = 9540965.8\text{kN/m}$$

$$K_2 = K_3 = 633597.2 + 9284861.7 + 2524581 = 12443039.9\text{kN/m}$$

c　自振频率及振型计算

由式(6－4)、式(6－5)和式(6－6)得

$$Y_2 = \left(1 - \frac{678.3\omega^2}{12443039.9}\right) \times 1.0 = 1 - 0.545 \times 10^{-4}\omega^2$$

$$Y_1 = \frac{(12443039.9 \times 2 - 1990.6\omega^2)Y_2 - 12443039.9 \times 1.0}{12443039.9} = (2 - 0.16 \times 10^{-3}\omega^2)Y_2 - 1.0$$

$$Y_0 = (2.304 - 0.2204 \times 10^{-3}\omega^2)Y_1 - 1.304Y_2$$

自振频率及振型计算结果见表 7－5。

表 7－5　自振频率及振型计算表

ω^2	$Y_3 = 1.0$	$Y_2 = 1 - 0.545 \times 10^{-4}\omega^2$	$Y_1 = (2 - 0.16 \times 10^{-3}\omega^2)Y_2 - 1.0$	$Y_0 = (2.304 - 0.2204 \times 10^{-3}\omega^2)Y_1 - 1.304Y_2$
⋮		⋮	⋮	⋮
1520	1.0	0.917	0.611	$-0.007 \approx 0$
⋮		⋮	⋮	⋮
12380	1.0	0.325	−0.994	$-0.0018 \approx 0$
⋮		⋮	⋮	⋮
27380	1.0	−0.492	0.171	$0.0036 \approx 0$

从表 7－5 算得房屋的三个自振频率平方值分别为：$\omega_1^2 = 1520\ (\text{rad/s})^2\ (\omega_1 = 38.987\text{rad/s})$；$\omega_2^2 = 12380\ (\text{rad/s})^2\ (\omega_2 = 111.265\text{rad/s})$；$\omega_3^2 = 27380\ (\text{rad/s})^2\ (\omega_3 = 165.469\text{rad/s})$。相应的 Y_3，Y_2 和 Y_1 值为振型值。

C　横向振动线位移和振动速度计算

首先确定扰力。

胶体磨的扰力为 4.8kN，转速为 $n = 2970\text{r/min}$，均由设备制造厂家提供。但是电动机的扰力需要计算，电动机自重为 12kN，转子重 1.2kN，根据转速 $n = 2970\text{r/min}$，从表 1－1 查得偏心距 $e = 0.5 \times 10^{-4}\text{m}$。由式(1－1)计算扰力 P：

$$P = 1.2 \times 0.5 \times 10^{-4} \times (0.105 \times 2970)^2 = 5.84\text{kN}$$

凸齿磨扰力为 3.092kN，转速为 $n = 880\text{r/min}$，同样均由设备制造厂家提供。电动机的扰力需要计算，电动机自重为 5.2kN，转子重 0.52kN，转速 $n = 1480\text{r/min}$，从表 1－1 查得偏心距 $e = 1.0 \times 10^{-4}\text{m}$，由式(1－1)计算扰力 P：

$$P = 0.52 \times 1.0 \times 10^{-4} \times (0.105 \times 1480)^2 = 1.26\text{kN}$$

一台电动机的扰力虽小，但数量较多，所以仍需要考虑电动机扰力的作用。

采用振型分解法计算振动线位移。首先计算折算荷载的幅值 $\overline{P}_i$。

(1)对于胶体磨和电动机的折算荷载之和：

$$\overline{P}_1=(4.8+5.84)\times 0.611=6.501\text{kN}$$
$$\overline{P}_2=10.64\times(-0.994)=-10.576\text{kN}$$
$$\overline{P}_3=10.64\times 0.171=1.819\text{kN}$$

(2)对于凸齿磨($n=880\text{r/min}$):

$$\overline{P}_1=3.092\times 0.611=1.89\text{kN}$$
$$\overline{P}_2=3.092\times(-0.994)=-3.073\text{kN}$$
$$\overline{P}_3=3.092\times 0.171=0.529\text{kN}$$

(3)对于凸齿磨电动机($n=1480\text{r/min}$):

$$\overline{P}_1=1.26\times 0.611=0.77\text{kN}$$
$$\overline{P}_2=1.26\times(-0.994)=-1.252\text{kN}$$
$$\overline{P}_3=1.26\times 0.171=0.215\text{kN}$$

(4)计算折算质量$\overline{M}_i$:

$$\overline{M}_1=678.3\times 1.0^2+1990.6\times 0.917^2+2103.1\times 0.611^2=3137.3\text{t}$$
$$\overline{M}_2=678.3\times 1.0^2+1990.6\times 0.325^2+2103.1\times(-0.994)^2=2966.5\text{t}$$
$$\overline{M}_3=678.3\times 1.0^2+1990.6\times(-0.492)^2+2103.1\times 0.171^2=1221.6\text{t}$$

然后计算 $Y_i^{\rm d}$(幅值)、μ_i 和 q_i(幅值)。

(1)对于胶体磨:

$$Y_1^{\rm d}=\frac{6.501}{3137.3\times 1520}=0.1363\times 10^{-5}\text{m}$$
$$Y_2^{\rm d}=\frac{-10.576}{2966.5\times 12380}=-0.288\times 10^{-6}\text{m}$$
$$Y_3^{\rm d}=\frac{1.819}{1221.6\times 27380}=0.544\times 10^{-7}\text{m}$$

则 $\theta/\omega_3=0.105\times 2970/165.469=311.85/165.469=1.88>1.25$,故在非共振区工作,可忽略阻尼作用。$311.85^2=97250(\text{rad/s})^2$。

$$\mu_1=\frac{1}{\sqrt{\left(1-\dfrac{97250}{1520}\right)^2}}=0.016$$
$$\mu_2=\frac{1}{\sqrt{\left(1-\dfrac{97250}{12380}\right)^2}}=0.146$$
$$\mu_3=\frac{1}{\sqrt{\left(1-\dfrac{97250}{27380}\right)^2}}=0.392$$

$$q_1=0.1363\times 10^{-5}\times 0.016=0.218\times 10^{-7}\text{m}$$
$$q_2=-0.288\times 10^{-6}\times 0.146=-0.42\times 10^{-7}\text{m}$$
$$q_3=0.544\times 10^{-7}\times 0.392=0.213\times 10^{-7}\text{m}$$

(2)对于凸齿磨:

$$Y_1^{d}=\frac{1.89}{3137.3\times1520}=0.396\times10^{-6}\text{m}$$

$$Y_2^{d}=\frac{-3.073}{2966.5\times12380}=-0.837\times10^{-7}\text{m}$$

$$Y_3^{d}=\frac{0.529}{1221.6\times27380}=0.158\times10^{-7}\text{m}$$

则 $\theta/\omega_1=0.105\times880/1520=92.4/38.987=2.37>1.25$，故在非共振区工作。$92.4^2=8537.76(\text{rad/s})^2$。

$$\mu_1=\frac{1}{\sqrt{\left(1-\frac{8537.76}{1520}\right)^2}}=0.22$$

则 $\theta/\omega_2=92.4/111.265=0.83>0.75$，故在共振区工作，非弹性阻力系数取 $r=0.1$。

$$\mu_2=\frac{1}{\sqrt{\left(1-\frac{8537.76}{12380}\right)^2+0.1^2}}=3.07$$

则 $\theta/\omega_3=92.4/165.469=0.558<0.75$，故在非共振区工作。

$$\mu_3=\frac{1}{\sqrt{\left(1-\frac{8537.76}{27380}\right)^2}}=1.453$$

$$q_1=0.369\times10^{-6}\times0.22=0.871\times10^{-7}\text{m}$$

$$q_2=-0.837\times10^{-7}\times3.07=-0.257\times10^{-6}\text{m}$$

$$q_3=0.158\times10^{-7}\times1.453=0.23\times10^{-7}\text{m}$$

（3）对于凸齿磨电动机：

$$Y_1^{d}=\frac{0.77}{3137.3\times1520}=0.161\times10^{-6}\text{m}$$

$$Y_2^{d}=\frac{-1.252}{2966.5\times12380}=-0.341\times10^{-7}\text{m}$$

$$Y_3^{d}=\frac{0.215}{1221.6\times27380}=0.67\times10^{-8}\text{m}$$

则 $\theta/\omega_1=0.105\times1480/38.987=155.4/38.987=3.99>1.25$，$\theta/\omega_2=155.4/111.265=1.4>1.25$，故都在非共振区工作。$\theta/\omega_3=155.4/165.469=0.939>0.75$，故在共振区工作，$r=0.1$。$\theta^2=155.4^2=24149(\text{rad/s})^2$。

$$\mu_1=\frac{1}{\sqrt{\left(1-\frac{24149}{1520}\right)^2}}=0.067$$

$$\mu_2=\frac{1}{\sqrt{\left(1-\frac{24149}{12380}\right)^2}}=1.05$$

$$\mu_3=\frac{1}{\sqrt{\left(1-\frac{24149}{27380}\right)^2+0.1^2}}=6.465$$

$$q_1 = 0.161\times10^{-6}\times0.067 = 0.108\times10^{-7}\text{m}$$
$$q_2 = -0.341\times10^{-7}\times1.05 = -0.358\times10^{-7}\text{m}$$
$$q_3 = 0.67\times10^{-8}\times6.465 = 0.433\times10^{-7}\text{m}$$

最后由式(2－33)计算振动线位移。以 A_1^g,$A_1^{凸}$ 和 A_1^m 分别表示胶体磨、凸齿磨和凸齿磨电动机在第一层横向产生的振动线位移,则

$$A_1^g = [0.611\times0.218\times10^{-7} + (-0.994)(-0.42\times10^{-7}) + 0.171\times0.213\times10^{-7}]$$
$$= 0.587\times10^{-7}\text{m}$$
$$A_1^{凸} = [0.611\times0.871\times10^{-7} + (-0.994)(-2.57\times10^{-7}) + 0.171\times0.23\times10^{-7}]$$
$$= 0.3126\times10^{-6}\text{m}$$
$$A_1^m = [0.611\times0.108\times10^{-7} + (-0.994)(-0.358\times10^{-7}) + 0.171\times0.433\times10^{-7}]$$
$$= 0.496\times10^{-7}\text{m}$$

第一层横向振动速度为

$$v_1 = \sqrt{(0.587\times10^{-4})^2\times97250\times32 + (0.3126\times10^{-3})^2\times8537.76\times22 + (0.496\times10^{-4})^2\times24149\times22}$$
$$= 0.174\text{mm/s} \ll 6.3\text{mm/s}$$

7.4.2 梁竖向振动计算

A L－1 计算

单跨梁,截面尺寸为350mm×1100mm。

a 荷载

集中荷载(设备作用处) $P_1 = \dfrac{1}{2}\times(50 + 1.505\times1.56\times0.2\times25) = 30.87\text{kN}$

$m_1 = \dfrac{30.87}{9.81} = 3.15\text{t}$

其中设备总重为50kN

梁自重 $0.35\times1.1\times25 = 9.63\text{kN/m}$

活荷载 取 1.0kN/m^2

楼板重 $0.12\times25 = 3.0\text{kN/m}^2$(混凝土楼板厚100mm)

$$q = 9.63 + (1.0 + 3.0)\times\frac{1.06 + 1.585}{2} = 14.92\text{kN/m}$$

$$m_u = \frac{14.92}{9.81} = 1.52\text{t/m}$$

计算简图如图7－16所示。

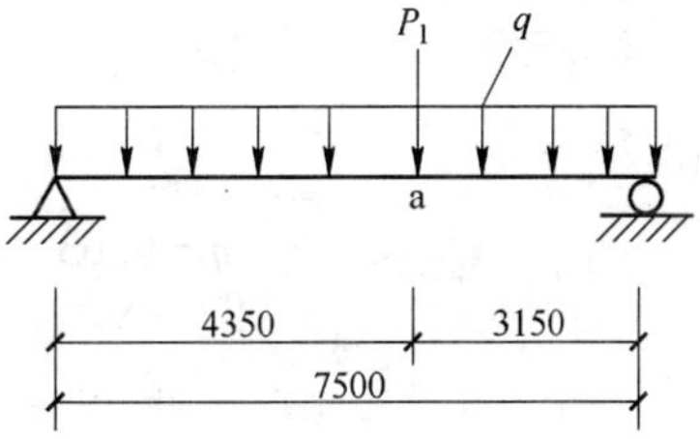

图7－16 梁计算简图

b 振动速度计算

按两端不动简支梁考虑,把质量集中到设备作用点a处。按照附录C计算得振型值 $y_a = 0.961$。

由式(2－16)可得

$$m_a = \frac{1.52\times\dfrac{7.5}{2} + 3.15\times0.961^2}{0.961^2} = 9.32\text{t}$$

梁截面惯性矩 $I \approx \frac{1}{12} \times 0.35 \times 1.1^3 \times 2 = 0.0776\text{m}^4$，弹性模量 $E_c = 0.3 \times 10^8 \text{kN/m}^2$。

梁 a 点处的刚度 k_a 为

$$k_a = \frac{3 \times 0.3 \times 10^8 \times 0.0776 \times 7.5}{4.35^2 \times 3.15^2} = 278980\text{kN/m}$$

由式(2－3)可得

$$\omega = \sqrt{\frac{278980}{9.32}} = 173.01\text{rad/s}$$

由凸齿磨产生的振动线位移为

$$Y_{a_1} = \frac{3.092}{278980 \times 2} \times \frac{1}{\sqrt{\left(1 - \frac{8537.76}{173.01^2}\right)^2}} = 0.0077\text{mm}$$

由电动机产生的振动线位移为

$$Y_{a_2} = \frac{1.26}{278980 \times 2} \times \frac{1}{\sqrt{\left(1 - \frac{24149}{173.01^2}\right)^2 + 0.1^2}} = 0.01038\text{mm}$$

振动速度为

$$v_a = 1.2 \times \sqrt{0.0077^2 \times 8537.76 + 0.01038^2 \times 24149} = 2.12\text{mm/s} < 6.3\text{mm/s}$$

如果计算振动线位移，则为

$$Y_a = 1.2 \times \sqrt{0.0077^2 + 0.01038^2} = 0.015\text{mm}$$

由 Y_{a_1} 和 Y_{a_2} 的计算结果可以看出，凸齿磨的扰力值是电动机扰力值的 2.45 倍，相差较大，而两者产生的振动线位移却相差不是很大。主要原因是电动机扰力频率与梁的自振频率几乎相等，因此发生了共振现象产生了较大的线位移。这也说明了使支承结构的自振频率远离机器扰力频率（避开共振）的重要性。

B　L－2 计算

两跨连续梁，截面尺寸为 350mm × 1100mm，按两端简支不动支座考虑，仅取前两个振型。

a　荷载

集中荷载（设备作用处）	$P_1 = P_2 = 30.87\text{kN}$
	$m_1 = m_2 = 3.15\text{t}$
梁自重	9.63kN/m
活荷载	1kN/m^2
楼板重	3kN/m^2

$$q = 9.63 + (1 + 3) \times \frac{1.54 + 2.13}{2} = 16.97\text{kN/m}$$

$$m_u = \frac{16.97}{9.81} = 1.73\text{t/m}$$

荷载图如图 7－17 所示。

b　自振频率计算

计算第一频率时,集中质量换算系数 K_j 值取用表 2 - 2 中两端简支梁 ω_1 对应的 K_j 值。$\alpha_1 = \dfrac{4.35}{7.5} = 0.58$,查表 2 - 2 得 $K_1 = K_2 = 1.848$,由式(2 - 65)可得

$$\bar{m} = 1.73 + \frac{1}{2 \times 7.5} \times 1.848 \times 3.15 \times 2 = 2.51\text{t/m}$$

由式(2 - 61)计算第二频率的集中质量换算系数 K_j。设备作用处的第二振型值是按附录 D 两跨连续梁第二振型曲线近似算得的,如图 7 - 18 所示。

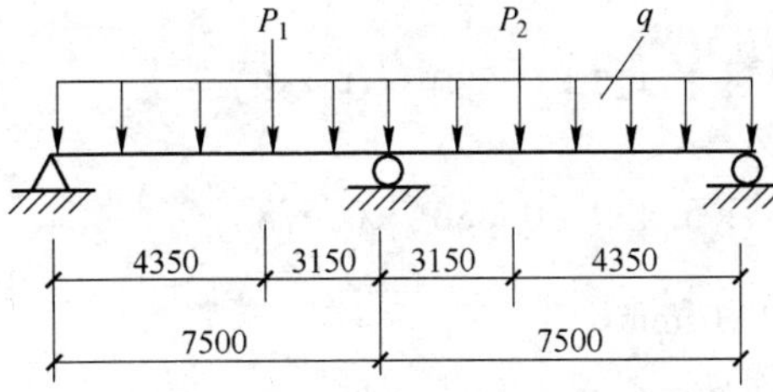

图 7 - 17 两跨梁计算简图

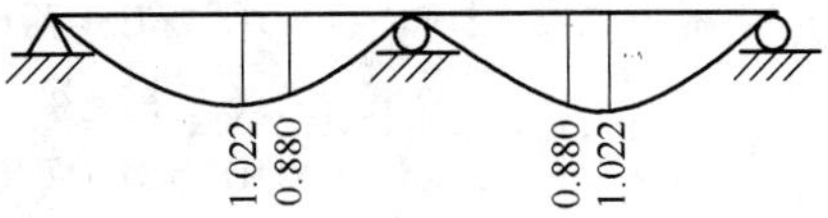

图 7 - 18 第二振型图

$$K_1 = K_2 = 2 \times 0.880^2 = 1.549$$

$$\bar{m} = 1.73 + \frac{1}{2 \times 7.5} \times 1.549 \times 3.15 \times 2 = 2.38\text{t/m}$$

$$I = 0.0776\text{m}^4$$

从表 2 - 3 查得 $n_1 = 1.0$、$n_2 = 1.25$,则 $\lambda_1 = \dfrac{\pi}{L}$、$\lambda_2 = \dfrac{1.25\pi}{L}$。由式(2 - 64)可得

$$\omega_1 = \frac{\pi^2}{7.5^2} \times \sqrt{\frac{0.3 \times 10^8 \times 0.0776}{2.51}} = 168.98\text{rad/s}$$

$$\omega_2 = \frac{1.25^2\pi^2}{7.5^2} \times \sqrt{\frac{0.3 \times 10^8 \times 0.0776}{2.38}} = 271.15\text{rad/s}$$

c 振动线位移计算

设备作用点的第一振型值按附录 D 两跨连续梁第一振型曲线近似算得,如图 7 - 19 所示。由式(2 - 67)计算设备作用处的振动线位移幅值,取 $r = 0.1$。则扰力幅值 P 为

对于凸齿磨,$P = \dfrac{3.092}{2} = 1.55\text{kN}$

对于电动机,$P = \dfrac{1.26}{2} = 0.63\text{kN}$

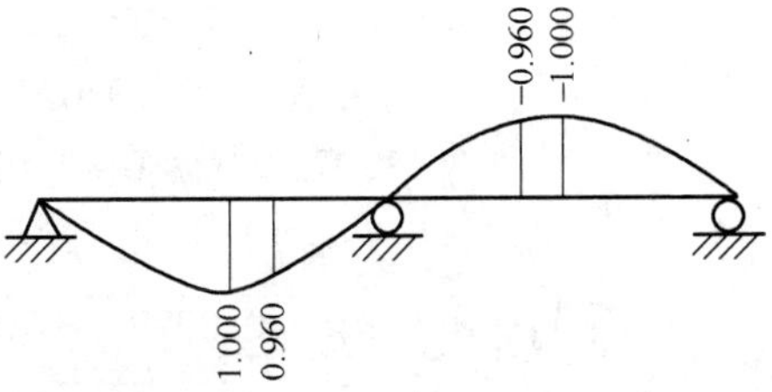

图 7 - 19 第一振型图

在凸齿磨扰力作用下:

$$F_1 = \frac{168.98^2}{168.98^2} \times \frac{1}{\sqrt{\left(1 - \dfrac{92.4^2}{168.98^2}\right)^2}} = 1.427$$

$$F_2 = \frac{168.98^2}{271.15^2} \times \frac{1}{\sqrt{\left(1 - \dfrac{92.4^2}{271.15^2}\right)^2}} = 0.439$$

在电动机扰力作用下：

$$F_1 = 1.0 \times \frac{1}{\sqrt{\left(1 - \frac{155.4^2}{168.98^2}\right)^2 + 0.1^2}} = 5.439$$

$$F_2 = \frac{168.98^2}{271.15^2} \times \frac{1}{\sqrt{\left(1 - \frac{155.4^2}{271.15^2}\right)^2}} = 0.578$$

仅一台设备开动时：

$$Y'_{4.35} = \frac{2 \times 1.55 \times 7.5^3}{2 \times 0.3 \times 10^8 \times 0.0776\pi^4}(0.960^2 \times 1.427 + 0.880^2 \times 0.439) +$$
$$\frac{2 \times 0.63 \times 7.5^3}{2 \times 0.3 \times 10^8 \times 0.0776\pi^4}(0.960^2 \times 5.439 + 0.880^2 \times 0.578)$$
$$= 0.00477\text{mm} + 0.00639\text{mm} = 0.01116\text{mm}$$

$$Y_{4.35} = 1.2 \times \sqrt{0.00477^2 + 0.00639^2} = 0.00957\text{mm}$$

两台设备开动时：

$$Y'_{4.35} = \frac{2 \times 1.55 \times 7.5^3}{2 \times 0.3 \times 10^8 \times 0.0776\pi^4}[(0.960^2 + 0.960^2) \times 1.427 + (0.880^2 - 0.880^2) \times 0.439] +$$
$$\frac{2 \times 0.63 \times 7.5^3}{2 \times 0.3 \times 10^8 \times 0.0776\pi^4}[(0.960^2 + 0.960^2) \times 5.439 + (0.880^2 - 0.880^2) \times 0.578]$$
$$= 0.758 \times 10^{-5} + 0.1174 \times 10^{-4} = 0.1933 \times 10^{-4}\text{m} = 0.01933\text{mm}$$

$$Y_{4.35} = 1.2 \times \sqrt{0.00758^2 + 0.01174^2} = 0.017\text{mm}$$

从以上计算结果可以看出，仅开动一台设备比同时开动两台设备的振动线位移要大，即开动一台设备比同时开动两台设备的振动速度要大。

下面计算开动两台设备时梁跨中的振动线位移和振动速度。

$$Y'_{3.75} = \frac{2 \times 1.55 \times 7.5^3}{2 \times 0.3 \times 10^8 \times 0.0776\pi^4}[(1.0 \times 0.96 + 1.0 \times 0.96) \times 1.427 +$$
$$(1.022 \times 0.880 - 1.022 \times 0.880) \times 0.439] +$$
$$\frac{2 \times 0.63 \times 7.5^3}{2 \times 0.3 \times 10^8 \times 0.0776\pi^4}[(1.0 \times 0.96 + 1.0 \times 0.96) \times 5.439 +$$
$$(1.022 \times 0.880 - 1.022 \times 0.880) \times 0.578]$$
$$= 0.79 \times 10^{-5} + 0.1224 \times 10^{-4} = 0.0201\text{mm}$$

$$Y_{3.75} = 1.2 \times \sqrt{0.0079^2 + 0.01224^2} = 0.0175\text{mm} < 0.02\text{mm}$$

$$v_{3.75} = 1.2 \times \sqrt{(0.0079 \times 92.4)^2 + (0.01224 \times 115.4)^2} = 1.908\text{mm/s}$$

C　L－3 计算

两跨连续梁，截面尺寸为 350mm × 1100mm，按两端简支不动支座考虑，仅取前三个振型。

a　荷载

集中荷载（设备作用处）　$P_1 = P_2 = \cdots = P_8 = 38 + 1.2 \times 2.4 \times 0.2 \times 25 = 52.4\text{kN}$

$$m_1 = m_2 = \cdots = m_8 = \frac{52.4}{9.81} = 5.34\text{t}$$

梁自重一根　　9.63kN/m

活荷载　　1.0kN/m^2

楼板重　　3.0kN/m^2

$$q = 9.63 \times 2 + (1.0 + 3.0)\left(\frac{2.0 + 1.7}{2} + 1.9\right) = 34.26\text{kN/m}$$

$$m_u = \frac{34.26}{9.81} = 3.49\text{t/m}$$

荷载图如图 7－20 所示。

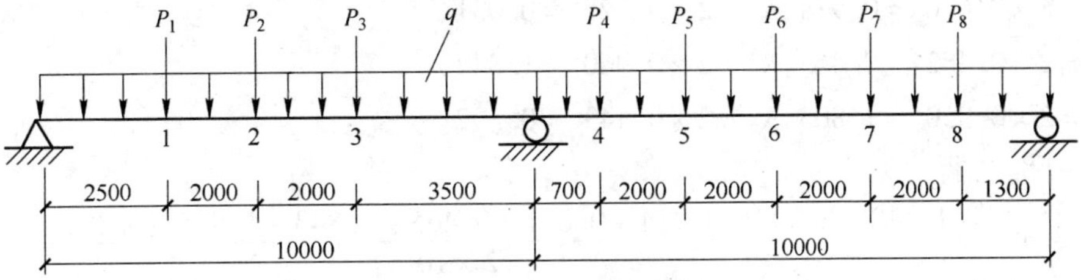

图 7－20　荷载作用图

b　自振频率计算

如同前面所说，计算第一频率时，集中质量换算系数 K_j 值可取用表 2－2 中两端简支梁 ω_1 对应的 K_j 值。

对于左跨：

$$\alpha_1 = \frac{2.5}{10} = 0.25, K_1 = 1.001$$

$$\alpha_2 = \frac{4.5}{10} = 0.45, K_2 = 1.905$$

$$\alpha_3 = \frac{6.5}{10} = 0.65, K_3 = 1.56$$

对于右跨：

$$\alpha_4 = \frac{0.7}{10} = 0.07, K_4 = 0.134$$

$$\alpha_5 = \frac{2.7}{10} = 0.27, K_5 = 1.124$$

$$\alpha_6 = \frac{4.7}{10} = 0.47, K_6 = 1.943$$

$$\alpha_7 = \frac{6.7}{10} = 0.67, K_7 = 1.460$$

$$\alpha_8 = \frac{8.7}{10} = 0.87, K_8 = 0.341$$

由式(2－68)可得

$$\bar{m} = 3.49 + \frac{(1.001 + 1.905 + 1.56 + 0.134 + 1.124 + 1.943 + 1.46 + 0.341) \times 5.34}{2 \times 10}$$

$$= 6.02\text{t/m}$$

由式(2－61)计算第二频率的集中质量换算系数 K_j。设备作用点处的第二振型值同样是由附录 D 两跨连续梁第二振型曲线近似计算所得，如图 7－21 所示。

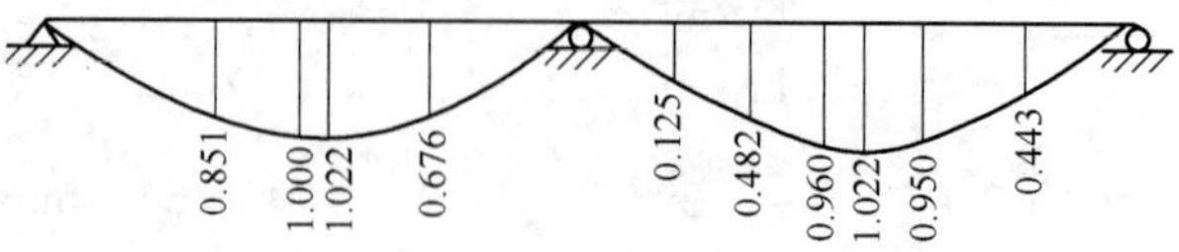

图 7－21　设备作用点处的第二振型图

则　$K_1 = 2\times 0.851^2 = 1.448, K_2 = 2\times 1.000^2 = 2.000,$

$K_3 = 2\times 0.676^2 = 0.914, K_4 = 2\times 0.125^2 = 0.031,$

$K_5 = 2\times 0.482^2 = 0.465, K_6 = 2\times 0.960^2 = 1.843,$

$K_7 = 2\times 0.950^2 = 1.805, K_8 = 2\times 0.443^2 = 0.392$。

由式（2－68）可得

$$\bar{m} = 3.49 + \frac{(1.448 + 2.000 + 0.914 + 0.031 + 0.465 + 1.843 + 1.805 + 0.392)\times 5.34}{2\times 10}$$

$$= 5.87\text{t/m}$$

计算第三频率的集中质量换算系数 K_j 值采取和计算第二频率的集中质量换算系数相同的方法，得第三振型曲线近似值如图 7－22 所示。

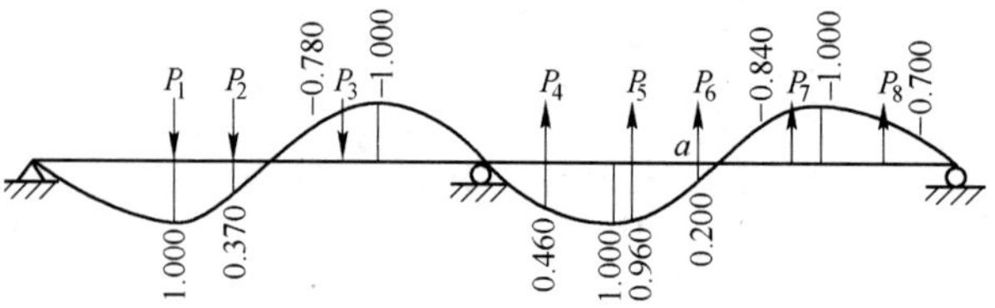

图 7－22　第三振型图

则　$K_1 = 2\times 1.000^2 = 2.000, K_2 = 2\times 0.370^2 = 0.274,$

$K_3 = 2\times(-0.780)^2 = 1.217, K_4 = 2\times 0.460^2 = 0.423,$

$K_5 = 2\times 0.960^2 = 1.843, K_6 = 2\times 0.200^2 = 0.080,$

$K_7 = 2\times(-0.840)^2 = 1.411, K_8 = 2\times(-0.700)^2 = 0.980$。

由式（2－68）可得：

$$\bar{m} = 3.49 + \frac{(2.000 + 0.274 + 1.217 + 0.423 + 1.843 + 0.080 + 1.410 + 0.980)\times 5.34}{2\times 10}$$

$$= 5.69\text{t/m}$$

梁截面惯性矩之和 $I = 0.0776\times 2 = 0.1553\text{m}^4$。从表 2－3 查得 $n_1 = 1.00$、$n_2 = 1.25$、$n_3 = 2.00$，则 $\lambda_1 = \pi/L$、$\lambda_2 = 1.25\pi/L$、$\lambda_3 = 2.0\pi/L$。由此

$$\omega_1 = \frac{\pi^2}{10^2}\sqrt{\frac{0.3\times 10^8\times 0.1553}{6.02}} = 86.83\text{rad/s}$$

$$\omega_2 = \frac{(1.25\times\pi)^2}{10^2}\sqrt{\frac{0.3\times 10^8\times 0.1553}{5.87}} = 137.39\text{rad/s}$$

$$\omega_3 = \frac{(2.0\times\pi)^2}{10^2}\sqrt{\frac{0.3\times 10^8\times 0.1553}{5.69}} = 357.23\text{rad/s}$$

c 振动线位移计算

设备作用点处的第一振型值也是由附录D两跨连续梁第一振型曲线近似算得的，事实上也可以从前面查表2－2得到的 K_j 值中计算而得，如图7－23所示。

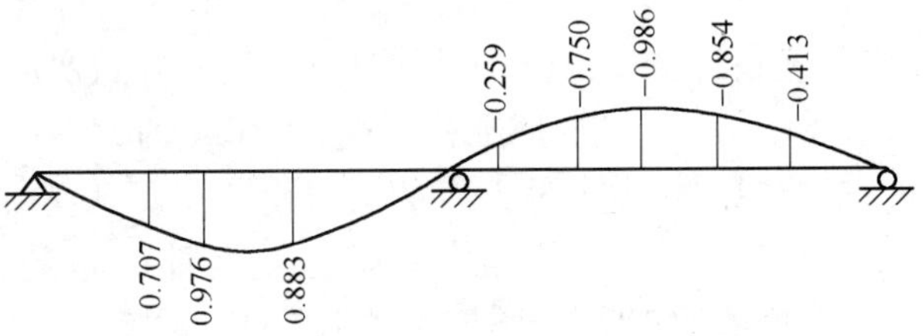

图7－23 设备作用点处第一振型图

前三个自振频率和对应的设备作用点处的振型值确定后，由式(2－67)计算右跨a点(P_6 作用点)的振动线位移幅值。

由于胶体磨为立式设备，故竖向扰力值可取水平扰力值之半，即

$$P = \frac{1}{2} \times (4.8 + 5.84) = 5.32\text{kN}$$

$$\theta = 0.105 \times 2970 = 311.85\text{rad/s}$$

$$F_1 = \frac{86.83^2}{86.83^2} \frac{1}{\sqrt{\left(1 - \frac{311.85^2}{86.83^2}\right)^2}} = 0.084$$

$$F_2 = \frac{86.83^2}{137.39^2} \frac{1}{\sqrt{\left(1 - \frac{311.85^2}{137.39^2}\right)^2}} = 0.096$$

$$F_3 = \frac{86.83^2}{357.23^2} \frac{1}{\sqrt{\left(1 - \frac{311.85^2}{357.23^2}\right)^2 + 0.1^2}} = 0.229$$

以 Y_{a_1}、Y_{a_2}、…、Y_{a_8} 分别表示在 P_1、P_2、…、P_8 点(设备作用处)作用扰力5.32kN时在a点(P_6 作用处)的振动线位移幅值。如果8台设备同时运转时，则由式(2－67)可得

$$Y_{a_1} = \frac{2 \times 5.32 \times 10^3}{2 \times 0.3 \times 10^8 \times 0.1553 \times \pi^4}[0.707(-0.986) \times 0.084 +$$
$$0.851 \times 0.96 \times 0.096 + 1.0 \times 0.2 \times 0.229]$$
$$= 0.769 \times 10^{-6}\text{m} = 0.000769\text{mm}$$

进行相似的运算后，可得

$$Y_{a_2} = 0.000331\text{mm}, Y_{a_3} = -0.000546\text{mm}, Y_{a_4} = -0.000633\text{mm}$$
$$Y_{a_5} = -0.001764\text{mm}, Y_{a_6} = -0.002101\text{mm}, Y_{a_7} = -0.001404\text{mm}$$
$$Y_{a_8} = -0.000504\text{mm}$$

$$Y_a = [0.000769^2 + 0.000331^2 + (-0.000546)^2 + (-0.000633)^2 + (-0.001764)^2 +$$
$$(-0.002101)^2 + (-0.001404)^2 + (-0.000504)^2]^{\frac{1}{2}}$$
$$= 0.00334\text{mm}$$

$$v_a = 311.85 \times 0.00334 = 1.042\text{mm/s}$$

7.5　房屋抗振设计实例二

因生产装置及工艺流程的需要，一些扰力大的动力机器不得不布置在楼层上，例如一些离心式压缩机、破碎机、搅拌设备等等。根据以往的经验，由于机器扰力较大（尤其扰力频率又较低者），加之房屋抗振设计欠妥，甚至未采取抗振措施，导致房屋振动过大，超过了限值，甚至造成振动事故。文献[17]规定：标准扰力超过 15kN 的大型动力设备，如不采取特殊措施，不宜安装在楼盖上；标准扰力超过 3kN 的动力设备需要设置在楼盖上时，宜采取隔振措施。这些规定主要是防止由于动力机器扰力较大，有可能引起支承动力设备的结构或建筑物整体振动过大，影响房屋的正常使用或动力机器的正常运转。目前人们比较普遍采用的一个抗振措施，是把一些动力机器基础与房屋相隔离，以避免基础振动对房屋的影响，尤其是房屋内设置有对振动敏感的精密仪器时更是如此。此时，在楼层标高上的动力机器基础常常采用单独的框架式动力基础。

但是，采用框架式动力基础与房屋相隔离时，需要在房屋内增加框架式基础的混凝土柱子。这不但使基础费用增加，更重要的是柱子需要占据一定的空间，有时影响有关设备的布置，而且也增加了建筑面积。如果房屋对振动没有特殊要求（例如楼层上没有设置对振动敏感的设备等），有的动力机器尽管扰力比较大，在一定条件下也可以考虑把动力机器直接安装在楼层的承重结构上，而不必另设计框架式基础。事实上，房屋主体结构为钢筋混凝土框架时，其本身就是一个大的动力基础，此时需要对房屋的钢筋混凝土框架进行合理的设计，对混凝土框架整体的水平振动和支承动力机器结构构件的竖向振动进行振动计算，使其振动线位移和振动速度控制在允许限值之内。下面我们介绍一个这方面的工程实例。

7.5.1　工程概况

某化工厂离心干燥车间为三层钢筋混凝土框架结构，房屋宽度为 18.0m，纵向长度为 42.0m，基本柱网为 6.0m × 7.0m、6.0m × 5.0m、6.0m × 6.0m，一至三层层高分别为 7.0m、6.0m 和 7.5m，总高度为 20.5m，承台顶标高为 -0.8m。柱子截面为 700mm × 700mm，楼板厚度为 120mm，20mm 厚水泥砂浆抹面，混凝土强度等级为 C30。框架填充墙为 240mm 厚的烧结普通砖，强度等级为 MU15，水泥砂浆强度等级为 M5。抗震设防烈度为 8 度，房屋抗震等级为二级。地基处理为桩基，采用振动沉管灌注桩，直径为 400mm，长度为 20.5m。

在第二层的楼层上安装一台离心式压缩机。因设备和管道布置的原因，并且房屋使用空间受到限制，单独布置压缩机框架式基础很困难，同时各楼层上没有对振动敏感的精密仪器，所以确定把压缩机直接放置在楼层上。离心式压缩机基础由钢筋混凝土台座板和隔振器组成，压缩机和电动机固定在台座板上，在台座板和楼层承重梁之间安放 8 个隔振器。隔振器和台座板的尺寸均由外商提供。

离心机组的重量为

离心机空重	232.0kN
物料最大重量	18.0kN
电动机重量	26kN
混凝土台座板重	374kN
总重	650kN

压缩机转速为850r/min。通过每个隔振器传递到支承结构上的最大动力荷载(扰力)为

在竖向 ±8.8kN

在水平向 ±3.61kN

7.5.2 压缩机承重结构的布置

压缩机混凝土台座板、隔振器和支承结构在第二层楼层上的布置图如图7-24所示。混凝土梁的平面布置主要根据工艺条件而定,8个隔振器全部置放在混凝土梁上。钢筋混凝土台座板尺寸为3.2m×1.0m×4.7m,重量为374kN,台座板中预埋套管,通过采用螺栓把离心式压缩机、电动机以及混凝土台座板连接在一起组成一个基组。混凝土台座板的功能主要是增加基组的质量,以降低基组的自振频率,台座板的大小是通过振动计算确定的,计算方法将在后面介绍。台座板的材料采用钢筋混凝土的居多,但是也有的采用铸铁。混凝土台座板下面放置的8个隔振器,主要功能是把离心机和电动机的扰力较大地降低后传递到梁上,使梁的振动线位移和振动速度减小。隔振器的规格特性是通过振动计算确定的,其计算方法和隔振原理也将在后面介绍。不过该离心机的隔振器是由外商提供的。在这里还要说明的是,隔振器是基组的一部分,它的竖向和水平向刚度较小,从而降低了基组的振动频率而不能改变离心机和电动机的扰力频率。

为了使支承离心机和电动机的混凝土梁自振频率大于扰力频率的1.25倍,即避开共振区工作,要尽可能加大梁的高度和采取其他措施,以提高梁的竖向自振频率,这是该工程支承离心机和电动机的梁布置原则。例如,在②轴线和③轴线之间,梁L-B的跨度为9.0m,该梁的截面最大允许高度为900mm,该梁本身支承动力荷载,刚度偏低,何况还是梁L-1的支座,为了提高L-B梁的竖向刚度,在两轴线之间的⑴/⑵轴线上设置了400mm×700mm的柱子(以上两层无此柱),而且在该柱子内放置了一根H型钢,进一步提高了柱子的竖向刚度,在振动过程中可以认为柱子不发生竖向变形成为L-B梁的不动支点,这样L-B梁由跨度9.0m改变为跨度4.0m和5.0m的两跨连续梁,较大地提高了L-B梁的竖向刚度,而且完全可以作为L-1梁的不动支座,从而也提高了L-1梁的竖向刚度,即提高了它的竖向自振频率。

隔振器安装示意图如图7-25所示。

在混凝土梁顶预埋钢板,隔振器放置在上面,在隔振器的四边焊接4块挡板(20mm×20mm×150mm)。隔振器自由高度(未承受荷重时)为180mm,承受荷重后高度为130mm,即压缩变形为50mm。

7.5.3 梁竖向振动计算

该离心式压缩机由外商供货,对离心机基础的允许振动线位移和允许振动速度均未提出具体要求,参照附录B和表B-1的规定,该压缩机基础的允许振动线位移为57μm,允许振动速度为10mm/s。

梁截面为300mm×800mm,两跨连续梁,按两端简支不动支座考虑,仅取前两个振型。

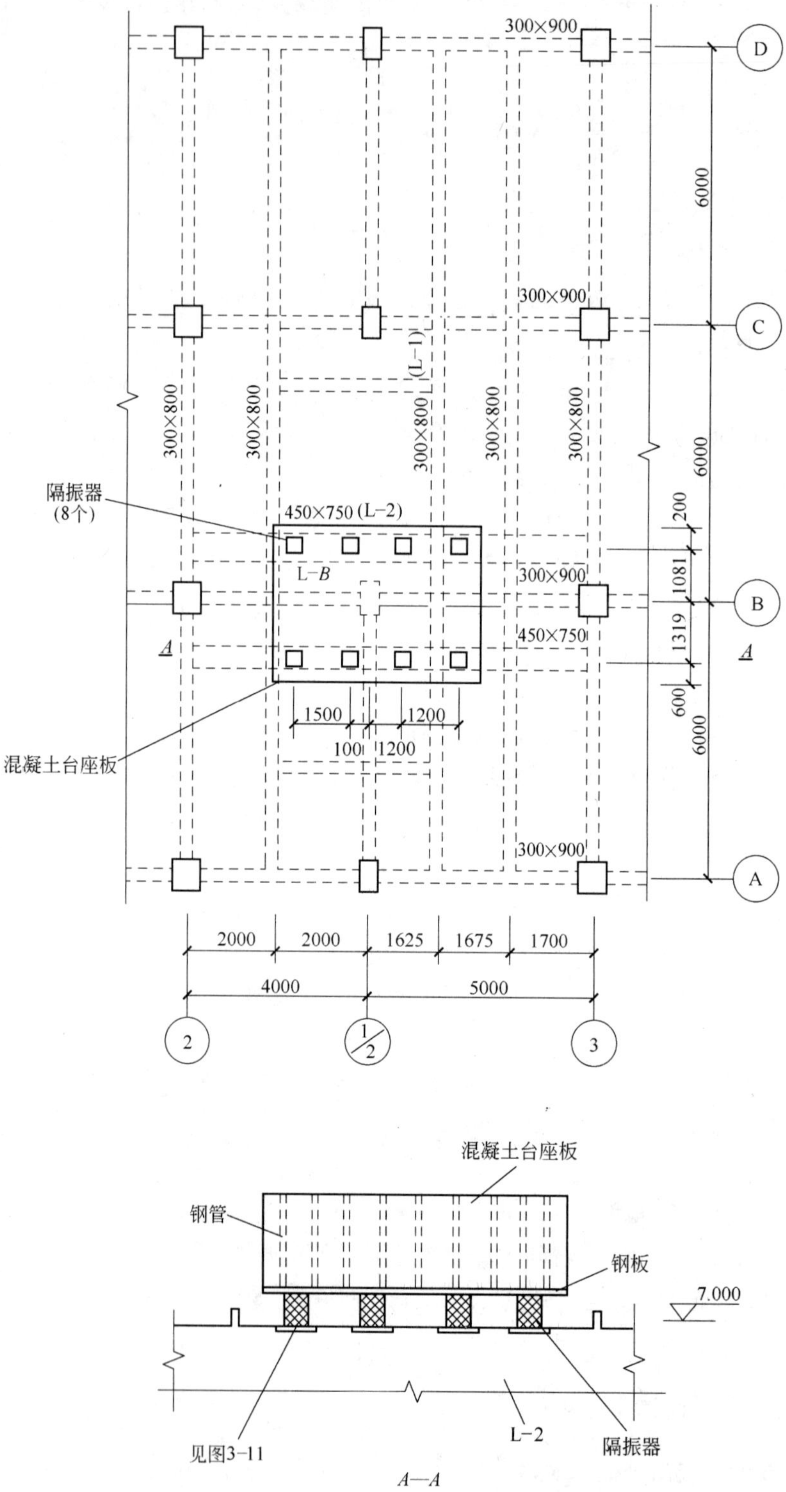

图7－24　设备及支承结构的平面布置图

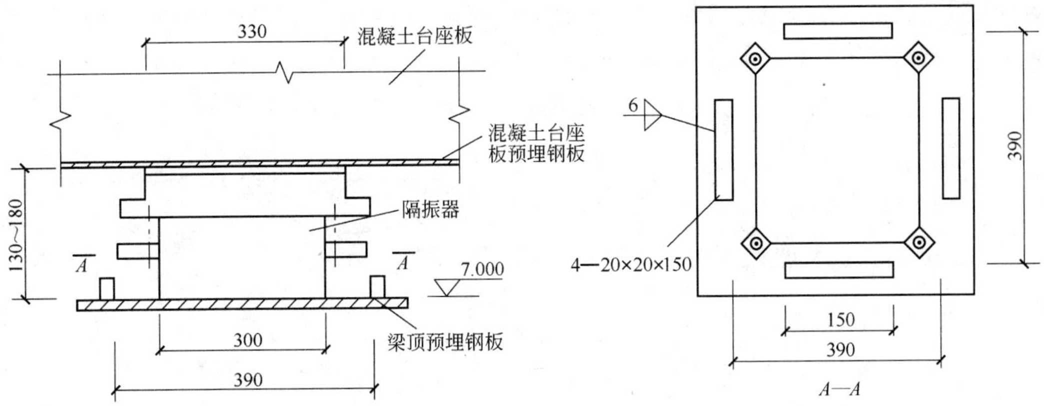

图 7 - 25　隔振器安装示意图

混凝土弹性模量 $E_c = 0.3\times10^8\text{kN/m}^2$，梁截面惯性矩近似地取为 $I\approx\frac{1}{12}\times0.3\times0.8^3\times2 = 0.0256\text{m}^4$。

A　荷载

作用在每个隔振器上的静荷重为 650kN/8 = 81.25kN；集中荷载（通过隔振器间接作用在 L - 1 梁上）为

$$P_1 = P_2 = \frac{81.25(0.4+1.9+3.2)}{3.625}+\frac{81.25\times0.9}{1.675} = 166.933\text{kN}$$

$$m_1 = m_2 = \frac{166.933}{9.81} = 17.017\text{t}$$

梁自重　　$0.3\times0.8\times25 = 6\text{kN/m}$

活荷载　　取 1.0kN/m^2

楼板重　　$(0.12+0.02)\times25 = 3.5\text{kN/m}^2$

均布线荷载

$$q = 6.0+(1.0+3.5)\times\frac{1.625+1.675}{2} = 13.425\text{kN/m}$$

$$m_u = \frac{13.425}{9.81} = 1.369\text{t/m}$$

荷载图如图 7 - 26 所示。

B　自振频率计算

计算第一频率时，集中质量换算系数 K_j 值取用表 2 - 2 中两端简支梁 ω_1 对应的 K_j 值。

$$\alpha_1 = \frac{4.681}{6.0} = 0.78\text{，查表 2-2，得 } K_1 = 0.815$$

$$\alpha_2 = \frac{1.081}{6.0} = 0.18\text{，查表 2-2，得 } K_2 = 0.591$$

由式（2 - 65）可得

$$\overline{m} = 1.369+\frac{1}{2\times6}\times17.017(0.815+0.591) = 3.363\text{t/m}$$

按式（2 - 61）计算第二振型的集中质量换算系数 K_j。离心式压缩机基组隔振器在 L - 1

梁上作用点的第二振型值是按附录 D 两跨连续梁第二振型曲线近似算得的，a_1 点振型值为 0. 392，a_2 点振型值为 0. 321，第二振型如图 7 - 27 所示。

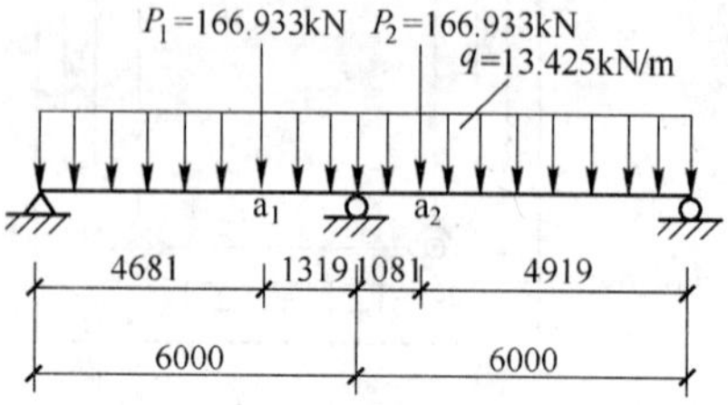

图 7 - 26　荷载作用示意图

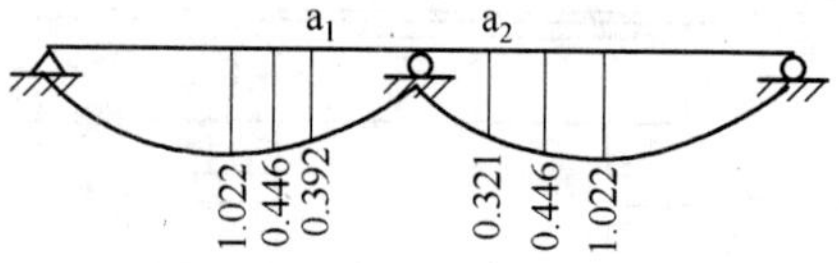

图 7 - 27　第二振型示意图

$$K_1 = 2 \times 0.392^2 = 0.307$$

$$K_2 = 2 \times 0.321^2 = 0.206$$

由式（2 - 68）可得

$$\bar{m} = 1.369 + \frac{1}{2 \times 6} \times 17.017(0.307 + 0.206) = 2.096\mathrm{t/m}$$

由表 2 - 3 查得 $n_1 = 1.0$、$n_2 = 1.25$，则 $\lambda_1 = \frac{1.0\pi}{L} = \frac{\pi}{6}$，$\lambda_2 = \frac{1.25\pi}{L} = \frac{1.25\pi}{6}$。

由式（2 - 64）可得

第一振型对应的第一频率 ω_1

$$\omega_1 = \frac{\pi^2}{6.0^2} \times \sqrt{\frac{0.3 \times 10^8 \times 0.0256}{3.363}} = 131.014\mathrm{rad/s}$$

第二振型对应的第二频率 ω_2

$$\omega_2 = \frac{1.25^2\pi^2}{6.0^2} \times \sqrt{\frac{0.3 \times 10^8 \times 0.0256}{2.096}} = 259.301\mathrm{rad/s}$$

C　振动线位移和振动速度计算

扰力圆频率 $\theta = 0.105 \times 850 = 89.25\mathrm{rad/s}$。则 $\frac{\theta}{\omega_1} = \frac{89.25}{131.014} = 0.681 < 0.75$，$\frac{\theta}{\omega_2} = \frac{89.25}{259.301} = 0.344 \ll 0.75$，即均在共振区外工作，可以不考虑阻尼的作用。扰力为

$$P_1 = P_2 = \frac{8.8(0.4 + 1.9 + 3.2)}{3.625} + \frac{8.8 \times 0.9}{1.675} = 18.08\mathrm{kN}$$

梁的第一振型值是按附录 D 两跨连续梁第一振型曲线近似计算出来的，在 a_1 点振型值为 0. 668，在 a_2 点振型值为 0. 548。第一振型如图 7 - 28 所示。

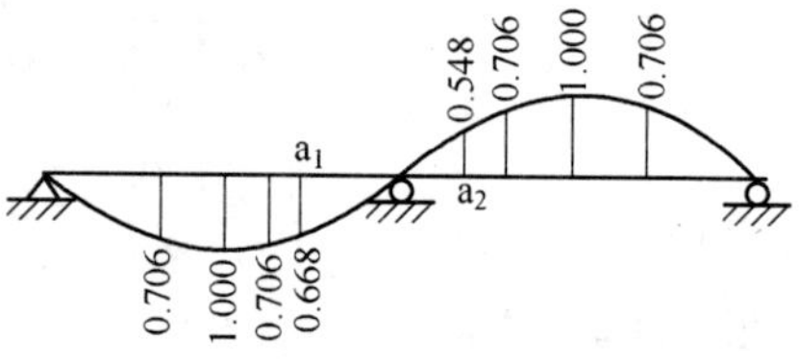

图 7 - 28　第一振型示意图

对第一振型的 F_1：

$$F_1 = \frac{131.014}{131.014} \times \frac{1}{1 - \frac{89.25^2}{131.014^2}} = 1.866$$

对第二振型的 F_2：

$$F_2 = \frac{131.014}{259.301} \times \frac{1}{1 - \frac{89.25^2}{259.301^2}} = 0.573$$

在梁 a_1 点的竖向振动线位移为

$$Y_{a_1} = \frac{2 \times 18.08 \times 6.0^3}{2 \times 0.3 \times 10^8 \times 0.0256\pi^4}[0.668^2 \times 1.866 + (-0.548) \times 0.668 \times 1.866 + (0.392^2 + 0.321^2) \times 0.573]$$
$$= 0.155 \times 10^{-4}\text{m} = 15.5\mu\text{m} < 57\mu\text{m}$$

在 a_1 点的竖向振动速度为

$$v_{a_1} = 89.25 \times 0.0155 = 1.383\text{mm/s} < 10\text{mm/s}$$

7.5.4 房屋横向整体振动计算

因为离心式压缩机的水平扰力方向为房屋的横向(短向),所以计算房屋的横向振动。该房屋框架柱的截面绝大部分为700mm×700mm,而且平面布置比较规则整齐,基本上是对称的。混凝土框架周边围护墙(填充墙)为240mm厚的烧结普通砖,强度等级为MU15,水泥砂浆强度等级为M5。无内填充墙。填充墙布置比较对称。从总体来看,房屋各层横向刚度中心和质量重心的偏心距比较小,所以在横向整体振动计算时未考虑整体扭转振动的作用,可以简化为悬臂构件多自由度振动计算模型,计算简图如图7-29所示。

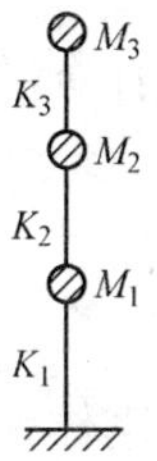

图7-29 悬臂构件多自由度振动计算简图

A 横向自由振动计算

a 横向刚度计算

房屋第 i 层的横向总刚度 K_i:

$$K_i = K_{ic} + K_{iw}$$

式中 K_{ic}——框架第 i 层间柱的横向总刚度,可以近似地按下式计算:$K_{ic} = \sum_{k=1}^{n} \frac{12E_c I_{ik}}{H_{ik}^3}$,$I_{ik}$ 为第 i 层第 k 根柱在横向的截面惯性矩,H_{ik} 为第 i 层第 k 根柱的高度;

K_{iw}——框架第 i 层间填充墙的横向总刚度,按下述方法计算:

$$K_{iw} = \psi_k \sum 3E_w I_w^t / H_w^3 (\psi_m + r\psi_v)$$
$$r = qI_w^t / A_w^t H_w^2$$

H_w——填充墙的高度;

E_w——填充墙砌体的弹性模量;

A_w^t,I_w^t——填充墙上部横截面面积和惯性矩,当上部开洞时,分别取洞口两侧面积之和及惯性矩之和;

ψ_k——填充墙位置折减系数,房屋上部约1/3楼层取1.0,中部约1/3楼层取0.6,下部约1/3楼层取0.3;

ψ_m,ψ_v——洞口影响系数,无洞口,取 $\psi_m = \psi_v = 1.0$,洞口面积大于墙面面积60%时,取 $\psi_m = \psi_v = 0$,一般洞口,

$$\psi_{m} = \left(\frac{h}{H_{w}}\right)^{3}\left(1 - \frac{I_{w}^{t}}{I_{w}^{b}}\right) + \frac{I_{w}^{t}}{I_{w}^{b}}$$

$$\psi_{v} = \left(1 + \frac{A_{w}^{t}}{A_{w}^{b}}\right)\left(\frac{h}{H_{w}}\right) + \frac{A_{w}^{t}}{A_{w}^{b}}$$

开洞填充墙截面面积和惯性矩如图 7 - 30 所示。

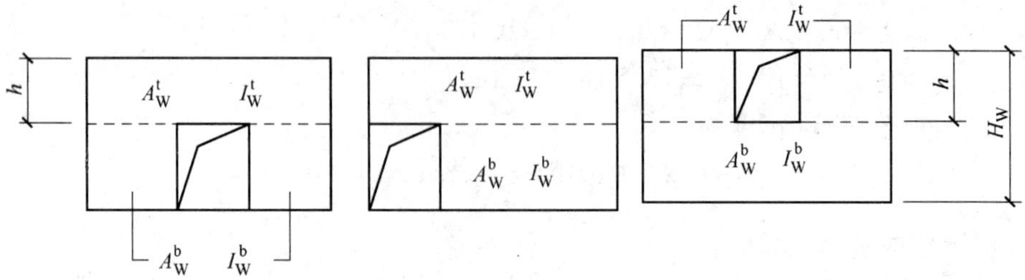

图 7 - 30　开洞填充墙截面面积和惯性矩计算图

由上述计算横向刚度的公式计算出各层柱的横向总刚度为（具体计算过程略）：

$$K_{1c} = 459693\text{kN/m}$$

$$K_{2c} = 933722\text{kN/m}$$

$$K_{3c} = 478066\text{kN/m}$$

填充墙砌体弹性模量 $E = 2928000\text{kN/m}^2$。

计算出各层填充墙的横向总刚度为（计算过程略）：

$$K_{1w} = 66777\text{kN/m}$$

$$K_{2w} = 293415\text{kN/m}$$

$$K_{3w} = 250218\text{kN/m}$$

从以上计算结果可以看出，由于墙体开洞较大，所以填充墙的横向刚度比较小。

房屋各层的横向总刚度为：

$$K_1 = K_{1c} + K_{1w} = 459693 + 66777 = 526470\text{kN/m}$$

$$K_2 = K_{2c} + K_{2w} = 933722 + 293415 = 1227137\text{kN/m}$$

$$K_3 = K_{3c} + K_{3w} = 478066 + 250218 = 728284\text{kN/m}$$

b　房屋第 i 层的重量 W_i 和质量 M_i 计算（具体计算过程略）

楼面活荷载是一个不确定的数值，根据房屋各层放置设备的多少和重量大小、物料在楼层上放置的状况以及工程经验等，计算整体振动时，第二层楼面取 2.0kN/m^2，第三层楼面取 2.0kN/m^2，房屋顶层取 0.50kN/m^2。应该说明的是，振动计算采用的活荷载要比在实际工程中静力计算所取用的活荷载（单位面积上的荷载）小，而且相差较大。

经计算：

$$W_1 = 9215\text{kN}, M_1 = \frac{9215}{9.81} = 939\text{t}$$

$$W_2 = 8329\text{kN}, M_2 = \frac{8329}{9.81} = 849\text{t}$$

$$W_3 = 5845\text{kN}, M_3 = \frac{5845}{9.81} = 596\text{t}$$

c 自振频率及振型计算

按照6.2节介绍的方法进行计算。

假定 $Y_3=1.0$，由式(6-7)得

$$Y_2=1-\frac{M_3\omega^2}{K_3}=1-\frac{596\omega^2}{728284}=1-0.000818\omega^2$$

由式(6-4)得

$$\begin{aligned}Y_1&=\frac{(K_3+K_2-M_2\omega^2)Y_2-K_3Y_3}{K_2}\\&=\frac{(728284+1227137-849\omega^2)Y_2+728284Y_3}{1227137}\\&=(1.593-0.000692\omega^2)Y_2-0.593Y_3\end{aligned}$$

由式(6-6)得

$$\begin{aligned}Y_0&=\frac{(K_2+K_1-M_1\omega^2)Y_1-K_2Y_2}{K_1}\\&=\frac{(1227137+526470-939\omega^2)Y_1-1227137Y_2}{526470}\\&=(3.331-0.00178\omega^2)Y_1-2.331Y_2\end{aligned}$$

计算自振频率及振型见表7-6。

表7-6 自振频率及振型计算

ω^2	$Y_3=1.0$	$Y_2=1-0.000818\omega^2$	$Y_1=(1.593-0.000692\omega^2)Y_2$ $-0.593Y_3$	$Y_0=(3.331-0.00178\omega^2)Y_1$ $-2.331Y_2$
⋮		⋮	⋮	⋮
180	1.0	0.853	0.660	-0.001≈0
⋮		⋮	⋮	⋮
1482	1.0	-0.212	-0.713	0.00007≈0
⋮		⋮	⋮	⋮
3735	1.0	-2.055	1.445	-0.003≈0

房屋三个自振频率的平方值分别为 $\omega_1^2=180(\text{rad/s})^2$、$\omega_2^2=1482(\text{rad/s})^2$、$\omega_3^2=3735(\text{rad/s})^2$，相应的振型值为 Y_3、Y_2 和 Y_1 的值。振型图如图7-31所示。

房屋的第一振动周期 $T_1=\frac{2\pi}{\sqrt{180}}=0.47\text{s}$，而采用计算机整体计算第一周期为0.55s左右，两者相差不大。计算机计算的周期稍大，可能是楼面活荷载取值较大所致。

B 横向振动线位移和振动速度计算

作用在房屋第二层楼面上的横向总水平扰力(幅值)为

$$P=3.61\times8=28.88\text{kN}$$

采用振型分解法计算振动线位移，并考虑三个振型。

计算第 i 振型折算荷载的幅值 $\overline{P}_i$：

$$\overline{P}_1=PY_{11}=28.88\times0.66=19.061\text{kN}$$

$$\overline{P}_2=PY_{12}=28.88\times(-0.713)=-20.591\text{kN}$$

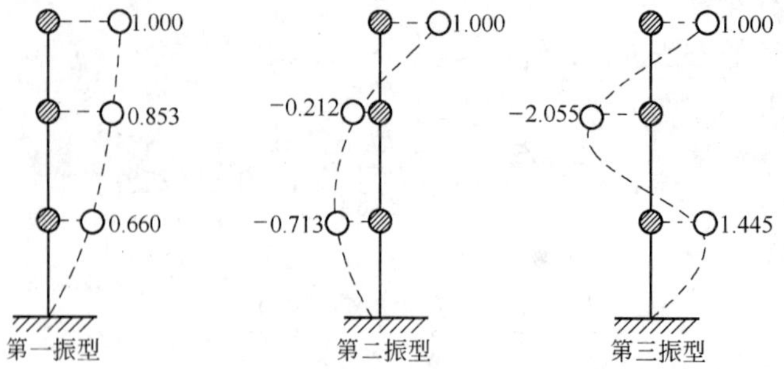

图7－31　振型图

$$\overline{P}_3 = PY_{13} = 28.88 \times 1.445 = 41.732\text{kN}$$

计算第 i 振型折算质量 $\overline{M}_i$：

$$\overline{M}_1 = M_1Y_{11}^2 + M_2Y_{21}^2 + M_3Y_{31}^2 = 939 \times 0.66^2 + 849 \times 0.853^2 + 596 \times 1.0^2 = 1622.768\text{t}$$

$$\overline{M}_2 = M_1Y_{12}^2 + M_2Y_{22}^2 + M_3Y_{32}^2 = 939 \times (-0.713)^2 + 849 \times (-0.212)^2 + 596 \times 1.0^2 = 1111.516\text{t}$$

$$\overline{M}_3 = M_1Y_{13}^2 + M_2Y_{23}^2 + M_3Y_{33}^2 = 939 \times 1.445^2 + 849 \times (-2.055)^2 + 596 \times 1.0^2 = 6142.004\text{t}$$

计算在第 i 振型折算荷载幅值 $\overline{P}_i$ 静力作用下折算体系产生的位移 Y_i^{d}（幅值）：

$$Y_1^{\text{d}} = \frac{\overline{P}_1}{\overline{M}_1\omega_1^2} = \frac{19.061}{1622.768 \times 180} = 0.6526 \times 10^{-4}\text{m}$$

$$Y_2^{\text{d}} = \frac{\overline{P}_2}{\overline{M}_2\omega_2^2} = \frac{-20.591}{1111.561 \times 1482} = -0.125 \times 10^{-4}\text{m}$$

$$Y_3^{\text{d}} = \frac{\overline{P}_3}{\overline{M}_3\omega_3^2} = \frac{41.732}{6412.004 \times 3735} = 0.174 \times 10^{-5}\text{m}$$

计算第 i 振型的动力系数 μ_i，由于在非共振区工作，故忽略阻尼的作用。

$$\mu_1 = \frac{1}{1-\frac{\theta^2}{\omega_1^2}} = \frac{1}{\sqrt{\left(1-\frac{89.25^2}{180}\right)^2}} = 0.023$$

$$\mu_2 = \frac{1}{1-\frac{\theta^2}{\omega_2^2}} = \frac{1}{\sqrt{\left(1-\frac{89.25^2}{1482}\right)^2}} = 0.229$$

$$\mu_3 = \frac{1}{1-\frac{\theta^2}{\omega_3^2}} = \frac{1}{\sqrt{\left(1-\frac{89.25^2}{3735}\right)^2}} = 0.883$$

计算第 i 振型的广义坐标（主坐标）q_i（幅值）：

$$q_1 = Y_1^{\text{d}}\mu_1 = 0.6526 \times 10^{-4} \times 0.023 = 0.15 \times 10^{-5}\text{m}$$

$$q_2 = Y_2^{\text{d}}\mu_2 = -0.125 \times 10^{-4} \times 0.229 = -0.286 \times 10^{-5}\text{m}$$

$$q_3 = Y_3^{\text{d}}\mu_3 = 0.174 \times 10^{-5} \times 0.883 = 0.154 \times 10^{-5}\text{m}$$

计算第一层楼层（A_1）、第二层楼层（A_2）和顶层（A_3）的振动线位移：

$A_1=0.66\times0.15\times10^{-5}+(-0.713)\times(-0.286\times10^{-5})+1.445\times0.154\times10^{-5}$
$=0.52\times10^{-5}\text{m}=5.2\mu\text{m}$
$A_2=0.853\times0.15\times10^{-5}+(-0.212)\times(-0.286\times10^{-5})+(-2.055)\times(0.154\times10^{-5})$
$=-0.128\times10^{-5}\text{m}=-1.28\mu\text{m}$
$A_3=1.0\times(0.15-0.286+0.154)\times10^{-5}=0.18\times10^{-6}\text{m}=0.18\mu\text{m}$

从计算结果可以看出，第一层楼层振动线位移最大，$A_1=5.2\mu\text{m}<<57\mu\text{m}$。振动速度 $v_1=0.0052\times89.25=0.46\text{mm/s}<<10\text{mm/s}$。

对该房屋的钢筋混凝土框架进行了合理设计，对支承离心机的结构和框架横向整体的振动进行了计算，结果表明振动线位移和振动速度均控制在允许范围之内，计算结果比较理想。其中一个重要原因，是离心机扰力的频率与离心机支承结构（梁）竖向的自振频率之比小于0.75；离心机扰力频率与房屋横向自振频率之比大于1.25，即远离共振区，使振动线位移和振动速度有明显的减小。房屋建成后离心机运转多年，房屋振动比较平稳，使用正常。

相似的抗振设计，以上仅介绍了一个工程实例。在其他一些类似的工程中，当扰力较大的动力机器安装在楼层上，由于种种原因，单独设计框架式动力基础并与房屋框架结构相脱离有困难时，也可把房屋的框架结构视为一个大的动力基础进行合理的设计，并采取有效的抗振措施，这也能取得良好的效果。在这里就不再一一地介绍了。

7.6 钢平台空间振动分析与抗振工程实例

本节主要介绍支承动力设备的钢平台，在设备启动后，产生了大大超过限值的水平振动线位移，为此，我们对钢平台进行了水平空间振动分析，并相应采取了有效的加固抗振措施，收到了良好的效果。本节的内容对解决类似的振动问题具有一定的参考价值。

7.6.1 工程概况

某经济开发区外商独资企业的涂料生产工段，房屋为四层钢筋混凝土多层框架结构，总高度为29.440m。在该房屋标高为11.270m的楼层上安装了一台立式反应器，该反应器支承在钢平台上，钢平台和反应器的布置见图7-32。平台的钢柱和梁为热轧H型钢以及少量的槽钢，上面铺格栅板。钢梁L-2一端与钢筋混凝土框架柱铰接，另一端与钢框架连接（Ⅰ—Ⅰ剖面所示为钢框架KJ-1）。除钢框架KJ-1的梁、柱刚接之外，其他所有钢杆件之间的连接均为铰接。反应器启动后，测得平台水平振动线位移达1.2mm（全振幅），其大大超过了有关规定的限值，平台不能正常使用。发生这个振动问题人为的原因是在设计钢平台时，工艺、管道等专业所提供的设计条件是在误认为该反应器是静力设备的前提下提出的，这使得建筑结构设计工程师将反应器完全按照静力设备来考虑，对支承结构未进行振动设计。为解决这一振动问题，首先需要对原钢平台进行自由振动计算，查找钢平台水平振动线位移如此之大的原因，然后才能采取相应的抗振措施。但是反应器的扰力值这一关键数据工艺专业一直不能提供。

7.6.2 原钢平台自由振动计算

A 自由振动计算模型

从图7-32可以看出，钢平台在水平面上构成了不规则的复杂的超静定平面桁架体系，与钢筋混凝土框架梁和柱的连接端为不动支座，与钢框架 KJ－1 连接端为弹性支座。钢平台水平振动时，平面桁架和竖向钢框架 KJ－1 都是水平弹性刚度体，构成一个空间振动体系。钢平台的荷载主要是反应器的自重（包括搅拌器）和操作物料的重，而钢平台自重和活荷载都比较小，所以可以把钢平台简化为全部荷重（质量 m）集中在反应器中心处，一端为不动支座另一端为弹性支座的单质点水平空间振动体系，如图 7－33 所示。图中 r 为 KJ－1 的水平刚度，m 为集中质量。我们采用计算机计算出了钢平台的整体水平刚度，进而计算钢平台的水平自振频率就很容易了。

图 7－32 所示的 A、B、C 和 D 各点在施加的水平力 0.25kN 作用下（$0.25\text{kN}\times 4=1.0\text{kN}$），水平位移分别为 0.1572mm、0.1113mm、0.1609mm 和 0.1867mm，如图 7－34 所示。

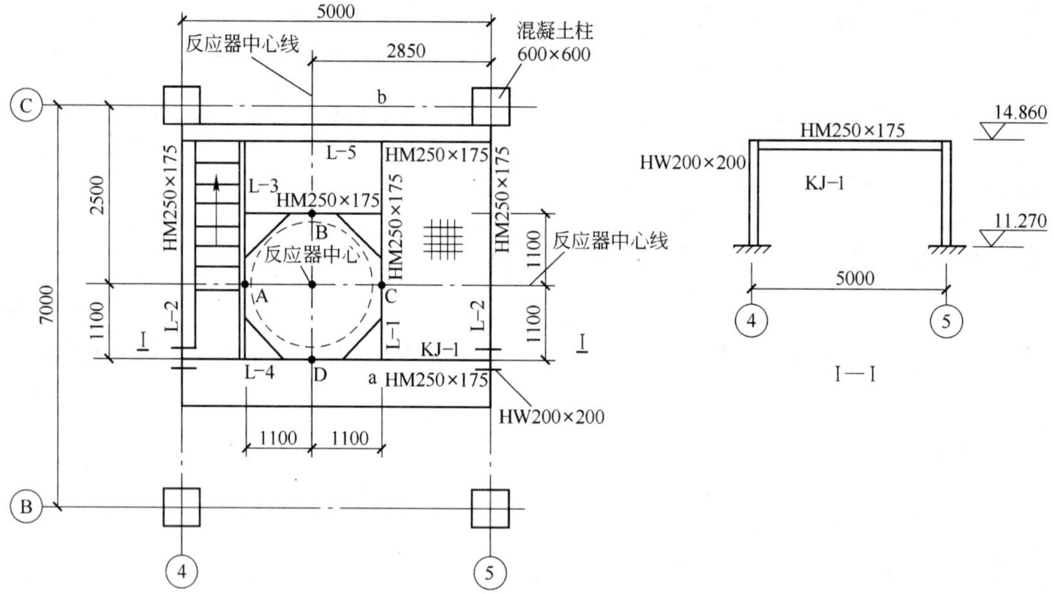

图 7－32　钢平台和反应器布置图

B　自振频率计算

荷载：搅拌器 RW006 自重为 4.5kN；反应器 RA006 自重为 47.2kN；反应器容积为 9.63m^3，里面溶液的密度为 1100kg/m^3，操作容积为总容积的 70%，即反应器内物料重为 $9.63\times 11.0\times 0.7=74.15\text{kN}$；平台活荷重取 0.5kN/m^2；格栅板重 0.659kN/m^2；钢平台总重 30kN。总集中重量标准值为

$$N=30+4.25\times 5.0\times 0.5+4.5+47.2+74.15=166.475\text{kN}$$

$$m=\frac{N}{g}=\frac{166.475}{9.81}=16.97\text{t}$$

搅拌器轴转速为 386.5r/min，电动机转速为 1430r/min。

反应器各支点（共 4 点）在 0.25kN 的水平力作用下，反应器平面中心处的水平位移 δ 近似取 A、B、C 和 D 点水平位移的平均值，即 $\delta=(0.1572+0.1113+0.1609+0.1867)/4=0.154\text{mm/kN}$。则自振频率为

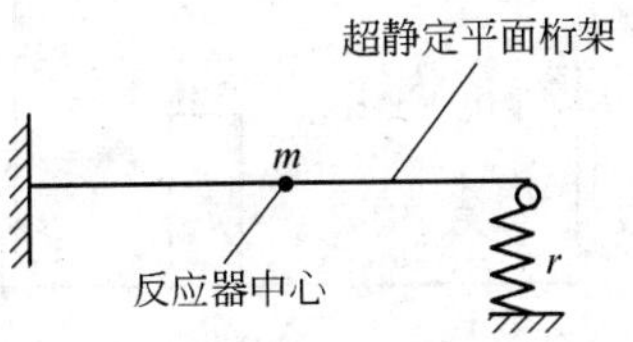

图 7－33　水平空间振动体系图

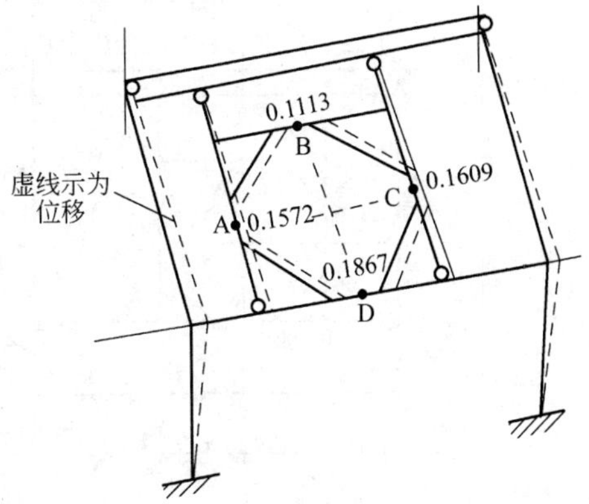

图 7－34　平台在单位力作用下的水平位移图(单位:mm)

$$\omega=\sqrt{\frac{1}{m\delta}}\approx\sqrt{\frac{1}{16.97\times0.154\times10^{-3}}}=19.561\mathrm{rad/s}$$

故$\dfrac{\theta}{\omega}=\dfrac{386.5\times0.105}{19.561}=2.07$,虽然远离了共振区,但是由于钢平台水平刚度太低,在比较小的水平扰力作用下,也产生了较大的水平位移。

由于反应器的扰力有关专业不能提供,我们只好在此估算扰力值 P。

动力系数

$$\mu=\frac{1}{\sqrt{\left(1-\frac{\theta^2}{\omega^2}\right)^2}}=\frac{1}{\sqrt{\left[1-\frac{(386.5\times0.105)^2}{19.561^2}\right]^2}}=0.303$$

反应器中心水平振动线位移 $A=\dfrac{1.2}{2}\mathrm{mm}=0.0006\mathrm{m}$,$\delta=0.154\times10^{-3}\mathrm{m/kN}$,则

$$P=A/\delta\mu=0.0006/0.154\times10^{-3}\times0.303=12.86\mathrm{kN}$$

7.6.3　钢平台抗振加固措施及振动计算

钢平台加固的目标是增强水平刚度,即提高水平振动的自振频率,使其自振频率高于扰力频率,并避开共振,造成一个趋共振前的结构,把振动控制在允许范围内。钢平台加固主要从以下三个方面来采取措施:

(1)在平面上三处增设水平支撑;

(2)在钢框架 KJ－1 的竖向增加竖向支撑以及局部加强钢柱;

(3)将 L－2 与混凝土柱的连接由铰接改变为刚接。

加固图见图 7－35。图中加固杆件的布置,是根据工程已使用的管道实际分布状况,使加固杆件避开管道而又满足振动要求来布置的。按照图 7－35,采用计算机进行了上述同样方法的计算,计算的各点水平线位移如图7－36所示。钢平台反应器平面中心在 1.0kN 水平力作用下的位移近似值 δ,同样取 A、B、C 和 D 点水平位移的平均值,即

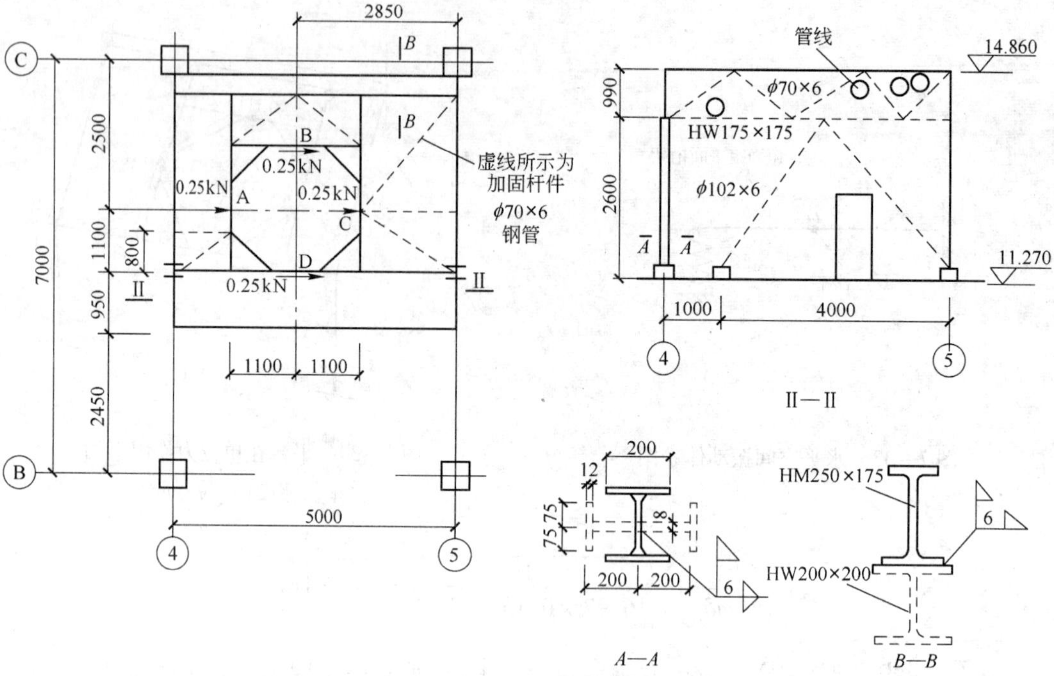

图 7 - 35　平台加固图

$$\delta = (0.0047 + 0.004 + 0.0117 + 0.006)/4 = 0.0066\text{mm/kN}$$

则

$$\omega = \sqrt{\frac{1}{16.97 \times 0.66 \times 10^{-5}}} = 94.49\text{rad/s}$$

$\theta/\omega = 386.5 \times 0.105/94.49 = 0.429 < 0.75$，故在非共振区工作。

$$\mu = \frac{1}{1 - \frac{(386.5 \times 0.105)^2}{94.49^2}} = 1.226$$

如果取扰力值 $P = 12.86\text{kN}$，则反应器中心水平振动线位移幅值 A 为

$$A = P\delta\mu = 12.86 \times 0.66 \times 10^{-5} \times 1.226 = 0.000104\text{m} = 0.104\text{mm}$$

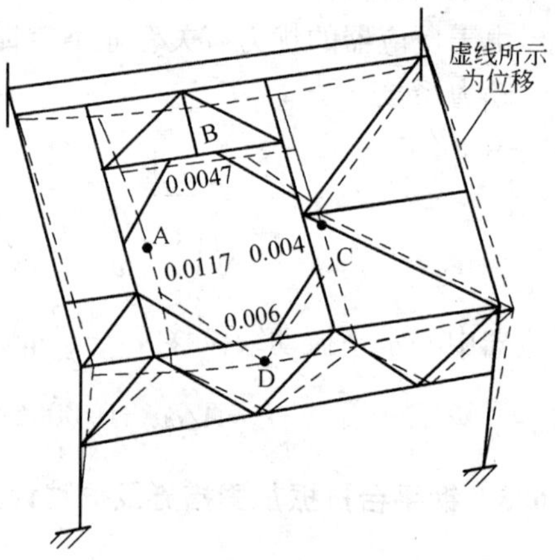

图 7 - 36　平台加固后在单位力作用下的水平位移图（单位：mm）

参照附录 B 和表 B - 1，知$[A] = 0.22\text{mm} > 0.104\text{mm}$，允许振动速度为 10mm/s，而

$$v = 0.104 \times 386.5 \times 0.105 = 4.22\text{mm/s} < 10\text{mm/s}$$

从计算结果来看，加固前和加固后，反应器中心在 1.0kN 水平力作用下的水平位移比值为$\frac{0.154}{0.0066} = 23.3$（倍），也就是说加固后比加固前的水平刚度提高了 23.3 倍之多，抗振效果很好。

7.6.4 钢梁竖向自由振动计算

立式反应器的水平扰力是液体水平转动产生的，但液体运动也产生一定的竖向扰力，故支承反应器的钢梁也要尽可能地考虑竖向振动的问题，在设计中至少使钢梁不在共振区工作。钢梁的竖向自由振动计算按第 4 章所介绍的弹性支座梁的计算方法进行。

A 原钢梁 L－1 竖向自由振动计算

按 4.2 节介绍的方法进行计算。

荷载：L－1 和 L－4 重为 0.441kN/m

设备与物料重为 4.5＋47.2＋74.15＝125.85kN

$$q=0.441+(0.5+0.659)\frac{2.85-1.1}{2}=1.455\text{kN/m}$$

$$m_u=\frac{1.455}{9.81}=0.148\text{t/m}$$

$$P_1=\frac{125.85}{4}=31.463\text{kN}$$

$$m_1=\frac{31.463}{9.81}=3.207\text{t}$$

$$P_2=\left[0.441+(0.5+0.659)\frac{1.9-1.1}{2}\right]\frac{2.2}{2}+\frac{125.85}{8}=16.726\text{kN}$$

$$m_2=\frac{16.726}{9.81}=1.705\text{t}$$

计算简图如图 7－37 所示。

计算 L－5(见图 7－32) b 点的刚度 r_b：

钢梁 HM250×125，$I=0.612\times10^{-4}\text{m}^4$，计算简图见图 7－38。

$$r_b=\frac{3\times0.206\times10^9\times0.612\times10^{-4}\times5.0}{3.25^2\times1.75^2}=5846\text{kN/m}$$

计算 L－4(见图 7－32) a 点的刚度 r_a：

$$r_a=\frac{3\times0.206\times10^9\times0.612\times10^{-4}\times5.0}{3.25^3\times1.75^3}\times0.9=23127\text{kN/m}$$

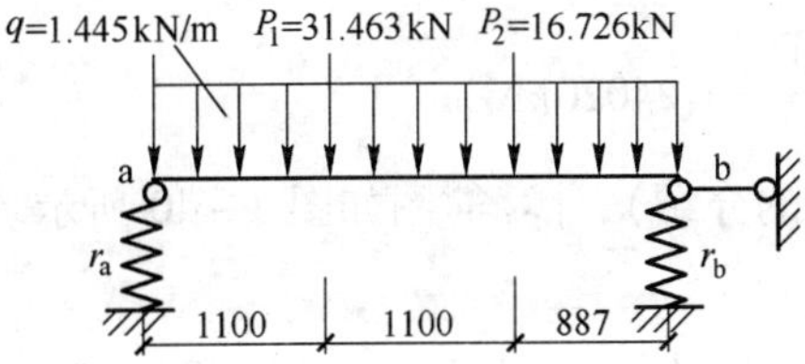

图 7－37 梁计算简图

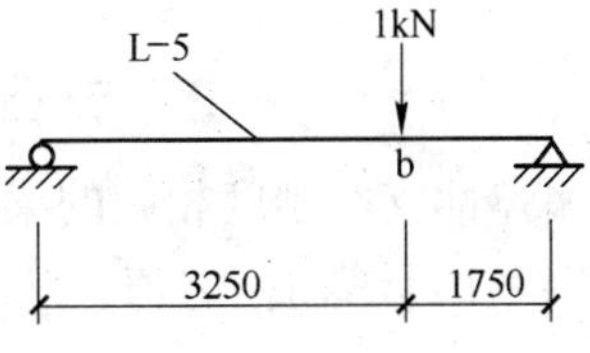

图 7－38 梁弹性支座刚度计算简图

由式(4－6)计算 $y_{1.1}^2$ 之值：

$$y_{1.1}^2=\left[\frac{3.087^3}{24\times0.206\times10^9\times0.612\times10^{-4}}\left(1.1-\frac{2\times1.1^3}{3.087^2}+\frac{1.14}{3.087^3}\right)+\frac{3.087}{2\times5846}-\frac{23127-5846}{2\times5846\times23127}\times1.1\right]^2=[0.2784\times10^{-3}]^2$$

$$=0.775\times10^{-7}$$

按同一公式计算得

$$y_{2.2}^2=[0.1974\times10^{-3}]^2=0.39\times10^{-7}$$

由式(4－19)计算 $\int_0^L y^2(x)\mathrm{d}x$:

$$\int_0^L y^2(x)\mathrm{d}x=\Big[\frac{31\times3.087^9}{362880(0.206\times10^9\times0.612\times10^{-4})^2}+\frac{3.087^3}{12}\left(\frac{1}{5846\times23127}+\frac{1}{5846^2}+\frac{1}{23127^2}\right)+\frac{3.087^6}{240\times0.206\times10^9\times0.612\times10^{-4}}\left(\frac{1}{5846}+\frac{1}{23127}\right)\Big]$$

$$=0.169\times10^{-6}$$

$$K_{1.1}=\frac{0.775\times10^{-7}}{0.169\times10^{-6}}=0.459$$

$$K_{2.2}=\frac{0.39\times10^{-7}}{0.169\times10^{-6}}=0.231$$

$$\bar{m}=0.148+0.459\times3.207+0.231\times1.705=2.014\mathrm{t/m}$$

$$\omega_1=\sqrt{\frac{\dfrac{3.087^5}{120\times0.206\times10^9\times0.612\times10^{-4}}+\dfrac{3.087^2}{4}\left(\dfrac{1}{5846}+\dfrac{1}{23127}\right)}{2.014\times0.169\times10^{-6}}}=45.215\mathrm{rad/s}$$

则$\dfrac{\theta}{\omega_1}=\dfrac{0.105\times386.5}{45.215}=0.898>0.75$,故在共振区工作。

B 梁L－5加固后L－1自由振动计算

为了提高钢梁L－1的自振频率,可对L－1进行加固。但由于在钢梁L－1上已安装了反应器,因此直接加固梁L－1有一定的难度,所以采取加固钢梁L－5的方法来提高L－1的支座刚度,这也能达到提高L－1自振频率的目的。为此在L－5下面焊接一根钢(HW200×200),加固图如图7－39所示。

对图7－39所示的截面,经计算 $I=0.2608\times10^{-3}\mathrm{m}^4$。此时

$$r_\mathrm{b}=\frac{3\times0.206\times10^9\times0.2608\times10^{-3}\times5.0}{3.25^2\times1.75^2}=24913\mathrm{kN/m}$$

$$r_\mathrm{a}\approx r_\mathrm{b}=r,\text{取 } r=\frac{24913+23127}{2}=24020\mathrm{kN/m}$$

按两端弹性支座刚度相同的梁计算(见4.1节的介绍),计算简图如图7－40所示。

由式(4－1)计算 $y_{1.1}^2$之值:

$$y_{1.1}^2=\left[\frac{3.087^3}{24\times0.206\times10^9\times0.612\times10^{-4}}\left(1.1-\frac{2\times1.1^3}{3.087^2}+\frac{1.1^4}{3.087^3}\right)+\frac{3.087}{2\times24020}\right]^2$$

$$=[0.149\times10^{-3}]^2=0.22\times10^{-7}$$

按同一公式计算得

$$y_{2.2}^2=[0.138\times10^{-3}]^2=0.19\times10^{-7}$$

由式(4－4)计算 $\int_0^L y^2(x)\mathrm{d}x$:

$$\int_0^L y^2(x)\,dx = \left[\frac{31\times 3.087^9}{362880(0.206\times 10^9\times 0.612\times 10^{-4})^2}+\frac{3.087^6}{120\times 0.206\times 10^9\times 0.612\times 10^{-4}\times 24020}+\frac{3.087^3}{4\times 24020^2}\right]$$

$$= 0.502\times 10^{-7}$$

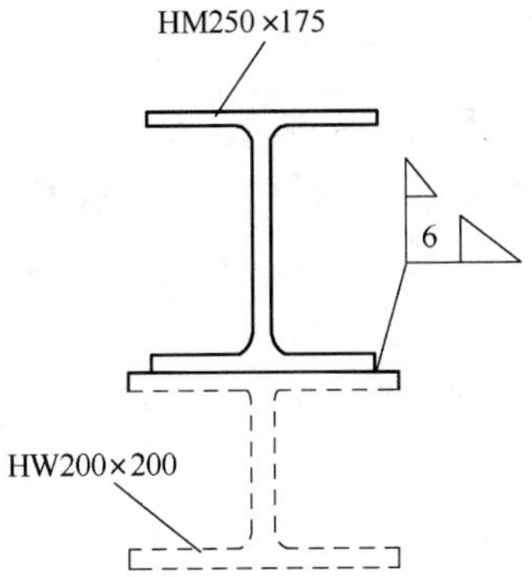

图 7－39 钢梁加固图

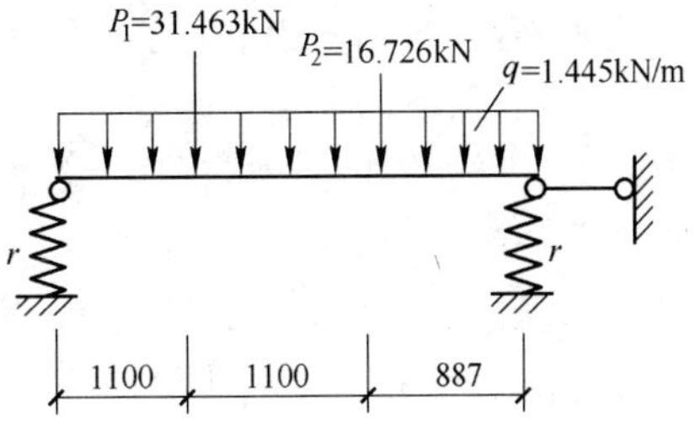

图 7－40 梁计算简图

则
$$K_{1.1}=\frac{0.22\times 10^{-7}}{0.502\times 10^{-7}}=0.438$$

$$K_{2.2}=\frac{0.19\times 10^{-7}}{0.502\times 10^{-7}}=0.378$$

$$\overline{m}_1=0.148+3.207\times 0.438+1.705\times 0.378=2.197\text{t/m}$$

$$\omega_1=\sqrt{\frac{\dfrac{3.087^5}{120\times 0.206\times 10^9\times 0.612\times 10^{-4}}+\dfrac{3.087^2}{2\times 24020}}{2.197\times 0.502\times 10^{-7}}}=58.981\text{rad/s}$$

则$\dfrac{\theta}{\omega_1}=\dfrac{0.105\times 386.5}{58.981}=0.688<0.75$，故在非共振区工作。

从计算结果可以看出，L－1 一端弹性支座加强后，自振频率提高了 58.981/45.215 = 1.3(倍)，从而就避开了共振区。

按照上述方法在平面和立面上加固后，把物料添加至反应器最大容积，反应器转速达到 386.5r/min，这时钢平台水平和竖向振动线位移都大为减小，振动很平稳，被控制在了允许范围内。这使生产能正常进行，并且收到了良好的效果。

另外，在加固焊接施工时，因为钢构件处于受力状态，所以必须做好竖向临时支撑，以防焊接时钢构件发生变形。

第 8 章　框架式动力基础的设计与计算

一些压缩机、汽轮机组、电动机等动力机器，因工艺流程布置的缘故，需要设置在一定的高度，即动力机器下面要留有足够的空间，因此这些机器的基础需要做成框架式基础。这种基础由横梁、纵梁和柱子构成横向和纵向框架，其顶板多为一块厚板，柱子支承在底板上，底板也常常是一块厚板。显然框架式动力基础是一种空间结构，对于它的动力计算，采用空间多自由度体系进行分析是比较合理的，计算结果与实际情况一般比较接近，当然这也是一种近似计算方法。根据实际工程情况，也可以将框架式动力基础简化为两个自由度的平面框架体系进行计算，它具有计算简单的优点，其计算结果也基本上能满足工程的需要。文献[23]推荐了这两种简化计算方法。本章除对这两种简化计算方法作简要的叙述外，根据作者多年的实际工程经验和研究，还详细介绍了其他简化的实用计算方法，即按三个自由度体系的简化计算方法、整体水平振动计算方法以及整体竖向振动计算方法，最后还列举了工程实例。这些新的分析方法同样具有计算简便的优点和其他明显的特点，并能满足工程的需要。

8.1　空间多自由度体系振动计算

框架式动力基础按空间多自由度体系计算时，若不考虑地基刚度的影响，其空间力学模型如图 8－1 所示。

地基的弹性作用对框架式动力基础的振动有不同程度的影响，对低频扰力的基础（机器转速小于 3000r/min）影响较大，而对高频扰力的基础影响较小。当考虑地基弹性影响时，框架式动力基础空间力学模型如图 8－2 所示。

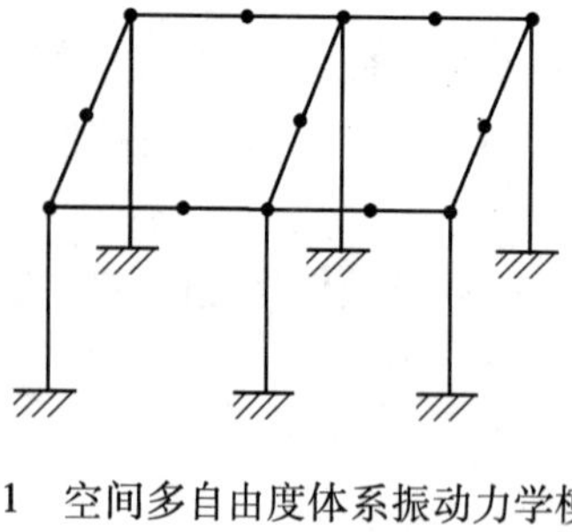

图 8－1　空间多自由度体系振动力学模型图

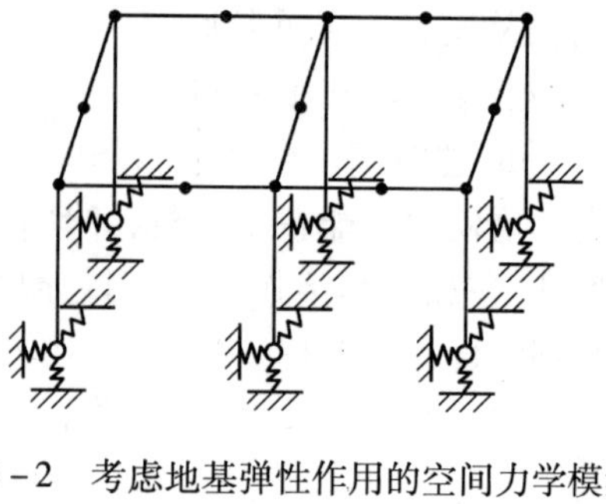

图 8－2　考虑地基弹性作用的空间力学模型

图 8－2 所示空间力学模型集中质点的选取原则是：每段质点间的杆件质量向两端各集中二分之一，不考虑转动惯量的影响；柱子与横梁、纵梁交点处均可设置质点；横梁中点可设置一个质点；纵梁在扰力作用处可设置质点，若无扰力作用时，根据纵梁跨度的大小和其他具体情况决定设置几个质点；在柱子范围内一般不设质点。横、纵梁上的每一个质点考虑 6 个自由度，即 3 个线位移和 3 个角位移。每一段杆件应考虑弯曲、剪切、扭转及伸缩变形。

自由振动的矩阵方程为

$$KX = \omega^2 MX \tag{8-1}$$

式中 K——刚度矩阵；

M——质量矩阵。

按照式(8－1)算出 1.4 倍工作转速内的全部特征值 ω_j^2 和其对应的特征向量 X_j。

强迫振动计算，通常采用振型分解法计算振动线位移，应取 1.4 倍工作转速内的全部振型进行叠加。结构阻尼比可取 0.0625。

目前框架式动力基础的顶板大都为一块厚板，而且顶板免不了要留有大小不等的孔洞。纵、横梁的刚度如何确定以及顶板质量、顶板上的设备质量和扰力值如何折算到纵横梁上，是进行空间多自由度体系振动计算首先需要考虑的问题。如果单纯在理论上进行详细分析并解决这些问题是比较困难的，况且从实际工程角度出发，过详细的数值计算的必要性也不大，因此可以做简化的处理，这样更现实一些，得到的结果也能满足工程需要。现做简要的介绍。

8.1.1 纵横梁刚度的确定

如图 8－3 所示，假设顶板在横向上的净跨为 a，在纵向上的净跨为 b。当顶板上无开孔或孔洞较小时，假定 $b/4$ 的板宽为计算横梁的断面和断面惯性矩的宽度；当顶板有较大的开孔，且孔边到顶板边的距离 c 小于 $b/4$ 或小于 $a/4$ 时，c 值为计算横梁或纵梁的断面和断面惯性矩的宽度。

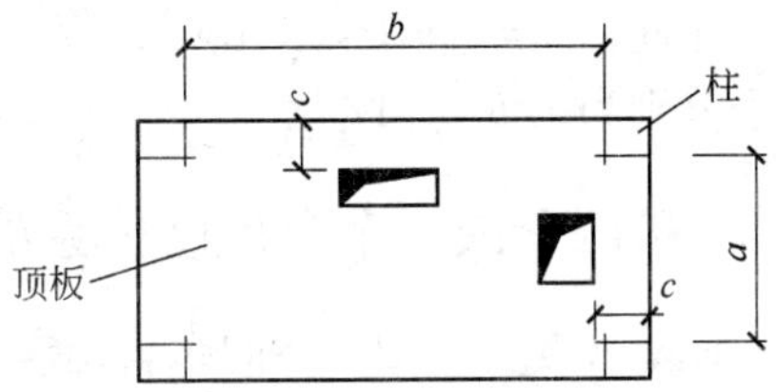

图 8－3 纵横梁刚度确定方法图

8.1.2 顶板质量折算到纵、横梁上的方法

如图 8－4 所示，以柱内边为准，将顶板用 45°分角线分成数个小面积，具体分几个视实际情况而定，每一块小面积的质量分别集中到紧挨着的纵横梁上。例如，假定计算图中纵梁上取了三个集中点，即 3、4、5 点，集中到每个点的质量分别为阴影面积 A_3、A_4 和 A_5 的顶板质量，两端小三角形面积 A_2 和 A_6 的顶板质量集中到柱顶上(2 点和 6 点)，面积 A_1 和 A_7 的顶板质量集中到横梁的中点(1 点和 7 点)。

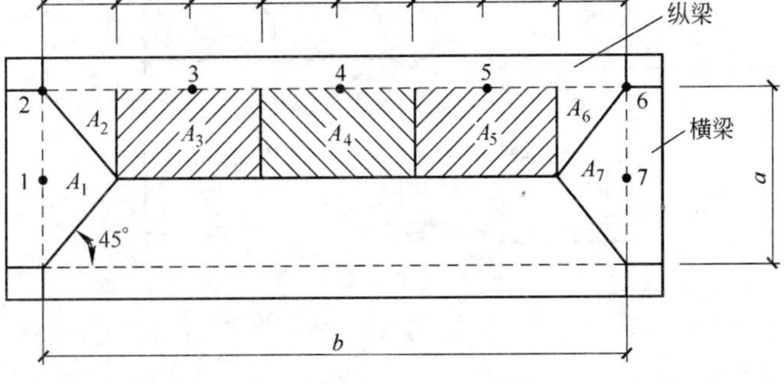

图 8－4 顶板质量折算到纵、横梁上的方法图

8.1.3 设备质量折算到纵、横梁上的方法

图 8－5 所示的设备集中质量为 m，该质量近似地根据质量 m 所在点与纵横梁的距离成反比的原则进行分配，例如分配到 A 点上的质量 m_A 为

$$m_A = \mu_A m$$

其中

$$\mu_A = \frac{1/b_1}{\frac{1}{a_1}+\frac{1}{a_2}+\frac{1}{b_1}+\frac{1}{b_2}}$$

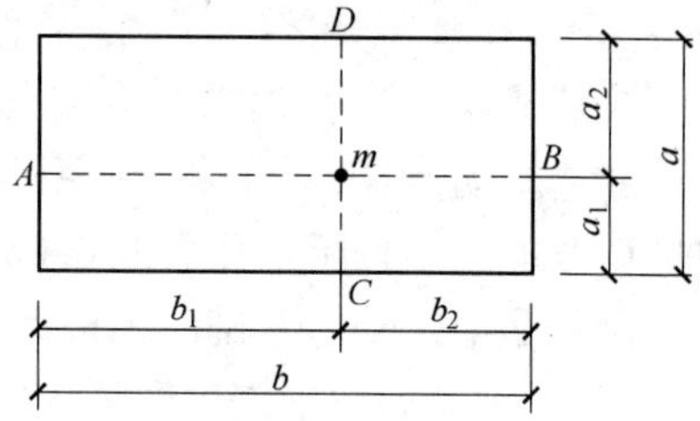

图 8－5　设备质量折算到纵、横梁上的方法图

同样

$$m_C = \mu_C m$$

其中

$$\mu_C = \frac{1/a_1}{\frac{1}{a_1}+\frac{1}{a_2}+\frac{1}{b_1}+\frac{1}{b_2}}$$

照此，$m_B = \mu_B m$，$m_D = \mu_D m$，μ_B 和 μ_D 与计算 μ_A 或 μ_C 的方法相仿，即算式的分母相同，分子分别为 $1/b_2$ 和 $1/a_2$。

8.2 按两个或三个自由度体系的简化计算

框架式动力基础按空间多自由度体系计算需要用计算机来完成，而按两个（或三个）自由度体系进行计算，即便是用手工运算也很简捷。

8.2.1 按两个自由度体系的计算

取出各个横向框架，分别计算竖向振动线位移，然后乘以空间影响系数，以使这样计算的线位移与按空间多自由度体系计算的结果相接近。

8.2.1.1　计算简图

将质量和扰力集中到横向框架的柱顶和横梁中点，如图 8－6(a)所示。

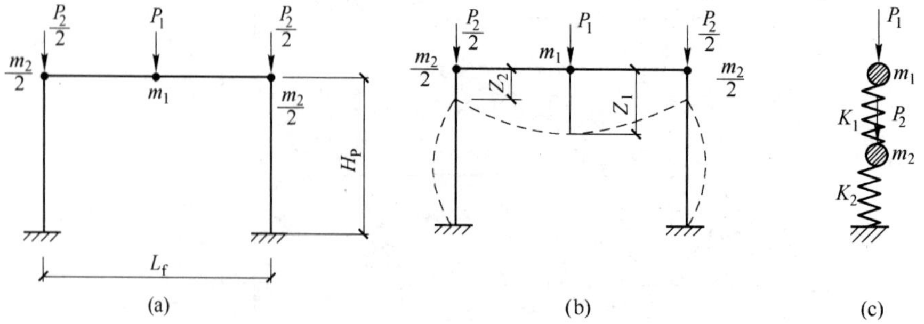

图 8－6　按两个自由度体系计算的简图

图 8－6 中 P_1 为作用在横梁中点的扰力值；P_2 为集中到柱顶上的扰力值（作用在纵梁上的扰力值按杠杆原理集中到柱顶上）。

$$m_1 = m_m + 0.5m_b \tag{8-2}$$

$$m_2 = m_n + 0.5(m_c + m_b) \tag{8-3}$$

式中 m_1——集中于横梁中点的质量；

m_2——集中于两个柱顶的质量；

m_m——集中于横梁中点的机器质量；

m_b——横梁本身的质量；

m_n——相邻纵梁传给框架两个柱顶的总质量（包括纵梁自身和机器的质量）；

m_c——两个柱的质量。

由于体系的集中质量和扰力是对称的，其竖向振动是对称的（图 8－6(b)），因而按两个自由度考虑，它的弹—质体系见图 8－6(c)。

K_1 为框架梁的竖向刚度，即为使 $Z_1 - Z_2 = 1$ 时在 m_1 点所需施加的力。

$$K_1 = \frac{1}{\dfrac{L_f^3}{96E_cI_b} \cdot \dfrac{1+2\delta}{2+\delta} + \dfrac{3}{5} \cdot \dfrac{L_f}{E_cA_b}} \tag{8-4}$$

式中

$$\delta = \frac{H_PI_b}{L_fI_c} \tag{8-5}$$

式中，K_1 分母的第一项为由于梁、柱的弯曲所产生的位移，分母的第二项为由于梁的剪切变形引起的位移。

K_2 为柱的竖向刚度，即柱顶发生单位位移（$Z_2 = 1$）时在柱顶所需施加的力。

$$K_2 = \frac{2E_cA_c}{H_P} \tag{8-6}$$

式中 L_f——横向框架平面内两柱中心线间的距离；

H_P——底板顶至横梁中心线的距离；

A_b——横梁的截面积；

A_c——柱的截面积；

I_b——横梁的截面惯性矩；

I_c——柱的截面惯性矩；

E_c——弹性模量。

8.2.1.2 自由振动计算

根据图 8－6(c)（取 $P_1 = P_2 = 0$）写出质点 m_1 和 m_2 的动力平衡方程式（幅值方程），即

$$\begin{cases} m_1\omega^2Z_1 - K_1(Z_1 - Z_2) = 0 \\ m_2\omega^2Z_2 + K_1(Z_1 - Z_2) - K_2Z_2 = 0 \end{cases}$$

式中，Z_1 和 Z_2 分别为质点 m_1 和 m_2 的振动线位移（幅值）。对以上方程式稍加整理为

$$\begin{cases} (m_1\omega^2 - K_1)Z_1 + K_1Z_2 = 0 \\ K_1Z_1 + (m_2\omega^2 - K_1 - K_2)Z_2 = 0 \end{cases} \tag{8-7}$$

令式(8-7)系数行列式等于零,求得自振频率方程为

$$\omega_{1,2}^2 = \frac{1}{2}\left(\frac{K_1}{m_1} + \frac{K_1 + K_2}{m_2}\right) \pm \frac{1}{2}\left[\left(\frac{K_1}{m_1} + \frac{K_1 + K_2}{m_2}\right)^2 - 4\frac{K_1 K_2}{m_1 m_2}\right]^{\frac{1}{2}} \tag{8-8}$$

式中,ω_1 和 ω_2 分别为横向框架的第一和第二圆频率。

将 ω_1^2 代入式(8-7)的第一式,求得第一振型时质点 m_1 和 m_2 的位移比值(振型),即

$$Z_{11} = 1, Z_{21} = \frac{K_1 - m_1\omega_1^2}{K_1} \tag{8-9}$$

同样将 ω_2^2 代入式(8-7)中的第一式,求得第二振型时质点 m_1 和 m_2 的位移比值(振型),即

$$Z_{12} = 1, Z_{22} = \frac{K_1 - m_1\omega_2^2}{K_1} \tag{8-10}$$

8.2.1.3　强迫振动计算

计算横向框架的竖向振动线位移应分两种情况来考虑。计算方法采用振型分解法,推导过程略,现简要介绍如下:

A　当 $\omega_2 \leqslant 1.25\theta$ 时

θ 为扰力圆频率。按共振计算,在此情况下有可能发生两种共振状态。

(1)当扰力圆频率与第一自振频率相等,即 $\omega_1 = \theta$ 时,横梁中点和柱顶的竖向振动线位移分别为:

横梁中点竖向线位移

$$A_{11} = \alpha_P \beta_1 \eta_{max} \frac{\sqrt{m_{g1}^2 + (m_{g2} Z_{21})^2}}{m_1 + m_2 Z_{21}^2} \tag{8-11}$$

柱顶竖向线位移

$$A_{21} = A_{11} Z_{21} \tag{8-12}$$

(2)当扰力圆频率与第二自振频率相等,即 $\omega_2 = \theta$ 时,横梁中点和柱顶的竖向振动线位移分别为:

横梁中点竖向线位移

$$A_{12} = \alpha_P \beta_2 \eta_{max} \frac{\sqrt{m_{g1}^2 + (m_{g2} Z_{22})^2}}{m_1 + Z_{22}^2} \tag{8-13}$$

柱顶竖向位移

$$A_{22} = A_{12} Z_{22} \tag{8-14}$$

式中　m_{g1}——作用在横梁中点的转子质量;

m_{g2}——作用在柱顶的转子质量;

β_1——第一振型的空间影响系数,对边框架取 1.3,对中间框架取 1.0;

β_2——第二振型的空间影响系数,对边框架取 1.3,对中间框架取 0.7;

η_{max}——最大动力系数,可取 8;

α_P——系数,对机器工作转速 3000r/min 和 1500r/min 分别取 2×10^{-2}mm 和 6.4×10^{-2}mm。

B　当 $\omega_2 > 1.25\theta$ 时

此时扰力圆频率不可能与第二自振频率发生共振,所以仅按式(8-11)和式(8-12)计

算横梁中点和柱顶的竖向振动线位移。

8.2.2　按三个自由度体系的计算

正如前面所提到的，框架式基础的柱子断面尺寸较大，顶板多为一块厚板，因此柱子和顶板的竖向刚度是很大的。而地基刚度一般要小于柱子和顶板的竖向刚度。在实际工程中，就天然地基而言，柱子的竖向刚度比地基的竖向刚度大 10 多倍也是比较常见的，甚至采用的人工地基（例如桩基）的刚度一般也小于柱子的刚度，因此，一般情况下考虑地基刚度的影响是比较合理的。

8.2.2.1　计算简图

当考虑地基刚度的作用时，在图 8-6 中的振动质量除 m_1 和 m_2 外，还有底板的质量 m_3。弹性刚度除 K_1 和 K_2 外还有地基刚度 K_3，这样就构成了三个自由度的振动体系，计算简图如图 8-7 所示。

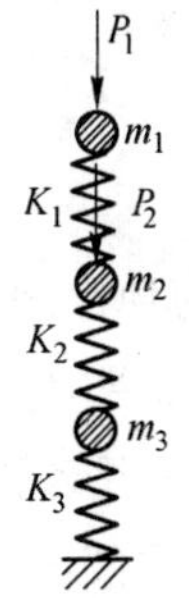

图 8-7　按三个自由度体系计算的简图

图 8-7 中，m_3 为集中于横向框架两个柱底处的质量，它包括：两个柱子质量的一半、底板上机器的质量折算到两个柱底处的质量（折算方法可参照 8.1.3 小节顶板上设备质量折算到纵、横梁上的方法）、底板传给柱子的质量（即如图 8-8 所示，在中间框架为$\dfrac{b_1+b_2}{2}\times a_1$、边框架为$\left(\dfrac{b_1}{2}+h_1\right)a_1$ 或$\left(\dfrac{b_2}{2}+h_2\right)a_1$ 范围内的底板质量与桩间土的当量质量之和）。K_3 为地基竖向刚度，中间框架为$\dfrac{b_1+b_2}{2}\times a_1$、边框架为 $a_1\left(\dfrac{b_1}{2}+h_1\right)$或$\left(\dfrac{b_2}{2}+h_2\right)a_1$ 范围内的刚度。其他符号同两个自由度体系的计算。

8.2.2.2　自由振动计算

计算自振频率和振型可以采用两个自由度体系的计算方法，即写出幅值动力平衡方程式和一个三元齐次线性方程组，并令其系数行列式等于零，求得自振频率，进而计算出振型。在这里要介绍的是另一种简便计算方法，类似于 6.2 节所介绍的多层刚架自由振动简便计算方法，即取一般情形的 m_{i-1}点为脱离体，见图 8-9。

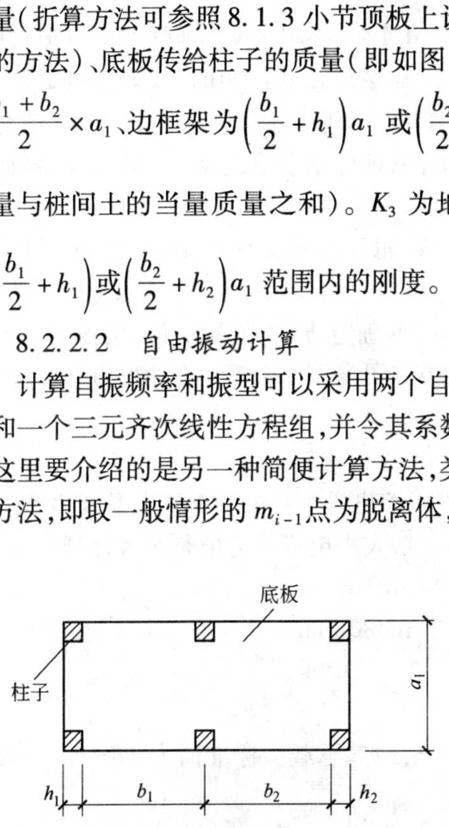

图 8-8　底板传给柱子的质量的计算图

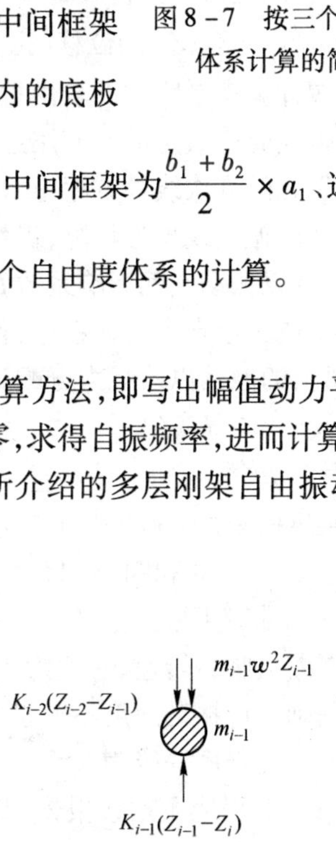

图 8-9　脱离体受力图

动力平衡方程式（幅值方程）为

$$K_{i-2}(Z_{i-2}-Z_{i-1})+m_{i-1}\omega^2 Z_{i-1}-K_{i-1}(Z_{i-1}-Z_i)=0 \tag{8-15}$$

由此式得

$$Z_i = \frac{(K_{i-1} + K_{i-2} - m_i\omega^2)Z_{i-1} - K_{i-2}Z_{i-2}}{K_{i-1}} \tag{8-16}$$

式中，Z_i 为质点 m_i 的振动线位移（幅值）。

式（8－16）为振型的一般表达式，结合图 8－7，取 $Z_1 = 1$，则

$$Z_2 = \frac{K_1 - m_1\omega^2}{K_1} \tag{8-17}$$

$$Z_3 = \frac{(K_1 + K_2 - m_2\omega^2)Z_2 - K_1}{K_2} \tag{8-18}$$

$$Z_4 = \frac{(K_2 + K_3 - m_3\omega^2)Z_3 - K_2Z_2}{K_3} \tag{8-19}$$

Z_4 为弹性地基（K_3）支点的位移，其值应为零。首先假定一个适当的值作为 ω^2 的初值，由式（8－17）求出 Z_2，再把 ω^2 和 Z_2 代入式（8－18）算得 Z_3，继而把 ω^2、Z_2 和 Z_3 代入式（8－19）求得 Z_4，一般来说，第一次假定的 ω^2 所求得的 $Z_4 \neq 0$，也就是说初设的 ω^2 值不是基础的真实圆频率平方值，需要反复假定 ω^2 值并按式（8－17）、式（8－18）和式（8－19）进行运算，直到满足边界条件 $Z_4 = 0$ 为止，此时的 ω^2 值才是基础的真实圆频率平方值，同时所对应的 $Z_1 = 1$、Z_2、Z_3 的位移（振型）也就确定了。在这里还要说明的是，如何假定 ω^2 的初值。不像计算多层刚架的自由振动那样可以估算出一个值，对动力基础来说，ω^2 的初值完全是根据经验来假定的。使用这种连续代入的方法，即便用手工运算也比较简便，从而避免了解算繁冗的齐次线性方程组。

关于竖向振动线位移计算，仍然采用振型分解法，而且可以仅考虑前两个振型来计算线位移，然后乘以振动空间影响系数 β_1 和 β_2。

按两个或三个自由度体系进行计算时，横梁刚度的确定方法，顶板质量、设备质量折算到纵、横梁上的原则以及扰力分配到梁和柱子上的方法可参照 8.1 节所介绍的方法。

8.2.2.3　工程实例

A　计算条件

（1）某钢铁总厂 6500m^3/h 空分装置，空气透平压缩机机组基础的布置以及扰力和静荷载的分布见图 8－10 和图 8－11。主机荷载见表 8－1，表中电机扰力值是作者计算出来的，其他均由机器制造厂提供。

（2）压缩机临界转速，一阶为 3320r/min，二阶为 10480r/min。

（3）基础允许振动速度不大于 5mm/s。

（4）混凝土强度等级为 C30。

（5）根据工程地质勘察报告，基础下面为砾砂土，地基承载力标准值为 220kPa，土质较均匀，故采用天然地基。

B　竖向自由振动计算

基础的最终尺寸是在压缩机生产厂家提供的参考基础尺寸的基础上，按照顶板和底板质心与柱以及地基刚心在一条竖直线上的原则，经过计算后确定的。底板留 3 个洞（1000mm × 1000mm × 6200mm）是为节省混凝土。在这里仅介绍边框架的计算过程（考虑地

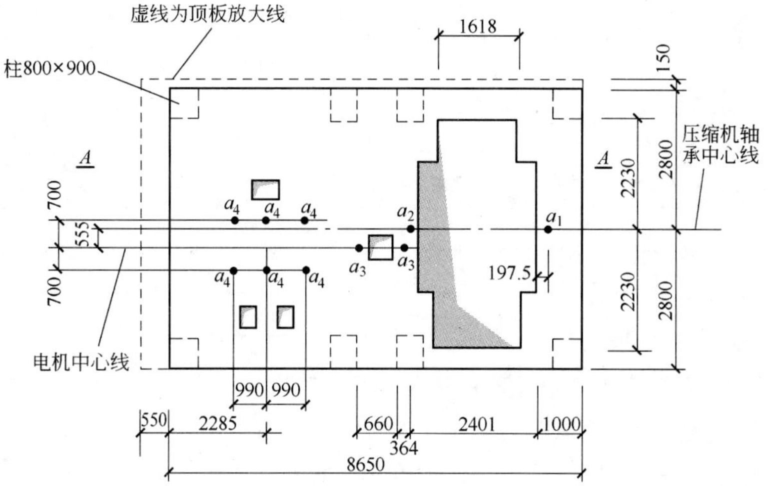

图 8－10　空气透平压缩机机组顶板平面布置图

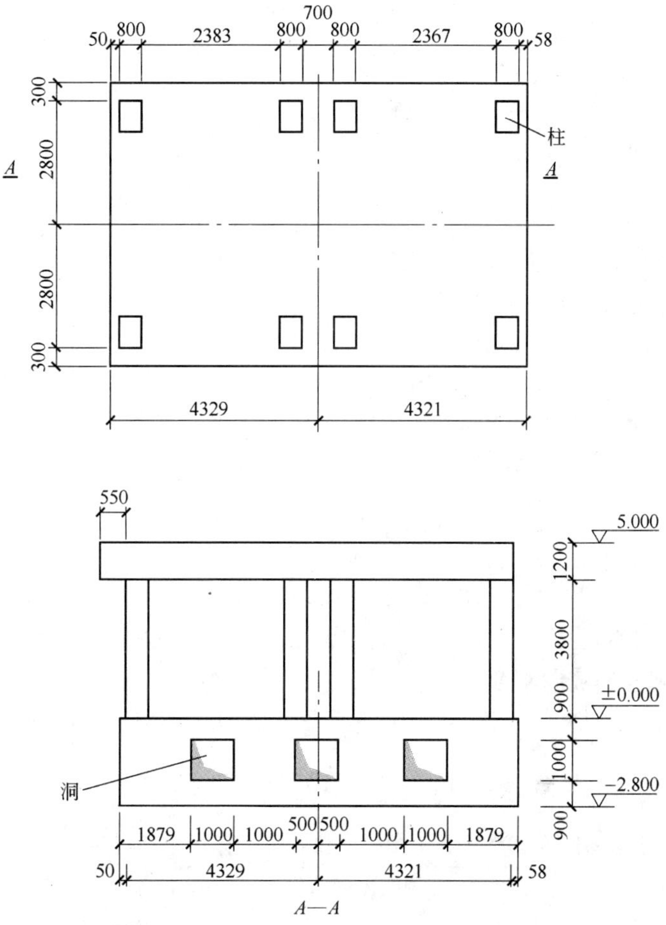

图 8－11　空气透平压缩机机组底板平面布置图

表 8－1　主机荷载表　　单位：kN

项　目		压缩机		增速机		电　机
部　位		a_1	a_2	a_3		a_4
静荷载		300	300	56.34		24.2
扰　力	水　平	53	53	15.64		5.71
	竖　向	53	53	15.64		5.71
	轴　向	18	18	5.21		0.286
转速/r · min^{-1}		8300		低速轴	高速轴	1491
				1491	8300	

基刚度的作用，即按三个自由度计算）。

经计算 $m_1 = 36.39\text{t}, m_2 = 22.68\text{t}, m_3 = 86.26\text{t}$，计算过程略。

按式（8－4）计算 K_1，有

$$I_b = \frac{1}{12} \times 1.0 \times 1.2^3 = 0.144\text{m}^4$$

$$I_c = \frac{1}{12} \times 0.8 \times 0.9^3 = 0.0486\text{m}^4$$

$$\delta = \frac{4.4 \times 0.144}{4.7 \times 0.0486} = 2.774$$

$$K_1 = \frac{1}{\dfrac{4.7^3}{96 \times 0.3 \times 10^8 \times 0.144} \times \dfrac{1 + 2 \times 2.774}{2 + 2.774} + \dfrac{3}{5} \times \dfrac{4.7}{0.3 \times 10^8 \times 0.8 \times 0.9}} = 0.211 \times 10^7\text{kN/m}$$

按式（8－6）计算 K_2，即

$$K_2 = \frac{2 \times 0.3 \times 10^8 \times 0.8 \times 0.9}{4.4} = 0.9818 \times 10^7\text{kN/m}$$

按照文献[23]查得 $C_z = 39200\text{kN/m}^3$，并计算地基竖向刚度 K_3，即

$$A = 8758\text{mm} \times 6200\text{mm} = 0.543 \times 10^8\text{mm}^2 = 54.3\text{m}^2$$

$$\delta_b = \frac{2.8}{\sqrt{54.3}} = 0.38,\ \alpha_z = (1 + 0.4 \times 0.38)^2 = 1.327$$

$$K_3 = 39200 \times 2.042 \times 6.2 \times 1.327 = 0.6586 \times 10^6\text{kN/m}$$

从以上计算出的刚度值可以明显地看出，尽管该工程的地基土比较坚硬，但地基的竖向刚度远远小于梁和柱的竖向刚度。

计算自振频率和振型。取 $Z_1 = 1$。按照式（8－17）、式（8－18）和式（8－19）计算，有

$$Z_2 = 1 - \frac{36.39\omega^2}{0.211 \times 10^7} = 1 - 0.17246 \times 10^{-4}\omega^2$$

$$Z_3 = \frac{(0.211 \times 10^7 + 0.9818 \times 10^7 - 22.68\omega^2) Z_2 - 0.211 \times 10^7}{0.9818 \times 10^7}$$

$$= (1.215 - 0.231 \times 10^{-5}\omega^2) Z_2 - 0.2149$$

$$Z_4 = \frac{(0.9818 \times 10^7 + 0.6586 \times 10^6 - 86.26\omega^2) Z_3 - 0.9818 \times 10^7 Z_2}{0.6586 \times 10^6}$$

$$=(15.908-0.13098\times10^{-3}\omega^2)Z_3-14.908Z_2$$

计算过程见表 8－2。最后得 $\omega_1=66.2\text{rad/s}$、$\omega_2=262.9\text{rad/s}$、$\omega_3=794.92\text{rad/s}$，所对应的 Z_1、Z_2 和 Z_3 为振型值(即表中方框内的数值)。

表 8－2 振型计算表

振型 / 频率	Z_1	$Z_2=1-0.17246\times10^{-4}\omega^2$	$Z_3=(1.215-0.231\times10^{-5}\omega^2)Z_2-0.2149$	$Z_4=(15.908-0.13908\times10^{-3}\omega^2)Z_3-14.908Z_2$
50 ⋮	1	0.957	0.942	0.41
66.2	1	0.924	0.898	$-0.005\approx0$
200 ⋮	1	0.310	0.133	-3.20
262.9	1	-0.192	-0.418	$-0.002\approx0$
700 ⋮	1	-7.452	-0.834	154.66
794.92	1	-9.898	2.207	$-0.0038\approx0$

C 竖向振动速度计算

扰力频率 $\theta=0.105\times8300=871.5\text{rad/s}$，在 m_1 上(a_1 处)作用的竖向扰力幅值为 53kN。采用振型分解法计算横梁中点(a_1 处)的竖向振动线位移(计算公式参见 2.4 节的内容，仅考虑前两个振型的作用)。

折算荷载幅值为

$$\overline{P}_1=\overline{P}_2=53\times1.0=53\text{kN}$$

折算质量为

$$\overline{M}_1=36.39\times1.0^2+22.68\times0.924^2+86.28\times0.898^2=125.31\text{t}$$

$$\overline{M}_2=36.39\times1.0^2+22.68\times(-0.192)^2+86.26\times(-0.418)^2=52.30\text{t}$$

在 $\overline{P}_i$ 静力作用下折算体系产生的位移 Z_{1i}^{d} 为

$$Z_{11}^{\text{d}}=\frac{53}{125.31\times66.2^2}=0.965\times10^{-4}\text{m}$$

$$Z_{12}^{\text{d}}=\frac{53}{52.3\times262.92^2}=0.147\times10^{-4}\text{m}$$

动力系数 μ_i 为

$$\mu_1=\frac{1}{\sqrt{\left(1-\frac{871.5^2}{66.2^2}\right)^2}}=0.0058$$

$$\mu_2=\frac{1}{\sqrt{\left(1-\frac{871.5^2}{262.9^2}\right)^2}}=0.10$$

广义坐标 $q_i(t)$ 的幅值为

$$q_1 = 0.965 \times 10^{-4} \times 0.0058 = 0.559 \times 10^{-6}\text{m}$$

$$q_2 = 0.147 \times 10^{-4} \times 0.1 = 0.147 \times 10^{-5}\text{m}$$

横梁中点的最大线位移为

$$A_{Z_1} = (0.559 + 1.47) \times 10^{-6} \times 1.0 \times 1.3 = 2.64 \times 10^{-6}\text{m} = 0.00264\text{mm}$$

振动速度为

$$v_{Z_1} = 0.00264 \times 871.5 = 2.3\text{mm/s} < 5\text{mm/s}。$$

另外，就本工程实例而言，如果不考虑地基的弹性作用，即把底板视为固定端按两个自由度系统进行计算，经计算得 $\omega_1 = 216.2\text{rad/s}$，$\omega_2 = 732.9\text{rad/s}$，和按三个自由度系统计算的结果加以比较，可以明显地看出，两者自振频率相差较大，按三个自由度系统计算的自振频率比按两个自由度系统计算的自振频率要低得多，也就是说，尽管本工程的地基土比较坚硬，但如果不考虑地基的弹性作用将导致计算结果产生较大的误差。

8.3　框架式动力基础整体水平振动计算

如前面所述，由顶板、底板和柱子构成的空间框架式动力基础，其顶板和底板多是厚板，因此在水平方向可以视为一个刚体。需要说明的是，顶板和底板的质心可以和柱子及地基的竖向刚心布置在一条竖直线上。但是，顶板和底板的质心与柱子的横向刚心（在顶板底面和底板顶面），以及底板质心与地基的横向刚心（在底板的底面）不可能在一个水平线上（即质心与刚心不重合），这样框架式动力基础在考虑地基作用的整体水平振动时，就构成了顶板和底板水平及回转位移的耦联振动，即为四个自由度的振动体系。下面就介绍这种体系的自由振动和顶板水平振动线位移的计算。这种考虑整体振动的计算方法，尤其适用于机器扰力频率较低的框架式动力基础。

8.3.1　自由振动计算

如图 8－12 所示为四个自由度体系水平振动计算简图，如果计算自由振动，则取扰力 $Pe^{i\theta t} = 0$。

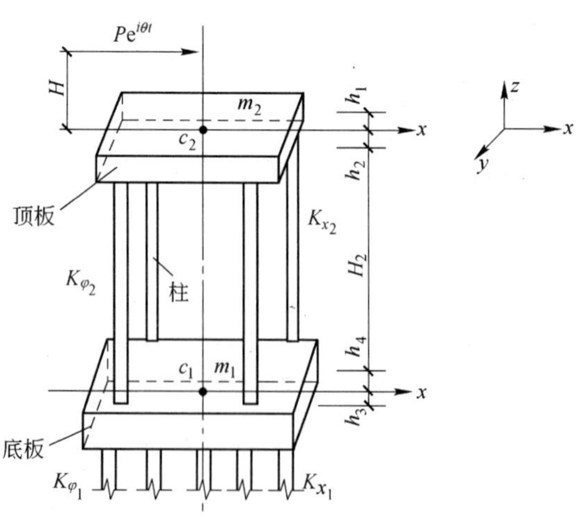

图 8－12　四个自由度水平振动计算简图

图 8-12 中，c_2 和 c_1 点分别为顶板和底板的质心点；m_2 为顶板的质量，包括顶板和顶板上的设备质量以及柱子质量一半的总和；m_1 为底板的质量，包括底板和底板上的设备质量，柱子质量的一半以及桩间土当量质量（如为桩基时）之总和；$Pe^{i\theta t}$ 为机器作用的水平扰力，P 为扰力幅值；h_1 和 h_2 分别为顶板质心到板顶和板底的距离；h_3 和 h_4 分别为底板质心到板底和板顶的距离；K_{x_2} 为柱的横向刚度总和，$K_{x_2}=\sum\limits_{i=1}^{n}k_{x_{2i}}$，$k_{x_{2i}}$ 为第 i 根柱的横向刚度，$k_{x_{2i}}=12EI_{x_i}/H_2^3$，$H_2$ 为柱的计算高度，可近似地取柱的净高，I_{x_i} 为第 i 柱在 x 向的截面惯性矩；K_{x_1} 为地基的横向刚度，当为天然地基或桩基时，横向（抗剪）刚度按文献[23]确定；K_{φ_2} 为柱的抗弯刚度，$K_{\varphi_2}=\sum k_{2i}r_i^2$，$k_{2i}$ 为第 i 根柱的抗压（拉）刚度，r_i 为第 i 根柱至通过质心 c_2 的 y 轴的距离；K_{φ_1} 为地基的抗弯刚度，按文献[23]确定。

框架式动力基础，柱子与顶板和底板的连接为固接，由于顶板（底板）质心和柱子与顶板（底板）连接处的刚心不在同一水平线上，所以自由振动时顶板与底板将发生相对水平位移和旋转角位移，此时柱子对顶板底和底板顶要产生水平剪力和力矩。

当顶板与底板发生水平相对位移 Δ 时，如图 8-13 所示，一根柱子对顶板底产生的水平剪力为 $-\dfrac{12EI\Delta}{H_2^3}$，产生的力矩为 $\dfrac{6EI\Delta}{H_2^2}$；一根柱子对底板顶产生的水平剪力为 $\dfrac{12EI\Delta}{H_2^3}$，产生的力矩为 $\dfrac{6EI\Delta}{H_2^2}$。

当顶板与底板发生相对旋转角位移 φ 时，如图 8-14 所示，一根柱子对顶板底产生的水平剪力为 $\dfrac{6EI\varphi}{H_2^2}$，产生的力矩为 $-\dfrac{4EI\varphi}{H_2}$，对顶板底产生的回转力矩为 $-K_{\varphi_2}\varphi$；一根柱子对底板顶产生的水平剪力为 $-\dfrac{6EI\varphi}{H_2^2}$，产生的力矩为 $-\dfrac{2EI\varphi}{H_2}$，对底板顶产生的回转力矩为 $K_{\varphi_2}\varphi$。

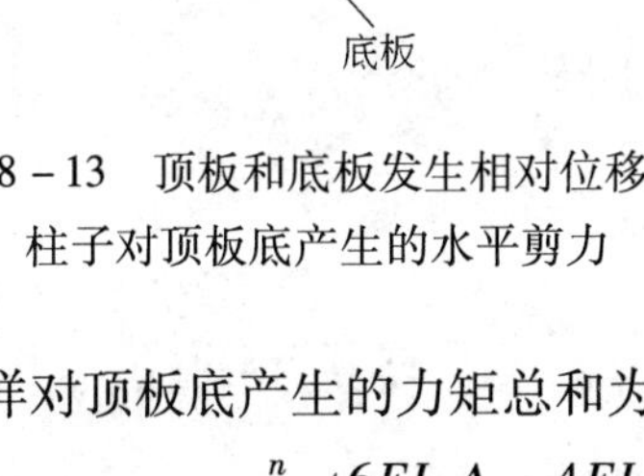

图 8-13 顶板和底板发生相对位移时柱子对顶板底产生的水平剪力

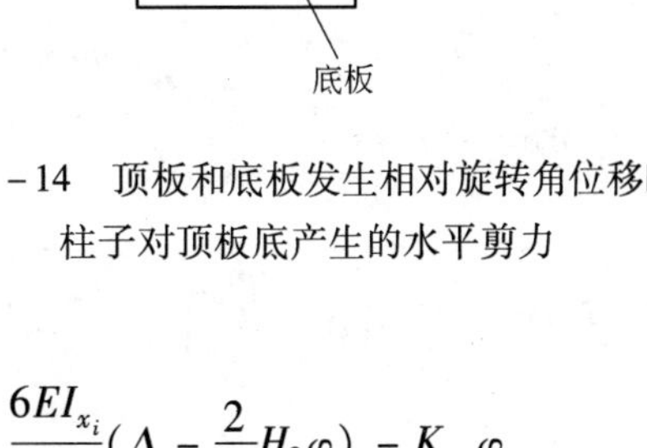

图 8-14 顶板和底板发生相对旋转角位移时柱子对顶板底产生的水平剪力

这样对顶板底产生的力矩总和为

$$\sum M_1=\sum_{i=1}^{n}\left(\frac{6EI_{x_i}\Delta}{H_2^2}-\frac{4EI_{x_i}\varphi}{H_2}\right)-K_{\varphi_2}\varphi=\sum_{i=1}^{n}\frac{6EI_{x_i}}{H_2^2}\left(\Delta-\frac{2}{3}H_2\varphi\right)-K_{\varphi_2}\varphi$$

$$=\mu_2\left(\Delta-\frac{2}{3}H_2\varphi\right)-K_{\varphi_2}\varphi$$

式中，$\mu_2 = \sum_{i=1}^{n} \frac{6EI_{x_i}}{H_2^2}$，$n$ 为柱子总根数。

对底板顶产生的力矩总和为

$$\Sigma M_2 = \sum_{i=1}^{n}\left(\frac{6EI_{x_i}}{H_2^2} - \frac{2EI_{x_i}\varphi}{H_2}\right) + K_{\varphi_2}\varphi = \sum_{i=1}^{n}\frac{6EI_{x_i}}{H_2^2}\left(\Delta - \frac{H_2\varphi}{3}\right) + K_{\varphi_2}\varphi$$

$$= \mu_2\left(\Delta - \frac{H_2\varphi}{3}\right) + K_{\varphi_2}\varphi$$

对顶板底产生的剪力总和为

$$\Sigma T_1 = \sum_{i=1}^{n}\left(-\frac{12EI_{x_i}\Delta}{H_2^3} + \frac{6EI_{x_i}\varphi}{H_2^2}\right) = -\sum_{i=1}^{n}\frac{12EI_{x_i}}{H_2^3}\left(\Delta - \frac{H_2\varphi}{2}\right) = -K_{x_2}\left(\Delta - \frac{H_2\varphi}{2}\right)$$

对底板顶产生的水平剪力总和为

$$\Sigma T_2 = \sum_{i=1}^{n}\left(\frac{12EI_{x_i}\Delta}{H_2^3} - \frac{6EI_{x_i}\varphi}{H_2^2}\right) = \sum_{i=1}^{n}\frac{12EI_{x_i}}{H_2^3}\left(\Delta - \frac{H_2\varphi}{2}\right) = K_{x_2}\left(\Delta - \frac{H_2\varphi}{2}\right)$$

取顶板和底板的脱离体，分别如图 8－15 和图 8－16 所示。

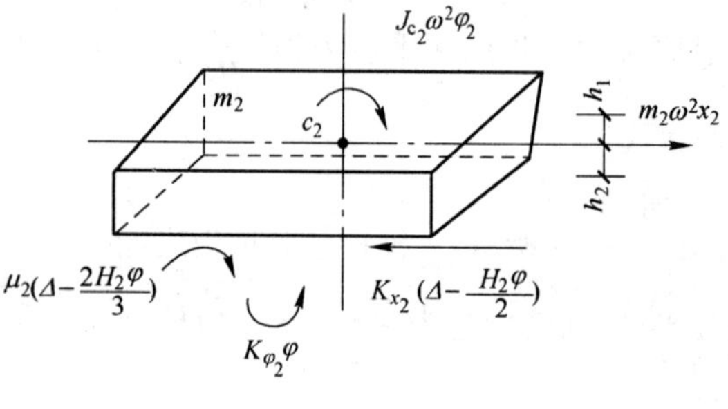

图 8－15　顶板脱离体受力图

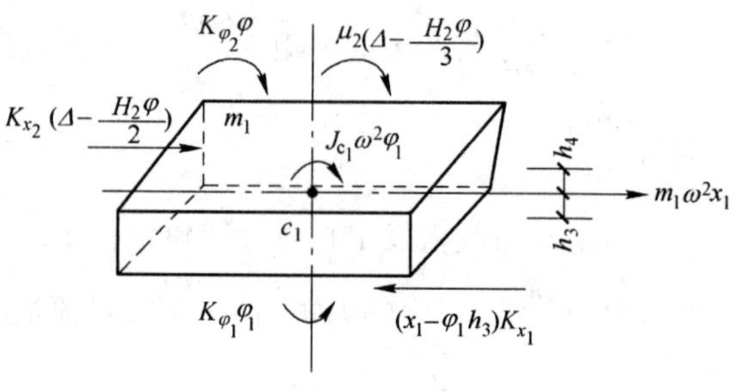

图 8－16　底板脱离体受力图

动力平衡方程式如下（幅值方程）：

对顶板

$$\Sigma c_2 = 0$$

$$J_{c_2}\omega^2\varphi_2 + \mu_2\left(\Delta - \frac{2H_2\varphi}{3}\right) + K_{x_2}\left(\Delta - \frac{H_2\varphi}{2}\right)h_2 - K_{\varphi_2}\varphi = 0 \quad (8-20)$$

$$\Sigma x = 0$$

$$m_2\omega^2 x_2 - K_{x_2}\left(\Delta - \frac{H_2\varphi}{2}\right) = 0 \quad (8-21)$$

对底板

$$\Sigma c_1 = 0$$

$$J_{c_1}\omega^2\varphi_1 + \mu_2\left(\Delta - \frac{H_2\varphi}{3}\right) + K_{\varphi_2}\varphi + K_{x_2}\left(\Delta - \frac{H_2\varphi}{2}\right)h_4 + K_{x_1}(x_1 - \varphi_1 h_3)h_3 - K_{\varphi_1}\varphi_1 = 0$$

(8－22)

$$\Sigma x = 0$$

$$m_1\omega^2 x_1 + K_{x_2}\left(\Delta - \frac{H_2\varphi}{2}\right) - (x_1 - \varphi_1 h_3)K_{x_1} = 0 \quad (8-23)$$

式中 φ_2 和 φ_1——顶板绕质心 c_2 和底板绕质心 c_1 的转角，取顺时针为正；

J_{c_2} 和 J_{c_1}——顶板和底板对其质心的回转质量惯性矩，当为桩基时，J_{c_1} 要按文献[23]确定；

x_2 和 x_1——顶板和底板质心的水平位移，向右为正；

Δ——顶板和底板的水平相对位移，$\Delta = x_2 - x_1 - \varphi_2 h_2 - \varphi_1 h_4$；

φ——顶板和底板的回转相对位移，$\varphi = \varphi_2 - \varphi_1$。

把 Δ 和 φ 的表达式代入式(8－20)～式(8－23)整理后得如下齐次线性方程组：

$$(K_{x_2}h_2 + \mu_2)x_2 - (K_{x_2}h_2 + \mu_2)x_1 + \left(J_{c_2}\omega^2 - \mu_2 h_2 - \frac{2\mu_2 H_2}{3} - K_{x_2}h_2^2 - \frac{H_2 h_2 K_{x_2}}{2} - K_{\varphi_2}\right)\varphi_2 + \left(-\mu_2 h_4 + \frac{2\mu_2 H_2}{3} - K_{x_2}h_2 h_4 + \frac{H_2 K_{x_2} h_2}{2} + K_{\varphi_2}\right)\varphi_1 = 0 \tag{8-24}$$

$$(m_2\omega^2 - K_{x_2})x_2 + K_{x_2}x_1 + \left(K_{x_2}h_2 + \frac{H_2 K_{x_2}}{2}\right)\varphi_2 + \left(K_{x_2}h_4 - \frac{H_2 K_{x_2}}{2}\right)\varphi_1 = 0 \tag{8-25}$$

$$(K_{x_2}h_4 + \mu_2)x_2 + (K_{x_1}h_3 - K_{x_2}h_4 - \mu_2)x_1 + (K_{\varphi_2} - \frac{1}{3}H_2\mu_2 - h_2\mu_2 - K_{x_2}h_2h_4 - \frac{1}{2}K_{x_2}H_2h_4)\varphi_2 + (J_{c_1}\omega^2 - \mu_2 h_4 + \frac{1}{3}H_2\mu_2 - K_{\varphi_2} - K_{x_2}h_4^2 + \frac{1}{2}K_{x_2}H_2h_4 - K_{x_1}h_3^2 - K_{\varphi_1})\varphi_1 = 0 \tag{8-26}$$

$$K_{x_2}x_2 + (m_1\omega^2 - K_{x_2} - K_{x_1})x_1 + \left(-K_{x_2}h_2 - \frac{1}{2}K_{x_2}H_2\right)\varphi_2 + \left(\frac{1}{2}K_{x_2}H_2 + K_{x_1}h_3 - K_{x_2}h_4\right)\varphi_1 = 0 \tag{8-27}$$

简写为下列形式：

$$a_1x_2 + b_1x_1 + c_1\varphi_2 + d_1\varphi_1 = 0 \tag{8-28}$$
$$a_2x_2 + b_2x_1 + c_2\varphi_2 + d_2\varphi_1 = 0 \tag{8-29}$$
$$a_3x_2 + b_3x_1 + c_3\varphi_2 + d_3\varphi_1 = 0 \tag{8-30}$$
$$a_4x_2 + b_4x_1 + c_4\varphi_2 + d_4\varphi_1 = 0 \tag{8-31}$$

把式(8－28)～式(8－31)写成下列矩阵形式，即

$$\boldsymbol{A}\begin{pmatrix} x_2 \\ x_1 \\ \varphi_2 \\ \varphi_1 \end{pmatrix} = \boldsymbol{0}$$

缩写为

$$\boldsymbol{AX} = \boldsymbol{0}$$

矩阵 $\boldsymbol{A}$ 为

$$\boldsymbol{A} = \begin{pmatrix} a_1 & b_1 & c_1 & d_1 \\ a_2 & b_2 & c_2 & d_2 \\ a_3 & b_3 & c_3 & d_3 \\ a_4 & b_4 & c_4 & d_4 \end{pmatrix} \tag{8-32}$$

式中 $a_1 = K_{x_2}h_2 + \mu_2$

$a_2 = m_2\omega^2 - K_{x_2}$

$a_3 = K_{x_2}h_4 + \mu_2$

$a_4 = K_{x_2}$

$b_1 = -K_{x_2}h_2 - \mu_2$

$b_2 = K_{x_2}$

$b_3 = K_{x_1}h_3 - K_{x_2}h_4 - \mu_2$

$b_4 = m_1\omega^2 - K_{x_2} - K_{x_1}$

$c_1 = J_{c_2}\omega^2 - \mu_2 h_2 - \frac{2}{3}\mu_2 H_2 - K_{x_2}h_2^2 - \frac{1}{2}H_2 h_2 K_{x_2} - K_{\varphi_2}$

$c_2 = K_{x_2}h_2 + \frac{1}{2}H_2 K_{x_2}$

$c_3 = K_{\varphi_2} - \frac{1}{3}H_2\mu_2 - \mu_2 h_2 - K_{x_2}h_4 h_2 - \frac{1}{2}K_{x_2}H_2 h_4$

$c_4 = -K_{x_2}h_2 - \frac{1}{2}K_{x_2}H_2$

$d_1 = -\mu_2 h_4 + \frac{2}{3}\mu_2 H_2 - K_{x_2}h_2 h_4 + \frac{1}{2}K_{x_2}H_2 h_2 + K_{\varphi_2}$

$d_2 = K_{x_2}h_4 - \frac{1}{2}H_2 K_{x_2}$

$d_3 = J_{c_1}\omega^2 - \mu_2 h_4 + \frac{1}{3}H_2\mu_2 - K_{\varphi_2} - K_{x_2}h_4^2 + \frac{1}{2}K_{x_2}H_2 h_4 - K_{x_1}h_3^2 - K_{\varphi_1}$

$d_4 = \frac{1}{2}K_{x_2}H_2 + K_{x_1}h_3 - K_{x_2}h_4$

令式(8－28)～式(8－31)齐次方程组的系数行列式等于零,展开行列式得频率方程,即为 ω 的一元八次方程式,一般采用试算法就可得自振频率 $\omega_1 \sim \omega_4$,将所得的自振频率值代入矩阵 $\boldsymbol{A}$,经矩阵的初等变换,就可方便地求出 x_{2i}、x_{1i}、φ_{2i} 和 φ_{1i} 之值,即振型。角标 i 为振型序号。

8.3.2　水平振动线位移计算

框架式动力基础的自振频率和振型一旦被确定,采用振型分解法计算水平振动线位移就比较方便了。以下简要介绍水平振动线位移的计算过程,设顶板质心的水平振动线位移 $A_{x_2}(t)$ 和转角 $A_{\varphi_2}(t)$,按振型分解,则

$$A_{x_2}(t) = \sum_{i=1}^{4} x_{2i}q_i(t) \tag{8-33}$$

$$A_{\varphi_2}(t) = \sum_{i=1}^{4} \varphi_{2i}q_i(t) \tag{8-34}$$

式中 x_{2i} 和 φ_{2i}——顶板质心第 i 振型的线位移和角位移;

$q_i(t)$——第 i 振型的广义坐标(主坐标)。

$$q_i(t) = \frac{\overline{P}_i}{\overline{M}_i\omega_i^2}\mu_i\sin(\theta t - \varepsilon_i) \tag{8-35}$$

$$\overline{P}_i = \sum_{s=1}^{2}(P_s x_{si} + M_s\varphi_{si}) \tag{8-36}$$

$$\overline{M}_i = \sum_{s=1}^{2}(m_s x_{si}^2 + J_s\varphi_{si}^2) \tag{8-37}$$

式中　P_s——作用在顶板和底板上的水平扰力幅值；

M_s——扰力幅值对通过顶板质心 c_2 和底板质心 c_1 的 y 轴的力矩。

$$\mu_i = \frac{1}{\sqrt{\left(1-\frac{\theta^2}{\omega_i^2}\right)^2+\beta^2}} \tag{8-38}$$

$$\tan\varepsilon_i = \frac{\beta}{1-\frac{\theta^2}{\omega_i^2}} \tag{8-39}$$

式中，β 为非弹性阻尼系数，可取0.125。

顶板面的水平振动线位移为

$$A_{x_2}^{s} = A_{x_2} + A_{\varphi_2}h_1 \tag{8-40}$$

如果需要的话，也可以参照上述的方法计算底板的水平振动线位移。

8.4　框架式动力基础整体竖向振动计算

对框架式动力基础的计算，无论是采用多自由度体系的平面计算模型还是空间计算模型，其中有一个共同的处理方法是把顶板、底板、柱、设备等质量和扰力值集中到横梁和纵梁的“合适”位置上，然后进行振动分析，这也都是近似计算方法。

其实，顶板和底板都是厚板的框架式动力基础，柱子（或桩）的间距又较小，也就是说顶板和底板的支承跨度不大，在竖向振动中板发生微小的弯曲（或剪切）变形可以忽略不计，这样就可以认为顶板和底板在竖向是刚度很大的刚体，在竖向扰力作用下，将发生所谓整体竖向振动，而在竖向偏心扰力作用下要产生整体回转振动，它直接影响振动位移的大小。在8.1节和8.2节介绍的空间计算模型和平面计算模型都不能反映出这一回转振动的作用。

基于上述的观点，作者在研究框架式动力基础在竖向偏心扰力作用下的整体振动计算问题时，考虑了地基刚度的作用，并采用滞变阻尼理论，推导出了计算公式。通过工程实践证明，本节将要介绍的方法可用于实际工程，尤其适用于扰力频率较低的框架式动力基础整体振动计算。

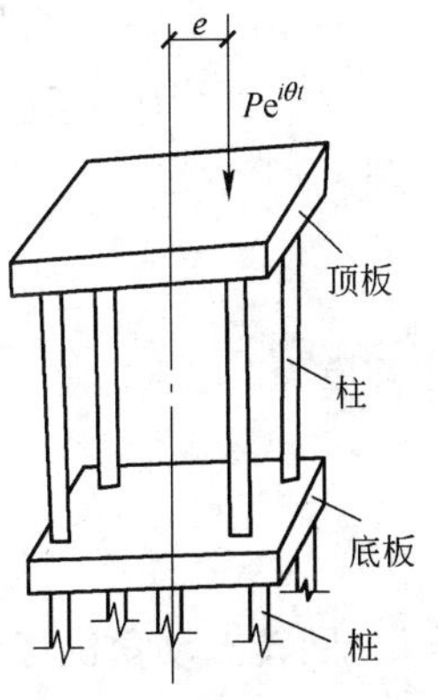

图8-17　框架式动力基础在竖向偏心扰力作用下整体振动计算简图

在实际工程中，通常把框架式基础顶板（包括设备）和底板的质心与刚心（柱子和天然地基或桩基）布置在一条竖直线上，这样在竖向偏心扰力作用下（如图8-17所示），就可以分别计算在通过质心的竖向扰力 $Pe^{i\theta t}$ 作用下产生的竖向振动线位移和绕通过质心轴的弯矩 $Me^{i\theta t} = Pe^{i\theta t}\cdot e$ 作用下产生的回转振动角位移，然后进行位移组合。

8.4.1 竖向振动线位移计算

计算通过质心的竖向扰力 $Pe^{i\theta t}$ 作用下的竖向振动线位移，图 8-18 所示为计算简图，按两个自由度体系进行计算，可采用直接计算法。

取顶板和底板为脱离体，列出动力平衡方程式（幅值方程），即

$$\begin{cases} -m_2\theta^2 A_{Z_2} + (1+i\beta)K_2(A_{Z_2} - A_{Z_1}) = P & (8-41) \\ -m_1\theta^2 A_{Z_1} - (1+i\beta)K_2(A_{Z_2} - A_{Z_1}) + (1+i\beta)K_1 A_{Z_1} = 0 & (8-42) \end{cases}$$

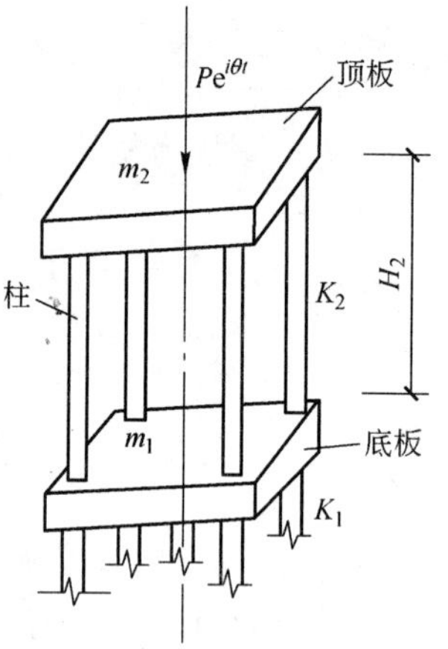

图 8-18　框架式动力基础在竖向通过质心的扰力作用下整体振动计算简图

式中　i——虚数；

m_1——底板质量，为底板和底板上的设备质量、柱子质量之半以及如采用桩基时桩间土当量质量之和；

m_2——顶板质量，为顶板和顶板上的设备质量以及柱子质量之半的总和；

K_1——地基抗压刚度，按文献[23]确定；

K_2——柱的抗压刚度总和，$K_2 = \sum k_{2i}$，k_{2i} 为第 i 根柱的抗压（拉）刚度，$k_{2i} = E_c A_i / H_2$，E_c 为柱的混凝土弹性模量，A_i 为第 i 根柱的截面面积，H_2 可取柱的净高，$i = 1,2,3,\cdots,n$。

解算联立方程式（8-41）和式（8-42），进行复数运算后得

$$A_{Z_2} = \frac{P(m_1\theta^2 - K_1 - K_2) + i\beta P(-K_1 - K_2)}{K_1K_2(\beta^2 - 1) + m_2\theta^2(K_1 + K_2) + m_1K_2\theta^2 - m_1m_2\theta^4 + i\beta[-2K_1K_2 + m_2\theta^2(K_1 + K_2) + m_1\theta^2K_2]}$$

A_{Z_2} 本身是复数，竖向线位移的值是其模。

令

$$A = P(m_1\theta^2 - K_1 - K_2)$$

$$B = \beta P(-K_1 - K_2)$$

$$C = K_1K_2(\beta^2 - 1) + m_2\theta^2(K_1 + K_2) + m_1\theta^2K_2 - m_1m_2\theta^4$$

$$D = \beta[-2K_1K_2 + m_2\theta^2(K_1 + K_2) + m_1\theta^2K_2]$$

则

$$A_{Z_2} = \frac{A + iB}{C + iD}$$

其模为

$$|A_{Z_2}| = \sqrt{\frac{A^2 + B^2}{C^2 + D^2}} \qquad (8-43)$$

8.4.2 回转振动角位移计算

8.4.2.1 自由振动计算

如图 8-19 所示，框架式动力基础考虑地基弹性作用，在回转弯矩 $Me^{i\theta t}$ 作用下将产生水平回转耦联振动。

图 8－19 所示除作用扰弯矩 $Me^{i\theta t}$ 与图 8－12 所示作用水平扰力 $Pe^{i\theta t}$ 不同外，其余全同图 8－12 所示。基础的自由振动齐次方程组为式(8－24)～式(8－27)，其系数矩阵也完全同矩阵 $\boldsymbol{A}$，即式(8－32)。自由振动的计算方法和过程同 8.3 节介绍的自由振动的计算方法和过程。

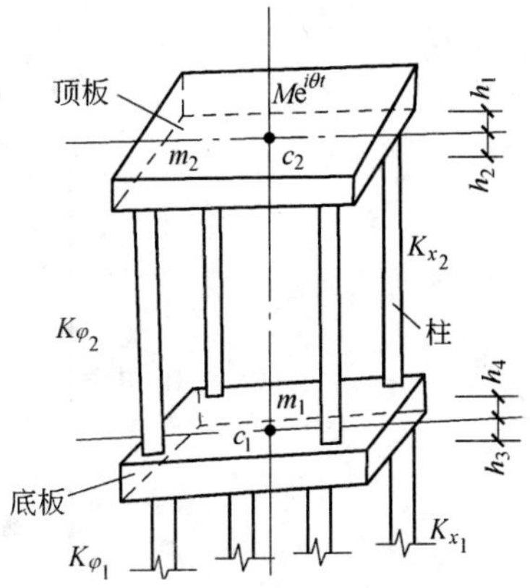

图 8－19 框架式动力基础考虑地基弹性作用时耦联振动计算简图

8.4.2.2 回转振动角位移计算

仍然采用振型分解法。顶板质心的振动角位移表示为

$$A_{\varphi_2}(t) = \sum_{i=1}^{4} \varphi_{2i} q_i(t)$$

式中，$q_i(t)$、$\overline{P}_i$、$\overline{M}_i$、μ_i 和 $\tan\varepsilon_i$ 分别如式(8－35)、式(8－36)、式(8－37)、式(8－38)和式(8－39)所示。

当 $|A_{Z_2}|$ 和 A_{φ_2} 求出后，顶板控制点的最大竖向振动线位移 A_{Z_φ} 按下式计算：

$$A_{Z_\varphi} = |A_{Z_2}| + A_{\varphi_2} \cdot L \tag{8-44}$$

式中，L 为顶板质心至顶板面计算线位移控制点之间的水平距离。

8.4.3 工程实例

A 设计条件

某乙烯工程压缩机框架式动力基础。

(1) 压缩机转速为 7350r/min；

(2) 机组总静重为 633.8kN；

(3) 压缩机竖向合扰力为 82.2kN；

(4) 基础顶允许振动线位移为 4μm（由压缩机制造厂家提供）；

(5) 混凝土强度等级为 C30；

(6) 采用桩基，桩断面为 400mm×400mm，桩长 20500mm。

基础外形图见图 8－20。合扰力作用点、柱刚心、顶板和底板质心、顶板底板和柱尺寸等经计算后均标注在该图上。顶板和底板质心与柱子和桩的竖向刚心布置在一条竖直线上。

试计算顶板的最大竖向振动线位移。

B 布桩及振动参数的确定

经计算，顶板（包括机组）的总静重为 1730.9kN，竖向合扰力作用点与刚心的距离为 1500mm。柱刚心确定后，按对称原则布置了桩，如图 8－21 所示。在此需要说明的是，设计该基础时，当时的规范规定桩之间的最小距离为 $3d = 3 \times 400\text{mm} = 1200\text{mm}$。

振动参数计算：

柱竖向刚度

$$k_2 = \frac{3.0 \times 10^7 \times 0.9 \times 0.8}{4.98} = 0.4337 \times 10^7 \text{kN/m}$$

$$K_2 = 0.4337 \times 10^7 \times 6 = 0.26 \times 10^8 \text{kN/m}$$

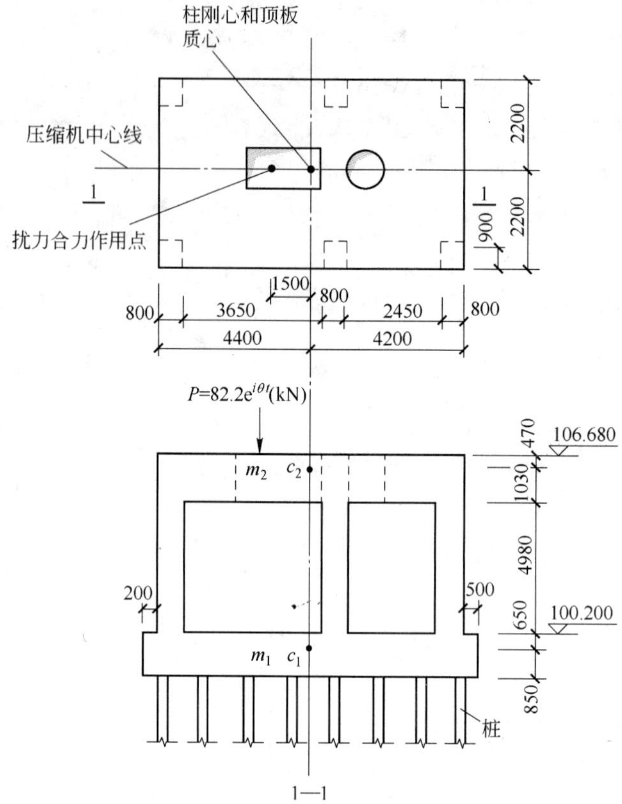

图 8－20　压缩机框架式动力基础图

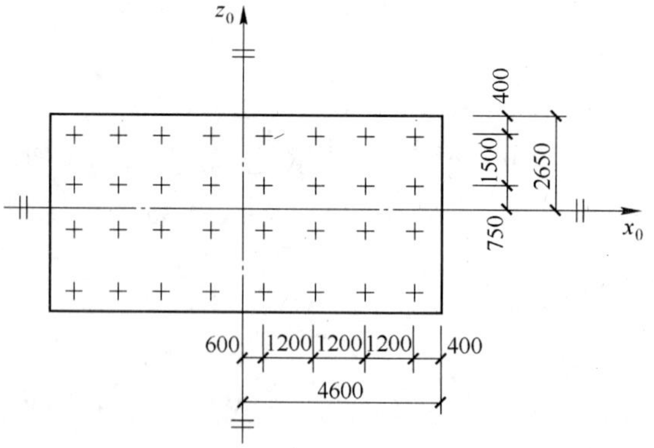

图 8－21　布桩图

桩竖向刚度由现场试验确定。

$$k_1 = 0.6 \times 10^6 \text{kN/m}$$

$$K_1 = 0.6 \times 10^6 \times 32 = 0.192 \times 10^8 \text{kN/m}$$

$$K_{\varphi_2} = 0.4337 \times 10^7 (4^2 \times 2 + 0.45^2 \times 2 + 3.7^2 \times 2) = 0.2593 \times 10^9 \text{kN} \cdot \text{m}$$

$K_{\varphi_1}=0.1452\times10^9\text{kN}\cdot\text{m}$

$\theta^2=(0.105\times7350)^2=595600(\text{rad/s})^2$

$J_{c_2}=\dfrac{1097.1}{9.81\times12}(8.5^2+1.5^2)=694.3\text{t}\cdot\text{m}^2$

$J_{c_1}=1971.4\text{t}\cdot\text{m}^2$（考虑了桩间土的当量质量）

$m_2=\dfrac{1730.9}{9.81}+\dfrac{0.8\times0.9\times4.98\times25\times6}{2\times9.81}=203.8\text{t}$

$m_1=428.5\text{t}$（计算竖向振动时，考虑了桩和桩间土的当量质量）

$m_1=299.7\text{t}$（计算水平回转振动时，考虑了桩和桩间土的当量质量）

$P=82.2\text{kN}$

经计算

$h_1=0.47\text{m},h_2=1.03\text{m},h_3=0.85\text{m},h_4=0.65\text{m}$。

柱子横向刚度总和

$$K_{x_2}=\frac{12\times0.3\times10^8\times0.8^3\times0.9\times6}{4.98^2\times12}=0.6716\times10^6\text{kN/m}$$

桩基横向（抗剪）刚度 K_{x_1} 按文献[23]计算得

$$K_{x_1}=0.312\times10^7\text{kN/m}（计算过程略）$$

C 竖向振动线位移计算

$A=82.2[428.5\times0.005956\times10^8-(0.192+0.26)\times10^8]=0.173\times10^{11}$

$B=0.125\times82.2(-0.192-0.26)\times10^8=-0.465\times10^9$

$$\begin{aligned}C&=0.192\times0.26\times10^{16}(0.125^2-1)+203.8\times0.005956\times10^8(0.192+0.26)\times10^8+\\&\quad428.5\times0.005956\times10^8\times0.26\times10^8-428.5\times203.8\times0.005956^2\times10^{16}\\&=-0.1935\times10^{17}\end{aligned}$$

$$\begin{aligned}D&=0.125[-2\times0.192\times0.26\times10^{16}+203.8\times0.005956\times10^8(0.192+0.26)\times10^8+\\&\quad428.5\times0.005956\times10^8\times0.26\times10^8]=0.139\times10^{16}\end{aligned}$$

代入式（8－43），有

$$|A_{Z_2}|=\sqrt{\frac{0.173\times10^4+(-0.465)^2}{(-0.1935)^2\times10^{16}+0.139^2\times10^{14}}}=0.894\times10^{-6}\text{m}$$

D 回转角位移计算

a 自由振动

按照 8.3 节所得出的公式，计算 $a_1\sim d_4$。

$\mu_2=\dfrac{6\times0.3\times10^8\times0.9\times0.8^3\times6}{4.98^2\times12}=0.167223\times10^7$

$a_1=0.6716\times10^6\times1.03+0.167223\times10^7=0.2364\times10^7$

$a_2=203.8\omega^2-0.6716\times10^6$

$a_3=0.6716\times10^6\times0.65+0.167223\times10^7=0.2109\times10^7$

$a_4=0.6716\times10^6$

$b_1=-0.2364\times10^7$

$b_2=0.6716\times10^6$

$b_3 = 0.312 \times 10^7 \times 0.85 - 0.6716 \times 10^6 \times 0.65 - 0.167223 \times 10^7 = 0.54323 \times 10^6$

$b_4 = 299.7\omega^2 - 0.6716 \times 10^6 - 0.312 \times 10^7 = 299.7\omega^2 - 0.3792 \times 10^7$

$c_1 = 694.3\omega^2 - 0.167223 \times 10^7 \times 1.03 - \frac{2}{3} \times 0.167223 \times 10^7 \times 4.98 - 0.6716 \times 10^6 \times$

$1.03^2 - \frac{1}{2} \times 4.98 \times 1.03 \times 0.6717 \times 10^6 - 0.2593 \times 10^8 = 694.3\omega^2 - 0.2684 \times 10^9$

$c_2 = 0.6716 \times 10^6 \times 1.03 + \frac{1}{2} \times 4.98 \times 0.6716 \times 10^6 = 0.2364 \times 10^7$

$c_3 = 0.2593 \times 10^9 - \frac{1}{3} \times 4.98 \times 0.167223 \times 10^7 - 0.167223 \times 10^7 \times 1.03 - 0.6716 \times$

$10^6 \times 1.03 \times 0.65 - \frac{1}{2} \times 0.6716 \times 10^6 \times 4.98 \times 0.65 = 0.2533 \times 10^9$

$c_4 = -0.6716 \times 10^6 \times 1.03 - \frac{1}{2} \times 0.6716 \times 10^6 \times 4.98 = -0.2364 \times 10^7$

$d_1 = -0.167223 \times 10^7 \times 0.65 + \frac{2}{3} \times 0.167223 \times 10^7 \times 4.98 - 0.6716 \times 10^6 \times 1.03 \times 0.65 +$

$\frac{1}{2} \times 0.6716 \times 10^6 \times 4.98 \times 1.03 + 0.2593 \times 10^9 = 0.26504 \times 10^9$

$d_2 = 0.6716 \times 10^6 \times 0.65 - \frac{1}{2} \times 4.98 \times 0.6716 \times 10^6 = -0.12357 \times 10^7$

$d_3 = 1971.4\omega^2 - 0.167223 \times 10^7 \times 0.65 + \frac{1}{3} \times 4.98 \times 0.167223 \times 10^7 - 0.2593 \times 10^9 -$

$0.6716 \times 10^6 \times 0.65^2 + \frac{1}{2} \times 0.6716 \times 10^6 \times 4.98 \times 0.65 - 0.312 \times 10^7 \times 0.85^2 -$

$0.1542 \times 10^9 = 1971.4\omega^2 - 0.4158 \times 10^9$

$d_4 = \frac{1}{2} \times 0.6716 \times 10^6 \times 4.98 + 0.312 \times 10^7 \times 0.85 - 0.6716 \times 10^6 \times 0.65$

$= 0.3888 \times 10^7$

将 $a_1 \sim d_4$ 代入式(8－28)～(8－31)的齐次线性方程组，得

$$\begin{cases} 0.2364 \times 10^7 x_2 - 0.2364 \times 10^7 x_1 + (694.3\omega^2 - 0.2684 \times 10^9)\varphi_2 + 0.26504 \times 10^9 \varphi_1 = 0 \\ (203.8\omega^2 - 0.6716 \times 10^6)x_2 + 0.6716 \times 10^6 x_1 + 0.2364 \times 10^7 \varphi_2 - 0.12357 \times 10^7 \varphi_1 = 0 \\ 0.2109 \times 10^7 x_2 + 0.54323 \times 10^6 x_1 + 0.2533 \times 10^9 \varphi_2 + (1971.4\omega^2 - 0.4158 \times 10^9)\varphi_1 = 0 \\ 0.6716 \times 10^6 x_2 + (299.7\omega^2 - 0.3792 \times 10^7)x_1 - 0.2364 \times 10^7 \varphi_2 + 0.3888 \times 10^7 \varphi_1 = 0 \end{cases}$$

取该齐次线性方程组的系数行列式为零，经计算机运算，求得 $\omega_1 = 48.4\text{rad/s}$，该基础的计算仅考虑第一振型。将 $\omega_1^2 = 48.4^2 = 2342.56(\text{rad/s})^2$ 代入齐次方程组的系数矩阵 $\boldsymbol{A}$ 得

$$\boldsymbol{A} = \begin{bmatrix} 3404.87 & -3404.87 & -384233.85 & 381737.00 \\ -952.83 & 3295.39 & 11599.61 & -6063.30 \\ 1069.80 & 275.56 & 128487.37 & -208573.54 \\ 2240.91 & -10310.09 & -7887.89 & 12972.97 \end{bmatrix}$$

将该矩阵经初等变换为

$$A=\begin{bmatrix}1&0&0&-40.17\\0&1&0&-9.02\\0&0&1&-1.27\\0&0&0&1\end{bmatrix}$$

由此得 $x_{21}=40.17\varphi_{11}$，令 $x_{21}=1.00$，则 $\varphi_{11}=0.025$；

$x_{11}=9.02\varphi_{11}=9.02\times0.025=0.226$；

$\varphi_{21}=1.27\varphi_{11}=1.27\times0.025=0.032$。

b 角位移计算

在顶板作用的弯矩

$$M=82.2\times1.5=123.3\text{kN}\cdot\text{m}$$

由式(8－36)，得

$$\overline{P}_1=123.3\times0.032=3.95$$

由式(8－37)，得

$$\overline{M}_1=694.3\times0.032^2+1971.4\times0.025^2+203.8\times1.0^2+299.7\times0.226=221.05$$

由式(8－38)，得

$$\mu_1=\frac{1}{1-\dfrac{595600}{48.4^2}}=0.004$$

由式(8－35)，得

$$q_1=\frac{3.95}{221.05\times48.4^2}\times0.004=0.3\times10^{-7}$$

由式(8－34)，得

$$A_{\varphi_2}=0.032\times0.3\times10^{-7}=0.96\times10^{-9}\text{rad}$$

由式(8－44)计算顶板最大竖向振动线位移，即

$$A_{Z_\varphi}=0.894\times10^{-6}+0.96\times10^{-9}\times4.4=0.9\times10^{-6}\text{m}=0.9\mu\text{m}<4\mu\text{m}$$

振动速度为

$$v=0.9\times10^{-3}\times0.105\times7350=0.7\text{mm/s}$$

第9章　框架联合式动力基础的设计与计算

所谓框架联合式动力基础，一般是指大块－框架联合式动力基础和多框架联合式动力基础。

随着生产力不断发展的需要，动力机器主机和原动机的布置有不同的形式，两者置放在同一个框架式基础（或者置放在同一个大块式基础）上是比较普遍的形式，但若两者之一放在框架式基础上，而另一个需要放在大块式基础上，这两种基础又不能分离，必须牢固地联合在一起，这就构成了大块－框架联合式动力基础，例如由汽轮机（放在框架式基础上）驱动的往复式活塞压缩机（放在大块式基础上）的基础就是这种联合基础。若几个框架式基础设在一个公共底板上，这就是多框架联合式动力基础。对联合式基础，根据具体情况需要进行不同的计算。本章主要介绍大块－框架联合式动力基础整体水平和竖向振动线位移计算、多框架联合式动力基础整体竖向振动线位移计算以及框架联合式动力基础（包括框架式动力基础）的构造措施等。

9.1　大块－框架联合式动力基础整体水平振动计算

由汽轮机驱动往复式活塞压缩机的基础，一般需要做成大块－框架联合式动力基础。压缩机的水平扰力较大，频率又较低（扰力圆频率多在35rad/s左右），故需要安装在大块式基础上；而汽轮机的基础需要使用下面的空间，所以做框架基础，汽轮机组置放在框架基础的顶板上。为了防止这两种基础振动不协调或者产生不均匀的沉降，两者必须牢固地连接在一起。因此对这种联合式基础进行水平振动分析是必不可少的。

9.1.1　自由振动计算

图9－1所示为大块－框架联合式动力基础示意图。

图9－1中，$P_2(t)$为汽轮机作用在框架顶板之上的水平扰力，假设该扰力垂直于通过顶板质心c_2的y轴，H为$P_2(t)$至通过框架顶板质心y轴的距离；c_2和c_1分别为框架顶板和大块式基础的质心；e为c_1至c_2的水平距离；m_2为顶板的质量，为顶板和顶板上的设备质量以及柱子质量之半的总和；m_1为大块式基础的质量，为大块式及其上面设备的质量、框架柱子质量之半以及如为桩基时桩和桩间土当量质量的总和；H_2为框架顶板底至大块式基础与框架柱连接平面的距离；h_1和h_2分别为框架顶板质心至板顶和板底的距离；h_3为大块式基础质心至其底面的距离；h_4为大块式基础质心至大块式基础与框架柱连接平面的距离；K_{x_2}、K_{x_1}、K_{φ_2}和K_{φ_1}均见8.3节的说明。

这里所介绍的大块－框架联合式动力基础，框架顶板质心c_2以及大块式基础的质心c_1和框架柱的竖向刚心（也包括地基的刚度中心）在一对称轴y轴上，如图9－2所示。这两种基础如此布置将有利于简化计算，而且这种情形也是在实际工程中比较常见的。地基刚度中心布置在对称轴y轴上，设计工作者很容易做到。如果框架柱的竖向刚心不在y轴上，

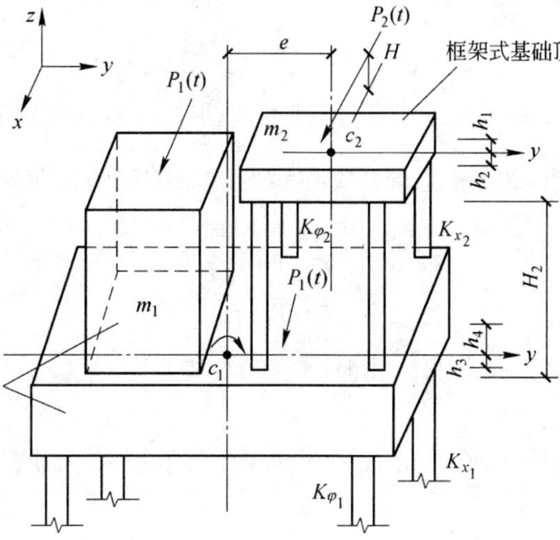

图9-1 大块-框架联合式动力基础示意图

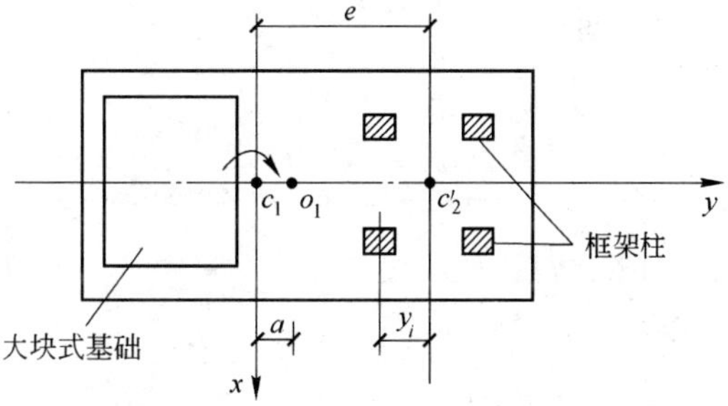

图9-2 大块-框架联合式动力基础质心与刚心布置图

但偏心距不大时，也可以近似地按在 y 轴上进行处理。o_1 为基组的总重心，c_2' 为 c_2 在大块式基础上的投影点。

前面8.3节已经介绍过，框架顶板和大块式基础沿 x 方向发生水平相对位移 Δ 和回转相对角位移 φ 时，在顶板底产生的力矩总和为

$$\sum M_1 = \mu_2\left(\Delta - \frac{2H_2\varphi}{3}\right) - K_{\varphi_2}\varphi$$

式中 $\mu_2 = \sum_{i=1}^{n}\frac{6EI_{x_i}}{H_2^2}$

产生的剪力总和为

$$\sum T_1 = -K_{x_2}\left(\Delta - \frac{H_2\varphi}{2}\right)$$

在大块式基础顶面上（在框架柱与大块式基础的连接平面上）产生的力矩总和为

$$\sum M_2 = \mu_2\left(\Delta - \frac{H_2\varphi}{3}\right) + K_{\varphi_2}\varphi$$

产生的水平剪力总和为

$$\sum T_2 = K_{x_2}\left(\Delta - \frac{H_2\varphi}{2}\right)$$

大块式基础绕通过 c_1 的 z 轴扭转运动，使 c_2' 点产生 $\psi_1 e$ 的水平位移，框架柱作用在大块式基础与柱连接面上的扭矩为

$$-\sum_{i=1}^{n}k_{x_{2i}}y_i^2(\psi_1-\psi_2) - \sum_{i=1}^{n}k_{y_{2i}}x_i^2(\psi_1-\psi_2) = -K_{\psi_2}(\psi_1-\psi_2)$$

作用在框架顶板底的扭矩为

$$K_{\psi_2}(\psi_1-\psi_2)$$

式中，$K_{\psi_2}=\sum_{i=1}^{n}(k_{x_{2i}}y_i^2+k_{y_{2i}}x_i^2)$，称为框架柱的抗扭刚度。$\psi_1$ 和 ψ_2 分别为自由振动时大块式基础绕通过质心 c_1 和框架顶板绕通过质心 c_2 的 z 轴的扭转角位移。$k_{y_{2i}}$ 为第 i 个框架柱在 y 方向上的刚度。

$$k_{y_{2i}}=\frac{12EI_{y_i}}{H_2^3}$$

式中，I_{y_i} 为第 i 个柱在 y 方向上的截面惯性矩。y_i 和 x_i 分别为第 i 个柱在 y 方向上和在 x 方向上到质心 c_2 的距离。

计算自由振动时，取 $P_1(t)$ 和 $P_2(t)$ 为零，取顶板和大块式基础为脱离体，分别如图 9－3和图 9－4 所示。

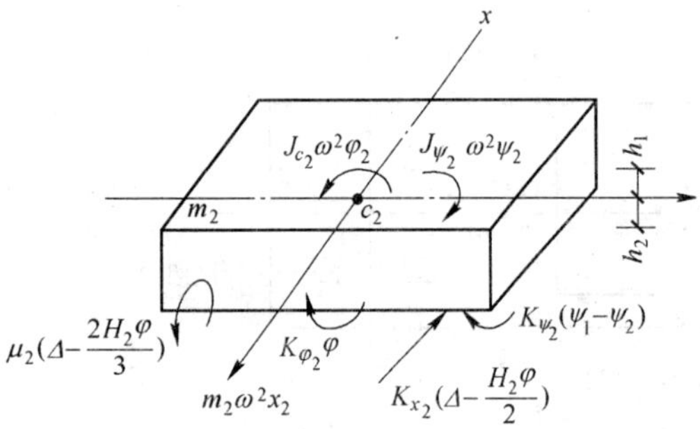

图 9－3　顶板脱离体受力图

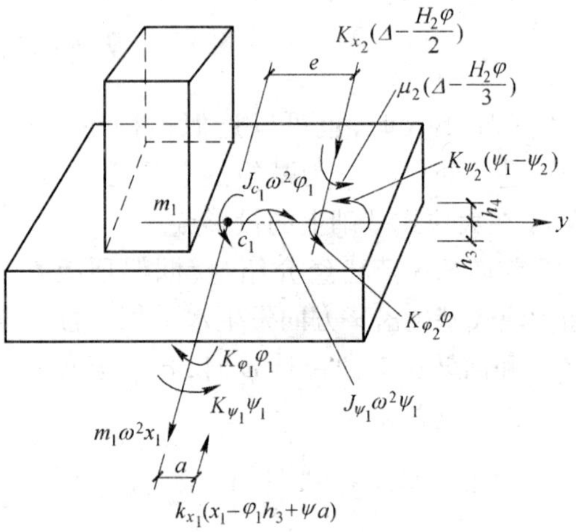

图 9－4　大块式基础脱离体受力图

在图 9－3 和图 9－4 中，K_{ψ_1} 为地基的抗扭刚度，按文献[23]确定；J_{ψ_1} 为大块式基础对通过其质心 c_1 的 z 轴的质量惯性矩；J_{ψ_2} 为框架顶板对通过其质心 c_2 的 z 轴的质量惯性矩。

设计联合基础时需要使基组的总重心与基础底面形心位于同一竖直线上，而大块式基础的质心 c_1 与基组的总重心 o_1 点一般不会重合，在此假定两者之间的距离为 a。

写出动力平衡方程式（幅值方程）：

对框架顶板

$$\sum c_2=0（回转）$$

$$J_{c_2}\omega^2\varphi_2+\mu_2\left(\Delta-\frac{2}{3}H_2\varphi\right)+K_{x_2}\left(\Delta-\frac{1}{2}H_2\varphi\right)h_2-K_{\varphi_2}\varphi=0 \tag{9-1}$$

$$\sum x=0$$

$$m_2\omega^2x_2-K_{x_2}\left(\Delta-\frac{1}{2}H_2\varphi\right)=0 \tag{9-2}$$

$$\sum c_2=0（扭转）$$

$$J_{\psi_2}\omega^2\psi_2+K_{\psi_2}(\psi_1-\psi_2)=0 \tag{9-3}$$

对大块式基础

$$\sum c_1 = 0(\text{回转})$$

$$J_{c_1}\omega^2\varphi_1 + \mu_2\left(\Delta - \frac{1}{3}H_2\varphi\right) + K_{\varphi_2}\varphi + K_{x_2}\left(\Delta - \frac{1}{2}H_2\varphi\right)h_4 + K_{x_1}(x_1 - \varphi_1 h_3 + \psi_1 a)h_3 - K_{\varphi_1}\varphi_1 = 0 \tag{9-4}$$

$$\sum x = 0$$

$$m_1\omega^2 x_1 + K_{x_2}\left(\Delta - \frac{1}{2}H_2\varphi\right) - (x_1 - \varphi_1 h_3 + \psi_1 a)K_{x_1} = 0 \tag{9-5}$$

$$\sum c_1 = 0(\text{扭转})$$

$$J_{\psi_1}\omega^2\psi_1 - K_{\psi_1}\psi_1 - K_{\psi_2}(\psi_1 - \psi_2) + K_{x_2}\left(\Delta - \frac{1}{2}H_2\varphi\right)e - K_{x_1}(x_1 - \varphi_1 h_3 + \psi_1 a)a = 0 \tag{9-6}$$

式中 φ_2, φ_1——框架顶板绕质心 c_2 和大块式基础绕质心 c_1 的转角,取顺时针为正;

J_{c_2}, J_{c_1}——框架顶板和大块式基础对通过质心 y 轴的回转质量惯性矩,若为桩基,J_{c_1} 要按文献[23]确定;

x_2, x_1——框架顶板质心和大块式基础质心的水平位移,沿箭头方向为正;

Δ——框架顶板底和大块式基础与框架柱连接面处的水平相对位移,$\Delta = x_2 - x_1 - \varphi_2 h_2 - \varphi_1 h_4 - \psi_1 e$;

φ——框架顶板和大块式基础的回转相对角位移,$\varphi = \varphi_2 - \varphi_1$。

把 Δ 和 φ 的表达式代入式(9-1)~式(9-6)后,整理得如下齐次线性方程组:

$$(K_{x_2}h_2 + \mu_2)x_2 - (K_{x_2}h_2 + \mu_2)x_1 + \left(J_{c_2}\omega^2 - \mu_2 h_2 - \frac{2}{3}H_2\mu_2 - K_{x_2}h_2^2 - \frac{1}{2}H_2 h_2 K_{x_2} - K_{\varphi_2}\right)\varphi_2 + \left(-\mu_2 h_4 + \frac{2}{3}H_2\mu_2 - K_{x_2}h_2 h_4 + \frac{1}{2}H_2 h_2 K_{x_2} + K_{\varphi_3}\right)\varphi_1 - (\mu_2 + K_{x_2}h_2)e\,\psi_1 = 0 \tag{9-7}$$

$$(m_2\omega^2 - K_{x_2})x_2 + K_{x_2}x_1 + \left(K_{x_2}h_2 + \frac{1}{2}H_2 K_{x_2}\right)\varphi_2 + \left(K_{x_2}h_4 - \frac{1}{2}H_2 K_{x_2}\right)\varphi_1 + K_{x_2}e\psi_1 = 0 \tag{9-8}$$

$$(J_{\psi_2}\omega^2 - K_{\psi_2})\psi_2 + K_{\psi_2}\psi_1 = 0 \tag{9-9}$$

$$(K_{x_2}h_4 + \mu_2)x_2 + (K_{x_1}h_3 - K_{x_2}h_4 - \mu_2)x_1 + \left(K_{\varphi_2} - \frac{1}{3}H_2\mu_2 - \mu_2 h_2 - K_{x_2}h_2 h_4 - K_{x_2}\cdot\frac{1}{2}H_2 h_4\right)\varphi_2 + \left(J_{c_1}\omega^2 - \mu_2 h_4 + \frac{1}{3}H_2\mu_2 - K_{\varphi_2} - K_{x_2}h_4^2 + K_{x_2}\cdot\frac{1}{2}H_2 h_4 - K_{x_1}h_3^2 - K_{\varphi_1}\right)\varphi_1 + (K_{x_1}h_3 a - \mu_2 e - K_{x_2}h_4 e)\psi_1 = 0 \tag{9-10}$$

$$K_{x_2}x_2 + (m_1\omega^2 - K_{x_2} - K_{x_1})x_1 + \left(-K_{x_2}h_2 - \frac{1}{2}K_{x_2}H_2\right)\varphi_2 + \left(\frac{1}{2}K_{x_2}H_2 + K_{x_1}h_3 - K_{x_2}h_4\right)\varphi_1 - (K_{x_2}e + K_{x_1}a)\psi_1 = 0 \tag{9-11}$$

$$K_{x_2}ex_2 - (K_{x_2}e + K_{x_1}a)x_1 - K_{x_2}e\left(h_2 + \frac{1}{2}H_2\right)\varphi_2 + \left(K_{x_2}eH_2\cdot\frac{1}{2} + K_{x_1}h_3 a - K_{x_2}eh_4\right)\varphi_1 + K_{\psi_2}\psi_2 + (J_{\psi_1}\omega^2 - K_{\psi_1} - K_{\psi_2} - K_{x_2}e^2 - K_{x_1}a^2)\psi_1 = 0 \tag{9-12}$$

把以上齐次线性方程组简写为下列形式:

$$\begin{cases} a_1x_2+b_1x_1+c_1\varphi_2+d_1\varphi_1+e_1\psi_2+f_1\psi_1=0 & (9-13)\\ a_2x_2+b_2x_1+c_2\varphi_2+d_2\varphi_1+e_2\psi_2+f_2\psi_1=0 & (9-14)\\ a_3x_2+b_3x_1+c_3\varphi_2+d_3\varphi_1+e_3\psi_2+f_3\psi_1=0 & (9-15)\\ a_4x_2+b_4x_1+c_4\varphi_2+d_4\varphi_1+e_4\psi_2+f_4\psi_1=0 & (9-16)\\ a_5x_2+b_5x_1+c_5\varphi_2+d_5\varphi_1+e_5\psi_2+f_5\psi_1=0 & (9-17)\\ a_6x_2+b_6x_1+c_6\varphi_2+d_6\varphi_1+e_6\psi_2+f_6\psi_1=0 & (9-18) \end{cases}$$

把式(9－13)～式(9－18)写成矩阵形式，即

$$\boldsymbol{A}\begin{pmatrix} x_2\\ x_1\\ \varphi_2\\ \varphi_1\\ \psi_2\\ \psi_1 \end{pmatrix}=\boldsymbol{0}$$

缩写为

$$\boldsymbol{AX}=\boldsymbol{0}$$

矩阵 $\boldsymbol{A}$ 为

$$\boldsymbol{A}=\begin{bmatrix} a_1 & b_1 & c_1 & d_1 & e_1 & f_1\\ a_2 & b_2 & c_2 & d_2 & e_2 & f_2\\ a_3 & b_3 & c_3 & d_3 & e_3 & f_3\\ a_4 & b_4 & c_4 & d_4 & e_4 & f_4\\ a_5 & b_5 & c_5 & d_5 & e_5 & f_5\\ a_6 & b_6 & c_6 & d_6 & e_6 & f_6 \end{bmatrix} \tag{9-19}$$

式中　$a_1=K_{x_2}h_2+\mu_2$

$b_1=-K_{x_2}h_2-\mu_2$

$c_1=J_{c_2}\omega^2-\mu_2h_2-\frac{2}{3}H_2\mu_2-K_{x_2}h_2^2-\frac{1}{2}H_2h_2K_{x_2}-K_{\varphi_2}$

$d_1=-\mu_2h_4+\frac{2}{3}H_2\mu_2-K_{x_2}h_2h_4+\frac{1}{2}H_2h_2K_{x_2}+K_{\varphi_2}$

$e_1=0$

$f_1=-(\mu_2+K_{x_2}h_2)e$

$a_2=m_2\omega^2-K_{x_2}$

$b_2=K_{x_2}$

$c_2=K_{x_2}\left(h_2+\frac{1}{2}H_2\right)$

$d_2=K_{x_2}\left(h_4-\frac{1}{2}H_2\right)$

$e_2=0$

$f_2=K_{x_2}e$

$a_3=b_3=c_3=d_3=0$

$e_3 = J_{\psi_2}\omega^2 - K_{\psi_2}$

$f_3 = K_{\psi_2}$

$a_4 = K_{x_2}h_4 + \mu_2$

$b_4 = K_{x_1}h_3 - K_{x_2}h_4 - \mu_2$

$c_4 = K_{\varphi_2} - \frac{1}{3}H_2\mu_2 - \mu_2 h_2 - K_{x_2}h_2 h_4 - \frac{1}{2}K_{x_2}H_2 h_4$

$d_4 = J_{c_1}\omega^2 - \mu_2 h_4 + \frac{1}{3}H_2\mu_2 - K_{\varphi_2} - K_{x_2}h_4^2 + \frac{1}{2}K_{x_2}H_2 h_4 - K_{x_1}h_3^2 - K_{\varphi_1}$

$e_4 = 0$

$f_4 = K_{x_1}h_3 a - \mu_2 e - K_{x_2}h_4 e$

$a_5 = K_{x_2}$

$b_5 = m_1\omega^2 - K_{x_2} - K_{x_1}$

$c_5 = -K_{x_2}h_2 - \frac{1}{2}K_{x_2}H_2$

$d_5 = \frac{1}{2}K_{x_2}H_2 + K_{x_1}h_3 - K_{x_2}h_4$

$e_5 = 0$

$f_5 = -K_{x_2}e + K_{x_1}a$

$a_6 = K_{x_2}e$

$b_6 = -K_{x_2}e - K_{x_1}a$

$c_6 = -K_{x_2}e\left(h_2 + \frac{1}{2}H_2\right)$

$d_6 = K_{x_2}eH_2 \cdot \frac{1}{2} + K_{x_1}h_3 a - K_{x_2}eh_4$

$e_6 = K_{\psi_2}$

$f_6 = J_{\psi_1}\omega^2 - K_{\psi_1} - K_{\psi_2} - K_{x_2}e^2 - K_{x_1}a^2$

取式(9－13)～式(9－18)齐次方程组的系数行列式等于零，求得自振频率 $\omega_1 \sim \omega_6$，将所得的自振频率值代入矩阵 $\boldsymbol{A}$，经矩阵的初等变换，就可以计算出 x_{2i}、x_{1i}、φ_{2i}、φ_{1i}、ψ_{2i} 和 ψ_{1i} 的值，即振型。角标 i 为振型序号。计算自振频率和振型需要采用电子计算机运算，而计算振型值也可以用手工计算。

9.1.2 振动线位移计算

按照上述步骤计算出自振频率和振型之后，仍然采用振型分解法计算振动水平线位移是比较方便的。设框架顶板质心的振动水平线位移为 $A_{x_2}(t)$，回转角位移为 $A_{\varphi_2}(t)$，扭转角位移为 $A_{\psi_2}(t)$。设大块式基础质心的振动水平线位移为 $A_{x_1}(t)$，回转角位移为 $A_{\varphi_1}(t)$，扭转角位移为 $A_{\psi_1}(t)$。统一表示为

$$A_{x_s}(t) = \sum_{i=1}^{6} x_{si}q_i(t) \tag{9-20}$$

$$A_{\varphi_s}(t) = \sum_{i=1}^{6} \varphi_{si}q_i(t) \tag{9-21}$$

$$A_{\psi_s}(t)=\sum_{i=1}^{6}\psi_{si}q_i(t) \tag{9-22}$$

式中　x_{si},φ_{si}和ψ_{si}——框架顶板质心或大块式基础质心第 i 振型的线位移、回转角位移和扭转角位移；

$q_i(t)$——第 i 振型的广义坐标（主坐标）。

$$q_i(t)=\frac{\overline{P}_i}{\overline{M}_i\omega_i^2}\mu_i\sin(\theta t-\varepsilon_i) \tag{9-23}$$

$$\overline{P}_i=\sum_{s=1}^{2}P_sx_{si}+M_{\varphi_s}\varphi_{si}+M_{\psi_s}\psi_{si} \tag{9-24}$$

$$\overline{M}_i=\sum_{s=1}^{2}m_sx_{si}^2+J_{c_s}\varphi_{si}^2+J_{\psi_s}\psi_{si}^2 \tag{9-25}$$

$$\mu_i=\frac{1}{\sqrt{\left(1-\frac{\theta^2}{\omega_i^2}\right)^2+\beta^2}} \tag{9-26}$$

$$\tan\varepsilon_i=\frac{\beta}{1-\frac{\theta^2}{\omega_i^2}} \tag{9-27}$$

式中，P_s、$M_{\varphi s}$和$M_{\psi s}$分别为作用在顶板和大块式基础上的水平外力、力矩及扭矩（幅值）之总和。

按式（9－20）～式（9－22）计算出$A_{x_{2,1}}$、$A_{\varphi_{2,1}}$和$A_{\psi_{2,1}}$后就可以求得框架顶板和大块式基础任一点的水平线位移。图9－5所示为大块式基础的平面示意图。计算大块式基础与框架柱连接面上 a 点的振动水平线位移为

$$A_{x_1}^{a}=A_{x_1}+A_{\varphi_1}h_4+A_{\psi_1}l$$

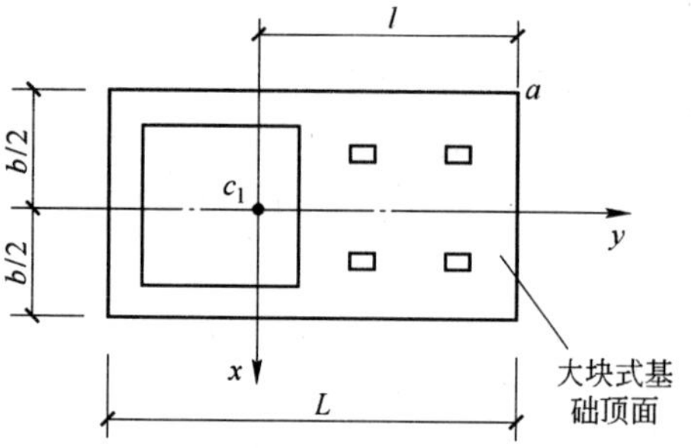

图9－5　大块－框架联合式动力基础平面布置图

9.1.3　工程实例

某化肥厂氮氢气活塞式压缩机由汽轮机驱动，其基础是一种大块－框架联合式动力基础。

A　设计条件

a　压缩机

（1）型号：15－HHE－VG6 氮氢气压缩机，HHE 七列六级对置式；

（2）转速：333r/min；

（3）轴功率：5378kW；

（4）主轴中心标高：6.700m。

扰力、扰力矩计算值见表9－1。

b　汽轮机

（1）型号：N6－3.43(35)凝汽式；

（2）额定功率：6000kW，最大功率为 7700kW；

（3）转速：3000r/min；

（4）转子重量：46.41kN；

(5)总重:380kN;

(6)水平扰力:9.282kN。

表 9－1 扰力、扰力矩计算值

项 目	一 阶	二 阶
水平扰力/kN	54.2	61.77
竖向扰力/kN	45.01	0
水平扰力矩/kN · m	794.2	50.9
竖向扰力矩/kN · m	47.76	0

c 材料及布置图

混凝土强度等级为 C25,地基处理采用灌注桩,桩直径为 600mm,长度为 20000mm。布置见图 9－6。压缩机和汽轮机扰力合力作用点分别在 N_1 点和 N_2 点。

B 重心的确定及布桩

经计算基组总重心 $x_0 \approx 5900$mm,$y_0 = 7600$mm。大块式基础和框架基础的重心(x 轴分别为 x_1 和 x_2 轴)都标示在图 9－6 所示的平面和立面图上。桩按照基组的总重心轴对称布置,见图 9－7。

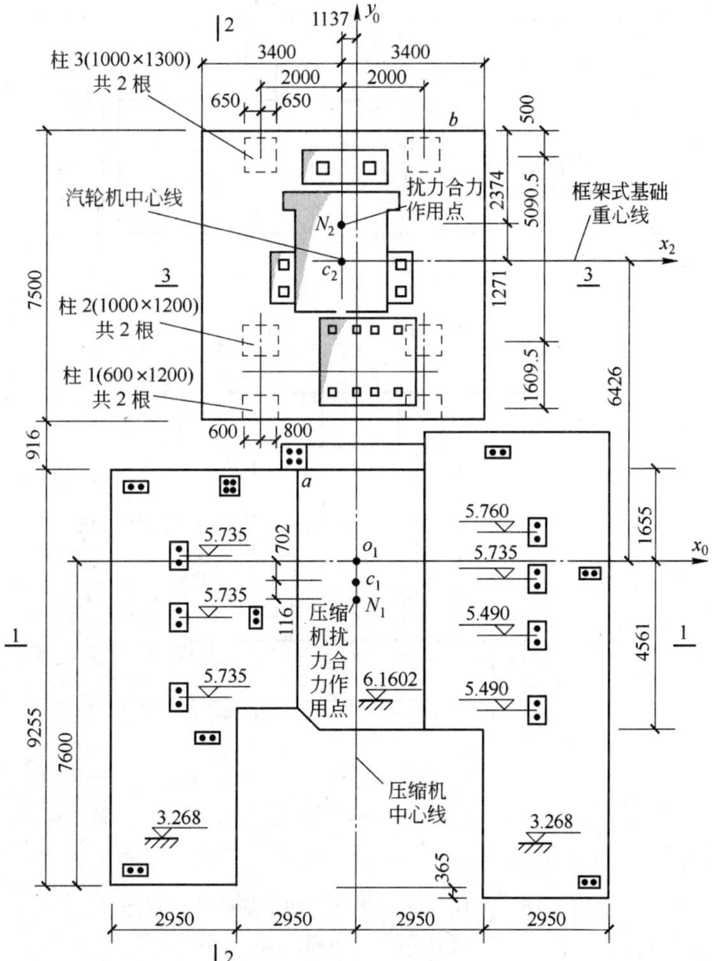

(a)

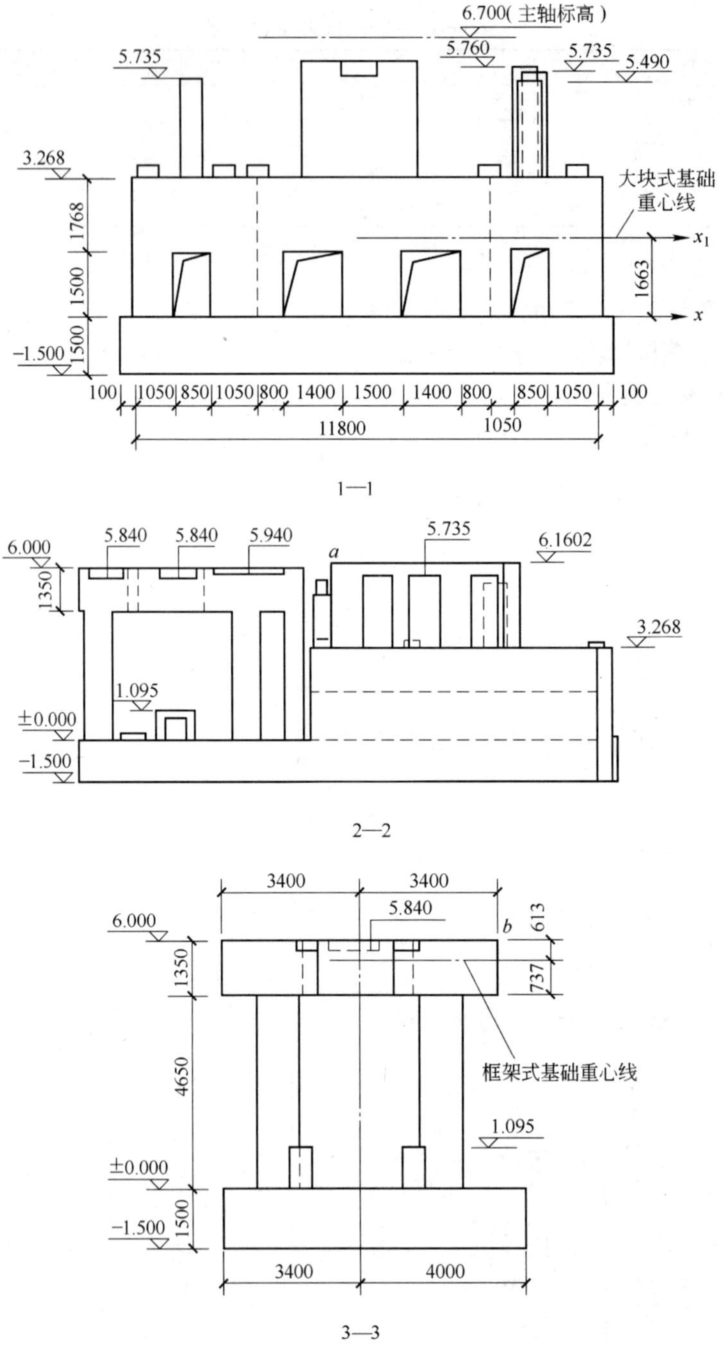

(b)

图 9－6　大块－框架联合式动力基础的布置图

(a)平面图;(b)剖面图

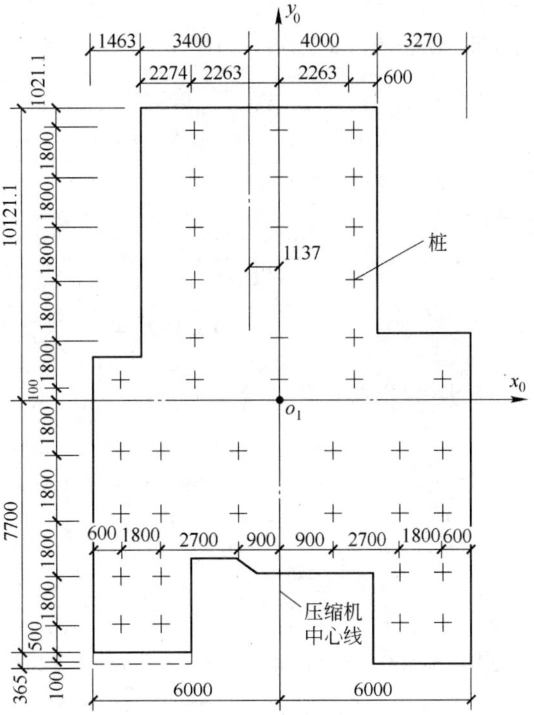

图 9-7 布桩图

$h_1=0.613\text{m}, h_2=0.737\text{m}, h_3=3.163\text{m}, h_4=-1.663\text{m}$。因为假定从质心 c_1 到大块式基础与框架柱相交平面之间的距离 h_4 向上为正，而该基础的 h_4 向下，所以 h_4 为负值。

C 自由振动计算

首先计算振动参数（详细数值计算过程略）。

$$m_2=226.23\text{t}, m_1=1732.7\text{t}。$$

计算桩和桩间土参加振动的当量质量，根据图 9-7 算得 $A_0=160.481\text{m}^2$，则

$$m_0=160.481\times2.4\times\frac{18}{9.81}=706.71\text{t}$$

$$m_{sx}=1732.7+0.4\times706.71=2015.38\text{t}$$

$$J_{c_2}=929.72\text{t}\cdot\text{m}^2, J_{c_1}=29053.92\text{t}\cdot\text{m}^2, J_{\psi_2}=2066.44\text{t}\cdot\text{m}^2, J_{\psi_1}=45256.37\text{t}\cdot\text{m}^2$$

$$k_{x_{2,1}}=\frac{12\times0.28\times10^8\times0.6\times1.2^3}{4.65^3\times12}=0.28873\times10^6\text{kN/m}$$

$$k_{x_{2,2}}=0.48122\times10^6\text{kN/m}$$

$$k_{x_{2,3}}=0.61183\times10^6\text{kN/m}$$

$$K_{x_2}=(0.28873+0.48122+0.61183)\times10^6\times2=0.27635\times10^7\text{kN/m}$$

$$k_{y_{2,1}}=\frac{12\times0.28\times10^8\times1.2\times0.6^3}{4.65^3\times12}=0.7128\times10^5\text{kN/m}$$

$$k_{y_{2,2}}=0.33418\times10^6\text{kN/m}$$

$$k_{y_{2,3}}=0.36203\times10^6\text{kN/m}，则$$

$K_{\psi_2}=(0.28873\times3.555^2+0.48122\times1.9455^2+0.61183\times3.145^2+0.07128\times1.85^2$
$+0.33418\times1.85^2+0.36203\times2.0^2)\times10^6\times2=0.28722\times10^8\text{kN}\cdot\text{m}$

$k_{21}=\dfrac{0.28\times10^8\times0.6\times1.2}{4.65}=0.4335\times10^7\text{kN/m}$

$k_{22}=0.7226\times10^7\text{kN/m}$

$k_{23}=0.7828\times10^7\text{kN/m}$,则

$K_{\varphi_2}=(0.4335+0.7226)\times10^7\times2\times1.85^2+0.7828\times10^7\times2.0^2\times2=0.14176\times10^9\text{kN}\cdot\text{m}$

$\mu_2=\dfrac{6}{4.65^2}\times0.28\times10^8\times\dfrac{2}{12}(0.6\times1.2^3+1.0\times1.2^3+1.0\times1.3^3)=0.64253\times10^7\text{kN}$

根据化肥厂提供的地质勘察报告,按文献[23]确定 K_{x_1}、K_{φ_1} 和 K_{ψ_1}。从文献[23]表 3.3.2 中查得

$C_z=22000\text{kN/m}^3$, $C_x=0.7\times22000=15400\text{kN/m}^3$, $C_\psi=1.05\times22000=23100\text{kN/m}^3$。

$$\delta_b=\frac{1.5}{\sqrt{160.481}}=0.118$$

$$\alpha_{x\varphi}=(1+1.2\times0.118)^2=1.3\text{,取 }\alpha_1=1.3\text{,于是}$$

$$K_{x_1}=1.4\times15400\times160.481(0.4+1.3\times1.3)=0.7231\times10^7\text{kN/m}$$

根据地质报告计算得

$k_{PZ}=0.7825\times10^6\text{kN/m}$,则

$K_{\varphi_1}=0.7825\times10^6\times\sum_{i=1}^{34}r_i^2=0.7825\times10^6(2.263^2\times12+5.4^2\times10+3.6^2\times8+$
$0.9^2\times4)=0.35993\times10^9\text{kN}\cdot\text{m}$

根据图 9-7 计算得极惯性矩 $I_z=5523\text{m}^4$,则

$$K_{\psi_1}=1.4\times23100\times5523\times(0.4+1.3\times1.3)=0.3733\times10^9\text{kN}\cdot\text{m}$$

计算得方程组系数 $a_1\sim f_b$ 为

$a_1=0.8462\times10^7$, $b_1=-0.8462\times10^7$, $c_1=929.72\omega^2-0.17265\times10^9$,
$d_1=0.180486\times10^9$, $e_1=0$, $f_1=-0.60317\times10^8$

$a_2=226.23\omega^2-0.27636\times10^7$, $b_2=0.27636\times10^7$, $c_2=0.8462\times10^7$,
$d_2=-0.110211\times10^8$, $e_2=0$, $f_2=0.19699\times10^8$

$a_3=b_3=c_3=d_3=0$, $e_3=2066.44\omega^2-0.28722\times10^8$, $f_3=0.28722\times10^8$

$a_4=0.18295\times10^7$, $b_4=0.21042\times10^8$, $c_4=0.141138\times10^9$,
$d_4=29053.92\omega^2-0.57172\times10^9$, $e_4=0$, $f_4=0.30152\times10^7$

$a_5=0.27636\times10^7$, $b_5=2015.38\omega^2-0.99946\times10^7$, $c_5=-0.8462\times10^7$,
$d_5=0.33893\times10^8$, $e_5=0$, $f_5=-0.14622\times10^8$

$a_6=0.19699\times10^8$, $b_6=-0.24775\times10^8$, $c_6=-0.60317\times10^8$, $d_6=0.94614\times10^8$,
$e_6=0.28722\times10^8$, $f_6=45256.37\omega^2-0.546\times10^9$

将以上系数代入式(9-13)~式(9-18)后经整理得

$$\begin{cases}9101.67x_2-9101.67x_1+(\omega^2-185701.07)\varphi_2+194129.42\varphi_1-64876.52\psi_1=0\\(\omega^2-12215.71)x_2+12215.71x_1+37404.41\varphi_2-48716.35\varphi_1+87075.1\psi_1=0\\(\omega^2-13899.27)\psi_2+13899.27\psi_1=0\\62.97x_2+724.24x_1+4857.80\varphi_2+(\omega^2-19677.79)\varphi_1+103.78\psi_1=0\\1371.24x_2+(\omega^2-4959.16)x_1-4198.71\varphi_2+16817.03\varphi_1-7255.21\psi_1=0\\435.27x_2-547.43x_1-1332.79\varphi_2+2090.62\varphi_1+634.65\psi_2+(\omega^2-12064.6)\psi_1=0\end{cases}$$

取以上方程组的系数行列式等于零，求得基频 $\omega_1=49.3\text{rad/s}$ 和 $\omega_2=120.2\text{rad/s}$。将 ω_1 之值代入以上方程组后的系数矩阵（即矩阵 $\boldsymbol{A}$）为

$$\boldsymbol{A}=\begin{bmatrix}9101.67 & -9101.67 & -183270.58 & 194129.42 & 0 & -64876.52\\-9785.22 & 12215.71 & 37404.41 & -48716.35 & 0 & 87075.10\\0 & 0 & 0 & 0 & -11468.78 & 13899.27\\62.97 & 724.24 & 4857.80 & -17247.30 & 0 & 103.78\\1371.24 & -2528.67 & -4198.71 & 16817.03 & 0 & -7255.21\\435.27 & -547.43 & -1332.79 & 2090.62 & 634.65 & -12064.6\end{bmatrix}$$

经矩阵初等变换得

$$\boldsymbol{A}=\begin{bmatrix}1 & 0 & 0 & 0 & 0 & -323.418\\0 & 1 & 0 & 0 & 0 & -256.563\\0 & 0 & 1 & 0 & 0 & -22.462\\0 & 0 & 0 & 1 & 0 & -18.405\\0 & 0 & 0 & 0 & 1 & -1.212\\0 & 0 & 0 & 0 & 0 & 1\end{bmatrix}$$

设 $x_{21}=1$，则 $\psi_{11}=1/323.418=0.00309$，$x_{11}=256.563\times0.00309=0.793$，$\varphi_{21}=22.462\times0.00309=0.0694$，$\varphi_{11}=18.405\times0.00309=0.0569$，$\psi_{21}=1.212\times0.00309=0.00375$。

D　振动水平线位移和振动速度计算

基组的自振频率和振型一旦被计算出，用振型分解法求算振动线位移和振动速度就很方便了。该工程实例仅考虑第一振型的作用。

（1）在压缩机一阶水平扰力 $P_1'(t)=P_1'e^{i\theta_1 t}$ 的作用下：

$$P_1'=54.2\text{kN},\theta_1=0.105\times333=34.965\text{rad/s}$$

$$M_{\varphi_1}=54.2\times(6.700-1.663)=273\text{kN}\cdot\text{m}$$

$$M_{\psi_1}=54.2\times(-0.116)=-6.287\text{kN}\cdot\text{m}$$

由式（9－24）得

$$\overline{P}_1=54.2\times0.793+273.0\times0.0569+(-6.287)\times0.00309=58.495$$

由式（9－25）得

$$\overline{M}_1=2015.38\times0.793^2+226.23\times1.0^2+29053.92\times0.0569^2+929.72\times0.0694^2+45256.37\times0.00309^2+2066.44\times0.00375^2=1592.604$$

$\dfrac{\theta_1}{\omega_1}=\dfrac{34.965}{49.3}=0.709$，在共振区外工作，可以不计阻尼。

$$\mu_1 = \frac{1}{1 - \frac{34.965^2}{49.3^2}} = 2.012$$

由式(9-23)得

$$q_1 = \frac{58.495}{1592.604 \times 49.3^2} \times 2.012 = 0.304 \times 10^{-4}$$

由式(9-20)~式(9-22)得

$$A_{x_1} = 0.793 \times 0.304 \times 10^{-4} = 0.241 \times 10^{-4}\text{m}$$

$$A_{\varphi_1} = 0.0569 \times 0.304 \times 10^{-4} = 0.173 \times 10^{-5}\text{rad}$$

$$A_{\psi_1} = 0.00309 \times 0.304 \times 10^{-4} = 0.939 \times 10^{-7}\text{rad}$$

$$A_{x_2} = 1.0 \times 0.304 \times 10^{-4} = 0.304 \times 10^{-4}\text{m}$$

$$A_{\varphi_2} = 0.0694 \times 0.304 \times 10^{-4} = 0.211 \times 10^{-5}\text{rad}$$

$$A_{\psi_2} = 0.00375 \times 0.304 \times 10^{-4} = 0.114 \times 10^{-6}\text{rad}$$

(2)在压缩机二阶水平扰力 $P_1''(t) = P_1'' e^{i\theta_2 t}$ 作用下：

$$P_1'' = 61.77\text{kW}, \theta_2 = 2 \times 34.965 = 69.93\text{rad/s}$$

$$M_{\varphi_1} = 61.77 \times 5.037 = 311.14\text{kN} \cdot \text{m}$$

$$M_{\psi_1} = 61.77 \times (-0.116) = -7.17\text{kN} \cdot \text{m}$$

类同上面的计算

$$\overline{P}_1 = 61.77 \times 0.793 + 311.14 \times 0.0569 + (-7.17) \times 0.00309 = 66.67$$

$\frac{\theta_2}{\omega_1} = \frac{2 \times 34.965}{49.3} = 1.42$，在共振区外工作，可以不计阻尼。

$$\mu_1 = \frac{1}{1 - \frac{\theta_2^2}{\omega_2^2}} = \frac{1}{1 - \frac{(2 \times 34.965)^2}{49.3^2}} = 0.988$$

$$q_1 = \frac{\overline{P}_1}{\overline{M}_1 \omega^2} \cdot \mu_1 = \frac{66.67}{1592.604 \times 49.3^2} \times 0.988 = 0.17 \times 10^{-4}$$

$$A_{x_1} = 0.793 \times 0.17 \times 10^{-4} = 0.135 \times 10^{-4}\text{m}$$

$$A_{\varphi_1} = 0.0569 \times 0.17 \times 10^{-4} = 0.967 \times 10^{-6}\text{rad}$$

$$A_{\psi_1} = 0.00309 \times 0.17 \times 10^{-4} = 0.525 \times 10^{-7}\text{rad}$$

$$A_{x_2} = 1.0 \times 0.17 \times 10^{-4} = 0.17 \times 10^{-4}\text{m}$$

$$A_{\varphi_2} = 0.0694 \times 0.17 \times 10^{-4} = 0.118 \times 10^{-5}\text{rad}$$

$$A_{\psi_2} = 0.00375 \times 0.17 \times 10^{-4} = 0.638 \times 10^{-7}\text{rad}$$

(3)在汽轮机水平扰力 $P_2(t) = P_2 e^{i\theta_3 t}$ 作用下：

$$P_2 = 9.282\text{kN}, \theta_3 = 0.105 \times 3000 = 315\text{rad/s}$$

$$M_{\varphi_2} = 9.282 \times (6.7 - 6.0 + 0.613) = 12.187\text{kN} \cdot \text{m}$$

$$M_{\psi_2} = 9.282 \times 1.271 = 11.797\text{kN} \cdot \text{m}$$

$$\overline{P}_1 = 9.282 \times 1.0 + 12.187 \times 0.0694 + 11.797 \times 0.00375 = 10.172$$

$$\mu_1 = \frac{1}{1-\frac{315^2}{49.3^2}} = 0.025$$

$$q_1 = \frac{10.172}{1592.604 \times 49.3^2} \times 0.025 = 0.65 \times 10^{-7}$$

$$A_{x_1} = 0.793 \times 0.65 \times 10^{-7} = 0.515 \times 10^{-7}\text{m}$$

$$A_{\varphi_1} = 0.0569 \times 0.65 \times 10^{-7} = 0.37 \times 10^{-8}\text{rad}$$

$$A_{\psi_1} = 0.00309 \times 0.65 \times 10^{-7} = 0.2 \times 10^{-9}\text{rad}$$

$$A_{x_2} = 1.0 \times 0.65 \times 10^{-7} = 0.65 \times 10^{-7}\text{m}$$

$$A_{\varphi_2} = 0.0694 \times 0.65 \times 10^{-7} = 0.45 \times 10^{-8}\text{rad}$$

$$A_{\psi_2} = 0.00375 \times 0.65 \times 10^{-7} = 0.24 \times 10^{-9}\text{rad}$$

质心总位移为

$$\sum A_{x_1} = \sqrt{(0.241 \times 10^{-4})^2 + (0.135 \times 10^{-4})^2 + (0.515 \times 10^{-7})^2} = 0.28 \times 10^{-4}\text{m}$$

$$\sum A_{\varphi_1} = \sqrt{(0.173 \times 10^{-5})^2 + (0.967 \times 10^{-6})^2 + (0.37 \times 10^{-8})^2} = 0.198 \times 10^{-5}\text{rad}$$

$$\sum A_{\psi_1} = \sqrt{(0.939 \times 10^{-7})^2 + (0.525 \times 10^{-7})^2 + (0.2 \times 10^{-9})^2} = 0.108 \times 10^{-6}\text{rad}$$

$$\sum A_{x_2} = \sqrt{(0.304 \times 10^{-4})^2 + (0.17 \times 10^{-4})^2 + (0.65 \times 10^{-7})^2} = 0.348 \times 10^{-4}\text{m}$$

$$\sum A_{\varphi_2} = \sqrt{(0.211 \times 10^{-5})^2 + (0.118 \times 10^{-5})^2 + (0.45 \times 10^{-8})^2} = 0.242 \times 10^{-5}\text{rad}$$

$$\sum A_{\psi_2} = \sqrt{(0.114 \times 10^{-6})^2 + (0.638 \times 10^{-7})^2 + (0.24 \times 10^{-9})^2} = 0.131 \times 10^{-6}\text{rad}$$

大块式基础 a 点(见图 9－6)的振动水平线位移为

$$A_{x_1}^{a} = 0.28 \times 10^{-4} + 0.198 \times 10^{-5} \times (6.1602 - 1.663) + 0.108 \times 10^{-6} \times 1.665$$
$$= 0.37 \times 10^{-4}\text{m} = 0.037\text{mm}$$

由于因扭转引起的 x 和 y 向位移很小,可以忽略不计,所以 a 点的水平线位移为 $A_{x_1}^{a} = 0.037\text{mm}$。大块式基础竖向振动位移计算,根据该工程实例的情况,可以近似地按单自由度考虑,忽略偏心作用。竖向振动总质量为

$$m_{sz} = (226.23 + 1732.7 + 706.71) = 2665.64\text{t}$$

抗压刚度为

$$K_{Pz} = 0.7825 \times 10^6 \times 39 = 0.305175 \times 10^8 \text{kN/m}$$

$$\omega_{nz}^2 = \frac{0.305175 \times 10^8}{2665.64} = 11448.47(\text{rad/s})^2$$

$$\omega_{nz} = 106.998\text{rad/s}$$

显然在共振区外工作,可以不考虑阻尼,所以

$$A_z^{a} = \frac{45.01}{0.305175 \times 10^8} \cdot \frac{1}{1-\frac{34.965^2}{11448.47}} = 0.165 \times 10^{-5}\text{m} = 0.00165\text{mm}$$

可见竖向线位移很小,可忽略不计,即 a 点的振动水平线位移也是 a 点的振动总线位移。

a 点的振动速度为

$$v_{x_1}^{a} = \{[(0.241 \times 10^{-4} + 0.172 \times 10^{-5} \times 4.497 + 0.939 \times 10^{-7} \times 1.655) \times 34.965]^2 +$$

$$[(0.135\times10^{-4}+0.967\times10^{-6}\times4.497+0.525\times10^{-7}\times1.655)\times2\times34.965]^2+$$
$$[(0.515\times10^{-7}+0.37\times10^{-8}\times4.497+0.20\times10^{-9}\times1.655)\times315]^2\}^{\frac{1}{2}}$$
$$=0.17\times10^{-2}\text{m/s}=1.7\text{mm/s}<6.3\text{mm/s}$$

框架顶板 b 点的振动水平线位移为

$$A_{x_2}^{b}=0.348\times10^{-4}+0.242\times10^{-5}\times0.613+0.131\times10^{-6}\times3.645=0.37\times10^{-4}\text{m}$$
$$=0.037\text{mm}>0.02\text{mm}$$

b 点的振动速度为

$$v_{x_2}^{b}=1.7\text{mm/s}$$

从计算结果可以看出,大块式基础的最大振动水平线位移和振动速度都较小,都较好地满足允许值。框架顶板的最大振动线位移略大于 3000r/min 的汽轮机组基础的允许振动线位移。对于这种大块 - 框架联合式动力基础的设计,根据工程设计经验,框架顶板的振动水平线位移一般很难满足 3000r/min 汽轮机组基础的允许值,但设计得当时,计算值与允许值比较接近。

大家知道,一个振动体系的振动效应,第一振型的作用往往是主要的或者关键的。这种联合式基础的质量较大,使得基频较低。活塞式压缩机的转速又比较低,所以这种基础常常在共振区内工作,导致振动位移和振动速度过大。我们在初步设计该基础时,按照压缩机制造厂提供的基础设计条件,计算得的基频恰恰在共振区内。为了避开共振问题,采取了如下措施。首先,在保证大块式基础为刚体的前提下,在基础内留了四个大洞(见图 9 - 6),使基础重量减少了约 1000kN;同时在可能条件下多布置了一些桩和适当扩大了基础底面积,这样就较大地提高了地基刚度。最终使基础的基频高于活塞式压缩机操作转速的频率,避开了共振区,减小了振动位移和振动速度。

9.2 大块 - 框架联合式动力基础整体竖向振动近似计算

在 9.1 节里介绍的是转速较高的原动机(例如汽轮机)驱动转速低的活塞式压缩机基础的水平振动分析方法。另一种主机和原动机的组合,是两者转速都较高,而且都是离心式的,例如电动机或者汽轮机驱动离心式压缩机等。通常电动机置放在大块式基础上,而离心机也是利用下部的空间需要支承在框架式基础上。对这种大块 - 框架联合式动力基础,竖向振动分析是主要的。这一节就将介绍这种基础的整体竖向振动近似计算方法。为此做了如下假定:把框架顶板简化为一个质点,仅考虑顶板和底板(大块式基础)的竖向位移及底板的回转位移,即按三个自由度计算。工程实践说明,这样假定后,近似计算的结果一般能满足工程的需要。

9.2.1 自由振动计算

图 9 - 8 所示为联合基础示意图。计算自由振动时取扰力为零。

设计工程师总是可以把框架顶板的质心(质点)、框架柱子竖向抗压刚度 K_2 的中心、大块式基础质心 c 以及地基抗压刚度 K_1 的中心这四者布置在一个竖向平面内。如果不在一个平面内,将要考虑偏心作用,但这种情况不是这一节讨论的范围。不过当偏心较小时也可以忽略偏心的作用。但是这四者不可能布置在一条竖直线上,也就是说,无论是扰力还是质量在 y 轴向上都具有偏心作用。框架顶板 m_2 只发生竖向振动线位移,而大块式基础不但

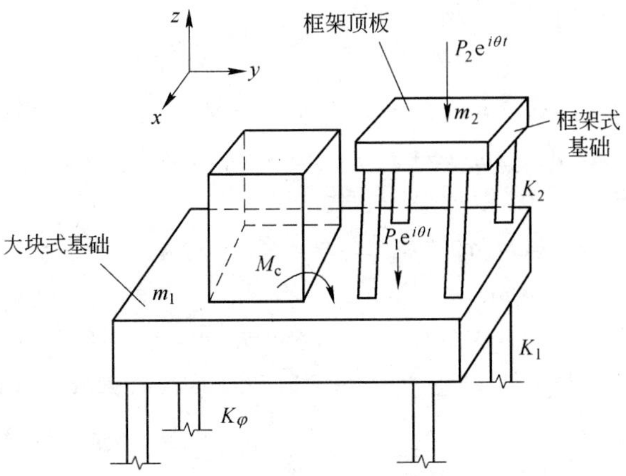

图9-8 大块-框架联合式动力基础竖向振动计算示意图

$P_2e^{i\theta t}$—作用在通过框架顶板质心上的竖向扰力，P_2 为扰力幅值；

$P_1e^{i\theta t}$—作用在大块式基础上的竖向扰力，P_1 为扰力幅值；

M_c—作用在大块式基础的扰力对通过大块式基础质心 c 垂直振动面 x 轴的力矩，顺时针为正；

K_2、K_1 见8.4节说明。m_2、m_1、K_φ（同 K_{φ_1}）见9.1节说明

发生竖向振动线位移还发生振动回转位移，同时忽略水平位移的作用，所以这种基础的整体竖向振动可以按三个自由度进行分析，计算简图如图9-9所示。

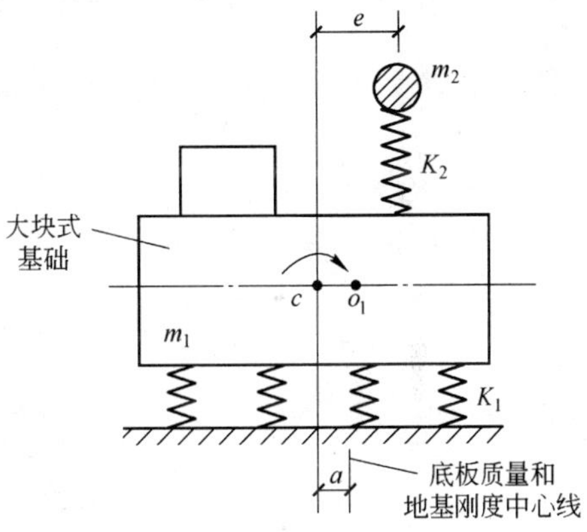

图9-9 整体竖向振动计算简图

取框架顶板和大块式基础为脱离体，在其上面作用的力分别见图9-10和图9-11所示。

在图9-9～图9-11中，Z_1 和 Z_2 分别为质心 m_1 和 m_2 的竖向线位移，向下为正，反之为负；J_c 为大块式基础对通过质心 x 轴的回转质量惯性矩；φ_c 为大块式基础绕质心 c 的转角，顺时针方向为正，反之为负；e 为质心 m_2 至质心 c 的水平距离；a 为基组总重心 o_1 至 c 的水平距离。

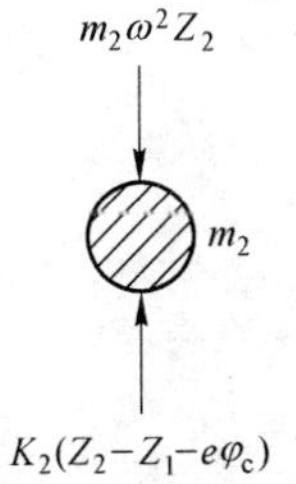

图9-10 框架顶板脱离体受力图

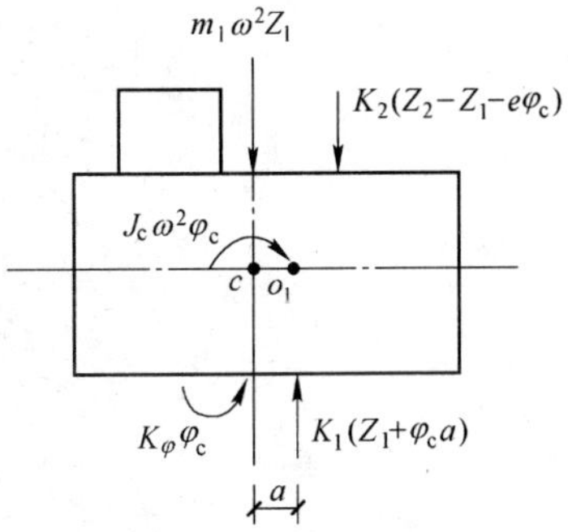

图9-11 大块基础脱离体受力图

动力平衡方程式(幅值方程)为

$$m_2\omega^2 Z_2 - K_2(Z_2 - Z_1 - e\varphi_c) = 0 \tag{9-28}$$

$$m_1\omega^2 Z_1 + K_2(Z_2 - Z_1 - e\varphi_c) - K_1(Z_1 + \varphi_c a) = 0 \tag{9-29}$$

$$K_2(Z_2 - Z_1 - e\varphi_c)e + J_c\omega^2\varphi_c - K_\varphi\varphi_c - K_1(Z_1 + \varphi_c a)a = 0 \tag{9-30}$$

对式(9－28)～式(9－30)稍加整理后为

$$(m_2\omega^2 - K_2)Z_2 + K_2 Z_1 + K_2 e\varphi_c = 0 \tag{9-31}$$

$$K_2 Z_2 + (m_1\omega^2 - K_1 - K_2)Z_1 - (K_2 e + K_1 a)\varphi_c = 0 \tag{9-32}$$

$$K_2 e Z_2 - (K_2 e + K_1 a)Z_1 + (J_c\omega^2 - K_2 e^2 - K_\varphi - K_1 a^2)\varphi_c = 0 \tag{9-33}$$

式(9－31)～式(9－33)为齐次线性方程组,令其系数行列式等于零,即

$$\begin{vmatrix} (m_2\omega^2 - K_2) & K_2 & K_2 e \\ K_2 & (m_1\omega^2 - K_1 - K_2) & -(K_2 e + K_1 a) \\ K_2 e & -(K_2 e + K_1 a) & (J_c\omega^2 - K_2 e^2 - K_\varphi - K_1 a^2) \end{vmatrix} = 0 \tag{9-34}$$

展开式(9－34)得一元六次频率方程,从而可以求出自振频率 ω_1、ω_2 和 ω_3,将 ω_1、ω_2 和 ω_3 分别代入式(9－31)～式(9－33)就可以求出振型 Z_{2i}、Z_{1i} 和 φ_{ci} 值,振型角标 i 为振型序号,$i = 1,2,3$。

9.2.2　竖向振动线位移和大块式基础回转角位移计算

计算振动线位移和回转角位移仍然采用振型分解法。顶板质心竖向线位移为

$$A_{Z_2}(t) = \sum_{i=1}^{3} Z_{2i} q_i(t) \tag{9-35}$$

大块式基础质心线位移为

$$A_{Z_1}(t) = \sum_{i=1}^{3} Z_{1i} q_i(t) \tag{9-36}$$

绕质心回转角位移为

$$A_{\varphi_c}(t) = \sum_{i=1}^{3} \varphi_{ci} q_i(t) \tag{9-37}$$

式中　$q_i(t)$——第 i 振型的广义坐标(主坐标)。

$$q_i(t) = \frac{\overline{P}_i}{\overline{M}_i\omega^2}\mu_i\sin(\theta t - \varepsilon_i) \tag{9-38}$$

$$\overline{P}_i = \sum_{s=1}^{2} P_s Z_{si} + M_c\varphi_{ci} = P_1 Z_{1i} + P_2 Z_{2i} + M_c\varphi_{ci} \tag{9-39}$$

$$\overline{M}_i = \sum_{s=1}^{2} m_s Z_{si}^2 + J_c\varphi_{ci}^2 = m_1 Z_{1i}^2 + m_2 Z_{2i}^2 + J_c\varphi_{ci}^2 \tag{9-40}$$

$$\mu_i = \frac{1}{\sqrt{\left(1 - \frac{\theta^2}{\omega_i^2}\right)^2 + \beta^2}}$$

$$\tan\varepsilon_i = \frac{\beta}{1 - \frac{\theta^2}{\omega_i^2}}$$

式中，β 为非弹性阻尼系数，可取 0.125。

9.2.3 工程实例

某工业气体有限公司压缩厂房 3TYC53 型氮气透平压缩机机组，压缩机由电动机驱动。电动机安装在单独的柱子上，该柱的断面尺寸较大（1920mm×2580mm），实际上它是大块式基础的一部分，而压缩机置放在框架上，框架又固定在大块式基础上，这样就构成了大块－框架式动力基础。

A 设计条件

（1）压缩机机组的基础平面、立面、剖面，静、动（包括扰力）荷载大小以及分布（主要依据压缩机生产厂家提供的基础图）等见图 9－12 和表 9－2；

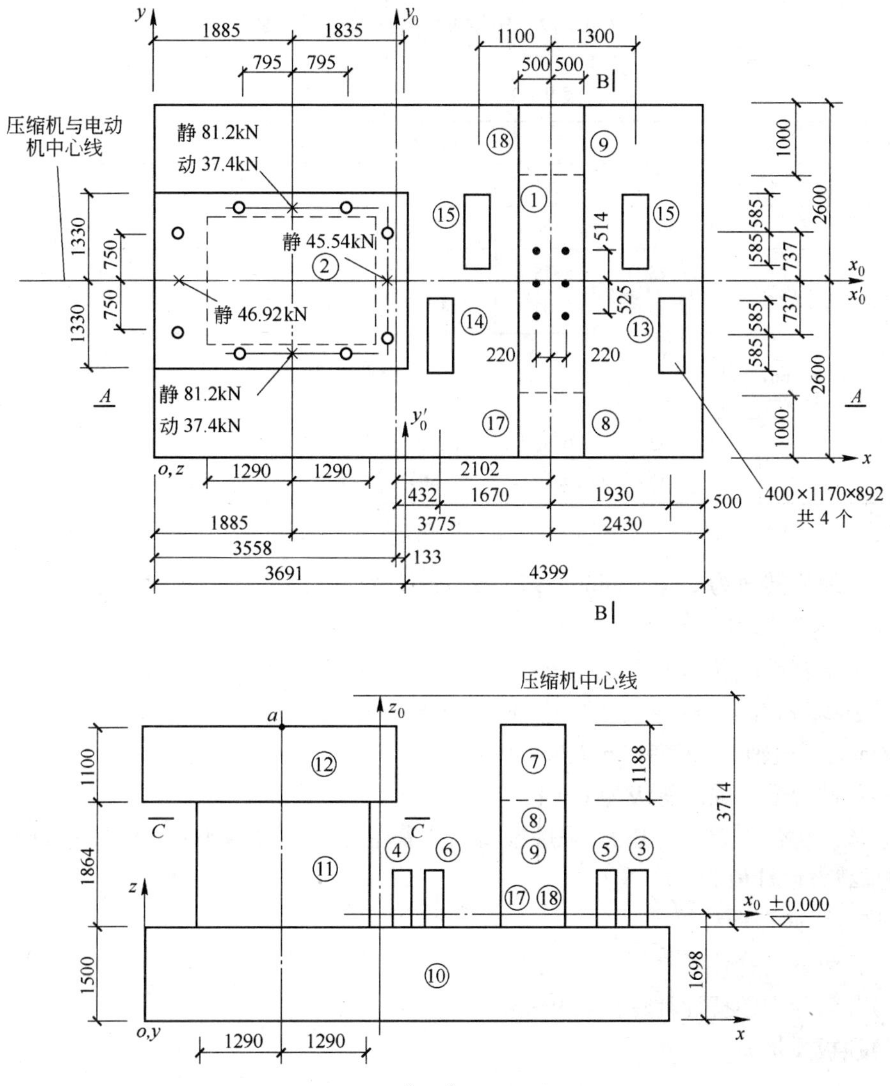

(a)

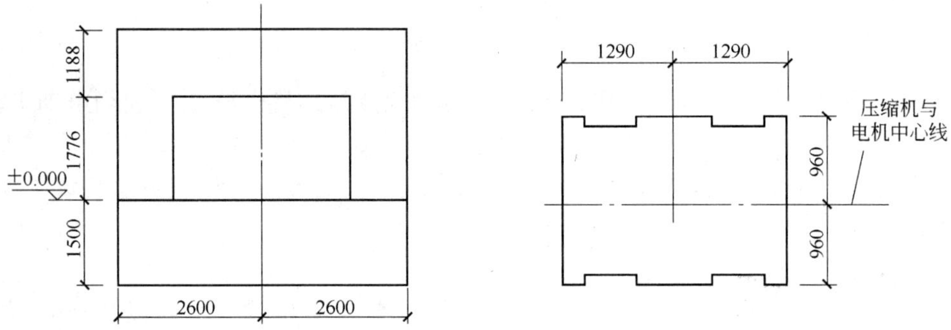

B—B　　C—C

(b)

图 9 - 12　压缩机机组基础及受力图

表 9 - 2　静和动荷载分布表　　单位:kN

项　目			压缩机						电动机
部　位			a_1	a_2	a_3	a_4	a_5	a_6	
静荷载			30	30	30	30	30	30	254.86
动荷载	转速 /r · min^{-1}	19237	6.15 (2.05)	6.15 (2.05)	0 0	0 0	0 0	0 0	
		16672	0 0	0 0	2.455 (0.82)	2.455 (0.82)	7.6 (2.5)	7.6 (2.5)	
		2991	0.35 (0.15)	0.35 (0.15)	8.545 (2.88)	8.545 (2.88)	0 0	0 0	

注:括号内数值为轴向动荷载。电动机动荷载由作者计算,其他静、动荷载由压缩机生产厂家提供。

(2)压缩机转速为 2991r/min ~ 19237r/min,总静重为 180kN。电动机静重 162kN,转子重 52kN,转速为 2991r/min;

(3)要求基础振动速度不超过 5mm/s,允许振动线位移不超过 2.7μm;

(4)压缩机临界转速:大齿轮轴为 3800r/min;低速轴为 8917r/min、10236r/min、72836r/min;高速轴为 15275r/min、66729r/min;

(5)基础混凝土强度等级为 C30;

(6)该厂房位于软土地基上,采用振动沉管灌注桩,桩径为 400mm,桩长为 19000mm,单桩竖向承载力设计值为 500kN。

试进行竖向振动计算。

B　振动参数的计算

(1)几何与力学特性计算见表 9 - 3。

(2)顶板质量 m_2:

$$m_2 = 18.35 + 15.74 + 0.91 \times 2 = 35.91\text{t}$$

(3)大块式基础质量 m_1:

桩和桩间土的当量质量 $m_0 = (8.09 \times 5.2 \times 2.4 \times 18)/9.81 = 185.25\text{t}$,从表 9 - 3 算得

表 9－3 几何与力学特性计算

单元部位	单元编号	单元尺寸			单元质量	单元重心坐标			单元质量对坐标轴的静矩			单元质量对通过单元重心的 x 轴的惯性矩	单元重心对总重心的坐标		由于平行移轴到总重心应附加的惯性矩
		a_x	a_y	a_z	$m_i=w_i/g$	x_i	y_i	z_i	m_ix_i	m_iy_i	m_iz_i	$m_i(a_y^2+a_z^2)/12$	y_0	z_0	$m_i(y_0^2+z_0^2)$
		m			t	m			t·m			t·m^2	m		t·m^2
机器	1				18.35										
	2				25.98	1.885	2.60	5.214	48.97	67.55	135.46		0	3.516	321.17
	3				4.18	7.59	1.863	2.65	31.73	7.79	11.08		0.737	0.952	6.06
	4				4.18	3.99	1.863	2.65	16.68	7.79	11.08		0.737	0.952	6.06
	5				4.33	6.96	3.337	2.65	30.14	14.45	11.47		0.737	0.952	6.28
	6				4.33	4.56	3.337	2.65	19.74	14.45	11.47		0.737	0.952	6.28
顶板	7	1.0	5.2	1.188	15.74	5.660			89.09						
	8	1.0	1.0	0.888	0.91	5.660			5.15						
	9	1.0	1.0	0.888	0.91	5.660			5.15						
底板	10	8.090	5.20	1.500	160.81	4.045	2.60	0.75	650.48	418.11	120.61	392.51	0	0.487	38.14
	11	2.58	1.92	1.864	23.53	1.885	2.60	2.432	44.35	61.18	21.93	14.04	0	0.734	12.68
	12	3.72	2.66	1.10	27.74	1.885	2.60	3.914	52.29	72.12	108.57	19.15	0	2.216	136.22
	13	0.40	1.170	0.892	1.06	7.59	1.863	1.946	8.05	1.97	2.06	0.19	0.737	0.248	0.64
	14	0.40	1.170	0.892	1.06	3.99	1.863	1.946	4.23	1.97	2.06	0.19	0.737	0.248	0.64
	15	0.40	1.170	0.892	1.06	6.96	3.337	1.946	7.38	3.54	2.06	0.19	0.737	0.248	0.64
	16	0.40	1.170	0.892	1.06	4.56	3.337	1.946	4.83	3.54	2.06	0.19	0.737	0.248	0.64
	17	1.00	1.00	0.888	0.91	5.66	0.50	1.944	5.15	0.46	1.77	0.14	2.10	0.248	4.07
	18	1.00	1.00	0.888	0.91	5.66	4.70	1.944	5.15	4.28	1.77	0.14	2.10	0.248	4.07
												426.74			543.59

$m=261.14\text{t}$，则

$$m_1=185.25+261.14=446.39\text{t}$$

(4) 计算 J_c：

$\sum m_i x_i=929.17\text{t}\cdot\text{m}$，$\sum m_i y_i=679.2\text{t}\cdot\text{m}$，$\sum m_i z_i=443.45\text{t}\cdot\text{m}$，大块式基础的重心由以下参数确定，其中

$$x_0=\frac{929.17}{261.14}=3.558\text{m},y_0=\frac{679.2}{261.14}=2.601\text{m}\approx2.60\text{m}$$

$$z_0=\frac{443.45}{261.14}=1.698\text{m};h_3=1.698\text{m},h_4=-0.198\text{m},e=2.102\text{m}$$

基组总重心 x_0' 为

$$x_0'=\frac{929.17+89.09+5.15\times2}{261.14+15.74+0.91\times2}=3.691\text{m}$$

把 x_0、x_0'、y_0、z_0 标入图 9－12 中。在这里需要说明的是，计算基组的总重心时不考虑桩和桩间土参加振动的当量质量 m_0 的作用。

$$J_c=(426.74+543.59)\left(1+\frac{0.4\times185.25}{261.14}\right)$$

$$=1245.67\text{t}\cdot\text{m}^2$$

(5) 布桩：按照对 x_0' 和 y_0' 轴对称的原则进行布桩，初步布桩位见图 9－13。

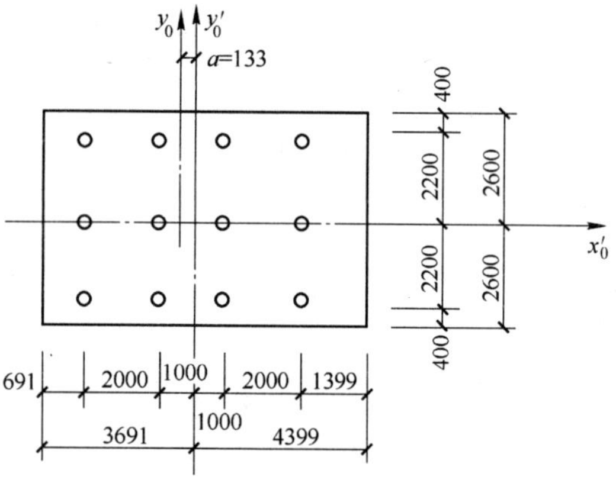

图 9－13　初步布桩图

(6) 计算 K_1、K_φ、K_2：根据该工程的地质勘察报告，按照文献[23]有

$$c_{P\tau}A_{P\tau}=(8500\times2+8000\times3.6+10000\times0.6+8000\times8.6+12500\times0.9+8500\times0.9+12500\times0.8+15000\times0.8)\times0.4\pi=0.20294\times10^6\text{kN/m}$$

$$c_{Pz}A_P=800000\times0.2^2\pi=0.10053\times10^6\text{kN/m}$$

$$k_{Pz}=(0.20294+0.10053)\times10^6=0.30347\times10^6\text{kN/m}$$

$$K_1=12\times0.30347\times10^6=0.3642\times10^7\text{kN/m}$$

$$K_\varphi=0.30347\times10^6(1.0^2\times3+3.0^2\times3)\times2=0.18208\times10^8\text{kN}\cdot\text{m}$$

$$K_2=\frac{2\times0.3\times10^8\times1.0\times1.0}{1.776}=0.33784\times10^8\text{kN/m}$$

C　自由振动计算

把以上参数代入式(9－34)展开后得频率方程

$$\omega^6-0.11591\times10^7\omega^4+0.23631\times10^{11}\omega^2-0.112197\times10^{15}=0$$

由此得 $\omega_1^2=7460(\text{rad/s})^2$、$\omega_2^2=13215(\text{rad/s})^2$、$\omega_3^2=1138416(\text{rad/s})^2$。从自振频率的计算结果可以看出，电机和压缩机各频率的扰力都在共振区外工作，计算振动位移时可不考虑阻尼的影响。但 $\omega_3=1067\text{rad/s}$ 和压缩机低速轴的一个临界转速比较接近，ω_3 是高频，估计影响不大。以下计算仅考虑第一和第二振型的作用。

将振动参数和 ω_1^2 之值代入式(9－31)～式(9－33)后得

$$\begin{cases} Z_{21}-1.008Z_{11}-2.1188\varphi_{c1}=0 \\ Z_{21}-1.009Z_{11}-2.102\varphi_{c1}=0 \\ Z_{21}-Z_{11}-2.2275\varphi_{c1}=0 \end{cases}$$

由此齐次线性方程组得振型值如下：

$$Z_{21}=1.0, Z_{11}=0.862, \varphi_{c1}=0.062$$

同样将 ω_2^2 之值代入式(9-31)~式(9-33)得振型值如下：

$$Z_{22}=1.0, Z_{12}=-0.21, \varphi_{c2}=0.569$$

D 振动位移计算

采用振型分解法。经计算电机扰力幅值 $P=25.6\text{kN}$。

a 第一振型

(1)仅电动机作用时：

$\theta_1^2=(0.105\times2991)^2=98631(\text{rad/s})^2$，$P_1=25.6\text{kN}$，$M_{c1}=-25.6\times1.673=-42.83\text{kN}\cdot\text{m}$

由式(9-39)得

$$\overline{P}_1=P_1Z_{11}+M_c\varphi_{c1}=25.6\times0.862-42.83\times0.062=19.4$$

由式(9-40)得

$$\overline{M}_1=m_1Z_{11}^2+m_2Z_{21}^2+J_c\varphi_{c1}^2=35.91\times1.0^2+446.39\times0.862^2+1245.67\times0.062^2=372.39$$

由式(9-26)得

$$\mu_1=\frac{1}{\sqrt{\left(1-\frac{\theta^2}{\omega_1^2}\right)^2+\beta^2}}=\frac{1}{1-\frac{98631}{7460}}=0.082$$

由式(9-38)得

$$q_1=\frac{\overline{P}_1}{\overline{M}_1\omega^2}\mu_1=\frac{19.4}{372.39\times7460}\times0.082=0.574\times10^{-6}$$

由式(9-35)得

$$A_{Z_{21}}=1.0\times0.574\times10^{-6}=0.574\times10^{-6}\text{m}$$

由式(9-36)得

$$A_{Z_{11}}=0.862\times0.574\times10^{-6}=0.495\times10^{-6}\text{m}$$

由式(9-37)得

$$A_{\varphi_{c1}}=0.062\times0.574\times10^{-6}=0.356\times10^{-7}\text{rad}$$

(2)压缩机(转速2991r/min)作用时：

$$P_2=17.79\text{kN}, \theta_1^2=98631(\text{rad/s})^2$$

$$\overline{P}_1=17.79\times1.0=17.79$$

$$\overline{M}_1=372.39$$

$$\mu_1=0.082$$

$$q_1=\frac{17.79}{372.39\times7460}\times0.082=0.525\times10^{-6}$$

$$A_{Z_{21}}=1.0\times0.525\times10^{-6}=0.525\times10^{-6}\text{m}$$

$$A_{Z_{11}}=0.862\times 0.525\times 10^{-6}=0.453\times 10^{-6}\text{m}$$

$$A_{\varphi_{c1}}=0.062\times 0.525\times 10^{-6}=0.326\times 10^{-7}\text{rad}$$

(3)压缩机(转速16672r/min)作用时:

$$P_3=20.11\text{kN},\theta_2^2=(0.105\times 16672)^2=3064460(\text{rad/s})^2$$

$$\overline{P}_1=20.11\times 1.0=20.11$$

$$\overline{M}_1=372.39$$

$$\mu_1=\frac{1}{1-\dfrac{3064460}{7460}}=0.0024$$

$$q_1=\frac{20.11}{372.39\times 7460}\times 0.0024=0.174\times 10^{-7}$$

$$A_{Z_{21}}=1.0\times 0.174\times 10^{-7}=0.174\times 10^{-7}\text{m}$$

$$A_{Z_{11}}=0.862\times 0.174\times 10^{-7}=0.15\times 10^{-7}\text{m}$$

$$A_{\varphi_{c1}}=0.062\times 0.174\times 10^{-7}=0.11\times 10^{-8}\text{rad}$$

(4)压缩机(转速19237r/min)作用时:

$$P_4=12.3\text{kN},\theta_3^2=(0.105\times 19237)^2=4079935(\text{rad/s})^2$$

$$\overline{P}_1=12.3\times 1.0=12.3$$

$$\overline{M}_1=372.39$$

$$\mu_1=\frac{1}{1-\dfrac{4079935}{7460}}=0.0018$$

$$q_1=\frac{12.3}{372.39\times 7460}\times 0.0018=0.8\times 10^{-8}$$

$$A_{Z_{11}}=0.862\times 0.8\times 10^{-8}=0.69\times 10^{-8}\text{m}$$

$$A_{Z_{21}}=1.0\times 0.8\times 10^{-8}=0.8\times 10^{-8}\text{m}$$

$$A_{\varphi_{c1}}=0.062\times 0.8\times 10^{-8}=0.5\times 10^{-9}\text{rad}$$

b　第二振型

参照第一振型的计算步骤。

(1)仅电动机作用时:

$$\overline{P}_2=25.6\times(-0.21)-42.83\times 0.569=-29.75$$

$$\overline{M}_2=35.91\times 1.0^2+446.39\times(-0.21)^2+1245.67\times 0.569^2=458.9$$

$$\mu_2=\frac{1}{1-\dfrac{98631}{13215}}=0.155$$

$$q_2=\frac{-29.75}{458.9\times 13215}\times 0.155=-0.761\times 10^{-6}$$

$$A_{Z_{22}}=1.0\times(-0.761\times 10^{-6})=-0.761\times 10^{-6}\text{m}$$

$$A_{Z_{12}}=(-0.21)\times(-0.761\times 10^{-6})=0.16\times 10^{-6}\text{m}$$

$$A_{\varphi_{c2}}=0.569\times(-0.761\times 10^{-6})=-0.433\times 10^{-6}\text{rad}$$

(2)压缩机(转速 2991r/min)作用时:

$$\overline{P}_2 = 17.79 \times 1.0 = 17.79$$

$$\overline{M}_2 = 458.9$$

$$\mu_2 = 0.155$$

$$q_2 = \frac{17.79}{458.9 \times 13215} \times 0.155 = 0.45 \times 10^{-6}$$

$$A_{Z_{22}} = 1.0 \times 0.45 \times 10^{-6} = 0.45 \times 10^{-6}\text{m}$$

$$A_{Z_{12}} = (-0.21) \times 0.45 \times 10^{-6} = -0.95 \times 10^{-7}\text{m}$$

$$A_{\varphi_{c2}} = 0.569 \times 0.45 \times 10^{-6} = 0.256 \times 10^{-6}\text{rad}$$

(3)压缩机(转速 16672r/min)作用时:

$$\overline{P}_2 = 20.11 \times 1.0 = 20.11$$

$$\overline{M}_2 = 458.9$$

$$\mu_2 = \frac{1}{1 - \frac{3064460}{13215}} = 0.0043$$

$$q_2 = \frac{20.11}{458.9 \times 13215} \times 0.003 = 0.14 \times 10^{-7}$$

$$A_{Z_{22}} = 1.0 \times 0.14 \times 10^{-7} = 0.14 \times 10^{-7}\text{m}$$

$$A_{Z_{12}} = (-0.21) \times 0.14 \times 10^{-7} = -0.29 \times 10^{-8}\text{m}$$

$$A_{\varphi_{c2}} = 0.569 \times 0.14 \times 10^{-7} = 0.8 \times 10^{-8}\text{rad}$$

(4)压缩机(转速 19237r/min)作用时:

$$\overline{P}_2 = 12.3$$

$$\overline{M}_2 = 458.9$$

$$\mu_2 = \frac{1}{1 - \frac{4079935}{13215}} = 0.0032$$

$$q_2 = \frac{12.3}{458.9 \times 13215} \times 0.0032 = 0.64 \times 10^{-8}$$

$$A_{Z_{22}} = 1.0 \times 0.64 \times 10^{-8} = 0.64 \times 10^{-8}\text{m}$$

$$A_{Z_{12}} = (-0.21) \times 0.64 \times 10^{-8} = 0.134 \times 10^{-8}\text{m}$$

$$A_{\varphi_{c2}} = 0.569 \times 0.64 \times 10^{-8} = 0.36 \times 10^{-8}\text{rad}$$

框架顶板质心的竖向振动线位移为

$$A_{Z_2} = [(0.574 \times 10^{-6} - 0.761 \times 10^{-6})^2 + (0.525 \times 10^{-6} + 0.45 \times 10^{-6})^2 + (0.174 \times 10^{-7} + 0.14 \times 10^{-7})^2 + (0.8 \times 10^{-8} + 0.64 \times 10^{-8})^2]^{\frac{1}{2}}$$

$$= [(-0.187 \times 10^{-6})^2 + (0.975 \times 10^{-6})^2 + (0.0314 \times 10^{-6})^2 + (0.0144 \times 10^{-6})^2]^{\frac{1}{2}}$$

$$= 0.1 \times 10^{-5}\text{m} = 1.0\mu\text{m} < 2.7\mu\text{m}$$

振动速度为

$$v_{Z_2} = [(-0.187 \times 10^{-6} \times 314.055)^2 + (0.975 \times 10^{-6} \times 314.055)^2 +$$

$$+(0.0314\times10^{-6}\times1750.56)^2+(0.0144\times10^{-6}\times2019.89)^2]^{\frac{1}{2}}$$
$$=0.32\text{mm/s}\ll5\text{mm/s}$$

大块式基础质心的竖向振动线位移为

$$A_{Z_1}=[(0.495\times10^{-6}+0.16\times10^{-6})^2+(0.453\times10^{-6}-0.95\times10^{-7})^2+$$
$$(0.15\times10^{-7}-0.29\times10^{-8})^2+(0.69\times10^{-8}-0.134\times10^{-8})^2]^{\frac{1}{2}}=0.75\times10^{-6}\text{m}$$
$$=0.75\times10^{-3}\text{mm}$$

$$A_{\varphi_c}=[(0.356\times10^{-7}-0.433\times10^{-6})^2+(0.326\times10^{-7}+0.256\times10^{-6})^2+$$
$$(0.11\times10^{-8}+0.8\times10^{-8})^2+(0.5\times10^{-9}+0.36\times10^{-8})^2]^{\frac{1}{2}}$$
$$=0.491\times10^{-6}\text{rad}$$

a 点的竖向振动线位移（a 点位置见图 9－12，A—A 剖面）

$$A_{Z_a}=0.75\times10^{-6}+0.491\times10^{-6}\times1.673=0.16\times10^{-2}\text{mm}$$

从以上计算结果可以看出，由于机器的扰力频率远远高于基础的第一和第二频率，使得竖向振动线位移和振动速度都较小。

9.3　多框架联合式动力基础整体竖向振动近似计算

在实际工程中，为了满足生产工艺流程的要求，设备需要布置在几个单独的框架上，而一般设备之间需连接为一个整体，为了防止框架之间振动不协调或者基础沉降产生不允许的位移，各个框架需要牢固地置放在一个公共的底板（刚体）上，这样就构成了多框架联合式动力基础。这种联合基础在石油化工等生产厂房的动力基础中常常遇到。如果底板做在坚硬的地基上，并且地基刚度比框架柱的刚度大得多时，底板上的各个框架就可将底板视为固定端进行单个框架计算。但是，一般天然地基的刚度往往小于框架柱的刚度，甚至有的人工地基（例如有的桩基）的刚度有时也小于框架柱的刚度，因此，在动力计算时，一般需要考虑地基刚度的作用，尤其是在联合基础上作用着高低多种转速的动力设备时更需如此。本节以两个框架联合基础为例介绍多框架联合式动力基础整体竖向振动近似计算方法，对于多于两个框架的联合基础，计算原理也是相同的。

9.3.1　自由振动计算

图 9－14 为两个框架联合式动力基础示意图。

图 9－14 中，$P_1e^{i\theta t}$ 为作用在通过框架 1 顶板质心上的竖向扰力，P_1 为扰力幅值；$P_2e^{i\theta t}$ 为作用在通过框架 2 顶板质心上的竖向扰力，P_2 为扰力幅值；$P_3e^{i\theta t}$ 为作用在底板上的竖向扰力，P_3 为扰力幅值；M_c 为作用在底板上的扰力对通过底板质心 c 垂直回转振动面 x 轴的力矩，顺时针为正；K_1 和 m_1 为框架 1 柱的抗压刚度和顶板质量；K_2 和 m_2 为框架 2 柱的抗压刚度和顶板质量；K_3 和 m_3 为地基抗压刚

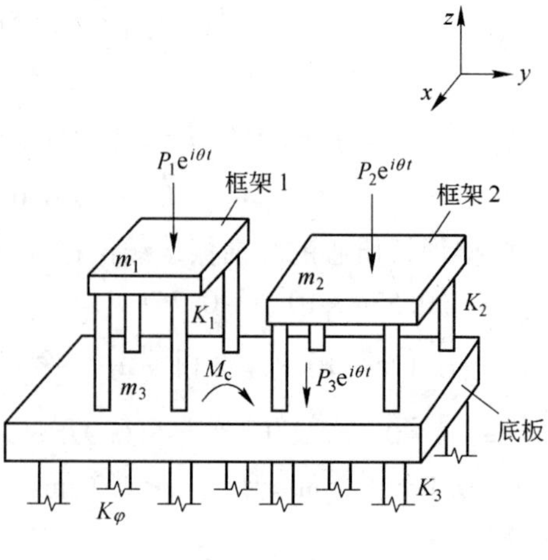

图 9－14　两个框架联合式动力基础示意图

度和底板的质量；K_φ 为地基抗弯刚度。

假定集中质量 m_1 和 m_2 在竖向振动中只有竖向振动线位移，而且 m_1 和 K_1 的中心在一条竖直线上，m_2 和 K_2 也是如此。由于底板一般为厚板，故可视为一个刚体。在竖向振动中，底板在发生竖向振动线位移的同时也会发生回转位移，但不计水平位移的作用，即按四个自由度进行分析，通过工程实践证明，这样近似计算基本上能满足工程的需要。另外，对于两个框架的联合式动力基础，通过调整底板，总可以把质量 m_1、m_2 和 m_3 的中心布置在一个竖向平面内。计算简图如图 9－15 所示。计算自由振动时，取 $P_1\mathrm{e}^{i\theta t}$、$P_2\mathrm{e}^{i\theta t}$ 和 $P_3\mathrm{e}^{i\theta t}$ 为零。

取框架 1 顶板、框架 2 顶板和底板为脱离体，分别如图 9－16、图 9－17 和图 9－18 所示。

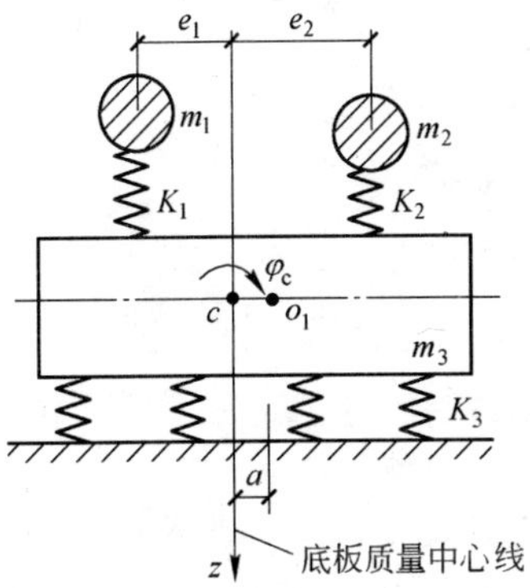

图 9－15　竖向振动计算简图

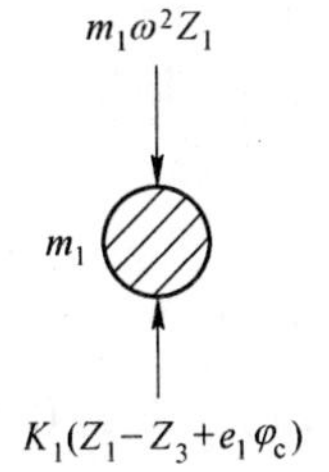

图 9－16　框架 1 顶板脱离体受力图

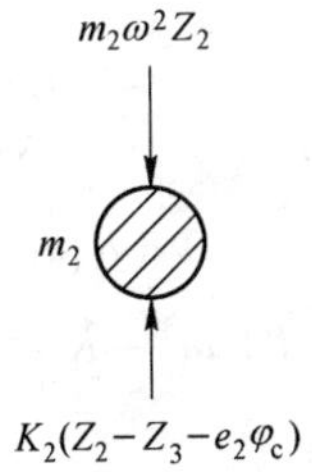

图 9－17　框架 2 顶板脱离体受力图

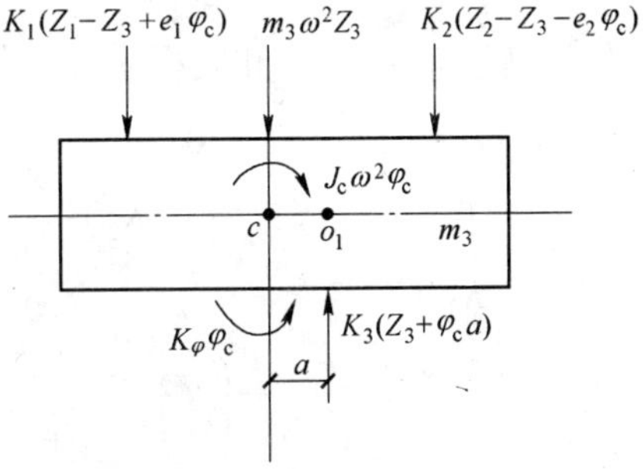

图 9－18　框架 2 底板脱离体受力图

在图 9－16～图 9－18 中，Z_1、Z_2 和 Z_3 分别为 m_1、m_2 和 m_3 质心的竖向线位移，向下为正，反之为负；J_c 为底板对通过质心 x 轴的回转质量惯性矩；φ_c 为底板绕质心 c 的转角，顺时针向为正，反之为负；e_1 和 e_2 分别为 m_1 和 m_2 到底板质心 c 的水平距离；a 为基组总重心 o_1 至 c 点的水平距离。

动力平衡方程式（幅值方程）为

$$\begin{cases} m_1\omega^2 Z_1 - K_1(Z_1 - Z_3 + e_1\varphi_c) = 0 & (9-41) \\ m_2\omega^2 Z_2 - K_2(Z_2 - Z_3 - e_2\varphi_c) = 0 & (9-42) \\ m_3\omega^2 Z_3 + K_1(Z_1 - Z_3 + e_1\varphi_c) + K_2(Z_2 - Z_3 - e_2\varphi_c) - K_3(Z_3 + \varphi_c a) = 0 & (9-43) \\ K_2(Z_2 - Z_3 - e_2\varphi_c)e_2 - K_1(Z_1 - Z_3 + e_1\varphi_c)e_1 + J_c\omega^2\varphi_c - K_\varphi\varphi_c - K_3(Z_3 + \varphi_c a)a = 0 & (9-44) \end{cases}$$

将式(9－41)～式(9－44)整理后为

$$\begin{cases} (m_1\omega^2 - K_1)Z_1 + K_1Z_3 - K_1e_1\varphi_c = 0 & (9-45) \\ (m_2\omega^2 - K_2)Z_2 + K_2Z_3 + K_2e_2\varphi_c = 0 & (9-46) \\ K_1Z_1 + K_2Z_2 + (m_3\omega^2 - K_1 - K_2 - K_3)Z_3 + (K_1e_1 - K_2e_2 - K_3a)\varphi_c = 0 & (9-47) \\ -K_1e_1Z_1 + K_2e_2Z_2 + (K_1e_1 - K_2e_2 - K_3a)Z_3 + (J_c\omega^2 - K_1e_1^2 - K_2e_2^2 - K_\varphi - K_3a^2)\varphi_c = 0 & (9-48) \end{cases}$$

将上几式写成矩阵形式，即

$$\boldsymbol{A}\begin{pmatrix} Z_1 \\ Z_2 \\ Z_3 \\ \varphi_c \end{pmatrix} = \boldsymbol{0}$$

缩写为

$$\boldsymbol{AZ} = \boldsymbol{0}$$

系数矩阵 $\boldsymbol{A}$ 为

$$\boldsymbol{A} = \begin{bmatrix} (m_1\omega^2 - K_1) & 0 & K_1 & -K_1e_1 \\ 0 & (m_2\omega^2 - K_2) & K_2 & K_2e_2 \\ K_1 & K_2 & (m_3\omega^2 - K_1 - K_2 - K_3) & (K_1e_1 - K_2e_2 - K_3a) \\ K_1e_1 & K_2e_2 & (K_1e_1 - K_2e_2 - K_3a) & (J_c\omega^2 - K_1e_1^2 - K_2e_2^2 - K_\varphi - K_3a^2) \end{bmatrix} \tag{9-49a}$$

如果基组总重心 o_1 和底板质心 c 在一条竖直线上，即 $a=0$ 时，矩阵 $\boldsymbol{A}$ 变为

$$\boldsymbol{A} = \begin{bmatrix} (m_1\omega^2 - K_1) & 0 & K_1 & -K_1e_1 \\ 0 & (m_2\omega^2 - K_2) & K_2 & K_2e_2 \\ K_1 & K_2 & (m_3\omega^2 - K_1 - K_2 - K_3) & (K_1e_1 - K_2e^2) \\ -K_1e_1 & K_2e_2 & (K_1e_1 - K_2e_2) & (J_c\omega^2 - K_1e_1^2 - K_2e_2^2 - K_\varphi) \end{bmatrix} \tag{9-49b}$$

令式(9－45)～式(9－48)的系数行列式等于零，经计算求得自振频率 $\omega_1 \sim \omega_4$。将 $\omega_1 \sim \omega_4$ 代入矩阵 $\boldsymbol{A}$，经矩阵的初等变换就可以求出振型 Z_{1i}、Z_{2i}、Z_{3i} 和 φ_{ci}。振型角标 i 为振型序号，$i=1,2,3,4$。

9.3.2　竖向振动线位移和底板回转角位移计算

竖向振动线位移和底板回转角位移计算仍然采用振型分解法。由于计算过程和一些符号的意义与前面所介绍的基本相同，所以在此仅把计算公式列出如下。

框架 1、框架 2 顶板质心和底板质心的竖向振动线位移分别表示为

$$A_{Z_1}(t)=\sum_{i=1}^{4}Z_{1i}q_i(t) \tag{9-50}$$

$$A_{Z_2}(t)=\sum_{i=1}^{4}Z_{2i}q_i(t) \tag{9-51}$$

$$A_{Z_3}(t)=\sum_{i=1}^{4}Z_{3i}q_i(t) \tag{9-52}$$

底板绕质心 c 的回转角位移为

$$A_{\varphi_c}(t)=\sum_{i=1}^{4}\varphi_{ci}q_i(t) \tag{9-53}$$

式中

$$q_i=\frac{\overline{P}_i}{\overline{M}_i\omega_i^2}\mu_i\sin(\theta t-\varepsilon_i)$$

$$\overline{P}_i=\sum_{s=1}^{3}P_sZ_{si}+M_c\varphi_{ci}=P_1Z_{1i}+P_2Z_{2i}+P_3Z_{3i}+M_c\varphi_{ci} \tag{9-54}$$

$$\overline{M}_i=\sum_{s=1}^{3}m_sZ_{si}^2+J_c\varphi_{ci}^2=m_1Z_{1i}^2+m_2Z_{2i}^2+m_3Z_{3i}^2+J_c\varphi_{ci}^2 \tag{9-55}$$

$$\mu_i=\frac{1}{\sqrt{\left(1-\frac{\theta^2}{\omega_i^2}\right)^2+\beta^2}}$$

$$\tan\varepsilon_i=\frac{\beta}{1-\frac{\theta^2}{\omega_i^2}}$$

9.3.3 工程实例

A 设计条件

某工程空气压缩机框架联合式动力基础，在公共底板上设有框架 1 和框架 2。图 9－19 为基础简图。框架 1 为 8 根钢柱支承空气压缩机，框架 2 为 4 根钢柱支承透平机。集中到框架顶板处的重量、作用在框架顶板上的扰力值及扰力频率等均由外商提供，见表 9－4。

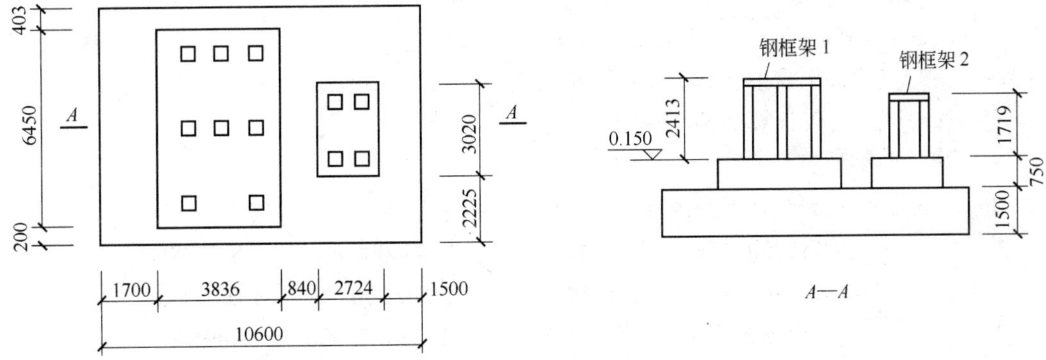

图 9－19 两个框架联合式动力基础工程实例简图

表 9-4　基本数据

框架号	作用在框架上的重量/kN	作用在框架上的竖向扰力幅值 P/kN	转速/$r \cdot min^{-1}$
框架 1	990	$P^1=3.76$	8865
		$P^2=8.57$	1725
		$P^3=7.11$	8524
		$P^4=0.4$	11980
框架 2	160	$P^5=5.18$	8865

表中 $P^1,\cdots,P^4$ 表示作用在框架 1 顶板上的第 1 ~ 4 个扰力幅值；P^5 表示作用在框架 2 顶板上的扰力幅值。根据外商有关文体的规定，机器扰力频率与所设计的基础自振频率之比必须大于 1.25 或小于 0.75，即所谓避开共振。该工程的地基土为粉土，地基承载力标准值为 160kPa，基础采用天然地基。

B　自由振动计算

框架 1 和框架 2 顶板的质心以及钢柱的刚度中心近似地与底板质心在一个竖向平面上。计算简图见图 9-15。

经计算 $m_1=100.9\text{t}$，$m_2=16.3\text{t}$，$m_3=360.18\text{t}$，$K_1=0.504\times10^7\text{kN/m}$，$K_2=0.5485\times10^7\text{kN/m}$，$K_3=0.245\times10^7\text{kN/m}$，$e_1=1.682\text{m}$，$e_2=2.483\text{m}$，$a\approx0$，$J_c=3440\text{t}\cdot\text{m}^2$。根据地基条件，从文献[23]查得 $C_z=32800\text{kN/m}^3$，$K_\varphi=2.15\times32800\times\dfrac{7.053}{12}\times10.6^3=0.49365\times10^8\text{kN}\cdot\text{m}$。基础底板混凝土强度等级为 C30。

从 K_1、K_2 和 K_3 的数值可以看出，地基的竖向刚度比框架柱的竖向刚度都小得多，因而需要考虑地基刚度的作用。

将以上参数代入式(9-45) ~ 式(9-48)，经计算得到的齐次方程组为

$$
\begin{cases}
(100.9\omega^2-0.504\times10^7)Z_1+0.504\times10^7Z_3-0.8477\times10^7\varphi_c=0\\
(16.3\omega^2-0.5485\times10^7)Z_2+0.5485\times10^7Z_3+0.1337\times10^8\varphi_c=0\\
0.504\times10^7Z_1+0.5485\times10^7Z_2+(360.18\omega^2-0.12975\times10^8)Z_3-0.4895\times10^7\varphi_c=0\\
-0.8477\times10^7Z_1+0.1337\times10^8Z_2-0.4895\times10^7Z_3+(3440\omega^2-0.9623\times10^8)\varphi_c=0
\end{cases}
$$

取其系数行列式等于零，求得自振频率 $\omega_1=70.5\text{rad/s}$，$\omega_2=113.7\text{rad/s}$，$\omega_3=265.4\text{rad/s}$，$\omega_4=601.8\text{rad/s}$。从求出的 4 个自振频率值可以看出，所有的扰力频率与自振频率之比都大于 1.25 或小于 0.75，满足要求。

下面计算振型，仅计算前两个振型。

(1)第一振型计算：

把 $\omega_1^2=70.5^2(\text{rad/s})^2$ 代入系数矩阵 $\boldsymbol{A}$ 即式(9-49b)有

$$
\boldsymbol{A}=\begin{bmatrix}
-453850.178 & 0 & 504000 & -847700\\
0 & -540398.493 & 548500 & 1337000\\
504000 & 548500 & -1118481.536 & -489500\\
-847700 & 1337000 & -489500 & -7913234
\end{bmatrix}
$$

经初等变换成为下列形式

$$A=\begin{bmatrix}1 & 0 & 0 & 47.0852\\ 0 & 1 & 0 & 38.8357\\ 0 & 0 & 1 & 40.6997\\ 0 & 0 & 0 & 1\end{bmatrix}$$

由此得 $Z_{11}=-47.0852\varphi_{c1}$，令 $Z_{11}=1.0$，则 $\varphi_{c1}=-0.0212$；$Z_{21}=38.8357\times0.0212=0.823$；$Z_{31}=40.6997\times0.0212=0.863$。

(2)第二振型计算：

把 $\omega_2^2=113.7^2(\text{rad/s})^2$ 代入系数矩阵 A 即式(9－49)有

$$A=\begin{bmatrix}-373559.615 & 0 & 504000 & -847700\\ 0 & -527427.866 & 548500 & 1337000\\ 504000 & 548500 & -831870.487 & -489500\\ -847700 & 1337000 & -489500 & -5175874.879\end{bmatrix}$$

经初等变换成为下列形式：

$$A=\begin{bmatrix}1 & 0 & 0 & 1.4907\\ 0 & 1 & 0 & -3.1374\\ 0 & 0 & 1 & -0.577\\ 0 & 0 & 0 & 1\end{bmatrix}$$

由此得 $Z_{12}=-1.4907\varphi_{c2}$，令 $Z_{12}=1$，则 $\varphi_{c2}=-0.671$；$Z_{22}=-3.1374\times0.671=-2.1052$；$Z_{32}=-0.577\times0.671=-0.3872$。

C 框架顶板竖向振动线位移和回转角位移计算

框架顶板竖向振动线位移和回转角位移计算仍然采用振型分解法，仅考虑前两个振型。扰力 $P^1\sim P^5$ 对应的圆频率分别表示为 $\theta^1\sim\theta^5$，则

$$\theta^1=0.105\times8865=930.825\text{rad/s}$$

$$\theta^2=0.105\times1725=181.125\text{rad/s}$$

$$\theta^3=0.105\times8524=895.02\text{rad/s}$$

$$\theta^4=0.105\times11980=1257.9\text{rad/s}$$

$$\theta^5=930.825\text{rad/s}$$

由式(9－55)计算 $\overline{M}_i$，即

$$\overline{M}_1=100.9\times1.0^2+16.3\times0.823^2+360.18\times0.863^2+3440\times(-0.0212)^2=381.737$$

$$\overline{M}_2=100.9\times1.0^2+16.3(-2.1052)^2+360.18\times(-0.3872)^2+3440\times(-0.671)^2$$
$$=1775.968$$

由式(9－54)计算 $\overline{P}_i$，即

$$\overline{P}_1^1=\overline{P}_2^1=3.76\times1.0=3.76$$

$$\overline{P}_1^2=\overline{P}_2^2=8.57\times1.0=8.57$$

$$\overline{P}_1^3=\overline{P}_2^3=7.11\times1.0=7.11$$

$$\overline{P}_1^4=\overline{P}_2^4=0.4\times1.0=0.4$$

$$\overline{P}_1^5=5.18\times0.823=4.26$$

$$\overline{P}_2^5=5.18\times(-2.1052)=-10.905$$

由式(9－26)计算 μ_i，忽略阻尼的影响，即

$$\mu_1^1=\frac{1}{\sqrt{\left(1-\frac{930.825^2}{70.5^2}\right)^2}}=0.006$$

类似计算得

$$\mu_1^2=0.179,\ \mu_1^3=0.006,\ \mu_1^4=0.003,\ \mu_1^5=0.006。$$

$$\mu_2^1=\frac{1}{\sqrt{\left(1-\frac{930.825^2}{113.7^2}\right)^2}}=0.015$$

类似计算得

$$\mu_2^2=0.65,\ \mu_2^3=0.016,\ \mu_2^4=0.008,\ \mu_2^5=0.015。$$

由式(9－38)计算 q_i，即

$$q_1^1=\frac{3.76}{381.737\times 70.5^2}\times 0.006=0.12\times 10^{-7}$$

$$q_1^2=\frac{8.57}{381.737\times 70.5^2}\times 0.179=0.808\times 10^{-6}$$

$$q_1^3=\frac{7.11}{381.737\times 70.5^2}\times 0.006=0.22\times 10^{-7}$$

$$q_1^4=\frac{0.4}{381.737\times 70.5^2}\times 0.003=0.60\times 10^{-9}$$

$$q_1^5=\frac{4.26}{381.737\times 70.5^2}\times 0.006=0.13\times 10^{-7}$$

$$q_2^1=\frac{3.76}{1775.968\times 113.7^2}\times 0.015=0.2\times 10^{-8}$$

$$q_2^2=\frac{8.57}{1775.968\times 113.7^2}\times 0.65=0.242\times 10^{-6}$$

$$q_2^3=\frac{7.11}{1775.968\times 113.7^2}\times 0.016=0.4\times 10^{-8}$$

$$q_2^4=\frac{0.4}{1775.968\times 113.7^2}\times 0.008=0.1\times 10^{-9}$$

$$q_2^5=\frac{-10.905}{1775.968\times 113.7^2}\times 0.015=-0.7\times 10^{-8}。$$

由式(9－50)和式(9－51)计算 A_{Z_1} 和 A_{Z_2}，即

$$A_{Z_1}=\{[(0.012+0.002)\times 1.0\times 10^{-6}]^2+[(0.808+0.242)\times 1.0\times 10^{-6}]^2+[(0.022+0.004)\times 1.0\times 10^{-6}]^2+[(0.0006+0.0001)\times 1.0\times 10^{-6}]^2+[(0.013-0.007)\times 1.0\times 10^{-6}]^2\}^{\frac{1}{2}}=1.05\times 10^{-6}\text{m}=1.05\mu\text{m}$$

$$A_{Z_2}=10^{-6}\{[0.012\times 0.823+0.002\times(-2.1052)]^2+[0.808\times 0.823+0.242\times(-2.1052)]^2+[0.022\times 0.823+0.004\times(-2.1052)]^2+[0.0006\times 0.823+0.0001\times(-2.1052)]^2+[0.013\times 0.823-0.007\times(-2.1052)]^2\}^{\frac{1}{2}}$$

$=0.16\times10^{-6}\mathrm{m}=0.16\mu\mathrm{m}$

仅考虑第一振型的作用时,经计算

$$A_{Z_1}=0.808\mu\mathrm{m}$$

$$A_{Z_2}=0.67\mu\mathrm{m}$$

因为不需要计算底板的振动位移,所以未计算 A_{Z_3} 和 A_{φ_c}。

9.4 框架联合式动力基础的构造措施

要完成一个较好的动力基础的设计,除使其动力和承载力的计算满足要求外,还必须采用一些构造措施,以达到减小振动位移,尽量减少基础不均匀沉降和有利于抗震的目的。本节根据实际工程经验并吸收国内外一些有益的资料,经综合考虑后,提出框架联合式(包括框架式)动力基础的构造措施。

9.4.1 构造要求

9.4.1.1 汽轮机组和电机框架式基础

对于工作转速不大于3000r/min 的汽轮机组和电动机框架式基础,顶板和柱子的尺寸及布置一般由机器制造厂提供。设计人员进行动力和承载力计算时,如尺寸不能满足计算和构造上的要求,需要与有关专业协商修改。基础的尺寸和构造要求主要有以下几点:

(1)顶板应有足够的质量和刚度,在水平方向要成为一个刚体。顶板的悬挑板应做成实腹式,其悬挑长度不宜大于1500mm。悬挑板支座处的截面高度不应小于悬挑长度的0.75倍(见图9-20)。必要时须对悬挑板进行自振频率计算,使其避开与机器工作转速发生共振的频率范围。

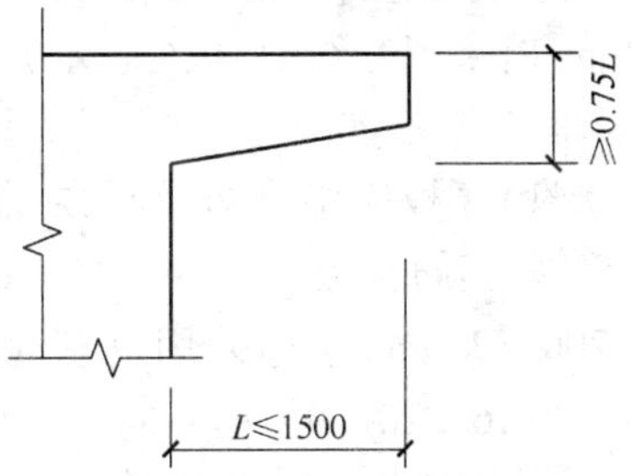

图9-20 悬挑板尺寸图

(2)为使作用在基础上的荷载通过底板均匀地传递到地基上以及柱子可靠地固定在底板上,底板应有足够的刚度。底板的型式可采用井字式、梁板式或平板式。一般较多采用的是平板式,主要是因为平板式施工简单,且刚度大。平板式底板的厚度(包括井字式、梁板式梁的高度)可取底板长度的$\frac{1}{15}\sim\frac{1}{20}$,且不应小于柱子截面的长边尺寸。

(3)在满足柱子强度和稳定性要求的前提下,宜适当减小柱子的竖向刚度,但其长细比不宜大于14。

(4)对中、高压缩性的地基,为了减少振动位移和不均匀沉降,以采用人工地基(例如桩基)为好。

9.4.1.2 离心式透平压缩机框架式基础

工作转速大于3000r/min 的离心式透平压缩机框架式基础尺寸的构造要求和前面介绍的一样。在进行动力和承载力计算时,若机器制造厂提供的顶板和柱子的尺寸及布置不满足要求,需要设计人员和有关专业协商修改。底板、柱子和顶板尺寸的确定原则与小于3000r/min 的汽轮机组和电机框架式基础的确定原则相似。但是,由于超过3000r/min 的离心式透平压缩机属于高转速机器,其对允许振动限值的要求就更高,因此对一些尺寸的构造要求就相对更严格，主要有以下几点：

(1)为了提高底板的刚度，底板宜采用矩形板(不宜采用井字式和梁板式)，其厚度可取底板长度的$\frac{1}{10}\sim\frac{1}{12}$，且不宜小于800mm。底板的顶面常常为±0.000(地面标高)或稍低于±0.000，考虑到地基条件和必要的埋深(例如考虑和厂房柱基同样的埋深等)，一般取底板厚度大于1500mm。考虑到其他设备(如小的容器、泵等)的平面布置，有时需要底板平面有较小突出部分，突出的长度视具体情况而定。对天然地基而言，地基条件较好时，突出部分的长度可大一些，而地基条件较差时，突出部分的长度要小一些，但突出的长度不宜大于底板的厚度。对人工地基(例如桩基)的基础，突出部分的长度可适当比天然地基突出部分的长度大一些。当然，突出部分的长度较大时，最好把突出部分与底板分开。

(2)为了使构造和施工简单，柱子断面最好采用矩形，其最小宽度宜为柱子净高度的$\frac{1}{10}\sim\frac{1}{12}$，且不得小于450mm。柱子与顶板的连接处通常做成直角，如需要时也可以加掖。

(3)顶板厚度与压缩机锚固螺栓的锚固长度和锚固方式等有关，一般由压缩机制造厂提供一个初步的尺寸，但是不宜小于柱间净跨度的$\frac{1}{4}$，且不得小于800mm。

9.4.2　配筋要求

配筋采用的钢筋，当直径小于或等于12mm时采用Ⅰ级钢(以Φ表示)，当直径大于12mm时采用Ⅱ级钢(以Φ表示)。

配筋要求如下：

(1)底板应沿周边及板顶、板底配置钢筋网，钢筋直径宜为14~16mm，间距宜为200~250mm。当采用桩基时，钢筋直径宜为16~20mm。钢筋的连接可采用搭接接头，搭接长度可按文献[25]确定。在底板内沿三个方向要设置直径为12mm、间距为600~800mm的定位钢筋，如图9-21所示。

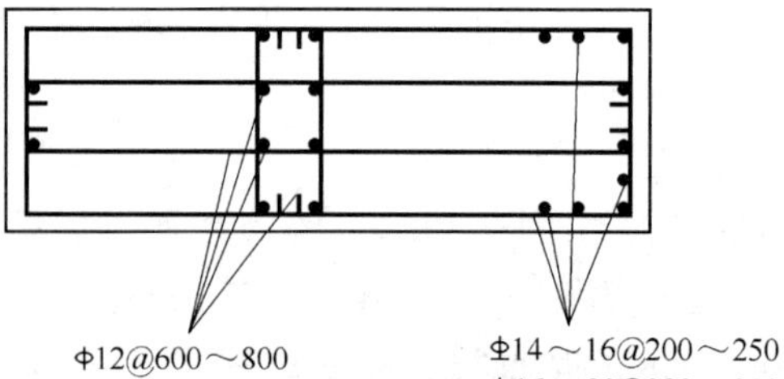

图9-21　底板配筋图

(2)顶板应沿周边及板顶、板底配置钢筋网，钢筋直径宜为14~16mm，间距宜为200~250mm。在柱宽范围内应按纵、横向框架梁计算配筋。

顶板上的留洞和凹槽，当留洞的直径(或边长)大于或等于300mm时，应沿周边配置竖向和水平向加强钢筋，钢筋直径为14~16mm，间距为200~250mm，加强钢筋应从洞口边缘伸过l_a(l_a为受拉钢筋的锚固长度，按文献[19]确定)，见图9-22(a)。如果板顶面需要留较多的凹槽时，上部钢筋网必须置放在凹槽之下。为了加强上部凸出部分，需要增设一些附加钢筋，钢筋直径宜为12~14mm，间距宜为200~250mm，见图9-22(b)。而当板顶面的凹槽较少(凹槽间距较大)时，板顶面的钢筋在凹槽处断开，而在凹槽下面另配置与板面相同的钢筋，见图9-22(c)。当凹槽在框架梁的上部时，梁上部的受力钢筋必须放置在凹槽的下部。

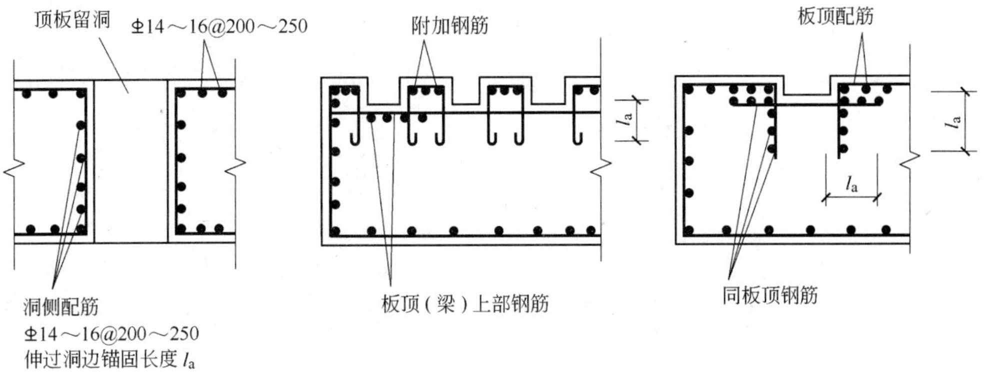

(a) (b) (c)

图 9－22 顶板配筋图

（a）板顶留洞配筋；（b）板顶面凹槽较多时配筋；（c）板顶面凹槽较少时配筋

（3）柱子配筋应按计算确定。纵向钢筋可沿柱截面周边对称配置，钢筋直径不宜小于18mm。在地震区，柱子钢筋可按框架抗震等级三级配置。

伸入底板内的纵向钢筋在满足受拉锚固长度的前提下，当底板厚度小于或等于1200mm 时，柱子纵向钢筋应伸至板底，当底板厚度大于 1200mm 时，柱子纵向钢筋的 50% 可不伸至板底。

9.4.3 调频措施

目前，无论采取哪种动力计算方法都是近似的，不可能完全反映真实的振动状态。因此为了解决机器在运转时有可能发生振动过大的问题，采取一些必要的将来可能调整基础频率的措施是很重要的。目前多采用的方法是在柱子侧面、顶板下面和底板顶面（在柱宽范围内）预埋钢板或其他形式的预埋件，以备用于增大梁、柱断面或补设支撑，从而调整基础的频率，达到减小振动的目的。

为了减小振动线位移和振动速度，使设计的支承结构的频率（尤其是基频）远离扰力的频率即避开共振区是至关重要的。一般来说，对于支承转速较高动力机器的结构，使其基频低于扰力频率是比较适宜的。而对于支承转速较低动力机器的结构，设计结构的基频高于扰力频率对减小振动一般是有利的。动力基础也是如此。对于大块－框架联合式动力基础，安装在大块式基础上的活塞式压缩机一般扰力频率较低，但扰力较大，同时大块式基础的高度也大，其基频较低，常与扰力频率接近，即易在共振区工作，因此采取措施以提高基础的基频是非常必要的，即使基础基频高于扰力频率，远离共振区。

提高基础基频的措施之一是提高地基的刚度，例如采用人工地基、扩大基础面积、在基础底面和侧面回填对减振有利的材料，例如 3∶7 灰土等（回填材料对桩基也有利）。

提高基础基频的另一种措施是减小基础质量。在大块式基础的范围内，在不影响基础（底板）为刚体的前提下，预留一些孔洞，这样就可以减小基础的质量，从而提高基础的基频，同时节省混凝土的用量，降低造价。另外，当需要降低基础的基频时，可以在预留的孔洞内放置重物，这样增加质量也很方便。根据实际工程经验，对于基础（底板）高度大于或等于 1500mm 的底板，可以预留孔洞。设孔洞的宽和高分别为 b 和 h，则洞边至左右壁边的宽度应大于或等于 b 且大于或等于 600mm，洞边至底板上下边缘的厚度应大于或等于 h 且大于或等于 600mm。沿洞边要配置加强钢筋（包括四角的斜筋），钢筋直径为 14 ~ 16mm，间距为 200 ~ 250mm，钢筋两端伸过洞边长度为 l_a，斜筋长度为 $2l_a$，如图 9 – 23 所示。

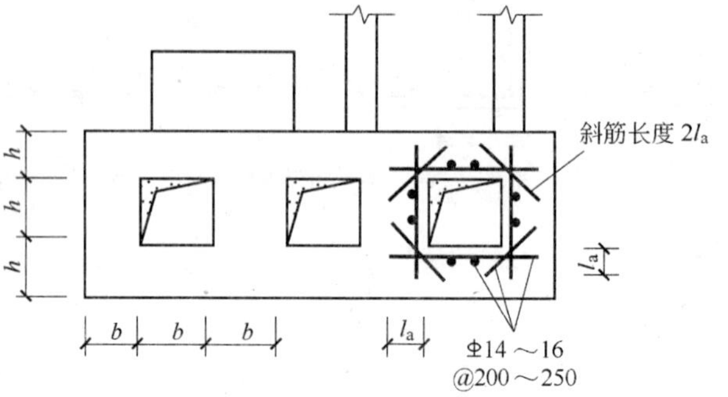

图 9 – 23　底板预留洞及配筋图

以上是大块 – 框架联合式动力基础采用预留洞的方法来调频的措施，对于其他框架式动力基础，如有条件和需要，也可采取以上措施。

9.4.4　基础布置和施工要求

厂房基础和框架式动力基础（包括大块 – 框架联合式动力基础）最好采取相同的地基，例如做在相同的地基土上、采取相同的地基处理方法、采用同一种类型的桩基等。对安装有扰力较大的活塞式压缩机的厂房，一般需要对厂房进行振动计算，如果厂房的水平（横向或纵向）自振频率与扰力频率比较接近，需要考虑设置防振沟。

对于一般的天然地基，框架式动力基础底面和厂房基础底面需要做在同一标高上，如不在同一标高，则两者之间的距离要等于或大于两者底标高之差 h 的 3 倍，见图 9 – 24。如不能满足这个要求，则只好采取其他的有效措施，如加固厂房基础，动力机器基础采用桩基、沉井等。

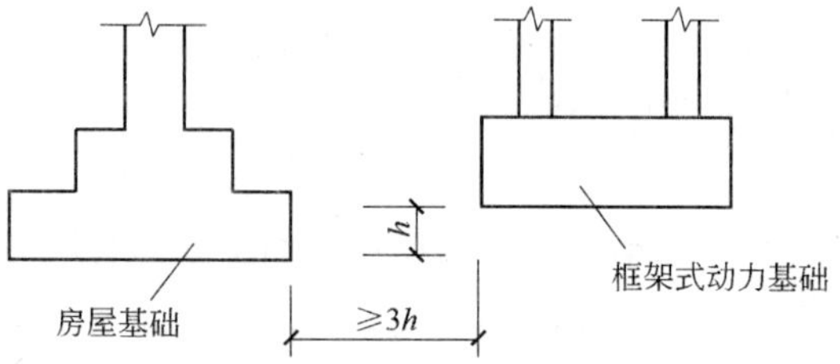

图 9 – 24　框架式动力基础与房屋基础关系布置图

对于厂房基础和框架式动力基础两者都为桩基（如钢桩、预制钢筋混凝土桩或灌注桩等）的情况，可以不受上述的限制，但是两者也不能做在一起，一般也要留不小于 50mm 宽的缝，如设防振沟时要满足防振沟宽度的要求。

如果因工艺流程及动力机器布置的需要，这两种基础在平面上无法分离时，可以采取底板悬挑的方法使两者留有足够宽的缝，在缝中可填柔性材料（如泡沫塑料、软木等）。在缝的上端放置钢盖板，在两端要加以围护，以免回填土进入。如图 9 – 25 所示。

框架式动力基础的顶板应与厂房结构或构体（例如钢筋混凝土平台等）相互脱开，两者的空隙一般为 30mm。对于用于检修等次要目的的钢平台，与动力基础脱开有困难时，可以支承在动力基础上，但是在支承处要放置柔性材料（如软木、橡胶带等），见图 9 – 26。在这

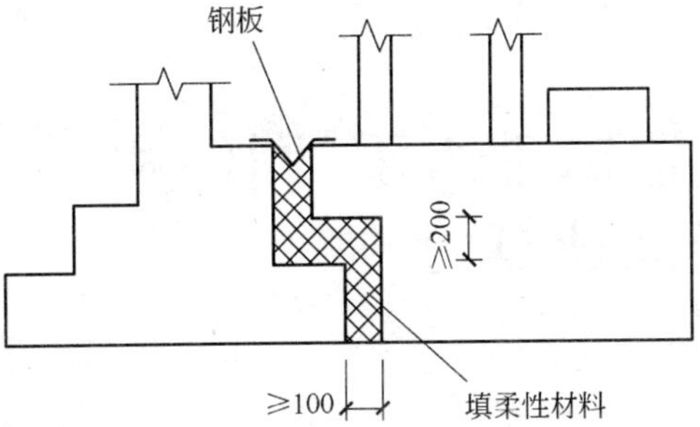

图 9-25 动力基础与房屋基础搭接时的处理图

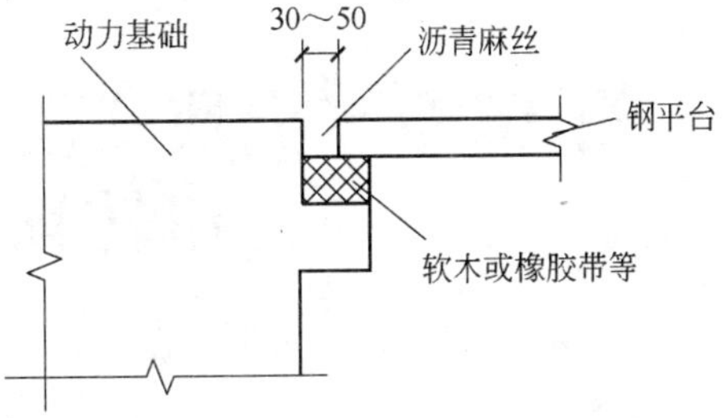

图 9-26 钢平台与动力基础连接处的构造措施图

里需加以说明的是，通过弹性支承传到动力基础上的荷载，在动力计算中不予考虑，因为该荷载自由地支承在动力基础上，其质量可考虑不参与振动。

框架式钢筋混凝土动力基础要连续浇灌，一般不留施工缝，且应分层浇灌，并必须使上、下层之间的混凝土在冻凝前结合好。如果必须留施工缝，则施工缝一般留在柱子与底板顶面的交接处。对施工缝的处理按下述要求进行：

(1)在已硬化的底板混凝土表面上(要求混凝土强度达到 1.2N/mm^2 以上)，继续浇灌柱子混凝土之前，应清除垃圾、水泥薄层、已松动的砂石、软弱的混凝土层和钢筋上的油污、水泥浆、浮锈等杂物；

(2)施工缝处的钢筋弯折时，要避免混凝土受到松动和损坏，同时应避免靠近施工缝已终凝的混凝土边缘遭到碰撞或机械振捣而受损；

(3)在灌注前对施工缝宜先铺 10mm 厚的水泥砂浆，其配合比应与混凝土的砂浆相同，也可在已硬化的混凝土表面上涂刷混凝土界面剂之后再浇灌混凝土。对施工缝后浇灌的混凝土要加强振捣，采取有力的措施，使新老混凝土接合密实。

9.4.5 材料

框架联合式动力基础所采用的材料有如下要求：

(1)混凝土强度等级不低于 C20。钢筋采用Ⅱ级(直径大于 12mm)和Ⅰ级(直径小于和等于 12mm)。钢板为 Q235-AF；

(2)后浇层的范围和厚度由机器制造厂提供，但是厚度不应小于 50mm，且应采用无收缩细石混凝土或其他可靠的灌浆料，其强度等级应比基础混凝土强度等级高一级。

第10章　大块式动力机器基础水平、回转和扭转耦合振动计算

我国《动力机器基础设计规范》(GB 50040—96)规定,基组的重心与基础底面形心宜位于同一竖线上,当不在同一竖线上时,两者之间的偏心距和平行偏心方向基底边长的比值不应超过下列限值:

(1)对汽轮机组和电机基础,3%;

(2)对金属切削机床基础以外的一般机器基础:

1)当地基承载力标准值$f_k \leqslant 150$kPa时,3%;

2)当地基承载力标准值$f_k > 150$kPa时,5%。

这样规定的意图是为了避免基础的不均匀沉降。当然绝对没有不均匀沉降的情况是不存在的,但是应该尽量使不均匀沉降减小到最小值;同时满足上述规定时,基础振动计算可以不考虑偏心的影响,从而使基础振动计算得到简化,即按参考文献[23]的规定计算即可。

对于一个新设计的独立的厂房和动力机器基础而言,一般来说,动力机器基础的偏心距满足上述限值的困难并不太大,但是也常常遇到以下所提到的情形,例如所建的厂房为扩建时,由于地基处理范围受到一定的限制,或者受到生产工艺流程布置的约束,使动力机器基础的地基刚度中心(刚心)和基组质量(机器基础、基础上的机器、其他附属设备和基础上填土的质量之总和)重心(质心)不能在一条竖直线上。也有的在原来动力基础上需要改换动力机器(例如动力机器由汽轮机驱动改为电动机驱动等),不但动力机器重量有较大的改变,而且基础要进行改造,使基础重量也会有较大的增加或减小等。这样往往使得基组质心和刚心的偏心距在一个或两个方向上超过规定的限值。

作者认为,对于地基较差的动力机器基础,偏心距值的大小对基础不均匀沉降的影响比较敏感,但是对于地基比较好的动力机器基础,尤其是人工地基(例如桩基),因为地基刚度比较大,一般来说,由于偏心距使动力机器基础产生的不均匀沉降要小得多。总之,不管地基如何(个别情况除外),基础偏心距超过限值时,对基础"抗振"总是不利的,所以必须要进行合理的计算,使动力机器基础顶面控制点的最大振动线位移和最大振动速度不超过允许值。如果基础偏心距不可避免地超过了限值,并且我国的动力机器基础设计规范还没有这方面的计算规定时,我们对偏心距超过限值的大块式动力机器基础提出的一种实用计算方法可供读者参考应用。

活塞式压缩机大块式基础有时也存在这样的情况。在与活塞水平运动方向相垂直的轴上(通过质心),基组质心与刚心具有偏心距,且超过限值,但是在与活塞水平运动方向相平行的轴上(通过质心),两者无偏心距,即质心和刚心在同一条水平线上。下面将介绍在这种情况下,大块式基础沿活塞运动方向的水平振动计算方法。其他动力机器的大块式基础的水平振动计算也可参照使用这种方法。

10.1　自由振动计算

图 10－1 所示为一大块式动力机器基础。在 y 轴向，质心和刚心具有偏心距 e_y，而在 x 轴向，两者无偏心。假定 x 轴向为活塞式压缩机活塞的水平运动方向，则计算该基础沿 x 轴向的水平自由振动时，不但有质心 m 水平方向的自由振动，而且还有绕通过质心 m 的 y 轴的回转自由振动（由于质心和地基水平刚心 c 不在同一水平线上）和扭转自由振动（由于质心和刚心具有水平偏心距 e_y，三者形成具有三个自由度的耦合自由振动）。计算自振频率和振型时，取扰力 $P_r(t)=0$，可列幅值振动方程。设质心的水平振动幅值为 X_m、绕通过质心 m 的 y 轴的转角幅值为 φ_m、绕通过质心 m 的 z 轴的扭转角幅值为 ψ_z。假设 X_m 向右为正，φ_m 和 ψ_z 顺时针方向为正，反之为负，在幅值位置上基础的受力状态如图 10－1 所示。

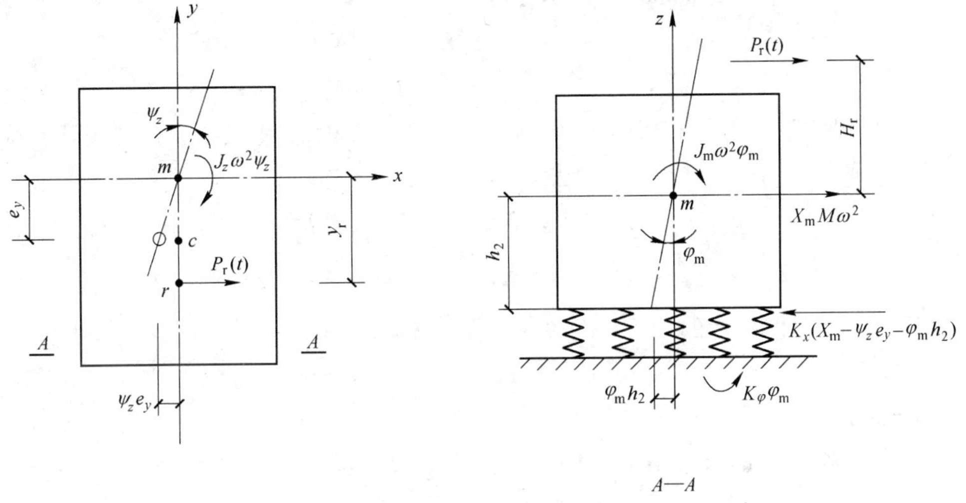

图 10－1　大块式动力机器基础受力状态图

幅值动力平衡方程为

$$\sum x=0（水平）$$

$$X_m M\omega^2-K_x(X_m-\psi_z e_y-\varphi_m h_2)=0 \tag{10-1}$$

$$\sum y=0（回转）$$

$$J_m\omega^2\varphi_m+K_x(X_m-\psi_z e_y-\varphi_m h_2)h_2-K_\varphi\varphi_m=0 \tag{10-2}$$

$$\sum z=0（扭转）$$

$$J_z\omega^2\psi_z-K_\psi\psi_z+K_x(X_m-\psi_z e_y-\varphi_m h_2)e_y=0 \tag{10-3}$$

式中　K_x——天然地基抗剪刚度，kN/m；

K_ψ——天然地基抗扭刚度，kN · m；

K_φ——天然地基抗弯刚度，kN · m；

K_x、K_ψ 和 K_φ 按参考文献[23]确定；

M——基组的质量，t，为大块式基础及其上面填土与全部设备的质量，以及如果桩基时桩和桩间土的当量质量之总和，但是桩间土的当量质量在确定基组质量重心位置时不应考虑；

h_2——基组质心至基础底面的距离，m；

J_m——基组对通过其质心 m 的 y 轴的回转质量惯性矩，t · m^2，当为桩基时，按文献[23]确定；

J_z——基组对通过其质心 m 的 z 轴的质量惯性矩，t · m^2；

ω——基组振动圆频率，rad/s；

$P_r(t)$——作用在 r 点的水平扰力，P_r 为扰力 $P_r(t)$ 的幅值，kN；

y_r——扰力 $P_r(t)$ 作用点至质心的水平距离，m；

H_r——扰力 $P_r(t)$ 作用点至质心的竖向距离，m。

$P_r(t)$、y_r、H_r 见图 10－1。

将式(10－1)、式(10－2)和式(10－3)稍加整理得

$$(M\omega^2 - K_x)X_m + K_x h_2 \varphi_m + K_x e_y \psi_z = 0 \tag{10-4}$$

$$K_x h_2 X_m + (J_m\omega^2 - K_x h_2^2 - K_\varphi)\varphi_m - K_x h_2 e_y \psi_z = 0 \tag{10-5}$$

$$K_x e_y X_m - K_x e_y h_2 \varphi_m + (J_z\omega^2 - K_\psi - K_x e_y^2)\psi_z = 0 \tag{10-6}$$

式(10－4)、式(10－5)和式(10－6)组成齐次线性方程组，令其系数行列式等于零得

$$\begin{vmatrix} M\omega^2 - K_x & K_x h_2 & K_x e_y \\ K_x h_2 & J_m\omega^2 - K_x h_2^2 - K_\varphi & -K_x h_2 e_y \\ K_x e_y & -K_x e_y h_2 & J_z\omega^2 - K_\psi - K_x e_y^2 \end{vmatrix} = 0 \tag{10-7}$$

展开式(10－7)得 ω^2 的一元三次频率方程式，即

$$A(\omega^2)^3 + B(\omega^2)^2 + C\omega^2 + D = 0 \tag{10-8}$$

式中　$A = J_m J_z M$

$B = -(K_x h_2^2 J_z M + K_\varphi J_z M + J_m J_z K_x + J_m K_\psi M + J_m K_x e_y^2 M)$

$C = K_\varphi K_x J_z + K_x h_2^2 K_\psi M + K_\varphi K_\psi M + J_m K_x K_\psi + K_\varphi K_x e_y^2 M$

$D = -K_\varphi K_\psi K_x$

由式(10－8)可以求出自振频率 ω_1、ω_2 和 ω_3，之后将 ω_1、ω_2 和 ω_3 分别代入式(10－4)、式(10－5)和式(10－6)就得出位移(振型)X_{mi}、φ_{mi} 和 ψ_{mi} 的值。振型角标 i 为振型序号，$i = 1,2,3$。

10.2　水平振动线位移计算

求出自振频率和振型之后，计算振动位移时可以列出非齐次振动方程式，然后进行计算得出位移，也就是强迫振动计算。但是如此计算比较麻烦。以下我们采用振型分解法来计算振动位移，这样比较简单。但是下面所介绍的振型分解法与通常介绍的振型分解法，它们的表达式有所不同。本节就有关内容，主要根据具体问题来介绍这种计算方法。

首先计算出基组质心的水平振动线位移、基组回转及扭转角位移。

质心水平振动线位移为

$$A_{x_m}(t) = \sum_{i=1}^{3} X_{mi} q_i(t) \tag{10-9}$$

绕质心回转角位移为

$$A_{\varphi_m}(t)=\sum_{i=1}^{3}\varphi_{mi}q_i(t) \tag{10-10}$$

绕通过质心 z 轴的扭转角位移为

$$A_{\psi_z}(t)=\sum_{i=1}^{3}\psi_{zi}q_i(t) \tag{10-11}$$

$$q_i(t)=\frac{\overline{P}_i}{\overline{M}_i\omega_i^2}\mu_i\sin(\theta t-\varepsilon_i) \tag{10-12}$$

$$\overline{P}_i=\sum_{r=1}^{n}P_rX_{mi}+M_{\varphi_m}\varphi_{mi}+M_{\psi_z}\psi_{zi} \tag{10-13}$$

$$\overline{M}_i=MX_{mi}^2+J_m\varphi_{mi}^2+J_z\psi_{zi}^2 \tag{10-14}$$

$$\mu_i=\frac{1}{\sqrt{\left(1-\frac{\theta^2}{\omega_i^2}\right)^2+\beta^2}} \tag{10-15}$$

$$\tan\varepsilon_i=\frac{\beta}{1-\frac{\theta^2}{\omega_i^2}} \tag{10-16}$$

式中 $q_i(t)$——第 i 振型的广义坐标(主坐标);

$\overline{P}_i$——第 i 振型的折算荷载(幅值);

M_{φ_m}——水平扰力 P_r 对垂直于回转振动面通过质心 m 轴的力矩(幅值),$M_{\varphi_m}=\sum_{r=1}^{n}P_rH_r$;

M_{ψ_z}——水平扰力 P_r 对 z 轴的力矩(幅值),$M_{\psi_z}=\sum_{r=1}^{n}P_ry_r$;

μ_i——第 i 振型的动力系数;

$\tan\varepsilon_i$——第 i 振型滞后角,β 为非弹性阻尼系数,可取 0.125,当不计阻尼影响时,$\varepsilon_i=0,\mu_i=1\Big/\left(1-\frac{\theta^2}{\omega_i^2}\right)$;

θ——机器扰力圆频率,rad/s,$\theta=0.105n$,n 为机器工作转速,r/min。

计算出 $A_{x_m}(t)$,$A_{\varphi_m}(t)$ 和 $A_{\psi_z}(t)$ 之后,就可以很方便地求得基础任意点的水平振动线位移和振动速度。

10.3 工程实例

该工程实例为将 9.1.3 小节工程实例的大块-框架联合式动力基础改造为大块式具有水平、回转和扭转耦合振动的基础。

某化肥厂氮氢气活塞式压缩机原是由汽轮机驱动,其基础是一种大块-框架联合式动力基础,活塞式压缩机置放在大块基础上,汽轮机支承在公共底板上的框架顶面上。后因生产的需要,压缩机由汽轮机驱动改为电动机驱动。考虑到该基础较长且空间又大,同时由于支承电动机的需要,所以把原大块-框架联合式动力基础改造为一个大块式动力基础,这样一来,由于荷载偏一个方向有较大增加,使基组的质心和基础地基刚心在垂直于活塞运动方向上的中心线上形成较大的偏心距,已超出了文献[23]所规定的限值。以下对这种动力基础进行计算。改造前的大块－框架联合式动力基础布置和桩位布置分别见图 9－6 和图 9－7。

压缩机的型号、转速、轴功率、扰力和扰力矩计算值等均见 9.1.3 小节介绍的工程实例。

新增加的电动机：

（1）型号：TK5600－18/2600；

（2）额定容量：5600kW；

（3）转速：333.3r/min；

（4）电动机重量约为 340kN，定子重约为 121kN，转子重约为 149.8kN，电动机扰力近似为 24kN，以上数据均由电动机生产厂家提供。

10.3.1　改造后的基础布置

原大块－框架联合式动力基础的混凝土强度等级为 C25，地基处理采用的是钢筋混凝土钻孔灌注桩。在图 9－6 和图 9－7 中，o_1 为基组质心和桩基水平（竖向）刚心作用点。在原框架基础部分增加了几道钢筋混凝土墙体，并通过植筋与原大块基础部分牢固地连接成整体，这样就把一个大块－框架联合式动力基础改造成了一个大块式动力基础，见图 10－2。

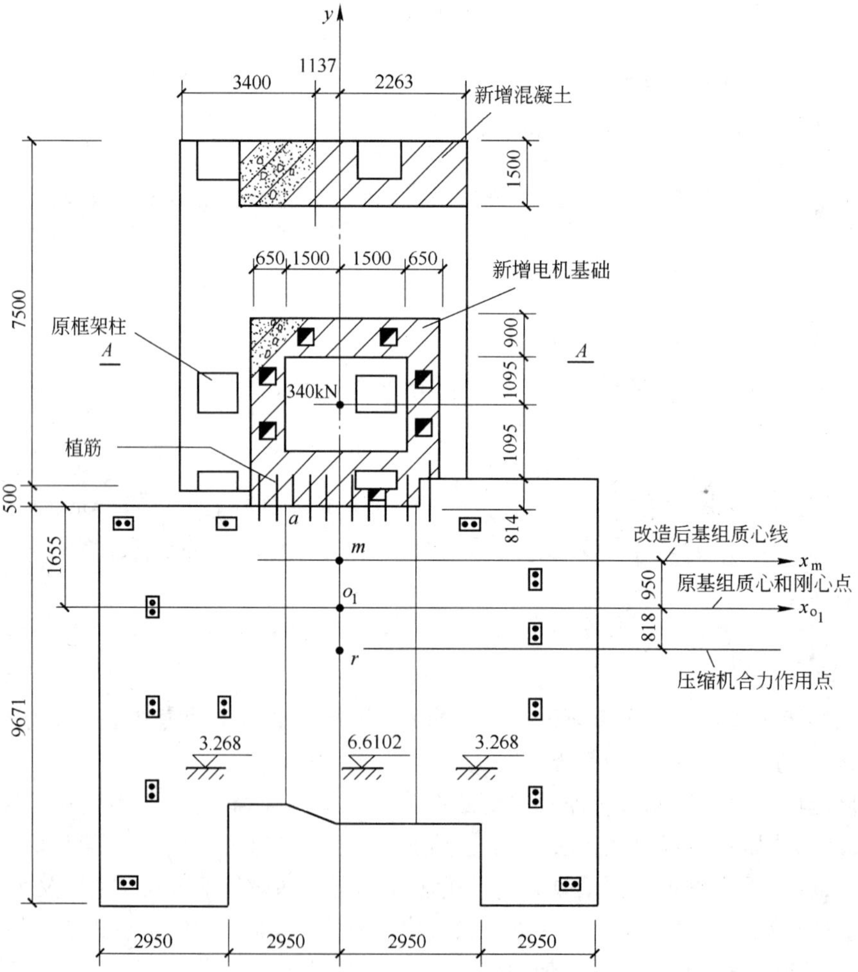

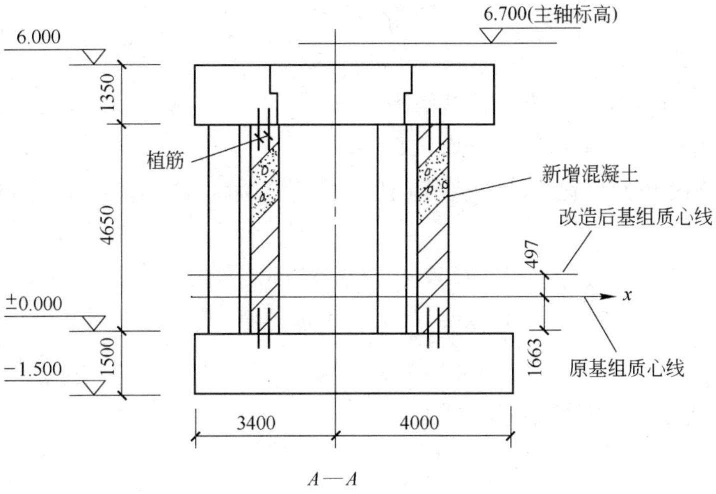

图 10－2　大块式动力基础图

10.3.2　自由振动计算

振动参数计算过程可参照参考文献[23](略)。

经计算改造后的基组质心 m 偏移了原基组质心(刚心)950mm,其组质心在竖向也上移了 497mm。$M=2481.784\text{t}$,$J_m=32982\text{t}\cdot\text{m}^2$,$J_z=49689\text{t}\cdot\text{m}^2$,$K_x=0.7231\times10^7\text{kN/m}$,$K_\varphi=0.35993\times10^9\text{kN}\cdot\text{m}$,$K_\psi=0.3733\times10^9\text{kN}\cdot\text{m}$,$h_2=3660\text{mm}$,$e_y=950\text{mm}$,$y_{r1}=1768\text{mm}$,$y_{r2}=3152\text{mm}$,$H_r=4540\text{mm}$。$a$ 点顶标高为 6.1602m。

根据以上参数算出 A、B、C 和 D 值:

$$A=0.406725\times10^{13}$$

$$B=-0.992714\times10^{17}$$

$$C=0.64737849\times10^{21}$$

$$D=-0.971571\times10^{24}$$

将 $A\sim D$ 代入式(10－8)稍加整理后得

$$(\omega^2)^3-0.244075\times10^5(\omega^2)^2+0.1591686\times10^9\omega^2-0.2388766\times10^{12}=0$$

由此频率方程解得　$\omega_1^2=2143.393(\text{rad/s})^2$,$\omega_1=46.297\text{rad/s}$

$$\omega_2^2=7600.092(\text{rad/s})^2,\ \omega_2=87.179\text{rad/s}$$

$$\omega_3^2=14664.014(\text{rad/s})^2,\ \omega_3=121.095\text{rad/s}$$

从自振频率计算结果可以看出,$\omega_1^2=2143.393(\text{rad/s})^2$ 稍低于原基础的 $\omega_1^2=2430.49(\text{rad/s})^2$,主要原因是改造后的基础增大了基组的质量,同时增加了一个振动扭转角位移,使基组在水平振动中成为三个自由度的体系,使基组的基频有所降低。

由于压缩机和电动机的转速比较低,其转动频率远低于基组的第三自振频率,所以可以仅考虑前两个振型的作用。

将 $\omega_1^2=2143.393(\text{rad/s})^2$ 代入式(10－4)、式(10－5)和式(10－6),整理后得

$$\begin{cases} X_{m1} - 13.845\varphi_{m1} - 3.594\psi_{z1} = 0 \\ X_{m1} - 14.589\varphi_{m1} - 0.95\psi_{z1} = 0 \\ X_{m1} - 3.66\varphi_{m1} - 39.788\psi_{z1} = 0 \end{cases}$$

由以上齐次线性方程组求得第一振型值为

设 $X_{m1} = 1.0$，则 $\varphi_{m1} = 0.0673$，$\psi_{z1} = 0.0189$。

同样，将 $\omega_2^2 = 7600.092(\text{rad/s})^2$ 代入式(10－4)、式(10－5)和式(10－6)得齐次线性方程组如下：

$$\begin{cases} X_{m2} + 2.27547\varphi_{m2} + 0.5906\psi_{z2} = 0 \\ X_{m2} - 7.7885\varphi_{m2} - 0.95\psi_{z2} = 0 \\ X_{m2} - 3.66\varphi_{m2} - 0.318\psi_{z2} = 0 \end{cases}$$

由以上齐次线性方程组求得第二振型值为

设 $X_{m2} = 1.0$，则 $\varphi_{m2} = 0.632$，$\psi_{z2} = -4.128$。

10.3.3 水平振动线位移计算

A 第一振型作用

一谐扰力圆频率 $\theta_1 = 0.105 \times 333.3 = 34.997\text{rad/s}$，$\dfrac{\theta_1}{\omega_1} = \dfrac{34.997}{46.297} = 0.756 > 0.75$，在共振区工作，所以要考虑阻尼的作用。水平振动线位移计算采用振型分解法。

考虑压缩机和电动机的水平扰力处于同一水平方向(假设同时向右)。

(1)在压缩机一谐水平扰力和电动机水平扰力 $P_r e^{i\theta_1 t}$ 作用下：

$$P_r = 54.2 + 24 = 78.2\text{kN}$$

$$M_{\psi_m} = 78.2(6.700 - 1.663 - 0.497) = 78.2 \times 4.54 = 355.028\text{kN} \cdot \text{m},$$

$$M_{\psi_z} = 2.4 \times 3.152 - 54.2 \times 0.95 = 24.158\text{kN} \cdot \text{m}。$$

由式(10－13)得

$$\overline{P}_1 = 78.2 \times 1.0 + 355.028 \times 0.0673 + 24.158 \times 0.0189 = 102.55$$

$$\overline{M}_1 = 2481.784 \times 1.0^2 + 32982 \times 0.0673^2 + 49689 \times 0.0189^2 = 2648.918$$

取 $\beta = 0.125$。

由式(10－15)得

$$\mu_1 = \frac{1}{\sqrt{\left(1 - \dfrac{34.997^2}{2143.393}\right)^2 + 0.125^2}} = 2.24$$

由式(10－12)得

$$q_1 = \frac{102.55}{2648.918 \times 2143.393} \times 2.24 = 0.405 \times 10^{-4}$$

由式(10－9)、式(10－10)和式(10－11)分别得

$$A_{x_m}^1 = 1.0 \times 0.405 \times 10^{-4} = 0.405 \times 10^{-4}\text{m}$$

$$A_{\varphi_m}^1 = 0.0673 \times 0.405 \times 10^{-4} = 0.273 \times 10^{-5}\text{rad}$$

$$A_{\psi_z}^1 = 0.0189 \times 0.405 \times 10^{-4} = 0.765 \times 10^{-6}\text{rad}$$

式中，$A^1_{x_m}$、$A^1_{\varphi_m}$和$A^1_{\psi_z}$的上角标“1”表示为第一振型，下同。

(2)在压缩机二谐水平扰力 $P_r(t)=P_r{}^{i\theta_2 t}$作用下：

θ_2为二谐扰力圆频率，$\theta_2=2\theta_1$。

$$P_r=61.77\text{kN}$$

$$M_{\varphi_m}=61.77\times4.54=280.436\text{kN}\cdot\text{m}$$

$$M_{\psi_z}=-61.77\times0.95=-58.682\text{kN}\cdot\text{m}$$

由式(10－13)得

$$\overline{P}_1=61.77\times1.0+280.436\times0.0673-58.682\times0.0189=79.534$$

$$\overline{M}_1=2648.918$$

扰力圆频率 $\theta_2=2\times0.105\times333.3=69.993\text{rad/s}$，$\theta_2/\omega_1=69.993/46.297=1.51>1.25$，在非共振区工作，所以可以不考虑阻尼作用。

由式(10－15)得

$$\mu_1=\frac{1}{1-\dfrac{69.993^2}{2143.393}}=0.778$$

由式(10－12)得

$$q_1=\frac{79.534}{2648.918\times2143.393}\times0.778=0.109\times10^{-4}$$

由式(10－9)、式(10－10)和式(10－11)分别得

$$A^1_{x_m}=1.0\times0.109\times10^{-4}=0.109\times10^{-4}\text{m}$$

$$A^1_{\varphi_m}=0.0673\times0.109\times10^{-4}=0.734\times10^{-6}\text{rad}$$

$$A^1_{\psi_z}=0.0189\times0.109\times10^{-4}=0.196\times10^{-6}\text{rad}$$

B 第二振型作用

(1)在压缩机一谐水平扰力和电动机水平扰力 $P_r(t)=P_r e^{i\theta_1 t}$作用下：和第一振型作用一样，$P_r=78.2\text{kN}$，$M_{\varphi_m}=355.028\text{kN}\cdot\text{m}$，$M_{\psi_z}=24.158\text{kN}\cdot\text{m}$。

由式(10－13)得

$$\overline{P}_2=78.2\times1.0+355.028\times0.632+24.158\times(-4.128)=202.853$$

$$\overline{M}_2=2481.784\times1.0^2+32982\times0.632^2+49689\times(-4.128)^2=0.8624\times10^6\text{。}$$

扰力圆频率 θ_1与 ω_2之比为 $34.997/87.178=0.4<0.75$，在共振区外工作，可以不考虑阻尼的作用。

由式(10－15)得

$$\mu_2=\frac{1}{1-\dfrac{34.997^2}{7600.09}}=1.192$$

由式(10－12)得

$$q_2=\frac{202.853}{0.8624\times10^6\times7600.092}\times1.192=0.36\times10^{-7}$$

由式(10－9)、式(10－10)和式(10－11)分别得

$$A^2_{x_m}=1.0\times0.36\times10^{-7}=0.36\times10^{-7}\text{m}$$

$$A_{\varphi_m}^2 = 0.632 \times 0.36 \times 10^{-7} = 0.228 \times 10^{-7}\text{rad}$$

$$A_{\psi_z}^2 = (-4.128) \times 0.36 \times 10^{-7} = -0.149 \times 10^{-6}\text{rad}$$

式中，$A_{x_m}^2$、$A_{\varphi_m}^2$和$A_{\psi_z}^2$上角标“2”表示为第二振型，下同。

(2)在压缩机二谐水平扰力 $P_r(t) = P_r e^{i\theta_2 t}$作用下：

和第一振型作用相同，$P_r = 61.77\text{kN}$，$M_{\varphi_m} = 280.436\text{kN}\cdot\text{m}$，$M_{\psi_z} = -58.682\text{kN}\cdot\text{m}$。

由式(10－13)得

$$\overline{P}_2 = 61.77 \times 1.0 + 280.436 \times 0.632 + (-58.682) \times 4.128 = 481.245$$

$$\overline{M}_2 = 0.8624 \times 10^6。$$

扰力圆频率 θ_2 与 ω_2 之比为 69.993/87.179 = 0.803 > 0.75，在共振区内工作，所以要考虑阻尼作用。

由式(10－15)得

$$\mu_2 = \frac{1}{\sqrt{\left(1 - \frac{69.993^2}{7600.092}\right)^2 + 0.125^2}} = 2.654$$

由式(10－12)得

$$q_2 = \frac{481.245}{0.8624 \times 10^6 \times 7600.092} \times 2.654 = 0.194 \times 10^{-6}$$

由式(10－9)、式(10－10)和式(10－11)分别得

$$A_{x_m}^2 = 1.0 \times 0.194 \times 10^{-6} = 0.194 \times 10^{-6}\text{m}$$

$$A_{\varphi_m}^2 = 0.632 \times 0.194 \times 10^{-6} = 0.123 \times 10^{-6}\text{rad}$$

$$A_{\psi_z}^2 = (-4.128) \times 0.194 \times 10^{-6} = -0.801 \times 10^{-6}\text{rad}$$

分别计算在一谐扰力和二谐扰力作用下的振动位移。

一谐扰力作用时，有

$$A_{x_m} = 0.405 \times 10^{-4} + 0.36 \times 10^{-7} = 0.405 \times 10^{-4}\text{m}$$

$$A_{\varphi_m} = 0.273 \times 10^{-5} + 0.228 \times 10^{-7} = 0.275 \times 10^{-5}\text{rad}$$

$$A_{\psi_z} = 0.765 \times 10^{-6} - 0.149 \times 10^{-6} = 0.616 \times 10^{-6}\text{rad}$$

二谐扰力作用时，有

$$A_{x_m} = 0.109 \times 10^{-4} + 0.194 \times 10^{-6} = 0.111 \times 10^{-4}\text{m}$$

$$A_{\varphi_m} = 0.734 \times 10^{-6} + 0.123 \times 10^{-6} = 0.857 \times 10^{-6}\text{rad}$$

$$A_{\psi_z} = 0.196 \times 10^{-6} - 0.801 \times 10^{-6} = -0.605 \times 10^{-6}\text{rad}$$

a 点(位置见图 9－6)的水平振动线位移为

$$\begin{aligned} A_{x_a} &= [(0.405 \times 10^{-4} + 0.275 \times 10^{-5} \times 4 + 0.616 \times 10^{-6} \times 0.705)^2 + \\ &\quad (0.111 \times 10^{-4} + 0.857 \times 10^{-6} \times 4.0 - 0.605 \times 10^{-6} \times 0.705)^2]^{\frac{1}{2}} \\ &= [(0.519 \times 10^{-4})^2 + (0.141 \times 10^{-4})^2]^{\frac{1}{2}} \\ &= 0.538 \times 10^{-4}\text{m} = 0.0538\text{mm} < 0.2\text{mm} \end{aligned}$$

a 点的水平振动速度为

$$v_a = [(0.519 \times 10^{-4} \times 34.997)^2 + (0.141 \times 10^{-4} \times 2 \times 34.997)^2]^{\frac{1}{2}}$$

$$=[0.001816^2+0.000987^2]^{\frac{1}{2}}=0.00207\text{m/s}=2.07\text{mm/s}<6.3\text{mm/s}$$

从计算结果可以看出，改造后基础 a 点的水平振动线位移和振动速度比原基组的计算结果有所增大（但是都能满足规范的要求）。作者认为主要原因是：由于基组质量的增加和出现扭转振动，使原动力基础由两个自由度变成三个自由度的耦合振动，从而降低了基组的基频，使基组振动在共振区工作；同时，增加的电动机具有 24kN 的水平扰力，其转速又等同于压缩机的转速，即一谐水平扰力由 54.2kN 增大到 78.2kN 等造成的。

第11章　隔振设计

为了减小动力机器所引发的振动对其他机器和精密仪器正常工作的影响，或为了减小传给支承结构的动荷载以及动力机器本身的振动，需要对产生动荷载的动力机器或遭受振动影响的精密仪器采取隔振措施。

隔振分为积极隔振和消极隔振。

(1)积极隔振:将产生动力荷载的机器安装在隔振器上，使振动效应大为降低，即减小了振源的振动。

(2)消极隔振:将精密仪器、精密车床等安装在隔振器上，以减小由地基土或结构传递而来的振动的影响。

由于生产工艺的需要，有的动力机器(振源)与一些敏感仪器(如精密仪表等)的布置不能相距太远，因此动力机器的剧烈振动将直接影响敏感仪器的正常使用。再者，动力机器不论是置放在地基基础上还是置放在其他支承结构上，常常需要对支承结构(例如梁、板和地基基础等)进行振动分析。通过分析，若支承结构的振动超过动力机器本身的允许振动，并且改变支承结构的条件有困难时，为了减小传给支承结构的动力荷载，使支承结构能正常工作，常常采取积极隔振的措施。本章主要介绍动力机器基础积极隔振设计。

积极隔振的基本原理是，动力机器与隔振器相互连接，所设计的隔振器刚度较小，使得动力机器基组的自振圆频率 ω 低于动力机器扰力的圆频率 θ，当$\frac{\theta}{\omega}$大于$\sqrt{2}$时，动力机器的振动效应得到衰减，也就是说基组的振动位移降低了。传至支承结构上的动荷载等于基组位移乘以隔振器的刚度，因为基组经隔振后位移大为降低，同时隔振器的刚度又小，所以动力机器传至支承结构上的扰力(动荷载)就大大减小了。

11.1　隔振计算方法

隔振基础主要由两部分构成——隔振器和基组(如图11－1所示)。基组包括台座板和安装在上面的动力机器和其他设备。图中 o 点为基组的质量中心，x、y 和 z 为相对质量中心的坐标；o_s 为隔振器的刚度中心，x_s、y_s 和 z_s 为相对隔振器刚度中心的坐标。

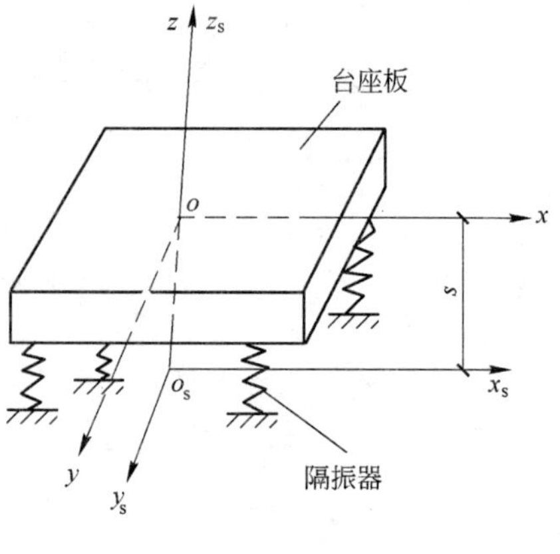

图11－1　隔振基组示意图

隔振器如何布置，对进行动力计算以及隔振的效果至关重要。如果隔振器的布置，其竖向刚度不对称于 ox、oy 和 oz 轴，则隔振器上面的质量在六个方向的振动将是相互耦联的，为六个自由度的振动体系，即三个线位移和三个回转位移,见图 11－2。但是在实际工程中,无特殊情况时,都是将隔振器对 ox、oy 和 oz 轴对称布置,这样体系就可在三个方向上各自独立地进行振动分析,下面将介绍这种情况的计算。

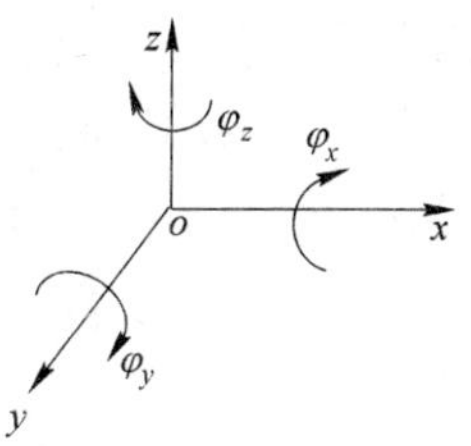

图 11－2　隔振基础位移方向标示图

11.1.1　自由振动

11.1.1.1　沿 oz 轴方向的竖向振动

支承隔振器的结构竖向刚度比隔振器的竖向刚度大得多时,可以假定支承结构竖向刚度为无穷大,同时隔振器对 ox 和 oy 轴对称布置,这样竖向振动为单自由度体系。其自振频率为

$$\omega_z = \sqrt{\frac{K_z}{m}} \tag{11-1}$$

式中　K_z——隔振器竖向刚度总和;

m——基组总质量,为机组和台座板等质量之和,隔振器的质量可以忽略不计。

如果支承隔振器的结构竖向刚度和隔振器的竖向刚度相差不是很大,或者支承结构的竖向刚度小于隔振器的竖向刚度(例如有时隔振器支承在竖向刚度较小的钢构件上)时,还要考虑支承结构刚度的作用,也就是说不能把支承结构作为不动端,此时竖向振动应按两个自由度体系计算,计算简图如图 11－3 所示。自振圆频率为

$$\omega_{z_{1,2}} = \frac{1}{2}\left(\frac{K_{z_1}}{m_1} + \frac{K_{z_1}+K_{z_2}}{m_2}\right) \pm \frac{1}{2}\left[\left(\frac{K_{z_1}}{m_1} + \frac{K_{z_1}+K_{z_2}}{m_2}\right)^2 - 4\frac{K_{z_1}K_{z_2}}{m_1 m_2}\right]^{\frac{1}{2}} \tag{11-2}$$

式中　m_2——支承结构的竖向振动质量;

m_1——基组总质量;

K_{z_1}——隔振器竖向刚度总和,同式(11－1)的 K_z;

K_{z_2}——支承结构的竖向刚度。

由式(11－1)和式(11－2)算得的 ω_z(或 ω_{z_1})必须满足 $\frac{\theta}{\omega_z} \geq 4$,对于$\frac{\theta}{\omega_{z_2}}$的比值则可以适当地减小。其中 θ 为动力机器的扰力圆频率。

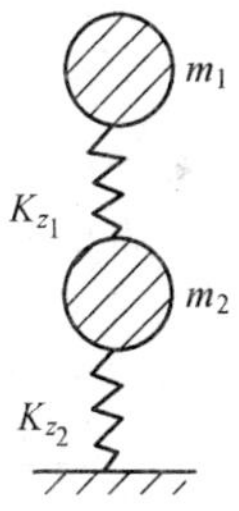

图 11－3　两个自由度竖向自由振动计算简图

11.1.1.2　绕 oz 轴的扭转振动

这也是单自由度振动体系,扭转自振圆频率为

$$\omega_{\varphi z} = \sqrt{\frac{K_{\varphi z}}{J_{oz}}} \tag{11-3}$$

式中　$K_{\varphi z}$——全部隔振器绕 oz 轴的扭转刚度,$K_{\varphi z} = \sum K'_{yi}x_i^2 + \sum K'_{xi}y_i^2$。$K'_{yi}$和 K'_{xi}分别为第 i 个隔振器在 y_s 和 x_s 方向的水平刚度;x_i 和 y_i 分别为第 i 个隔振器的刚度中心至 y_s 和 x_s 轴的距离。

J_{oz}——基组质量对 oz 轴的质量惯性矩。

11.1.1.3　沿水平 x 向、绕 y 轴的回转耦合振动

沿水平 x 向的自由振动和绕 y 轴的回转自由振动是彼此相关联的耦合振动,耦合振动

的原因是基组质量的质心与隔振器的水平刚心不在同一水平线上。

计算自由振动时同样可以写出幅值方程。设质心 o 的水平线位移幅值为 X，向右为正。绕质心 o 的转角幅值为 φ_y，顺时针为正。在振动的幅值状态时，基础上作用的力如图 11－4 所示。

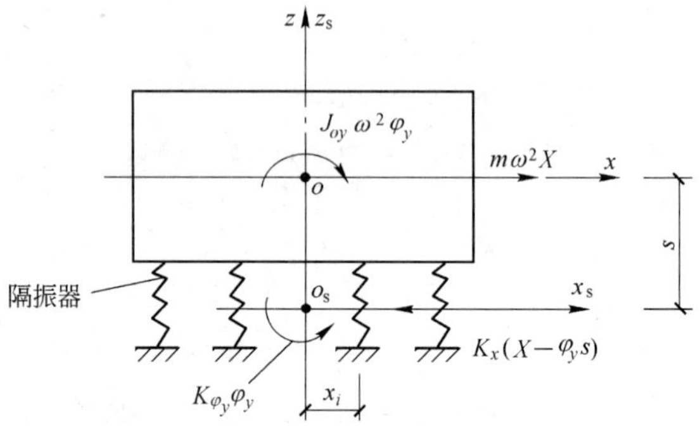

图 11－4　振动幅值状态时基础受力图

J_{oy}—基组质量对通过质心 o 的 y 轴的质量惯性矩；s—质心 o 至隔振器刚心 o_s 的距离；

K_x—隔振器 x 向的水平刚度总和，$K_x=\sum\limits_{i=1}K'_{xi}$，$K'_{xi}$ 为第 i 个隔振器在 x 向的水平刚度；

$K_{\varphi y}$—全部隔振器相对于 oy 轴的角刚度，$K_{\varphi y}=\sum\limits_{i=1}K'_{zi}x_i^2$，$K'_{zi}$ 为第 i 个隔振器的竖向刚度

幅值动力平衡方程为

$$\begin{cases}m\omega^2X-K_x(x-\varphi_ys)=0\\J_{oy}\omega^2\varphi_y+K_x(x-\varphi_ys)s-K_{\varphi y}\varphi_y=0\end{cases}$$

稍加整理后得

$$(m\omega^2-K_x)X+K_xs\varphi_y=0 \tag{11－4}$$

$$K_xsX+(J_{oy}\omega^2-K_xs^2-K_{\varphi y})\varphi_y=0 \tag{11－5}$$

将式(11－4)除以 m，式(11－5)除以 J_{oy}，并令

$$\omega_x^2=\frac{K_x}{m} \tag{11－6}$$

$$\omega_{\varphi y}=\frac{K_{\varphi y}+K_xs^2}{J_{oy}} \tag{11－7}$$

ω_x 表示基组为单自由度体系仅发生水平振动时的自振圆频率；$\omega_{\varphi y}$ 表示基组为单自由度体系仅发生绕通过质心 y 轴的回转振动时的自振圆频率。

把 ω_x^2 和 $\omega_{\varphi y}^2$ 代入式(11－4)和式(11－5)得

$$\begin{cases}(\omega^2-\omega_x^2)X+\omega_x^2s\varphi_y=0\\\dfrac{\omega_x^2ms}{J_{oy}}X+(\omega^2-\omega_{\varphi y}^2)\varphi_y=0\end{cases} \tag{11－8}$$

取齐次方程组(11－8)的系数行列式等于零，得

$$\begin{vmatrix} \omega^2-\omega_x^2 & \omega_x^2 s \\ \dfrac{\omega_x^2 ms}{J_{oy}} & \omega^2-\omega_{\varphi y}^2 \end{vmatrix}=0$$

展开得频率方程:

$$\omega^4-\omega^2(\omega_x^2+\omega_{\varphi y}^2)+\omega_x^2\omega_{\varphi y}^2-\frac{\omega_x^4 ms^2}{J_{oy}}=0$$

解此方程得两个自振圆频率的平方 ω_1^2 和 ω_2^2,即

$$\omega_{1,2}^2=\frac{1}{2}\left[(\omega_x^2+\omega_{\varphi y}^2)\mp\sqrt{(\omega_x^2-\omega_{\varphi y}^2)^2+\frac{4ms^2\omega_x^4}{J_{oy}}}\right] \tag{11-9}$$

11.1.1.4 沿水平 y 向、绕 x 轴的回转耦合振动

进行类似上述的演算,得自振圆频率的计算公式为

$$\omega_{1,2}^2=\frac{1}{2}\left[(\omega_y^2+\omega_{\varphi x}^2)\mp\sqrt{(\omega_y^2-\omega_{\varphi x}^2)^2+\frac{4ms^2\omega_y^4}{J_{ox}}}\right] \tag{11-10}$$

$$\omega_y^2=\frac{K_y}{m} \tag{11-11}$$

$$\omega_{\varphi x}=\frac{K_{\varphi x}+K_y s^2}{J_{ox}} \tag{11-12}$$

式中 J_{ox}——基组质量对通过质心 o 的 x 轴的质量惯性矩;

K_y——隔振器 y 向的水平刚度总和,$K_y=\sum_{i=1} K'_{yi}$,K'_{yi} 为第 i 个隔振器在 y 向的水平刚度;

$K_{\varphi x}$——全部隔振器相对于 ox 轴的角刚度,$K_{\varphi x}=\sum_{i=1} K'_{zi}y_i^2$;

ω_y 与 $\omega_{\varphi x}$ 的含义同 ω_x 和 $\omega_{\varphi y}$,只是振动方向不同而已。

扰力频率 θ 与由式(11-3)、式(11-9)、式(11-10)计算的基础自振频率之比不应小于2.5。

11.1.2 强迫振动

以下隔振基础强迫振动计算均不考虑阻尼的作用。

11.1.2.1 沿 oz 轴方向的竖向振动

(1)当为单自由度体系时,竖向振动线位移幅值为

$$A_{oz}=\frac{P_z}{K_z}\cdot\frac{1}{1-\dfrac{\theta^2}{\omega_z^2}} \tag{11-13}$$

式中 P_z——竖向扰力 $P_z e^{i\theta t}$ 的幅值;

θ——竖向扰力的圆频率。

(2)当为两个自由度体系时,隔振基础的受力状态见图 11-5。假定 m_1、m_2 的质心,K_{z_1}、K_{z_2} 的竖向刚心和扰力 $P_z e^{i\theta t}$ 作用点在一条竖直线上。取 m_1 和 m_2 脱离体(图 11-6)。

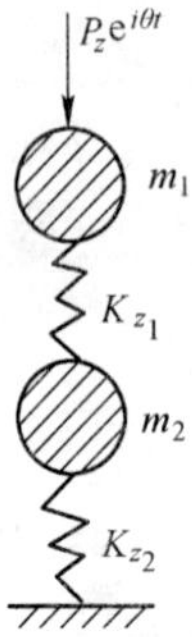

图 11－5　隔振基础两个自由度受力图

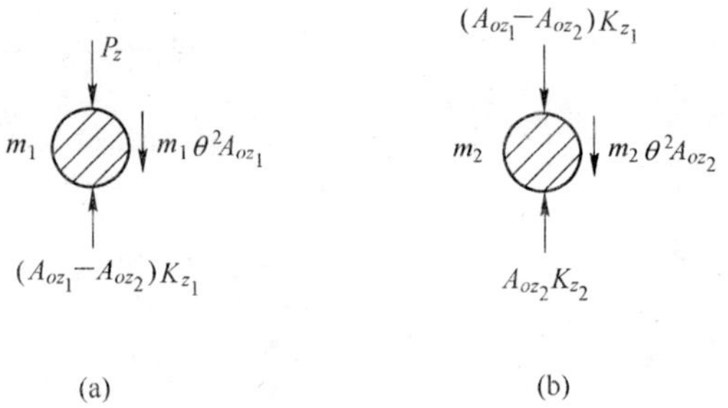

图 11－6　质量脱离体受力图

A_{oz_1}和A_{oz_2}分别为m_1和m_2的竖向振动线位移幅值。振动线位移幅值的平衡方程为

$$\begin{cases}(A_{oz_1}-A_{oz_2})K_{z_1}-m_1\theta^2 A_{oz_1}=P_z & (11-14)\\ K_{z_2}A_{oz_2}-(A_{oz_1}-A_{oz_2})K_{z_1}-m_2\theta^2 A_{oz_2}=0 & (11-15)\end{cases}$$

解此联立方程得

$$A_{oz_1}=\frac{P_z(K_{z_1}+K_{z_2}-m_2\theta^2)}{(K_{z_1}-m_1\theta^2)(K_{z_1}+K_{z_2}-m_2\theta^2)-K_{z_1}^2} \qquad (11-16)$$

11.1.2.2　绕 oz 轴的扭转振动

这是单自由度强迫振动体系，在机器的扭转扰力矩 M_z 作用下，扭转角位移 $A_{o\psi}$（幅值）为

$$A_{o\psi}=\frac{M_z}{K_{\varphi z}}\cdot\frac{1}{1-\frac{\theta^2}{\omega_{\varphi z}^2}} \qquad (11-17)$$

11.1.2.3　沿水平 x 方向、绕 y 轴的回转耦合振动

在水平扰力 P_x（幅值）作用下的隔振基础的受力状态如图 11－7 所示。

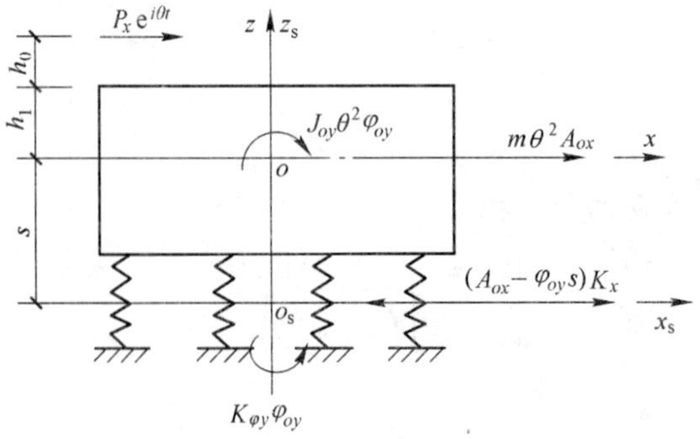

图 11－7　隔振基础水平回转耦合振动计算简图

A_{ox}—基组质心 o 点的水平振动线位移（幅值）；

φ_{oy}—基组对通过质心 o 的 x 轴的回转角位移（幅值）

动力平衡方程（幅值方程）为

$$m\theta^2 A_{ox} - K_x(A_{ox} - \varphi_{oy}s) + P_x = 0 \tag{11-18}$$

$$J_{oy}\theta^2\varphi_{oy} + K_x(A_{ox} - \varphi_{oy}s)s - K_{\varphi y}\varphi_{oy} + M_{oy} = 0 \tag{11-19}$$

式中，$M_{oy} = P_x(h_0 + h_1)$。

把式(11-18)、式(11-19)变为

$$\begin{cases}(K_x - m\theta^2)A_{ox} - K_x s\varphi_{oy} = P_x & (11-20)\\ -K_x sA_{ox} + (K_{\varphi y} + K_x s^2 - J_{oy}\theta^2)\varphi_{oy} = M_{oy} & (11-21)\end{cases}$$

解联立方程组得

$$\varphi_{oy} = \frac{(K_x - m\theta^2)M_{oy} + K_x sP_x}{(K_x - m\theta^2)(K_{\varphi y} + K_x s^2 - J_{oy}\theta^2) - K_x^2 s^2} \tag{11-22}$$

$$A_{ox} = \frac{P_x + K_x s\varphi_{oy}}{K_x - m\theta^2} \tag{11-23}$$

11.1.2.4 沿水平 y 方向、绕 x 轴的回转耦合振动

振动方程与沿水平 x 方向、绕 y 轴的回转耦合振动相类同，φ_{ox}和 A_{oy}的计算公式如下：

$$\varphi_{ox} = \frac{(K_y - m\theta^2)M_{ox} + K_y sP_y}{(K_y - m\theta^2)(K_{\varphi x} + K_y s^2 - \mathrm{J}_{ox}\theta^2) - K_y^2 s^2} \tag{11-24}$$

$$A_{oy} = \frac{P_y + K_y s\varphi_{ox}}{K_y - m\theta^2} \tag{11-25}$$

式中 P_y——沿 y 轴方向的水平扰力幅值。

$$M_{ox} = P_y(h_0 + h_1)$$

式(11-22)~式(11-25)是按水平回转耦合振动推导出来的，如果近似地把水平回转耦合振动分别按水平和回转两个单自由度的振动来考虑，则由式(11-21)得

$$(K_{\varphi y} + K_x s^2 - J_{oy}\theta^2)\varphi_{oy} = M_{oy}$$

则

$$\varphi_{oy} = \frac{M_{oy}}{K_{\varphi y} + K_x s^2 - J_{oy}\theta^2} \tag{11-26}$$

由式(11-20)得

$$(K_x - m\theta^2)A_{ox} = P_x$$

则

$$A_{ox} = \frac{P_x}{K_x - m\theta^2} = \frac{P_x}{K_x}\cdot\frac{1}{1 - \dfrac{\theta^2}{\omega^2}} \tag{11-27}$$

同样

$$\varphi_{ox} = \frac{M_{ox}}{K_{\varphi x} + K_y s^2 - J_{ox}\theta^2} \tag{11-28}$$

$$A_{oy} = \frac{P_y}{K_y}\cdot\frac{1}{1 - \dfrac{\theta^2}{\omega^2}} \tag{11-29}$$

实际工程的实算结果表明，计算自振频率时按两个自由度来考虑，而计算振动线位移时近似地按水平和回转单自由度来考虑，与按两个自由度来考虑，其计算的结果一般相差不大，但是要简单得多。

11.2　隔振器弹簧的设计

本节主要介绍用于积极隔振的钢弹簧的设计。

圆柱螺旋钢弹簧隔振器应用比较广泛，它的性能好、疲劳强度高、力学性能稳定，已广泛用于各种机械、交通工具等，是能用于承受较重负荷的比较大的弹簧。弹簧钢能抗高(低)温，因而可用于较高(低)工作温度环境的弹簧，例如经常使用的热轧弹簧钢，最低温度可用于 -40℃，而最高温度根据钢牌号的不同可用于 120 ~ 250℃。

弹簧材料的重要参数之一——剪变模量 G 受工作温度的影响很小，例如，对某些常用的钢弹簧，当工作温度小于或等于 60℃时，G 值不会受到影响，当工作温度超过 60℃时，常温下的 G 值才要进行修正。修正后的剪变模量 G_t 值按下式计算：

$$G_t = k_t G \tag{11-30}$$

式中，k_t 为温度修正系数，其值按表 11 - 1 选取。

表 11 - 1　k_t 值选用表

材　料	工作温度/℃			
	≤60	150	200	250
	k_t			
铬钒钢	1	0.96	0.95	0.94
硅锰钢	1	0.99	0.98	0.98
不锈钢	1	0.95	0.94	0.92
青　铜	1	0.95	0.94	0.92

由表 11 - 1 可以看出，钢弹簧用作隔振器时，适应的工作温度的范围较大，是其他隔振材料(例如橡胶)无法比拟的。圆柱螺旋钢弹簧隔振器在动力基础积极隔振中应用最广泛，但是钢弹簧也有不足之处，即阻尼比较小，非弹性阻力系数 γ 仅为 0.01 左右。

下面介绍圆柱螺旋压缩钢弹簧的计算。

11.2.1　弹簧的常用材料

动力基础积极隔振中，弹簧的常用材料为热轧弹簧钢，见表 11 - 2。

表 11 - 2　弹簧材料表

牌　号	直径规格/mm	剪变模量 G /N · mm^{-2}	许用剪应力[τ] /N · mm^{-2}	工作温度范围 /℃
65Mn	5 ~ 80	78×10^3	340	-40 ~ 120
55Si2Mn			445	-40 ~ 200
55Si2MnB			445	-40 ~ 200
60Si2Mn			445	-40 ~ 200
60Si2MnA			445	-40 ~ 200
50CrVA			445	-40 ~ 210
55CrMnA			430	-40 ~ 250
60CrMnA			430	-40 ~ 250

表中许用剪应力[τ]为受变负荷作用次数在 1.0×10^6 次以上的弹簧的许用剪应力，用于动力基础积极隔振的弹簧基本上都属于这种情况。

11.2.2　弹簧的设计与计算

一个弹簧所承受的竖向荷载为

$$P'=\frac{P}{n} \tag{11-31}$$

式中　n——隔振器的弹簧个数；

P——作用在隔振器上的竖向荷载，$P=Q+1.5P_d$，Q 为静荷载，P_d 为隔振基础振动线位移产生的动荷载，P_d 一般较小，可以忽略不计。

弹簧的旋绕比 $c=\dfrac{D}{d}$，其推荐值根据材料直径 d 在表 11－3 中选取(式中，D 为弹簧中径)。

表 11－3　c 值选用表

d/mm	2.5～6.0	7.0～16	≥18
c	4～9	4～8	4～16

图 11－8(a)为弹簧受力图，图 11－8(b)为弹簧任一横截面图，截面内的扭矩 $M_T=P'\cdot\dfrac{D}{2}$，剪力 $V=P'$。作为近似解，通常可忽略与剪力 V 相应的剪应力，于是，由材料力学可知，弹簧杆横截面上的最大扭转剪应力为

$$\tau=k\frac{M_T}{W_T}=k\frac{P'\cdot\dfrac{D}{2}}{\dfrac{\pi}{16}d^3}=k\frac{8DP'}{\pi d^3}=k\frac{8cP'}{\pi d^2} \tag{11-32}$$

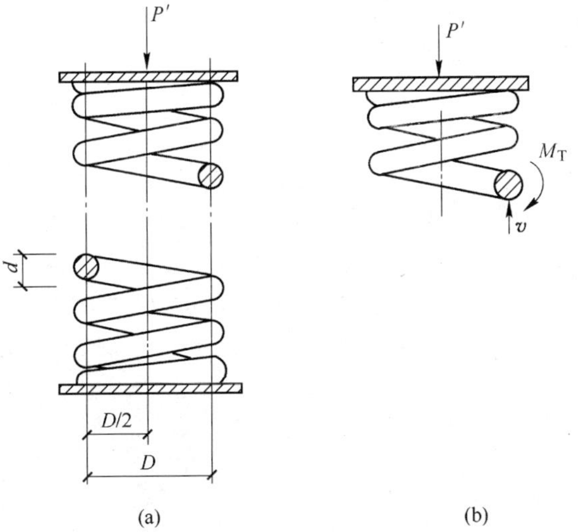

图 11－8　弹簧受力图

式中，k 为曲度系数，其数值可按式（11－33）计算，或根据旋绕比 c 由图 11－9 查得。

$$k=\frac{4c-1}{4c-4}+\frac{0.615}{c} \tag{11-33}$$

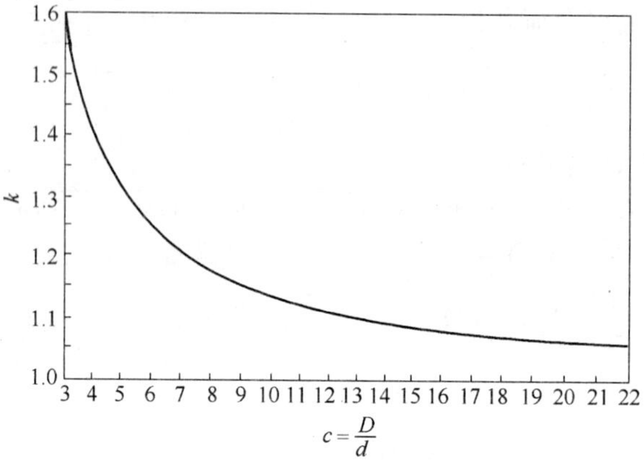

图 11－9　曲线系数计算图

由式（11－32）得弹簧材料的直径 d 为

$$d=1.6\sqrt{\frac{kP'c}{[\tau]}} \tag{11-34}$$

式中，$[\tau]$ 为弹簧材料许用剪应力（见表 11－2）。

当弹簧所受外力不超过一定限度时，其变形 f 与外力 P' 成正比，所以弹簧变形为 f 时，外力 P' 所做的功为

$$W=\frac{1}{2}P'f \tag{11-35}$$

若只考虑弹簧杆扭转的作用，由材料力学可知，弹簧杆内的应变能 U 为

$$U=\frac{P'^2\frac{D^2}{4}2\pi\frac{D}{2}i_1}{2GI_P} \tag{11-36}$$

式中　i_1——弹簧有效圈数；

I_P——弹簧杆横截面的极惯性矩，$I_P=\frac{\pi d^4}{32}$。

由 $W=U$ 得弹簧在外力 P' 作用下的变形 f：

$$f=\frac{8D^3i_1P'}{Gd^4}=\frac{8c^3i_1P'}{Gd} \tag{11-37}$$

由式（11－37）求得 i_1 为

$$i_1=\frac{Gd^4f}{8D^3P'}=\frac{GD}{8c^4K'_{zi}} \tag{11-38}$$

式中，$K'_{zi}=\frac{P'}{f}$，为一个弹簧的竖向刚度。

为了避免荷载偏心引起过大的附加力，同时为了保证稳定的刚度，有效工作圈数 i_1 一般不少于 3 圈，最少不少于 2 圈。

弹簧总圈数为

$$i = i_1 + i_2 \tag{11-39}$$

其尾数应为$\frac{1}{4}$、$\frac{1}{2}$、$\frac{3}{4}$或整圈，推荐用$\frac{1}{2}$圈。

弹簧的支承圈数 i_2 可按文献[27]表 6 所列的情况选取（表 6 中的支承圈数符号为 n_2）。一般当 $i_1 \leqslant 7$ 时，取 $i_2 = 1.5$；当 $i_1 > 7$ 时，取 $i_2 = 2.5$。

弹簧的自由高度 H_0 受端部结构的影响，难以计算出精确值。用于隔振基础的弹簧一般两端圈磨平，H_0 可近似地取为

$$H_0 = i_1 t + (i_2 - 0.5)d \tag{11-40}$$

一般要求 $H_0/D \leqslant 2$。

式中，t 为弹簧节距。

$$t = d + \frac{f}{i_1} + \delta = (0.28 \sim 0.5)D \tag{11-41}$$

式中，δ 称为余隙，是最大工作荷载 P' 作用下，有效圈相互之间应保留的间隙，可取 $\delta \geqslant 0.1d$。

螺旋角 α 按下式计算：

$$\alpha = \arctan\frac{t}{\pi D} \tag{11-42}$$

推荐值为 5° ~9°。

弹簧材料展开长度为

$$L = \frac{\pi D i}{\cos\alpha} \approx \pi D i \tag{11-43}$$

弹簧的水平刚度可按图 11-10 查得。图中 H_P 为静荷载作用下的弹簧高度。

$$H_P = H_0 - f \tag{11-44}$$

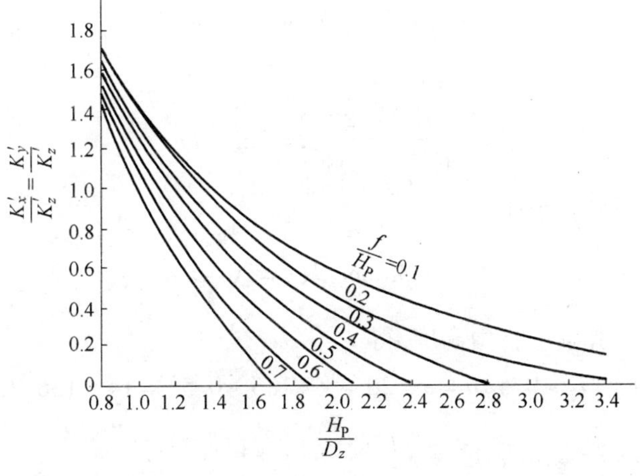

图 11-10　弹簧水平刚度计算图

11.2.3　算例

某通风机隔振基础，基组（包括通风机、电动机和钢筋混凝土台座）总静重为 19000N（标准值），隔振要求隔振器的总刚度为 720N/mm。材料采用 60Si2Mn 钢，试设计隔振器的钢弹簧。

设计过程如下：

隔振器采用四个弹簧，每个弹簧承受的静荷载（忽略动力荷载）为

$$P' = \frac{P}{n} = \frac{19000}{4} = 4750\text{N}$$

要求每个弹簧的竖向刚度为

$$K'_{zi} = \frac{720}{4} = 180\text{N/m}$$

取 $c = \dfrac{D}{d} = 5$。从图 11－9 查得 $k = 1.31$［由式（11－33）可计算得相同的数值］。

从表 11－2 查得［τ］＝445N/mm，由式（11－34）可算得钢丝直径为

$$d = 1.6\sqrt{\frac{kPc}{[\tau]}} = 1.6\sqrt{\frac{1.31 \times 4750 \times 5}{445}} = 13.38\text{mm}$$

取 $d = 14$mm。则

$$D = 14 \times 5 = 70\text{mm}$$

由表 11－2 查得 $G = 78 \times 10^3\text{N/mm}^2$，则由式（11－38）算得弹簧的有效圈数为

$$i_1 = \frac{GD}{8c^4K'_{zi}} = \frac{78 \times 10^3 \times 70}{8 \times 5^4 \times 180} = 6.07\ 圈$$

取 $i_1 = 6$ 圈，此时

$$K'_{zi} = \frac{GD}{8c^4 i_1} = \frac{78 \times 10^3 \times 70}{8 \times 5^4 \times 6} = 182\text{N/mm}^2$$

由式（11－39）计算弹簧总圈数 i，得

$$i = i_1 + i_2 = 6 + 1.5 = 7.5\ 圈$$

弹簧变形 f 为

$$f = \frac{8D^3 i_1 P'}{Gd^4} = \frac{4750}{182} = 26.1\text{mm}$$

由式（11－41）算得弹簧节距为

$t = d + \dfrac{f}{i_1} + \delta = 14 + \dfrac{26.1}{6} + 2.0 = 20.35$mm，取 $t = 20.4$mm。

由式（11－40）计算弹簧的自由高度，得

$$H_0 = i_1 t + (i_2 - 0.5)d = 6 \times 20.4 + (1.5 - 0.5) \times 14 = 136.4\text{mm}$$

则 $\dfrac{H_0}{D} = \dfrac{136.4}{70} = 1.95 < 2$，故满足要求。

由式（11－42）计算螺旋角 α，得

$$\alpha = \arctan \frac{t}{\pi D} = \arctan \frac{20.4}{\pi \times 70} = 5.3^\circ$$

弹簧材料展开长度为

$$L = \frac{\pi D i}{\cos\alpha} = \frac{\pi \times 70 \times 7.5}{\cos 5.3^\circ} = 1656\text{mm}$$

求水平刚度 K'_x 和 K'_y：

因 $f = 26.1\text{mm}$，则

$$H_P = H_0 - f = 136.4 - 26.1 = 110.3\text{mm}$$

$$\frac{f}{H_P} = \frac{26.1}{110.3} = 0.237$$

$$\frac{H_P}{D} = \frac{110.3}{70} = 1.58$$

查图 11－10 可知

$$\frac{K'_{xi}}{K'_{zi}} = \frac{K'_{yi}}{K'_{zi}} = 0.71$$

则一个弹簧的水平刚度为

$$K'_{xi} = K'_{yi} = 0.71 \times 182 = 129.22\text{N/mm}$$

弹簧竖向自振频率为

$$\omega = \sqrt{\frac{K'_{zi} \times 9810}{P'}} = \sqrt{\frac{182 \times 9810}{4750}} = 19.39\text{rad/s}$$

11.3　隔振弹簧选用表

为了提高设计人员的工作效率，减少弹簧设计的计算工作量，作者根据弹簧设计的国家最新标准，并结合多年进行动力基础积极隔振设计的经验，从实际工程出发，编制了 123 种用于积极隔振的弹簧的性能规格表。这些弹簧的性能规格基本上能满足各种动力机器基础积极隔振的需要，具体性能规格见表 11－4。

表 11－4 中，弹簧材料牌号为经常使用的 55Si2Mn、55Si2MnB、60Si2Mn、60Si2MnA 及 50CrVA，剪变模量 $G = 78 \times 10^3\text{N/mm}^2$，许用剪应力 $[\tau] = 445\text{N/mm}^2$。在此需说明的是，表中 123 种弹簧的适用温度都不大于 60℃，如果温度高于 60℃，G 值要进行修正，其他参数也随之会有相应的改变，但修正工作量不会很大。弹簧简图见图 11－11。具体选用方法和过程参见 11.4 节介绍的工程实例。

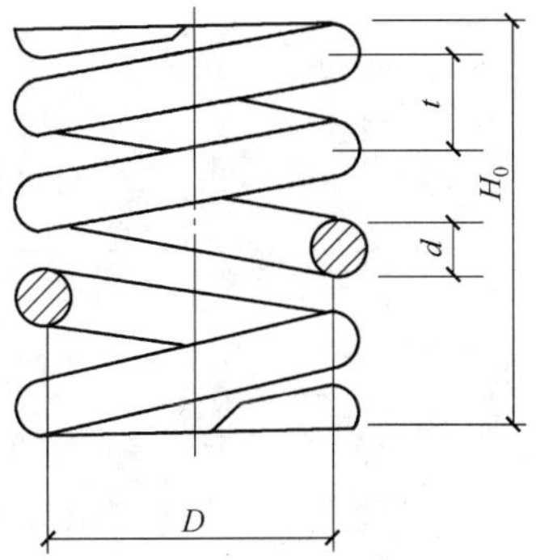

图 11－11　弹簧简图

表 11-4　隔振弹簧性能规格表

隔振弹簧编号	竖向刚度 K'_z/N·mm^{-1}	容许荷载 P'/N	在 P' 作用下			弹簧直径 d/mm	弹簧中径 D/mm	弹簧节距 t/mm	工作圈数 i_1	总圈数 i	自由高度 H_0/mm	总长度 L/mm
			静压缩变形 f/mm	水平刚度 K'_x、K'_y /N·mm^{-1}	自振圆频率 ω/rad·s^{-1}							
TG-1	34.1	737	21.6	33.1	21.3	6	42	13.0	5	6.5	71.0	862
TG-2	45.5	1310	28.8	45.5	18.46	8	56	17.0	5	6.5	93.0	1150
TG-3	46.2	1936	41.9	49.9	15.30	10	75	22.0	5	6.5	120.0	1538
TG-4	55.5	2787	50.2	56.6	13.98	12	90	27.0	5	6.5	147.0	1846
TG-5	56.9	1310	23.0	94.0	20.64	8	56	17.0	4	5.5	76.0	972
TG-6	56.9	2047	36.0	58.0	16.51	10	70	21.0	5	6.5	115.0	1436
TG-7	57.8	1936	33.5	76.9	17.11	10	75	22.0	4	5.5	98.0	1302
TG-8	64.7	3794	58.6	72.5	12.93	14	105	31.5	5	6.5	171.5	2134
TG-9	68.2	2950	42.3	68.2	15.06	12	84	25.5	5	6.5	139.5	1723
TG-10	69.3	2787	40.2	93.6	15.62	12	90	27.0	4	5.5	120.0	1562
TG-11	70.0	2172	31.0	63.9	17.78	10	65	20.0	5	6.5	110.0	1334
TG-12	71.1	2047	28.8	92.4	18.46	10	70	21.0	4	5.5	94.0	1215
TG-13	72.2	1480	20.5	64.3	21.88	8	48	17.0	5	6.5	83.0	985
TG-14	74.0	4955	67.0	77.7	12.10	16	120	35.5	5	6.5	193.5	2461
TG-15	79.6	4013	50.4	89.9	13.95	14	98	29.5	5	6.5	161.5	2010
TG-16	80.9	3794	46.9	105.2	14.46	14	105	31.5	4	5.5	140.0	1822
TG-17	83.2	6272	75.4	87.4	11.41	18	135	40.0	5	6.5	218.0	2769
TG-18	85.2	3128	36.7	80.9	16.35	12	78	24.0	5	6.5	132.0	1600

续表 11-4

隔振弹簧编号	竖向刚度 K'_z/N·mm^{-1}	容许荷载 P'/N	在 P' 作用下			弹簧直径 d/mm	弹簧中径 D/mm	弹簧节距 t/mm	工作圈数 i_1	总圈数 i	自由高度 H_0/mm	总长度 L/mm
			静压缩变形 f/mm	水平刚度 K'_x、K'_y /N·mm^{-1}	自振圆频率 ω/rad·s^{-1}							
TG-19	85.3	2950	34.6	109.2	16.84	12	84	25.5	4	5.5	114.0	1458
TG-20	88.8	2172	24.5	97.7	20.03	10	65	20.0	4	5.5	90.0	1128
TG-21	90.3	1480	16.4	108.4	24.47	8	48	15.0	4	5.5	68.0	833
TG-22	90.3	2312	25.6	81.3	19.57	10	60	19.0	5	6.5	105.0	1231
TG-23	91.0	5241	57.6	94.6	13.05	16	112	33.5	5	6.5	183.5	2297
TG-24	92.4	4955	53.6	127.5	13.53	16	120	35.5	4	5.5	158.0	2082
TG-25	92.4	7743	83.8	96.1	10.82	20	150	44.5	5	6.5	242.5	3077
TG-26	93.6	955	10.2	65.5	31.00	6	30	10.5	5	6.5	58.5	616
TG-27	99.4	4258	42.8	99.4	15.13	14	91	28.0	5	6.5	154.0	1867
TG-28	99.5	4013	40.3	129.4	15.60	14	98	29.5	4	5.5	132.0	1707
TG-29	102.3	6634	64.8	105.4	12.30	18	126	38.0	5	6.5	208.0	2585
TG-30	104.0	6272	60.3	140.4	12.75	18	135	40.0	4	5.5	178.0	2343
TG-31	106.5	3128	29.4	136.3	18.28	12	78	24.0	4	5.5	108.0	1354
TG-32	108.3	3331	30.8	89.9	17.86	12	72	23.0	5	6.5	127.0	1478
TG-33	112.8	2312	20.5	129.7	21.88	10	60	19.0	4	5.5	86.0	1042
TG-34	113.6	5562	49.0	104.5	14.15	16	104	32.0	5	6.5	176	2134
TG-35	113.7	5241	46.1	147.8	14.59	16	112	33.5	4	5.5	150	1943
TG-36	113.7	8190	72.0	94.4	11.67	20	140	42.5	5	6.5	232.5	2872

续表 11-4

隔振弹簧编号	竖向刚度 K'_z/N·mm^{-1}	容许荷载 P'/N	在 P' 作用下 静压缩变形 f/mm	在 P' 作用下 水平刚度 K'_x、K'_y /N·mm^{-1}	在 P' 作用下 自振圆频率 ω/rad·s^{-1}	弹簧直径 d/mm	弹簧中径 D/mm	弹簧节距 t/mm	工作圈数 i_1	总圈数 i	自由高度 H_0/mm	总长度 L/mm
TG-37	115.6	7743	67.0	156.1	12.10	20	150	44.5	4	5.5	198	2603
TG-38	117.2	2472	21.8	96.1	21.57	10	55	18.0	5	6.5	100	1129
TG-39	120.4	1480	12.3	180.6	28.25	8	48	15.0	3	4.5	53	682
TG-40	124.3	4258	34.3	159.1	16.92	14	91	28.0	4	5.5	126	1580
TG-41	124.8	1698	13.6	87.4	26.83	8	40	14.0	5	6.5	78	822
TG-42	126.4	4534	35.9	103.6	16.54	14	84	27.0	5	6.5	149	1724
TG-43	127.8	7039	55.1	118.9	13.35	18	117	36.0	5	6.5	198	2401
TG-44	127.9	6634	51.9	163.7	13.75	18	126	38.0	4	5.5	170	2187
TG-45	135.4	3331	24.6	151.6	19.97	12	72	23.0	4	5.5	104	1251
TG-46	140.6	3560	25.3	112.5	19.68	12	66	22.0	5	6.5	122	1355
TG-47	142.0	5562	39.2	181.8	15.83	16	104	32.0	4	5.5	144	1806
TG-48	142.0	8690	61.2	130.4	12.66	20	130	40.0	5	6.5	220	2668
TG-49	144.4	5921	41.0	130.0	15.47	16	96	30.0	5	6.5	166	1970
TG-50	146.5	2472	16.9	164.1	24.11	10	55	18.0	4	5.5	82	955
TG-51	156.0	1698	10.9	156.0	30.02	8	40	14.0	4	5.5	64	696
TG-52	156.0	2653	17.0	112.3	24.02	10	50	17.5	5	6.5	97.5	1028
TG-53	156.2	10515	67.3	156.2	12.07	22	143	44.0	5	6.5	242	2934
TG-54	158.0	4534	28.7	177.0	18.49	14	84	27.0	4	5.5	122	1459

续表 11 – 4

隔振弹簧编号	竖向刚度 K'_z/N · mm^{-1}	容许荷载 P'/N	在 P' 作用下			弹簧直径 d/mm	弹簧中径 D/mm	弹簧节距 t/mm	工作圈数 i_1	总圈数 i	自由高度 H_0/mm	总长度 L/mm
			静压缩变形 f/mm	水平刚度 K'_x、K'_y /N · mm^{-1}	自振圆频率 ω/rad · s^{-1}							
TG – 55	159. 8	7039	44. 0	202. 9	14. 92	18	117	36. 0	4	5. 5	162	2032
TG – 56	162. 5	7494	46. 1	138. 1	14. 58	18	108	34. 5	5	6. 5	190. 5	2217
TG – 57	164. 1	4845	29. 5	128. 0	18. 23	14	77	25. 5	5	6. 5	141. 5	1580
TG – 58	175. 8	3560	20. 3	189. 9	19. 97	12	66	22. 0	4	5. 5	100	1147
TG – 59	177. 5	8690	49. 0	227. 2	14. 16	20	130	40. 0	4	5. 5	180	2256
TG – 60	180. 6	5921	32. 8	200. 5	17. 30	16	96	30. 5	4	5. 5	138	1668
TG – 61	180. 6	9252	51. 2	158. 9	13. 84	20	120	38. 0	5	6. 5	210	2463
TG – 62	187. 2	3820	20. 4	131. 0	21. 93	12	60	21. 0	5	6. 5	117	1233
TG – 63	187. 5	6329	33. 8	163. 1	17. 05	16	88	29. 0	5	6. 5	161	1808
TG – 64	195. 0	2653	13. 6	179. 4	26. 85	10	50	17. 5	4	5. 5	80	870
TG – 65	195. 3	10515	53. 8	250. 0	13. 50	22	143	44. 0	4	5. 5	198	2482
TG – 66	198. 6	11195	56. 4	174. 8	13. 19	22	132	42. 0	5	6. 5	232	2710
TG – 67	203. 1	7494	36. 9	225. 4	16. 31	18	108	34. 5	4	5. 5	156	1875
TG – 68	205. 1	4845	23. 6	225. 6	20. 38	14	77	25. 5	4	5. 5	116. 0	1338
TG – 69	208. 0	1698	8. 2	285. 0	34. 67	8	40	14. 0	3	4. 5	50. 0	570
TG – 70	210. 6	4534	21. 5	315. 9	21. 35	14	84	27. 0	3	4. 5	95. 0	1194
TG – 71	211. 0	8010	38. 0	170. 9	16. 08	18	99	32. 5	5	6. 5	180. 5	2033
TG – 72	214. 0	2859	13. 4	139. 1	27. 10	10	45	16. 0	5	6. 5	90. 0	925

续表11-4

隔振弹簧编号	竖向刚度 K'_z/N·mm^{-1}	容许荷载 P'/N	在P'作用下 静压缩变形 f/mm	在P'作用下 水平刚度 K'_x、K'_y /N·mm^{-1}	在P'作用下 自振圆频率 ω/rad·s^{-1}	弹簧直径 d/mm	弹簧中径 D/mm	弹簧节距 t/mm	工作圈数 i_1	总圈数 i	自由高度 H_0/mm	总长度 L/mm
TG-73	218.4	5200	23.8	152.9	20.30	14	70	24.5	5	6.5	136.5	1439
TG-74	225.7	9252	41.0	268.6	15.47	20	120	38.0	4	5.5	172.0	2084
TG-75	228.5	1114	4.9	175.9	44.86	6	24	9.5	4	5.5	44.0	418
TG-76	234.0	3820	16.3	215.3	24.51	12	60	21.0	4	5.5	96.0	1043
TG-77	234.4	6329	27.0	257.8	19.06	16	88	29.0	4	5.5	132.0	1529
TG-78	234.4	9888	42.2	187.5	15.25	20	110	36.5	5	6.5	202.5	2260
TG-79	240.7	5921	24.6	361.1	19.97	16	96	30.5	3	4.5	107.5	1364
TG-80	248.3	11195	45.1	280.6	14.75	22	132	42	4	5.5	190.0	2292
TG-81	249.6	6791	27.2	179.7	18.99	16	80	27.5	5	6.5	153.5	1644
TG-82	256.8	4117	16.0	141.2	24.74	12	54	19.0	5	6.5	107.0	1110
TG-83	257.9	11965	46.4	206.3	14.54	22	121	40.0	5	6.5	222.0	2486
TG-84	263.7	8010	30.4	290.1	17.97	18	99	32.5	4	5.5	148.0	1720
TG-85	267.5	2859	10.7	240.8	30.30	10	45	16.5	4	5.5	76.0	783
TG-86	270.8	7494	27.7	406.2	18.83	18	108	34.5	3	4.5	121.5	1534
TG-87	273.0	5200	19.0	253.9	22.69	14	70	24.5	4	5.5	112.0	1217
TG-88	280.8	8595	30.6	202.2	17.90	18	90	31.0	5	6.5	173.0	1850
TG-89	293.0	9888	33.7	319.4	17.05	20	110	36.5	4	5.5	166.0	1912
TG-90	299.6	5604	18.7	188.7	22.90	14	63	23.5	5	6.5	131.5	1294

续表 11-4

隔振弹簧编号	竖向刚度 K'_z/N·mm^{-1}	容许荷载 P'/N	在 P' 作用下			弹簧直径 d/mm	弹簧中径 D/mm	弹簧节距 t/mm	工作圈数 i_1	总圈数 i	自由高度 H_0/mm	总长度 L/mm
			静压缩变形 f/mm	水平刚度 K'_x、K'_y /N·mm^{-1}	自振圆频率 ω/rad·s^{-1}							
TG-91	304.7	1981	6.5	228.5	38.84	8	32	13.0	4	5.5	60.0	558
TG-92	312.0	6791	21.8	305.8	21.23	16	80	27.5	4	5.5	126.0	1391
TG-93	312.0	10611	34.0	218.4	16.98	20	100	35.0	5	6.5	195.0	2055
TG-94	321.0	4117	12.8	282.5	27.67	12	54	20.0	4	5.5	92.0	940
TG-95	322.3	11965	37.1	354.5	16.26	22	121	40.0	4	5.5	182.0	2102
TG-96	342.4	7320	21.4	239.7	21.42	16	72	25.5	5	6.5	143.5	1480
TG-97	343.2	12840	37.4	247.1	16.19	22	110	38.0	5	6.5	212.0	2261
TG-98	351.0	8595	24.5	344.0	20.02	18	90	31.0	4	5.5	142.0	1565
TG-99	364.0	5200	14.3	473.2	26.20	14	70	24.5	3	4.5	87.5	997
TG-100	374.5	5604	15.0	333.3	25.60	14	63	23.5	4	5.5	108.0	1097
TG-101	380.9	3096	8.1	270.4	34.74	10	40	16.0	4	5.5	74.0	697
TG-102	385.2	9264	24.0	269.6	20.20	18	81	28.5	5	6.5	160.5	1664
TG-103	390.0	10611	27.2	362.7	18.99	20	100	35.0	4	5.5	160.0	1739
TG-104	416.0	6791	16.3	545.0	24.51	16	80	27.5	3	4.5	98.5	1152
TG-105	428.0	4117	9.6	522.2	31.93	12	54	20.0	3	4.5	72.0	769
TG-106	428.0	7320	17.1	372.4	23.95	16	72	26.5	4	5.5	122.0	1253
TG-107	428.0	11437	26.7	291.0	19.16	20	90	32.0	5	6.5	180.0	1850
TG-108	429.0	12840	29.9	429.0	18.10	22	110	38.0	4	5.5	174.0	1912

续表 11-4

隔振弹簧编号	竖向刚度 K'_z/N·mm^{-1}	容许荷载 P'/N	在 P' 作用下			弹簧直径 d/mm	弹簧中径 D/mm	弹簧节距 t/mm	工作圈数 i_1	总圈数 i	自由高度 H_0/mm	总长度 L/mm
			静压缩变形 f/mm	水平刚度 K'_x、K'_y /N·mm^{-1}	自振圆频率 ω/rad·s^{-1}							
TG-109	457.0	4458	9.8	329.0	31.71	12	48	19.0	4	5.5	88.0	837
TG-110	468.0	8595	18.4	608.4	23.11	18	90	31.0	3	4.5	111.0	1281
TG-111	470.8	13839	29.4	329.6	18.27	22	99	35.0	5	6.5	197.0	2034
TG-112	481.5	9264	19.2	433.4	22.58	18	81	30.0	4	5.5	138.0	1410
TG-113	533.2	6068	11.4	383.9	29.36	14	56	22.5	4	5.5	104.0	976
TG-114	535.0	11437	21.4	476.2	21.42	20	90	33.5	4	5.5	154.0	1567
TG-115	572.0	12840	22.4	743.6	20.70	22	110	38.0	3	4.5	136.0	1565
TG-116	588.5	13839	23.5	412.0	20.42	22	99	36.5	4	5.5	168.0	1723
TG-117	609.4	7925	13.0	444.9	27.47	16	64	25.5	4	5.5	118.0	1115
TG-118	761.7	12383	16.3	571.3	24.56	20	80	32.0	4	5.5	148.0	1395
TG-119	784.6	13839	17.6	957.2	23.58	22	99	36.5	3	4.5	131.5	1410
TG-120	837.9	14984	17.9	611.7	23.42	22	88	35.0	4	5.5	162.0	1533
TG-121	914.1	10030	11.0	968.9	29.90	18	72	29.0	3	4.5	105.0	1027
TG-122	1015.6	12383	12.2	1096.8	28.37	20	80	32.0	3	4.5	116.0	1141
TG-123	1117.2	14984	13.4	1206.6	27.04	22	88	35.0	3	4.5	127.0	1255

11.4 工程实例

某工程主体结构为四层钢筋混凝土框架，层高5.5m。在第三层楼层上安装有两台WL-450型离心机。由于设备布置等原因，楼层梁截面尺寸受到一定限制。为了使离心机的振动竖向线位移不超过允许值，减小离心机扰力传到梁上的动荷载，对离心机进行积极隔振，即设计隔振基础。

11.4.1 设计条件

设计条件如下：

(1)离心机重量：

转鼓	2.43kN
减速箱	1.5kN
物料	0.4kN
螺旋	1.5kN
底座	6.15kN
上下机壳、主轴承、进料管重量	3.18kN
转动部件重量	2.43+1.5+0.4+1.5=5.83kN
总重	15.16kN

(2)离心机转速为2900r/min。由制造厂提供的质量偏心距 $e=0.45$mm，竖向允许振动线位移为0.07mm。

(3)电机转速为2920r/min，重量为1.41kN。

(4)弹簧材料采用60Si2Mn，$[\tau]=445\text{N/mm}^2$，$G=78\times10^3\text{N/mm}^2$。

(5)机器布置及荷载分布见图11-12。

(6)扰力：离心机扰力幅值由机器制造厂提供，大小为25kN；电机扰力经计算很小，可忽略不计。

11.4.2 钢筋混凝土台座尺寸的确定

根据竖向允许振动线位移(0.07mm)估算台座尺寸。由扰力计算所需要的质量为

$$m=\frac{P_z}{a_{oz}\theta^2}=\frac{25}{0.07\times10^{-3}\times(0.105\times2900)^2}=3.85\text{t}$$

而机器质量为

$$m_{机}=\frac{G_{离}+G_{电}}{g}=\frac{15.16+1.41}{9.81}=1.69\text{t}$$

则台座板所需质量为

$$m_{台}=m-m_{机}=3.85-1.69=2.16\text{t}$$

台座板所需重量为

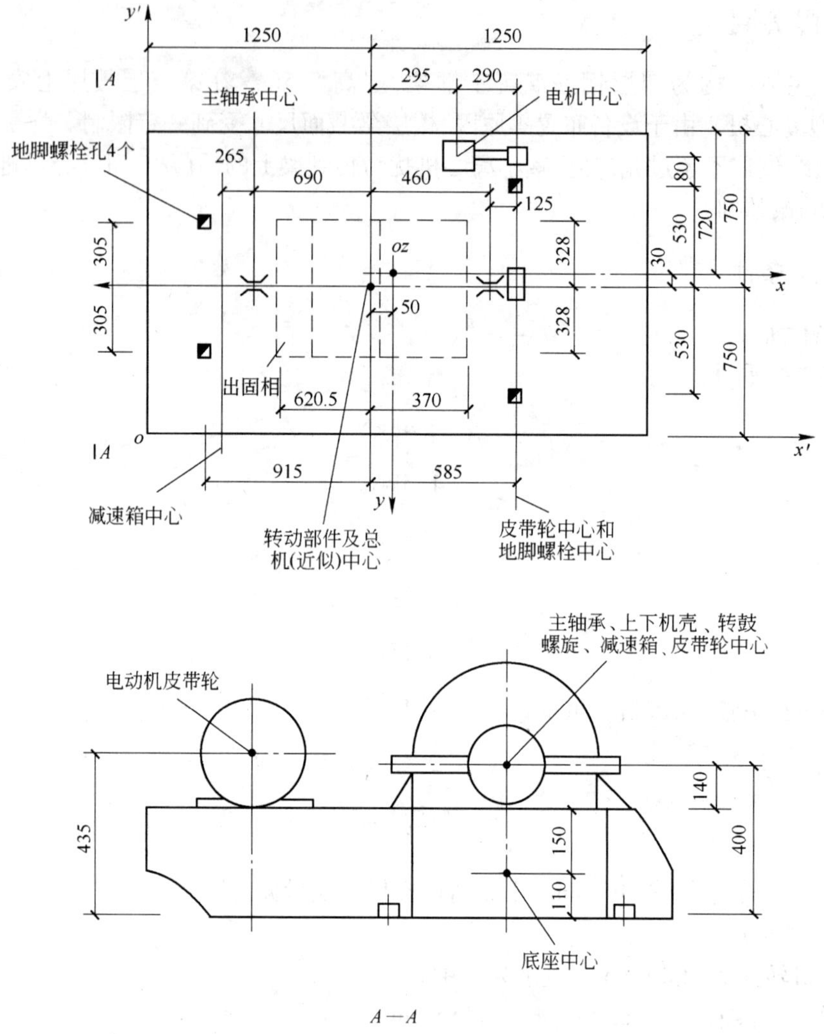

图 11 - 12　机器布置及荷载分布图

$$Q_{台} = m_{台} g = 2.16 \times 9.81 = 21.2\text{kN}$$

台座尺寸取 2.5m × 1.5m × 0.35m(中间开孔 1.2m × 0.9m),则台座重量为

$$Q_{台} = (2.5 \times 1.5 - 1.2 \times 0.9) \times 0.35 \times 25 = 23.3\text{kN} > 21.2\text{kN}$$

离心机质量为

$$m = \frac{G_{离}}{g} = \frac{15.16}{9.81} = 1.55\text{t}$$

电机质量为

$$m = \frac{G_{电}}{g} = \frac{1.41}{9.81} = 0.144\text{t}$$

台座质量为

$$m = \frac{Q_{台}}{g} = \frac{23.3}{9.81} = 2.38\text{t}$$

总重量和总质量分别为

$$\sum Q = 15.16 + 1.41 + 23.3 = 39.87\text{kN}$$

$$\sum m = 39.87/9.81 = 4.06\text{t}$$

重心计算。质量(重量)分布见图 11－13。经计算,$z = 0.370\text{m}$,$x = 1.300\text{m}$,$y = 0.780\text{m}$(标注在图 11－13 上,计算过程略)。则离心机竖向中心为

$$z = \frac{0.11 \times 6.15 + 0.4 \times 9.01}{15.16} = 0.280\text{m}$$

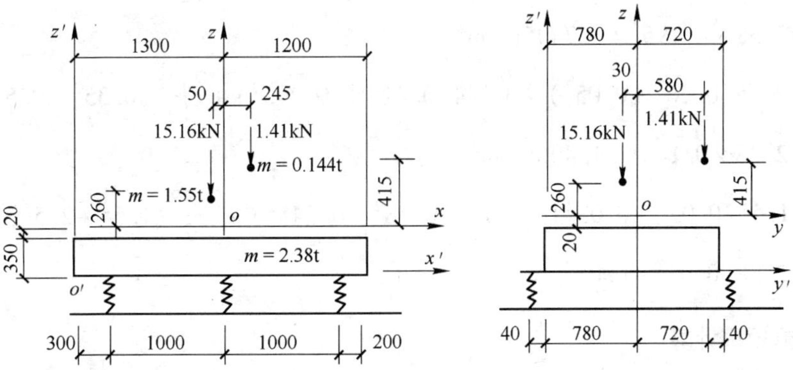

图 11－13 质量分布图

11.4.3 隔振弹簧设计

因 $\alpha = \frac{\theta}{\omega_z} \geqslant 4$,取 $\alpha = 5$,则 $\omega_z = \frac{\theta}{5} = \frac{0.105 \times 2900}{5} = 60.9\text{rad/s}$,则 $K_z = m\omega_z^2 = 4.06 \times 60.9^2 = 15060\text{kN/m} = 15060\text{N/mm}$。因选用 6 个弹簧,则每个弹簧的刚度为

$$K'_z = \frac{15060}{6} = 2510\text{N/mm}$$

一个弹簧承受的竖向荷载为

$$P' = \frac{39870}{6} = 6645\text{N}(\text{忽略动力荷载})$$

根据 K'_z 和 P' 从表 11－4 中选取 TG－117,$K'_z = 609.4\text{N/mm}$,$P' = 7925\text{N} > 6645\text{N}$,$H_0 = 118\text{mm}$,$D = 64\text{mm}$,$f = \frac{P'}{K'_z} = \frac{6645}{609.4} = 10.9\text{mm}$,$H_P = H_0 - f = 118 - 10.9 = 107.1\text{mm}$,$\frac{f}{H_P} = \frac{10.9}{107.1} = 0.1$,$\frac{H_P}{D} = \frac{107.1}{64} = 1.67$。

从图 11－10 查得 $\frac{K'_y}{K'_z} = 0.72$,则 $K'_x = K'_y = 0.72 \times 609.4 = 438.8\text{N/mm} = 438.8\text{kN/m}$。

计算角刚度 $K_{\varphi x}$、$K_{\varphi y}$ 和 $K_{\varphi z}$:

$$K_{\varphi x} = \sum K'_{zi} y_i^2 = 609.4(3 \times 820^2 + 3 \times 760^2) = 0.2285 \times 10^{10}\text{N} \cdot \text{mm} = 2285.0\text{kN} \cdot \text{m}$$

$$K_{\varphi y} = \sum K'_{zi} x_i^2 = 4 \times 609.4 \times 1000^2 = 0.2438 \times 10^{10}\text{N} \cdot \text{mm} = 2438.0\text{kN} \cdot \text{m}$$

$$K_{\varphi z}=\sum K'_{yi}x_i^2+\sum K'_{xi}y_i^2=4\times438.8\times1000^2+438.8\times3(820^2+760^2)$$
$$=0.3401\times10^{10}\text{N}\cdot\text{mm}=3401\text{kN}\cdot\text{m}$$

11.4.4 质量惯性矩计算

质量中心到弹簧刚度中心的距离 $s=z+\dfrac{H_P}{2}=370+\dfrac{107.1}{2}=423.55\text{mm}$。

$$J_{ox}=1.55(0.26^2+0.03^2)+0.144(0.415^2+0.58^2)+\frac{2.38}{12}(0.35^2+1.5^2)+$$
$$2.38\times0.195^2=0.7405\text{t}\cdot\text{m}^2$$

$$J_{oy}=1.55(0.26^2+0.05^2)+0.144(0.415^2+0.245^2)+\frac{2.38}{12}(0.35^2+2.5^2)+$$
$$2.38\times0.195^2=1.496\text{t}\cdot\text{m}^2$$

$$J_{oz}=1.55(0.05^2+0.03^2)+0.144(0.58^2+0.245^2)+\frac{2.38}{12}(1.5^2+2.5^2)+$$
$$2.38(0.03^2+0.05^2)=1.756\text{t}\cdot\text{m}^2$$

11.4.5 自振频率计算

该离心机的隔振基础置放在钢筋混凝土框架梁上，由于梁的竖向刚度比弹簧隔振器竖向刚度大得多，所以隔振基础在竖向按单自由度考虑。

由式(11－6)可得

$$\omega_x^2=\frac{K_x}{\sum m}=\frac{6K'_x}{\sum m}=\frac{438.8\times6}{4.06}=648.47(\text{rad/s})^2$$

由式(11－7)可得

$$\omega_{\varphi y}^2=\frac{2438.0+438.8\times6\times0.4236^2}{1.496}=1945.47(\text{rad/s})^2$$

由式(11－9)，把 $\omega_{1,2}$ 写为 $\omega_{o\varphi y_{1,2}}$，有

$$\omega_{o\varphi y_{1,2}}^2=\frac{1}{2}\left[(648.47+1945.47)\mp\sqrt{(648.47-1945.47)^2+\frac{4\times4.06\times0.4236^2\times648.47^2}{1.496}}\right]$$
$$=\frac{1}{2}[2593.94\mp1581.56]=\frac{506.19}{2087.75}(\text{rad/s})^2$$

$\omega_{o\varphi y_1}=22.5\text{rad/s}$

$\omega_{o\varphi y_2}=45.69\text{rad/s}$

$\dfrac{\theta}{\omega_{o\varphi y_2}}=\dfrac{304.5}{45.69}=6.66>2.5$

由式(11－11)可得

$$\omega_y^2=\frac{438.8\times6}{4.06}=648.47(\text{rad/s})^2$$

由式(11－12)可得

$$\omega_{\varphi x}^2=\frac{2285.0+438.8\times6\times0.4326^2}{0.7405}=3751.13(\text{rad/s})^2$$

由式(11-10),把 $\omega_{1,2}$写为 $\omega_{o\varphi x_{1,2}}$,有

$$\omega_{o\varphi x_{1,2}}^2=\frac{1}{2}\left[(648.47+3751.13)\mp\sqrt{(648.47-3751.13)^2+\frac{4\times4.06\times0.4236^2\times648.47^2}{0.7405}}\right]$$

$$=\frac{1}{2}[4399.6\mp3358.77]=\frac{520.42}{3879.19}(\mathrm{rad/s})^2$$

$$\omega_{o\varphi x_1}=22.81\mathrm{rad/s}$$

$$\omega_{o\varphi x_2}=62.28\mathrm{rad/s}$$

$$\frac{\theta}{\omega_{o\varphi x_2}}=\frac{304.5}{62.28}=4.89>2.5$$

11.4.6 振动线位移计算

扰力幅值 $P_z=P_y=25\mathrm{kN}$

扰力矩幅值:

由水平扰力引起的 $M_{ox}=25\times0.26=6.5\mathrm{kN\cdot m}$

由竖向扰力引起的 $M_{oy}=25\times0.05=1.25\mathrm{kN\cdot m}$

$M_{oz}=25\times0.05=1.25\mathrm{kN\cdot m}$(与 M_{ox}同时发生)

由式(11-1)可得

$$\omega_z^2=\frac{609.4\times6}{4.06}=901\mathrm{rad/s}$$

由式(11-13)可得

$$A_{oz}=\frac{25}{609.4\times6}\cdot\frac{1}{\sqrt{(1-\frac{92720}{901})^2}}=0.67\times10^{-4}\mathrm{m}$$

由式(11-22)可得

$$\varphi_{oy}=\frac{(438.8\times6-4.06\times92720)\times1.25}{(438.8\times6-4.06\times92720)(2438.0+438.8\times6\times0.4236^2-1.496\times92720)-(438.8\times6)^2\times0.4236^2}$$

$$=-0.9205\times10^{-5}\mathrm{rad}$$

由式(11-24)可得

$$\varphi_{ox}=\frac{-373810.4\times6.5+438.8\times6\times0.4236\times25}{(-373810.4)(2285.0+438.8\times6\times0.4236^2-0.7405\times92720)-1243791.7}$$

$$=-0.975\times10^{-4}\mathrm{rad}$$

在隔振器中点处的竖向最大线位移为

$A_{zi}=0.67\times10^{-4}+0.9205\times10^{-5}\times1.0=0.785\times10^{-4}\mathrm{m}=0.0785\mathrm{mm}$,稍大于 0.07mm。

在隔振器中点处的 y 向最大线位移为

$$A_{yi}=0.975\times10^{-4}\times0.4236=0.413\times10^{-4}\mathrm{m}=0.0413\mathrm{mm}<0.07\mathrm{mm}$$

传到梁上的扰力为

$$P_z=0.67\times10^{-4}\times60.94\times6=0.24\mathrm{kN}$$

则$\frac{0.24}{25}=0.0096$,即理论上隔振效率为 99%。

如果按式(11-26)计算,则

$$\varphi_{oy}=\frac{1.25}{2438.0+438.8\times6\times0.4236^2-1.496\times92720}=-0.9204\times10^{-5}\text{rad}$$

按式(11－28)计算,则

$$\varphi_{ox}=\frac{0.65}{2285.0+438.8\times6\times0.4236^2-0.7405\times92720}=-0.986\times10^{-4}\text{rad}$$

由此可以看出,就本工程而言,按双自由度和按单自由度计算的角位移 φ_{oy} 和 φ_{ox} 几乎相等。

11.4.7　隔振器详图及其安装

本部分主要说明弹簧隔振器的构造以及与台座的连接详图。台座与离心机、电动机的连接详图略。台座为钢筋混凝土板,强度等级为 C30,周边配直径 12mm、间距 150mm 的钢筋。平面布置图见图 11－14。

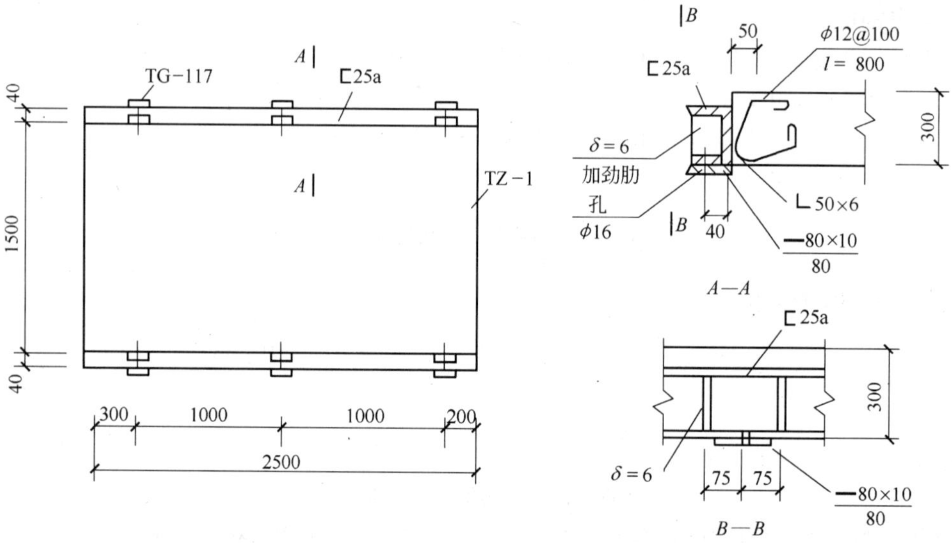

图 11－14　隔振器布置图

弹簧隔振器有多种型式,在这里仅介绍两种,即弹簧外露型和弹簧封闭型。该工程采用的是弹簧外露型,它由螺旋弹簧、上垫、下垫和螺钉组成,这种型式构造比较简单,安装方便、造价便宜,适用于比较干净的环境,是一种常用的型式,安装图见图 11－15。这种型式的缺点是:构造比较简易,弹簧由于是外露的,得不到保护,隔振器也容易积灰尘和杂物并且易遭受油腻等玷污,因此不但弹簧寿命受到影响,而且如果不经常将杂物清除干净,隔振效果也将受到影响。

在其他工程中,弹簧隔振器也常常采用弹簧封闭型。弹簧封闭型的构造和弹簧外露型差不多,只是在上、下垫增设了护板,把弹簧封闭了起来,如图 11－16 所示。上、下垫可以做成圆形,护板可以做成正方形。这种型式克服了弹簧外露型的不足,但要注意的是,上下护板之间要留有一定的空隙(一般为 10mm 左右),以防振动时两护板发生接触摩擦而影响隔振效果。

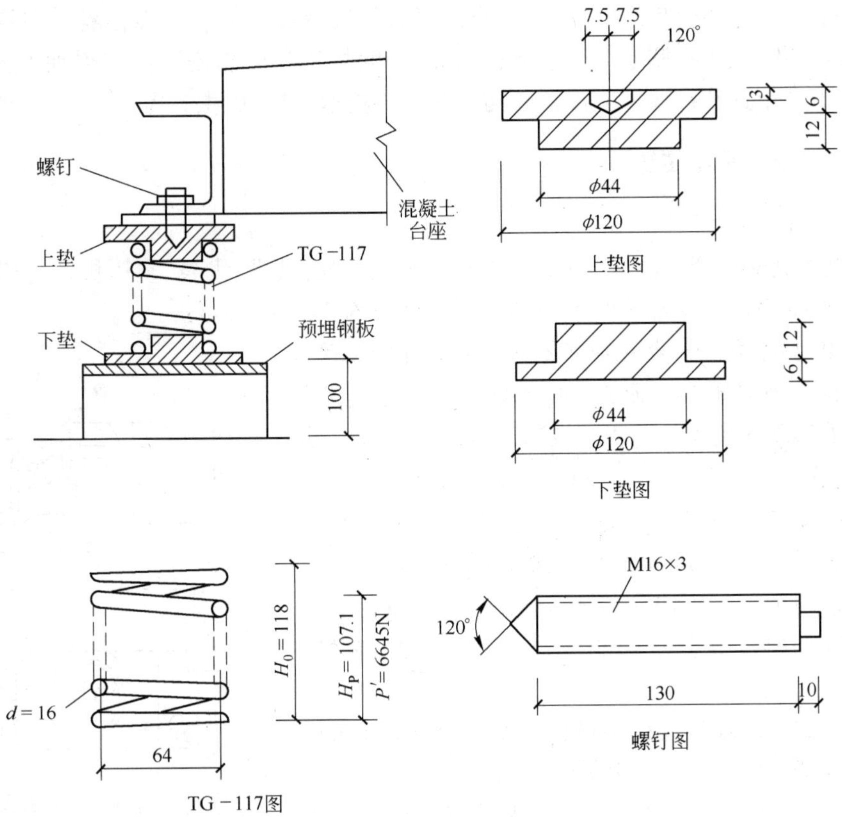

图 11－15 隔振器安装图

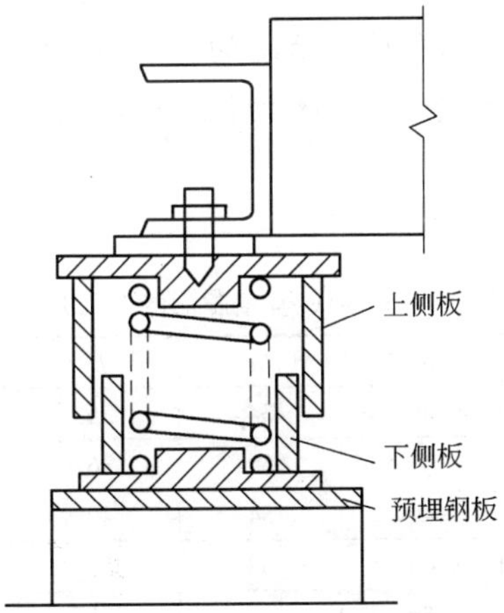

图 11－16 封闭型弹簧隔振器

11.5 几种典型减震器

我国生产的隔振器的类型较多。多年工程隔振的实践证明，以下几种典型的减震器，即BE 型系列减震器、E 型系列减震器、EA 型系列减震器和 JG 型橡胶剪切减震器等，具有质量优良、性能稳定、隔振效果好等优点,在石油、化工、机械加工等工业工程隔振中得到了较多应用。医药、化工、生物制品等工程隔振设计中,也多采用上述减震器,并得到了较好的隔振效果。本节介绍这几种典型减震器的构造和主要技术数据,以供参考。

11.5.1　BE 型系列减震器

11.5.1.1　适用范围

BE 型系列隔振器(见图 11－17)主要用于柴油机、风机、水泵、空压机及电机等各类船用、陆用、航空用机械设备的振动、冲击隔离。它具有以下的特点:

(1)BE 型系列隔振器在额定载荷下的固有频率约为 10Hz,隔振效果比 E 型或 EA 型隔振器有明显提高。

(2)外形和连接尺寸与 E 型或 EA 型基本相同,便于更新互换。

(3)结构简单、安装更换方便、使用安全可靠,比同类产品(载荷及刚度相同)具有更小的外形尺寸。

(4)适用于平置、倒置及侧挂等多种安装形式。

(5)横向刚度高于垂向刚度,平置时横向稳定性好。

(6)高频波动效应较小,对瞬态冲击响应及瞬时过渡工况等引起的自振能迅速削弱,且设备平衡。

(7)该系列隔振器由金属与橡胶复合而成,金属表面全部包覆橡胶薄层,能防止金属腐蚀。

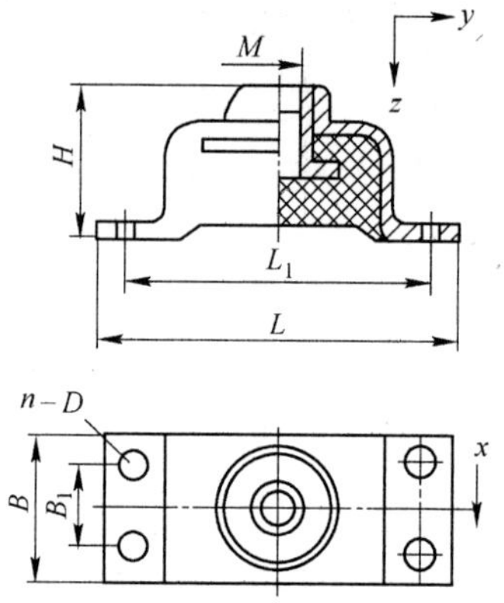

图 11－17　BE 型系列减震器示意图

(8)耐油、耐海水、耐盐雾和日照等。

(9)系列产品有 11 种尺寸规格,荷载范围为 100 ~ 4000N,使一般船用辅机设备和电子电器设备选用隔振器时有足够的余地,特殊规格还可定制。

11.5.1.2　外形尺寸

BE 型减震器的外形尺寸见表 11－5。

表 11－5　BE 型减震器的外形尺寸　　单位:mm

产品型号	M	L	H	L_1	B	B_1	n	D
BE－10	8	70	40	54	36	—	2	7
BE－15	8	70	40	54	36	—	2	7
BE－25	8	70	40	54	40	—	2	7
BE－40	10	85	46	68	55	—	2	9
BE－60	12	100	50	60	65	—	2	9
BE－85	14	120	60	100	70	—	2	11
BE－120	16	140	60	112	85	—	2	13
BE－160	18	145	64	115	90	—	2	13
BE－220	22	150	65	120	100	—	2	15
BE－300	24	155	65	125	105	60	4	15
BE－400	27	175	65	140	110	65	4	15

11.5.1.3 技术数据

BE 型减震器的主要技术数据见表 11－6。

表 11－6 BE 型减震器主要技术数据

产品型号	额定载荷/N			动刚度/N · cm^{-1}		
	x	y	z	x	y	z
BE－10	50	120	100	370	960	400
BE－15	70	170	150	550	1450	600
BE－25	150	300	250	920	2410	1000
BE－40	200	450	400	1480	3870	1610
BE－60	300	700	600	2220	5880	2420
BE－85	400	1000	850	3150	8220	3420
BE－120	600	1350	1200	4450	12800	4830
BE－160	600	1850	1600	5600	15700	6440
BE－220	1100	2400	2200	8160	22680	8800
BE－300	1500	3300	3000	11100	30930	12100
BE－400	1800	4300	4000	14800	41200	16100

11.5.2 E 型系列减震器

11.5.2.1 适用范围

E 型系列减震器(见图 11－18)采用特种耐油橡胶制成,能起到保护和隔离主机、辅机、仪器的作用,并使器械不受损伤及其他机械振动的影响。该系列减震器还具有良好的耐冲击性能。

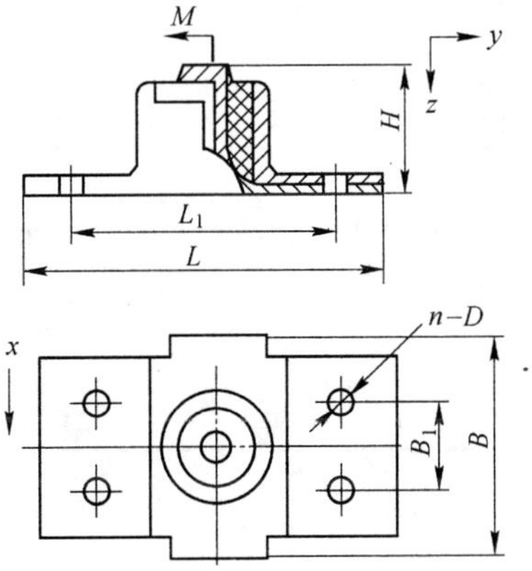

图 11－18 E 型系列减震器示意图

11.5.2.2　外形尺寸

E 型减震器的外形尺寸见表 11－7。

表 11－7　E 型减震器的外形尺寸　　单位:mm

产品型号	M	L	H	L_1	B	B_1	n	D
E－10	8	70	40	54	35	—	2	7
E－15	8	70	40	54	40	—	2	7
E－25	8	70	40	54	40	—	2	7
E－40	10	85	46	68	55	—	2	9
E－60	12	100	50	80	65	—	2	9
E－85	14	120	60	100	70	—	2	11
E－120	16	140	65	112	85	—	2	13
E－160	18	145	60	115	108	—	2	13
E－220	22	150	60	120	118	—	2	15
E－300	24	155	65	125	125	60	4	15
E－400	27	175	65	140	130	65	4	17

11.5.2.3　技术数据

E 型减震器的主要技术数据见表 11－8。

表 11－8　E 型减震器的技术数据

产品型号	额定载荷/N			动刚度/N · cm^{-1}		
	x	y	z	x	y	z
E－10	49	98	98	3435	4900	3234
E－15	98	147	147	4214	6468	4410
E－25	98	245	245	6762	8624	7350
E－40	147	392	392	7250	10780	12740
E－60	245	588	588	8820	13720	15680
E－85	343	883	883	9800	18620	19600
E－120	490	1076	1176	10780	20580	24500
E－160	686	1470	1568	13720	27440	53900
E－220	784	1862	2156	14700	34300	68600
E－300	882	2058	2940	22050	53900	107800
E－400	980	2548	3920	23520	60760	127400

11.5.3　EA 型系列减震器

11.5.3.1　适用范围

EA 型系列减震器(见图 11－19)的适用范围与 E 型系列减震器相同。

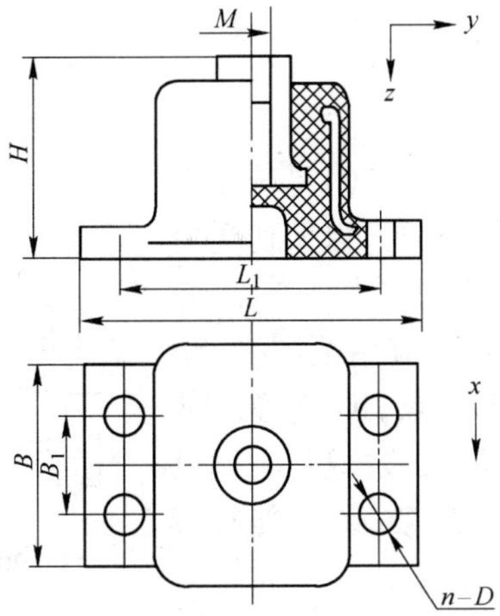

图 11－19 EA 型系列减震器示意图

11.5.3.2 外形尺寸

EA 型减震器的外形尺寸见表 11－9。

表 11－9 EA 型减震器的外形尺寸 单位：mm

产品型号	M	L	L_1	H	B	B_1	n	D
EA－25	8	70	54	40	48	—	2	7
EA－40	10	85	68	46	63	—	2	9
EA－60	12	100	80	50	73	—	2	9
EA－85	14	120	100	60	80	—	2	11
EA－120	16	140	112	65	101	—	2	13
EA－160	18	145	115	60	108	—	2	13
EA－220	22	150	120	60	118	—	2	15
EA－300	24	155	125	65	125	60	4	15
EA－400	27	175	140	65	130	65	4	17

11.5.3.3 技术数据

EA 型减震器的主要技术数据见表 11－10。

表 11－10 EA 型减震器的技术数据

产品名称	额定载荷/kg			动刚度/kg · cm^{-1}		
	x	y	z	x	y	z
EA－25	10	25	25	560	950	500
EA－40	15	40	40	800	1000	870
EA－60	25	60	60	920	1900	1500
EA－85	35	85	85	1000	2100	1850
EA－120	50	110	120	800	1700	1530
EA－160	70	150	160	1150	2450	4000
EA－220	80	190	220	1400	2800	4500
EA－300	90	210	300	1500	3350	5600
EA－400	100	260	400	1700	5000	6500

11.5.4　JG 型橡胶剪切减震器

11.5.4.1　适用范围

JG 型橡胶剪切减震器(见图 11－20)是选用优质丁腈合成橡胶材料制成圆锥体外形,以剪切受力为主的隔振元件。它具有三个系列二十一个品种。由于其体系自振频率低、品种多、应用范围广、耐油、结构简单、使用安装方便等特点,JG 型橡胶剪切减震器可作为风机、空气压缩机、冷冻机、空调设备、柴油发动机组等动力机械的减震元件,能有效地隔离振动,防止冲击和降低噪声。

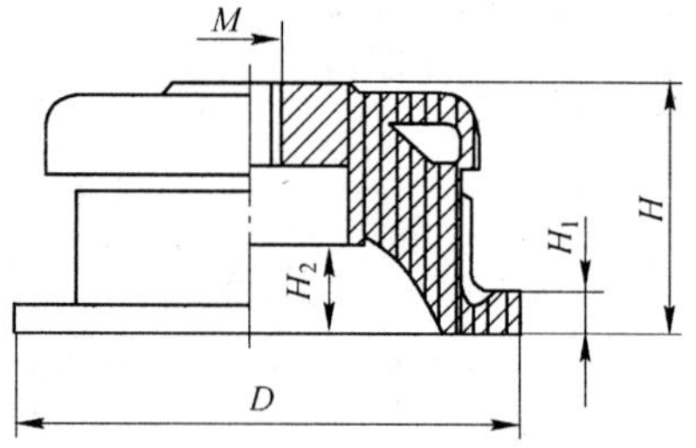

图 11－20　JG 型橡胶剪切减震器示意图

11.5.4.2　外形尺寸

JG 型橡胶剪切减震器的外形尺寸见表 11－11。

表 11－11　JG 型橡胶剪切减震器的外形尺寸

产品型号	M	D	H	H_1	H_2
JG1	12	100	43	6	15
JG3	16	200	87	7	33
JG4	20	290	133	8	35

11.5.4.3　技术数据

JG 型橡胶剪切减震器的主要技术数据见表 11－12。

表 11－12　JG 型橡胶剪切减震器的主要技术数据

产品型号	积极隔振			消极隔振		
	额定负荷/kg	变形/mm	自振频率/Hz	额定负荷/kg	变形/mm	自振频率/Hz
JG1－1	19	3～5.5	10.8～15.3	24	4～6.5	10～13
JG1－2	27			32		
JG1－3	37			46		
JG1－4	48			59		
JG1－5	58			70		
JG1－6	70			86		
JG1－7	84			103		
JG3－1	100	6～11.5	7～10	120	10～15.5	6.3～7.6
JG3－2	140			175		
JG3－3	200			250		
JG3－4	270			335		
JG3－5	330			410		
JG3－6	405			500		
JG3－7	483			600		

续表 11-12

产品型号	积极隔振			消极隔振		
	额定负荷/kg	变形/mm	自振频率/Hz	额定负荷/kg	变形/mm	自振频率/Hz
JG4-1	300	10.5~22	5.1~7.4	370	15~26.5	4.7~6.3
JG4-2	420			510		
JG4-3	580			710		
JG4-4	720			900		
JG4-5	920			1130		
JG4-6	1080			1320		
JG4-7	1260			1540		

第 12 章　动力机器基础振动对房屋不利影响的处理

动力机器基础的振动，有可能造成房屋水平振动线位移或振动速度过大，致使房屋不能正常使用，严重影响生产。例如，国内某安装有压缩机的企业厂房，由于低转速活塞式压缩机基础振动的影响，振动异常严重，被迫停产；又如，楼层上设置的低转速动力机器有可能使多层框架房屋因振动的影响而无法正常使用。这些状况一旦发生，对房屋或者动力机器基础采取加固措施将会相当困难，一般只能选择重新建造房屋。所以对于这种问题，设计人员和相关专业人员必须十分重视。

如果在软土地基上建造生产房屋，并且在地面上设置了多台活塞式低转速压缩机，这时若不进行处理，压缩机的振动将对房屋产生非常不利的影响。现对这种情况的活塞式压缩机基础的设计和计算以及采取的相应措施加以说明，希望对处理类似的问题有所启发和参考：该工程为外商独资企业的厂房工程，压缩机由外商供货。对压缩机基础的设计，外商十分重视。据悉，相同的压缩机在其他国家曾导致了房屋严重振动的问题。因此，外商派专家来共同商讨确定设计方案。该厂房地面上除布置有多台活塞式压缩机外，还布置有许多位置可能变动的静力设备，加之为软土地基，要使压缩机基础的振动除满足自身使用的要求外，还不能影响厂房的正常使用，为此，商定采用钢筋混凝土架空地面，活塞式压缩机基础采用桩基，并且与架空地面脱离的方案。

12.1　活塞式压缩机基础与架空地面脱离的一般做法

活塞式压缩机是带有曲柄连杆机构的动力机器。这种动力机器工作时产生的扰力，是曲柄连杆机构往复运动和旋转运动时，质量产生的不平衡惯性力，其既有水平扰力也有竖向扰力。活塞式压缩机的工作转速一般小于 1000r/min，属中、低频机器，并且转速低于 500r/min者居多，同时扰力也比较大。

如果把活塞式压缩机基础与房屋基础做成联合基础，或者使压缩机基础和架空地面相互连接，这样的做法，对于小型和数量不多的活塞式压缩机来说还是可以的，但是对于扰力比较大的活塞式压缩机就可能产生一些问题：(1)压缩机基础的振动不易控制；(2)压缩机的水平扰力频率往往与房屋的水平自振频率比较接近，两者甚至可能相等，而且压缩机扰力直接作用在房屋的主体结构上，使房屋可能产生较大的振动线位移或较大的振动速度。

所以，为了把活塞式压缩机基础的振动控制在允许范围之内，减小对房屋的振动影响，凡是需要进行动力计算的活塞式压缩机基础都要和房屋基础以及架空地面相脱离。图 12 - 1 所示为压缩机基础与房

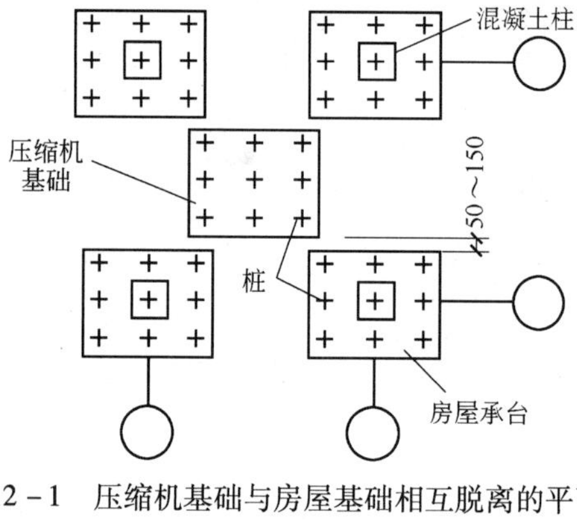

图 12 - 1　压缩机基础与房屋基础相互脱离的平面图

屋基础相互脱离的平面图。图12－2所示为压缩机基础与架空地面相互脱离的平面图。

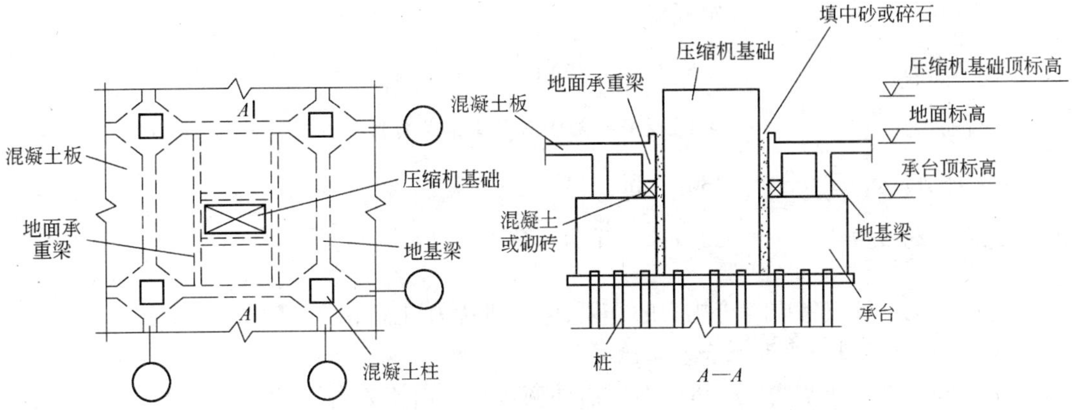

图 12－2 压缩机基础与架空地面相互脱离的平面图

活塞式压缩机基础和房屋基础以及架空地面相互脱离时，沿压缩机基础四周的空隙一般为 50～150mm。在空隙周边浇注混凝土或砌砖，以便在空隙内填中砂或碎石（见剖面 A—A）。两种基础相互脱离，可以灵活地调整压缩机基础的自振频率，使其振动控制在允许范围内；同时，压缩机基础的振动通过桩基处理后的地基以及中砂或碎石层传递到房屋基础时，其值得到较大的衰减，从而对房屋的影响将会明显地减小。工程实践也证明了这一点。

12.2 工程实例

下面再通过一个工程实例，来说明活塞式压缩机基础与房屋基础以及架空地面相互脱离的方法。首先要对活塞式压缩机基础和房屋基础桩的布置统一考虑，使其既要满足房屋基础的要求，也要满足对压缩机基础振动控制的要求，这就需要布置桩反复调整，直到通过动力计算满足要求为止。压缩机基础的形状和尺寸以及桩的布置需最终确定。此后再采取一些相关的构造措施。

12.2.1 工程概况

某化工厂属外商独资企业，其中一生产车间为三层钢筋混凝土框架结构。混凝土强度等级为 C40，基本柱网为 7.5m×8.0m，场地为软土地基，地基处理采用桩基，桩为预制钢筋混凝土方桩，桩截面为 400mm×400mm，桩长 14500mm。

在车间钢筋混凝土架空地面上直接安装诸多小型设备；一些比较大的设备基础与房屋基础做成联合基础；车间内也布置有几台活塞式压缩机，其基础为单独的动力基础，与房屋基础和架空地面完全相互脱离。压缩机基础亦为桩基，桩型与房屋桩基的桩型相同。

12.2.2 活塞式压缩机基础的振动计算和设计

该压缩机由外商从国外采购，但其基础设计按我国规范进行。

A 设计条件

该活塞式压缩机基础的设计条件由压缩机制造厂提供：

压缩机静荷载	145kN(包括电动机重量)
管道重	7.0kN
竖向扰力	+5.9/−4.7kN(一阶扰力)
水平扰力	+15.2/−13.0kN(一阶扰力)
压缩机转速	480r/min
允许振动线位移	20μm(仅开动两台压缩机)

基础振动计算仅考虑一阶扰力的作用,电动机扰力可忽略。

B　压缩机基础布置和联合基础验算的适用条件

三台同一型式活塞式压缩机的布置由外商提供。由于三台压缩机的布置相距较小,所以设计为联合基础(水平并联型),布置图见图 12−3。底板平面尺寸为 5300mm × 15000mm,基础总高度 $H_0 = 1800$mm,底板厚度 $h_d = 1200$mm,$L_1 = 1660$mm。以上底板平面尺寸、H_0 和 h_d 的数值是从假定的几种尺寸中经过进行动力计算最终确定的尺寸。

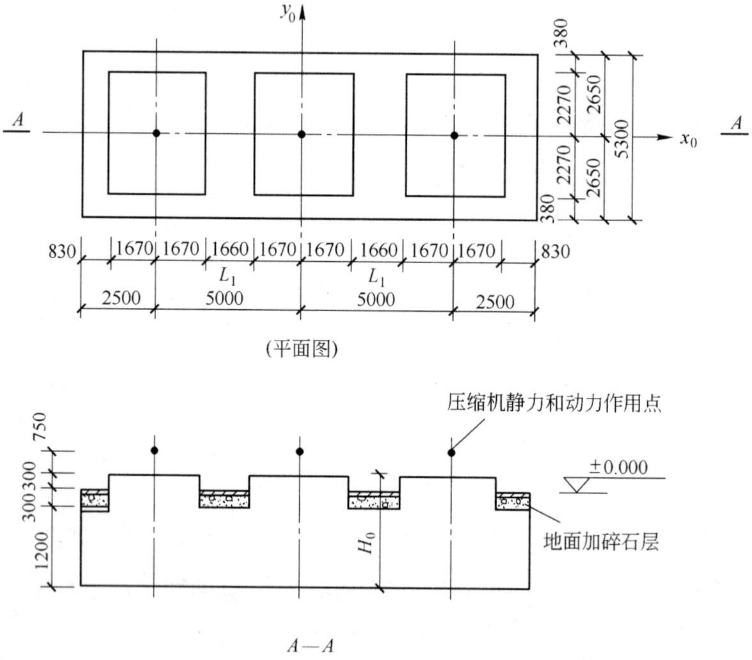

图 12−3　压缩机基础布置图

验算联合基础的适用条件为

$$h_d/H_0 = \frac{1.2}{1.8} = 0.67 > 0.15$$

C　单台基础自振频率的计算

单台基础的尺寸如图 12−4 所示。

基组总重心 m_c 的确定:

W_i 和 m_i 分别为基组第 i 部分的重量和质量。则

$$W_1=5.0\times5.3\times1.2\times25=795\text{kN}$$

$$W_2=3.34\times4.54\times0.6\times25=227.454\text{kN}$$

$$W_3=W_3^1-W_3^2=5.0\times5.3\times0.3\times20-3.34\times4.54\times0.3\times20$$

$$=159\text{kN}-90.982\text{kN}=68.018\text{kN}$$

$$W_4=145+7=152\text{kN}$$

$$m_1=\frac{795}{9.81}=81.04\text{t}$$

$$m_2=\frac{227.454}{9.81}=23.186\text{t}$$

$$m_3=m_3^1-m_3^2=\frac{159}{9.81}-\frac{90.982}{9.81}$$

$$=16.208-9.274=6.934\text{t}$$

$$m_4=\frac{152}{9.81}=15.494\text{t}$$

$$\sum W_i=1242.472\text{kN}$$

$$\sum m_i=m=126.654\text{t}$$

$$y_0=2.65\text{m},x_0=2.5\text{m}$$

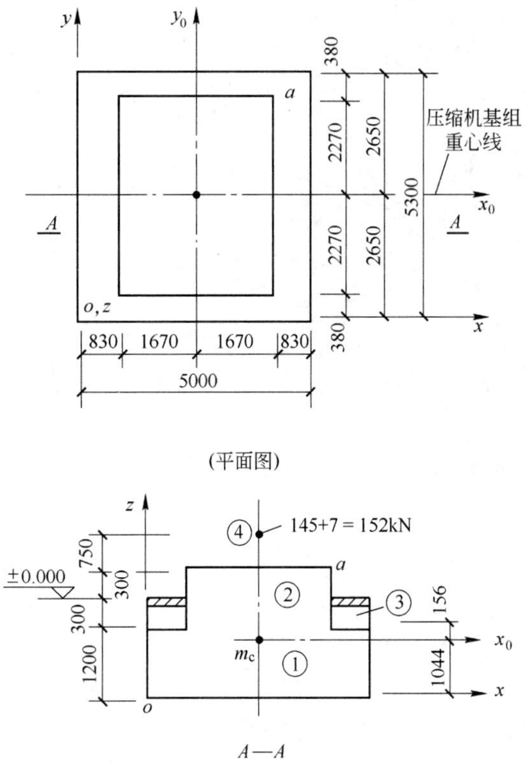

图 12－4　单台压缩机的基础图

在 Z 向，Z_i 为基组第 i 部分重心距 ox 轴的距离。则

$$m_1Z_1=81.04\times0.6=48.624\text{t}\cdot\text{m}$$

$$m_2Z_2=23.186\times1.5=34.779\text{t}\cdot\text{m}$$

$$m_3Z_3=6.934\times1.35=9.361\text{t}\cdot\text{m}$$

$$m_4Z_4=15.494\times2.55=39.51\text{t}\cdot\text{m}$$

$$\sum m_iZ_i=132.274\text{t}\cdot\text{m}$$

基组重心 $Z_0=\dfrac{132.274}{126.654}=1.044\text{m}$

联合基组的重心同单台基组的重心。按照 x_0 轴和 y_0 轴对称布置桩，桩位图见图 12－5。

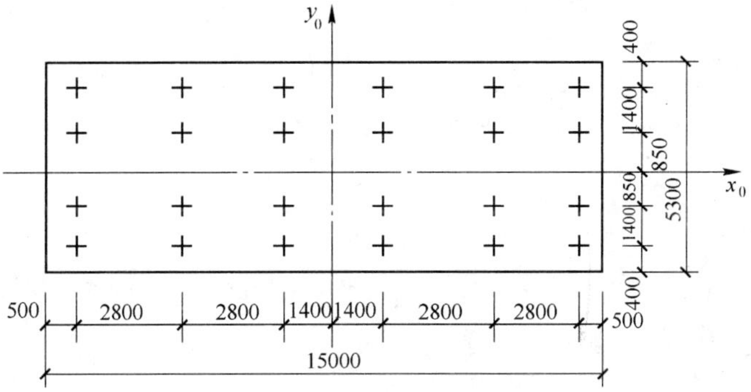

图 12－5　布桩图

桩的入土深度为 14.5m，采用插入法计算出桩的折算长度为 2.32m，则计算基组竖向振动时，桩和桩间土参加振动的当量质量 M_0 为

$$M_0=\frac{2.32\times5.0\times5.3\times18}{9.81}=112.807\text{t}$$

基组质量 $m=126.654\text{t}$

桩基竖向总质量 m_{sz} 为

$$m_{sz}=126.654+112.807=239.461\text{t}$$

桩基水平回转向总质量 m_{sy} 为

$$m_{sy}=126.654+0.4\times112.807=171.777\text{t}$$

计算基组通过其重心轴 x_0 的转动惯量 J_{x_0}。$J_{x_0}^i$ 为基组第 i 部分通过其重心轴 x_0 的转动惯量。

$$J_{x_0}^1=\frac{81.04}{12}(5.3^2+1.2^2)+81.04\times0.444^2=215.402\text{t}\cdot\text{m}^2$$

$$J_{x_0}^2=\frac{23.186}{12}(4.54^2+0.6^2)+23.186\times0.456^2=45.342\text{t}\cdot\text{m}^2$$

$$J_{x_0}^3=\frac{159}{9.81\times12}(5.3^2+0.3^2)+\frac{159}{9.81\times12}\times0.306^2-\frac{90.982}{9.81\times12}(4.54^2+0.3^2)-\frac{90.982}{9.81\times12}\times0.306^2=22.116\text{t}\cdot\text{m}^2$$

$$J_{x_0}^4=15.494\times1.506^2=35.141\text{t}\cdot\text{m}^2$$

$$\sum J_{x_0}^i=J_{x_0}=318.001\text{t}\cdot\text{m}^2$$

基组通过其重心轴 x_0 的总转动惯量 J'_{x_0} 为

$$J'_{x_0}=318.001\left(1+\frac{0.4\times112.807}{126.654}\right)=431.295\text{t}\cdot\text{m}^2$$

根据场地地质勘察资料，单桩的抗压刚度经计算为 $p_{\text{Pz}}=0.38\times10^6\text{kN/m}$，则桩基的抗压刚度 K_{Pz} 为

$$K_{\text{Pz}}=\sum k_{\text{Pz}}=0.38\times10^6\times8=0.304\times10^7\text{kN/m}$$

桩基的抗弯刚度 $K_{\text{P}\varphi}$ 为

$$K_{\text{P}\varphi}=0.38\times10^6\times4(0.85^2+2.25^2)=0.87932\times10^7\text{kN}\cdot\text{m}$$

取天然地基的抗压刚度系数 $C_z=31000\text{kN/m}^3$，则抗剪刚度系数 C_x 为

$$C_x=0.7\times31000=21700\text{kN/m}^3$$

基础埋深比 δ_{b} 为

$$\delta_{\text{b}}=\frac{1.5}{\sqrt{5.3\times5}}=0.291$$

$\alpha_{x\varphi}=(1+1.2\times0.291)^2=1.82$，取 $\alpha_1=1.2$

桩基抗剪刚度 K_y 为

$$K_y=21700\times5.3\times5.0\times1.4(0.4+1.82\times1.2)=0.20803\times10^7\text{kN/m}$$

联合基础划分为单台基础的竖向自振频率 ω_{nz}^0 为

$$\omega_{nz}^0=\sqrt{\frac{0.304\times10^7}{239.461}}=112.673\text{rad/s}$$

扰力频率 $\theta = 0.105 \times 480 = 50.4\text{rad/s}$

$$1.3 \times 112.673\text{rad/s} > 50.4\text{rad/s} \qquad 可$$

基组 y 向水平自振频率的平方 ω_{ny}^2 为

$$\omega_{ny}^2 = \frac{0.20803 \times 10^7}{171.777} = 12110.469(\text{rad/s})^2$$

基组绕 x_0 轴的回转自振频率平方 $\omega_{n\varphi}^2$ 为

$$\omega_{n\varphi}^2 = \frac{0.87932 \times 10^7 + 0.20803 \times 10^7 \times 1.044^2}{431.295} = 25645.078(\text{rad/s})^2$$

基组 $y-\varphi$ 向耦合振动第一振型的自振频率平方 $\omega_{n\varphi1}^2$ 为

$$\omega_{n\varphi1}^2 = \frac{1}{2}\left\{(12110.469 + 25645.078) - \left[(12110.469 - 25645.078)^2 + \frac{4 \times 171.777 \times 1.044^2}{431.295} \times 12110.469^2\right]^{\frac{1}{2}}\right\}$$

$$= 8415.304(\text{rad/s})^2$$

$$\omega_{n\varphi1} = 91.735\text{rad/s}$$

$$91.735 \times 1.3\text{rad/s} > 50.4\text{rad/s} \qquad 可$$

通过以上计算表明，该活塞式压缩机基础满足联合基础的条件，即可将联合基础作为刚性基础进行动力计算。

D 联合基础振动线位移计算

根据外商的条件，三台压缩机仅开动两台，即按开动两台压缩机来计算振动线位移，另一台为备用。在振动计算中忽略扭转的影响。

基础埋深比 δ_b 为

$$\delta_b = \frac{1.5}{\sqrt{5.3 \times 15}} = 0.168$$

$$\alpha_{x\varphi} = (1 + 1.2 \times 0.168)^2 = 1.444，取\ \alpha_1 = 1.2$$

桩基抗剪刚度 K_y 为

$$K_y = 21700 \times 5.3 \times 15 \times 1.4(0.4 + 1.444 \times 1.2) = 0.515116 \times 10^7\text{kN/m}$$

基组 y 向水平自振频率的平方 ω_{ny}^2 为

$$\omega_{ny}^2 = \frac{0.515116 \times 10^7}{171.777 \times 3} = 9995.828(\text{rad/s})^2$$

基组绕 x_0 轴回转自振频率平方 $\omega_{n\varphi}^2$ 为

$$\omega_{n\varphi}^2 = \frac{0.8793 \times 10^7 \times 3 + 0.515116 \times 10^7 \times 1.044^2}{431.295 \times 3} = 24727.108(\text{rad/s})^2$$

基组 $y-\varphi$ 向耦合振动第一振型的自振频率平方 $\omega_{n\varphi1}^2$ 为

$$\omega_{n\varphi1}^2 = \frac{1}{2}\left\{(9995.828 + 24727.108) - \left[(9995.828 - 24727.108)^2 + \frac{4 \times 171.777 \times 3 \times 1.044^2}{431.295 \times 3} \times 9995.828^2\right]^{\frac{1}{2}}\right\}$$

$$= 7480.85(\text{rad/s})^2$$

$$\omega_{n\varphi1}=86.492\text{rad/s}$$

基组 $y-\varphi$ 向耦合振动第二振型的自振频率平方 $\omega_{n\varphi2}^2$ 为

$$\omega_{n\varphi2}^2=\frac{1}{2}[34722.936+19761.237]=27242.087(\text{rad/s})^2$$

$\frac{50.4}{86.492}=0.583<0.75$，即在共振区外工作，可不计阻尼。

基组 $y-\varphi$ 向耦合振动第一振型转动中心至基组重心的距离 $\rho_{\varphi1}$ 为

$$\rho_{\varphi1}=\frac{9995.828\times1.044}{9995.828-7480.85}=4.149\text{m}$$

基组 $y-\varphi$ 向耦合振动第二振型转动中心至基组重心的距离 $\rho_{\varphi2}$ 为

$$\rho_{\varphi2}=-\frac{9995.828\times1.044}{27242.087-9995.828}=-0.605\text{m}$$

则

$$M_{\varphi_1}=15.2\times2(0.756+0.75+4.149)=171.912\text{kN}\cdot\text{m}$$

$$M_{\varphi_2}=15.2\times2(0.756+0.75-0.605)=27.390\text{kN}\cdot\text{m}$$

基组 $y-\varphi$ 向耦合振动第一振型的回转角位移 $A_{\varphi1\text{P}}$ 为

$$A_{\varphi1\text{P}}=\frac{171.912}{(431.295\times3+171.777\times3\times4.149^2)\times7480.85}\times\frac{1}{1-\frac{50.4^2}{7480.85}}$$

$$=0.342\times10^{-5}\text{rad/s}$$

基组 $y-\varphi$ 向耦合振动第二振型的回转角位移 $A_{\varphi2\text{P}}$ 为

$$A_{\varphi2\text{P}}=\frac{27.390}{(431.295\times3+171.777\times3\times0.605^2)\times27242.087}\times\frac{1}{1-\frac{50.4^2}{27242.087}}$$

$$=0.748\times10^{-6}\text{rad/s}$$

计算 a 点振动线位移（a 点位置见图 12－4）：

在 a 点，由于 y 向水平绕 x_0 轴回转耦合振动产生的竖向振动线位移 $A_{z\varphi\text{P}}^{\text{a}}$ 为

$$A_{z\varphi\text{P}}^{\text{a}}=(0.342+0.0748)\times10^{-5}\times2.27=0.946\times10^{-5}\text{m}$$

在 a 点，由于 y 向水平绕 x_0 轴回转耦合振动产生的 y 向水平振动线位移 $A_{x\varphi\text{P}}^{\text{a}}$ 为

$$A_{x\varphi\text{P}}^{\text{a}}=0.342\times10^{-5}(4.149+0.756)+0.748\times10^{-6}(0.756-0.605)=0.168\times10^{-4}+0.113\times10^{-6}$$

$$=0.17\times10^{-4}\text{m}$$

基组重心处的竖向振动线位移 A_z 为

$$A_z=\frac{5.9\times2}{0.304\times10^7\times3}\times\frac{1}{1-\frac{50.4^2}{112.673^2}}=0.162\times10^{-5}\text{m}$$

a 点振动线位移 A^{a} 为

$$A^{\text{a}}=\sqrt{(0.946\times10^{-5}+0.162\times10^{-5})^2+(0.17\times10^{-4})^2}=0.203\times10^{-4}\text{m}=20.3\mu\text{m}\approx20\mu\text{m}$$ 可

12.2.3　压缩机基础设计的主导思想

该实例活塞式压缩机的特性是，每台的竖向扰力为 5.9kN，开动两台时的竖向扰力为 5.9×2＝11.8kN，每台水平扰力为 15.2kN，开动两台水平扰力为 15.2×2＝30.4kN，扰力比

较大;转速为 480r/min,属于低转速的动力机器;压缩机扰力频率为 50.4rad/s,这种频率和大块式基础的自振频率常常接近甚至发生共振,将导致压缩机基础的振动线位移和振动速度往往比较大,对房屋影响也大。

鉴于以上情况,我们设计该压缩机基础的主导思想是,为了减小压缩机基础的振动线位移和振动速度,提高压缩机基础的自振频率是关键。为此,布桩时,在满足房屋桩基要求的前提下,统一考虑房屋基础和压缩机基础布置桩,尽量使压缩机基础布置桩有足够大的面积(尤其是加大横向的范围),也就是说尽可能提高压缩机基础在横向(水平扰力方向)的抗弯刚度和水平抗剪刚度。同时,压缩机基础不能埋置太深,以避免过大的基组质量。这样可以提高基组的自振频率,使基组的自振频率高于压缩机的扰力频率,即使得压缩机扰力频率与基组自振频率的比值等于或小于 0.75,避开共振区工作,而且该比值越小越好。

按照上述思想,我们最终确定的压缩机基础和房屋桩基布桩图如图 12-6 所示。按该布桩图,一方面满足了房屋桩基的要求,另一方面使压缩机基础桩基抗弯刚度和水平抗剪刚度有了较大的提高。同时压缩机基础埋深 1.5m 比较适中,从而提高了压缩机基组的自振频率,使压缩机一阶扰力频率与基组耦合振动第一振型的自振频率的比值为 0.583(小于 0.75),即远离共振区工作,这是减小振动线位移的重要原因。基组的振动线位移经计算为 20μm,其满足了外商要求的允许振动线位移。另外,如果按照文献[23]的规定,活塞式压缩机基础的最大振动线位移不应大于 0.2mm,其是 20μm 的 10 倍之多。

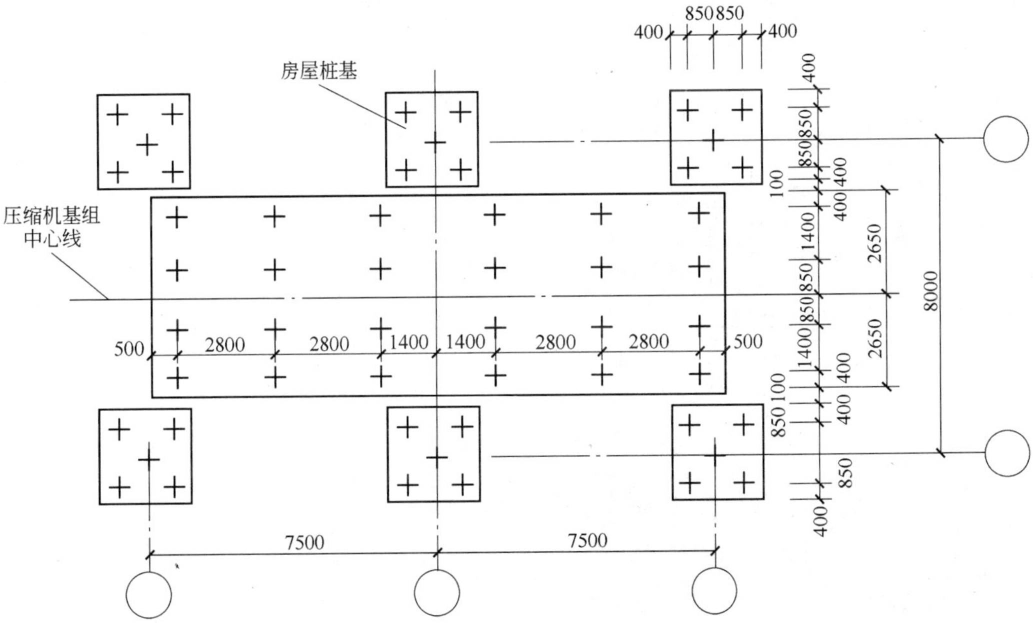

图 12-6 压缩机基础和房屋桩基布置图

12.2.4 压缩机基础与架空地面相互脱离的构造

该活塞式压缩机基础与架空地面相互脱离图见图 12-7。

在压缩机基础周边和地面承重梁(或地基梁)之间留一定空隙,空隙宽 100mm,填碎石。压缩机基础的振动通过碎石层和房屋桩基再传至房屋基础,使振动对房屋的影响大大减小。

在地面板与压缩机基础接触处填沥青胶泥。地面承重梁,一方面承受地面荷载,另一方面作为碎石层的围护构件。

对该活塞式压缩机基础,通过合理设计与计算,使压缩机基组的自振频率大于扰力频率,避开了共振区工作。同时,压缩机基础与房屋桩基及架空地面相互脱离,并采取了有效的构造措施。房屋建成后压缩机已运行了几年,不但压缩机基础振动比较平稳,而且对房屋的振动影响也很小,各方都比较满意。

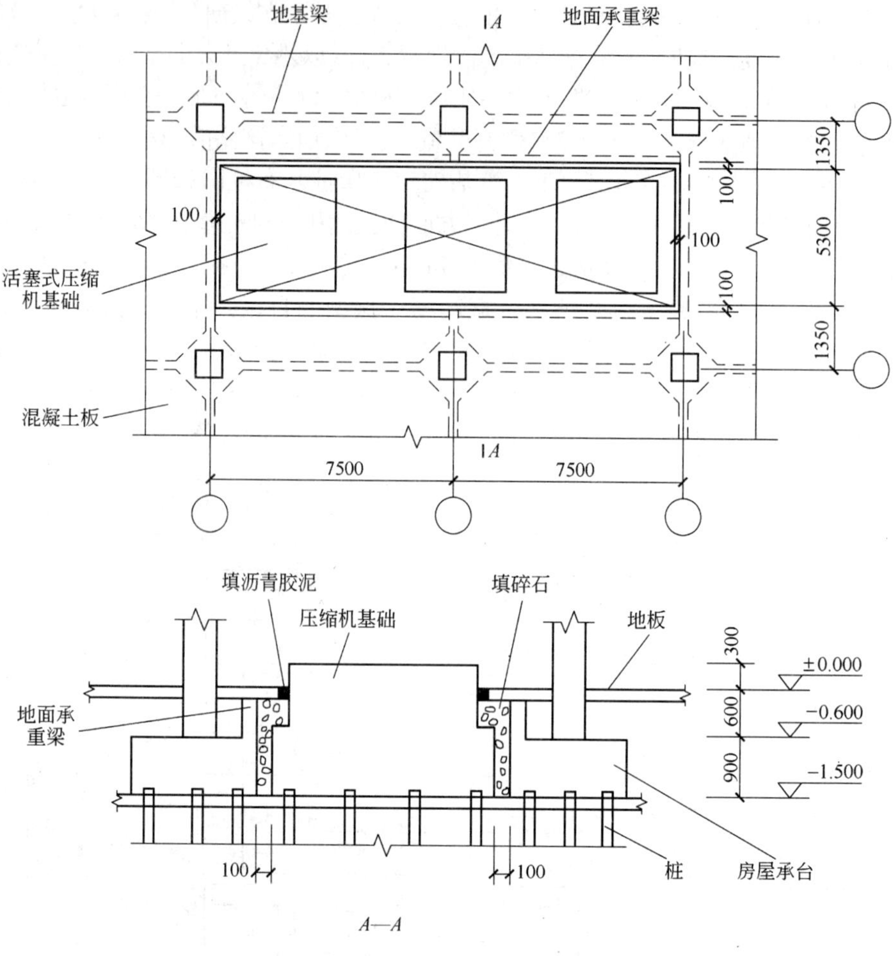

图 12－7　活塞式压缩机基础与架空地面相互脱离图

第 13 章　振动管道管架设计和振动管架事故处理

对于建筑结构设计人员来说，他们可能设计了各种形式的很多非振动管道的管架，设计这些管架并不存在多大的困难，而且管架发生的事故也并不多（管架改造处理除外）。但是，由于结构设计人员对振动管道的管架设计和对发生的振动问题处理的不是很多，因此对此还比较陌生。在实际工程中，由于振动管道的管架发生激烈振动而影响生产的事故也时有发生。主要原因是，有的管道专业设计人员，对振动管道以及对振动管道管架可能产生不允许振动的危害认识不足、重视不够，所以在向建筑结构设计人员提供设计条件时，有的把振动管道误认为非振动管道而没有提供振动管道的有关数据，或者提供的振动管道的有关数据不够完善。同时，有些建筑结构设计人员缺乏振动管道管架设计的经验，致使振动管道的管架发生一些本不该发生的问题。本章对振动管道管架设计的一般要求，以及对振动管道管架事故处理的工程实例进行简要的介绍。

13.1　振动管道管架设计的一般要求

所谓振动管道的管架，是指管架上敷设的振动管道重量占全部管道重量 30% 以上的管架。当振动管道重量占全部管道重量不足 30% 时，振动管道对其管架的影响不大，可以按非振动管道进行管架设计。

根据文献[28]的规定，有下列情况之一者应定为振动管道：

（1）直径大于或等于 200mm 的蒸汽管道；

（2）往复泵输送液体的管道；

（3）时停时开、扫线频繁的管道；

（4）活塞式压缩机输送气体的管道；

（5）生产过程中突然升温增压的管道（如紧急放空管道、连通至火炬的管道）；

（6）使用“快速切断阀”的管道；

（7）温度高于 200℃ 的高压管道。

上述管道在运行过程中都具有的脉冲频率，能使管架发生水平振动。建筑结构设计人员了解这些管道的特性，将有利于进行振动管道管架的设计；同时在接受设计管架的条件时，要注意提醒提供设计条件的有关人员是否有上述管道，所设计的管架是否属于振动管架，脉冲频率是多少等。

振动管架比非振动管架要求高，如果是管廊式管架，要采用桁架式、纵梁式的钢筋混凝土管廊或钢管廊，以及钢 - 混凝土组合框架的管廊式管架。中间管架要采用刚性管架，不要采用侧向刚度较弱的柔性管架，更不得采用柱底为铰接连接的中间管架。管架两端应设置钢柱间支撑（最好采用钢管柱间支撑）。所谓管架两端，一般是指一个温度区段（计算单元）的两端，柱间支撑无论采取哪种形式都按中心受压构件设计。这样，振动管道的管架在纵向和横向都具有较大的水平刚度，对抗振有利。如图 13 - 1 所示。

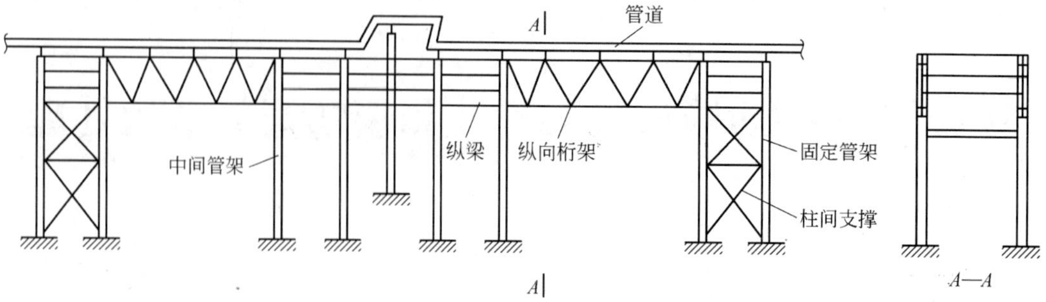

图 13 – 1　管架立面图

当管道数量较少，直径不是很大，而且管架的高度又比较低时（例如管架高度等于或小于 2.5m），也有的采用独立柱振动管架，但是要在两柱之间，在柱顶（或附近）沿纵向设置系梁，在管道的固定点处沿纵向设置 X 型或 K 型竖向支撑。这种管架柱在纵向和横向的水平刚度不能太小，在两个方向的最大长细比 λ 不宜大于 160。

13.2　管架自振频率计算

振动管道管架振动计算内容，主要是计算管架的自振频率（自由振动频率简称），使管架的自振频率与振动管道的脉冲频率避开 ±20%，对多根振动管道的管架则分别避开各自管道脉冲频率的 ±20%，即避开共振状态。一般不计算管架的振动线位移和振动速度。下面介绍振动管道管架自振频率的计算方法。

13.2.1　多层管廊式管架自振频率计算

13.2.1.1　纵向自振频率计算

可取一个纵向计算单元来计算纵向自振频率。在纵向的一个计算单元内，管廊部分有多道纵梁、纵向桁架、纵向桁架上下弦的平面桁架、中间层的水平支撑和管道等，构件多而复杂，计算管廊部分的纵向水平刚度将很困难。但纵向水平刚度很大，因此可近似地按单自由度体系进行计算，如图 13 – 2(a) 所示。

如果管廊式管架的顶部设置有电缆桥架时，该桥架一般单独支承在纵向桁架顶层横梁上，其宽度比管廊的宽度要小，高度在 5.0m 左右。电缆桥架不是纵梁或纵向桁架的一部分，而且构件布置在纵向和横向都比较简单，受力明确，荷载沿竖向分布比较均匀。桥架的结构图形，在横向柱脚与横梁的连接（采用高强度螺栓连接）为铰接，顶部柱顶与桥架横梁焊接为刚接；在纵向柱脚与横梁的连接和柱顶与纵向梁的连接均为铰接。沿纵向设置柱间支撑，构成排架结构体系。在两个方向的水平刚度并不很大。所以在计算纵向自振频率时，应考虑电缆桥架这一部分的作用，不能简单地把电缆桥架这一部分的质量集中到管廊上按单自由度计算，应该按双自由度体系进行计算，计算简图如图 13 – 2(b) 所示。

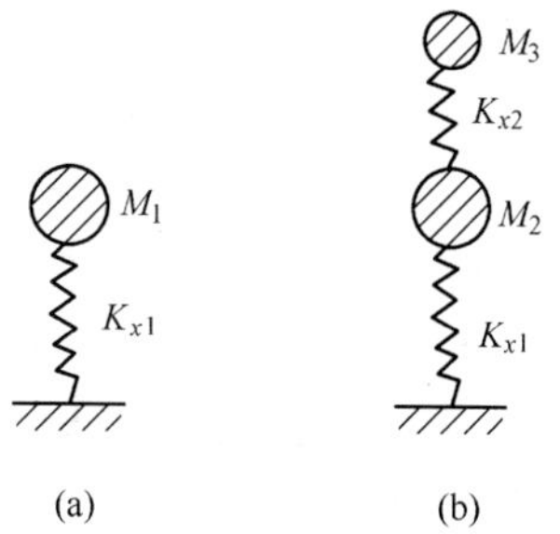

图 13 – 2　自由度体系计算示意图

图 13 – 2 中，M_1 为在一个纵向计算单元内，管廊部分所有的质量、管廊部分以下所有中

间管架以及固定管架框架柱质量一半和框架横梁质量之总和(t)。K_{x1}为在一个纵向计算单元内,管廊以下部分所有中间管架和固定管架框架的纵向水平刚度之总和(kN/m),$K_{x1}=k_{x1}+k_{x2}$,k_{x1}为所有固定管架柱(包括柱间支撑)的纵向水平刚度(kN/m),k_{x2}为所有中间管架柱的纵向水平刚度(kN/m)。M_3为在一个纵向计算单元内,所有电缆桥架沿高度每米分布质量集中到桥架柱顶的质量(t),$M_3\approx0.25m^{g}h$,m^{g}为所有电缆桥架和电缆沿高度每米的分布质量(t/m),h为电缆桥架的高度(m)。M_2为在一个纵向计算单元内,集中到管廊部分的质量(t),$M_2=M_1+m_2$,m_2为在一个纵向计算单元内,所有电缆桥架和电缆沿高度每米分布质量集中到桥架柱底的质量(t),$m_2\approx0.75m^{g}h$。K_{x2}为在一个纵向计算单元内,所有电缆桥架的柱间支撑沿纵向的水平刚度之和(kN/m)。

图13-2(a)所示的单自由度体系的自由振动圆频率ω(rad/s)按下式计算:

$$\omega=\sqrt{\frac{K_{x1}}{M_1}} \tag{13-1}$$

图13-2(b)所示的双自由度体系的自由振动第一振动圆频率ω_1^2(rad/s)和第二振动圆频率ω_2^2(rad/s)分别按下面公式计算:

$$\omega_1^2=\frac{1}{2}\left(\frac{K_{x2}}{M_3}+\frac{K_{x1}+K_{x2}}{M_2}\right)-\frac{1}{2}\left[\left(\frac{K_{x2}}{M_3}+\frac{K_{x1}+K_{x2}}{M_2}\right)^2-4\frac{K_{x1}K_{x2}}{M_2M_3}\right]^{\frac{1}{2}} \tag{13-2}$$

$$\omega_2^2=\frac{1}{2}\left(\frac{K_{x2}}{M_3}+\frac{K_{x1}+K_{x2}}{M_2}\right)+\frac{1}{2}\left[\left(\frac{K_{x2}}{M_3}+\frac{K_{x1}+K_{x2}}{M_2}\right)^2-4\frac{K_{x1}K_{x2}}{M_2M_3}\right]^{\frac{1}{2}} \tag{13-3}$$

13.2.1.2　横向自振频率计算

计算振动管道管架的横向自振频率时,对于中间管架,可取在中间管架左右两边各二分之一柱距的范围作为计算单元。中间管架管廊部分的各层横梁两端与柱连接为刚接,所以在横向为多层框架。该多层框架有一定的高度,有的甚至大于管廊以下部分框架的高度,而且由于横梁截面尺寸受到限制,截面一般不大,所以该框架的横向水平刚度不是很大。如果忽略管廊部分横向水平刚度的存在,按单自由度计算时,其结果误差太大,所以应按多层框架来计算横向自振频率。横向框架简图如图13-3(a)所示,管廊横梁分别为第2、i、$n-1$

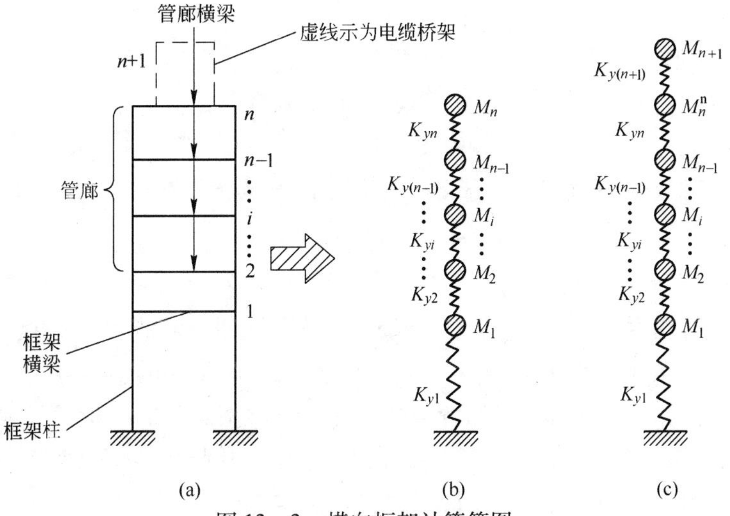

图13-3　横向框架计算简图

和 n 层，计算简图如图 13－3(b)所示，为多自由度振动体系。

如果管廊式管架的顶部设置有电缆桥架，则中间管架的计算简图如图 13－3(c)所示。

图 13－3 中，M_1 为中间管架框架横梁质量和横梁以下框架柱质量一半之和(t)。M_i 为在一个横向计算单元内，作用在中间管架管廊部分第 i 层上所有质量之和(t)，其中包括第 i 层上下相邻层间柱子质量的一半。M_n 为在一个横向计算单元内，作用在中间管架管廊顶层上所有质量之和(t)，其中包括 n 和 $n-1$ 层之间柱子质量的一半。M_{n+1} 为在一个横向计算单元内，所有电缆桥架沿高度每米分布质量集中到桥架柱顶的质量(t)，$M_{n+1} \approx 0.25m^g h$，$m^g$ 为电缆桥架和电缆沿高度每米的分布质量(t/m)。要注意，这里的 m^g 与在计算纵向自振频率时的 m^g 大小不同。h 为电缆桥架的高度(m)。M_n^n 为在一个横向计算单元内，集中到管廊顶层的质量(t)，$M_n^n = M_n + m_n$，m_n 为在一个横向计算单元内，所有电缆桥架沿高度每米分布质量集中到桥架柱底的质量(t)，$m_n \approx 0.75m^g h$。K_{y1} 为管廊部分以下框架横向水平刚度(kN/m)。K_{y2}，K_{yi}，…，K_{yn} 分别为管廊部分框架第 2、i 和 n 层柱的横向水平刚度(kN/m)。$K_{y(n+1)}$ 为在一个横向计算单元内，所有电缆桥架横向水平刚度之和(kN/m)。

固定管架横向自由振动频率的计算方法基本上同上述中间管架的计算方法。固定管架一般为两榀框架，而且在纵横向都布置有柱间支撑，所以各层的横向刚度要按两榀框架来计算。

如图 13－3 所示，按多自由度体系计算管架的自振频率时，应用电子计算机来进行计算并无多大的困难，即使手工计算，例如按第 6 章所介绍的多层刚架横向自由振动的一种简便计算方法也比较方便。

13.2.2 单层管廊式管架自振频率计算

单层管廊式管架纵向自振频率计算的计算单元、计算简图(图 13－2)和计算公式同上述多层管廊式管架纵向自振频率计算。

中间管架横向自振频率计算，当顶部无电缆桥架时按单自由度体系计算，如图 13－4(a)所示；当顶部设置电缆桥架时，可按两个自由度振动体系计算，如图 13－4(b)所示。

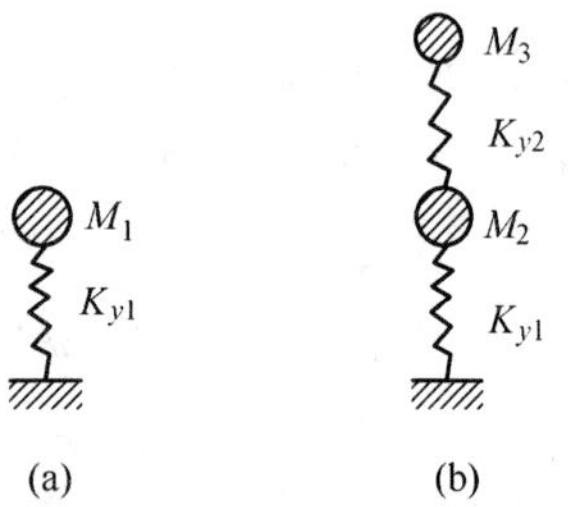

图 13－4 中间管架横向自振频率计算简图

图 13－4 中，M_1 为在一个横向计算单元内，管廊所有质量、中间管架横梁质量和横梁以下框架柱质量一半之和(t)。M_2 为在一个横向计算单元内，集中到管架顶部的质量(t)，$M_2 = M_1 + m_2$，m_2 为在一个横向计算单元内，所有电缆桥架沿高度每米分布质量集中到桥架柱底的质量(t)，$m_2 \approx 0.75m^g h$，m^g 为电缆桥架和电缆沿高度每米的分布质量(t/m)，h 为电缆桥架的高度(m)。M_3 为在一个横向计算单元内，所有电缆桥架沿高度每米分布质量集中到桥架柱顶的质量(t)，$M_3 \approx 0.25m^g h$。K_{y1} 为框架横向水平刚度(kN/m)；K_{y2} 为在一个横向计算单元内，所有电缆桥架横向水平刚度之和(kN/m)。

按图 13－4 计算单层管廊式中间管架横向的自振频率 ω_1 和 ω_2 时，可参照式(13－1)、式(13－2)和式(13－3)计算。不过质量 M_1、M_2 和 M_3 与图 13－2 中的 M_1、M_2 和 M_3 计算方法不同。公式中的 K_{x1} 和 K_{x2} 分别用 K_{y1} 和 K_{y2} 来代替。

同样，计算固定管架横向自振频率时，管架的横向水平刚度为固定管架的横向水平刚度。集中质量 M_1、M_2 和 M_3 的计算方法同计算中间管架自振频率时 M_1、M_2 和 M_3 的计算方法。

13.2.3　独立柱管架自振频率计算

独立柱管架纵向自振频率计算的计算单元，要视管架具体布置情况而定。例如，计算单元可取一个温度区段、振动管道固定点之间的距离、管架直线段等。独立柱管架自振频率按单自由度振动体系计算，计算简图见图 13-5。

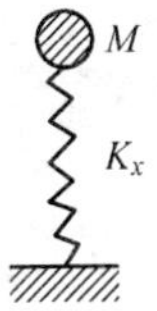

图 13-5　独立柱管架自振频率计算简图

图 13-5 中，M 为在一个纵向计算单元内，集中到柱顶的质量(t)，包括管道质量、纵向构件质量和柱子(含柱间支撑)质量的 25%。K_x 为在一个纵向计算单元内所有柱和柱间支撑纵向水平刚度之和(kN/m)，$K_x = \sum_{i=1}^{n} k_{xi} + K_{xs}$，$k_{xi}$ 为第 i 根单柱的纵向水平刚度(kN/m)，K_{xs}为柱间支撑的纵向水平刚度之和(kN/m)，n 为独立柱的数量。

自振圆频率 ω 按下式计算：

$$\omega = \sqrt{\frac{K_x}{M}} \tag{13-4}$$

13.3　振动管道管架事故与事故处理工程实例

13.3.1　工程概况

某天然气产销总厂管架，其顶部设置两根输送导热油炉的热油管道，油的温度为 220℃，油管规格为 $\phi219 \times 8$。按照 13.1 节所述的规定，此热油管道应为振动管道，管架为振动管架。厂区基本风压为 0.4kN/m^2。管架平、立面示意图如图 13-6 所示。

该管架为 T 形独立柱管架，钢柱为钢管 $\phi89 \times 4$，悬挑构件为工字型钢I16a，两边布置纵梁为槽钢[16a，两根纵梁跨中设置的连杆为槽钢[8，连杆的最大长细比 $\lambda = \frac{1000}{12.7} = 78.74$，所以可按压杆考虑，也就是说，可以作为纵梁的支撑，此时纵梁的最大长细比可取为 $\lambda = \frac{3000}{18.3} = 163.93$，纵梁可按系杆(压杆)来考虑。虽然纵梁没有布置在柱子的中心线上，但是由两根纵梁、连杆和悬挑梁组合在一起可以作为柱顶的纵梁。油管在③和⑩轴线的管架上设置固定点。振动管道的脉冲圆频率为 9.2rad/s 左右。当输油管道运行时，管架沿纵向产生激烈的振动，设备无法正常运行，只好立即停车。

产生这种振动现象的原因众说不一，有的认为是由于油管固定点位置不对造成的，也有的认为是由于管架纵向刚度不够造成的，等等。为了找出激烈振动的原因，我们对管架进行了自由振动计算。

在独立柱管架之间布置了两根纵梁，在两根纵梁跨中又设置有连杆，两根输油管道在管架上有两个固定点，这样整个管架在纵向柱顶平面内整体性较好，也就可以认为各管架柱顶的纵向振动线位移相等。因此可以简化为单自由度振动体系来计算管架的自振频率。计算

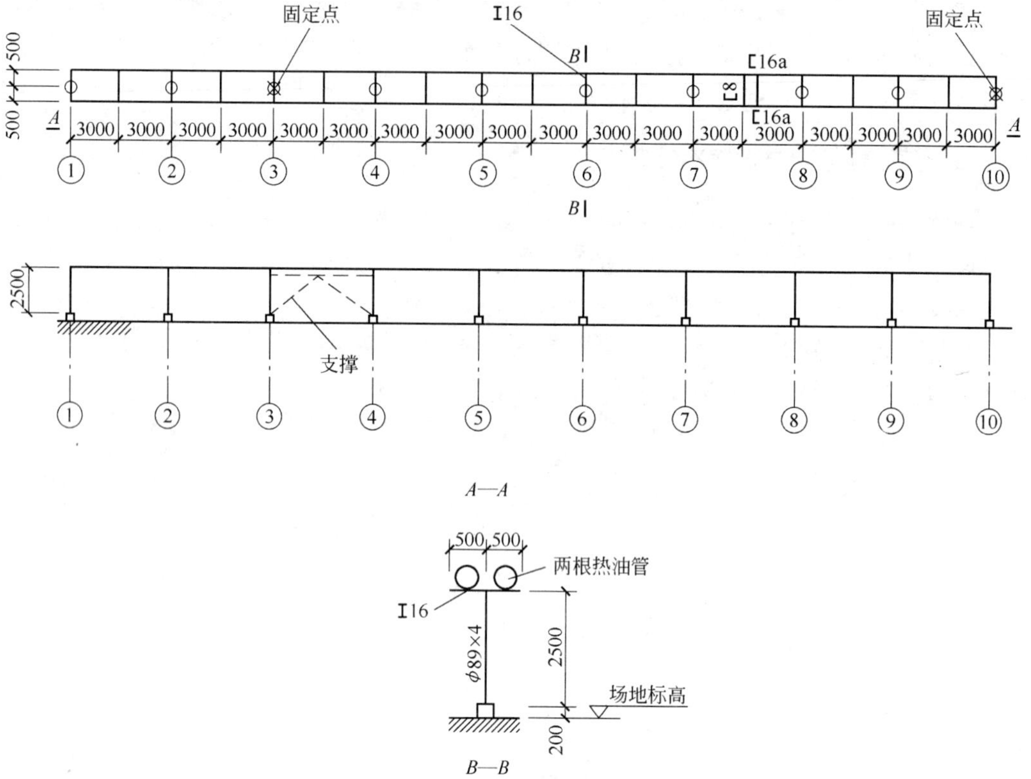

图 13 - 6　管架平、立面示意图

简图如图 13 - 5 所示，柱高为 2.5m。

图 13 - 5 中，K_x 为各柱纵向水平总刚度(kN/m)，$K_x = \sum_{i=1}^{10} k_{xi}$，$k_{xi}$为各柱纵向水平刚度(kN/m)，共 10 根柱。

荷载经计算后，结果如下：

油管总重	44.96kN
油总重	10kN
槽钢[16a 总重	18.608kN
槽钢[8 总重	0.724kN
工字钢I16a 总重	2.05kN
钢管柱集中到柱顶重量	0.524kN
总重	76.866kN

则

$$M = \frac{76.866}{9.81} = 7.835\text{t}$$

钢管柱 $\phi89 \times 4$，截面惯性矩 $I = 0.9668 \times 10^{-6}\text{m}^4$，弹性模量 $E = 0.206 \times 10^9\text{kN/m}^2$，则

$$K_x = \frac{3 \times 0.206 \times 10^9 \times 0.9668 \times 10^{-6}}{2.34^3} \times 10 = 465.93\text{kN/m}$$

管架自由振动圆频率 ω 为

$$\omega = \sqrt{\frac{465.93}{7.835}} = 7.712\text{rad/s}$$

管道脉冲圆频率 $\theta = 9.2\text{rad/s}$，则

$$\frac{\theta}{\omega} = \frac{9.2}{7.712} = 1.19 < 1.2$$

即管道和管架在共振区工作，所以管架发生了剧烈的振动，这是根本原因。

13.3.2　处理方法

管架发生事故的原因找到以后，如何进行处理就比较有把握了。

为了减小管架的纵向振动，就应采取措施避开共振，最好的办法是提高管架纵向的水平刚度。为此，在管道固定点处即在③和④轴线柱的平面内增设一个K形支撑，位置见图13-6剖面A—A虚线所示。K形支撑采用钢管，横杆为 $\phi108 \times 5$，回转半径 $i = 36.5\text{mm}$，在平面外的长细比 $\lambda = \frac{6000}{36.5} = 164.38$；斜杆为 $\phi89 \times 4$，回转半径 $i = 30.1\text{mm}$，$\lambda = \frac{3780}{30.1} = 125.59$，都按压杆考虑，如图13-7所示。

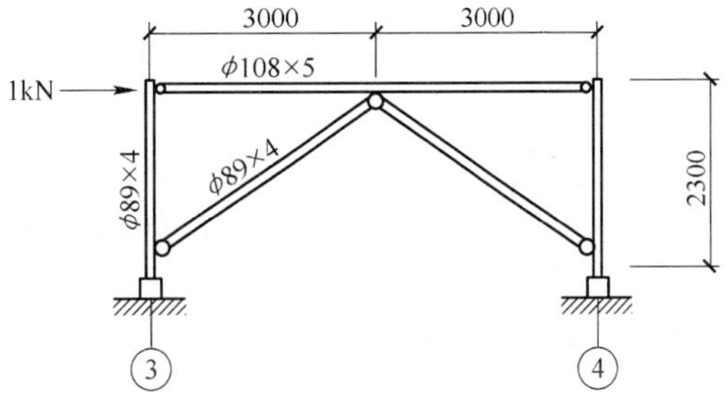

图13-7　竖向支撑图

支撑顶部在单位力1kN作用下，顶部的水平位移为 $0.24 \times 10^{-4}\text{m}$，则支撑的纵向水平刚度为 $K_{xs} = \frac{1}{0.24 \times 10^{-4}} = 41666.67\text{kN/m}$。钢管的纵向水平总刚度为

$$K_x = \sum_1^8 k_{xi} + K_{xs} = 46.593 \times 8 + 41666.67 = 42039.414\text{kN/m}$$

质量 $M \approx 7.835\text{t}$（忽略支撑所增加的质量），则管架自由振动圆频率 ω 为

$$\omega = \sqrt{\frac{42039.414}{7.835}} = 73.25\text{rad/s}$$

故 $\frac{\theta}{\omega} = \frac{9.2}{73.25} = 0.126 << 0.8$，远远避开了共振区。增加支撑后输油管道再运行时，管架振动很小，非常平稳。

该管架的激烈振动影响了生产。通过这个事故，也得到了一个教训，一方面，建筑结构设计人员在设计管架时，首先要把管架设计条件搞清楚，判断管道和管架是否属于振动管道和振动管架，为此要主动和管道工程师进行沟通，变被动接受条件为主动接收条件。如果是振动管架就要进行管架振动计算，以避开共振。另一方面，管道工程师在向建筑结构工程师提供条件时，应特别说明管道是否属于振动管道，管架上敷设的振动管道重量占全部管道重量的比例是多少，振动管道脉冲频率是多少等等，以便建筑结构工程师根据条件对管架进行正确的设计。

附　　录

附录 A　旋转质量偏心距

表 A-1　旋转质量偏心距 e

机器类别	旋转部件名称	工作转速 n /r·min^{-1}	偏心距 e/m
汽轮机组	转　子	3000 1500	0.02×10^{-3} 0.07×10^{-3}
小型电机 泵　类 调相机	转　子	$1000<n\leqslant3000$ $500<n\leqslant1000$ $\leqslant500$	0.1×10^{-3} 0.2×10^{-3} 0.4×10^{-3}
风　机	转　子		0.7×10^{-3}（无磨损介质时） 1.0×10^{-3}（有磨损介质时）
颚式破碎机	动颚板（包括齿板） 连　杆 偏心轴	<500	取偏心轴对旋转中心的偏心距
破碎机（回转式、颚旋式、圆锥式）	动　锥 主　轴 配　重	<500	$e=H\sin\theta$ （H 为动锥和主轴的总重心至悬挂点的距离，θ 为主轴的偏摆角）
破碎机 （锤式和环式）	转　子	<1500	1.0×10^{-3}
破碎机 （反击式）	转　子	1500	$e=2.0\times10^{-3}$（破碎煤和焦时） $e=3.0\times10^{-3}$（破碎石类时）

附录 B　机器基础允许振动限值

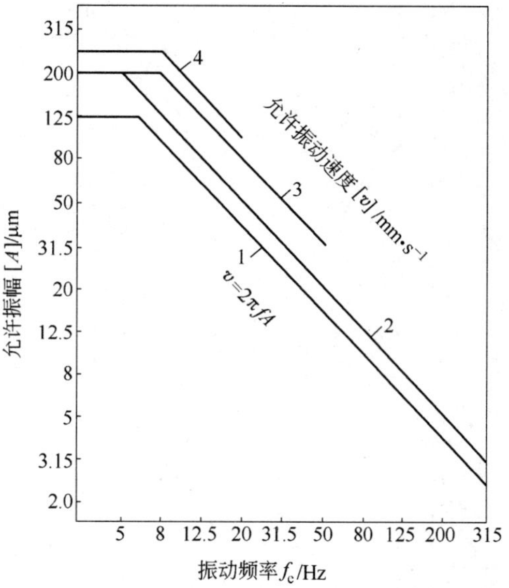

图 B－1

1—Ⅰ类机器，其允许速度为 5mm/s；2—Ⅱ类机器，其允许速度为 6.3mm/s；
3—Ⅲ类机器，其允许速度为 10mm/s；4—Ⅳ类机器，其允许速度为 12.6mm/s

表 B－1　动力机器的分类

类　别	机 器 名 称
Ⅰ	高转速机组（转速大于 3000r/min）和制氧机机组（透平压缩机、透平膨胀机、螺杆压缩机、迷宫式压缩机等）及有类似振动要求的其他设备
Ⅱ	汽轮机组（发电机、鼓风机、压缩机）、电机、活塞式压缩机及有类似振动要求的其他设备
Ⅲ	风机、小型电机、泵、低转速机组（调相机）、离心机及有类似振动要求的其他设备
Ⅳ	各种型式的破碎机、磨机、振动筛、摇床、混合机、对辊机及有类似振动要求的其他设备

附录 C 单跨梁振型曲线

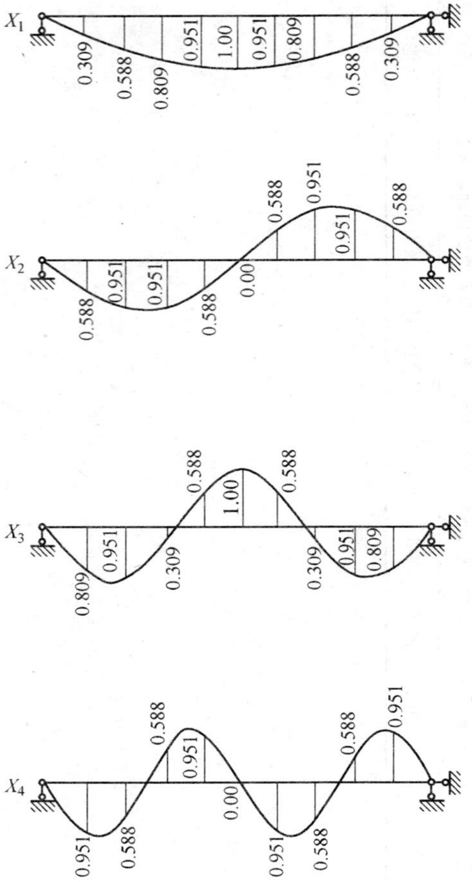

图 C－1 两端简支梁振型曲线

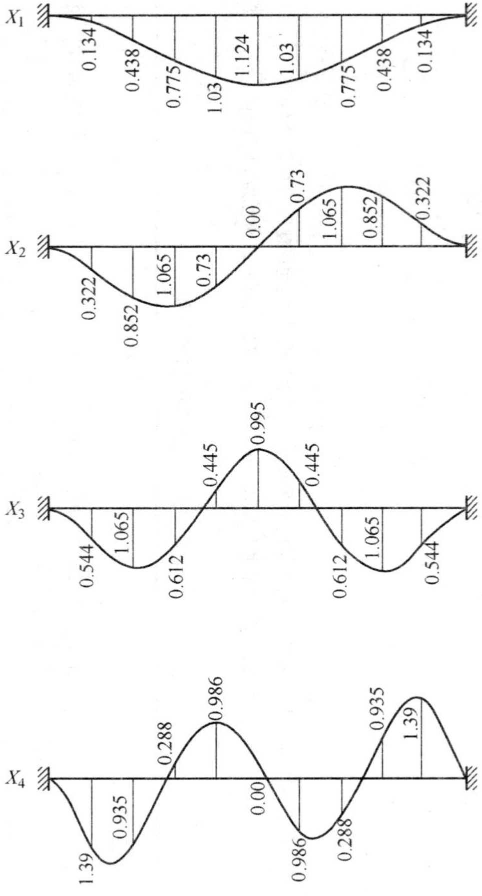

图 C－2 两端固定梁振型曲线

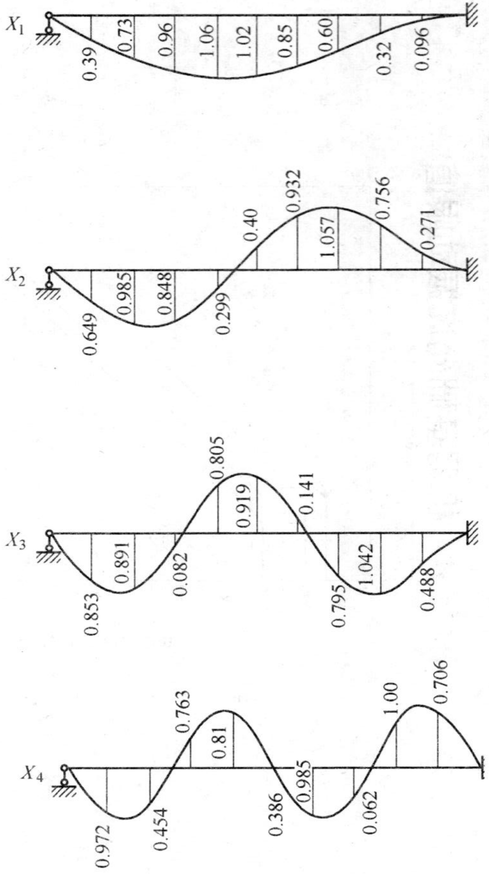

图 C－3 一端简支,一端固定梁振型曲线

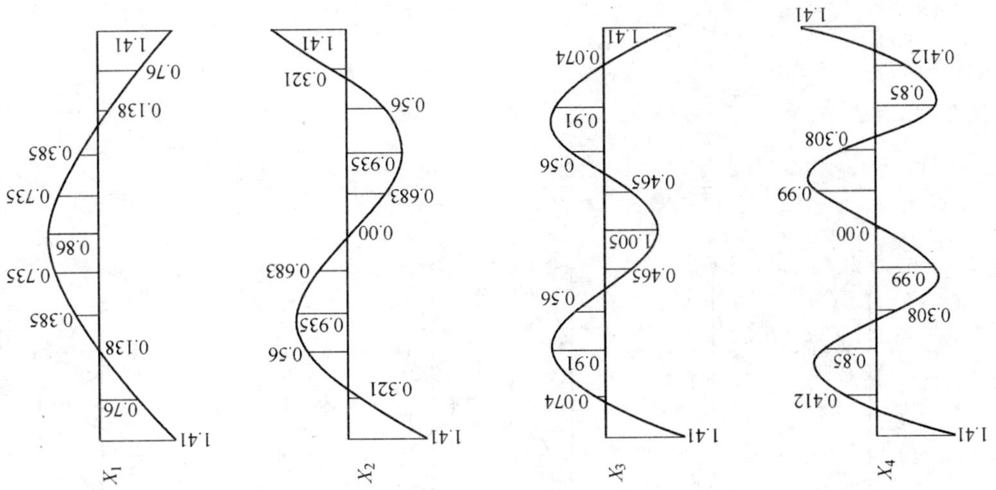

图 C－6　两端自由梁振型曲线

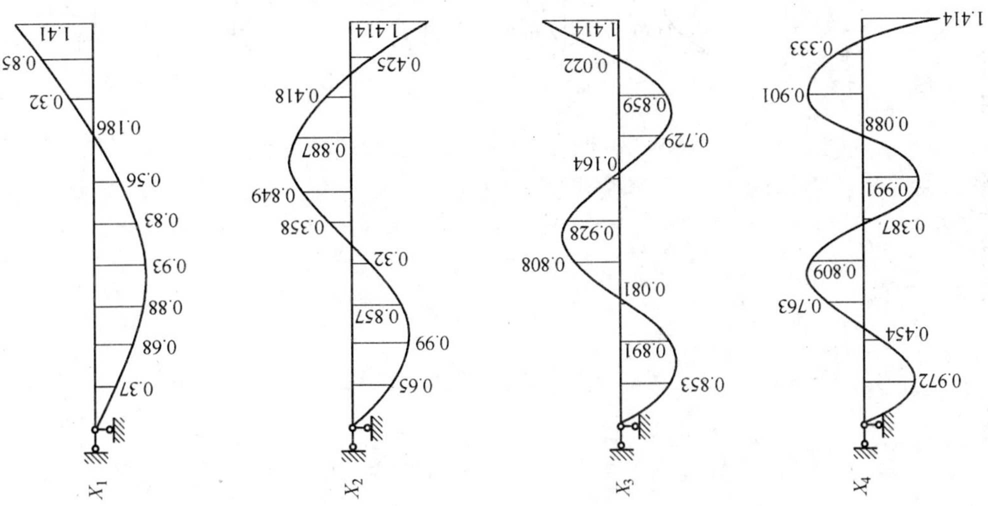

图 C－5　一端简支，一端自由梁振型曲线

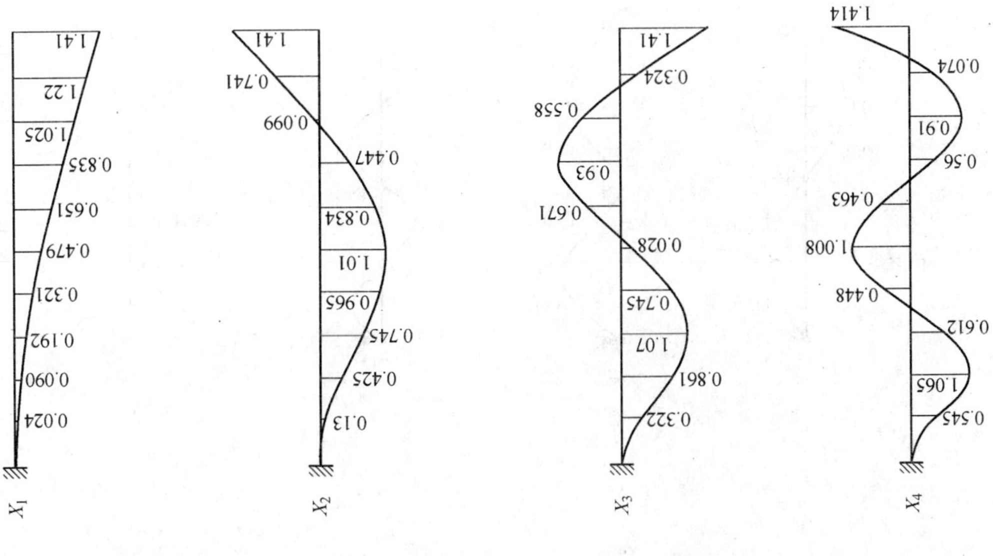

图 C－4　悬臂梁振型曲线

附录 D　多跨梁振型曲线

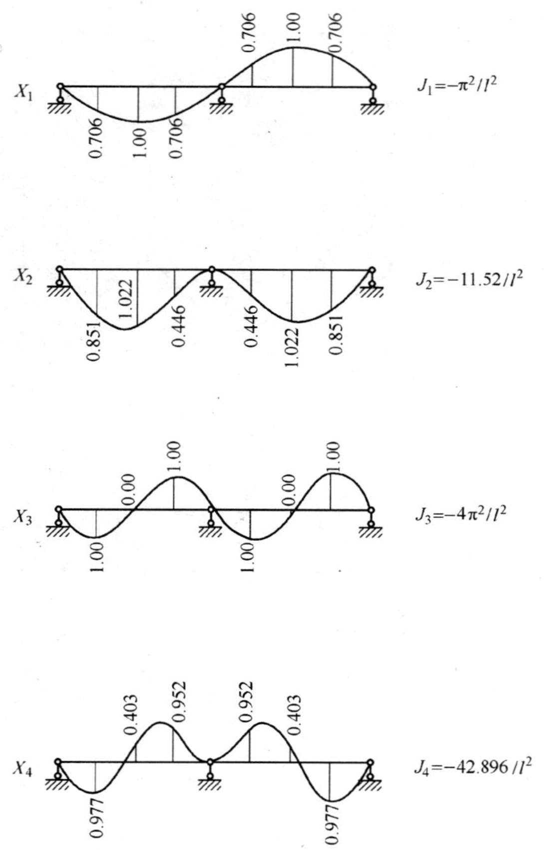

图 D－1　二跨梁振型曲线

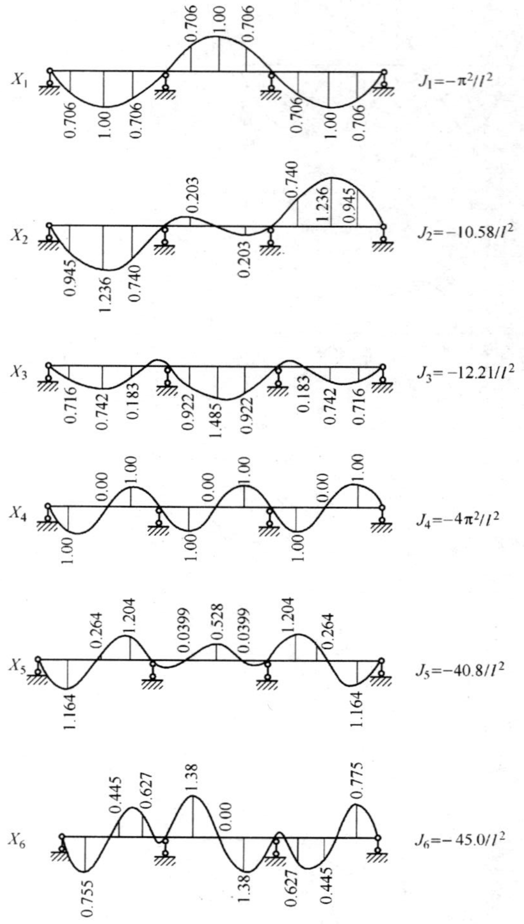

图 D－2　三跨梁振型曲线

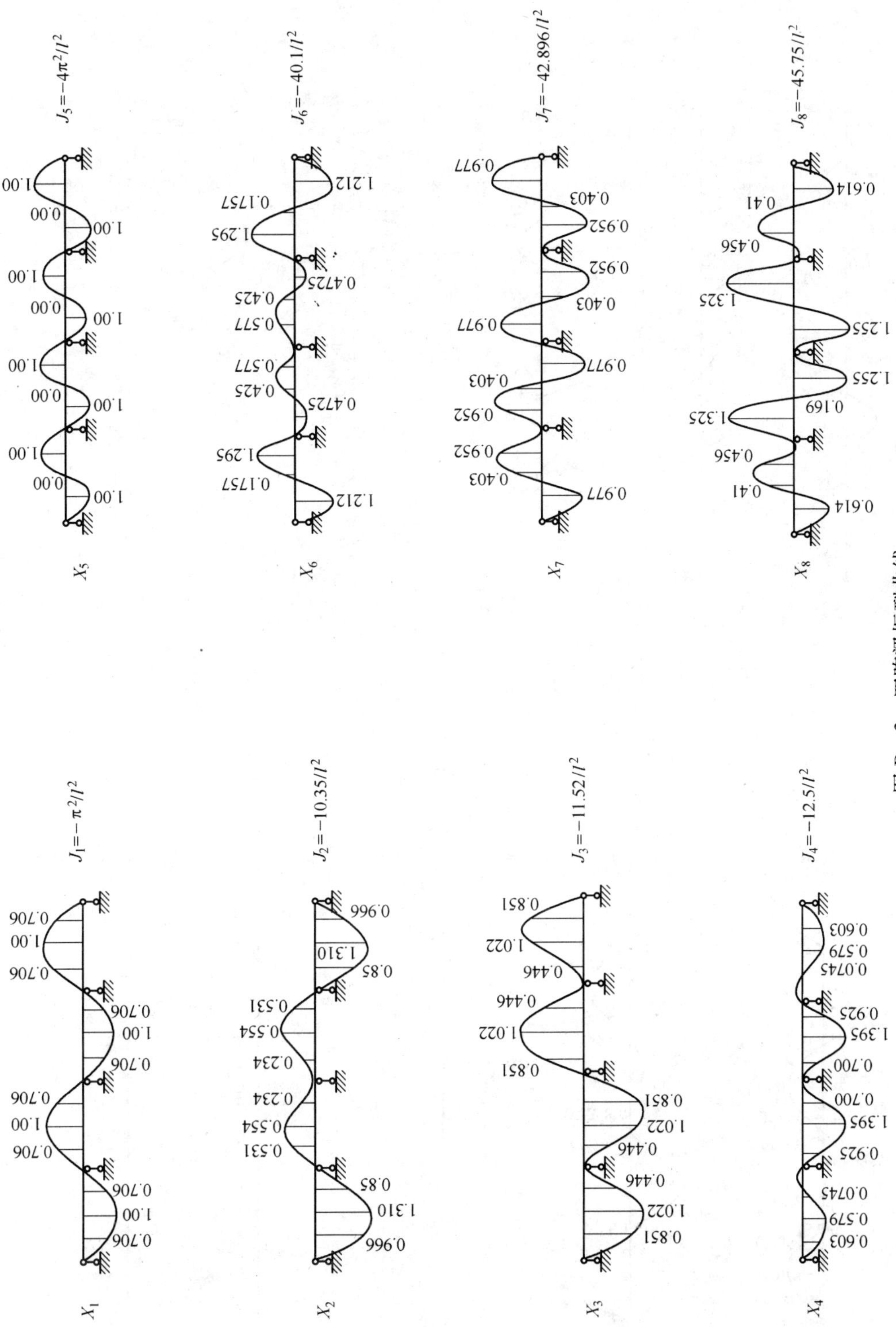
$J_1=-\pi^2/l^2$
$J_2=-10.35/l^2$
$J_3=-11.52/l^2$
$J_4=-12.5/l^2$
$J_5=-4\pi^2/l^2$
$J_6=-40.1/l^2$
$J_7=-42.896/l^2$
$J_8=-45.75/l^2$
X_1
X_2
X_3
X_4
X_5
X_6
X_7
X_8

图 D－3　四跨梁振型曲线

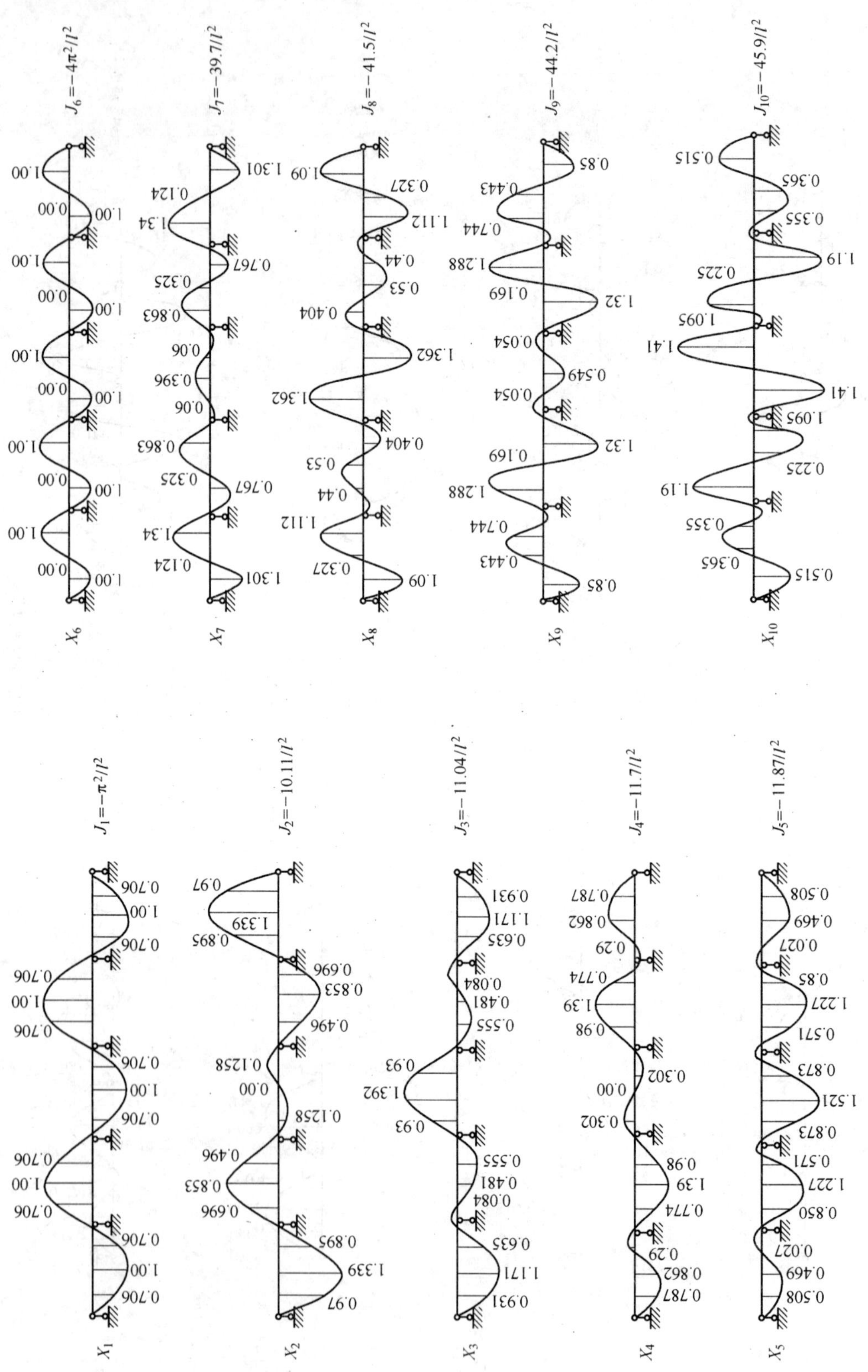

J1=−π²/l²
J2=−10.11/l²
J3=−11.04/l²
J4=−11.7/l²
J5=−11.87/l²
J6=−4π²/l²
J7=−39.7/l²
J8=−41.5/l²
J9=−44.2/l²
J10=−45.9/l²
X1
X2
X3
X4
X5
X6
X7
X8
X9
X10

图 D-4 五跨梁振型曲线

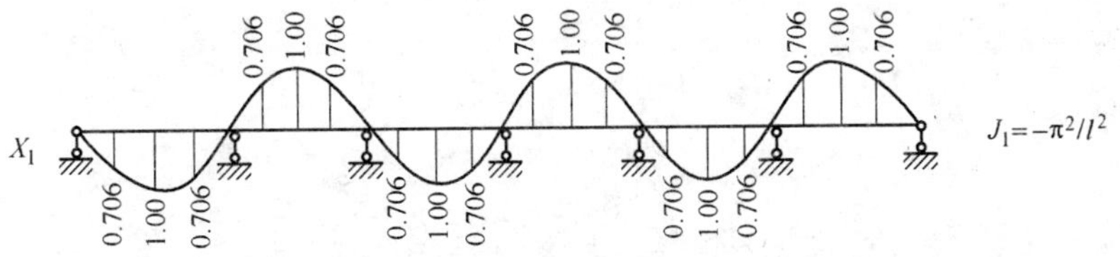
X1
0.706 1.00 0.706 0.706 1.00 0.706 0.706 1.00 0.706
0.706 1.00 0.706 0.706 1.00 0.706 0.706 1.00 0.706
J1=−π2/l2

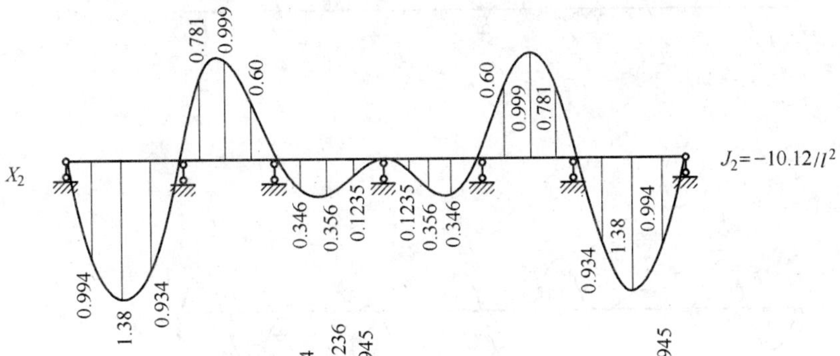
X2
0.781 0.999 0.60 0.60 0.999 0.781
0.994 1.38 0.934 0.346 0.356 0.1235 0.1235 0.356 0.346 0.934 1.38 0.994
J2=−10.12/l2

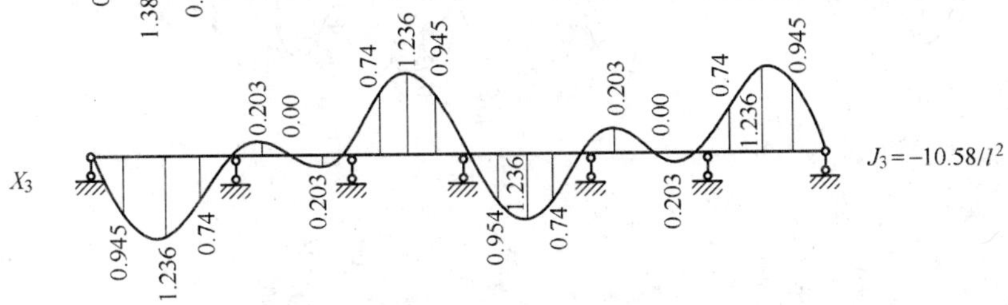
X3
0.203 0.00 0.74 1.236 0.945 0.203 0.00 0.74 1.236 0.945
0.945 1.236 0.74 0.203 0.954 1.236 0.74 0.203
J3=−10.58/l2

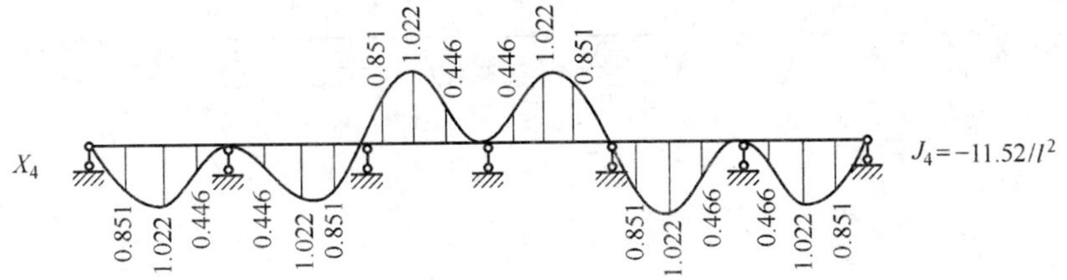
X4
0.851 1.022 0.446 0.446 1.022 0.851
0.851 1.022 0.446 0.446 1.022 0.851 0.851 1.022 0.466 0.466 1.022 0.851
J4=−11.52/l2

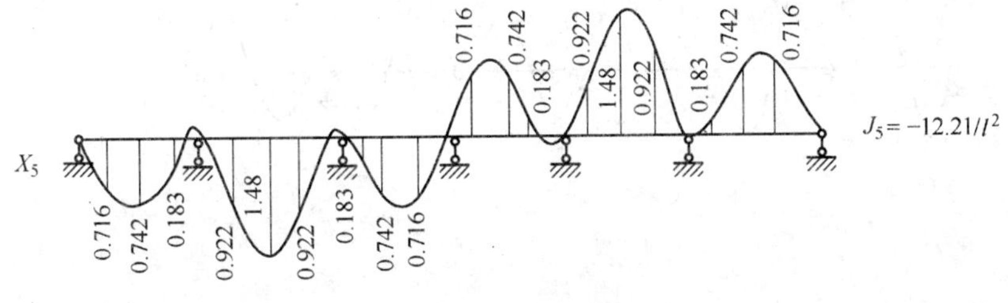
X5
0.716 0.742 0.183 0.922 1.48 0.922 0.183 0.742 0.716
0.716 0.742 0.183 0.922 1.48 0.922 0.183 0.742 0.716
J5=−12.21/l2

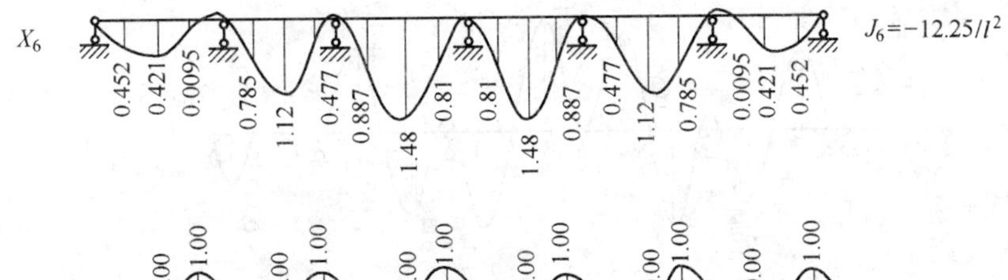
X6
0.452 0.421 0.0095 0.785 1.12 0.477 0.887 1.48 0.81 0.81 1.48 0.887 0.477 1.12 0.785 0.0095 0.421 0.452
J6=−12.25/l2

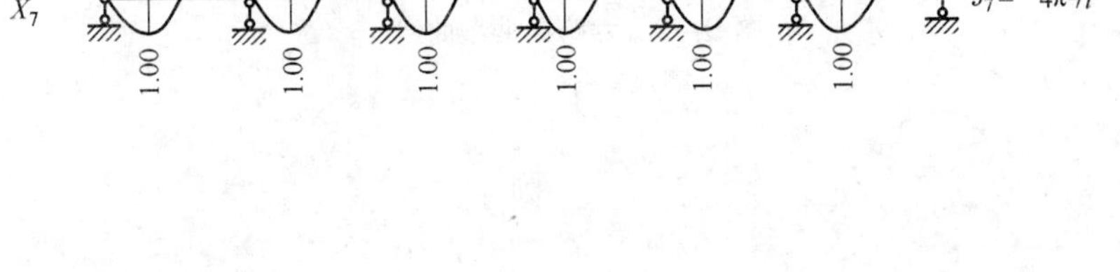
X7
0.00 1.00 0.00 1.00 0.00 1.00 0.00 1.00 0.00 1.00 0.00 1.00
1.00 1.00 1.00 1.00 1.00 1.00
J7=−4π2/l2

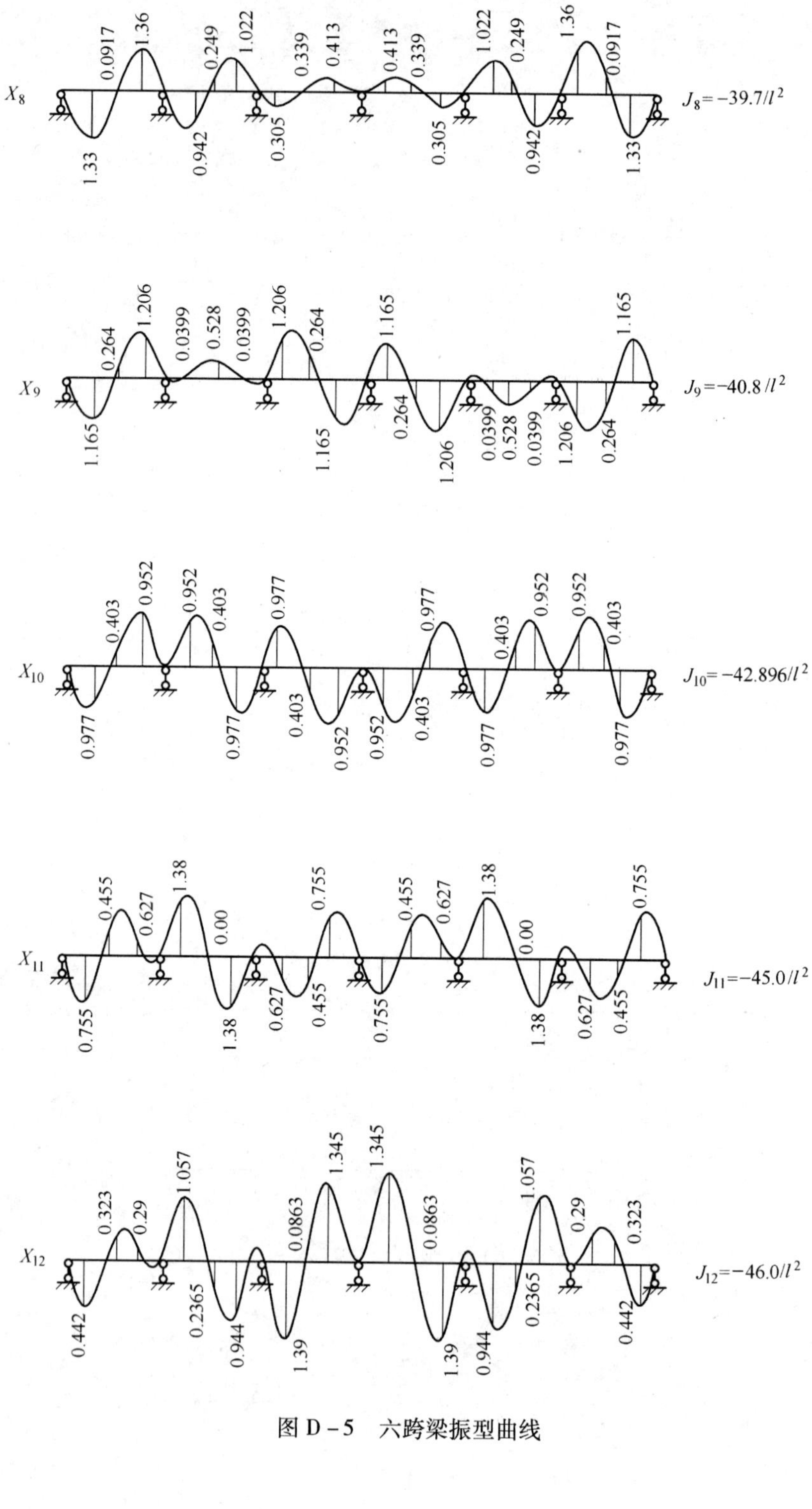

X_8
0.0917
1.36
0.249
1.022
0.339
0.413
0.413
0.339
1.022
0.249
1.36
0.0917
1.33
0.942
0.305
0.305
0.942
1.33
$J_8=-39.7/l^2$
X_9
0.264
1.206
0.0399
0.528
0.0399
1.206
0.264
1.165
1.165
1.165
1.165
0.264
1.206
0.0399
0.528
0.0399
1.206
0.264
$J_9=-40.8/l^2$
X_{10}
0.403
0.952
0.952
0.403
0.977
0.977
0.403
0.952
0.952
0.403
0.977
0.977
0.403
0.952
0.952
0.403
0.977
0.977
$J_{10}=-42.896/l^2$
X_{11}
0.455
0.627
1.38
0.00
0.755
0.455
0.627
1.38
0.00
0.755
0.755
1.38
0.627
0.455
0.755
1.38
0.627
0.455
$J_{11}=-45.0/l^2$
X_{12}
0.323
0.29
1.057
0.0863
1.345
1.345
0.0863
1.057
0.29
0.323
0.442
0.2365
0.944
1.39
1.39
0.944
0.2365
0.442
$J_{12}=-46.0/l^2$

图 D－5　六跨梁振型曲线

X_1
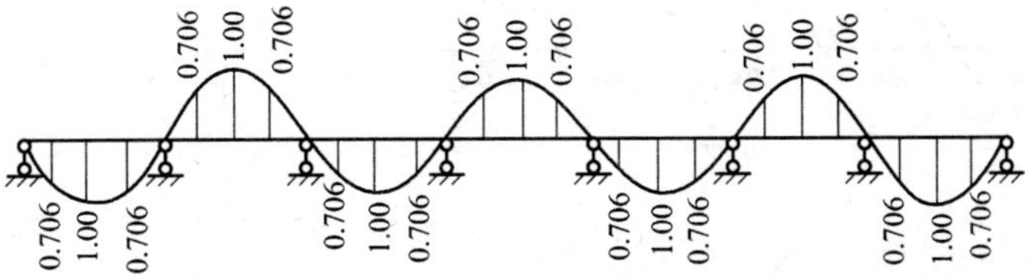

$J_1=-\pi^2/l^2$

X_2
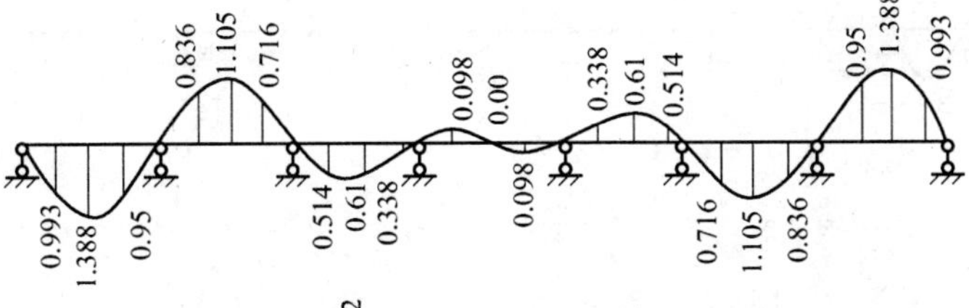

$J_2=-10.05/l^2$

X_3
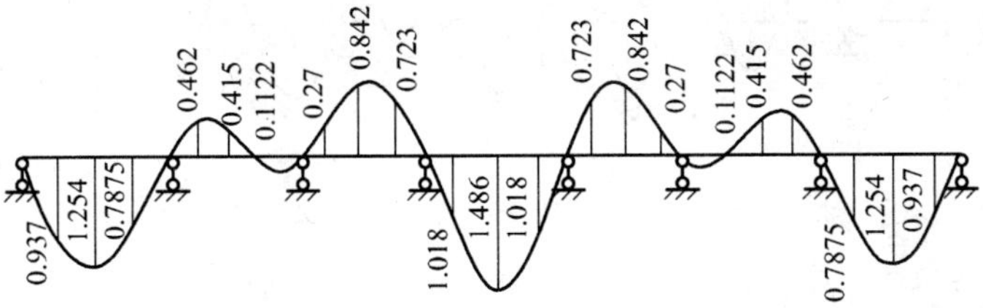

$J_3=-10.44/l^2$

X_4
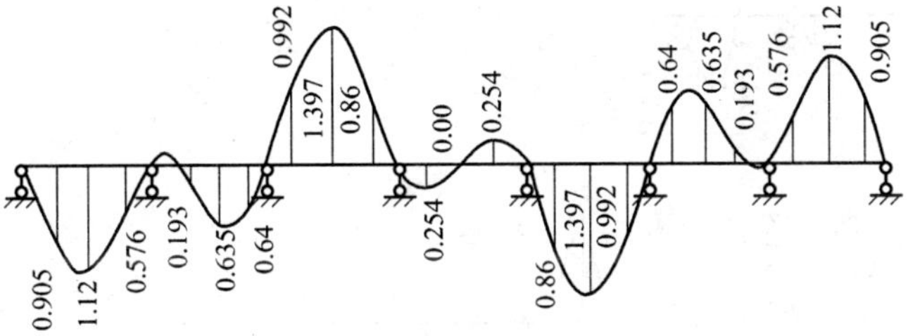

$J_4=-11.2\ /l^2$

X_5
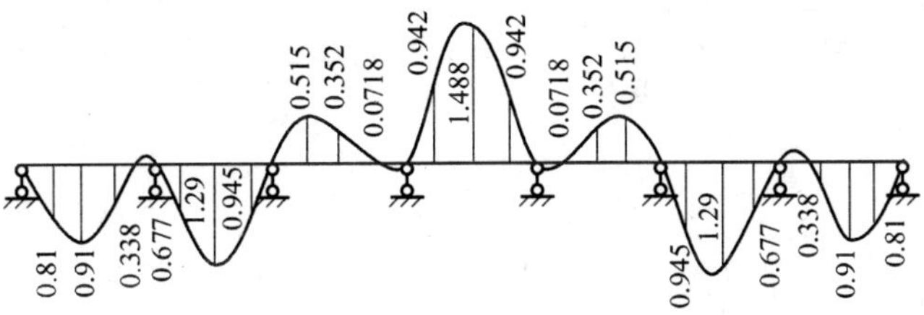

$J_5=-11.89/l^2$

X_6
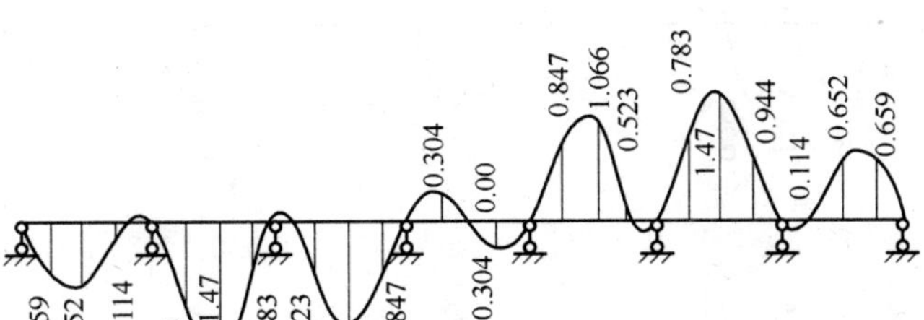

$J_6=-12.00/l^2$

X_7
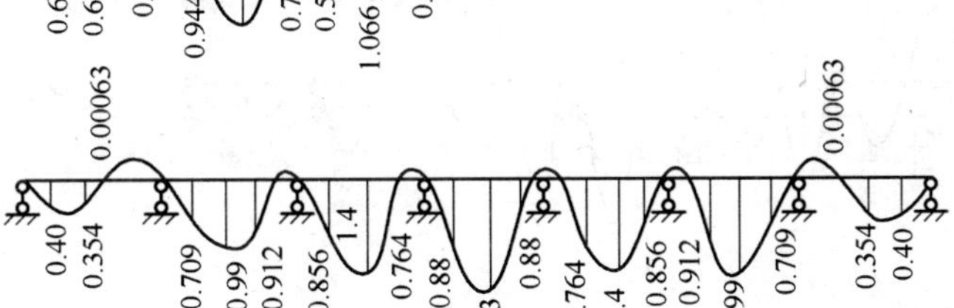

$J_7=-12.14/l^2$

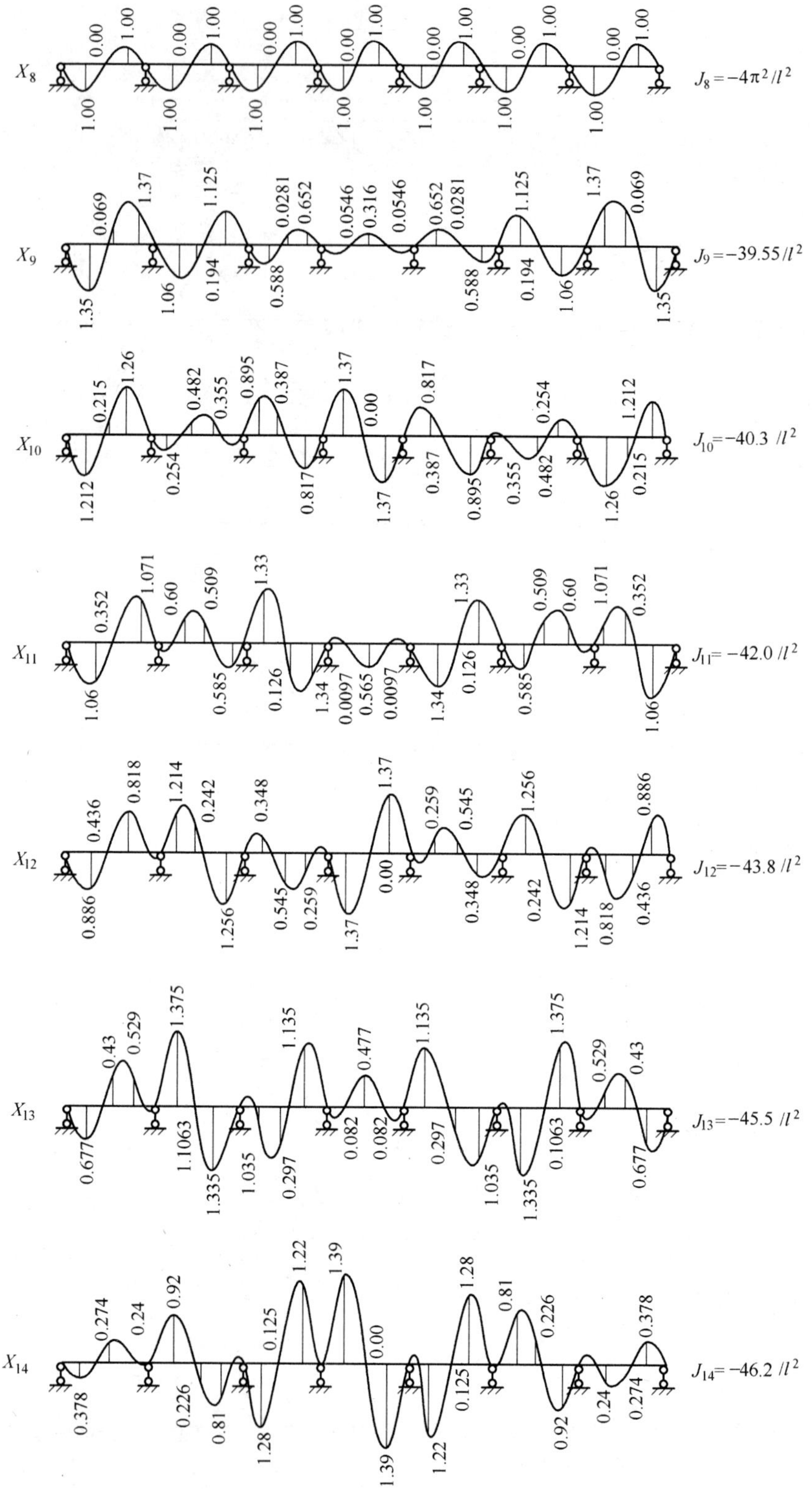
X8
0.00 1.00 0.00 1.00 0.00 1.00 0.00 1.00 0.00 1.00 0.00 1.00 0.00 1.00
1.00 1.00 1.00 1.00 1.00 1.00 1.00
J8 = −4π²/l²
X9
0.069 1.37 1.125 0.0281 0.652 0.0546 0.316 0.0546 0.652 0.0281 1.125 1.37 0.069
1.35 1.06 0.194 0.588 0.588 0.194 1.06 1.35
J9 = −39.55/l²
X10
0.215 1.26 0.482 0.355 0.895 0.387 1.37 0.00 0.817 0.254 1.212
1.212 0.254 0.817 1.37 0.387 0.895 0.355 0.482 1.26 0.215
J10 = −40.3 /l²
X11
0.352 1.071 0.60 0.509 1.33 1.33 0.509 0.60 1.071 0.352
1.06 0.585 0.126 1.34 0.0097 0.565 0.0097 1.34 0.126 0.585 1.06
J11 = −42.0 /l²
X12
0.436 0.818 1.214 0.242 0.348 1.37 0.259 0.545 1.256 0.886
0.886 1.256 0.545 0.259 1.37 0.00 0.348 0.242 1.214 0.818 0.436
J12 = −43.8 /l²
X13
0.43 0.529 1.375 1.135 0.477 1.135 1.375 0.529 0.43
0.677 1.1063 1.335 1.035 0.297 0.082 0.082 0.297 1.035 1.335 0.1063 0.677
J13 = −45.5 /l²
X14
0.274 0.24 0.92 0.125 1.22 1.39 0.00 1.28 0.81 0.226 0.378
0.378 0.226 0.81 1.28 1.39 1.22 0.125 0.92 0.24 0.274
J14 = −46.2 /l²

图 D－6　七跨梁振型曲线

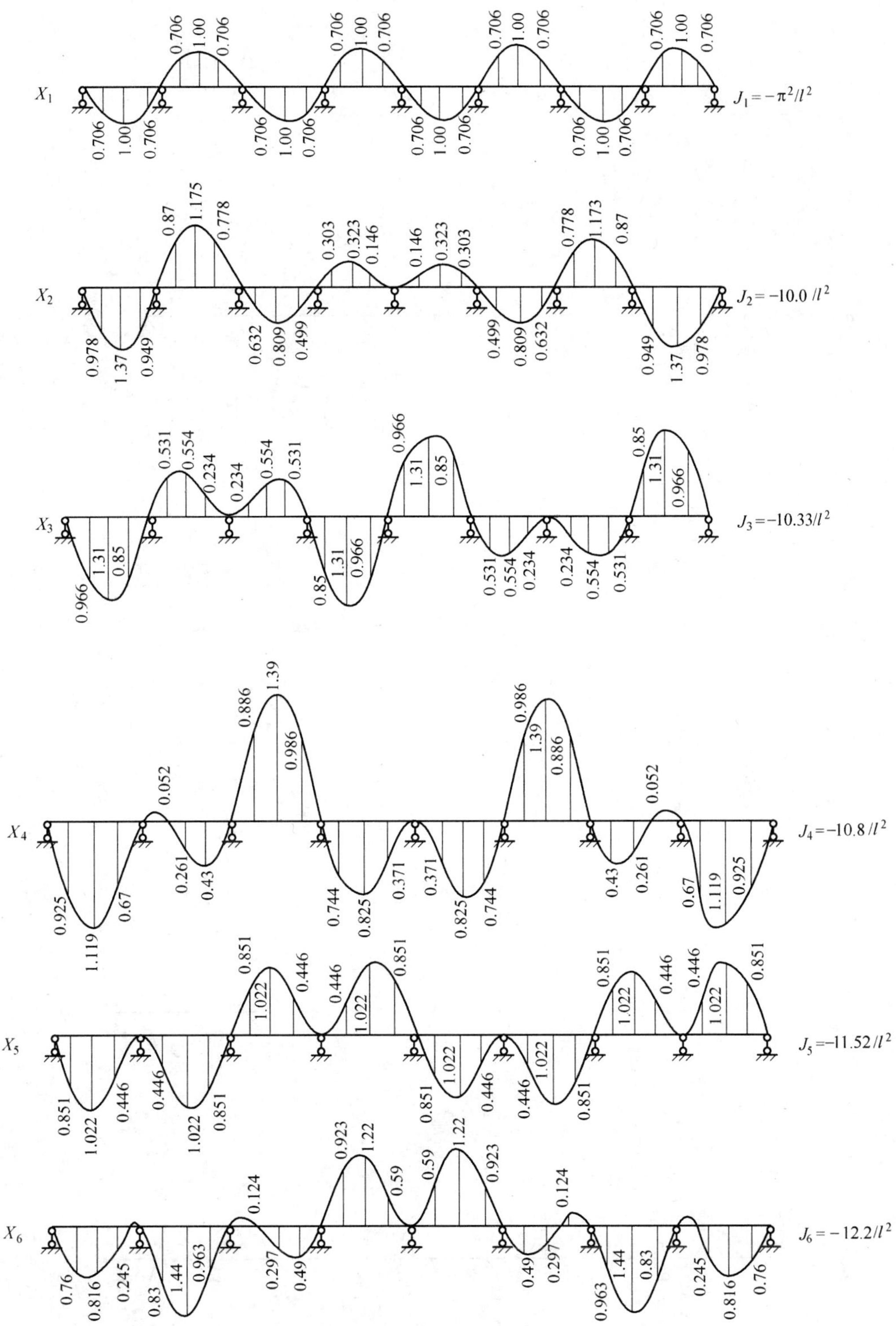

X_1
0.706 1.00 0.706 0.706 1.00 0.706 0.706 1.00 0.706 0.706 1.00 0.706
0.706 1.00 0.706 0.706 1.00 0.706 0.706 1.00 0.706 0.706 1.00 0.706
$J_1=-\pi^2/l^2$
X_2
0.87 1.175 0.778 0.303 0.323 0.146 0.146 0.323 0.303 0.778 1.173 0.87
0.978 1.37 0.949 0.632 0.809 0.499 0.499 0.809 0.632 0.949 1.37 0.978
$J_2=-10.0/l^2$
X_3
0.531 0.554 0.234 0.234 0.554 0.531 0.966 1.31 0.85 0.85 1.31 0.966
0.966 1.31 0.85 0.85 1.31 0.966 0.531 0.554 0.234 0.234 0.554 0.531
$J_3=-10.33/l^2$
X_4
0.052 0.886 1.39 0.986 0.986 1.39 0.886 0.052
0.925 1.119 0.67 0.261 0.43 0.744 0.825 0.371 0.371 0.825 0.744 0.43 0.261 0.67 1.119 0.925
$J_4=-10.8/l^2$
X_5
0.851 1.022 0.446 0.446 1.022 0.851 0.851 1.022 0.446 0.446 1.022 0.851
0.851 1.022 0.446 0.446 1.022 0.851 0.851 1.022 0.446 0.446 1.022 0.851
$J_5=-11.52/l^2$
X_6
0.124 0.923 1.22 0.59 0.59 1.22 0.923 0.124
0.76 0.816 0.245 0.83 1.44 0.963 0.297 0.49 0.49 0.297 0.963 1.44 0.83 0.245 0.816 0.76
$J_6=-12.2/l^2$

X_7

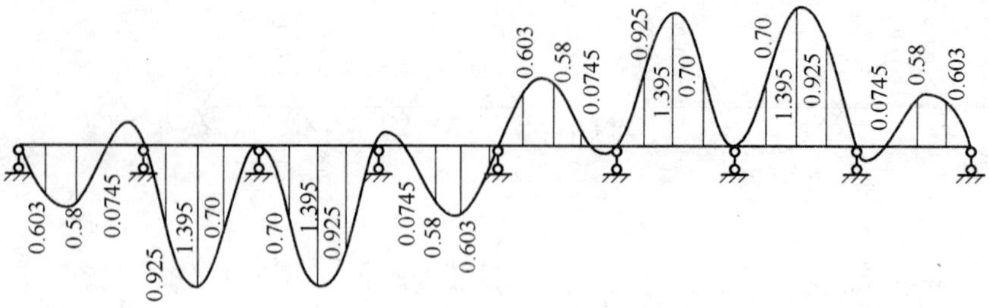

$J_7=-12.5/l^2$

X_8

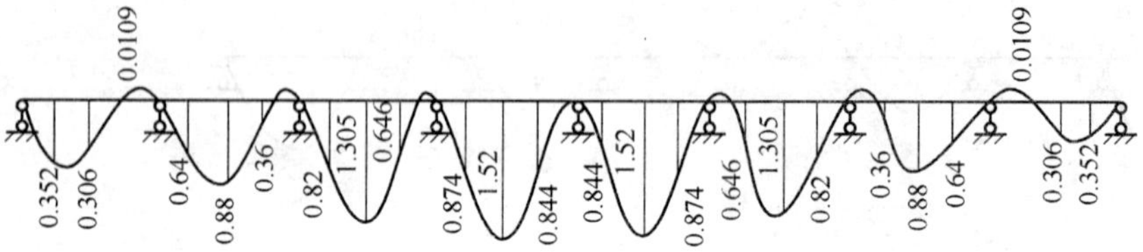

$J_8=-12.6/l^2$

X_9

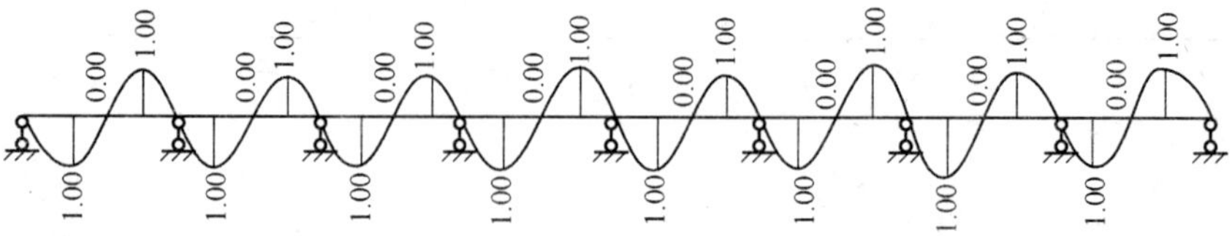

$J_9=-4\pi^2/l^2$

X_{10}

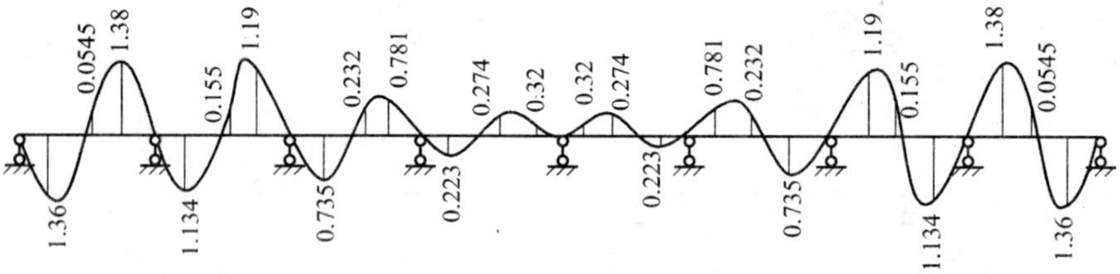

$J_{10}=-39.6/l^2$

X_{11}

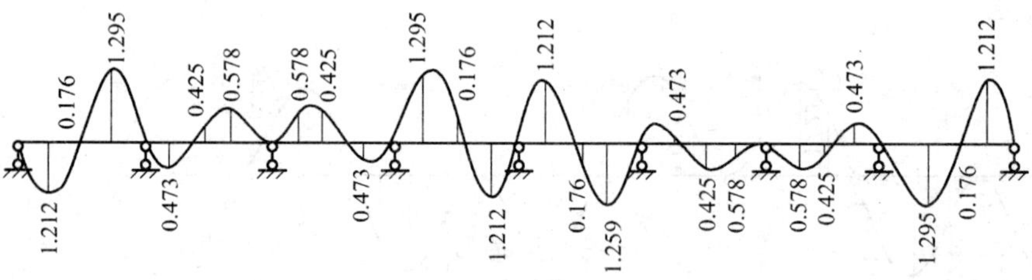

$J_{11}=-40.1/l^2$

X_{12}

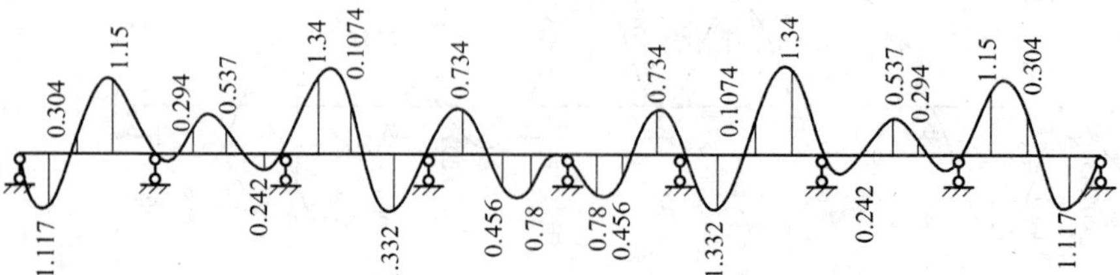

$J_{12}=-41.2/l^2$

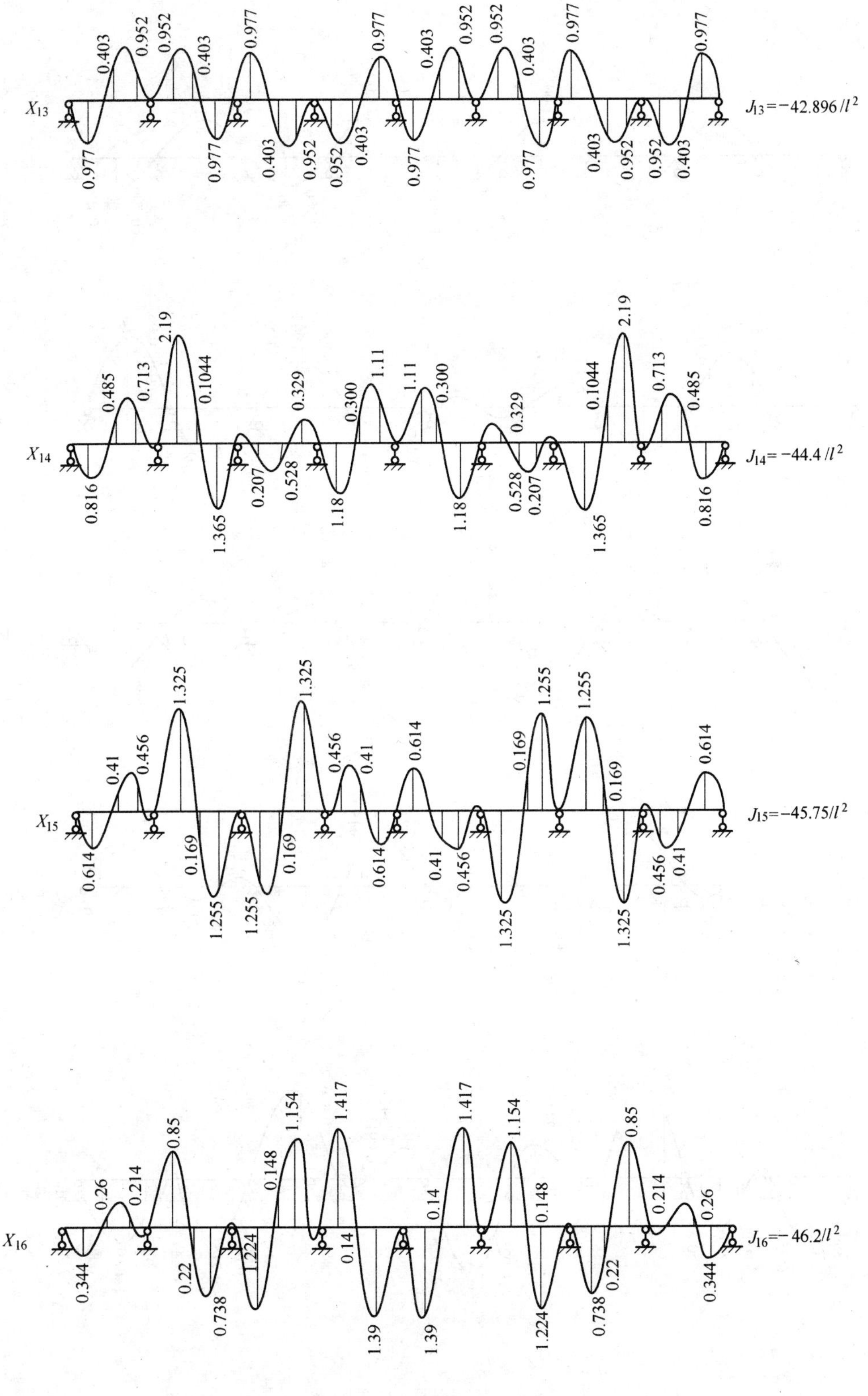

图 D－7　八跨梁振型曲线

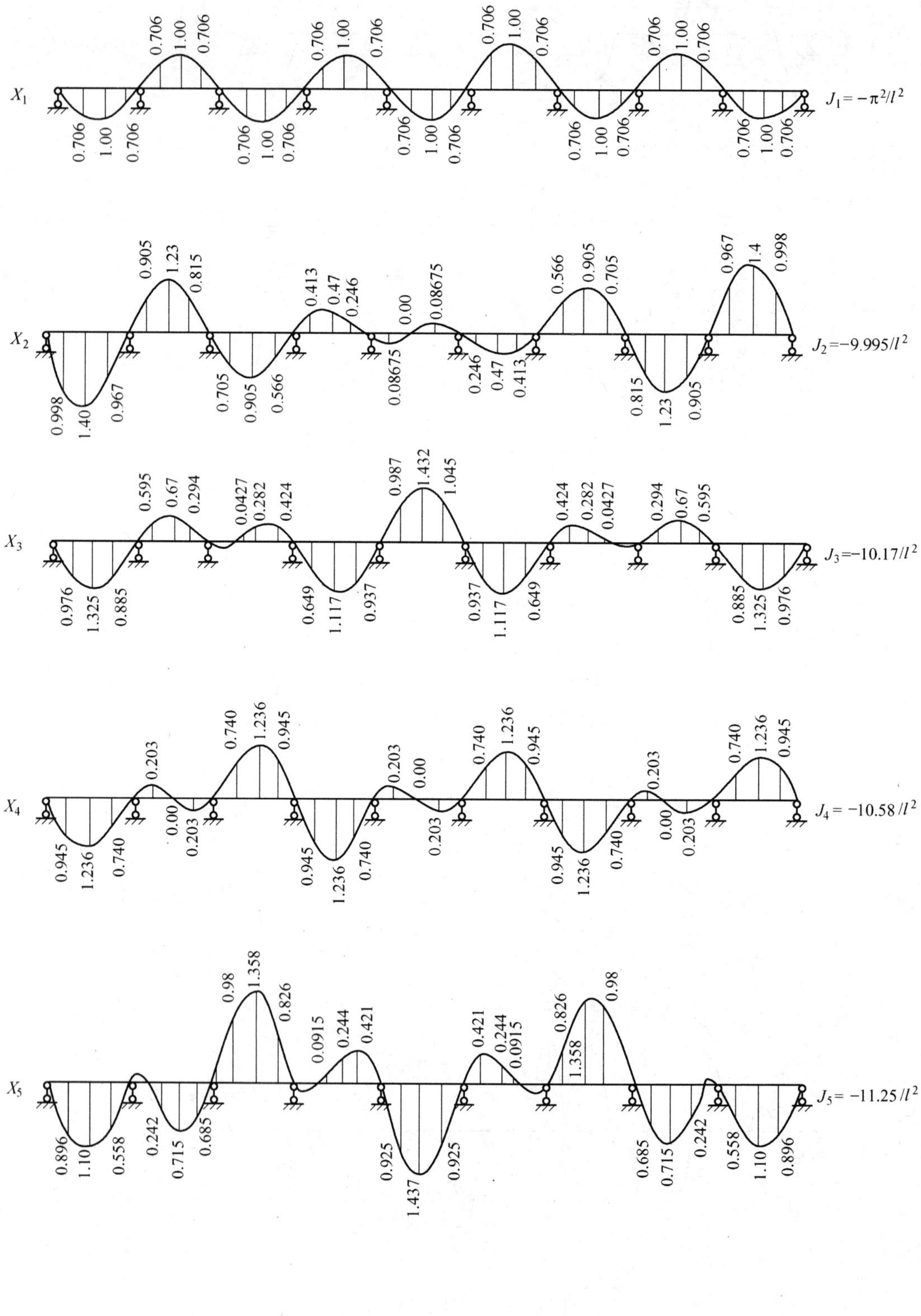

X1
J1 = −π²/l²
X2
J2 = −9.995/l²
X3
J3 = −10.17/l²
X4
J4 = −10.58/l²
X5
J5 = −11.25/l²

X_6
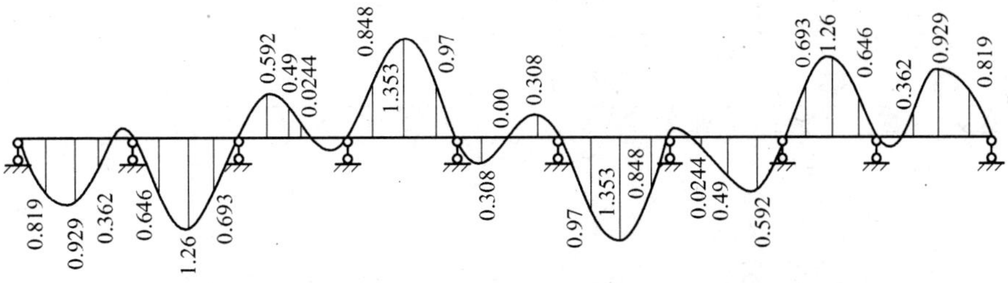

$J_6=-11.61/l^2$

X_7
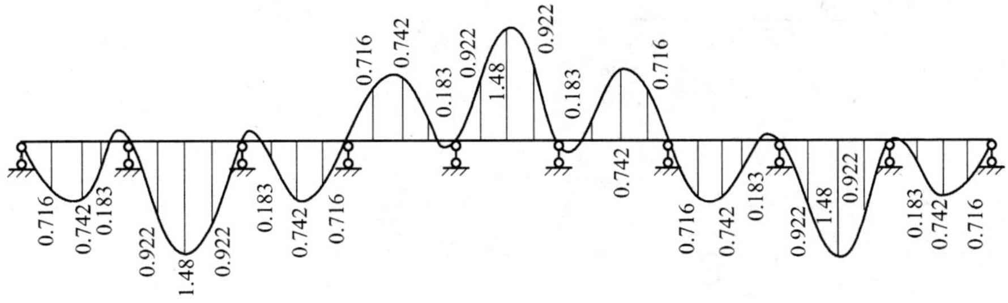

$J_7=-12.21/l^2$

X_8
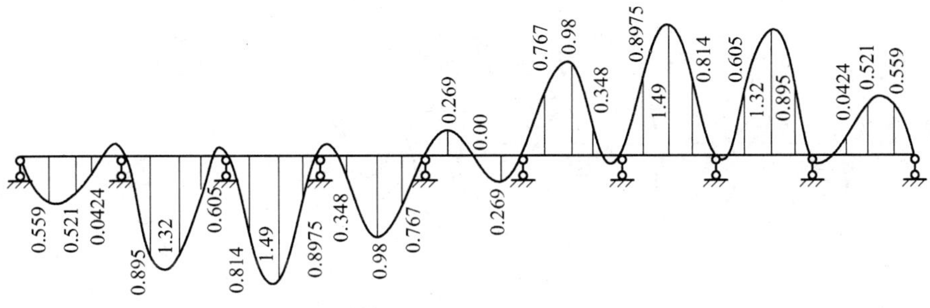

$J_8=-12.62/l^2$

X_9
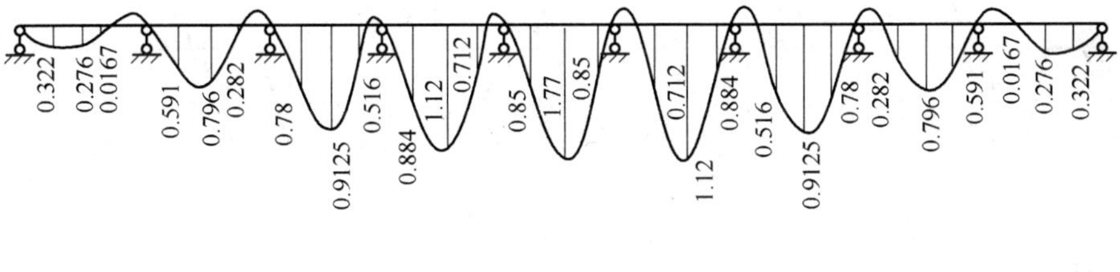

$J_9=-14.21/l^2$

X_{10}
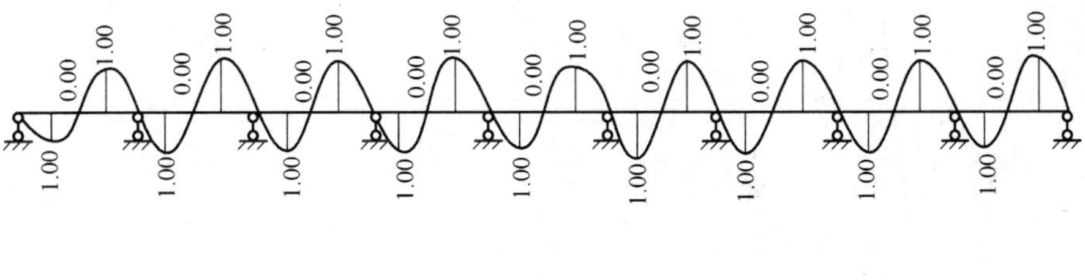

$J_{10}=-4\pi^2/l^2$

X_{11}
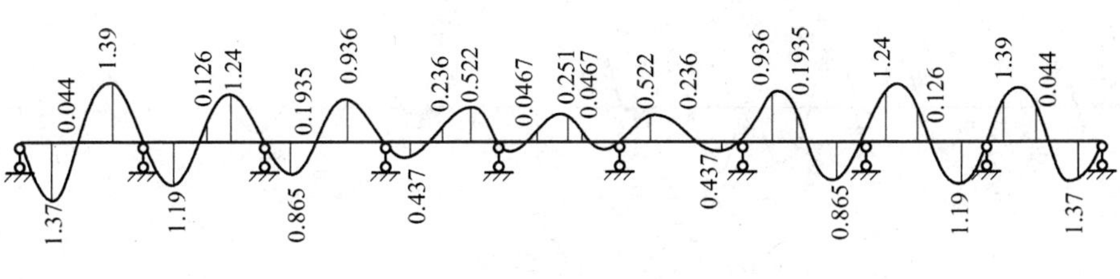

$J_{11}=-39.5/l^2$

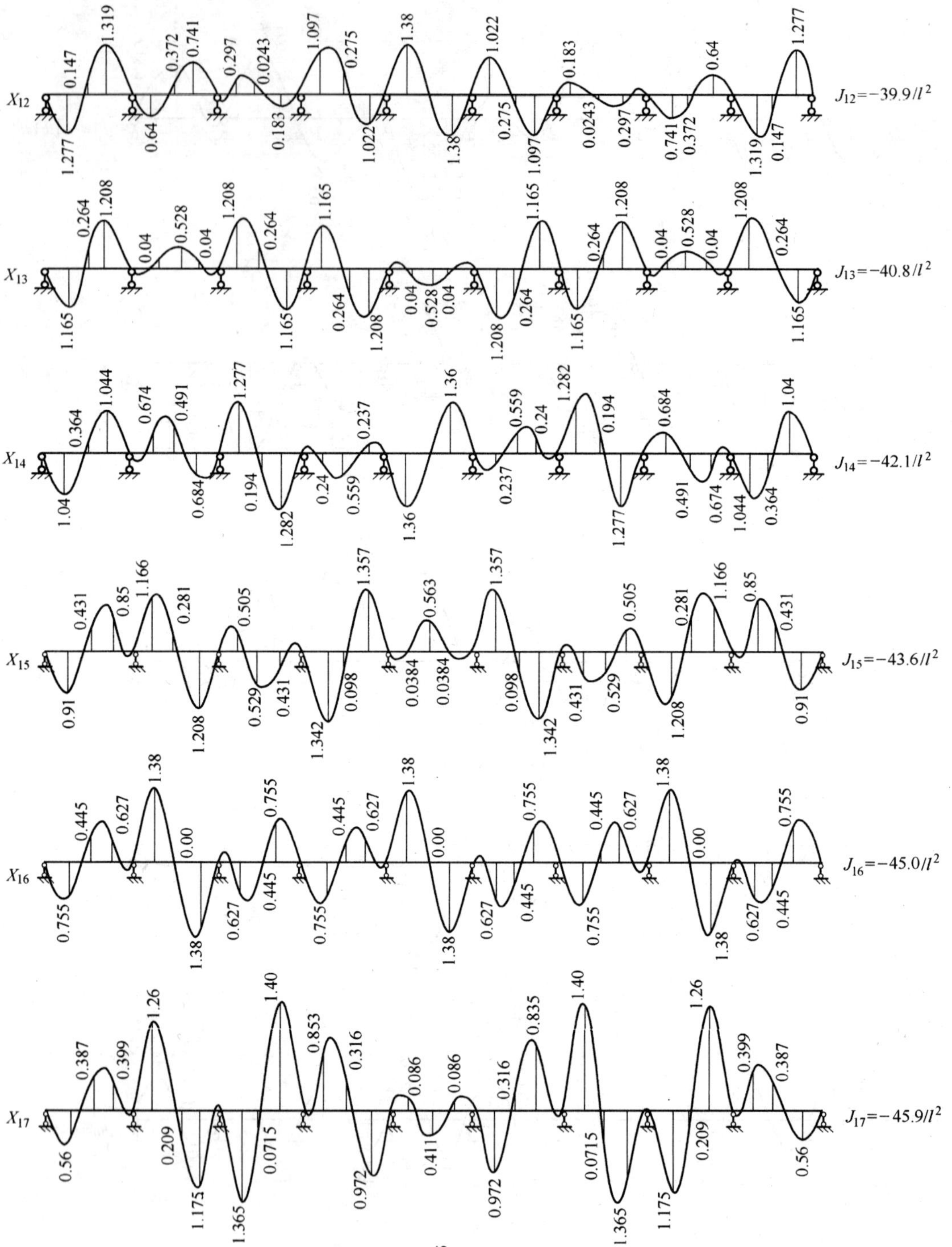
X12
0.147 1.319 0.372 0.741 0.297 0.0243 1.097 0.275 1.38 1.022 0.183 0.64 1.277
1.277 0.64 0.183 1.022 1.38 0.275 1.097 0.0243 0.297 0.741 0.372 1.319 0.147
J12=−39.9/l2
X13
0.264 1.208 0.04 0.528 0.04 1.208 0.264 1.165 1.165 0.264 1.208 0.04 0.528 0.04 1.208 0.264
1.165 1.165 0.264 1.208 0.04 0.528 0.04 1.208 0.264 1.165 1.165
J13=−40.8/l2
X14
0.364 1.044 0.674 0.491 1.277 0.237 1.36 0.559 0.24 1.282 0.194 0.684 1.04
1.04 0.684 0.194 1.282 0.24 0.559 1.36 0.237 1.277 0.491 0.674 1.044 0.364
J14=−42.1/l2
X15
0.431 0.85 1.166 0.281 0.505 1.357 0.563 1.357 0.505 0.281 1.166 0.85 0.431
0.91 1.208 0.529 0.431 1.342 0.098 0.0384 0.0384 0.098 1.342 0.431 0.529 1.208 0.91
J15=−43.6/l2
X16
0.445 0.627 1.38 0.00 0.755 0.445 0.627 1.38 0.00 0.755 0.445 0.627 1.38 0.00 0.755
0.755 1.38 0.627 0.445 0.755 1.38 0.627 0.445 0.755 1.38 0.627 0.445
J16=−45.0/l2
X17
0.387 0.399 1.26 1.40 0.853 0.316 0.086 0.086 0.316 0.835 1.40 1.26 0.399 0.387
0.56 0.209 1.175 1.365 0.0715 0.972 0.411 0.972 0.0715 1.365 1.175 0.209 0.56
J17=−45.9/l2
X18
0.236 1.98 0.77 0.153 1.06 1.37 0.00 1.435 1.33 0.083 1.137 0.664 0.207 0.309
0.309 0.207 0.664 1.137 0.083 1.33 1.435 1.37 1.06 0.153 0.77 0.189 0.236
J18=−46.2/l2

图 D-8 九跨梁振型曲线

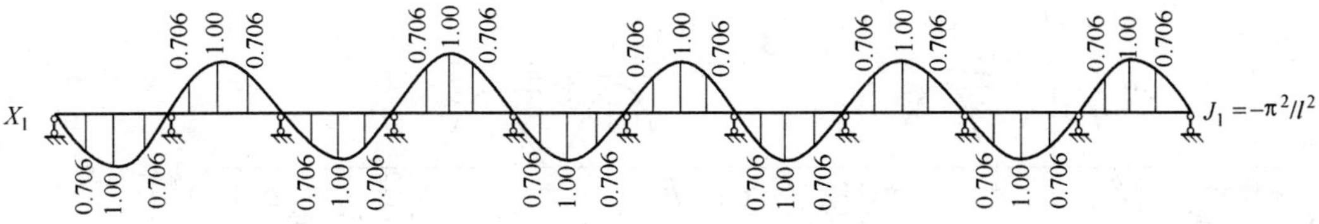
X_1
$J_1=-\pi^2/l^2$
0.706 1.00 0.706
0.706 1.00 0.706

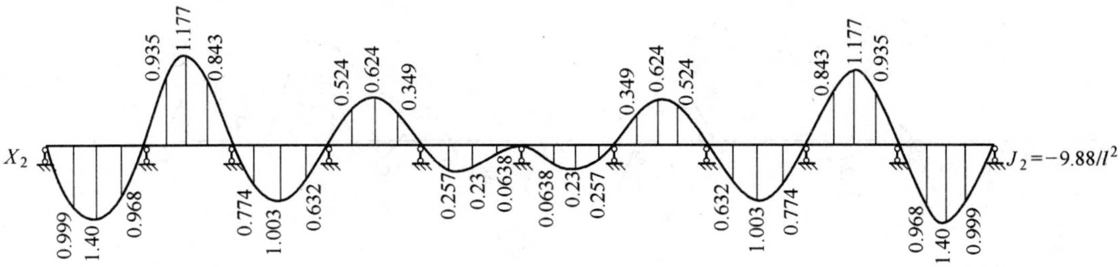
X_2
$J_2=-9.88/l^2$
0.935 1.177 0.843
0.524 0.624 0.349
0.349 0.624 0.524
0.843 1.177 0.935
0.999 1.40 0.968
0.774 1.003 0.632
0.257 0.23 0.0638
0.0638 0.23 0.257
0.632 1.003 0.774
0.968 1.40 0.999

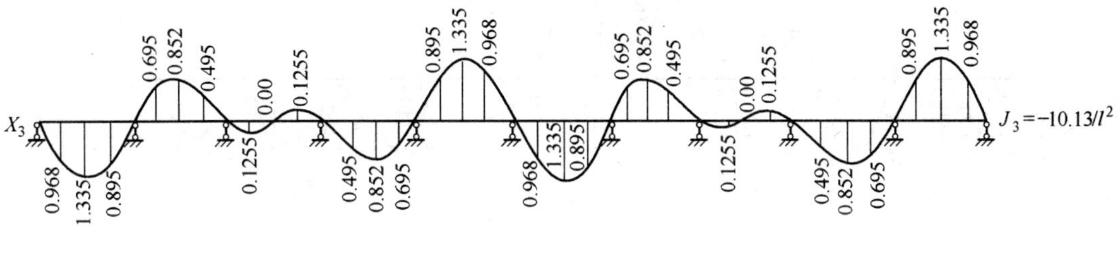
X_3
$J_3=-10.13/l^2$
0.695 0.852 0.495
0.00 0.1255
0.895 1.335 0.968
0.695 0.852 0.495
0.00 0.1255
0.895 1.335 0.968
0.968 1.335 0.895
0.1255
0.495 0.852 0.695
0.968 1.335 0.895
0.1255
0.495 0.852 0.695

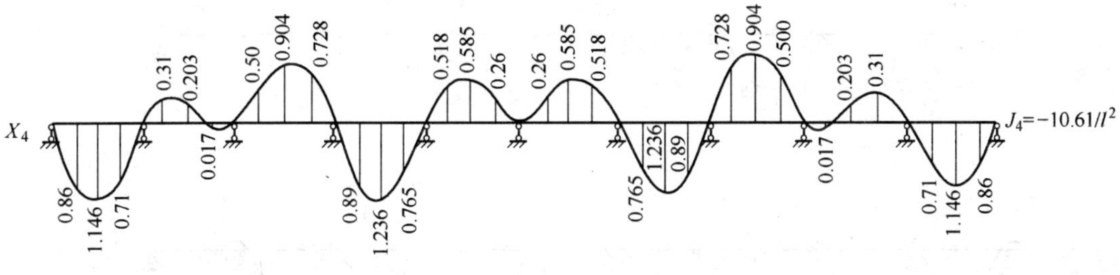
X_4
$J_4=-10.61/l^2$
0.31 0.203
0.50 0.904 0.728
0.518 0.585 0.26
0.26 0.585 0.518
0.728 0.904 0.500
0.203 0.31
0.86 1.146 0.71
0.017
0.89 1.236 0.765
0.765 1.236 0.89
0.017
0.71 1.146 0.86

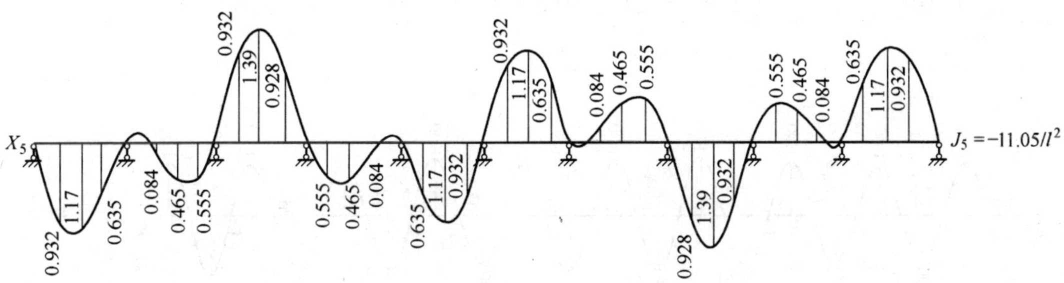
X_5
$J_5=-11.05/l^2$
0.932 1.39 0.928
0.932 1.17 0.635
0.084 0.465 0.555
0.555 0.465 0.084
0.635 1.17 0.932
0.932 1.17 0.635
0.084 0.465 0.555
0.555 0.465 0.084
0.635 1.17 0.932
0.928 1.39 0.932

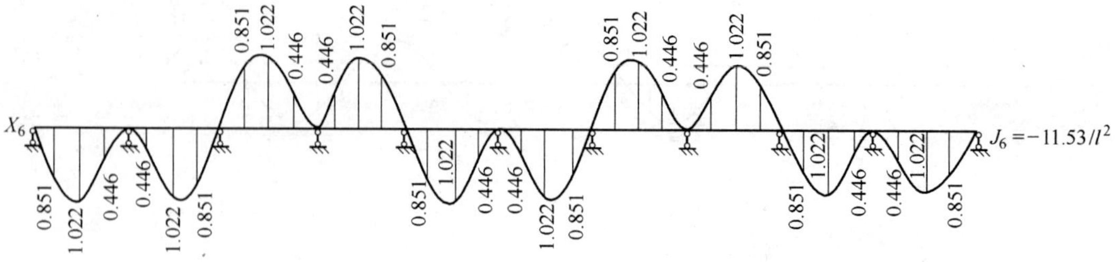
X6
0.851 1.022 0.446 0.446 1.022 0.851 0.851 1.022 0.446 0.446 1.022 0.851
0.851 1.022 0.446 0.446 1.022 0.851 0.851 1.022 0.446 0.446 1.022 0.851 0.851 1.022 0.446 0.446 1.022 0.851
J6 =−11.53/l2

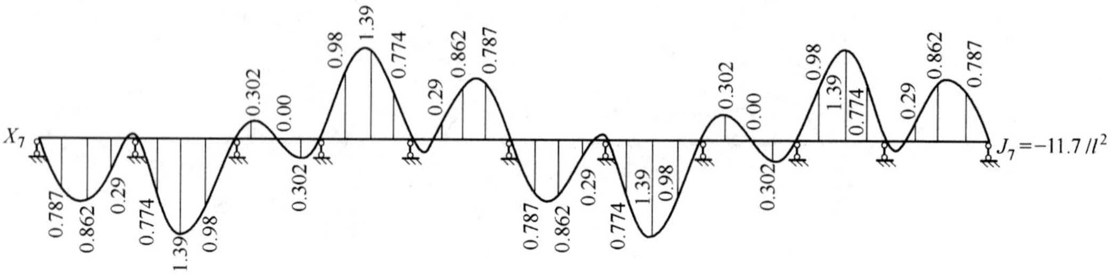
X7
0.302 0.00 0.98 1.39 0.774 0.29 0.862 0.787 0.302 0.00 0.98 1.39 0.774 0.29 0.862 0.787
0.787 0.862 0.29 0.774 1.39 0.98 0.302 0.787 0.862 0.29 0.774 1.39 0.98 0.302
J7 =−11.7/l2

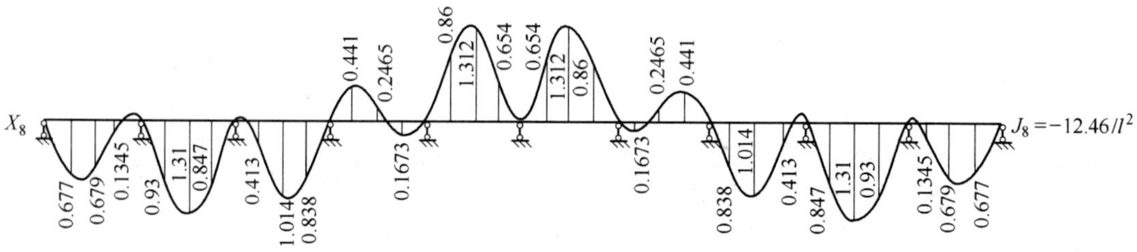
X8
0.441 0.2465 0.86 1.312 0.654 0.654 1.312 0.86 0.2465 0.441
0.677 0.679 0.1345 0.93 1.31 0.847 0.413 1.014 0.838 0.1673 0.1673 0.838 1.014 0.413 0.847 1.31 0.93 0.1345 0.679 0.677
J8 =−12.46/l2

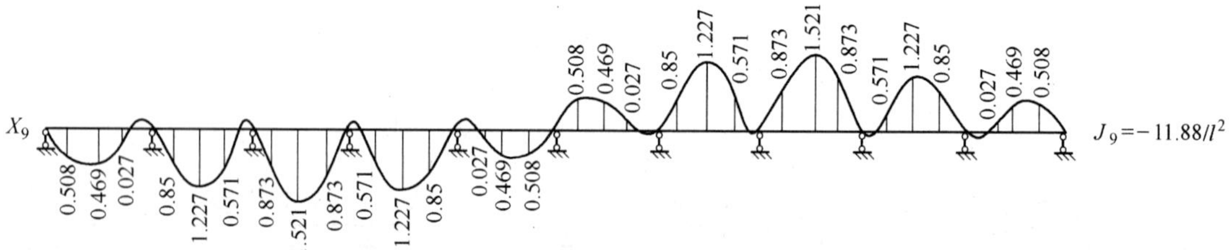
X9
0.508 0.469 0.027 0.85 1.227 0.571 0.873 1.521 0.873 0.571 1.227 0.85 0.027 0.469 0.508
0.508 0.469 0.027 0.85 1.227 0.571 0.873 1.521 0.873 0.571 1.227 0.85 0.027 0.469 0.508
J9 =−11.88/l2

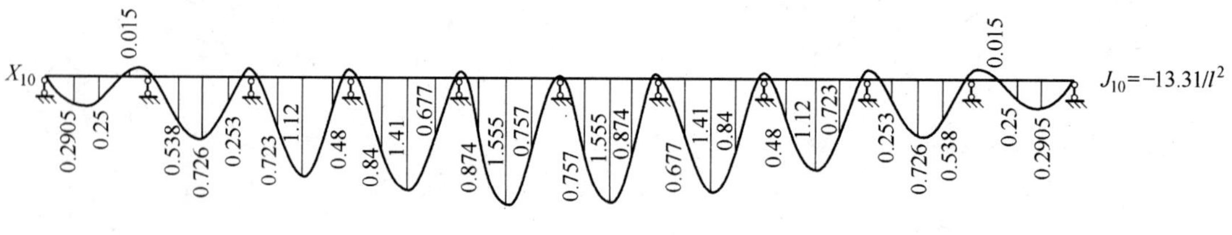
X10
0.015 0.015
0.2905 0.25 0.538 0.726 0.253 0.723 1.12 0.48 0.84 1.41 0.677 0.874 1.555 0.757 0.757 1.555 0.874 0.677 1.41 0.84 0.48 1.12 0.723 0.253 0.726 0.538 0.25 0.2905
J10=−13.31/l2

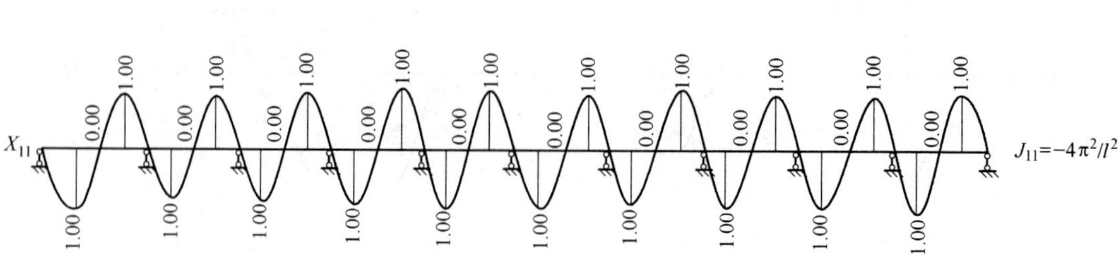
X11
0.00 1.00 0.00 1.00 0.00 1.00 0.00 1.00 0.00 1.00 0.00 1.00 0.00 1.00 0.00 1.00 0.00 1.00 0.00 1.00
1.00 1.00 1.00 1.00 1.00 1.00 1.00 1.00 1.00 1.00
J11=−4π2/l2

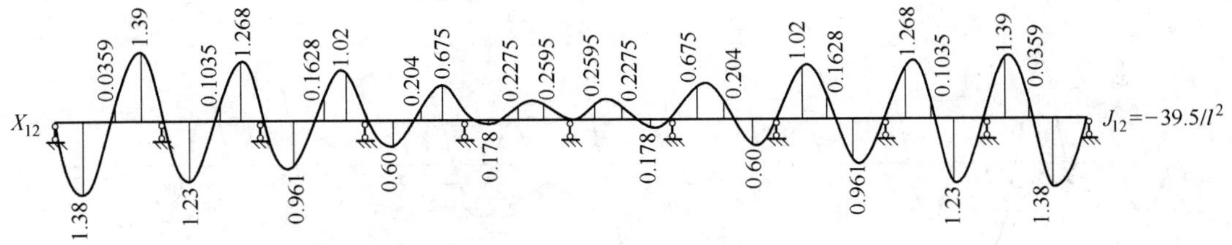
X_{12}
$J_{12}=-39.5/l^2$

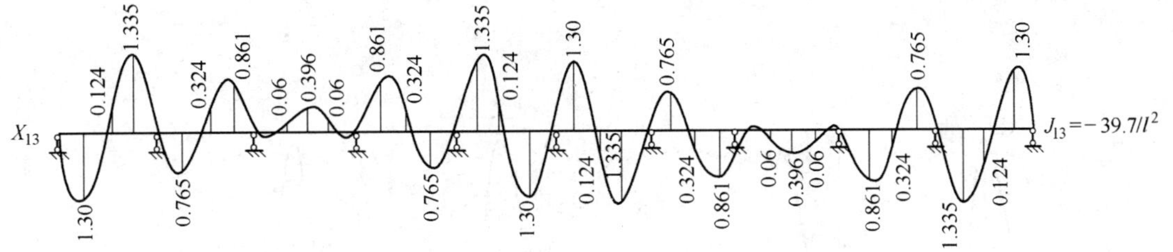
X_{13}
$J_{13}=-39.7/l^2$

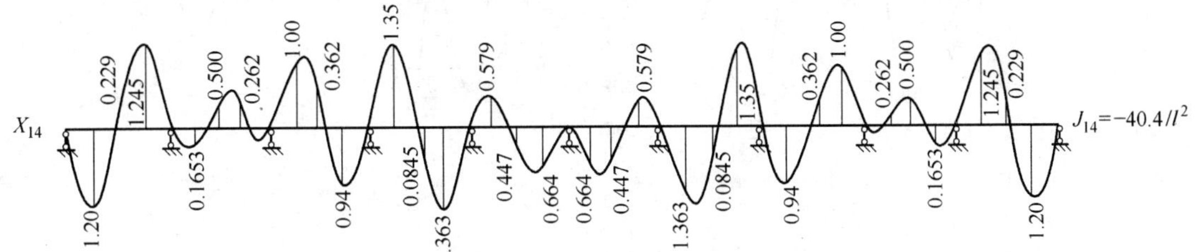
X_{14}
$J_{14}=-40.4/l^2$

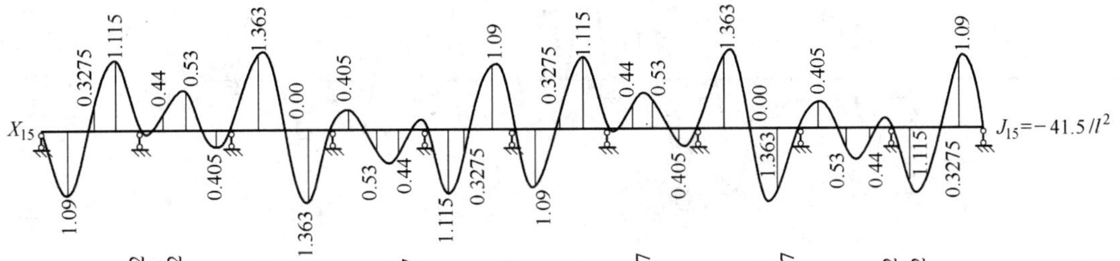
X_{15}
$J_{15}=-41.5/l^2$

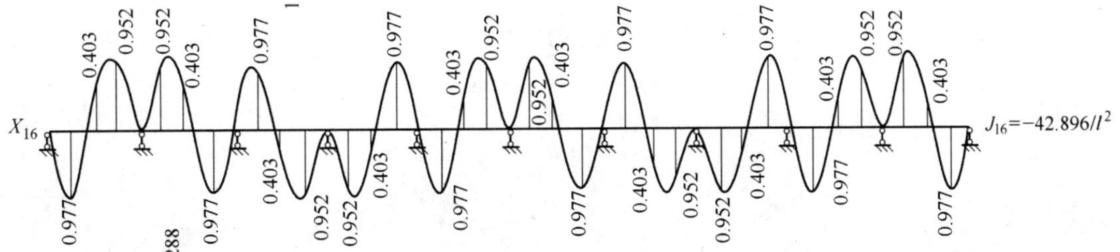
X_{16}
$J_{16}=-42.896/l^2$

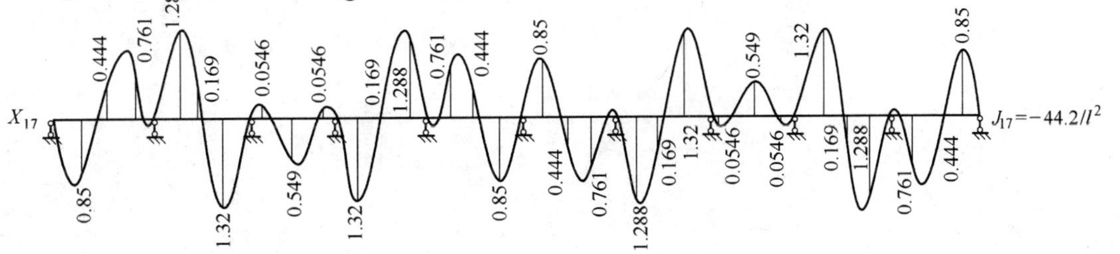
X_{17}
$J_{17}=-44.2/l^2$

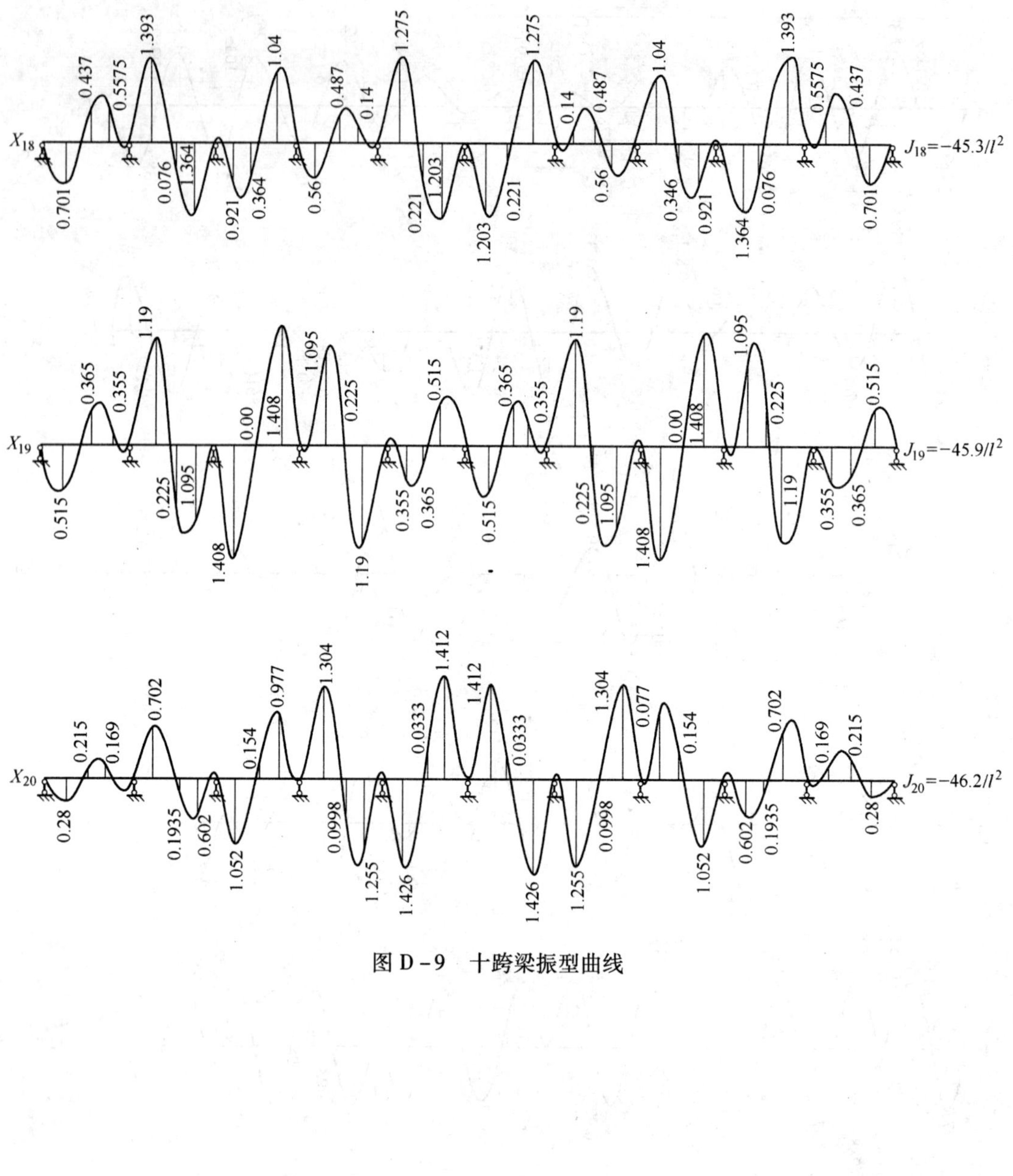
X_{18}
0.701
0.437
0.5575
1.393
0.076
1.364
0.921
0.364
1.04
0.56
0.487
0.14
1.275
0.221
1.203
1.203
0.221
1.275
0.14
0.56
0.487
1.04
0.346
0.921
1.364
0.076
1.393
0.5575
0.437
0.701
$J_{18}=-45.3/l^2$
X_{19}
0.515
0.365
0.355
1.19
0.225
1.095
1.408
0.00
1.408
1.095
0.225
1.19
0.355
0.365
0.515
0.515
0.365
0.355
1.19
0.225
1.095
1.408
0.00
1.408
1.095
0.225
1.19
0.355
0.365
0.515
$J_{19}=-45.9/l^2$
X_{20}
0.28
0.215
0.169
0.702
0.1935
0.602
1.052
0.154
0.977
1.304
0.0998
1.255
1.426
0.0333
1.412
1.412
0.0333
1.426
1.255
0.0998
1.304
0.077
0.154
1.052
0.602
0.1935
0.702
0.169
0.215
0.28
$J_{20}=-46.2/l^2$

图 D-9 十跨梁振型曲线

参考文献

[1] 王光远．建筑结构的振动[M]. 北京:科学出版社,1978.

[2] 钱培风．结构动力学[M]. 北京:中国工业出版社,1964.

[3] 振动计算与隔振设计组．振动计算与隔振设计[M]. 北京:中国建筑工业出版社,1975.

[4] 张荣山．变断面多层框架房屋空间振动分析[J]. 工业建筑,1984(9).

[5] 张荣山．计算多层框架平动—扭转耦联自由振动的传递矩阵法[J]. 工业建筑,1986(12).

[6] 郭长城,等．建筑结构振动计算[M]. 北京:中国建筑工业出版社,1982.

[7] WILLIAM T. THOMSON. Theory of Vibration with Applications[M]. Englewood Cliffs: Prentice Hall Inc, 1972.

[8] 周锡元,张荣山．考虑屋盖空间工作特性的顶层空旷多层房屋的地震反应分析[J]. 地震工程与工程振动,1984,4(2).

[9] S. 提摩盛科．机械振动学[M]. 翁心桐等译．北京:机械工业出版社,1965.

[10] 张荣山,等．钢梁抗扭转简化计算方法和构造措施[J]. 钢结构,2009(11).

[11] 张荣山．多层框架振型的一种简便计算方法[J]. 化工设计,1992,2(4).

[12] 尹之潜,等．多层框架房屋动力特性[C]//地震工程研究报告集．北京:科学出版社,1962.

[13] [日] 谷口修．振动工程大全[M]. 尹传家译．北京:机械工业出版社,1983.

[14] 北京钢铁设计研究总院．GB 50017—2003 钢结构设计规范[S]. 北京:中国计划出版社,2003.

[15] [苏] A. A. 安德罗诺夫,等．振动理论(上册)[M]. 振动理论翻译组译．北京:科学出版社,1973.

[16] T. V. 卡曼,等．工程中的数学方法[M]. 高庆琳等译．北京:科学出版社,1963.

[17] 冶金工业部建筑研究总院．YBJ 55—90,YSJ 009—90(试行)机器动荷载作用下建筑物承重结构的振动计算和隔振设计规程[S]. 北京:冶金工业出版社,1990.

[18] 龚思礼．建筑抗震设计手册[M]. 2 版．北京:中国建筑工业出版社,2003.

[19] 张荣山,等．高转速压缩机框架式基础整体振动计算[J]. 化工设计,1994,4(2).

[20] A. 麦约尔．机器与汽轮机基础的振动分析与设计[M]. 张有龄译．北京:中国建筑工业出版社,1973.

[21] 张荣山．高转速压缩机框架式基础考虑整体水平振动的计算方法[J]. 化工设计,1997(1).

[22] 张荣山．框架式联合基础垂直振动计算[J]. 特种结构,1998(2).

[23] 机械工业部设计研究院．GB 50040—96 动力机器基础设计规范[S]. 北京:中国计划出版社,1996.

[24] 中国建筑科学研究院．GB 50007—2002 建筑地基基础设计规范[S]. 北京:中国建筑工业出版社,2002.

[25] 中国建筑科学研究院．GB 50010—2002 混凝土结构设计规范[S]. 北京:中国建筑工业出版社,2002.

[26] 机械电子工业部设计研究院．GB 50190—93 多层厂房楼盖抗微振设计规范[S]. 北京:中国计划出版社,1994.

[27] 广州华德弹簧有限公司,等．GB/T 1239. 6—2009 圆柱螺旋弹簧设计计算[S]. 北京:中国标准出版社,2009.

[28] 中国石化工程建设公司．HG/T 20670—2000 化工、石油化工管架、管墩设计规定[S]. 北京:全国化工工程建设标准编辑中心,2001.

冶金工业出版社部分图书推荐

书　　名	作　者		定价(元)
冶金建设工程技术	李慧民	主编	30.00
建筑工程经济与项目管理	李慧民	主编	28.00
建筑施工技术(第2版)(国规教材)	王士川	主编	42.00
现代建筑设备工程(本科教材)	郑庆红	等编	45.00
混凝土及砌体结构(本科教材)	王社良	主编	41.00
土力学地基基础(本科教材)	韩晓雷	主编	36.00
土木工程施工组织(本科教材)	蒋红妍	主编	26.00
施工企业会计(第2版)(国规教材)	朱宾梅	主编	46.00
土木工程概论(第2版)(本科教材)	胡长明	主编	32.00
理论力学(本科教材)	刘俊卿	主编	35.00
结构力学(高专教材)	赵　冬	等编	25.00
材料力学(高专教材)	王克林	等编	33.50
岩石力学(高职高专教材)	杨建中	主编	26.00
岩土材料的环境效应	陈四利	等编著	26.00
计算机辅助建筑设计(本科教材)	刘声远	等编	25.00
建筑施工企业安全评价操作实务	张　超	等编	56.00
混凝土断裂与损伤	沈新普	等著	15.00
建设工程台阶爆破	郑炳旭	等编	29.00
建筑工程安全技术交底手册	罗　凯	编著	78.00
计算机辅助建筑设计——建筑效果图设计教程	刘声远	编著	25.00
建筑施工实训指南(本科教材)	韩玉文	主编	28.00
C++程序设计(本科教材)	高　潮	主编	40.00
产品创新与造型设计(本科教材)	李　丽	编著	25.00
机械原理(本科教材)	吴　洁	等编	29.00
数控机床操作与维修基础(本科教材)	宋晓梅	等编	29.00
冶金建筑工程施工质量验收规范(YB 4147—2006 代替 YBJ 232—1991)			96.00
钢骨混凝土结构技术规程(YB 9082—2006)			38.00
现行冶金工程施工标准汇编(上册)			198.00
现行冶金工程施工标准汇编(下册)			198.00